沙・舒亞作為艾哈默特・沙・阿布達利的孫子與薩多宰氏族的首領，自一八〇三年起統治了祖父所創帝國之殘餘部分：「我們的意圖，」他寫道，「是從登上王位的那一刻起，我們就要以公義與仁慈去統治萬民，好讓他們可以幸福地活在我們的羽翼庇蔭下。」但登基短短六年不到他就被其巴拉克宰敵人擊敗，並不得不流亡到印度。

巴拉克宰族

多斯特·莫哈瑪德是他父親與地位低下之妾所生的第十八子。他能平步青雲至大權在握，全靠其行事的凶狠、幹練與狡黠。多斯特·莫哈瑪德緩步增加了對權力的掌控，最終在一八三五年宣告發起對錫克人的聖戰，並正式自封為埃米爾。

阿克巴・汗（上與右），多斯特・莫哈瑪德（下）最聰慧也最幹練的兒子。

阿富汗的各民族

來自卡菲爾斯坦（上左）的一個家庭，一名卡洛提吉爾宰人（上右）與普什圖馬販（下）。阿富汗是個部落、族裔與語言分界上都高度分裂的國家。

三名阿富汗宮廷騎士，由艾爾芬史東使團的畫家繪於一八〇九年。

1. 《身著官服的查奧斯大臣》工作之一是率外賓向國王致敬的官員。
2. 《身著官服的烏姆拉大臣》國王政府大員，職責不詳。
3. 《一名杜蘭尼紳士》。

錫克人

蘭季德・辛格，錫克統治者與多斯特・莫哈瑪德的大敵，他在旁遮普建立了一個強大的王國。

Maharaja Ranjit Singh in a Bazaar, LI118.110, Private Lender, Ashmolean Museum, University of Oxford

「旁遮普之獅」蘭季德・辛格與他的貴族。

© Chandigarh Museum

錫克騎兵。

© British Library

蘭季德・辛格之最先進「法奧吉卡赫斯」兵團中的兩名步兵，該兵團是由拿破崙陸軍的老將負責訓練。

© RMN (Musée Guimet, Paris) / Thierry Ollivier

克勞德·韋德爵士這名生於孟加拉的波斯學者，是大博弈早期的一名情報頭子——所謂大博弈是英俄兩大帝國在各種較勁、諜戰、征伐上的對弈，直到兩造亞洲帝國的雙雙崩潰。大博弈開端的各種運籌帷幄就發生在本書所關注的時期。

愛德華·洛（Edward Law），艾倫巴勒伯爵一世，是第一個把對英國對俄羅斯的焦慮化為公共政策之人。「我們在亞洲的政策必須遵守僅有的一條路，」他在日記中寫道，「才能限縮俄羅斯的力量。」

艾德瑞·帕廷格少校身為韋德爵士大敵亨利·帕廷格爵士的姪子，曾在波斯卡扎爾王朝大軍攻擊赫拉特時，在當地喬裝為穆斯林的馬販。

麥克尼爾做為恐俄的英國駐德黑蘭大使，曾發出一封電報內容是「俄羅斯人已經正式展開了與喀布爾的外交對話」，而此言也說服了英國人，讓他們確信多斯特·莫哈瑪德必須遭到撤換。「（英國總督）奧克蘭爵士此時應該要有所決斷，」他建議，「他理應昭告天下誰不與我們為友，就是與我們為敵……我們說什麼也要保住阿富汗。」

莫漢・拉勒・喀什米里，亞歷山大・柏恩斯聰敏的印度助手間情報頭子，比任何一個英國人都更加了解阿富汗。英國人但凡聽從他的建議，事情都能圓滿收場。

大博弈時期的蘇格蘭裔英國特工，亞歷山大・柏恩斯，身穿阿富汗傳統服飾。他經常抱怨這張知名的肖像一點也不像他。

迷路的亨利・若林森在波斯與阿富汗邊境的微光中巧遇了由維特克維奇所率的哥薩克衛隊。他破紀錄地從馬什哈德騎到德黑蘭之行，帶來了俄羅斯秘密遣使團前往阿富汗的消息。他後來在英國占領阿富汗期間成為了助坎達哈的政治專員。

伊凡・維特克維奇是一名年輕的波蘭貴族，他在流亡哥薩克草原期間迷上了現屬烏茲別克、哈薩克（斯坦）與塔吉克（斯坦）的突厥文化。他是能與柏恩斯一決雌雄的絕佳情報員。這對一時瑜亮在多次相互緣慳一面後，終於在一八三八年的喀布爾相見於聖誕晚宴上。

針對俄羅斯對英國在東方利益那虛無飄渺的威脅，亞歷山大・柏恩斯這名風流倜儻的蘇格蘭裔情報官員曾被派去蒐集相關情報。而當他根據遊歷見聞所著之遊記一炮而紅後，讀了法文譯本的俄國人便也開始了自身的情報蒐集工作，具體而言就是派了維特克維奇先後前往布哈拉與喀布爾活動。換句話說，疑神疑鬼的倫敦鷹派無異親手催生出了他們最害怕的威脅——而這也正是大博弈的起點。

威廉・海伊・邁克諾騰爵士此處戴著他最著名的藍色調眼鏡。身為書獃型的阿爾斯特前法官，他從法庭中獲得提拔，出掌起英國東印度公司的官僚體系，並因此成為了印度總督奧克蘭爵士身邊有恐俄症且極度依規定行事的政治祕書。他因為眼紅一路高升的柏恩斯，才萌生了支持用沙・舒亞來取代多斯特・莫哈瑪德的想法，只因為那是柏恩斯強烈反對的方案。這兩個從來都不對盤的男人，最終也成為了英國在阿富汗施政難以見效的問題核心。

伊登家

英數印度總督喬治・伊登，奧克蘭爵士是個聰明但傲慢，且對該地區所知極少的男人。

艾蜜莉・伊登是奧克蘭爵士未曾婚嫁的妹妹，也是英屬印度兼具機智與尖酸的一名書信作者。

情資經過韋德與邁克諾騰這兩名恐俄人士的過濾之後，結果便是奧克蘭爵士未能明察柏恩斯來自現地更準確的資訊，並相信了多斯特・莫哈瑪德的反英立場。「可憐、親愛又和善的喬治去打仗了，」艾蜜莉在一封信中說寫道，「這跟他的個性有點不太契合。」

薩多宰族

一八三八年七月，邁克諾騰前往魯得希阿那造訪了沙・舒亞與他的小朝廷，並不很當回事地告知他說在經過三十年的流亡之後，他將在英國人的協助下重返喀布爾的王座。

沙・舒亞的流亡朝廷。從左至右：帖木兒王子、沙・舒亞、薩夫達姜王子與內廷總管穆拉・沙庫爾・伊沙克宰。

孟加拉本土的兩名印度步兵。

一名來自巴焦爾（Bajaur）地區的傑撒伊火槍兵。

喀布爾的布兵。

史金納騎兵團出征作戰。

英屬印度的「印度河軍」東進……

「孟加拉兵團的行軍即景」。這幅維多利亞時代的連環漫畫前身，多半描繪的是印度河軍取道信德朝阿富汗而去。

從達杜爾進入波倫山口的入口。一八三九年春，一支足足有一萬兩千名兵力的英屬印度軍隊，人稱「印度河軍」，在總司令約翰・基恩爵士的率領下強攻波倫山口，拿下了坎達哈。英軍入侵的目的是要把被認為較親英沙・舒亞取代多斯特・莫哈瑪德。

在狹隘的俾路支斯坦山口進軍，使得印度河軍暴露在遭俾路支人從藏身的河谷中突襲的危險中；短兵相接與遠距狙擊都是很常見的攻勢。「這是地獄的入口，」印度士兵西塔．蘭姆回憶說，「俾路支人開始用夜襲來騷擾我們，將我們的駱駝一長串一長串地驅趕走。這些部落居民會把握每個機會痛下殺手，還會從山邊滾下巨大的石頭。」

一八三九年四月，印度河軍兵不血刃拿下坎達哈城。沙・舒亞在此召開了朝會，地點不遠處可見他祖父艾哈默特・沙・阿布達利的陵墓拱頂。

「奇襲加茲尼」。在強攻波倫山口並拿下坎達哈之後，印度河軍開始朝加茲尼那固若金湯的要塞挺進，而其六十英尺的高牆也確實對將重砲留在坎達哈的英軍造成了一大困擾。莫漢・拉勒・喀什米里作為柏恩斯不可或缺的情報首長，發現有一道門沒有用磚塊補強，有機會加以奇襲突破。

沙・舒亞・烏爾—穆爾克在喀布爾的朝堂。在攻下加茲尼之後，莫哈瑪德逃離喀布爾，舒亞在一八三九年八月重新登基。這個蒙兀兒風格的覲見廳位於巴拉希撒堡，是他上朝的地方，也是他讓貴族與英國官員一站幾小時而惹毛這兩種人的地方。身為一名英國官員出身的畫家，洛克耶爾・威利斯・哈特表示：「這種讓阿富汗人恨之入骨的形式與儀典，是國王三不五時會玩到過火的僻好。」

喀布爾的庶民

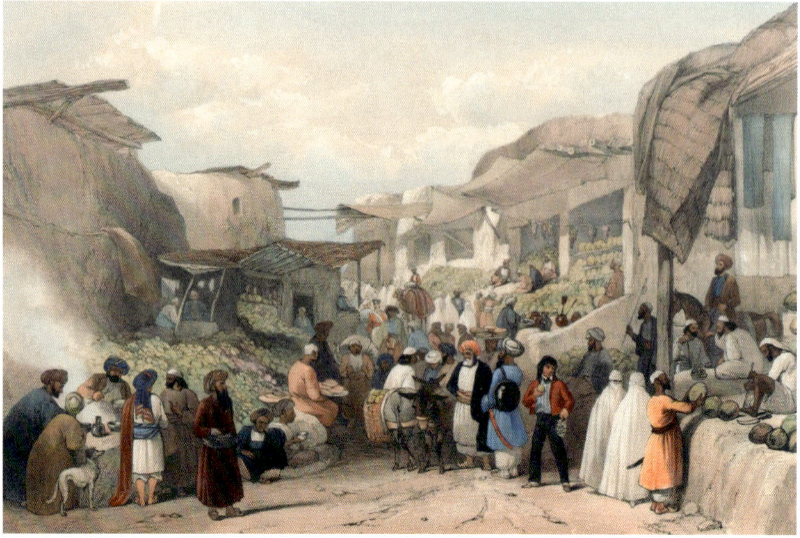

英軍占領期間的喀布爾市集。

事實證明喀布爾的女性對占領當地的英軍有難以抵抗的魅力——但克制不住自己的下場往往是災難一場。

沙・舒亞・烏爾—穆爾克的隨扈。這幅圖中包括莫哈瑪德・沙・吉爾宰，阿克巴的岳父（左一），他被英國—薩多宰政權招攬過來，並被賦予了一個有點嚇人的頭銜叫「總劊子手」。他日後會成為叛軍的領頭者之一，且說起一八四二年的撤退英國駐軍在高海拔吉爾宰山口遭到的屠殺，他比誰都更應該負起責任。

拉特瑞的速寫作品，描繪的是占領初期的英軍在喀布爾兵營尚未建成以前，所使用的成排帳篷。圖左後方高聳著巴拉希撒堡的基石。

一八四〇年十一月，多斯特・莫哈瑪德向英國公使威廉・海伊・邁克諾騰，當時正值邁克諾騰與他的副官們策馬來到喀布爾近郊，由卡齊要塞（Qila-Qazi）扼守的谷地之中。

老邁無能且為痛風所苦的駐阿富汗英軍指揮官威廉·艾爾芬史東將軍在叛變爆發的當下陷入崩潰而猶豫不決。

反對英國占領的阿富汗叛軍步兵用他們精準的傑撒伊長槍攻擊下方難以據守的英軍兵營。

阿富汗叛軍準備對喀布爾城外的英軍兵營發動攻擊。這幅圖顯示了使團駐區在其左側的優雅殖民風格兵營是如何四面被山丘包圍，且幾乎無險可守。

1. 柯林・麥肯齊上尉指揮著軍需要塞抵抗阿富汗叛軍的進攻。他與勞倫斯（右）都在回國後成為了名人，並很樂於在肖像中身著阿富汗服飾。

2. 被俘期間帶著頭巾的賽爾夫人。

3. 勞伯・亨利・賽爾准將在下屬中有「好鬥的鮑伯」之稱，因為他總是哪裡戰鬥激烈就往哪裡跑。

4. 亞歷山德莉娜・史都爾忒（婚前姓賽爾）在庫爾德—喀布爾山口的屠殺後被阿克巴・汗俘虜。

1. 喬治・勞倫斯。© Courtesy of Richard Lawrence
2. 畫家艾爾的自畫像。© National Army Museum
3. 史金納上尉，此時是英軍撤退前的俘虜身分，後來會在一八四二年的撤退中在賈格達拉克山口戰歿。© National Army Museum
4. 英國俘虜被關押的要塞內部。© National Army Museum

第四十四步兵團最後的倖存者被圍困在甘達馬克的丘頂，無險可據。嚴重寡不敵眾的英軍只剩最後的立錐之地。他們組成了一個方陣自衛，數度將阿富汗人擊退到山丘下，直到最後彈盡援絕，他們才換成用刺刀迎敵，惟最終仍不免被各個擊破，落得被屠殺殆盡的命運。

© Essex Regiment Museum

英軍在賈拉拉巴德的駐地，其頂端的塔樓中一名軍官以鷹眼察覺接近中的身影是英國的隨軍醫師布萊登，進而派人前往救援。

© National Army Museum

巴特勒夫人的油畫名作《殘軍》，其所描繪的是精疲力盡的布萊登醫師騎著他撐著最後一口氣的駑馬來到賈拉拉巴德的城牆前。

一絲不苟但絕不留情的喬治·波洛克准將以指揮官之姿率領英國的懲戒之師橫掃了阿富汗東南部，並將喀布爾付之一炬。

威廉·諾特將軍作為英印公司在印度的一名老將，是一名老謀深算的策略家，同時也對其麾下的印度士兵忠誠無比——他對這些「雄赳赳氣昂昂」的部屬稱得上不離不棄。事實證明他英軍中甚具戰力的一名將領。在一八四二年八月，他進軍橫越阿富汗，一路過關斬將，擊潰了所有來攔截他的敵軍，並順利在九月十七日抵達阿富汗，只比波洛克收復該城晚了兩天。

懲戒之軍在一八四二年九月開抵喀布爾。在解放了英國人質後，他們摧毀了查爾查塔這座規模宏大的拱頂市集。一座新建來慶祝英軍戰敗的清真寺也被夷為平地，同時火勢開始在城內蔓延。「喀布爾要任由（英軍）搶掠的呼聲四起……」

多斯特・莫哈瑪德（在一圈舞者左側呈坐姿者）在返回喀布爾的途中於拉哈爾獲得款待。隨著英軍徹底退出阿富汗加上沙・舒亞遭到教子背叛暗殺，多斯特・莫哈瑪德在一八四二年重返王座，並統治阿富汗到一八六三年辭世為止。

王者歸程

RETURN OF A KING

The Battle for Afghanistan

威廉・達爾林普
WILLIAM DALRYMPLE
鄭煥昇 譯

「大博弈」下的阿富汗，與第一次英阿戰爭

獻給我摯愛的

亞當

還有不遺餘力

在我心中培養出歷史之愛的四位：

維洛妮卡・泰爾弗

聖本篤會愛德華・柯伯德神父

露西・沃拉克

以及

艾爾西・吉布斯

（一九二二年六月十日生於蘇格蘭北貝里克——二〇一二年二月四日卒於布里斯托）

偉大的國王都會留下他的統治紀錄，其中有些人天賦異禀會自己執筆，但多數王者都會將此事負託給歷史學者與作家，以便成品可以在時間的長流中作為在書頁中的紀念碑。

是故在慈悲上帝的天庭之上，這位謙卑地在請求的蘇丹・舒亞、阿爾穆爾克・沙・杜蘭尼，也萌生了同樣的念頭，打算要將他治下的戰役與事件記錄成書，由此呼羅珊的史家將可真切得知這些往事的來龍去脈，有心的讀者則可以經由文中的先例鑑往知來。

沙・舒亞，《沙・舒亞的回憶錄》（*Waqiat-i-Shah Shuja*）

CONTENTS

英國入侵阿富汗 1839-1842

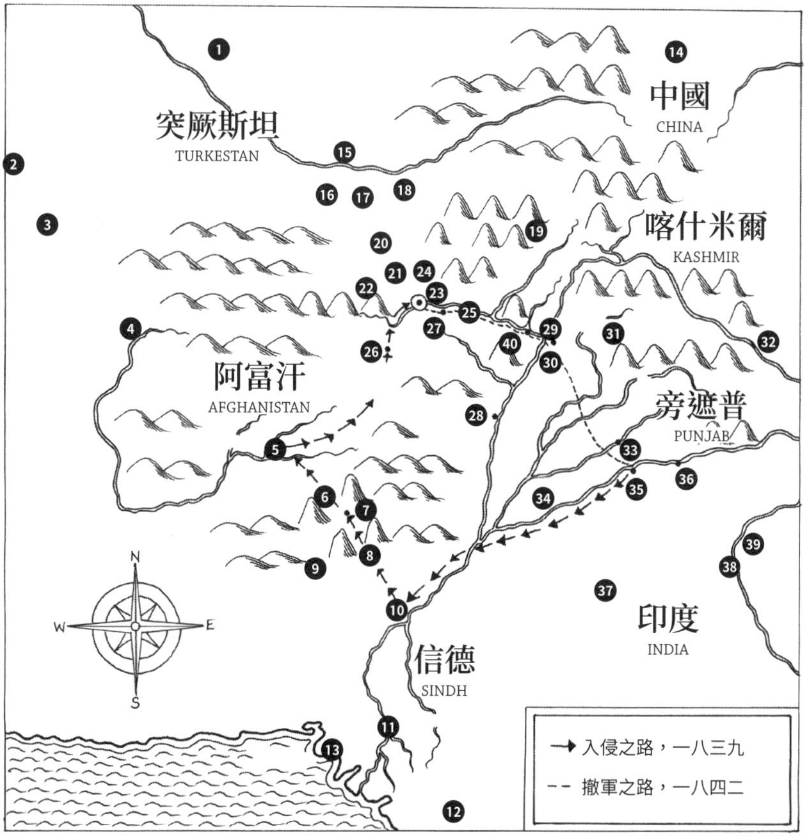

1. 布哈拉（BUKHARA）
2. 阿什哈巴德（Ashkabad, Ashkhabad）
3. 馬什哈德（Mashhad）
4. 赫拉特（HERAT）
5. 坎達哈（KANDAHAR）
6. 科加山口（KHQJAR PASS）
7. 奎達（Quetta）
8. 波倫山口（Bolan Pass）
9. 喀拉特（Kalat）
10. 希卡布爾（Shikarpur, Shikharpur）
11. 海德拉巴（Hyderabad）
12. 普傑（Bhuj）
13. 喀拉蚩（Karachi）
14. 喀什加爾（Kashgar）
15. 阿姆河（OXUS）
16. 巴爾赫（Balkh）
17. 霍勒姆（Khulm）
18. 昆都士（Kunduz）
19. 興都庫什（HINDU KUSH）
20. 帕爾旺達拉（Parwan Darra）
21. 伊斯塔利夫（Istalif）
22. 巴米揚（Bamiyan）
23. 喀布爾（KABUL）
24. 恰里卡爾（Charikar）
25. 賈拉拉巴德（Jalalabad）
26. 加茲尼（Ghazni）
27. 賈格達拉克（Jagdalak）
28. 德拉・伊斯梅爾・汗（Dera Ismail Khan）
29. 白沙瓦（PESHAWAR）
30. 阿特克（Attock）
31. 斯里納加爾（Srinagar）
32. 印度河（Indus）
33. 拉哈爾（LAHORE）
34. 薩特萊傑河（SUTLEJ）
35. 菲奧茲普爾（Ferozepur）
36. 魯得希阿那（Ludhiana）
37. 比卡內爾（Bikaner）
38. 德里（DELHI）
39. 密拉特（Meerut）
40. 開伯爾山口（KHYBER PASS）

喀布爾 1839-1842

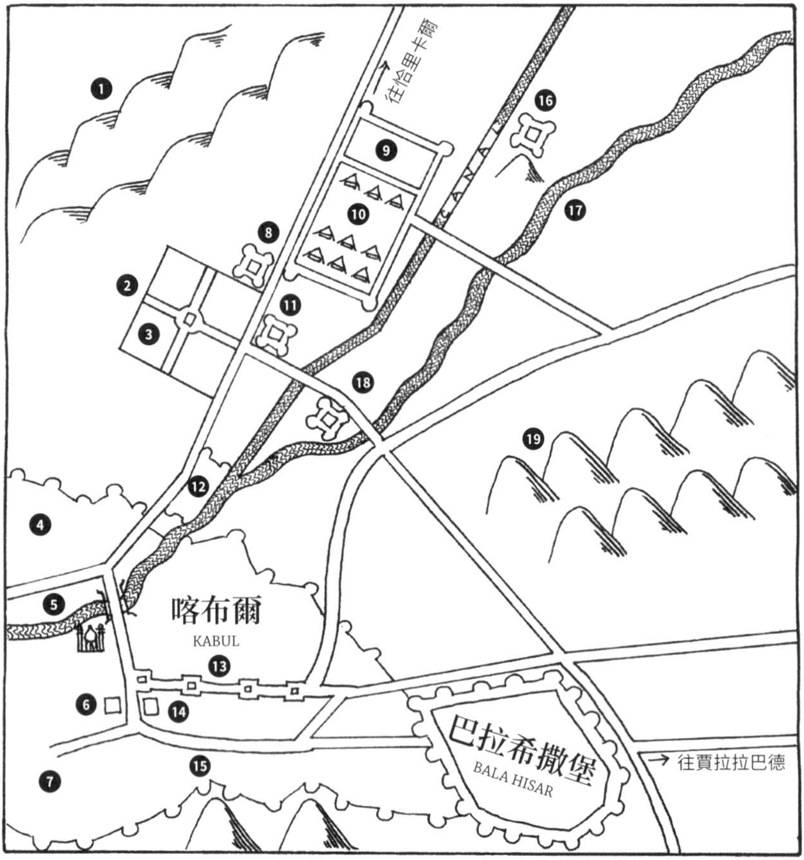

1. 畢畢瑪露（BIBI MAHRU）
2. 巴拉克宰大本營（Barakzai HQ）
3. 沙阿花園（SHAH BAGH）
4. 德赫伊阿富干安區（DEH AFGANAN）
5. 普爾伊齊斯提清真寺（Pul-i-Khishti Mosque）
6. 柏恩斯府邸（Burnes's House）
7. 齊茲爾巴什居住區（QIZILBASHI QUARTER）
8. 莫哈瑪德・沙里夫要塞（Qala Mohammad Sharif）
9. 使團駐處（Mission Residence）
10. 英軍兵營（Cantonments）
11. 尼桑・汗要塞（Qala Nishan Khan）
12. 穆拉德卡尼區（MURAD KHANI）
13. 查爾查塔（市集，CHAR CHATTA）
14. 強森的庫房（Johnson's Treasury）
15. 紹爾市集（SHOR BAZAAR）
16. 里卡布・巴什要塞（Qala Rikab Bashee）
17. 喀布爾河（River Kabul）
18. 馬赫穆德・汗要塞（Qala Mahmud Khan，一八四一年吉爾宰總部）
19. 賽亞桑（SIYAH SANG）

英軍撤退之路 1842

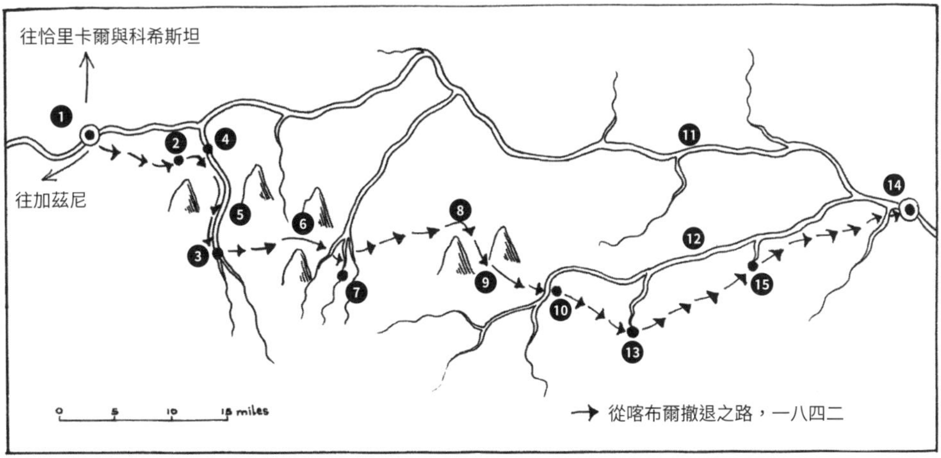

1. 喀布爾（KABUL）
2. 巴格蘭（Begramee, Bagramee）
3. 庫爾德喀布爾（Khord Kabul）
4. 巴特赫克（Butkhak）
5. 庫爾德—喀布爾山口（KHORD-KABUL PASS）
6. 德金山口（Tezin Pass）
7. 德金（Tezin）
8. 賈格達拉克（Jagdalak）
9. 賈格達拉克山口（Jagdalak Pass）
10. 掃爾卡柏（Sourkab）
11. 喀布爾河（KABUL River）
12. 掃爾卡柏河（SOURKAB RIVER）
13. 甘達馬克（Gandamak）
14. 賈拉拉巴德（Jalalabad）
15. 費特哈巴德（Fattehabad）

巴拉克宰氏族

哈吉・賈梅爾・汗
死於 1771 年
艾哈默特・沙・阿布達利的塔普齊巴什
（Topchibashi，砲兵指揮官）

佩般達赫・汗
帖木兒汗的瓦齊爾，在位 1774-1799 年
（與不同妻室生下二十一個兒子與一眾女兒，包括娃法・貝甘）

（與一名巴拉克宰妻子所生）
瓦齊爾・法特赫・汗
1778-1818 年

（與一名伊杜凱爾・霍特克妻子所生）
坎達哈的五名「迪爾」汗王
普爾迪爾・汗
薛爾迪爾・汗
庫翰迪爾・汗
拉赫姆迪爾・汗
米爾迪爾・汗

（與一名齊茲爾巴什側室所生）
多斯特・莫哈瑪德・汗
1792-1863 年

（與一名科希斯坦妻子所生）
納瓦布・賈巴爾・汗
1728-1854 年

（與一名阿里克宰妻子所生）
白沙瓦的四名「莫哈瑪德」汗王
阿塔・莫哈瑪德・汗
亞爾・莫哈瑪德・汗
蘇丹・莫哈瑪德・汗
薩伊德・莫哈瑪德・汗

三十一名兒子與
至少十二名女兒，
當中包括：

莫哈瑪德・阿夫扎爾
1811-1867 年

莫哈瑪德・阿克巴
1816-1847 年
1842 年之後，人稱：
瓦齊爾・阿克巴・汗

莫哈瑪德・阿扎姆
1818-1869 年

古蘭姆・海達爾
1819-1819 年

薛爾・阿里
1823-1879 年

薩多宰氏族

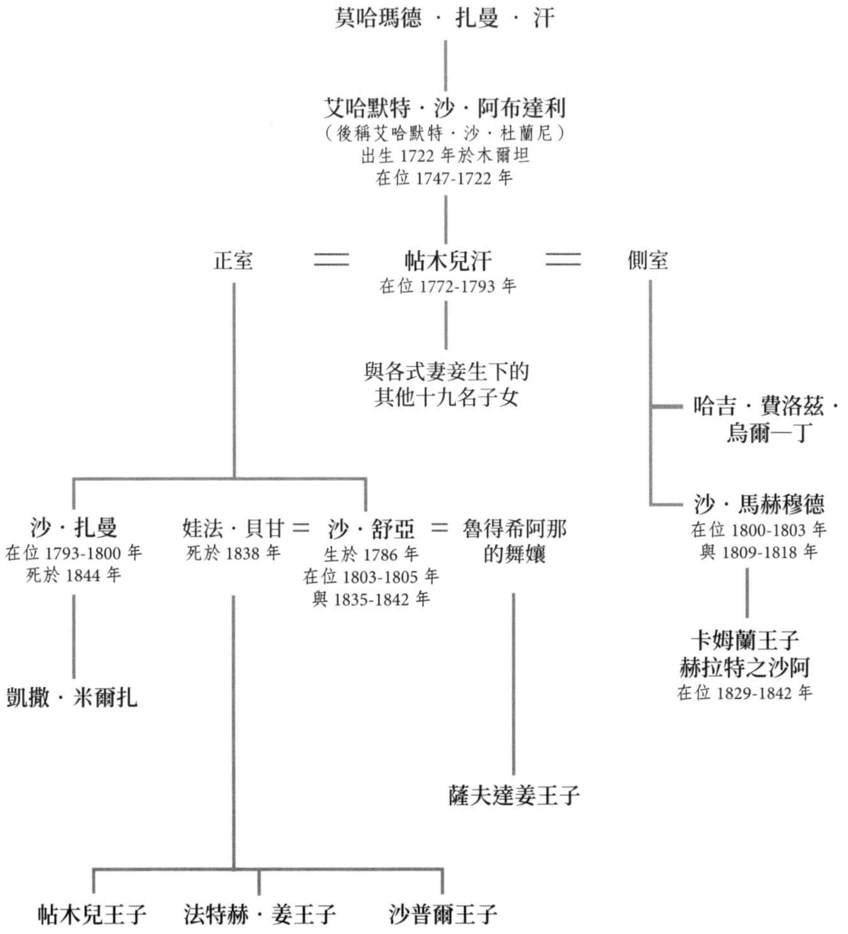
莫哈瑪德 · 扎曼 · 汗
艾哈默特·沙·阿布達利
（後稱艾哈默特·沙·杜蘭尼）
出生 1722 年於木爾坦
在位 1747-1722 年
正室
帖木兒汗
在位 1772-1793 年
側室
與各式妻妾生下的
其他十九名子女
哈吉·費洛茲·
烏爾一丁
沙·馬赫穆德
在位 1800-1803 年
與 1809-1818 年
卡姆蘭王子
赫拉特之沙阿
在位 1829-1842 年
沙·扎曼
在位 1793-1800 年
死於 1844 年
凱撒·米爾扎
娃法·貝甘
死於 1838 年
沙·舒亞
生於 1786 年
在位 1803-1805 年
與 1835-1842 年
魯得希阿那
的舞孃
薩夫達姜王子
帖木兒王子
法特赫·姜王子
沙普爾王子

主要人物

阿富汗人

薩多宰氏族（六）

艾哈默特・沙・阿布達利

Ahmad Shah Abdali；生卒年一七二二—一七七二年

生於木爾坦（Multan）的艾哈默特・沙嶄露頭角是在替波斯軍閥納迪爾・沙（Nadir Shah）辦事的期間。在納迪爾・沙死後，艾哈默特・沙控制住了納迪爾・沙的蒙兀兒珠寶箱，當中包括鑽石光之山（Koh-i-Nur），並以此作為本錢去征服了坎達哈、喀布爾與拉哈爾，然後又發動了一系列對印度的奇襲並滿載而歸。他從三個衰敗帝國的瓦礫中——北邊的烏茲別克、南邊的蒙兀兒，還有西邊位於波斯的薩法維——創建了以「杜蘭尼」（Durrani）*為名的帝國，其鼎盛時的版圖

* 譯註：意思是珍珠中的珍珠。

西起現代伊朗的內沙布爾（Nishapur）起，向東橫跨阿富汗、旁遮普、信德（Sindh）*直至喀什米爾，最終與蒙兀兒治下的都城德里接壤。艾哈默特・沙・阿布達利之死是因為感染了始於啃食鼻頭，最終襲擊腦部的腫瘤。

帖木兒・沙

Timur Shah；在位期間一七七二—九三年

艾哈默特・沙・阿布達利之子與沙・馬赫穆德、沙・扎曼與沙・舒亞的父親。帖木兒成功守住了由父親傳下來，杜蘭尼帝國的阿富汗核心，但也丟失了波斯與印度等邊境。他將帝都從坎達哈遷至喀布爾，為的是遠離動盪的普什圖腹地。他死後，二十四個兒子打起了激烈的王位爭奪戰，也讓杜蘭尼帝國陷入了內戰。

沙・扎曼

Shah Zaman；在位期間一七九三—一八〇〇年，卒年一八四四年

沙・扎曼於一七九三年繼承父親帖木兒的王位，雖然力圖復興祖父創建的杜蘭尼帝國，但成效卻不彰。一七九六年嘗試入侵興都斯坦受挫後，他失去了其領地的控制。接著於一八〇〇年冬天他落到兩大仇敵巴拉克宰族與同父異母兄弟沙・馬赫穆德的手裡，被弄瞎了眼睛。一八〇三年新即位的沙・舒亞釋放他後，便居住在喀布爾，直到一八〇九年的尼姆拉之役戰敗後，被迫逃往印度。他在一八四一年回到阿富汗，並短暫與舒亞聯手在喀布爾起義。隔年在舒亞遇刺後，他永遠離開了阿富汗，回到了魯得希阿那（Ludhiana）繼續流亡，並在一八四四年客死於當地。他死後被葬在西爾欣德（Sirhind）的伊斯蘭蘇菲派聖陵。

沙・舒亞

Shah Shuja＊；生卒年一七八六—一八四二年

舒亞展露頭角是在一八〇〇年其兄長沙・扎曼被仇敵抓捕且弄瞎之後。逃脫追捕後，他先是遊蕩進了山區，後於一八〇三年返回阿富汗，並於派系動亂期間順利掌權。他的統治一直延續到被巴拉克宰族與他的半兄弟沙・馬赫穆德在一八〇九年的尼姆拉之役擊敗。這之後有數年，他如亡命之徒一般漂泊於北印度，散盡了財富，包括至寶光之山（Koh-i-Nur）都在一八一三年被奪走。一八一六年，他接受了英國東印度公司在魯得希阿那庇護他的邀請。後來他三次嘗試奪回王位失敗，終於在一八三九年的第四次成功，只不過這次他只是英國東印度公司的傀儡。公司決定將他安插回喀布爾，只是為了進一步遂行他們的戰略目的；嘗試想履行獨立主權，但隨即遭到英國人的邊緣化與羞辱。一八四一年十一月，喀布爾爆發了叛變，而舒亞拒絕擔任叛軍領袖的邀約。且不同於駐於喀布爾兵營的英軍，他成功守住了自身所在的巴拉希撒堡（Bala Hisar）。一八四二年二月，在喀布爾的英軍放棄了他，並一步步走向自身的滅亡。舒亞看似可以透過操弄叛軍各派系來保住王位，但最終他在四月五日遭到他的教子刺殺。而舒亞一死，薩多宰族的統治也告一段落，權力落到了巴拉克宰族手上。

＊ 譯註：現屬巴基斯坦。

沙・馬赫穆德

Shah Mahmoud；在位期間一八〇〇—〇三年，一八〇九—一八年；卒年一八二九年

沙・馬赫穆德在弄瞎並俘虜了同父異母兄弟沙・扎曼之後，於一八〇〇年成功掌控了喀布爾。他的統治延續到被也是同父異母兄弟的沙・舒亞推翻為止。舒亞選擇不把馬赫穆德弄瞎，而只是單純關押他。一八〇八年逃出巴拉希撒堡後，馬赫穆德與他薩多宰兄弟們的巴拉克宰族敵人聯手發動了一場成功的叛變，在一八〇九年的尼姆拉之役擊敗了舒亞。他統治著杜蘭尼帝國殘餘的領地直到一八一八年，之後他弄瞎、折磨並殺害了權高震主的巴拉克宰族瓦齊爾（wazir）*法特赫・汗（Fatteh Khan），下場是被法特赫・汗怒不可遏的兄弟們逐出喀布爾。沙・馬赫穆德退守赫拉特（Herat）直到一八二九年去世，接班的是他兒子赫拉特的卡姆蘭・沙・薩多宰王子（Prince Kamran Shah Sadozai of Herat，在位期間一八二九—四二年），而卡姆蘭則統治到一八四二年，直到被其強大的瓦齊爾亞爾・莫哈瑪德・阿里克宰（Yar Mohammad Alikozai，在位期間一八四二—五一年）罷黜絞死為止。

帖木兒王子、法特赫・姜王子、沙普爾王子、薩夫達姜王子

Prince Timur, Prince Fatteh Jang, Prince Shahpur, Prince Safdarjang

這四位都是沙・舒亞的子嗣，其中前三位是娃法・貝甘（Wa'fa Begum）所出，而他們無一人繼承父親的雄心或母親的慧黠，尤其帖木兒王子更是出了名的毫無個人魅力。法特赫・姜王子最為人所記得的，是他如何在坎達哈雞姦了自身駐軍的成員。他在沙・舒亞死後統治了五個月的喀布爾，然後在一八四二年十月得知英國人不會留下來保他之後遜位。他把王位交給弟弟沙普爾王

子，由沙普爾又統治了不到一個月，就被他自家的貴族在瓦齊爾阿克巴・汗（Wazir Akbar Khan）的要求下驅逐。黝黑俊美的薩夫達姜王子作為舒亞在魯得希阿那跟舞女所生的兒子，也不怎麼有出息。四個王子都未能在英軍走後保住王位，也都死於流亡魯得希阿那期間。

巴拉克宰氏族（八）

哈吉・賈梅爾・汗

Haji Jamal Khan，卒年一七七一年

原本是艾哈默特・沙・阿布達利的塔普齊巴什（Topchibashi，砲兵指揮官），在納迪爾・沙死後成為老長官的對手，但在阿布達利獲得烏里瑪（'ulema）[†]的認可賜福後，他便接受了阿布達利的提拔，以自身對阿布達利的支持換取在軍中的指揮官地位。

* 譯註：國政幕僚或大臣，相當於宰相，可查詢字彙章節。

† 譯註：在阿拉伯文中，烏里瑪意指「擁有知識的一群」，因此理論上可以解讀為「學者的社群」。實務上烏里瑪指的是伊斯蘭的神職人員，也就是一群對可蘭經、聖行（Sunna，穆罕默德的行為典範）與伊斯蘭教法的了解足以做成宗教決議者。'ulema 在阿拉伯文中是負數，單數是 alim，也就是學者的意思。可查詢字彙章節。

佩殷達赫·汗

Payindah Khan，在位期間一七七四—九九年

身為哈吉·賈梅爾·汗之子，佩殷達赫·汗是帖木兒·汗的杜爾巴（durbar）*上權力最大的貴族，沙·扎曼能上位就是因著他的支持。這兩人後來鬧翻，是因為沙·扎曼企圖限縮世襲貴族的權勢，造成佩殷達赫·汗策畫發動政變來取代沙·扎曼，結果一七九九年遭到沙·扎曼正法。此舉非但沒有扳倒巴拉克宰族的權柄，最終反而導致沙·扎曼自身的敗亡與佩殷達赫·汗二十一個兒子揭竿而起，其中又以長子瓦齊爾·法特赫·汗（Wazir Fatteh Khan）與他弟弟兼盟友多斯特·莫哈瑪德·汗（Dost Mohammad Khan）為起事的靈魂人物。殺死佩殷達赫，開啟了巴拉克宰與薩多宰兩個宗族間的血海深仇，也讓該區域的發展蒙上陰影並長達五十年之久。

瓦齊爾·法特赫·汗

Wazir Fatteh Khan；生卒年一七七八—一八一八年

法特赫是佩殷達赫·汗的長子。在父親被處決後，他先設法逃至伊朗，然後展開了為期數年向薩多宰族復仇的歲月。首先他利用沙·馬赫穆德弄瞎並推翻了與其同父異母的沙·扎曼，然後在一八〇九年的尼姆拉之役擊敗沙·舒亞。他做為沙·馬赫穆德身邊權傾一時的瓦齊爾，治理了國家，直到一八一七年在赫拉特，他協助玷汙了薩多宰女眷的清白，遭到了雙目被弄瞎，頭皮被削去，肉身被用刑，最後在一八一八年被沙·馬赫穆德處死。如此殘忍的手段重啟了巴拉克宰與薩多宰族之間的深仇大恨，也讓該地區陷入撕裂。這裂痕直到一八四二年，最後一名薩多宰人被逐出阿富汗才畫下句點。

多斯特・莫哈瑪德・汗

Dost Mohammad Khan *，生卒年一七九二—一八六三年

多斯特・莫哈瑪德是佩殷達赫・汗的第十八子，生母是身分卑微的齊茲爾巴什（Qizilbash）†女子。他的青雲之路始於最年長哥哥瓦齊爾・法特赫・汗的提拔，而後在法特赫死後，靠的就是他自身的快狠準了。從一八一八到他上位的一八二六年間，多斯特・莫哈瑪德逐步累積了他對於權力的掌控，而後在一八三五年，他宣布展開對錫克族的聖戰（jihad）‡，並正式自封為埃米爾（Amir）§。他深受亞歷山大・柏恩斯之仰慕，由此柏恩斯曾多次在述職函文中稱頌他的公義與人望，但即便有柏恩斯的大力爭取，加爾各答當局仍持續視之為英國利益的敵人。一八三八年，多斯特接見了俄國特使伊凡・維特克維奇之後，奧克蘭爵士決定以其薩多宰族的死敵沙・舒亞取代多斯特。英軍佔領喀布爾後，多斯特逃亡了十八個月，最後於一八四〇年十一月四日向威廉・邁克諾騰爵士投降。投降後他被送往印度流亡，後於沙・舒亞遇刺與英國後續於一八四二年撤後得到釋放，並獲准重返喀布爾。此後二十一年在他的治下，多斯特成功擴大了其領地到阿富汗目前的邊界。他在克復赫拉特不久後死於一八六三年。

* 譯註：皇家朝廷，可查詢字彙章節。
† 譯註：直譯為「紅頭」；可查詢字彙章節。
‡ 譯註：可查詢字彙章節。
§ 譯註：「穆民的埃米爾」（Amir al-Muminin），意思是「虔誠者的指揮官」，可查詢字彙章節。

納瓦布・賈巴爾・汗

Nawab Jabar Khan；生卒年一七八二—一八五四年

以親英出名的佩殷達赫・汗第七子，兼他弟弟多斯特・莫哈瑪德・汗的親密盟友。雖然對西方的生活方式很感興趣，且其個人對許多英國官員情有獨鍾，但他仍堅持忠於多斯特・莫哈瑪德，並在英軍於一八三九年入侵後扮演起反抗力量中的要角。

娃法・貝甘

Wa'fa Begum；卒年一八三八年

佩殷達赫・汗之女，法特赫・汗與多斯特・莫哈瑪德的同父異母姊妹。娃法在沙・舒亞第一次掌權的早期，大約一八〇三年初就嫁給了他，當時舒亞正嘗試要化解巴拉克宰與薩多宰兩族之間的血仇。因為其「沉著與勇敢」而受英國人讚揚的她曾成功於一八一三年把光之山獻給蘭季德（Ranjit Singh），藉此讓她被囚禁於喀什米爾的丈夫重獲自由，且有資料顯示她曾於一八一五年第二度幫助舒亞從拉哈爾脫身。在到達魯得希阿那之後，她設法說服了英國給她政治庇護，而這也讓薩多宰族得以獲得一處復興基地，並最終成功重登王座。她死於一八三八年，而不乏有人將其夫婿舒亞後來的失敗歸咎於他身邊少了這位賢妻的建言。

瓦齊爾・莫哈瑪德・阿克巴・汗

Wazir Mohammad Akbar Khan；生卒年一八一六—四七年

多斯特・莫哈瑪德最能幹的第四子，生母為多斯特一名屬於波帕爾宰（Popalzai）族的妻妾。

阿克巴作為一個練達而複雜的人物，在喀布爾被視為叛軍領導者中最帥氣的一個。《阿克巴納瑪》（*Akbarnama*）*中甚至鉅細靡遺地描寫了他的洞房花燭夜時的魚水之歡。他開始展露頭角，是因為在一八三七年的賈姆魯德之役中協助擊敗了錫克人將軍哈里·辛格（Hari Singh），且有部分史料載明是他將這名錫克領袖殺死並斬首。在他父親於一八四〇年降英之後，他個人從布哈拉（Bukhara）的地牢被釋放之後，他便以自由之身暫棲於興都庫什，伺機要率領反抗力量對付英國。一八四一年十一月二十五日他抵達喀布爾，當地的叛亂便產生了質變，另外也是在他的主導下，叛軍與英國進行了撤軍的磋商。一八四一年十二月二十三日在喀布爾河畔的談判過程中，他親手殺死了前來赴約的英國公使威廉·邁克諾騰爵士。這之後他率兵圍困了賈拉拉巴德。另外在一八四二年九月十三日，試圖阻止英將波洛克奪回喀布爾的阿富汗軍隊，也是由他指揮。在英國撤軍後，他收復了都城喀布爾，並在他父親多斯特·莫哈瑪德於一八四三年四月回歸前都是喀布爾權力最大的人物。他死於四年之後，有一說是被將他視為權力隱患的父親毒死。

納瓦布·莫哈瑪德·扎曼·汗·巴拉克宰
Nawab Mohammad Zaman Khan Barakzai

扎曼·汗身為多斯特·莫哈瑪德·汗的姪兒兼心腹，曾在一八〇九到一八三四年間擔任過他的賈拉拉巴德總督。他在一八三九年偕多斯特·莫哈瑪德逃離喀布爾，但隔年一八四〇在莫漢·拉勒·喀什米爾（Mohan Lal Kashmiri）牽線下，他得以從流亡中復返，並獲接納進沙·舒亞的朝

* 譯註：即阿克巴之書。

廷。叛亂剛開始，他原本看似要與英國人站在同一邊，但很快就被說服當起了叛軍的領袖。雖然有「富有的游牧民族」之稱且被以鄉巴佬視之，但他仍在叛亂爆發後的一八四一年十一月初被冠上埃米爾的頭銜。十一月底，他的堂兄弟阿克巴・汗來到喀布爾後，便將他晾在了一邊。到了隔年一八四二年二月，他與沙・舒亞結盟，並同意擔任舒亞的瓦齊爾。這段同盟關係後來瓦解，是因為他與納伊布・阿米努拉・汗・洛加里（Naib Aminullah Khan Logari）之間的競爭情結，尤其是舒亞給人一種獨厚洛加里之子納斯汝拉（Nasrullah）而冷落扎曼・汗之子舒亞・烏德（阿爾）—達烏拉・巴拉克宰（Shuja ud(al)-Daula Barakzai）的感覺，以至於烏德—達烏拉日後刺殺了與他同名的教父。

其他叛軍領袖（四）

納伊布・阿米努拉・汗・洛加里
Naib Aminullah Khan Logari

阿米努拉，汗是一名尤蘇夫宰（Yusufzai）部族的帕坦人（Pathan，普什圖人的別稱，即阿富汗人），出生相對低微——他的父親曾在帖木兒・沙時期當過喀什米爾總督的助理——而他能平步青雲靠的是自身的聰明才智與對薩多宰族的忠心耿耿。一八三九年的他已經垂垂老矣，但仍十分有權力，手中掌握著可觀的資金與大筆具有戰略重要性的土地，更別提他還坐擁私人的民兵。雖然是堅決支持薩多宰的尊王派，但強烈反對在他的土地上有英國人做為異教徒的存在，於是當他遭到一名青年英國軍官崔佛上尉的羞辱，且因為拒繳皇室增稅而失去了土地的時候，他便與阿布杜拉・汗・阿恰克宰（Abdullah Khan Achakzai）一同成為了反抗力量的核心人物。在庫爾德—喀布爾山口屠殺了英國人之後，他重新效忠起沙・舒亞，直到舒亞死後才改投巴拉克宰。一八四三年當多斯特・莫哈瑪德回歸之後，他遭到了囚禁，理由是「煽動安分守己的百姓從事騷動」，最終死於巴拉希撒堡中的地牢。

阿布杜拉・汗・阿恰克宰

Abdullah Khan Achakzai；卒年一八四一年

阿布杜拉・汗是名年輕的戰士貴族，出身區域內一個強大世家。他的祖父曾在杜蘭尼帝國早年跟多斯特・莫哈瑪德的祖父是宿敵，而阿恰克宰一族從未對巴拉克宰族太熱絡。但如同他的朋友納伊布・阿米努拉・汗・洛加里，阿布杜拉・汗也強烈反對英國人出現在阿富汗。由此在他的情婦遭到亞歷山大・柏恩斯勾引，而他嘗試去把她帶回時又被恥笑時，他終於成為了叛亂的兩大領袖之一。他在一八四一年十一月戰端開啟時被任命為叛軍總司令，並在十一月二十三日戰死於畢畢瑪露高地上之前，都是英軍不敵的叛軍幕後最主要的運籌帷幄者。一名刺客後來宣稱他是貪圖莫漢・拉勒・喀什米爾提供給殺死叛軍領袖者的賞金，才在阿恰克宰背後開了一槍。

莫哈瑪德・沙・汗・吉爾宰

Mohammad Shah Khan Ghilzai

莫哈瑪德・沙是在拉格瑪納（Laghmanat）地區，隸屬於巴布拉克凱（Babrak Khel）[*]，一名強大的吉爾宰酋長，而他還有另外一個身分是瓦齊爾・阿克巴・汗的岳丈。在一八三九年沙・舒亞回歸後，他被說服加入朝廷並被指派國王首席劊子手的榮譽職。他投身叛軍是在威廉・邁克諾騰於一八四一年十月削減吉爾宰族的津貼之後：每任國王都會付給吉爾宰人拉達里（道路保修費）[†]，為的是換取路況安全，並讓往返於印度的軍隊與商賈獲得保護，但邁克諾騰卻通告眾吉爾宰酋長說他要廢止這筆買路錢。在阿克巴・汗於一八四一年回歸後，主導在其撤軍途中屠殺英國人的正是莫哈瑪德・沙・吉爾宰。一如叛軍其他領袖，他也在多斯特・莫哈瑪德於一八四三年重返喀布爾後遭到邊緣化，最終在流亡努里斯坦（Nuristan）[‡]期間死於卡菲爾。

米爾・瑪斯吉迪　Mir Masjidi，卒年一八四一年

米爾・哈吉　Mir Haji

這對兄弟是來自科希斯坦（Kohistan）兩名強大而備受敬重的世襲納克斯邦迪教團謝赫（sheikh）[§]，其中米爾・哈吉還是普爾伊齊斯提禮拜五清真寺（Pul-i-Khishti Friday Mosque）的世襲伊瑪目、喀布爾烏里瑪（當地伊斯蘭學者）的領袖，還有蘇菲派大清真寺阿什勘瓦阿里凡（Ashiqan wa Arifan）的首席辟爾扎達（pirzada）[¶]。在一八三九年經英國官方代表的韋德承諾大筆賄款後，這兩兄弟便率領他們的塔吉克部族對抗多斯特・莫哈瑪德，也自此在沙・舒亞的第二度上位中扮演了關鍵的角色，但一年之後，當說好的錢都沒有撥下來後，兩人便轉而起兵對付起

舒亞與他的英國靠山。在表達過抗議後，米爾．哈吉原本已經準備投降了，但英國人卻在此時違反了所有的默契，攻擊了他的要塞，屠殺了他的家族；他的土地就此被敵人瓜分。這之後這兩名兄弟便與英國人結下了不共戴天之仇，並領導起塔吉克的科希斯坦人對抗英國—薩多宰政權。他們一開始是從尼吉洛谷地（Nijrow Valley）發難，後來轉移陣地到恰里卡爾（Charikar）與喀布爾。米爾．瑪斯吉迪於十一月二十三日戰歿於畢畢瑪露高地，但米爾．哈吉則活了下來並煽動喀布爾民眾反對沙．舒亞。事實上正是因著他登高一呼在賈拉拉巴德掀起對英國的聖戰，才總算誘使沙．舒亞離開了巴拉希撒堡，最終造成他死於一八四二年四月五日。

* 譯註：普什圖語中一個用來表達血統傳承的詞彙。宗族字尾的宰代表同一個部落，層級比宰低一級的次部落宗族名稱則以凱字收尾；可查詢字彙章節。

† 譯註：可查詢字彙章節。

‡ 譯註：阿富汗東北地區。努里斯坦又稱卡爾菲斯坦，卡菲爾（Kafir）意思是異教徒，卡菲爾斯坦也就是拒絕皈依伊斯蘭教的非信者之地。

§ 譯註：長老、教長之意。

¶ 譯註：蘇菲派陵墓與神殿的守護者；可查詢字彙章節。

英國人（十六）

蒙特斯圖亞特・艾爾芬史東

Mountstuart Elphinstone；生卒年一七七九—一八五九年

艾爾芬史東是有學者氣質的低地蘇格蘭人，一八〇九年受印度總督明托爵士之託，率領第一支英國使團前往阿富汗。雖然最遠只到達沙・舒亞在白沙瓦的要塞，但他後續仍出版了一本影響深遠的阿富汗奇書，名叫《喀布爾王國紀行》（*An Account of the Kingdom of Caubul*），而這書也在好幾代人之間，成為了英語世界中關於該地區最主要的知識來源。

威廉・艾爾芬史東少將

Major-General William Elphinstone；生卒年一七八二—一八四二年

威廉・艾爾芬史東是蒙特斯圖亞特的老堂弟，而他在以五十八歲之高齡被任命為喀布爾英軍總司令之前，最後一次實戰已經要回溯到（一八一五年的）滑鐵盧之役，當時他統領過英軍第三十三步兵團。經過多年領半薪的退役生活後，債台高築的他在一八三七年以五十五歲的年紀為了償債而復出。對於包括印度總督奧克蘭爵士在內的朋友圈而言，艾爾芬史東是個人魅力十足之人，但他對於印度或他即將領導的印度軍隊都沒有特別喜歡，他甚至形容他的印度士兵（sepoy）*是「黑鬼」（negroes）。他嚴重的痛風在抵達阿富汗後迅速惡化，導致諾特將軍（General Nott）形容他「無能」，而事實也很快就證明了這個評價非常精準，主要是他在動亂之初碌碌無為，後續又懷憂喪志而無法決斷。從喀布爾撤退時負傷，延至三個月後在一八四二年四月二十三日的德金（Tezin）死於傷口、抑鬱與下痢的三重打擊。

威廉・海伊・邁克諾騰

Sir William Hay Macnaghten；生卒年一七九三—一八四一年

邁克諾騰是一名書獃型的學者、語言學家，還在阿爾斯特（Ulster）當過法官。這樣的他後來從法院中獲得提拔，執掌起了英國東印度公司的官僚體系：「我們的帕默斯頓大人（Lord Palmerston）†，」艾蜜莉・伊登（Emily Eden，奧克蘭爵士的妹妹）這麼叫他，「不苟言笑的理性代表，臉上戴著一副巨大的藍色眼鏡。」他廣獲敬重的是他的才華，但不少人嫌惡他的浮誇。此外更有人質疑他作為一個「坐辦公桌的男人」，究竟適不適合就任印度總督的首席幕僚。須知要奧克蘭爵士把多斯特・莫哈瑪德當成敵人的，正是邁克諾騰；與克勞德・韋德（Claude Wade）聯手推動喀布爾政權變天，助沙・舒亞重登大位的，也是邁克諾騰。在制定了入侵阿富汗的政策後，邁克諾騰自請前往喀布爾擔任執行者。他的執政並不成功，但並不影響他馬上發一些脫離現實的樂觀函文向奧克蘭爵士報喜，說什麼阿富汗「一片太平」，但明明他面前盡是官員從四境呈上來那些令人憂心忡忡的報告。在一八四一年十一月的叛亂中，他沒有能鼓動將領進行有效的反

---

* 譯註：可查詢字彙章節。

† 譯註：當時的英國外長。

制，最終在一八四一年十二月二十三日與阿克巴・汗在兵營外談判時遇害。

克勞德・韋德少校

Major Claude Wade；生卒年一七九四—一八六一年

韋德是一名生於孟加拉的波斯學者。他在魯得希阿那擔任英國專員的時候，讓該職務的角色定位從單純與蘭季德・辛格（Ranjit Singh）之錫克朝廷接頭，經手雙方的關係，變成了控制橫跨喜馬拉雅山區與中亞的「線人」網絡。這麼一來，韋德就在實質上成為了大博弈時期第一個「情報頭子」。首先提議利用沙・舒亞讓阿富汗政權輪替的，就是韋德，而他此舉有部分的動機來自於想與亞歷山大・柏恩斯較勁。須知柏恩斯青睞的結盟對象是多斯特・莫哈瑪德，由此韋德便推出了扶植薩多宰族重登王位的政策。在一八三九年，英國入侵阿富汗之時，韋德原本應該用英印公司的軍隊與蘭季德・辛格之旁遮普穆斯林共組一支混合兵團，然後率軍北上開伯爾山口，但最終他沒能號召到足夠的旁遮普軍。不過他還是在七月二十三日硬闖了開伯爾。蘭季德・辛格死後，他便與錫克族的卡爾薩軍隊（Khalsa）*鬧翻，錫克人於是要求奧克蘭撤換韋德。他最終改駐紮在較不敏感的印度印多爾（Indore）擔任參政司†，並在那兒結束了生涯。一八四四年退休後他移居英國最南端的懷特島。

亞歷山大・柏恩斯爵士

Sir Alexander Burnes；生卒年一八〇五—四一年

柏恩斯是個活力充沛、精神抖擻且足智多謀的年輕高地蘇格蘭人，過人的語言天分讓他在仕途上一路高陞。他兩度遠征阿富汗與中亞進行探險，一次是一八三〇到一八三二年，一次是一八三六到一八三八年，兩次都在名義上屬於商業性質，但實質上都具有政治色彩，也都是為了替英印公司蒐集詳細的情報。其中在第二次探險中，柏恩斯發現敵對的俄羅斯也派了使團前往喀布爾拉攏多斯特·莫哈瑪德，而這也導致他敦促在加爾各答的英屬印度當局與多斯特簽屬友好條約，但奧克蘭爵士非但沒有採用他的意見，反而還決定用好擺佈的沙·舒亞取代多斯特·莫哈瑪德。對此柏恩斯表達了強烈的反對，但在獲得男爵爵位與英國駐阿富汗公使威廉·邁克諾騰的副手職位後，他也就同意了支持奧克蘭。去到喀布爾，他完全沒有一展長才的機會，主要是邁克諾騰獨攬了行政大權，沒得發揮的柏恩斯於是縱情於阿富汗的情場，陷於女人的溫柔鄉。而也正因為這麼做，他讓自己直到今天都還是阿富汗的全民公敵。阿富汗史料更記載多少因為如此，才導致喀布爾爆發那場致命的動亂，而他自身也在十一月二日那天死得慘絕人寰。

查爾斯·梅嵩

Charles Masson；生卒年一八〇〇—五三年

一八二六年，梅嵩在珀勒德布爾（Bharatpur）之圍中裝死逃脫兵團掌控，先是渡過印度河，

---

* 譯註：直譯是「純粹」或「自由」的意思。在這段期間被用來指稱蘭季德·辛格的錫克大軍，但它更應該是整個錫克民族的代稱；可查詢字彙章節。

† 譯註：Resident，參政司，或稱駐紮官，是宗主國在保護國的常駐政府官員，代表殖民政府行使外交職能，並進行某種程度上的間接統治，包括監督在地統治者貫徹宗主國的政策。

然後步行探索了阿富汗。他因此成為了第一個前往阿富汗考古的西方人，包括他成功找到了偉大巴克特里亞—希臘王國城市巴格拉姆（Bagram）的遺跡，還掘出佛教的窣堵坡（stupa）*。克勞德．韋德不知從何得知了梅嵩是逃兵的秘密，便開始以此勒索他擔任自己的耳目，以此確保了他從阿富汗有固定且精準的報告能源源不絕流入。梅嵩在一八三七到一八三八年間協助了柏恩斯與多斯特．莫哈瑪德談判，但不同於柏恩斯，他明明比任何英國人都更對阿富汗瞭若指掌，卻沒能在英國後續對阿富汗的入侵與佔領中謀得一官半職。他最終回到了英國，一八五三年「因為不知名的腦部疾病」，窮困潦倒死於波特斯巴（Potters Bar）†附近。

第四十四步兵團的薛爾頓准將

Brigadier General John Shelton of the 44th Foot，卒年一八四四年

薛爾頓是個乖戾、無禮的粗野之人，缺少的右臂是斷在半島戰爭‡中。他是個毫無彈性、墨守成規的酷吏，人稱「兵團裡的暴君」。來到喀布爾不久，他就把英軍兵營裡的人都得罪光了，尤其是跟斯文的儒將艾爾芬史東不對盤。「他從報到的第一天起，行徑就不受命令節制，」艾爾芬史東後來寫道。「他什麼資訊或建言都不曾給過我，只是一股腦在已經做完的事情裡找碴。」一八四一年十一月的動亂發生後，這對各行其是的將領無法對因應之道達成共識，惟最終是薛爾頓占得了上風，喀布爾英軍依他之議在一八四二年一月六日踏出了兵營，但其下場卻是被全殲在高山山口的雪地之中。被俘的薛爾頓後遭軍法審判，惟最終獲得無罪開釋。一八四四年他因為墜馬意外身亡，興高采烈的官兵紛紛到場為他的殞落歡呼三聲。

柯林・麥肯齊

Colin Mackenzie；生卒年一八〇六—八一年

出身珀斯郡（Perthshire）的他以英屬印度軍中的最英俊的青年軍官而聞名。一八四一年，他以白沙瓦助理政治專員的身分前往了喀布爾，適逢動亂爆發的初期。身為少數在戰鬥中表現得智勇雙全的英軍軍官，他最終為阿克巴・汗所擒，但所幸活了下來。動亂後他召募並統領了一支錫克兵團，活躍於英屬印度邊境。

喬治・勞倫斯

George Lawrence；生卒年一八〇四—八四年

喬治是有兩個比他有名的弟弟，亨利與約翰・勞倫斯，兩人後來都以英屬印度的英雄著稱。作為一名聰穎的阿爾斯特青年，他很快就被提拔為威廉・邁克諾騰爵士的軍務秘書。就此他既參與了一八三九年的英軍入侵阿富汗，也一同前往追擊了多斯特・莫哈瑪德，並在一八四〇年十一月四日見證了多斯特的投降。他曾三度與死神擦肩而過：一次是在一八四一年喀布爾動亂之初，一次是十二月二十三日邁克諾騰遇害之際，還有一次是在英軍從喀布爾撤退時被俘。他從英阿戰

* 譯註：舍利塔。
† 譯註：倫敦北邊的小鎮。
‡ 譯註：一八〇八—一八一四，屬於拿破崙戰爭的一部分。

爭中活了下來，後續卻又在一八四六年的錫克戰爭中成為俘虜。

艾德瑞・帕廷格

Eldred Pottinger，生卒年一八一一—四三年

帕廷格是普傑（Bhuj）情報頭子兼柏恩斯前上司亨利・帕廷格爵士（Sir Henry Pottinger）的姪子。他曾在一八三七到一八三八年間易容潛伏在被波斯包圍的赫拉特，多半不是偶然，而是為了提供英國人源源不絕的重要情資。在英國方面的敘述中，他往往是強化了赫拉特居民守城決心的功臣，惟這個版本的故事並未印證於任何波斯或阿富汗紀事的敘述中，因為他在後兩者的史料中根本無足輕重。在一八四一年十一月的叛亂開始時，帕廷格在喀布爾以北的恰里卡爾第二次遭到圍困，且幾乎是當地駐軍中唯一活下來返回喀布爾兵營之人。當英軍不顧他的反對向叛軍投降後，帕廷格也是其中一個被留給阿克巴・汗的人質，且這人質一當就是九個月，直到波洛克將軍於一八四二年九月攻克喀布爾才恢復自由身。戰後他遭到軍法審判，而雖然獲得徹底平反，但他也沒有因為在阿富汗的苦勞領導任何獎賞，同時還辭去了在東印度公司的職務。此後他去香港投靠了叔叔亨利・帕廷格爵士，一八四三年死於當地。

威廉・諾特將軍

General William Nott，生卒年一七八二—一八四五年

諾特出身威爾斯邊境，是一名一根腸子通到底的自耕農之子，並在一八〇〇年來到印度，而後緩緩地一路從基層幹起，成為了英印公司中一名位高權重的將軍。作為一名精明的戰略家與對其印度士兵——他口中「雄赳赳氣昂昂」的弟兄——絕無二心的將領，他比較不善於應付長官。奧克蘭爵士眼中的他愛生氣、難相處，談不上是個紳士，而這也讓他一而再再而三在考慮喀布爾總司令人選時被跳過。他最終被交託了坎達哈的兵權，而他也在阿富汗各地烽火連天、叛變四起之際，守住了此地的安寧。事實證明他的用兵之精遠在各英軍將領之上，而在一八四二年八月，他也率軍一路橫掃了阿富汗，擊敗了各路被派來對付他的兵力，最終於九月十七日抵達了兩天前由波洛克克復的喀布爾。他戰後經賈拉拉巴德返回了印度，並因為在阿富汗的戰功而被派任為印度大城勒克瑙（Lucknow）的參政司。

亨利・若林森中尉

Lieutenant Henry Rawlinson；生卒年一八一〇—九五年

若林森是個才華橫溢的東方通。他協助破譯了古代波斯的楔形文字。也是他在一八三七年的十月作為英國派往波斯的軍事代表團一員，首先向英方通報了由伊凡・維特克維奇率領的俄羅斯使團，當時他是在波斯與阿富汗有爭議的邊境上巧遇了維特克維奇與他的哥薩克衛隊。他後來被派駐到坎達哈擔任政治專員，與之搭檔的是諾特將軍，而這兩人也組成了阿富汗國內最幹練的一組行政首長。他在一八四二年八月偕諾特將軍橫掃阿富汗，但卻赫然在途中見證了英軍在喀布爾與伊斯塔利夫犯下種種令人髮指的戰爭罪行。他取道開伯爾山口返回了印度，但之後的生涯仍活躍在波斯與阿拉伯世界。

勞伯・賽爾爵士

Sir Robert Sale，生卒年一七八二—一八四五年

賽爾是英印公司軍隊的老將，部屬間稱他「好鬥者鮑伯」，因為他生性拒絕待在部隊後面，而是總要投身最激烈的徒手肉搏才過癮。賽爾參與了拿下加茲尼（Ghazni）的作戰，同時也是因為他在一八四〇年的科希斯坦進行了十分暴力的懲戒遠征，才在很大程度上導致了塔吉克團結起來反抗英國—薩多宰的聯合政權。一八四一年十月底，他奉命回到印度，並順道在返途中懲罰那些膽敢反抗的吉爾宰人。隨著部隊沿庫爾德—喀布爾與德金山口而下，他們遭逢了一系列精心策畫執行的突襲，結果原本應該用來給吉爾宰部落一番教訓的此役，卻讓英軍自身吃足了苦頭：在狹窄的山口網絡中，獵人發現自己成了獵物。帶著他的殘兵，賽爾在十一月十二日抵達了賈拉拉巴德。他的旅團先在那裡遭到圍困，後來才突圍而出並於一八四二年四月七日擊敗了阿克巴・汗。他們在九天之後獲得了波洛克率「懲戒之師」（Army of Retribution）馳援後，並隨之一同前往喀布爾。九月十八日，賽爾與他堪稱女中豪傑的妻子，賽爾夫人芙蘿倫西婭（Florentia；一七九〇—一八五三年）重聚，她這段時間先是從喀布爾撤軍中活了下來，然後當了阿克巴・汗九個月的人質。「好鬥者鮑伯」在三年後戰死於一八四五年的英錫戰爭中。寡居的賽爾夫人移民到南非，一八五三年辭世於開普敦。

喬治・波洛克爵士

Sir George Pollock，生卒年一七八六—一八七二年

波洛克是個一絲不苟、不講情面，把效率當堅持的英印公司將領，他在奉命要去賈拉拉巴德救援被圍困的英國駐軍時，已經是個在印度待了三十多年的老將了。他藉以建立自身威名，靠的是細心的計畫與縝密的後勤，為此他堅持不肯在壓力下草率出兵。在精心於白沙瓦收集完補給後，他率領「懲戒之師」強攻開伯爾，最終於四月十六日成為賈拉拉巴德的救星。在稍事停留收集更多運具與彈藥後，他繼續揮軍向前，先在德金山口擊敗阿克巴，然後於九月十六日收復喀布爾。在摧毀了伊斯塔利夫並燒毀大半喀布爾後，他從阿富汗撤軍，並在一八四二年十二月十九日於菲奧茲普爾（Ferozepur）獲得艾倫巴勒爵士的接待。

奧克蘭爵士

Lord Auckland，生卒年一七八四—一八四九年

奧克蘭爵士喬治．伊登是個聰明但自負的輝格黨貴族。習於獨身的他在五十一歲來到加爾各答時，對印度的歷史或文明不但幾乎一無所知，而且也沒有很積極去針對這兩者去充實自己。阿富汗就更不用說了。但在一八三八年，他任由自己被鷹派參謀擺佈而發動了一場完全莫須有的戰爭去入侵阿富汗，為的是用沙．舒亞取代埃米爾多斯特．莫哈瑪德。但因為不想投入資源到這場不得民心的占領行動，導致他在後續英國的失敗中完全沒有準備。喀布爾英軍的覆滅據艾蜜莉．伊登所述，讓「可憐的喬治」在十小時之內就老了十歲，同時他還似乎有中風的跡象。在他遭到艾倫巴勒爵士替換掉後，奧克蘭在肯辛頓苟且度日，並年僅六十五歲就於一八四九年離世。

艾倫巴勒爵士

Lord Ellenborough；一七九〇—一八七一年

作為替華倫·哈斯汀斯（Warren Hastings）*辯護的律師之子，艾倫巴勒本身是個聰明但難相處，且不太有魅力的男人。事實上他其貌不揚到英王喬治四世據稱曾表示艾倫巴勒讓他看了就想吐。艾倫巴勒發跡靠的是英國的「恐俄症」，並在許多方面都算得上是「大博弈」之父，而大博弈作為英俄兩大帝國之間在諜報工作與土地征伐上的角力，會讓兩國忙碌到各自的亞洲版圖都終於殞落。一八四一年十月，他獲選為奧克蘭爵士的印度總督接班人，並及時趕到印度收割「懲戒之師」連戰皆捷的功勞，畢竟是靠著這支勁旅，英軍方得以在從阿富汗撤退時保住了一點顏面。他這人「不論幹什麼都鬥志十足而不受節制」，一名觀察者寫道，卻「又發了狂地熱衷於所有軍事事務上，就像只有軍務能引起他的興趣與注意似的」。

其他（五）

瓦希里·亞歷克希維奇·裴洛夫斯基伯爵

Count Vasily Alekseevich Perovsky；生卒年一七九四—一八五七年

作為俄羅斯位於草原邊境要塞奧倫堡的總督，相當於俄國版本的克勞德·韋德，裴洛夫斯基決定以自身的情報工作來與英國在中亞的情報活動抗衡。而在伊凡·韋特克維奇的身上，他找到了他希望能「扮演（俄版）亞歷山大·柏恩斯」的人選。當英國擺明即將入侵阿富汗後，裴洛夫斯基就展開遊說，希望能藉由征服土庫曼的希瓦（Khiva）汗國來振興俄羅斯在區域內的威名。俄羅斯對希瓦的攻擊以災難一場收場，就像英國從喀布爾撤退的翻版那樣，其中裴洛夫斯基失去了他半數的駱駝與近半的士兵，而經此一敗，俄羅斯在草原上的野心也暫停了一世代：直到一八七二年，希瓦汗國才落入俄羅斯的手中。

伊凡・維克托洛維奇・維特克維奇

Ivan Viktorovitch Vitkevitch，生卒年一八〇六—三九年

他原本是一名信仰羅馬天主教的波蘭貴族，出生時於今立陶宛首都維爾紐斯時名叫楊・普瓦斯珀・維特基維茨（Jan Prosper Witkiewicz）。維特基維茨曾參與創辦了一個秘密會社，名叫「黑色兄弟會」（Black Brothers）。作為一個地下組織，黑色兄弟會是由一群波蘭與立陶宛學子發起的「革命—民族」反抗運動，為的是要對抗俄羅斯對他們國家的侵略與佔領。後來他與另外五名運動領袖遭到逮捕審訊，被剝奪了他們的貴族頭銜與階級之後被分別流放到哈薩克草原上不同的要塞。此時的維特基維茨才剛過完他十四歲的生日。經此巨變，他決定接受命運擺布，開始對其處境做最好的利用。他習得了哈薩克語與察合台突厥語，並給自己新取了一個比較有俄羅斯味的名字——伊凡・維克托洛維奇・維特克維奇，藉此一躍而成為大博弈中的第一名俄羅斯玩家。他曾兩次前往布哈拉考察，然後才被派往喀布爾與多斯特・莫哈瑪德結盟。他在喀布爾智取了英國對手亞歷山大・柏恩斯，但等到他談成的盟約遭到俄國上司廢棄，而英國人又入侵了阿富汗後，

---

* 譯註：一七七三到一七八五年的首任印度殖民地總督，卸任遭到貪腐調查。

他便返回到聖彼得堡，並在一八三九年五月八日被發現陳屍於一間旅店房間內，明顯看來是輕生而亡。

卡扎爾王朝沙阿莫哈馬德二世（Mohammad Shah II Qajar，生卒年一八〇八—四八）是波斯卡扎爾王朝的統治者，而他因為擁抱了親俄聯盟並嘗試奪回在阿富汗邊境上有爭議的赫拉特城，驚動了英國人，也多少導致了英國人決定在一八三九年入侵阿富汗。

蘭季德・辛格大君

Maharajah Ranjit Singh，生卒年一七八〇—一八三九年

作為一名聰明狡猾的錫克統治者，蘭季德創建了一個強大、組織完善且井然有序的錫克王國。一七九七年，他替從阿富汗倉皇撤退的沙・扎曼救回了一些陷於傑赫勒姆河泥濘中的火砲，由此被賦予了旁遮普大部的控制權，即便當時他年僅十九歲。在接下來的年月中，蘭季德緩緩地將杜蘭尼帝國最富饒的東部省分，從他原本領主的手中給撬開並搶了過來，取而代之成為了旁遮普的至尊。一八一三年，他從沙・舒亞手中奪來了光之山鑽石，並將舒亞置於軟禁之中，但舒亞隔年便逃了出去。在一八三八年與威廉・邁克諾騰爵士的談判中，他使了手腕讓英國人想讓藉錫克之手去打阿富汗的計畫，變成了錫克人藉英國之手去打阿富汗。他死於一八三九年，當時英國正入侵到他死敵多斯特・莫哈瑪德的土地到半路。

莫漢・拉勒・喀什米爾

Mohan Lal Kashmiri，生卒年一八一二—七七年

莫漢・拉勒是柏恩斯不可或缺的芒西（Munshi，秘書）*與心腹之參謀。他的父親在二十年前當過艾爾芬史東的芒西，隨他出使過阿富汗，回來之後他選擇莫漢・拉勒成為北印度第一批在新立的德里學院接受英式學程教育之人。聰明、有野心，且能流利操使英語、烏爾都語、喀什米爾語與波斯語。這樣的莫漢・拉勒陪伴柏恩斯前往了布哈拉，而那之後他在坎達哈充當起韋德的線民。柏恩斯對莫漢・拉勒是絕對的依賴與信賴，一八三九年也帶著他入侵阿富汗，讓他擔任自己的情報主管。但柏恩斯之後無視莫漢・拉勒的警告，沒把即將發生的叛亂放在心上，結果直接導致自己的橫死。在阿富汗叛亂期間，莫漢・拉勒以他個人名義大舉貸款給遭到圍城的邁克諾騰使用，然後在一八四二年，他又繼續借錢來確保人質獲釋。他自行計算貸出的七萬九千四百九十六盧比從未獲得英國歸還，也因此他終其一生都為債務所苦。為了求一個公道，他前往了英國，並在遊說英印公司董事的空檔走訪了蘇格蘭，並在那兒將柏恩斯的日記交付給他在蒙特羅斯（Montrose）的遺族。他在旅英期間做了另外一件事，是用英文出版了一本他與柏恩斯共同遊歷中亞的回憶錄，外加一套上下兩卷共九百頁的鉅著內容是多斯特・莫哈瑪德的傳記。他甚至晉見了維多利亞女王一回。但總結起來，阿富汗戰爭是他一生揮之不去的陰影，同時也實質上斷絕了他的前途。

* 譯註：可查詢字彙章節。

致謝

為了一本歷史著作做研究，阿富汗與巴基斯坦多半不會是最輕鬆寫意的考察地點，但若是想在搜尋文本、書信與手稿的過程中有更多始料未及的峰迴路轉，恐怕就少有其他地方能比這兩個國家比肩。我一路上對許多朋友欠下了如山的恩情，因為是他們在我蒐集原始資料的過程中確保了我的人身安全與精神安定。

在阿富汗：羅瑞·史都華（Rory Stewart）將我安置在他阿富汗的堡內，讓我在該處獲得了美好的照料，為此我要感謝綠松石山基金會（Turquoise Mountain）的大家夥——邵莎娜·科本·克拉克（Shoshana Coburn Clark）、塔莉亞·甘迺迪（Thalia Kennedy）與威爾跟露西·畢哈萊爾（Will and Lucy Beharel）。希娌·德朗·卡爾薩（Siri Trang Khalsa）擔任我周末小旅行的嚮導，讓我得以一探伊斯塔利夫與恰里卡爾的究竟；此外她還替我跟在坎達哈的瓦坦風險管理公司（Watan Rish Management）牽上了線。米契·克里提斯（Mitch Crites）的陪伴讓我心安，而他睿智的建言則讓我明白了在阿富汗什麼事做得到，什麼事做不到，一如英國文化協會（British Council）的保羅·史密斯（Paul Smith）也為我扮演了類似的角色。

你不是每天都遇得到一國的秘密警察長把你的作品細細讀過，由此我非常感激時任阿富汗國家安全局（ＮＳＤ）局長的阿姆魯拉·塞勒（Amrullah Saleh），也就是當時阿富汗總統哈米德·

卡爾宰（President Hamid Karzai）的情報主管。除了蒙他對於《最後的蒙兀兒人（暫譯）》（*The Last Mughal*）給予我戒慎恐懼的批判之外（在他看來，扎法爾〔Zafar〕這位末代蒙兀兒君主是個可恥的弱者，欠缺愛國的熱忱，因此不值得同情），我尤其要感謝的是他替我聯繫上了安瓦爾・汗・賈格達拉克（Anwar Khan Jagdalak），因為有他的保護，我方得以重溯了當年英軍撤退的路線。安瓦爾・汗不惜冒著生命危險，才讓我見到他的出身的村里——為此我永遠欠他一份情。

同樣讓我感激不盡的，還有陪同我前往賈格達拉克、賈拉拉巴德語赫拉特的納吉布拉・拉扎克（Najibulla Razaq）。在面對想都想不到，阿富汗特有的突發狀況時，他總是能處變不驚地為我點迷津。我永遠忘不了在我們第一趟結伴旅程中，飛機在赫拉特落地後，我們才發現那座建於一九五〇年代的老機場航站被鎖上了，原來是管鑰匙的人跑去午禱了。事實上稍早要辦理登機手續時，我拿到的登機證上標明的航程是「從喀布爾到利雅德」（沙烏地阿拉伯首都），而當我指出我要去的是赫拉特之後，航空公司人員卻告訴我無妨，「他們橫豎都會讓你上飛機的」。此時一台老卡車駛來，把我們的袋子往停機坪的邊緣一倒，但四下都看不到行李推車，於是納吉布拉就很快去找來了兩個小男生，由他們用手推車把我們的行李袋載到一排被流彈打得傷痕累累的車輛旁，而那就是赫拉特的計程車隊了。納吉布拉還是個一流的嚮導，專攻赫拉特聖戰博物館：那兒的收藏都是蠢到想征服阿富汗之各地外國人所留下的物品，當中從第一次英阿戰爭留下的英國火砲，一直到俄國的坦克、戰鬥機、武裝直升機都一應俱全。我想不用多久，我們就可以在館藏看到幾輛被射成蜂窩的美國悍馬車或英國的荒原路華（Land Rover）吉普車。

英國駐阿富汗特別代表薛拉德・考珀—科爾斯爵士（Sir Sherard Cowper-Coles）在他臨別前，帶我去了潘傑希爾河（Panjshir）野餐。我們在河畔柳樹下的綿綿細雨中，享用了一頓不太尋常的英式午餐。毯子上的我們倆享用著小黃瓜三明治，配上用塑膠杯裝的夏多內白葡萄酒。你如果撇除他那戒備森嚴的一眾保鑣，不去聽他們的對講機劈啪作響，不去看那些自動步槍蓄勢待發，也不管背景那一堆俄製裝甲運兵車的殘骸跟被擊落的武裝直升機，那我們幾乎會以為自己身在科茨沃爾德（Cotswolds）*。薛拉德代表在那兒向我概述了阿富汗的政治局勢，及其與第一次英阿戰爭之間的可比之處。他就明哲保身的小細節對我傾囊相授，還給了我一個高科技的小玩意兒是衛星追蹤器，免得我在前往甘達馬克（Gandamak）的途中遭到綁架：按下上頭的緊急按鈕，這裝置就會傳送我的位置，並提供幾秒鐘的錄音讓我指認匪徒的身分。我把東西帶在了身上，但也很高興後來能「完璧歸趙」，沒讓這機器派上用場。

賽蒙・列維准將（Brigadier General Simon Levey）針對當年英軍的撤退路線，給了我一張「惠我良多」的衛星地圖。賈揚特・普拉薩德（Jayant Prasad）與喬達摩・穆古—巴陀耶（Gautam Mukho-padhaya）都在印度大使館讓我深感賓至如歸。薩阿德・穆赫賽尼（Saad Mohseni）與湯瑪斯・魯提西（Thomas Ruttig）則雙雙提供了在阿富汗各地行走需要知道的有用建議，還告訴了我有哪些人可以聯繫。其它結交於喀布爾且讓我銘感五內的朋友還包括強・李・安德森（Jon Lee Anderson）、強・布恩（Jon Boone）、哈亞特・烏爾拉・哈比比（Hayat Ullah Habibi）、艾克哈特・席韋克（Eckart Schiewek）與薩莫・科伊什（Summer Coish）。

阿什拉夫・甘尼博士（Dr Ashraf Ghani）†作為一名博學的歷史學者，兼為阿富汗前任的財

* 譯註：本意為羊群聚集的山丘，號稱一派田園風光的英格蘭最美小鎮。
† 譯註：二〇一四年成為阿富汗伊斯蘭共和國第二任總統，二〇一九年連任，二〇二一年八月十五日於塔利班進入首都喀布爾後當晚逃離阿富汗。

政部長，給了我在波斯與阿富汗資料來源上莫大的協助，至於賈萬・希爾・拉西赫（Jawan Shir Rasikh）則帶我前往了喀布爾位於朱伊希爾（Jowy Sheer）的書市，讓我得以在史料上大有斬獲。聯合國教科文組織的安迪・米勒（Andy Miller）協助我進入了巴拉希撒堡，並在導覽時帶著我繞開了蘇聯時期留下的地雷。賽義德・馬克圖姆・拉辛（Sayed Makdoum Rahin）與奧馬爾・蘇丹博士（Dr Omar Sultan）引我進入了喀布爾檔案館，入館之後則多虧了古蘭姆・薩克希・穆尼爾（Ghulam Sakhi Munir）的鼎力相助。法國駐阿富汗考古代表團（La Délégation archéologique française en Afghanistan；DAFA）中妙甚的菲利浦・瑪赫吉（Philip Marquis）除不吝讓我一窺他傲人的藏書，也用法式的熱情招待了我卡芒貝爾起司跟阿富汗最好的波爾多紅葡萄酒。

喬伊昂・萊斯利（Jolyon Leslie）慷慨地分享了他的學識與經驗，並協助我進入了帖木兒的陵墓還有在赫拉特的城堡，兩者都在阿迦汗四世（Aga Khan）的主導下，經由他的巧手得到了盡善盡美的修復。在這過程中，他率領著往往比聖經史詩中更多的人力，操勞地從事大量封土的搬運，才讓帖木兒的精美花磚在深埋地底數世紀之後得以重見天日。在復原古蹟的過程中，喬伊昂被迫移走早已是廢物的蘇聯火砲與防空掩體，還有蘇聯臨別留給赫拉特的「贈禮」——一處巨大的詭雷：具體來說是一張未爆彈之網，連向一座十三世紀六角塔樓上的舊坦克電瓶。在赫拉特，這些當年建來抵禦蒙古游牧部落的稜堡，二十年前仍被俄軍在阿富汗戰爭中用來抵禦伊斯蘭聖戰士。

個性溫暖且天不怕地不怕的南西・哈奇・杜普里（Nancy Hatch Dupree）陪我逛遍了喀布爾英軍兵營、畢畢瑪露山丘，還用百千種方式幫助了我。以其八十四歲的年紀，她仍持續穿梭於喀布爾與白沙瓦的兩個家中，有時自行駕車從開伯爾山口南下，有時候搭紅十字會的班機：「我是他們僅有的常客」。她這麼告訴我，是因為我近期才在喀布爾機場與她巧遇。我第一次的喀布爾研究之旅中一段很令我珍藏的回憶，便是由我帶著南西出門，在甘達馬克旅館（Gandamak Lodge）吃了頓晚餐，結果主菜吃到一半，旅館外頭竟然有自動武器的槍聲大作，當下那些「理應見過大風大浪的記者或撰稿無一不一屁股鑽進桌底，只有南西面不改色，煞有介事地在座位上表示，「我把薯條吃掉就好」。

在坎達哈，哈茲拉特・努爾・卡爾宰（Hazrat Nur Karzai）很是關照我；亞歷克斯・史特里克・馮・林斯霍滕（Alex Strick von Linschoten）與哈比布・扎霍里（Habib Zahori）一個在電話上，一個則親自前來給我指引了方向；瓦坦風險管理公司的馬克・艾克頓（Mark Acton）、威廉・吉夫斯（William Jeaves）與戴夫・布朗（Dave Brown）不吝在其瓦坦別墅裡收容了我也保護了我：誰想得到一屋退役蘇格蘭衛隊士兵（Scots Guardsmen）*住在這麼高壓的環境裡，可以滴酒不沾一連幾個星期？但我對此非常感激。坎達哈可不是靠自己就可以去的地方。

在巴基斯坦：莫辛與扎拉・哈米德（Mohsin, Zahra Hamid）讓我在拉哈爾進行研究借宿，晚上還提供我可以放鬆身心的餘興節目外加可口的旁遮普料理。我不得不特別感謝莫辛的父親把他的書房讓給我擺營床。在拉哈爾期間，旁遮普檔案館的法基爾・艾賈祖丁（Fakir Aijazuddin）、阿里・塞席（Ali Sethi）、索海伊博・胡薩因・薛爾宰（Sohaib Husayn Sherzai）與阿巴斯（Abbas）先生都不吝惜給我許多建議，還大方地讓我得以接觸到各類文件，以及波斯語、烏爾都語的最新資料。法魯克・胡珊（Farrukh Hussein）協助我找到了如意苑（Mubarak Haveli†），還向我介紹

* 譯註：蘇格蘭衛隊是英國御林軍中的一支步兵部隊，最早是查理一世的近身護衛。

† 譯註：可查詢字彙章節。

了他先祖幫助沙・舒亞從軟禁中脫困時的那處冷宮。

在印度：我的鄰居瓊—瑪莉・拉馮（Jean-Marie Lafont）給我上了堂錫克族的歷史課，還跟我說明了法國將領們在法奧吉卡赫斯兵團（Fauj-i-Khas）*中扮演的角色；麥克・阿克斯沃西（Michael Axworthy）是關於卡扎爾王朝知識的家教；詹姆斯・阿斯提爾（James Astill）提供了彌足珍貴的阿富汗人脈。在印度的昌迪加爾（Chandigarh），了不起的葛斯瓦米（B. N. Goswamy）教授發現了一些非比尋常的的圖片，接著他不但特地把 JPG 檔寄給我，還主動替我申請了使用授權。瑞扎・侯賽尼（Reza Hosseini）毫無私心地告知我他在國家檔案館的天大發現，那是《喀布爾與坎達哈的戰鬥（暫譯）》（*Muharaba Kabul wa Kandahar*）的波斯文手抄本，而且還無比貼心地給我帶來了一份一八五一年出版於印度坎普爾（Kanpur）的版本。班揚旅行社（Banyan Tours）的露西・戴維森（Lucy Davison）嫻熟地替我們安排了研究行程的後勤，讓我們得以重蹈沙・舒亞一八一六年那趟循一個個高山山口翻越皮爾本賈爾（Pir Panjal）山脈，慘烈的入侵喀什米爾路線。

在英國：大衛・洛因（David Loyn）、詹姆斯・佛格森（James Ferguson）、菲爾・古德溫（Phil Goodwin），還有我的親戚安東尼・費茲赫伯（Anthony Fitzherbert）都指點了我該如何遊走在現代的阿富汗國。查爾斯・艾倫（Charles Allen）、約翰・凱伊（John Keay）、班・麥金泰爾（Ben Macintyre）、比爾・伍德伯恩（Bill Woodburn）與薩爾・大衛（Saul David）都與我分享了關於阿富汗過往歷史的寶貴知識，也讓我得以追著新的資料來源持續探索。絲路圖書（Silk Road Books）的法魯克・胡笙（Farrukh Husain）寄了一包接一包維多利亞時代隊第一次英阿戰爭的描述。彼得與凱斯・哈普柯克（Peter, Kath Hopkirk）以大博弈為主題的史詩著作，堪稱是我——與許多跟我同輩者——在第一次英阿戰爭上的入門讀物，我對亞歷山大・柏恩斯的了解一部分即源於此，一部分則要感激柏恩斯引人入勝的新傳記作者克雷格・莫瑞（Craig Murray），其即將付梓的新書可望成為這個有趣人物重新評價的重要之作。莎拉・沃林頓（Sarah Wallington）與瑪麗安・菲爾帕特（Maryam Philpott）追查了大英圖書館當中極其針對的資料來源，而英國國家陸軍博物館的皮普・道特（Pip Dodd）、維多利亞與亞伯特博物館（Victoria and Albert Museum）的蘇・斯特隆（Sue Stronge）及大英圖書館的約翰・法爾柯諾（John Falconer）則想方設法讓我得以親炙他們館藏的藝術作品。那日午後讓我在大英博物館的各個儲藏室中留下了美好的回憶，是因為我與伊莉莎白・厄林頓（Elizabeth Errington）得以一同去蕪存菁地瀏覽了查爾斯・梅嵩那精心裝箱且仔細造冊過的阿富汗出土文物。

在莫斯科，亞歷山大・莫里森博士（Dr Alexander Morrison）與奧爾嘉・貝拉德（Olga Berard）扮演了成功的獵人，替我找到了伊凡・維特克維奇那些原已佚失的情報報告書。不只一位學者協助我處理了棘手的波斯與烏爾都語資料。布魯斯・瓦內爾（Bruce Wannell）跟我窩在德里庭院裡的帳篷中，一待好幾個星期，為的只是要偕我一起研究《沙・舒亞的回憶錄》、《喀布爾與坎達哈的戰鬥》，還有《戰役之歌（暫譯）》（*Naway Ma'arek*：*The Song of Battles*）。阿莉葉・納齊維（Aliyah Naqvi）暫時放下她以阿克巴朝廷為題的博士論文，跑來讓我認識了一個顛覆我想法的阿克巴，並協助我消化瑪烏拉納・哈米德・喀什米爾（Maulana Hamid Kashmiri）的《阿克巴納瑪》一書。湯米・維德（Tommy Wide）經手了《英雄史詩》（*Jangnama*）與《大事紀》

＊ 譯註：字面意義就是錫克卡爾薩軍中的「菁英單位」。

（*Ayn al-Waqayi*），並替我確認了帖木兒陵墓內與周遭各薩多宰墳墓的主人身分。丹尼許・胡笙（Danish Husain）與他的母親賽伊達・比爾吉斯・法蒂瑪・胡笙尼（Syeda Bilqis Fatema Husaini）教授攜手負責了《蘇丹編年史》（*Tarikh-i-Sultani*）跟《阿米努拉・汗・洛加里書信集》（*Letters of Aminullah Khan Logari*）。我尤其感謝慷慨的勞勃・麥克切斯尼（Robert McChesney）寄來了他的《光之史》（*Siraj ul-Tawarikh*）譯文。

幾名朋友非常好心地替我讀過了本書的各部分內容，提供了具有建設性的意見，這當中包括克里斯・貝里（Chris Bayly）、艾莎・賈拉勒（Ayesha Jalal）、班・霍普金斯（Ben Hopkins）、勞勃・尼可斯（Robert Nichols）、亞歷山大・莫里森（Alexander Morrison）、阿什拉夫・甘尼、安東尼・費茲赫伯、齊基・薩卡爾（Chiki Sarkar）與南迪尼・梅赫塔（Nandini Mehta）——來自印度企鵝圖書的夢幻組合——阿卡什・卡普爾（Akash Kapur）、芙洛兒・哈維爾（Fleur Xavier）、大衛・嘉納（David Garner）、莫妮莎・拉傑什（Monisha Rajesh）、詹姆斯・卡洛（James Caro）、賈萬・希爾・拉西赫、馬雅・賈薩諾夫（Maya Jasanoff）、喬伊昂・萊斯利、吉昂尼・杜比尼（Gianni Dubbini）、希爾薇・多明尼克（Sylvie Dominique）、皮普・道特、湯米・維德、奈爾・葛林（Nile Green）、克莉絲汀・諾埃爾（Christine Noelle）、麥可・森波（Michael Semple）與沙阿・馬赫穆德・哈尼夫（Shah Mahmoud Hanif）。強納森・李（Jonathan Lee）投入了數周的心血替某一版的初稿仔細加註，還幫助我弄懂了許多原本眼拙沒發現，阿富汗叛變中許多盤根錯節的動態。我曾為了本書去紐西蘭找過他，一邊踏著北奧克蘭那風強浪湧的冬季海灘，一邊聽他娓娓道來剪不斷理還亂的阿富汗部落史，那是我在籌備本書過程中至為趣味橫生也至為獲益良多的一日。

我一如以往幸運地有別無分號的大衛・古德溫擔任我的版權經紀人，而我在布魯姆斯伯里出版社（Bloomsbury）中那群優秀的新書發行人：麥可・費許維克（Michael Fishwick）、亞莉山卓・普林戈（Alexandra Pringle）、奈哲・牛頓（Nigel Newton）、理查・查爾金（Richard Charkin）、菲利浦・伯瑞斯福德（Phillip Beresford）、凱蒂・龐德（Katie Bond）、蘿拉・布魯克（Laura Brooke）、段簪英（Trâm-Anh Doan，音譯）、大衛・曼恩（David Mann）、保羅・奈許（Paul Nash）、亞曼達・薛普（Amanda Shipp）、安娜・辛普森（Anna Simpson）、亞莉克莎・馮・赫許伯格（Alexa von Hirschberg）、沙・蕭・史都華（Xa Shaw Stewart，音譯）與迪亞・哈茲拉（Diya Hazra），他們全都不遺餘力地為這本書投注了大量的心力與熱忱；我還要感謝的有彼得・詹姆斯（Peter James）、凱薩琳・貝斯特（Catherine Best）、馬丁・布萊恩（Martin Bryant）與克里斯多福・菲普斯（Christopher Phipps）；克諾夫出版社（Knopf）的桑尼・梅塔（Sonny Mehta）、黛安娜・柯格里恩內斯（Diana Coglianese）與艾琳・B・哈特曼（Erinn B. Hartman）；布榭夏斯代爾（Buchet Chastel）出版社的維拉・米哈爾斯基（Vera Michalski），還有在義大利服務於阿德爾菲（Adelphi）出版社，獨一無二的羅伯托・卡拉索（Roberto Calasso）。我衷心感激理查・弗爾曼（Richard Foreman）為我自《最後的蒙兀兒人》以來的每一本書，所有的付出。

一名職業作家最不可或缺的支柱，莫過於其家人的愛與包容。奧利芙、伊比、山姆與亞當，你們四個都對我好得沒話說，多虧了你們可以看著這個一天天走火入魔的老公／老爸在興都庫什流連忘返，好不容易回來也是坐在庭院深處的筆電前猛敲鍵盤，完全無心天倫之樂，反而是滿腦子神遊在一八四〇年代，掛念著阿富汗的動盪與創傷：一切都是我不好，謝謝你們。

最後僅以本書獻給我們家仍全時駐於德里的最後一個孩子，我心愛的老么，亞當。

威廉・達爾林普

於德里—喀布爾—奇斯威克*

二〇〇九年十二月—二〇一二年九月

* 譯註：Chiswick，倫敦西部郊區。

CHAPTER 1 難治之地

一八〇九這年，對沙．舒亞．烏爾—穆爾克（Shah Shuja ul-Mulk）來講有著相當吉利的開場。此時適逢三月，阿富汗展開了短暫的春天，脈搏緩緩回到了久遭及腰吹雪阻塞的冰封地景血管裡。值此之際，甜香撲鼻的伊斯塔利夫鳶尾花以其小巧的花朵，在冰凍的地表上穿過，雪松樹皮上的白霜緩緩地流成了融雪，過著游牧人生的吉爾宰人（Ghizai）拉開插栓，從冬天的獸圈裡把肥尾羊放了出來。他們拆掉了人住的山羊毛帳，準備著讓羊群踏上開春第一趟逐草而居的遷徙，目標是高山草原上的嫩綠。就在此時，就在大地回春、萬物復甦的這一刻，沙．舒亞一連收到了兩則喜訊——這在他並不平靜的治下，倒還真讓人覺得有點稀奇[1]。

第一件好消息，是關乎某件失落的傳家寶。世間最大的鑽石「光之山」（Koh-i-Nur）已消聲匿跡十年餘，但如此混亂的時局，讓人根本沒有去尋覓的心力。沙．扎曼作為舒亞的兄長，暨前一個坐上阿富汗王座之人，據稱在被敵人捕獲並弄瞎的前一刻，將這瑰寶藏了起來。此外名為「法赫拉吉」（Fakhraj）的巨大印度紅寶石，作為他們家族的另一顆至寶，也消失在大約同一個時節。

於是沙．舒亞召見了他失明的哥哥，訊問他知不知道父親這兩顆大名鼎鼎的寶石下落：其對寶石藏匿處心裡有數的傳聞是否屬實？沙．扎曼透露說他九年前將法赫拉吉藏在了開伯爾山口附近一條小溪中的某顆石底，接著沒多久就被捕了。後來在要塞牢房中被抓住並綑綁後，他將光之山塞進了一道牆縫中。此後一名朝廷史官的紀錄有云，「沙．舒亞立刻派遣了幾名心腹去找這兩顆寶石，並明確地要他們把每顆石頭都翻過來看看。結果他們發現光之山落到了一名辛瓦里的謝赫（sheikh）*手裡，被不知情的他當成了公文的紙鎮。至於法赫拉吉在這段期間，則被一名塔利伯（Talib；伊斯蘭的學生）†撿了去。他之所以會發現這顆紅寶，是因為他去了溪邊洗衣。沙．舒亞的人扣押了兩顆寶石，並將之帶回向國王覆命[2]。

第二則喜訊，是之前敵對的鄰國派使團前來。而這第二則消息，或許對沙阿（Shah）‡會更有用些也說不定。以僅僅二十四歲的年紀，舒亞已經進入治國的第七年。性喜閱讀與思考的他對詩詞跟治學的興趣要大於戰爭與用兵，但他的宿命就是未及弱冠就得繼承廣大的杜蘭尼帝國。該帝國由他的祖父艾哈默特·沙·阿布達利（Ahmad Shah Abdali）建立，崛起於另外三個亞洲帝國的瓦礫堆中：北方的烏茲別克人、南方的蒙兀兒人，還有西邊屬於波斯的薩法維王朝。杜蘭尼帝國首先是經由現代伊朗的內沙布爾（Nishapur）城為起點，一路途徑阿富汗、巴魯支斯坦、旁遮普與信德，最終把版圖拓展到喀什米爾與蒙兀兒之德里的門檻前。但現如今，他祖父殯天不過短短三十年，杜蘭尼帝國就眼看也要踏上前人的後塵，行將土崩瓦解。

但其實這並不是什麼好大驚小怪的事情。須知在其悠久的歷史上，阿富汗——或是按阿富汗人用他們叫了兩千年的名字，稱呼這塊土地為呼羅珊（Khurasan）——的分崩離析才是常態，政治或行政上的整合則是稀有的例外[3]。在大多數時候，這裡都是一個「進退維谷之地」——充滿撕裂與爭端，夾在其較有秩序之鄰國之間，一連串的山脈、氾濫平原與沙漠。還有些時候，阿富汗的各省構成了敵對衝突的帝國間的烽火最前線。只有鳳毛麟角的少數瞬間，我們方得見證阿富汗的各隅凝聚成某種自成一格的整體。

* 譯註：部落首領。

† 譯註：一譯「神學士」；可查詢字彙章節。

‡ 譯註：沙阿作為君王的尊稱，在姓名中會略稱為沙。

每逢阿富汗行將竄出，天地萬物就會合謀來阻路：興都庫什的地理、地貌，乃至於壯絕的岩石骨架，那宛若巨大岩石胸廓上一根根肋骨，將阿富汗舉國切分開來的冰蝕雪帽山脈，還有在崎嶇碎裂山坡上顯得十分顯眼的黑色石礫。

再來就要說到部落、族裔與語言上的各種斷層是如何把阿富汗社會弄得四分五裂：塔吉克人、烏茲別克人、哈扎拉人（Hazara）與分屬杜蘭尼跟吉爾宰兩部落的帕什圖人都會互別苗頭；伊斯蘭遜尼派與什葉派（Shia）*的相持不下；世族與部落之間宛若傳染病的派系主義，尤其是各支族譜近親之間的血海深仇。這些代代相傳的不共戴天之仇，是國家審判體系失能的象徵。在阿富汗各地，相互尋仇幾乎已儼然是一種國民休閒——就像英格蘭各郡會打板球一樣——而冤冤相報引發的殺戮規模常大到令人嘆為觀止。在和解的假象下，沙．舒亞底下的一名酋長邀請了大約六十名跟他有過節的親族前來「與他一同飲宴」，某觀察者寫道，「但事先放了一袋袋炸藥在房間底下，然後在筵席間藉故離席，再把對方炸個底朝天」。想治理這樣一個國家，你少不了得靠手腕、謀略與滿滿一大箱金銀珠寶。

所以在一八〇九年的開春，當來自旁遮普的信差稍來了東印度公司的某使團正從德里北上要尋求與他的緊急結盟時，沙．舒亞有理由趕到開心。在過去，東印度公司曾讓杜蘭尼帝國十分頭疼，因為其訓練有素的印度兵大軍讓人無法越雷池一步，做不成突襲興都斯坦（Hindustan）†平原那滿是油水的無本生意，但那曾長達數百年來都是阿富汗的一大收入來源。如今東印度公司似乎有求於阿富汗人而把姿態放低；沙的御用記者上書告知他使團也已跨過印度河，一路朝他的冬都白沙瓦（Peshawar）而去。此發展不僅讓他得以從圍城、抓捕與懲戒遠征的例行公事中暫獲解脫，甚至還有機會讓舒亞結交到一個強大的盟友——那對他可會是久旱逢甘霖。英國派團出使阿富汗，在這之前可是聞所未聞，兩支民族對彼此幾近一無所知，所以英使團多了一項新鮮感的額外優勢。「我們派了皇家宮廷中以注重細節與禮儀週到著稱的僕役去迎接英人，」沙．舒亞在其回憶錄中如是說，「並命令他們要做到讓使節賓至如歸，包括待客要明理，在謹慎與禮數上都不得有失。」[4]

送抵沙．舒亞手中的報告顯示英國人並非空手而來，而是滿載著禮物：「背上安著金色馱轎的象隻，一頂高高撐著陽傘的轎子，嵌有黃金的槍枝，匠心獨具有六個膛室的手槍，無一不令人大開眼界；身價不凡的時鐘，雙筒望遠鏡，可以忠實反映世間光景的鏡面；鑲有鑽石的燈具，上頭用黃金精雕細琢的羅馬與中國瓷瓶或用具；樹狀的燭台，乃至於一千美輪美奐且要價不菲的禮品，其耀眼奪目讓人即便窮盡了想像力，也無以描述其於萬一。」[5]多年之後，舒亞仍心心念念，覺得格外生趣的一項贈禮是：「一個能發出各種人聲一般聲響的大箱子，你會聽到由低至高的不同音色組成和聲與旋律，怎麼聽怎麼悅耳。」[6]英使團為阿富汗帶來了史上第一台風琴。

沙．舒亞的自傳，對他有沒有懷疑過這些大包小包的英國客人默不作聲，但等他中晚年在筆下談及這段過往時，他了然於胸的是這段他當時即將要談判建立的盟友關係，將會改變他人生的走向，也將一去不回頭地改變阿富汗的國運。

＊ 譯註：可查詢字彙章節。

† 譯註：一譯印度斯坦。

英國破天荒地遣團出使阿富汗，其背後真正的理由遠不在印度或興都庫什的眾山口。英國此舉的起心動念無涉於沙・舒亞、杜蘭尼帝國，或甚至是興都斯坦千絲萬縷的王侯政治。其真正的起源，可以追溯到普魯士的東北部，還有漂浮在尼曼河（River Nieman）中央的一艘木筏。

在此，時間推回十八個月前，權勢如日中天的拿破崙，會見了俄羅斯沙皇亞歷山大二世，為的是進行和約的談判。這場會面的背景是俄國於一八〇七年六月十四日的弗里德蘭之役（Battle of Friedland）中吞敗，當時拿破崙靠砲兵讓兩萬五千名俄軍於戰場殞命。這樣的損失不可謂不慘重，但俄國人仍得以有序地退回己方的前線。現時兩軍是隔著尼曼河上蜿蜒的牛軛湖，相互對峙，其中俄軍新獲兩個師的增援，另有二十萬民兵在波羅的海沿岸不遠處待命。

僵局的打開，是因為俄國人得知拿破崙要的不只是與俄方握手言和，而是還想與之相互結盟。於是乎七月七日，在搭建於木筏上且有個大大N字紋飾的白色古典亭子中，兩位人皇王見王地達成了協議，史稱「提爾西特和約」（Peace of Tilsit）[7]。

和約的大部分內容都關乎「戰爭與和平」的問題——托爾斯泰會把同名偉大小說的首卷命名為〈提爾西特之前〉，不是沒有原因的。會議中大部分的討論都關乎法國佔領下之歐洲的命運，特別是普魯士的未來，同時間被排除在會議之外的普魯士國王只能心急如焚地在河岸上踱來踱去，等著知道他在法俄閉門會議之後還有沒有王國可以統治。但就在和約的公開條款以外，拿破崙還納入了若干條當時沒有對外揭露的密約。這些密約奠定了日後法俄聯合戰線對拿破崙眼中英國主要財源所發動的攻勢，這指的當然就是與拿破崙為敵之英國手中最值錢的資產：印度。

透過拿下印度來「窮英」，並遏止英國持續進化為經濟強權，一直是拿破崙的夙願，也是之前好幾名法國謀士的夙願。在將近剛好九年前的一七九八年七月一日，拿破崙率軍登陸了亞歷山大城，劍指內陸的開羅。「透過埃及，我們將入侵印度，」他寫道，「我們將重建途徑蘇伊士運河的固有衢道。」他從開羅送了封信給印度南部邁索爾（Mysore）的提普蘇丹（Tipu Sultan），答覆了蘇丹希望拿破崙協力抗英的請求：「您已然得知我來到紅海邊境，還帶著所向披靡的大軍，將士們無一不滿心想讓你從英國的鐵軛奴役中獲得解放。祈願全能的神賦予你力量，讓你殲滅敵人！」[8]

但在八月一日的尼羅河之戰（Battle of the Nile）中，英國海軍上將尼爾森讓整支法國艦隊幾乎全數葬身河底，拿破崙意欲以埃及作為灘頭堡來奔襲印度的如意算盤為之一挫。這迫使了拿破崙改變了戰略，但他並未曾須臾打消藉奪取其經濟力量泉源來弱化英倫的念頭，一如有著印加與阿茲塔克帝國金礦的拉丁美洲曾是西班牙得以呼風喚雨的經濟命脈。

拿破崙改弦易轍，重新醞釀了以波斯跟阿富汗來攻擊印度的計畫。為此他未雨綢繆，與波斯大使簽訂了這樣的條約。「有朝一日法王殿下若有意派兵走陸路對在印度的英國資產進行攻擊，」條約內容說道，「波斯國王殿下作為法王的忠實盟友，將放行他通過。」

在提爾西特，和約的秘密條款勾勒出了計畫的全貌：拿破崙將效法亞歷山大大帝，親率其大陸軍（Grande Armée）中的五萬法軍穿越波斯而深入印度，而俄羅斯則將取道阿富汗南進。加爾丹將軍（General Gardane）被派駐到波斯來擔任法國與沙王的聯絡官，負責確認哪些港口可以提供泊位、飲水與補給給兩萬將士，還有就是要針對可能的侵印路線繪製相關地圖*。在此同時，拿

* 作者註：在拿破崙從莫斯科撤退的過程中，遭到截獲的行李中發現了有個箱子裡有滿滿的「報告、地圖與路線圖，全都是加爾丹將軍奉皇帝之命撰寫或繪製」，為的是他計畫要在俄國臣服後執行的征印作戰。NAI, Foreign, Secret Consultations, 19 August 1825, nos 3–4.。

破崙的駐聖彼得堡大使考蘭庫爾將軍（General Caulaincourt）收到的指示是要把這個想法告知俄國人。「計畫愈是說得天花亂墜，愈是聽著煞有介事，」拿破崙皇帝說，「有人想這麼做的企圖（畢竟，有法國與俄羅斯做不出來的事嗎？）就愈會讓英國人膽戰心驚；恐怖將挾雷霆之勢進入印度，讓倫敦陷入五里霧中；而且毫無疑問地，四萬法軍將獲波斯放行取道君士坦丁堡，與穿越高加索的四萬俄軍會師，必將足以讓亞洲望風披靡，也讓征服大業水到渠成。」[9]

但英國人並沒有被殺個措手不及。他們的情報單位藏了一名線民在駁船下方。這名幻滅了的俄國貴族把腳踝晃蕩在河中，不畏嚴寒地把法俄陰謀的每個字聽得一清二楚。由此他得以立即把包含敵人計畫輪廓在內的軍情，加急送往倫敦。再過六週，英國情報單位連秘密條款的精確用字也全盤到手。這些資料被快馬加鞭送至了印度。事情的全貌曝光後，印度總督明托爵士（Lord Minto）得到的指示是對夾在印度與波斯之間的諸國提出示警，要他們知道自己面臨的危險，並設法與這些國家交涉結盟事宜，共同抵禦法國或法俄聯軍以印度為目標的遠征。各支英國使團亦接獲命令要多方蒐集資訊與情報，以便減少英國手中地圖在這些區域中的空白。在此同時，增援已經在英國蓄勢待發。只要法國的遠征軍在港口中稍有動靜，本土的英軍就會直奔印度而去[10]。

明托爵士並不認為拿破崙的計畫是痴人說夢。取道波斯侵印並未「超脫現任法國統治者的精力與毅力範疇」，也是他在反制計畫中做成的結論。但他想反制的，正是「法國積極在波斯進行的外交操作，其目的是要鍥而不捨地尋求管道，以便其陰謀詭計能順利進駐興都斯坦的宮廷」[11]。

最終明托爵士派出了四支使團帶著成山的禮品出訪，好讓他們在警示與拉攏拿破崙侵印必經之路上的各方勢力時，不會有「巧婦難為無米之炊」的問題。其中一路使團被派往德黑蘭去說服法特赫·阿里·沙·卡扎爾（Fatteh Ali Shah Qajar），讓這位波斯君主認清其新法國盟友的狡詐本質。另一路被派往拉哈爾（Lahore）去與蘭季德・辛格統領的錫克人結盟。第三路負責的是信德的諸埃米爾。至於討好沙・舒亞與阿富汗人的任務則落到了東印度公司的明日之星，蒙特斯圖亞特・艾爾芬史東的肩上。

艾爾芬史東是一名低地蘇格蘭人，年輕時代曾是著名的親法派。成長過程中，他曾在父親統轄的愛丁堡城堡（Edinburgh Castle）中與法國戰俘朝夕相處，耳濡目染地習得了他們的革命歌曲，還把自己的及背金色捲髮留成了他們的雅各賓風格，以象徵他對其理想的同情[12]。艾爾芬史東年僅十四歲就被送往印度，是因為有人希望他能遠離是非。他在海外精通了波斯語、梵語與興都斯坦語，並很快就蛻變成一名有著鴻鵠之志的外交官，兼治學如狼吞虎嚥的史家與學者。

艾爾芬史東在第一次要前往印度浦那（Pune）赴任時，就需要一頭象來運送他的全數藏書，當中包括波斯眾家詩人、荷馬、賀拉斯、希羅多德、忒奧克里托斯、莎孚、柏拉圖、《貝奧武夫》、馬基維利、伏爾泰、賀拉斯・沃波爾（Horace Walpole）、德萊頓、培根、博斯韋爾（James Boswell）與湯瑪斯・傑佛遜（Thomas Jefferson）的卷集[13]。自那之後，艾爾芬史東追隨日後的威靈頓公爵（Duke of Wellington）亞瑟・韋爾斯利（Arthur Wellesley）在其印度中部的英國—馬拉塔戰爭（Maratha wars）中作戰，並七早八早就放棄了他的平權理想。「由於出名自命不凡的喀布爾朝廷似乎看不起歐洲國家，」他寫道，「我們因此決定要把這趟任務辦得轟轟烈烈。」

西方強權對阿富汗的首發使團，在一八〇八年十月十三日離開東印度公司在德里的駐館，伴隨大使一行左右的有兩百名騎兵、四千名步兵、十二頭象，跟六百頭起跳的駱駝。那一幕非常壯觀，但你也能很清楚地從這種想打動阿富汗人的嘗試中看出一點，那就是英國人有興趣的不是跟沙・舒亞的君子之交，他們要的是跟阿富汗人聯手對其帝國級的對手來個前後包抄：阿富汗人在英國人眼中只是西方外交棋盤上的過河卒子，當用則用，該犧牲也隨時可以犧牲。這是一個在未來許多年和數十年中被不同強權多次複製的先例；而每一次，阿富汗人都能堅守這片花不香鳥不語的險峻惡地，用壓根沒人料得到的自我捍衛能力，讓妄想利用他們的外來者大吃一驚。

現代的阿富汗國，咸認是由沙．舒亞的祖父艾哈默特．沙．阿布達利在一七四七年創建。沙．舒亞的家族來自於旁遮普的木爾坦（Multan），並長年有著為蒙兀兒人效力的傳統。所以不意外地，沙．舒亞的權力有部分來自於波斯掠奪者納迪爾．沙在六十年前洗劫自德里紅堡（Red Fort）的那一大箱金銀財寶，或更精確地說，是納迪爾．沙遇刺不到一小時，就被艾哈默特占為己有的那箱珠寶*。

因為把這筆財富花在了他的騎兵上，所以艾哈默特打起仗來幾乎是百戰百勝，但他終究還是敗在了一個比任何軍隊都更難纏的敵人手上。他的一張臉，成了阿富汗史料中所稱某種「壞疽潰瘍」在啃食的佳餚，實際情形可能是某種痲瘋病或癌症。他襲擊北印平原八戰八捷，並終於在一七六一年的帕尼帕特戰役（Battle of Panipat）中對馬拉塔人集結的騎兵給予迎頭痛擊。惟就在此權力的頂峰，他的鼻頭成了疾病的盤中飧，為此他只好在原處放上鑲鑽的填充物。就在他軍容壯盛的大軍成長到十二萬之眾，帝國版圖也擴張不止時，他的腫瘤也持續蔓延、摧殘著他的腦部，擴散的範圍達到胸腔與喉嚨，癱瘓了他的四肢[14]。他前往伊斯蘭蘇菲派的廟堂裡尋求療癒，但始終與他渴望的復原緣慳一面。一七七二年，對恢復健康感到絕望後，他開始困臥病榻，而一如某阿富汗作者所寫，「他的椰棗樹葉開始墜地入土，他的生命開始回歸來時之路」[15]。他新建的杜蘭尼帝國是一個悲劇，因為作為開國之君的他壯志未酬，沒能在有生之年奠定疆域、樹立具體可行的行政體系，或是好好夯實他東征西討的收穫。

帖木兒・沙（Timur Shah）作為艾哈默德・沙看似發育不良的兒子，順利守住了由父親手上接下的帝國心臟地帶。他將坎達哈遷都到喀布爾，為的是讓帝國核心免於以普什圖地帶為中心的紛紛擾擾，並起用齊茲爾巴什——最初跟著納迪爾・沙從波斯來到阿富汗的什葉派殖民者——來擔任他的禁衛軍。一如齊茲爾巴什，帖木兒的薩多宰王朝也操使波斯語，在文化上完成波斯化，並望向他的帖木兒王朝[†]先人——詩人勞勃・拜倫（Robert Byron）所稱的「東方梅迪奇」（Oriental Medici）[‡]——來作為他文化上的模範。他自豪於己身不凡的品味，在喀布爾復刻了由沙・賈漢（Shah Jahan）[§]統治下的喀布爾總督阿里・馬爾丹・汗（Ali Mardan Khan）在喀布爾的巴拉希撒堡（Ali Mardan Khan）所建造的正規花園。在這樣的嘗試中，啟發帖木兒的是他較為年長之妻室。他蒙兀兒公主出身的妻子從小於德里的紅堡中長大，一處處庭院裡要噴泉有噴泉，要遮蔭的果樹也一應俱全。

---

* 作者註：納迪爾・沙的蒙兀兒戰利品還剩下的部分，現仍深鎖在德黑蘭的伊朗國家銀行（Bank Meli）金庫中，當中包括光之山的姊妹作，「光之海」（Dariya Nur）。

† 譯註：主要指由突厥化蒙古人帖木兒（一三三六—一四〇五）創建於中亞的帖木兒帝國（一三七〇—一五〇七），其後裔南侵印度建立了蒙兀兒帝國，於一五二六至一八五七年間統治印度，亦為帖木兒王朝的一部分。

‡ 譯註：梅迪奇是十五到十八世紀在歐洲呼風喚雨的佛羅倫斯家族。

§ 譯註：一六二八—一六五八年間統治印度的蒙兀兒帝國皇帝，泰姬瑪哈陵的建造者。

如同他的蒙兀兒姻親，帖木兒天生善於讓人眼睛為之一亮。「他以過往的雄主為模板塑造他的治理格局，」《光之史》這本日後的宮廷史留下了這樣的紀錄。「他在頭巾上戴著鑲鑽的別針，肩頭斜披一條珠光寶氣的飾帶。他的大衣裝飾著寶石，左前臂有『光之山』，右前臂是紅寶石『法赫拉吉』。就連帖木兒．沙殿下也讓他的坐騎額頭佩戴另一枚嵌有寶石的別針。因為帖木兒個頭不高，所以他有一張御用的珠寶踏凳是上馬專用」[16]。雖然帖木兒．沙敗掉了父親所創帝國的波斯領土，但他終究奮力守住了位於阿富汗的家底。從一七七八到一七七九年，他收復了叛亂的旁遮普城市木爾坦，也就是他父王的出生地，並用駱駝載著數千錫克反賊的頭顱「滿載而歸」，好讓他有戰利品可以陳列[17]。

帖木兒身後留下二十四名子嗣，而緊接著他嚥氣而開打的奪嫡大戰——各皇子興致勃勃相互獵捕、謀害，讓彼此斷手斷腳——啟動了杜蘭尼王朝威信鬆動的進程；在帖木兒．沙最終繼承者沙．扎曼的統治下，帝國開始解體。一七九七年，沙．扎曼就像他的父親與祖父一樣，都為了要扭轉國運與跟充實財庫而下令全面入侵與都斯坦——這是經過時間考驗，解決缺錢問題的標準答案。受到提普蘇丹之邀請的鼓舞，他沿著開伯爾山口的九彎十八拐而下，進入位於拉哈爾，經過長年季風洗禮的蒙兀兒堡舊牆之內，並在那裡籌畫要如何突襲北印度的豐饒平原。惟時間來到一七九七年，印度逐漸面臨到的區域內壓力來自另一股令人膽寒的異國入侵：東印度公司。該公司最具攻擊性的總督是韋爾斯利爵士（Lord Wellesley），他另外一個身分是未來的威靈頓公爵之兄長。在韋爾斯利爵士的領導下，該公司快馬加鞭地從岸邊的工廠啟動擴展，征服了大部分的印度；韋爾斯利的印度作戰，會最終併吞掉比拿破崙征服歐洲更廣闊的疆域。此時的印度對阿富汗而言，已不再是以往那塊信手拈來的肥肉，更別說韋爾斯利更是名極其難纏的對手。

韋爾斯利決定他要去壞沙・扎曼的好事，但他不打算硬幹，而是想善用外交上的手腕。一七九八年，他派了一支外交使團前往波斯提供武裝跟訓練，並慫恿波斯去從沙・扎曼的後方殺他一個措手不及。沙・扎曼在一七九九年被迫撤退，並在撤退的過程中將拉哈爾託付給了一個年輕有大志的錫克能人節制。在阿富汗人亂成一鍋粥的撤退過程中，拉賈・蘭季德・辛格曾協助過沙・扎曼救回了遺落在傑赫勒姆河（River Jhelum）泥濘中的一些砲彈。因為讓沙・扎曼龍心大悅，加上辦起事來乾淨俐落讓人印象深刻，年僅十九歲的蘭季德辛格成為了旁遮普大部的主政者[18]。在接下來的幾年中，就在沙・扎曼率軍四處奔波要維繫住分崩離析的帝國之際，蘭季德・辛格將緩緩地把富饒的東部省分從杜蘭尼帝國中拆解出來，不再受其舊主掌握。辛格將自立門戶成為旁遮普的一方之霸。

「自古以來，呼羅珊的阿富汗人最出名的，」米爾扎・阿塔・莫哈瑪德（Mirza ʻAta Mohammad）作為沙・舒亞時代一支觀察極其敏銳的健筆寫道，「就是權力的油燈燒到哪裡，哪裡就有撲火的飛蛾群聚；澎湃的餐桌桌布鋪開到哪裡，哪裡就有蒼蠅鋪天蓋地。」[19]這個概念反之亦然。在想打劫印度受阻而被錫克人、英國人、波斯人包圍的扎曼撤退時，他的威信開始江河日下，他手下的王公貴族、家族親戚，甚至於他同父異母的兄弟，都一個一個開始反叛於他。

沙・扎曼的統治在一八〇〇年冬季的冰天雪地中，畫下了句點。就在那一年冬天，喀布爾人終於關上了城門，讓他們時運不濟的國王碰了一鼻子灰。事實上某個嚴寒的冬夜，就在雪花柔柔降落在他睫毛上的同時，沙・扎曼在賈拉拉巴德（Jalalabad）與開伯爾山口之間的一處堡壘躲避不斷變強的暴風雪。結果就在那一夜，他遭到其辛瓦里人*堡主的囚禁，對方鎖上了大門、殺害了

* 譯註：普什圖的一個部族。

他的護衛，然後用熱針弄瞎了他的雙眼。「那針尖，」米爾扎·阿塔寫道，「一下子就讓他宛若美酒的視力，從他有如酒杯的雙眼中傾瀉而出。」[20]

驕傲而整天愛念書的舒亞王子當時年僅十四歲，就遇到兄長被害失明且遭人推翻的局面。舒亞與皇兄沙·扎曼一向「焦不離孟，孟不離焦」，於是在後續的政變中，也有軍隊被派去逮捕舒亞。但他避開了搜索隊，並偕幾名同伴從山谷中的楊樹與冬青櫟樹林出發走沒有標示的秘徑，前往了高山山口處的結晶雪地，途中時而登上高山山脈的切口，時而來到平台地，睡則睡得克難，只希望等到風頭過去。那時的他做為一個聰敏、溫順而好閱讀的少年，對身邊刮起的暴戾旋風感到驚懼不已，詩句是他身處逆境中的慰藉。「困厄中也勿喪失希望，」他一邊寫出這樣的句子，一邊在山間一村過一村，接受忠誠部族民眾的庇蔭。「烏雲很快就會化為清澈的雨滴。」[21]

一如蒙兀兒帝國的開國之君巴布爾（Babur）*，沙·舒亞也製作了一本行文優美的書面自傳，並在當中論及了在那些他宛如一介遊民般飄盪在沙非德山（Safed Koh）的雪坡上，只能無家可歸的日子裡，人是如何在土耳其藍與翡翠綠的高海拔湖畔沿著悄然無聲的岸邊踽踽前行，蟄伏著，也盤算著何時是為自己平反身分的最佳時機。「此時此刻，」他寫道，「命運讓我們飽受磨難，但我們為了力量祈求，因為勝利與王者地位的贈禮握在神的手上。藉由祂的恩典，我們的心思是在登基的一剎那，我們便能以公義與慈悲去治理子民，便能讓百姓因為我們的羽翼庇蔭而活出幸福。因為王者存在的意義就是照看黎民，就是將弱者從壓迫中解放出來。」[22]

屬於他的時刻，在三年後的一八〇三降臨，主要是派系動亂於當時爆發：「喀布爾的民眾，」沙·舒亞寫道，「猶記得我兄長扎曼在治國時的溫柔與慷慨，而那在他們心中，跟僭越者與其流氓軍隊的傲慢形成了對比。百姓們受夠了，於是他們尋求宗教上的差異為託辭，為的是尋求一些改變。遜尼派與什葉派之間的齟齬重新激化，暴動也不消多久就出現在喀布爾的路街上。」[23]主要的衝突，發生在齊茲爾巴什什葉派與他們的遜尼派阿富汗鄰居之間。根據某遜尼派的資料來源指出，

一個齊茲爾巴什的混混引誘了一名住在喀布爾的遜尼派少年跟他一起返家。混混另行邀請了一些戀童的雞姦者參與這場可鄙的行徑，對無助的少年施予了連番不可言說的侵害。在對其下藥暨灌酒數日後，這群人把男童棄置於街邊。少年回家後把遭遇告知父親，父親於是想要討回公道……少年一家於星期五集合在普爾伊齊斯提清真寺，所有人都光頭赤腳，口袋翻開。他們讓男童立於祭壇下，呼求主祭撥亂反正。祭司於是宣布對齊茲爾巴什開戰[24]。

阿富汗人的血海深仇，多半牽涉到身邊的至親，而此例中的「僭越者」便是跟沙・舒亞疏遠的同父異母兄弟沙・馬赫穆德。當馬赫穆德拒絕處置權勢滔天的那名齊茲爾巴什人，只因為那個人還身兼他的貼身保鑣跟行政高官後，怨憤難耐的遜尼派部族從週遭的山區湧進喀布爾，將齊茲爾巴什聚落的牆垣圍了個水洩不通。在一片混亂當中，沙・舒亞以遜尼派正統的救世主之姿態，從白沙瓦抵達了現地，然後他釋放了一名原本身陷囹圄的兄弟——沙・扎曼，軟禁了另一名兄弟——沙・馬赫穆德——在其住處。他既往不咎地寬宥了所有反叛了沙・扎曼之人，僅有的例外是

* 譯註：帖木兒王朝之後裔。

辛瓦里氏族的酋長，因為他是弄瞎兄長雙眼的兇手：「官員們逮捕了犯人，與犯人的支持者，剷平了他的要塞。他們把所有財物劫掠一空，把人拖到了舒亞的朝廷。接著因為他的罪孽，他們塞滿了火藥到他的嘴裡，把他炸了個死無全屍。他們把他的人馬扔進監獄，對他們施以酷刑，為的是殺雞儆猴給那些放話受得了任何折磨的傢伙看看。」[25]最終根據《蘇丹編年史》作者莫哈瑪德·汗·杜蘭尼（Mohammad Khan Durrani）所說，他們把犯事者的妻室與子嗣綁在舒亞的火砲內，然後把他們當成人肉炸彈射出[26]。

在這種種內戰與兄弟鬩牆的過程中，杜蘭尼王朝的阿富汗迅速分崩離析至無政府狀態。也就是在這個時期，阿富汗從一個在許多蒙兀兒帝國的大人物心目中遠比印度有教養跟文化，高度成熟的學術與藝術中心，加速墮落成在現代史大部分的時候，大家腦海中那個被戰爭搞到殘破不堪而滿目瘡痍的落後國家。事實上沙·舒亞的王國，就已經僅是他父親治下那個阿富汗的殘影了。偉大的學院，像是在赫拉特（Herat）的那所高哈爾紹德（Gauhar Shad）學院，就早已在規模與學術聲譽上大幅縮水；呼羅珊在帖木兒時代養有負盛名的詩人與藝術家、書法家與毫芒藝術家、建築師與瓷磚師傅，都仍持續朝東南方的拉哈爾、木爾坦跟興都斯坦城市移動，不然就是西遷至波斯。阿富汗人仍以文化人自居，而當時最辯才無礙的阿富汗作家米爾扎·阿塔一旦自豪地談論起阿富汗「比起完全不知道白麵包跟受過教育的對話是什麼，慘不忍睹的信德，要典雅不知道多少」，口氣就跟巴布爾如出一轍。其他時候他談論起自己的國家，會說那是「一片生長著四十四種葡萄，外加其他水果——蘋果、石榴、梨子、大黃、桑葚、甜西瓜與麝香瓜、杏桃、水蜜桃等等——的土地，更別說那兒還有整片印度平原都找不到的冰水。印度人既不懂穿著，也不懂吃——他們的扁豆糊（dal）跟要命的恰巴帝（chapattis）*就像地獄之火，還請神救救我！」[27]

但事實是高超的帖木兒文化，還有與典雅而講究的波斯傳統，都已快速在消聲匿跡。這個時期的阿富汗，幾乎已經沒有任何一幅毫芒畫作傳世，反之形成強烈對比的，是旁遮普的帕哈里（Pahari）藝術家仍在產出印度史上某些曠世傑作。赫拉特這座曾經偉大的城市，如今已沉淪在骯髒汙穢中。在霍亂疫情反覆爆發的摧殘蹂躪下，赫拉特已經在從老一輩記憶中的十萬人口，縮水到只剩下四萬不到[28]。杜蘭尼的國度伴隨其嚴重的制度面弱點，已經來到了崩潰邊緣，而舒亞的權威，幾乎已經出不了從他那一小群支持者恰好紮營處往外推，單日的步行範圍。這種混亂與不穩定，為名為卡菲拉（kafila）†那一群群往返於中亞各城市的龐大商隊，製造了愈來愈多的麻煩——在中央政府令不出戶的狀態下，這些商店只能任由阿狗阿貓的部落酋長恣意抽稅、收費、搶錢。而這回過頭來又會威脅到阿富汗的政經局勢，因為經濟血管一旦阻塞，就會影響到阿富汗國的財政命脈。

不過，阿富汗仍可供應整個地區三項有利可圖的商品：水果、皮毛與駿馬。喀什米爾的織機仍生產著亞洲第一流的圍巾，其番紅花仍是同名香料的絕佳原料。木爾坦因為其大膽豔麗的印花棉布名聞遐邇。遇上好的年頭，卡菲拉身上將有稅款的毛可以拔，因為他們會往返於阿富汗的商道上把蠶絲、駱駝與香料從中亞帶到印度，再於回程帶回棉花、靛青（染料）、茶葉、菸草、哈

* 譯註：印度烤餅。
† 譯註：可查詢字彙章節。

希什（hashish）*與鴉片。但在扎曼與舒亞統治期間的政治動盪中，甘冒阿富汗山口之凶險也要跑這一趟的卡菲拉巴什（kafilabashi）愈來愈少[29]。相對於前幾代人的民族自豪，愈來愈多阿富汗人開始感到自己的國家走到了窮途末路，「一個除了人跟石頭，什麼都生不出來的不毛之地」，沙·舒亞一名繼承者後來有感而發[30]。

由於徵稅與海關能貢獻的歲收少之又少，舒亞僅有真正的資產只剩他瞎眼兄長沙·扎曼的忠誠，還有他幹練妻子娃法·貝甘（Wa'fa Begum）的建言，須知有人認為貝甘才是王座幕後真正的掌權者。硬要加一樣的話，就是家族中水位正快速下降中的蒙兀兒珠寶箱。

由此與東印度公司的結盟，就變得對沙·舒亞極其重要，因為他希望藉此獲取資源來重新團結起他破碎的帝國。時間拉長，英國確實會成功把阿富汗團結在單一的統治者下，只不過那場面稍微不同於沙·舒亞的想像。

時間來到一八〇八年十月底，艾爾芬史東與他的使團車隊正穿越舍克哈瓦提（Shekhawati）在前往比卡內爾（Bikaner）的途中。這代表他即將離開東印度公司的控制範圍，進入對英國人而言的處女地——飽經風霜而一片荒涼的塔爾沙漠（Thar Desert）。

未經許久，由馬匹、駱駝與象群串聯兩英里長的使團行列就發現自己身處於「宛若海上打來的波浪，一道高過一道，也好像風吹雪，表面上有一條又一條痕跡的沙丘……離開道路，我們的馬匹會陷進沙堆到膝蓋以上的位置」[31]。為期兩週的苦行帶他們經過了「荒蕪到非比尋常的通道，好不容易才發現城牆與塔樓，讓我們知道自己來到了比卡內爾，這個位於荒野中的偉大城市」[32]。

過了比卡內爾，就是舒亞僅存杜蘭尼王國疆域的邊境，而也確實也沒有多久，艾爾芬史東的隊伍就遭遇了第一批阿富汗人——「一群一百五十人的駱駝騎兵」，三步併作兩步地穿越空蕩的沙漠朝他們而來。「一頭駱駝上有兩名騎士，而每名騎士身上都配有修長而閃閃發光的制式火繩槍。」[33]在通過杜蘭尼王國的德拉・伊斯梅爾・汗（Dera Ismail Khan）要塞後不久，艾爾芬史東便收到了由舒亞送來的歡迎文書外加一套正式場合的禮服，來送信的一百名騎士，全都「打扮得像波斯人，身上看得到五彩繽紛的服裝、靴子，還有戴得很低的羊皮帽」。一八〇九年二月底，英使團通過了科哈特（Kohat）。遠方升起了白雪皚皚的斯平加爾山（Spin Garh）†；在低丘上的堡壘周遭，艾爾芬史東可以看到「許多掠奪者……但我們的行李防衛固若金湯，他們找不到縫隙攻擊」，逼著那些部族獵人只能虎視眈眈地按兵不動，「看得到吃不到地望著駱駝通過」。

此處的山丘有多狂野，谷地就有多無害，多讓人想一親芳澤。英使團途經楊樹與桑葚的筆直大道，當中往復交織著溪流與橋梁，那些橋梁底下有著蒙兀兒風格的磚造拱柱，上頭則有紅荊提供涼蔭。偶爾他們會看見狩獵的隊伍，當中的成員會在拳頭上有獵鷹，在腳跟頭有指示犬，或是一群用來撿拾鵪鶉或竹雞的捕野禽專用犬。很快地英國使節就發現自己正行經用牆壁圍住的花園，裡頭有各式眼熟的花卉：「野樹莓與黑莓灌木叢……李樹與桃樹、垂柳與長著新葉的懸鈴木。就連鳥兒都勾起了家鄉的記憶：「有些男士覺得他們看到了、也聽到了畫眉與黑鸝。」[34]

當時的白沙瓦「規模宏大、人口眾多，而且奢華亮麗」。這樣的白沙瓦除了是杜蘭尼阿富

* 譯註：大麻膏。
† 譯註：一稱沙非德山（Safēd Kōh）。

汗的冬都以外，也是普什圖文化的中心重鎮[35]。在前一個世紀，那裡曾經是兩名偉大普什圖詩人的根據地，且兩人都是艾爾芬史東讀過的大家。拉赫曼・巴巴（Rehman Baba）是使用普什圖語（Pushtu）*言進行書寫的偉大蘇菲派詩人，號稱「邊疆的魯米」（Rumi of the Frontier）†。「播下花的種子，好讓你的周遭成為一片花園。」他寫道。「別播下荊棘的種子，因為荊棘會刺傷你的腳。我們是一個身體的不同部分。誰傷害別人就是傷害自己。」不過比起巴巴，世事練達的庫沙爾・汗・哈塔克（Khushal Khan Khattak）才真正觸動了艾爾芬史東的啟蒙開明之心。庫沙爾作為一名部落領袖曾起事反抗過蒙兀兒皇帝奧朗則布（Aurangzeb），並甩掉了追逐他通過興都庫什各山口的蒙兀兒大軍。在日記中，艾爾芬史東把庫沙爾比作中世紀蘇格蘭的自由鬥士威廉・華萊士（William Wallace）：「有時候成功摧毀皇家軍隊，有時候幾乎隻身一人遊蕩在山林中。」但不同於華萊士的是庫沙爾・汗也是一名優秀的詩人：

美好如玫瑰是艾丹部族的少女……
她們的小腹纖瘦，她們的胸脯飽滿而堅挺。

我始終像隻老鷹登上山巔飛行，
許多美麗的鶴鶉曾由我刁在嘴裡。

愛情就像是一道熱火，喔，庫沙爾，
你可以藏住火焰，但無法看不到煙[36]。

或者有時更簡要直接一點：

河流對岸有個男孩，生得一副蜜桃臀
但可嘆啊！我不會游泳[37]。

在離開德里六個月後，英使團邁入了白沙瓦，下榻在主要市集旁邊一棟附中庭的大苑。就像在蘇格蘭受的啟蒙時代教育決定了艾爾芬史東對阿富汗詩歌的反應，閱讀經驗也影響了第一次覲見沙．舒亞時，這位英國大使對於眼前杜蘭尼君主的看法。在他前往白沙瓦的途中，艾爾芬史東浸淫在了塔西佗（Tacitus）的文句中，他滿腦子都是在塔西佗筆下，日耳曼部落是如何站出來與羅馬帝國對抗。在日記中，他直接把那些部落的行動對比到自己當下的處境：他想像阿富汗人就像日耳曼的蠻族，而「墮落的波斯人」就是軟弱而荒淫的羅馬人。但當他終於被領進室內見到沙．舒亞本人後，艾爾芬史東很驚訝地發現舒亞的教養跟他期待中野蠻的山地部落酋長有很大的落差：「喀布爾的國王是個風度翩翩的男人，」艾爾芬史東寫到舒亞……

* 譯註：可查詢字彙章節。
† 譯註：魯米是生活於十三世紀，伊斯蘭蘇菲派的神秘主義傳奇詩人。

有著橄欖色的皮膚，加上濃密的黑色鬍鬚。他的面容與表情尊貴卻討人歡心，聲音十分清晰，談吐深具王者之風。我們一開始以為他身上穿著一件珠寶盔甲，但仔細一瞧，我們才發現自己誤會了。他的身上的禮服其實是一件綠袍，上頭有黃金與寶石材質的偌大花朵，袍上則披著大片鑽石胸甲，形狀就像兩朵扁平的鳶尾花（fleur-de-lis）*，左右大腿上各有同款的裝飾，雙臂上有一點也不小氣的翡翠臂環，外加周身有各式各樣的珠寶。在其中一副臂環上，有著光之山……你很難相信這風采出自一名東方的君王，包括他竟然能流露出如此紳士的儀態，還有他儘管看得出急於討好，該有的尊嚴卻一點也沒少[38]。

惟關於阿富汗與英國這場第一類接觸，品質最佳、內容也肯定最充實的紀錄並非出自艾爾芬史東之手，而是得感謝他的一名年輕幕僚。威廉・弗雷澤（William Fraser）。弗雷澤作為出身蘇格蘭印威內斯（Inverness）的年輕波斯學者在為了沙・舒亞的歡迎陣仗而瞠目結舌之餘，寫了家書寄回給高地的雙親，而這些信件也提供了至為精準且栩栩如生的文字證據，讓後世得以一窺沙・舒亞在權力頂峰時的身影。弗雷澤形容了是何等恢弘的行列陪伴了身穿鴿式燕尾服，上頭看得到花式盤扣與辮狀穗帶的英國軍官，穿過了白沙瓦的街頭。他們經過了成群身穿飄逸斗篷與黑色羊皮小帽的阿富汗男人面前，而一部分阿富汗女性則不同於該國那些未以面紗遮臉的小農，一身從頭到腳的白色波卡（burkhas）†，算是開了英國人的眼界。

英國人通過白沙瓦那棟跟喀布爾者同名之雄偉堡壘——巴拉希撒堡（Bala Hisar）‡——的外廷，獲得了召見。他們被帶領通過了國王飼養的象隻，和那「在那可被稱為皇宮庭苑的環境中，最了不得的物體」，也就是一頭寵物猛虎，最終來到了就在覲見廳前方的主苑。主苑中有三池分屬不同高度的噴群在運作著，「拋灑著細如水霧的液體到相當可觀的高度」。最遠端是一棟兩層樓高的建築物上漆有柏樹的輪廓，其中上層是開放式而由柱子撐起的結構，中央有一附有圓頂的亭子。在鍍金圓頂下一墊高的多邊形王座上，端坐著沙．舒亞：「兩名僕役在手中握著亞洲系王權共通的皇家象徵——蠅拂[§]，而這為當下的場面定了調，這就是閱讀《天方夜譚》等童話故事時會讓人聯想到的那些畫面。」弗雷澤寫到。「人一進去，我們就先三次脫帽頂禮，然後雙手合成像用手去舀水的形狀，放在臉的底部，然後念念有詞聽說是禱告的東西。最後的收尾是由我們做出一種在撫摸鬍子的動作。」

此時，沿路的兩排士兵有半數被屏退，他們小跑步離開，胸甲與多層次的肩甲發出撞擊的鏗鏘，並「儘可能用盔甲發出最響的匡噹聲，踏在步道上的喀啦也被刻意放大」。等半數士兵退場後，一名朝廷官員站到了艾爾芬史東的面前，「仰望著國王以嘹亮的聲音呼喊，這是阿爾夫尼斯坦（艾爾芬史東）．巴哈杜爾．富林吉先生，英國大使，願神賜福於他；然後是阿斯塔吉（史特拉齊）．巴哈杜爾希生，以此類推，但就是愈到後面愈應付不了我們這些蠻夷的姓名發音，像是康寧翰、麥卡尼、費茲傑羅。等接近快介紹完的最後，他根本就是想到什麼就說什麼，整個亂念一通。」

等名字宣讀完畢，英國外交官們一動不動的靜立了一會兒，直到沙．舒亞居高臨下「用非常

* 譯註：直譯為光之花，與百合花神似；鳶尾花是法國國花，作為圖案有象徵王權之涵義。
† 譯註：伊斯蘭的連身遮面長袍。
‡ 譯註：直譯為高堡。
§ 譯註：以馬鬃製成，用來驅趕蒼蠅的拂塵。

響亮的嗓音」說出了庫什・阿穆底德（Khush Amuded）——意思是「歡迎」。舒亞接著從建物前的鑲金王座中起身，然後在兩名宦官的攙扶下走下了王座，來到覲見廳一角的一較下方的塔赫特（takht）*。等他重新坐定之後，英國的外交官們在柏樹大道上往前移動，進入有著拱廊的覲見廳。「一進去，我們就被安排到室內的一側。那兒的地上鋪著甚是豪華的地毯。首先打破沉默的是國王，他問起「英國的帕夏」（Padshah o Ungraiseestan）陛下與其國家是否安好，並表示英國跟他的國家一向相處融洽，相信兩國友誼將可長存。對此艾爾芬史東回應說，「盼上帝保佑如此」。

「總督的信接著被呈給了舒亞……艾爾芬史東解釋了他這趟任務的理由與目標，對此沙・舒亞慈眉善目地給出了充滿高度的答覆跟讓人安心的保證。」英國訪客們被覆上了象徵榮寵的禮袍，然後他們便起身，直接披著禮袍就乘馬返回下榻處。

那天深夜，弗雷澤起身提筆給雙親寫信，當中提及舒亞給他留下的印象：「我印象最深刻的是他外表散發出的尊貴，」他振筆疾書，「還有經由他的環境、他本人，還有他的王家風範，讓我嘆為觀之的浪漫東方風情。」他接著說道：

> 國王雙腳跪坐著，但上身直挺，沒有往後倒，雙手置於大腿之上，手肘朝外突出。一般而言，這是兇悍而獨立的傢伙會在椅子上往前傾，對其他人展示權威、豎目橫眉時所採取的姿勢，就像我曾看過（查爾斯・詹姆斯・）福克斯（Charles James Fox）在下議院露出過那幅模樣，當時他正準備要起身並疾言厲色地對痛斥腐敗的大臣。我們所站之處，就是他的臣民曾在國王面前表示過謙卑的同一個地方；那也是他的公開要求獲得執行，正義獲得他認可的地方；但暴政或許能在此處更快獲得順服……我的眼睛停歇在我腳邊地面上：那兒有沾染的血漬。

當沙從王座上下來，朝覲見廳移動時，弗雷澤判斷他身長大約五尺六寸（約一六七公分），並形容他的膚色「甚白，但死氣沉沉而看不出紅潤。他的鬍鬚濃黑，稍微用剪刀修短過。他的眉毛高聳但未曾彎曲，以某種斜度向上，但又在眼角稍微下彎……睫毛與眼皮邊緣用銻染黑，眉毛與鬍鬚也被用顏料加深了顏色」。沙說起話來，他補充說，「音量飽滿而聲如洪鐘」。

他的服飾十分出眾，冠冕別具特色且裝飾有珠寶。我相信那是個六邊形，並在每一角都豎著一簇豐滿的黑鷺羽毛……那是王權的徽章跟神選的標誌。王冠的框架必然是黑色天鵝絨材質，但羽毛與黃金把基底覆蓋的如此徹底，以至於我無法準確辨識出每一顆有著一席之地的寶石，惟翡翠、紅寶與珍珠還是難以自棄，只因為他們出奇的尺寸與美麗[39]。

舒亞與英國人就結盟事宜進行的談判，持續了幾個星期。

舒亞十分急於與英國東印度公司成為盟友，尤其是等不急讓英國協防他們的疆土，畢竟波斯已經從拿破崙處取得了這樣的承諾。但從四面八方傳自白沙瓦的壞消息，讓他分了心。富麗堂皇的宮廷只是表象，沙・舒亞對王權的掌握要遠比英國人所認知到的薄弱。艾爾芬史東與弗雷澤很

＊ 譯註：「御用平台」，可查詢字彙章節。

快就雙雙起了疑心，他們在想沙·舒亞堅持要擺出來的宮廷大戲，該不會在某種程度上是某種幌子，為的掩蓋他搖搖欲墜的統治基礎。

舒亞的問題，有部分來自於他宣稱要為阿富汗政治注入新的尊嚴。一八〇三年，也就是他初掌權利並讓沙·扎曼獲釋的那一年，他非常不屑於對被他擊敗的同父異母兄弟沙·馬赫穆德實施傳統的懲罰，也就是將雙眼弄瞎。「比起冤冤相報，我們從寬恕感到更多甜美。」他在回憶錄中寫道。「於是奉行可蘭經建議的慈悲，還有遵照我們自身溫順與樂於寬恕的本性，並且體認到人類就是集錯誤與粗心於一身的存在，我們敞開心胸聽取了他的辯解，授予了他皇家的特赦。我們相信這樣的不忠行為將就此畫下句點。」

就此，馬赫穆德被軟禁在了巴拉希撒堡頂端的宮殿。這項政策的引火自焚，發生在一八〇八年。在那一年，沙·馬赫穆德設法成功脫身，並勾搭上了跟沙·舒亞是死敵的部族，巴拉克宰（Barakzais）。此時的薩多宰（Sadozais）與巴拉克宰早已埋下部族間的血海深仇，不久更會引發席捲全國的衝突，讓部落間的四分五裂為毗鄰的強權提供了見縫插針的機會。未及多久，這將成為十九世紀初阿富汗的衝突原點。

佩殷達赫·汗作為巴拉克宰人的家父長，曾經當過舒亞父王帖木兒·沙的瓦齊爾，也就是首輔大臣。他是在帖木兒於一七九三年殯天之時，扶持沙·扎曼上位的「造王者」。他原本就此成為了對扎曼忠誠不二的宰相，但歷經六年的君臣關係後，他與扎曼大吵了一架。幾個月後，沙·扎曼發現他的瓦齊爾在密謀要逼宮來保護舊貴族的利益。沙·扎曼於是犯下了一個大錯。他不僅殺害了幫助自己登基的宰相，還一併剷除了所有參與計畫的幹部，而他們大多都身兼老牌的部落長老。雪上加霜的是沙·扎曼還讓佩殷達赫的二十一個兒子全跑了。也就是說沙·扎曼不但沒有把巴拉克宰的威脅中和掉，反而還捅了個馬蜂窩。就此沙・扎曼不僅為阿富汗兩大世族的血仇起了個頭，更等於在阿富汗的政治統治階層中開了個口。而從這個愈來愈大的傷口中，也很快就會爆發出內戰的烽火。

瓦齊爾的長子，乃是法特赫・汗，而他也繼父親之後成為了巴拉克宰的第一號人物。只不過事實慢慢證明巴拉克宰的新生代中最有決心也最具威脅性的，不是長子，而是一個由齊茲爾巴什母親所生，年輕許多的幼弟，名叫多斯特・莫哈瑪德・汗。多斯特・莫哈瑪德德才七歲，就因為擔任瓦齊爾的持杯者而目睹了父親在朝廷上被處決，而如此恐怖的經驗似乎造成了他終生的創傷[42]。長大成人後的多斯特・莫哈瑪德堪稱沙・舒亞最危險的敵人。事實上到了一八〇九年，十七歲的他已經是個心狠手辣的戰士，並且有顆工於心計的精明頭腦。

自沙・舒亞於一八〇三年當權後，他便用盡各種手段想要化干戈為玉帛，希望讓巴拉克宰家族能重回阿富汗朝廷的懷抱。老宰相的二十一子盡皆得到特赦並受邀重返朝廷，且為了讓新的結盟關係板上釘釘，舒亞還迎娶了他們的姊妹娃法・貝甘。一開始兩邊真的有盡釋前嫌的感覺，但巴拉克宰只不過是在等待機會替父親報仇雪恨，而一等沙・馬赫穆德逃出了巴拉希撒爾堡，法特赫・汗與多斯特・莫哈瑪德就二話不說舉起了父親的旗幟，加入了叛軍。

在艾爾芬史東率團抵達白沙瓦後不久，沙・馬赫穆德與巴拉克宰的叛軍就攻陷了南阿富汗的首府坎達哈。一個月後的一八〇九年四月十七日，就在艾爾芬史東與舒亞要敲定條約文字的前夕，叛軍直接拿下了喀布爾。他們的下一個目標就是白沙瓦。禍不單行的是舒亞的主力部隊此時正在喀什米爾與另外一支叛軍交鋒，而就在王城喀布爾淪陷消息傳來的大約同一時間，相關回報顯示喀什米爾的戰情陷入膠著：統領舒亞大軍的兩名貴族起了內鬨，其中一人因此改投了叛軍。

國王一沒了談判的心思，艾爾芬史東與使團就只能自己想辦法了。他們開始蒐集情資，開始向來自阿富汗個區域的商人與學者討教，並且四處問人，就阿富汗的地理、貿易與部落習俗進行了解。特使開始被派往各地：像有一名穆拉．納吉布（Mullah Najib）就領到了五十盧比的津貼要前往調查卡菲爾斯坦的希亞．波許（Siyah Posh），這人據稱是亞歷山大大帝的希臘軍團後裔。艾爾芬史東找到了沙．舒亞的芒西，也就是秘書，而這人可以說是長了腳的情報寶庫：「這人喜歡低調做學問，但他其實是個天才，而且求知慾宛若無底洞。雖然對形上學知之甚詳，對本國的道德倫理也聊若指掌，但他真正的熱情仍在於數學之上，另外他還在研習梵文，為的是一窺印度教的知識寶庫。」舒亞的朝中還有其他思想家與知識份子，而這些人當中也同樣「存有在該國占大宗的學術蘊藏……這些穆拉（Moolla）*當中有人深諳學理，有人通曉俗務，有人相信自然神論，有人是堅定地追隨先知穆罕默德，也有人通體散發著伊斯蘭蘇菲派的神秘教條氣息」[43]。

沙．舒亞讓艾爾芬史東一行人使用皇家的休閒花園，而他們往往會為了做研究而起個大早，午後才在沙．齊曼果園（Shah Zeman Bagh）解決第一餐，那裡的果樹種植是如此繁茂，以至於「即便在正午，陽光也照不到地上，而那也就讓人有了可以休憩的蔭涼……午餐後我們會退至某個鋪著地毯的涼亭，而趁著在那裡度過的時光，我們會閱讀寫於牆上的眾多詩句：多數講到的都是起伏難料的命運，且不少都能讓人聯想到國王的境遇」[44]。

艾爾芬史東伏案在日記上填入龍飛鳳舞的筆跡，為的是將阿富汗人性格中俯拾即是的矛盾加以釐清。「他們的罪惡，」他寫道，「是復仇、是羨忌、是貪心、是掠奪與剛愎；但另一方面，他們又鍾愛自由，又待朋友以忠義、又愛護骨肉親人，更別說還有好客、英勇、堅毅、節儉、勤勞與審慎等優點。」[45]他很精明地看出了在阿富汗作戰的勝負，鮮少是取決於軍事上的正面結果，而在更大程度上是要看誰有手腕能在部落效忠對象的反反覆覆中殺出一條血路。「事態的底定，往往是因為最後有某個頭目轉投敵營，」艾爾芬史東說，「也是因為頭目的軍隊主力最後選擇與主子同舟共濟，或是寧可自行逃命。」[46] †

舒亞的談判成敗，關係到的是其政權的存續。威廉・弗雷澤寫於白沙瓦的家書，顯示了英使團初始的樂觀是如何在轉瞬間變質為惶惶不安。「如今流通的報告都非常不利於我們可憐的朋友舒亞・烏爾—穆爾克，」弗雷澤在四月二十二日寫道。「喀布爾與加茲尼據說都已經由叛軍拿下，而他的喀什米爾軍恐怕已經遭到擊潰。這些消息雖然是鎮上的傳言，但我必須很遺憾的說其應該有所本，與實情相去恐怕不會太遠。所以說這個人徒有國王之名，卻已無國王之實，由此他的選擇只剩下先找地方避避風頭，或者孤注一擲在某場戰役上。」[47]

英國開始認知到阿富汗是個難治之地。兩千年來只在很短暫的時間裡，曾經有過強大的中央控制力足以讓不同的部落同時承認單一治理者的權威，如果是把標準提高到要有任何近似於統一政治體系的存在，那時間更是短上加短。從很多方面來說，阿富汗都算不上是一國，而更像是個

---

* 譯註：Mullah，指領袖或宗師。

† 作者註：同樣的狀況也往往適用於印度：勞勃・克里夫（Robert Clive）在普拉西（Plassey）與布克夏爾（Buxar）這兩場戰役中所謂的勝利，其實更像是英國銀行家與印度權力掮客之間的談判有了結果，而不好說是如帝國宣傳所剪裁出來——刀槍與勇氣換來的凱旋。

萬花筒中有著相互傾軋的部落土邦控制在馬利克（malek）*或瓦基爾（vakil）†的手中，而他們任何人都沒有非誰不可的忠誠，一切都要看條件談不談得成或你能不能說服他們，只有極天真之王者才會覺得他們理應以你為尊。各部落的傳統都是平起平坐而相互獨立，只有他們願意才會主動俯首稱臣。金錢可以買到合作，但大抵買不到赤忱：個別阿富汗士兵會優先效忠拉拔他們長大並付薪水給他們的地方酋長，而不是遠在喀布爾或白沙瓦的杜蘭尼國王。

事實上即便是部落領袖，也很常無法保證底下的人會聽話，因為部落的權威本身就很飄忽不定。當時有句話是這麼說的，pusht-e har teppe, yek padishah neshast，意思是每個山丘後面都有一名皇帝，或是類似的意思也有人說 har saray khan deh，意思是每個人都是一名汗王[48]。在這樣的世界中，國家從來沒辦法權力一把抓，而只能是競逐眾人效忠的其中一名與賽者。「阿富汗的每個埃米爾都睡在蟻丘上，」諺語是這麼說的[49]。艾爾芬史東領略到這一點，是因為他眼睜睜看著沙·舒亞的統治力在其周圍土崩瓦解。「各部落的小政府都非常能回應他們自身的需求，」他寫道，「因此在中央的朝廷不論亂到什麼程度，都不影響部落的運作，民眾的日常生活也都不致受到干擾。」[50]這也就難怪阿富汗人會驕傲地認為以山地為家的自己住在「亞吉斯坦」（Yaghistan）‡——自由不羈的土地[51]。

不少部落在數百年間的生存之道，都是為毗鄰的帝國效力，並藉此換取帝國付給他們政治上的保護費：由此即便是日正當中的蒙兀兒帝國，遠在德里跟阿格拉（Agra）的皇帝也知道不該奢望能對這些阿富汗部落徵稅。相對於此，他們明白想與這些蒙兀兒的中亞腹地保持順暢的溝通，唯一的辦法就是每年支付這些部落大量的補貼：在奧朗則布的在位期間，蒙兀兒的國庫得每年撥款六十萬盧比給阿富汗的部落領袖，藉此來確保他們的忠誠，其中光阿弗里迪（Afridi）一個部落就拿走十二萬五千盧比。惟即便如此，蒙兀兒對於阿富汗的掌控也頂多是斷斷續續，甚至是打了勝仗的納迪爾．沙在一七三九年剛劫掠完德里，也還是大手筆地花錢消災，把錢付給部落首領，由部落來確保他們進出開伯爾山口能雙向平安[52]§。當然帝國也有其他的選擇：如果能把征伐搶掠的戰利品拿出八成來誘惑阿富汗人，那對方確實有可能接受單一的權威領導，正如艾哈默特．沙．阿布達利與帖木兒．沙都曾做過的那樣[53]。但任何時候只要少了國庫充盈的統治者或戰利品八二分的誘惑去把國內的不同利益團體鞏固在一起，阿富汗就十有八九會分崩離析：這個國家少數的團結時分，都是建立在軍隊打得了勝仗的前提下，而從來不是因為行政框架的力量。

至少對沙．舒亞跟他祖父殘存的帝國基業而言，事情看來愈來愈就是這麼回事。時間來到一八〇九年五月，也就是艾爾芬史東率團抵達白沙瓦的兩個月後，災難的全副重量開始慢慢顯現出來：「各地的道路變得不平靜起來，所有的宗族與頭目都從聊勝於無的控制中被解放出來，相互展開了搶掠、爭辯與打鬥的過程，」弗雷澤如是寫道。

> 在喀什米爾的國王之師幾乎全軍覆滅……一萬五千人只回來了三千人。其餘若非陣亡就是投

* 譯註：村落頭目、小領袖；可查詢字彙章節。

† 譯註：頭目；可查詢字彙章節。

‡ 譯註：可查詢字彙章節。

§ 作者註：英國人後來學會了循蒙兀兒帝國的模式。根據一首帝國的打油詩，英國慢慢得出了一種政策是「教訓信德族、交好俾路支，但收買帕坦人（普什圖人）」。

敵……同時間沙·舒亞使盡渾身解數，上天下地去籌款。他強作樂觀地要到了一些、巧言令色地騙到了一些，再靠各種承諾把剩下的差額湊齊。甚至他還去與敵方的薩達爾（sardar/sirdar）*私下交涉。作為一名勇者，一個國庫空虛、軍隊吞敗而四散、貴族桀驁而不聽使喚，只能背水一戰的國王，他能犧牲的都犧牲了，能嘗試的也都嘗試了[54]。

被逼到牆角的沙·舒亞從開伯爾的各部落中召募了一支新軍，然後利用五月對所有他設法找來的新兵進行了基本訓練；同時間有「失了戰馬、丟盔卸甲、衣不蔽體」的殘兵陸續從喀什米爾逃回[55]。白沙瓦的氣氛變得劍拔弩張，是因為一群憤怒的暴民聚集在使團下榻處之外，而那又是因為外傳英國人與叛軍勾連，而舒亞已經下令對使館進行劫掠[56]。六月十二日，隨著英使團的安全變得岌岌可危，加上連外道路一天天更加兇險，艾爾芬史東偕眾多助手告別了沙·舒亞，朝東南向德里跟加爾各答進發。

同一時間的舒亞正準備要站穩立場。「雖然被鋪天蓋地的壞消息弄得四面楚歌，只能無助地看著惡意與厄運搶佔他對政權的控制力，但沙阿的立場仍十分堅定，他並沒有讓自己被淹沒進無邊的恐懼，」蘇丹莫哈瑪德·汗·杜蘭尼在《蘇丹編年史》（*Tarikh-i-Sultani*）書中記載說。「他反而御駕親征去抵抗沙·馬赫穆德的攻擊。」[57]

不到一週後，英國人安營在印度河左岸。他們在蒙兀兒阿克巴大帝建於阿特克（Attock）之雄偉碉堡邊，獲得了牆垣的庇護。但就在此時，他們看到一支濕透而狼狽的皇家車隊出現河的北岸，並匆匆忙忙地準備渡河。那是瞎了眼的沙·扎曼與娃法·貝甘帶著薩多宰族的後宮要前往安全處避難。「要把這樣的邂逅對我們一行人的心靈所造成的衝擊，形容給你們知曉，是一件很困難，也很讓人抑鬱的事情，」弗雷澤寫道。「許多人都強忍著淚水。瞎眼的王者被安排在一張低矮的窄床上坐著……他的眼睛從稍微有點距離處，看不出有缺陷，你只會覺得他雙眼處各有些髒汙，只會覺得他顏面上有點異狀。我們都坐定後，沙・扎曼以無異於平日的方式對我們表示了歡迎，並只簡單說他很遺憾沙・舒亞目前的不幸處境，並相信神一定會樂於再次眷顧於他。」[58]

沙・扎曼帶來的消息壞到不能再壞。舒亞遭受到的，是徹底的挫敗。他的王師原本從賈拉拉巴德朝喀布爾進軍，結果先鋒部隊才剛抵達位於尼姆拉（Nimla）的蒙兀兒花園，來到柏樹之前，還在道路上連出一條人龍的一行人就中了埋伏。叛軍的騎兵持長槍跟鋒利的開伯爾尖刀朝他們衝殺，吼叫、突刺、還有用火繩槍托捶打三管齊下。被長矛刺中或各種被貫穿的肉體如落葉般倒下，宛若突然洩了氣的皮球。接著騎兵便下馬將倒地的軀幹開腸剖肚或家以褻瀆，包括將生殖器割下後塞進死者嘴裡。短短不過幾分鐘，替舒亞率兵的大將就已經魂歸離恨天，新兵紛紛做鳥獸散。許多貴族經不起法特赫・汗・巴拉克宰的賄賂收買，如今已然倒戈[59]。沙・舒亞人在行進隊伍的後方壓陣，而等到他耳聞先鋒遇伏的消息，一切已經塵埃落定，再無回天的可能性。他的人馬現已潰不成軍，而在一頭栽進與敵軍廝殺的大亂鬥後，他更是與自己的貼身護衛都遭到沖散。

後來在響起雷鳴的昏黃日暮中，一道暴風雨狠狠朝已經四分五裂的軍隊襲來，巨大的背景音吞沒了馬兒精疲力盡的悶絕蹄聲。「天降的災禍是如此之不留情面，那天的雨一下就讓河川氾濫，想渡河變得難上加難，」《蘇丹編年史》的記錄寫道。「但沙・舒亞仍秉持對全能之神的信任，

* 譯註：將領、指揮官；可查詢字彙章節。

開始策馬涉水。」一開始，馬兒胸骨就像船的龍骨一樣切穿了水面，那匹種馬在喀布爾河一束束有如屋瓦的水流中站穩著立足點。但最終舒亞「不過來到河的中點，就遇到一道湍流打來，讓他從馬背上滑了下來。結果是他跟馬兒使盡吃奶的力氣，才奮力游到了河的對岸；但士兵不願與他一同渡河。所以最終是國王被一個個朝臣與僕役拋棄，隻身在此岸過了一夜」[60]。舒亞說的一針見血。「孤獨而無助的我們遭到了棄置，」他寫道，「就像一顆鑲在座上的寶石。」[61]

這一年曾經開始得那麼吉利，短短幾週前也才用精彩絕倫的宮廷大戲展示過其無上權柄的這名國王，如今又如同少年時一樣展開了孤獨的亡命，在阿富汗黑夜裡的晦暗鄉間盲然地策馬前行。

CHAPTER 2 不安之心

在尼姆拉之役敗北後，沙・舒亞歷經了漫長的羞辱與放逐。他帶在身上那顆價值連城的曠世珍寶，讓他原本已經夠凶險的流浪變得更加難以逆料。

有幾個月的時間，舒亞四處走訪了他盟友的朝廷，敦請他們路見不平，出兵助他光復他的王國，推翻沙・馬赫穆德，趕走巴拉克宰人。某晚，一個名為米爾扎・阿塔・莫哈瑪德（Mirza Atta Mohammad）的舊臣邀他前往阿特克，在看管印度河主要橫越處的雄偉要塞作客。在那兒，根據米爾扎・阿塔・莫哈瑪德所說，

> 他們邀請了沙・舒亞出席了一場私人宴會。席間他們享用了香甜的西瓜，並玩心大起地用西瓜皮互丟。但原本的相互調侃慢慢變質成了彼此的嘲諷與挑釁，很快地沙・舒亞就發現自己遭到了逮捕，一開始被關押在阿特克，後來在嚴密監控下被送到喀什米爾，關進了那裡的一處碉堡……利刃動輒會被握到他的雙眼之上；看守者還曾把雙臂被綑綁的他帶到印度河中，以死威脅他交出那顆大名鼎鼎的鑽石[1]。

娃法・貝甘在此同時，正忠心耿耿地想要把他營救出來。在丈夫失敗之後，她設法回到了拉哈爾。根據錫克族方面的史料，她以一介女流之輩挑起了與錫克大君蘭季德・辛格談判的責任。貝甘表示只要對方協助讓她丈夫獲釋，她願意以光之山相贈[2]。蘭季德・辛格同意了她的交換條件。一八一三年春，這名錫克領袖派了一支遠征軍到喀什米爾，並在那兒擊敗了關押舒亞的總督，將人從地牢中帶了出來。蘭季德・辛格接著把這名失勢的沙阿帶到拉哈爾。到了拉哈爾，舒亞被迫與後宮妻妾分開在先，遭到軟禁在後。蘭季德要他兌現妻子替他答應下來的條件，把鑽石交出來。

「我們後宮的女眷被另行安置在別棟房舍中，令人惱火地不得其門而入。」舒亞在回憶錄中寫道。「食物與水的配給遭到無來由的苛扣甚至切斷。我們的僕人有時能獲准去市區辦事，有時候又會被下禁足令。」他認為這已經有違待客之道。「這擺明了就是粗暴而無禮的表現，」他寫道，並很不屑地直指他的獨眼軟禁者蘭季德．辛格「既粗俗又蠻橫，更別說還其貌不揚外加生性卑劣」[3]。

蘭季德慢慢開始加壓。最落魄的時候，舒亞被放到一頂籠子裡，並根據他自身的描述，他的大兒子帖木兒親王還當著他的面被用刑，直到他同意跟他最值錢的財產說再見[4]。一八一三年六月一日，蘭季德．辛格親自來到拉哈爾城中心的「如意苑」*，並親率幾名隨從去伺候沙．舒亞。

他受到了沙．舒亞的接待：

在充滿尊嚴，且雙方都入座的狀態下，現場像是喊了暫停，進入了肅穆的寂靜中，而且這一靜止就是將近一小時，直到不耐煩了的蘭季德低聲要他的一名侍從去提醒沙．舒亞，要對方別忘了他此行的目的。沙阿沒有直接回答，但對了一名宦官使了眼色。得令而退下的宦官再回來時，

* 作者註：如意苑（Mubarak Haveli）迄今仍屹立在拉哈爾的舊城，距離位於安納卡利陵墓（Anarkali Tomb）內部且作為本書眾多研究資料來源的旁遮普資料庫，只需走路五分鐘的工夫。如意苑名字裡的 haveli，意思是「附庭園之宅邸」，而這棟宅邸至今仍保持著沙．舒亞時代的原貌，當中有連續的庭院接到木質鏤空格門與精雕細琢的陽台達到的生活空間。在第一次阿富汗戰爭後，吉祥宅被英國人送給了自喀布爾流亡的齊茲爾巴什領導圈，而它至今仍是什葉派的活動中心，宅邸中最深處的廳院裡有其內建的什葉派聚會所（ashurkhana）。我上一次去的時候，一顆炸彈在穆哈蘭姆月（Muharram；伊斯蘭曆法的第一個月）的祈禱行列要離開建物時，於吉祥宅外炸開。如今那裡成了警力巡邏的重中之重。

手中多了一個小卷軸。卷軸被置於與兩邊主子等距的地毯上。蘭季德．辛格等不及讓他的宦官去把卷軸攤開，當鑽石現身並被一眼認出後，蘭季德這個錫克人就抓起戰利品，銷聲匿跡[5]。

沙信守了娃法．貝甘許下的承諾，但鑽石到手的蘭季德．辛格卻食言而肥，沒有恢復舒亞的自由，因為沙．舒亞的珠寶固然值錢，但他的人也難言不是一個可以好好利用的資產。於是大君繼續軟禁沙．舒亞，只讓他偶爾在嚴密的監控下去沙利馬爾花園（Shalimar Gardens）野餐放風。「明明我們的協議有言在先，」舒亞寫道，「他們竟然在我們想出門去花園或廟宇透透氣時派特務偷偷跟蹤我們。我們根本懶得搭理他們。」[6]

不過即便被軟禁，舒亞還是有個小確幸是可以召見拉哈爾的眾家詩人來給他解悶。當時的名詩人「拉哈爾的魯肯大師」（Rukn-ul Din Lahori 'Mukammal'）*在其回憶錄中描述了他被舒亞召喚到如意苑，沒想到沙阿竟然被他的詩句撩撥了回憶而哽咽涕泣。「喔，微風啊，你對我愛人的長髮都做了些什麼事情？」詩興大發的舒亞回應以工整的格律。

你打擾了我內心的平靜。
我內心的鳥兒在哀嘆著我對故土的記憶，
這隻鶇鳥在哀嘆著牠與花園得各奔東西[7]。

幾個月後，蘭季德．辛格決定要把沙．舒亞餘下的寶物也弄到手。舒亞受邀加入錫克人要對白沙瓦發動的攻勢，須知此時在白沙瓦，與舒亞不睦的法特赫・汗・巴拉克宰作為他妻子的兄弟，正在設法將此地融入他的治理。「雖然我們當時喉嚨極度的不舒服，」沙・舒亞寫道，「但我們還是把夫人們留在了沙利馬爾花園的營地，動身加入了錫克人的強行軍。」在舒亞被引誘出拉哈爾，進入到鄉間後，說好的攻勢被莫名取消，表面上是因為法特赫・汗已經撤軍回喀布爾。惟在返程時，舒亞的營帳遭到一群武裝搶匪的襲擊。那些人三更半夜衝進皇家帳篷，而其中一名匪徒在被舒亞的阿富汗保鑣逮住後，他透露了自己是替蘭季德辦事。「我們十分驚訝，也十分駭然於這樣的發言，因為那證明了這些愚昧無知的錫克狗是如何沒血沒淚地背叛了我們。」舒亞評論說。他接著便提筆致函蘭季德說：「你們這是什麼行徑？不論你在謀畫的是什麼，都請你明人不做暗事——不要再這樣狡詐卑鄙地騷擾我們！這樣真的很可恥！」

隔日晚間，被竊的箱子被送回了原本的營地內。「大張旗鼓而煞有介事地，我們的錫克護送者送回了行李箱、地毯袋還有寶物櫃到我們的皇家居所——全都已經空空如也！」舒亞嘆道：

東西全都沒了，就剩下些管不了什麼用的舊衣裳。原本裝滿在箱子裡的亮白珍珠、來自鄂圖曼與信德那些妝點著金色條紋的手槍、巧奪天工的波斯寶劍、鑲嵌有珠寶的鍍金掌心雷、閃著紅色與白色光澤的黃金錢幣盒子、上好的喀什米爾羊毛與絲質圍巾，全都不翼而飛！但那些黑心的騙子竟還有臉對我們大言不慚地說：「喏，我們拚了命跟匪徒搏鬥，多少把東西搶回來了！還請

* 譯註：Mukammal為「成就斐然」之意。

國王陛下查看一下短少了什麼！」這麼無恥的強搶，乃至於後續的厚顏邀功：著實令人反胃！願神救我們脫離這劣行斑斑！

心知肚明這一切都是蘭季德・辛格本人在背後搞鬼，舒亞補充說，

我們在內心假裝所有被竊的財物都是幻象或噩夢一場……在連番遭到背叛後，我們已經不期不待能從這些惡魔處獲得任何襄助。但畢竟我們的女眷跟臉面仍被挾持在拉哈爾當人質，我們只能忍辱負重，也不管內心如何作噁。我們此後過了五個月令人不堪其擾，在監視目光下的日子：就像在大熱天穿著緊身衣物。堅忍的雙腳踢在壓迫的岩石上而傷了趾頭，但我們只能捶胸頓足來紓解內心的痛楚[8]。

惟沙・舒亞畢竟不是個能忍受寄人籬下而任人擺布的男人，於是未經許久，他便已構思出了逃脫計畫。他這次的第一個動作，一如他之前戰敗時一樣，都是先確保妻妾的安全，於是在他自身潛逃之前，他決定先將後宮偷渡出拉哈爾。而他能做到這一點，靠的是一名普什圖馬商，還有那些前來兜售雜貨給他女人們的拉合爾商人。根據後來《光之史》所蒐集到的各種傳統，

他透過某些印度女人，偷偷購置了若干輛馬拉車，而他之所以會結識這些女人，是因為豪門大戶有種習俗是會讓這些女性商人往來兜售貨品。經由這些買賣的掩護，舒亞的女眷每次十人，分四趟離開了拉合爾。她們身穿印度教的衣著，既像是要按照印度教的習俗去河邊游泳，又像是要去

鄉間郊遊。僕役依令越過邊境，把他的妻妾送到了屬於東印度公司勢力範圍內的魯得希阿那[9]。

蘭季德·辛格一聽聞娃法·貝甘等女眷已經成功逃離，「他就用悔恨的牙齒咬上了驚訝的手指」，並將守衛的數目增加到四千人，「魔掌伸入市內的每條巷弄、每道大門、每棟宅邸，甚至是廚房、廁所，乃至於我們的睡覺的空間……士兵會點起熱油，威脅著要我們別討肉痛：『把珠寶交出來，否則熱油淋上去可不好受！』」他們會心血來潮把舒亞關進設於庭院中的鐵籠。「不論我去到哪裡，就算前往沐浴，他們也會緊盯著我。世界於我與我一家變得狹隘，我們很快就開始懶得去管這些教育程度與出身教養都很低劣的錫克人在幹嘛。」沙·舒亞與他一家自此開始了誦讀起可蘭經，他們會念念有詞說著「將我們從壓迫者的部落中拯救出來」。

算是回應我們在深夜中的絕望呼喊，成為我們明燈的是這樣一個構想：在我們夜裡臥榻的正下方，就是皇家的藏衣室，那兒有忠心耿耿的皇家僕人待著。我們指示他們在他們下方房間的天花板上開個洞，而且要用他們的床來當掩護，免得被衛兵注意到。開這麼個洞，為的是從底下的房間挖條隧道，從鄰近七間我們都已租下的房屋底下穿過，遇牆掘牆，逢土挖土。就此經過三個月的時間，他們一面又一面地挖穿了七堵牆，抵達了市集不遠處的一道邊渠*。

留下一名忠心的追隨者在床上來假裝是他，並假扮成一名雲遊的托缽僧——「我在身體跟

---

* 作者註：如意宅中設有一個頗具規模的地下避暑室（tykhana；可查詢字彙章節），很顯然就是源自於這個時期。而這個避暑室的存在，肯定也讓地遁的可能性比表面上看起來大上很多。

臉上都拍上了灰，為了讓自己頭髮看起來亂成一團而編出髮辮，最後再用黑色頭巾來提供遮掩」——舒亞在兩名隨從的幫助下，鑽入了隧道。接著他們穿越了市區，擦身而過的盡是「由神弄得耳聾眼瞎的異教徒衛兵等非屬善類之人」。

最終我們抵達了堡內的主排水道，而這個季節的水道是乾的。在又黑又窄的排水溝裡移動並非易事，但鐵了心要逃，要讓神跟先知驕傲的我們奮力向前，一路上刮傷流血。最終我們探出頭來，抵達了河岸。那兒有僕役準備了可以更換的衣物，也預付了錢給操駕輕舟的船夫。我們快快地上了船，渡河到了彼岸。我們一路上或騎馬，或偶爾下來步行，但從未有片刻感覺到路程中的不適與危險，我們既沒有想著吃，也沒有想著睡……就此我們孑然一身逃了出去，僅以身免地離開了拉哈爾。但我們沒有物資、沒有款項，也沒有補給，所以很快就重新陷入了絕望的邊緣[10]*。

在逃離拉哈爾的幾個月後，沙・舒亞第一次嘗試復國。

舒亞首先與蘭季德・辛格的敵人，也就是旁遮普山間那些不滿於蘭季德的拉賈（rajah）†成立了統一陣線，然後計畫集結一支小部隊去奇襲喀什米爾，一舉拿下那塊谷地。此舉算是相當聰明，而且原本可以為他爭取到一塊富饒的復興基地——因為按照威廉・弗雷澤的觀察，舒亞仍「憑藉其溫醇、敦厚跟寬容的作風而深受臣民愛戴」[11]。再者，政治上的時機也無可挑剔：在蘭季德發動突襲去救出舒亞之後，喀什米爾谷地陷入了確切統治者的真空，一時間有多股勢力同時出手。但沙・舒亞在其指揮作戰時總是缺少的一樣東西，也是拿破崙眾所周知地說過是為將最重要的一項特質，就是運氣。

第一宗災難，發生在舒亞嘗試整頓財務的時候。他派人去拉哈爾取他存於當地匯兌業者處的十五萬盧比，結果此舉被蘭季德的細作發現。這筆錢於是遭到攔截，然後被轉存進了蘭季德的財庫[12]。為了把這筆錢補上所進行的募款工作，讓舒亞失了先機，也給了喀什米爾總督時間去調兵遣將並強化對舒亞可能入侵路線的防務。等沙．舒亞成功靠貝甘走私到魯得希阿那的細軟募足款項，得以開招募傭兵、建軍、與練兵之時，消息早已走漏，用兵的時機也早已錯失。

但舒亞對靜待時機到春天來臨的建議嗤之以鼻。他派出新軍越過賈特山口（Jot Pass），攀上昌巴谷地（Chamba Valley），而此時正是初雪開始灑落喜馬拉雅群峰山巔之際。為了在進入喀什米爾時能出其不意避開重兵防守的路徑，舒亞決定率軍穿越皮爾本賈爾（Pir Panjal）山脈，結果他們在遠高於雪松森林那些黑暗樹尖的一處荒蕪山脊上，距離斯里納加爾（Srinagar）只有數日路程的地方，遇上了暴風雪。舒亞的人馬發現他們困在山口頂端正下方的地方動彈不得，被大雪團

* 作者註：阿富汗戰爭畫家詹姆斯．拉特瑞（James Rattray）在其著名的阿富汗石版畫中曾於註解處提到策劃潛逃的不是舒亞，而是娃法．貝甘。拉特瑞認為是這位妻子謀畫了讓丈夫（與她自己）逃出生天，並稱她的表現是「冷靜與無畏」的典範。要說由娃法一介女流之輩去推動地道的挖掘，還要隔河安排船夫前往東印度公司位於魯得希阿那的地界，感覺讓人有點難以理解，但這也說明了關於娃法有通天本事的傳奇被渲染到何等程度，才會讓在她早已作古的三十年後聽聞這樣的說法。詳見 James Rattray, The costumes of the Various Tribes, Portraits of Ladies of Rank, Celebrated Princes and Chiefs, Views of the Principal Fortresses and Cities, and Interior of the Cities and Temples of Afghaunistaun, London, 1848, p. 29.。

† 譯註：土邦君主。

團圍住的他們只能暴露在冰天雪地中。「前進後退都沒有路，」舒亞日後寫道，「存糧跟飲水也撐不了太久。不知道該如何於雪中求生的興都斯坦士兵開始失溫而死。」轉眼之間，這支小部隊已幾近全軍覆滅。只有沙・舒亞與為數不多的人活著翻過了山口，回到了平原[13]。如某英國作家在聽聞這件事後所言，「這名王者似乎不論走到哪裡，身後都跟著厄運……他就像是在與自身的命運作戰，而他的命運就是一而再再而三地歷經少有人必須承受的磨難。」[14]

舒亞的處境變得十分危急。再次改扮易容，他不辭辛勞地帶著僅存的隨從繞路翻過山區，最終在一八一六年的季風季節抵達了英國位於薩巴圖（Subbathu）的邊哨。在邊界遭遇到一小隊人護衛他們同行後，他被帶到了魯得希阿那。他的妻妾已在那兒的主要市集附近找到一處樸素的宅邸棲身。「我們的煩惱都被拋到了九霄雲外，」他寫道。「感謝萬能的上帝先是將我們從仇敵手中拯救出來，引領我們通過沒有路的雪地，如今又將我們交託到友人的手中，讓我們睽違許久，再一次度過了只有舒適而沒有恐懼的一夜。」[15]

一八一六年的魯得希阿那是英國東印度公司駐軍的西北邊境城鎮。在其駐紮處的旗桿上，飄揚的是在從該公司的印度資產與英國駐聖彼得堡大使館之間，僅有的紅白藍米字旗。

在沙舒亞抵達之前，魯得希阿那主要是知名的人口販賣中心。通過這裡，來自旁遮普大小丘陵土邦與喀什米爾的少女——該區域被認為最有姿色的一群——會被當成奴隸賣進錫克人控制的旁遮普與興都斯坦[16]。沙・舒亞帶著他的流亡朝廷來到這裡後，就開始讓魯得希阿那從奴隸販售中心轉型為政治陰謀與諜報活動的大型集散地。在此後的幾十年間，此地會化身為英國針對旁遮普、喜馬拉雅山區跟中亞地區一處重要的監聽站：投機分子與騙徒、逃兵、傭兵與特務遍布之處、阿富汗陰謀家與憤世者的聚集地、蘭季德・辛格的領地，有領土爭議的喀什米爾谷地，以及東印度公司的勢力範圍[17]。

出生於波士頓、抽水煙、穿睡衣的大衛・奧克特洛尼爵士（Sir David Ochterlony）是魯得希阿那首任英國專員。他在那裡建立了東印度公司與蘭季德・辛格的確切邊界，並由奧克特洛尼爵士友人所率領的非正規軍騎兵軍團負責戍守。這名風度翩翩的友人名叫詹姆斯・史基納（James Skinner），是印度當地拉傑普特人與蘇格蘭人的混血地方軍閥。從他們在哈恩西（Hansi）與魯得希阿那的雙重基地，史基納的「黃色少年兵」（Yellow Boys）成為了東印度公司首支西北邊境的武裝力量，並且也是面對可能從開伯爾山口下來或越過象泉河出現的任何敵人，東印度公司的第一道防線[18]。緋紅色頭巾、銀邊的腰帶、黑色的盾牌與亮黃的衣袍，使史基納的士兵成為當時一名觀察家口中，「我歷來見過最花枝招展，也最美得如畫的騎兵。」

當一八一二年，娃法・貝甘第一回派宦官先行前往尋求英國人庇護時，奧克特洛尼與同僚對於要不要收容失勢沙阿的家人，意見是分歧的。駐德里參政司查爾斯・麥特卡弗（Charles Metcalfe）在拿破崙計畫入侵印度時為東印度公司與蘭季德・辛格談判出原始條約，他強烈反對接納這批流亡的王族，理由是這會讓他們與重要盟友的關係變得緊張，不符合東印度公司的利益。他寫道此舉「充滿了會造成不便、尷尬，甚至是代價的可能性，因此對公司而言絕對是能免則免，且考量到沙阿夫人的地位與所遭逢的不幸，我們應該用盡各種最不失禮的辦法去推掉這個燙手山芋。」[19]

奧克特洛尼對此完全聽不進去。他親身體驗過因為戰敗而逃難有多苦：他出身高地蘇格蘭人的父親曾在北美的麻塞諸塞定居，並在美國獨立革命時與效忠英王的保皇派出戰。結果等華盛頓所率的「愛國者」送走英國人後，奧克特洛尼一家被迫移居加拿大；在加拿大的大衛輾轉經英國加入了東印度公司的陸軍，那年是一七七七。奧克特洛尼比起大部分同時代的人都更懂得如何在禮儀上保護好穆斯林女性：根據德里的民間傳聞，他擁有不下十三名印度妻室，而且有一說是他任內每天晚間都會帶著十三名大小老婆在紅堡城牆跟河岸之間散步，每個太太都做在專屬的象背上。[20]

如今以其一貫的紳士風度，他把娃法．貝甘的安危攬載了身上。為此他指控冷血無情的麥特卡弗不該對落難的王后見死不救：貝甘，他寫道，「正處於孤立無援的狀態……身為人生地不熟的外國人，又是出身高貴但時運不濟的女性，她已經投身以人道精神與慷慨聞名的異國政府求取保護，由此作為這個政府的代表，我說什麼也要於盡一己之力來不辜負母國的美名。」他接著又頗有先見之明地補充說，「英國長期提供庇護與奧援給流亡的王侯，且不乏有完全出乎人想像的革命讓處境比沙．舒亞惡劣許多的王侯東山再起。即使恢復地位的王者不見得一定會對英國感恩戴德，但起碼英國政府的善意可以為我們在不知何時會用的場合上預備一名盟友。」[21]奧克特洛尼的主張說服了總督，貝甘順利獲得了庇護。

娃法．貝甘與跟她一道的女性是從拉哈爾出發，一跛一跛地在一八一四年十二月二日抵達了魯得希阿那。那天鎮上的英國官員通報了這群狼狽的訪客，也說明她們因為要在沒有護照或許可的狀況下通過英國邊境而忐忑不安。「我是想說先讓她們知道自己的人身安全無虞，可以多少安撫她們的心情，」他寫道，「我很抱歉沒有能提供她們比帳篷好一點的住宿方式。她們對我們熱誠的接待表達了感激之情，但堅持不肯給我添麻煩——她們說英國政府的保護是她們僅有的要求，其他的東西她們堅持不收。」[22]

只不過短短幾個月，貝甘獲得接納的消息一出，來投奔她的人數暴增到九十六人，而她本人搬遷到一處奧克特洛尼幫她找的半毀宅邸。由於她並無任何經濟來源，奧克特洛尼一開始曾自腰包負擔貝甘的支出。後來他設法替貝甘申請到一筆政府年金。

兩年之後，當舒亞宣布他「出於對我們母儀天下之王后的思念，還有想要見見我們傑出英國朋友的心願」而要與娃法．貝甘重聚的意圖時，奧克特洛尼的慷慨與遠見再次壓過了麥克卡弗的謹慎小心，甚至他還獲准可以派他的助理威廉．弗雷澤去邊界處迎接舒亞[23]。

弗雷澤很快就注意到自從在白沙瓦一別，這位沙阿歷經了多少巨變。七年來的挫敗、背叛、羞辱、刑求與監禁都留下了痕跡，一目了然的是如今的舒亞已經不再完好如初，不再好相處，也不再活潑開朗。他還近乎病態地堅持要維繫他皇家地位的門面，即便現實是他如今只不過是奧克特洛尼口中「體面的逃犯」——得靠前盟友的接濟才過得下去的難民。但如果弗雷澤以為他會見到的是個自暴自棄的男人，那他就錯了。「沙阿昨日抵達了邊境，」他在給奧克特洛尼的信中寫道。「我很遺憾地得知他希冀且預期得到高度皇家的待遇。他召喚了你的芒西，並告知他希望此地的百姓要保持與他起碼半柯斯（coss）*的距離，因為那是傳統上給君主殿下的尊重。」就像末代的蒙兀兒人，失去了整個帝國的他把小朝廷視為他野心的重心，而愈是沒有了權力，他就愈是堅持要公眾承認他的皇家地位。

他沒有了五十名武裝隨從，模樣跟我上一次見到他也大相逕庭，嚴重發福而眼神變得沉重而

* 譯註：印度傳統的長度單位，一柯斯約三千公尺。

幾近毫無生氣。他已經被大部分跟他一起來的人拋棄，而在留下來不多的人當中，我認不出任何一個在喀布爾任務中有頭有臉的阿富汗官員，甚至認不得有哪一個是我打過照面的人。那一幕對我來說非常揪心。命運的翻轉不算什麼，但似乎是命運翻轉造成的不知好歹與自暴自棄，確實讓人看了感到十分遺憾。前者是人之常情，任誰經歷都不稀奇，畢竟人生不如意事十之八九，但後者讓人感到沮喪的特性卻會動搖到人生哲學最優異的根基[24]。

舒亞來到魯得希阿那是一八一六年九月底，比他的妻室們晚將近兩年。從一開始他就擺明了他覺得安排的居所滿足不了他的需求。他以一國之君的姿態跟雙方有約在身之盟友身分，要求英國提供他超乎庇護與用度的待遇：他應該要有棟像樣的公館，而且圍牆要高到他的女人可以居於深閨而不被街頭象背上那些痴漢的目光意淫。他還明說了自己不打算在鎮上久留：按照他在給奧克特洛尼的一封信中所說，「在這兒待著對我有什麼好處？」[25]

沙阿的缺點不能說少，但那當中絕對不包括死氣沉沉或自我懷疑。未因挫敗而氣餒的他從被迫流亡的頭幾個月，就開始策畫重建新軍來奪回王位，「做起重新征服呼羅珊王國的甜美大夢」。在其回憶錄中，他敘述了他的安慰來自於那些是雖然一時失去了王國，卻在後期統領了更大疆域的君王：「在當代的統治者中，埃米爾帖木兒*曾十二次被趕出撒馬爾罕，」他寫道，「而在古代的帝王中，波斯的阿弗拉西亞伯（Afrasyab）†曾與宿敵凱．赫斯勞（Kai Khusro）大戰七十場，期間屢敗屢戰，從未輕言放棄。同樣地，胡馬雍（Humayun）‡繼承了印度的各行省，卻遭到舍爾．沙（Sher Shah）擊敗而不得不出逃並尋求伊朗『沙阿阿拔斯．薩法維（Shah Abbas Safavi）』的幫忙。事實上，除非上帝應允，否則萬事休矣。但反之若上帝玉成，則我們必然勝利在望。」[26]

此時的沙舒亞習於在亢奮、幻覺與憂鬱中瘋狂擺盪。前一天，他還會夢到奧克特洛尼形容是「眼光獨到」的計畫，可以藉此出乎敵人意料，取道「雪山與圖博（西藏）」而重返阿富汗[27]。後一天他就會因為計畫在實務上變得明顯窒礙難行而陷入愁雲慘霧。「沙阿的心境始終處於一種懸而未決的不安裡，」一名魯得希阿那的官員表示，「且他經常因為各種坐以待斃跟無計可施而在內心感到非常彆屈。」那名官員補充說：

> 我有部分的職責一直是，將來也繼續會是要盡可能安慰沙阿困乏的胸廓……我用上了各種浮上心頭的論點來說服他不要心存無法實現的念頭，包括他想求得英國協助他奪回王座，包括他想前進到加爾各答，也包括他強烈地想要移居到英國勢力範圍內的其他駐紮地。我甚至曾委婉地告知沙阿的謀士說這些妄想都出自他不安的心，而且除非能重返喀布爾，否則沙阿的期待將永遠得不到滿意的解答[28]。

不過儘管如此，就在他來到魯得希阿那的區區一年之後，具體的計畫就已經成形，加爾各答開始收到急報表示有一定數量的騎兵奔赴魯得希阿那要替沙阿效力。英國政府則在給奧克特洛尼

* 譯註：十四世紀帖木兒帝國開國者。
† 譯註：出自十世紀末到十一世紀波斯史詩《列王記》（*Shahnameh*）中的傳奇人物。
‡ 譯註：蒙兀兒帝國皇帝。

的回函中告知他「國王殿下應能接受誘導，靠英國的供養在魯得希阿那與其家人平靜度日」[29]。但明眼人都知道這想都不用想，絕對不可能。

在冬天硬闖喀什米爾鬧出的烏龍之後，舒亞這次在時機的挑選上謹慎許多。一八一七年，阿富汗兩大世族巴拉克宰與薩多宰之間的恩怨突然再度爆發，這一次的起因是巴拉克宰家讓一名薩多宰家的王妃受辱。兩名身分顯赫的巴拉克宰兄弟・瓦齊爾・法特赫・汗・跟他的弟弟多斯特・莫哈瑪德就被沙・馬赫穆德與他的兒子卡姆蘭・薩多宰王子（Prince Kamran Sadozai）派去出了個任務，出差地點是赫拉特，阿富汗西部第一大城。這對兄弟的使命是要發動奇襲，從逆反總督的手中拿下帖木兒帝國時期的碉堡，以免這名叛賊按其計畫將之獻給波斯人。他們如實達成了使命，但在後許的劫掠過程中，多斯特・莫哈瑪德跟他的追隨者把手伸向了後宮，並在那裡從總督「妻子褲頭上摘下了被當成別針使用的珠寶箍子」[30]。他們在亂來前所沒有顧慮到的是這名總督妃子的另外一個身分，是沙・馬赫穆德的姪女。

一週之後，當卡姆蘭親王來到赫拉特，他接見了一支來自後宮的代表團，她們的訴求是要恢復名譽跟復仇。如同他之前的沙・扎曼，卡姆蘭親王也開始忌諱起巴拉克宰家的權力擴張，因此薩多宰家後宮成員受辱對他來說，是一個不容錯過的機會。

抵達赫拉特的數日後，卡姆蘭親王宣布他將在碉堡外的皇家花園舉辦一場宴會，並且邀請了法特赫跟他的諸兄弟出席，名義上是要為收復赫拉特慶功。「舞者與樂師聚集在果樹之間，一盤盤肉叉烤肉跟一壺壺紅酒被端了出來，諾奇（nautch）*舞孃正在炒熱現場的氣氛。」米爾扎・阿塔寫道。

等瓦奇爾與諸兄弟進入花園後，他們酒一杯一杯地喝，烤肉一串一串下肚，心神則沉迷於標緻赫拉特女性樂師的舞蹈之中。很快地他們便醉到不省人事，名為神智的鳥兒飛離了瓦奇爾腦子的牢籠中，他躺成了一灘爛泥。這一切都是卡蘭姆親王布好的局，於是信號一下，宴會上的其他人一擁而上逮住瓦齊爾，捆住了他的手腳，然後弄瞎了他。眾人用他們的匕首刀尖挑過了瓦齊爾的雙眼，讓其中清澈的液體灑落到黑暗的盲眼地面上[31]。

法特赫．汗接著被削下了頭皮，受到了酷刑伺候。隔一會兒，眼前一片黑暗且血流不止的他被帶進一頂帳篷，那兒早已集合好一群他的仇人。他收到的指示是手書一封要弟弟多斯特投降，而他才一拒絕，說自己只是個可憐的瞎眼俘虜，一點影響力都沒有，他的處刑者就圍了上來。其中一人，阿塔．莫哈瑪德──也就是曾囚禁過舒亞並威脅要將他溺死在印度河中的那名貴族，同時也是父親遭到法特赫．汗指控謀反而處死的人子──一邊砍下了仇人的一耳，一邊說出了他的怨恨。第二人砍下了法特赫的另一耳，並同樣也將心中的恨意不吐不快；輪到第三人，法特赫被削去了鼻頭。接著是一支手被砍斷，然後另一手。隨著鮮血泉湧而出，在場的貴族一一道出了他們是受到何等貶低才會懷恨在心並前來索命，而「這也讓法特赫被奪走了人在被折磨時心中至高的安慰──問心無愧」。瓦齊爾一聲不吭承受著凌虐，直到鬍鬚被切斷，他才終於泣不成聲地哭了出來。待其雙腿也被砍斷，阿塔．莫哈瑪德才終於一刀從法特赫的喉嚨劃下[32]。

＊譯註：印地語、烏爾都語、梵語等語言中即跳舞之意，原為盛行於印度宮廷的舞蹈。

一如以往，就像沙・扎曼要了法特赫父親佩殷達赫・汗的命一樣，你殺了巴拉克宰家的頭目是一回事，但你要把他們整個家族都趕盡殺絕又是另外一回事。法特赫的好幾名兄弟從花園宴會中逃了出去，並從赫拉特殺出一條血路。另外兩人原本在土耳其浴（hamam）*裡樂不思蜀，但他們「一聽到外頭的異狀，就趕忙地從蒸氣室中跑出來，並得以逃出生天。他們隨手從有頂蓋的攤位處摸走了兩匹商人的坐騎，直奔坎達哈。他們在納德阿里（Nad Ali）的碉堡與瓦齊爾的母親會合，並發誓要為他們被虐殺的手足復仇[33]」。法特赫・汗或許已一命嗚呼，但其餘的宗族現已對沙・馬赫穆德與卡姆蘭親王宣戰，且開始在領地內鼓吹叛意。

雖著反叛浪潮開始擴散，部落長老紛紛致意給在魯得希阿那的沙・舒亞，力邀且慫恿他奪回王座並撥亂反正。這正是沙・舒亞等待許久的良機。在娃法・貝甘的協助下，他順利購得了武裝，拼湊出了一批拿命換錢的浪人部隊，當中包括一名美國傭兵喬西亞・哈連（Josiah Harlan）「將軍」。雖然一路上都被英國情報員羅斯上尉（Captain Ross）暨其兩名助理假扮成廓爾喀人跟蹤，但舒亞還是順利抵達了信德的金融中心希卡布爾（Shikarpur, Shikharpur）[34]。他從那裡的印度放款者處取得了貸款†。有了錢，他很快就募得了一支部隊，然後向北行軍，短短幾週內就重新收復了白沙瓦這個舊根據地。

只不過事實證明這樣的勝利，只是曇花一現。舒亞高傲的態度與對舊式宮廷派頭的堅持，疏遠了他與地方部落領袖的距離，於是沒過多久，「過早秉持皇家尊嚴而自視甚高的他就與邀請他出山的眾人產生了內戰[35]」。值此關鍵時分，一枚砲彈落在了沙阿的火藥庫，引起了巨大的爆炸，造成他的部隊死傷慘重；「一道壯觀的硝煙升起於天際」，沙・舒亞回憶說，「斷腿、殘肢與屍體四散落地。敵人趁勝追擊，我們被迫進入開伯爾的山區躲避。」[36]

又一回，舒亞只能撤退。被如今聲勢愈來愈壯大的巴拉克宰眾兄弟擊退的他，只能不得已地回到東印度公司的勢力範圍，甚至在夏天硬闖希卡布爾與賈沙梅爾（Jaisalmer）之間的頁岩沙漠，還導致他更多兵馬葬身沙塵暴。他還不上積欠信德金主的款項，導致對方撂話再也不借錢給他。如米爾扎．阿塔引用波斯諺語所說，「一朝被蛇咬，十年怕草繩」[37]。

一八一八年十月，在前往位於阿傑梅爾（Ajmer）的宏偉蘇菲寺院朝聖過，也去了趟德里，造訪了蒙兀兒皇帝阿克巴．沙二世（Akbar Shah II）後，舒亞返回了魯得希阿那開始下一次行動的策劃。

沙．舒亞此時沒有選擇，只能被動展開遭放逐的漫長生涯，以一種放棄掙扎多過真心享受的心情，擁抱起在魯得希阿那建立流亡朝廷的命運。

但即便是在流亡朝廷，身為沙阿的威儀也絲毫不能馬虎，小朝廷的該有的禮制也要百分百照規矩來。很驚人的是由於奧克特洛尼的介入，東印度公司不但願意容忍這種不知道演給誰看的排場，還決定以每年五萬盧比的大手筆提供金援。舒亞與其隨從在搬家後住得更寬敞，而訪客若來

* 譯註：可查詢字彙章節。

† 作者註：位於希卡布里的信德放款社群長年扮演戰爭幕後的金主並涉獵武器交易，而且這個傳統還一路延續至今。今天這一行當中最著名的希卡布里人是辛度加兄弟檔（Hnduja Brothers）。他們從事過許多這類交易，包括在一九八〇年代，兩人據稱曾極具爭議地參與將瑞典軍火商波佛斯（Bofors）的山砲售予印度的拉吉夫．甘地（Rajiv Gandhi）政府。

到煙霧瀰漫之魯得希阿那市集，也會受邀觀賞細節極其講究的政治劇場：「國王殿下幾乎天天都可以皇家之尊在魯得希阿一帶被人目擊，」美國傭兵喬希亞・哈連寫道。「長長的分列式宣告了國王的駕臨，還著人對著有氣無力的風兒跟空無一人的大道大喊讓路，就彷彿四周擠滿了擁戴王家的萬民，惟這一些自娛自樂，聲如洪鐘的發號施令，都根本得不到任何回應。」[38]

架空於事實的小朝廷在早已下了台的沙阿身邊聚攏。舒亞的內廷總管是穆拉・沙庫爾・伊沙克宰（Mullah Shakur Ishaqzai）——「一個矮胖的男人，」哈連寫道，「（其）圓滾滾的身形……充分收尾於代表其階級的巨大頭巾，而撐起其豐滿輪廓之巨量粗條長髮則以厚實的貂銀捲子落在他的雙肩之上。」那些捲子的存在，是有目的的：蓋住他耳朵原本該在的地方，原來他之前因為在陣前不夠英勇，已經被舒亞下令削去了雙耳。但穆拉一點也不是個案，至少按照哈連所述，舒亞已經養成了習慣只要家中有人出差錯，犯事者就會有哪個部位要跟身體分家了：許多舒亞的侍從都分別在不同的時期丟了耳朵、少了舌頭、沒了鼻子、缺了下體，結果就是「伺候這名前國王的是一堆聾子跟太監」。

倒了大楣的大太監是個非洲穆斯林，名叫庫瓦亞・米卡（Khwajah Mika）。據說他之所以失去自己的男性象徵，是因為那張保護娃法・貝甘等后妃的後宮屏幕被一陣強風吹掉，結果他就被究責了，所幸「處刑者心軟」，哈連說，「只剝奪了庫瓦亞・米卡男性器官的下半部」。這之後他再失去耳朵，打擊就小多了，君不見不同於穆拉・沙庫爾，這位大太監「剃了個大光頭，堂堂正正地展露出『皇家禮遇』的標記。」[39]

跟舒亞見到面的訪客仍舊非常有感於他的魅力、儀態與威嚴。像是壯遊中亞的先驅旅人戈弗雷・維恩（Godfrey Vigne）就表示舒亞「甚是親切……與其說是亡國之君，樣子更像是失了莊園的仕紳」[40]。另外，舒亞也走在時代前面地為他羽翼下的孩子興學：一八三六年，進入這些學校就讀的學齡男性已有約莫三千人[41]。惟東印度公司的魯得希阿那專員轄區紀錄，在拉哈爾資料庫裡被完整保留下來，而這些紀錄似乎坐實了哈連指稱舒亞在其他方面並非旁遮普地區的開明派雇主：像是他的女奴就經常傳出有人逃跑，合理懷疑是怕被舒亞懲罰，但也有些案例是去投奔鎮上英國駐軍裡那些年輕英俊軍官，為的是「尋求保護」。這無可避免地導致了若干外交僵局發生在魯得希阿那的兵營與阿富汗的流亡朝廷之間[42]。

在奧克特洛尼於一八二五年去世之後，要處理這些爭端的人變成了東印度公司在魯得希阿那的新任專員，克勞德・馬丁・韋德（Claude Martin Wade）上尉。

韋德是出生於孟加拉的波斯學者，也是法國探險家克勞德・馬丁的義子。克勞德・馬丁在韋德父親窮困潦倒時借了錢給他，而韋德也就用了恩人的名字。靠著他的法國人脈，韋德找到了一個與錫克朝廷對口的差事，須知蘭季德・辛格的權力基礎是他足足有八萬五千人的錫克卡爾薩大軍，而這支大軍的訓練與軍官又都來自一小群法籍與義籍的拿破崙舊部。這種種不同背景的人在同一處通婚，造就了大量旁遮普的混血家庭。托韋德之福，這些前拿破崙軍官變成了英國人了解中亞的重要情報來源*。韋德特別強調要善待這些人，並被一名感覺受用的法國旅者形容為「邊

* 作者註：在一八二〇年代，東印度公司以五千盧比的巨資買下了這當中一名軍官克勞德・奧古斯特・寇特將軍（General Claude August Court）的日記，內文描述了他走陸路穿越阿富汗的旅程。

境的王者與非常好的傢伙……腦袋靈光、消息靈通的他就連其交遊的對象也能使人感覺受益良多，相處愉快」[43]。但內含他情報的函件讀起來可就沒有這麼雲淡風輕了：韋德確實親切，但同時他為人也不可謂不狡黠、嚴峻、尖銳而且多疑。遇到有人跟他唱反調，他也不是不能像隻刺蝟似地充滿領域性，極度抗拒有人想打破他代表英國與錫克跟阿富汗交往的獨佔地位。

從他在一八二三年來到鎮上的第一天起，韋德就著手要讓艾爾芬史東從白沙瓦撤退後就放著不管的廣大（文字）新聞跟情報網恢復生氣，主要是自從拿破崙的威脅過了之後，這個網路的維持就被當成不必要的開銷而忽略。韋德還以他自身的特派員，建立了從旁遮普與阿富汗延伸到希瓦、布哈拉與更遠處的耳目網絡，主要經由「特地安插的地頭蛇」來蒐集資訊[44]。這些資訊會經過整理、篩選與分析後，被韋德送往他在加爾各答的長官們。雖說在這個時期，新聞撰稿、線民、徹頭徹尾的間諜這三種身分間有著千瘡百孔的界線，但不過分的說，韋德就是後世所稱「大博弈」中的兩大間諜頭子之一。所謂大博弈，就是英俄在帝國勢力、諜報與土地征服等面向上進行的恢弘角力，其終曲要一直等到英俄的亞洲帝國崩解才響起，而其開場的你來往我就在韋德的身處的時代進行[45]。

韋德在這方面工作上的死對頭，是英裔愛爾蘭人亨利・帕廷格爵士這名難纏的硬漢。帕廷格爵士代表孟買管轄區（Bombay Presidency）在喀奇（Kutch）屬於古吉拉特族（Gujaati）的普傑（Bhuj）鎮上經營與韋德互別苗頭的情報網，重點特別放在印度河三角洲、信德、俾路支斯坦（Baluchistan）與錫斯坦（Sistan）。年輕時的帕廷格曾裝扮成穆斯林商人深入波斯與信德遊歷，而對這片疆域的了解不輸給任何一名東印度公司職員的他，也慢慢地養成了可與韋德相提並論的領域性。

在盡忠職守地於沙．舒亞的幽靈朝廷裡軋上一角的空檔，韋德把時間花在了情報的拼圖遊戲上。一片片由新聞與傳聞構成的拼圖，來自於他數量不斷成長的線人：印度文員、貿易商、流水的傭兵、志同道合的貴族，全都被招募來提供新聞與市集中的各種流言蜚語。但認真說起來，韋德最管用的特派員還得算是一名非同小可的英國逃兵。這人本來以詹姆斯．路易斯（James Lewis）之名為人所知，但後來從東印度公司逃出來之後，他在喀布爾自立門戶用的化名是查爾斯．梅嵩。

梅嵩是個求知慾甚強的倫敦人，而他從軍團脫逃並於一八二六年的珀勒德布爾（Bharat-pur）之圍中假死之後，先是步行穿越了北印度，接著渡過了印度河，然後一步一腳印探索了阿富汗，期間他過著就像是托缽僧的雲遊生活。單憑一本羅馬時期希臘史家阿里安（Arrian）的《亞歷山大遠征記》（*Life of Alexander the Great*）當成指引，他成為了首名一窺阿富汗考古狀況的西方人。追隨亞歷山大大帝的足跡，他在舒馬里平原（Shomali Plain）找到了偉大巴克特里亞─希臘王國城市巴格拉姆（Bagram）的遺跡，還在其他地方有條不紊地挖掘了佛教的窣堵坡（stupa）*與貴霜帝國宮殿，並且盡忠職守地將各種發現南送到新成立於加爾各答的亞洲協會（Asiatic Society）。出於某種原因，韋德察覺到了梅嵩身為逃兵的真實身分，並在不久後開始勒索他，逼著他成為自己的線民。韋德輪番對他威迫與利誘，一會兒拿極刑的威脅嚇唬他，一會兒又用皇家的特赦勾引他。透過梅嵩，韋德第一次確保了有源源不絕的準確報告從阿富汗流入。

這張日益茁壯的情報網，誕生在瞬息萬變的地緣政治年代。拿破崙代表的威脅已經告一段落。

* 譯註：舍利塔。

取而代之的是在一八二〇年代，換成了俄羅斯讓東印度公司的鷹派在馬德拉紅酒（madeira）*的杯觥交錯間坐立難安。

自從在一八一二年告別了拿破崙之後，俄羅斯人就快馬加鞭將其邊境往東與往南進逼，一如東印度公司的韋爾斯利總督也迅速將其邊境往北與往西推移。由此愈來愈擺在眼前的事實——至少在倫敦扶手沙發上的謀略家眼裡——是這兩個帝國免不了會在某個點上於中亞發生碰撞。艾倫巴勒爵士作為東印度公司管理委員會（Board of Control）†的新任鷹派主席，又身兼威靈頓公爵內閣中負責印度事務的大臣，是第一個將這股焦慮轉化成公共政策的政治人物。「我們在亞洲的政策必須遵守僅有的一條路，」他在日記中寫道，「才能限縮俄羅斯的力量。」之後他又補充說：「從希瓦出發，敵人四個月就可以抵達喀布爾。（東印度公司的）董事們都膽戰心驚……（但）我有自信我們將會在印度河上與俄羅斯人一戰，我早有預感我們跟他們在那裡狹路相逢，好好打上一仗。」[46]

艾倫巴勒的父親是替華倫·哈斯汀斯（Warren Hastings）‡辯護的律師，而他自身則是個聰明但難相處，不太吸引人的男人。他的外表有個最突出的特徵，就是一名觀察者口中「恐怖的灰色髮捲」，由此其貌不揚到英王喬治四世據稱曾表示艾倫巴勒讓他看了就想吐。他曾受到奇恥大辱，是因為他首任妻子，美麗但不受控的珍·迪格比（Jane Digby）甩了他去跟一連串的情人在一起，起頭的是奧地利的施瓦岑貝格親王（Prince Schwarzenberg），為此艾倫巴勒還與他決鬥了一場。接著時間都不長的對象包括巴伐利亞與希臘的國王、一名阿爾巴尼亞的將軍。至於最終與珍有情人終成眷屬的，是帕邁拉（Palmyra）的一名貝都因人謝赫。這一路上艾倫巴勒受到的嘲諷，對他的人格造成了永久性的斲傷，也造成他退縮進一個由自尊與野心所交織成的繭裡。惟傲慢歸傲慢，他總是有著過人的活力與聰明才智，而這也讓他開英國政壇之先河，成為了第一個以對抗俄羅斯帝國主義而崛起的政治人物[47]。

雖說艾倫巴勒誇大了英國領地在印度遭受的威脅——聖彼得堡其實並無計畫要攻擊那裡的英國人——但俄羅斯近期曾在與鄂圖曼土耳其跟波斯卡扎爾王朝交手時顯得極具攻擊性，也確實是實情。僅僅是拿破崙於一八一二年從莫斯克撤隊的一年之後，俄國砲兵屠殺了法特赫・阿里・沙・卡扎爾的波斯大軍，並宣稱他們「解放」了亞美尼亞與喬治亞的東方基督教徒。俄羅斯接著併吞了現代亞美尼亞與亞塞拜然的大片土地——那裡原本在當時是屬於波斯帝國在高加索的疆域。「波斯被手腳捆起來，送到了聖彼得堡的朝廷上，」英國駐德黑蘭大使寫道[48]。

事後證明這只是一個開端，後頭還有一長串的挫敗在等著鄂圖曼與波斯帝國，而他們的一場場敗仗都標註了俄軍向南的咄咄進逼[49]。更糟糕的是英國也沒能對他們的波斯盟友伸出援手，只能讓波斯人獨自面對俄國這個強鄰。在追加歷經了從一八二六到一八二七年，俄波戰爭中一系列的慘敗之後，波斯人已經失去了其高加索帝國中殘餘的部分，包括所有控制通往亞塞拜然之路的山口[50]。

要不是俄羅斯同時還跟鄂圖曼帝國在作戰，波斯的投降條件可能會更加嚴苛。但其實在與鄂

* 譯註：馬德拉是盛產紅酒的葡萄牙離島。
† 譯註：代表英國政府控管東印度公司的機構。
‡ 譯註：一七七三到一七八五年的首任印度殖民地總督，卸任遭到貪腐調查。

圖曼的戰線上，俄羅斯也不斷在重創土耳其人，以至於威靈頓公爵認為這些挫敗已經代表了「對鄂圖曼樸特（Porte）*之獨立性的致命一擊，更可能是其權力覆滅的前兆」[51]。時間來到一八二〇年代尾聲，俄羅斯將德黑蘭與君士坦丁堡納為囊中物似乎已是時間早晚的問題，屆時波斯與土耳其恐將淪為巨大的沙皇保護國。在車臣與達吉斯坦（Daghestan），俄羅斯人進行了一系列可視為種族滅絕的懲戒性遠征，期間他們搶掠了村落，殺害了婦孺，砍伐了森林，摧毀了作物[52]。更往南在耶路撒冷，英國公使通報說有「俄國特務」在聚集，為的是替「俄羅斯征服聖地」鋪路。

俄羅斯明面上的說詞是要在鄂圖曼的廢墟中再造拜占庭帝國的榮光，而這也讓他們被指控的陰謀變得極有可信度，至少英國外交政策上的鷹派是這麼想的[53]。

俄羅斯摧枯拉朽的連戰皆捷，加上其在所控制的土地上被傳出各種暴行，讓倫敦政壇的成員深感震撼，因為他們自從拿破崙倒台之後，就視英屬印度的安泰是英國作為世界強權地位的命脈。一八二三年，喜馬拉雅探險家威廉・摩爾克洛夫特（William Moorcroft）設法截獲一封出自俄羅斯外長聶謝爾羅迭伯爵（Count Nesselrode）之手，要寄給蘭季德・辛格的信函，而其內容似乎證實了所有鷹派的惡夢。這些惡夢跟恐懼，還有他們在政治上造成的杯弓蛇影，觸發了英國與英屬印度報紙上一波恐俄風潮，字裡行間日益將俄羅斯描繪成一個野蠻與獨裁的存在在威脅著自由與文明。

在這當中推波助瀾的一份出版品，是德・雷西・埃文斯上校（De Lacy Evans）矯揉造作的驚世駭俗之作《關於入侵英屬印度的實際性》（*On the Practicability of an Invasion of British India*）。這本書勾勒出了一個場景是六萬名俄軍可以行軍穿越興都庫什，拿下赫拉特，然後出現在開伯爾山口的基底，然後橫掃眼前的一切。事實上在這個時期，這種說法的幻想程度幾乎不輸沙・舒亞打算取道「圖博」（西藏）攻入喀布爾的一廂情願，且書中呈現的俄國威脅也嚴重遭到過度渲染：俄羅斯人的身影在中亞仍屬鳳毛麟角，尤其布哈拉方圓一千英里內連一個俄國人都沒有，喀布爾就更不用說了。但這樣的一本書，卻在倫敦的政治圈中洛陽紙貴，且雖然埃文斯上校一回都沒有踏足過印度或甚至於那個區域，但這並不影響他危言聳聽的文章一步步成為一整個恐俄世代的「聖經」[54]。其中又以艾倫巴勒爵士格外將之奉為圭臬，只因為書中內容應證了他當下所有的偏見。

讀完書的那天晚上，艾倫巴勒去到書房，向威靈頓公爵提筆致函「俄羅斯將會嘗試用征服或是影響的方式去鞏固波斯作為通往印度河的門徑。隔天，一八二八年十月二十九日，在將德．雷西．埃文斯的書郵寄給在德黑蘭與孟買的同事之後，他注意到書中建議「某類探員」應該要被派駐在布哈拉來為俄羅斯的進攻提供預警，便在日記中寫下「我們應該要對喀布爾、布哈拉與希瓦的情報有全盤的掌握」[55]。

在後續的幾週中，艾倫巴勒制定了他認為英國應當如何未雨綢繆去遏止俄羅斯步步進逼的計畫。「我們怕的比較不是印度遭到真正的入侵，」他寫信對印度總督說。他說他們真正該怕的是：

士氣受到的打擊如何浮現在我們自身的子民之間，還有在與我們結為盟友的王侯之間……（因為）任何俄羅斯人朝北印度逼近都會導致這種效果。符合我們利益的做法應該是採取措施去防止他們在現行的狀況下有越界的行為。但若希望這些措施能發揮效果，我們就得劍及履及，您就得

---

* 譯註：政府。

對通過俄羅斯邊境的任何人事物有即時的掌握[56]。

艾倫巴勒的此文將造成深遠的影響。即便這篇函件想要反制的威脅，橫看豎看在這個階段都只是英國人一頭熱在發揮想像力，自認四處鬼影幢幢。但授權在中亞發動全新大規模情報蒐集工作的結果，就是將巨大的動能注入到了大博弈之中——俄羅斯人後來稱之為「影子競賽」（Tournament of Shadows）——並在原本十分安詳的喜馬拉雅山區創造出英俄之間的對峙與緊張。此一發展的另外一個結果，就是將龐大的資源交到韋德與柏廷格，還有在監視印度邊境者的手中。從這個時間點開始，一連串的年輕軍官與政治專員被派至喜馬拉雅山、興都庫什與帕米爾高原，一些人喬裝改扮，一些人打著去「打獵度假」的名義，但真正的目的是學習語言跟部落習俗，是測繪河流與山口的地圖，也是要去實測跨越翻越山脈與沙漠的難度[57]。

假以年月，帝國間的競爭將轉化為一種遠非博奕遊戲足以描述的東西，並大規模帶來了死亡、戰爭、侵略與殖民，進而深刻改變了數十萬阿富汗與中亞居民的生命。至於在事發的當下，根本的巨變則發生在沙．舒亞對英國人的重要性上：他不再是個好高騖遠的流亡君主被盟友不計成本地供養著；突然之間他搖身一變，成為了對抗俄羅斯蠶食的貴重戰略資產，以及英國人想要讓阿富汗統治者成為其盟友的希望所繫。艾倫巴勒的信件也立刻導致了兩趟秘密情報任務的開展。

其中一趟，在亞瑟．康納利（Arthur Conolly）中尉的領導下，其任務設計是要以步行的方式去測試從莫斯科出發抵達英屬印度的可能性。康納利先前到位於奧倫堡（Orenburg）的俄羅斯邊境，然後在易容改扮後取道布哈拉跟阿富汗向赫拉特跟印度河出發。事實證明這趟路完全可行——至少對下定決心的個人來說是如此——同時也比康納利想像中來得容易許多，因為他只花了剛滿一年的時間，就輕鬆寫意地完成了這樣的行程。

第二趟任務相較之下則顯得機關算盡。具體而言，其任務內涵是要反向沿印度河蒐集情報。艾倫巴勒相信印度河有潛力成為英國進入中亞的主要運輸通道，一如之前的恆河為英國打通了與都斯坦中心的商機。

艾倫巴勒，一如同時代的許多功利主義者，都深信貿易與商業身負傳播文明的使命：「（貿易與商業）不是一綑商品離開我們的港口就算了，而是要把智識與有益思想的種子帶到民智未開的群落成員中發芽。」[58] 在他想像中是抗俄第一道防線的英國產品——斯格蘭花呢與成綑的曼徹斯特棉花——都會出一份力傳遞來自阿爾比恩（Albion）*的啟蒙思想，並由此在潛移默化中，讓阿富汗獲致更強的決心去抵抗來自聖彼得堡的沙皇暴政。他因此提議派船沿印度河而上，上面搭載一隊經過偽裝的繪圖技術員、地圖專家、還有海軍跟陸軍的調查員。他們將精準地繪製河岸、量測河深，並試驗把英國蒸汽船逆流而上的實務可能性。透過這種做法，他希望能為英國對中亞貿易的征服起一個頭。但為了掩飾其真正的用心，木筏會被授予一個幌子，對外的官方說法會是筏上戴著要致贈給蘭季德·辛格、經不起走陸路而必須以水路運輸的嬌貴外交禮物。

考量到這位大君對馬匹有近乎偏執的熱愛，艾倫巴勒同意了一計是從蘇福克（Suffolk）派出一隊巨型挽馬†，這在印度當地是前所未見的品種。後來在禮物清單中又多添了一架重型的金色英式馬車，免得蘭季德·辛格下令要讓這些挽馬由陸路運送。後來這趟遠征獲得了延長，以便一名

* 譯註：不列顛島的古稱。
† 譯註：又稱拖曳馬或工作馬。

假扮成「商人角色」的英國情報官可以繼續沿著阿富汗前往布哈拉，藉以評估「將英國製品帶入中亞」的可能性。這名官員自然會一路上偷偷做筆記跟繪製地圖，測試俄羅斯在中亞綠洲城鎮中的影響力高低，並回報沙俄的哥薩克騎兵是否能輕而易舉橫掃阿姆河而直搗阿富汗，乃至於進入印度[59]。

對於要由哪一位「幹練又審慎的軍官」率領遠征軍，艾倫巴勒的首選原本是威廉．弗雷澤的兄弟，畫家、作家兼間諜詹姆斯．貝里．弗雷澤（James Baillie Fraser），主要是他曾在十年前遊遍波斯各地，與沙阿有過交情，而且說得一口完美無瑕的波斯語[60]。但弗雷澤當時正忙著要拯救在蘇格蘭印威內斯（Inverness）的家產——他為了大手筆擴建自宅來招待波斯王侯過夜而債台高築。於是艾倫巴勒只能將就一名沒沒無聞但有著雄心壯志的二十五歲語言學家，兼受帕廷格關照的子弟兵。這人因為剛產出了自亞歷山大．達爾林普繪於一七八三年的名圖以來，第一幅印度河口的新地圖而獲得獎賞。

至於這位年輕軍官的名字，就叫做亞歷山大．柏恩斯。

一八三〇年的夏天，五匹生得斑駁灰色的蘇福克挽馬歷經了六個月的航程，抵達了孟買港；原本共有六匹的其中一匹母馬死在海上。兩週之後，在馬拉巴丘（Malabar Hill）上大啖青青草原而恢復氣力後，他們被再度裝箱，這一次的目的地是印度河河口，與他們結伴同行的還有那一架金色的英式大馬車。

在等待登陸許可的期間，幾艘船被陣陣大風拋來拋去，如此的折騰搞斷了其中兩艘船的桅杆，弄破了第三艘船，也就是柏恩斯所搭那艘船的船帆。馬兒們似已適應了隨波浪起伏的生活，面對這點晃蕩顯得氣定神閒；但馬車可就被海水摧殘得面目全非，再也回不去原本的璀璨光輝[61]。遠征隊兩次啟程，卻都被迫折返，原因都是信德的埃米爾拒絕放行讓船隊繼續上溯。

不能沒有的通行令，終於在一八三一年三月四日姍姍來遲，而且還是因為蘭季德・辛格被說服去對埃米爾進行五花八門的喝令威脅。自此遠征隊展開了朝上游長達七百英里的進度推展，緩緩抵達了拉哈爾。柏恩斯一邊躲避來自岸上的流彈，一邊鉅細靡遺地記錄下沿河飄過，有如跑馬燈一般的人文地理與政治風情。同一時間他的旅伴也沒閒著，各自掩人耳目地在標定水深與方位，還有測量水流並製備詳細的地圖與流向表。事實證明印度河意外地比想像中淺，由此艾倫巴勒想要按恆河模式引入蒸汽船的構想，顯然並不可行。惟此次遠征也證實了印度河最遠到拉哈爾，都可以通行平底船。駁船將可以把英國製品帶到錫克首都，在拉維河（Ravi River）*岸邊卸貨，然後以步行載運通過各山口，抵達阿富汗與中亞。真要說有什麼阻礙，只能是政治二字。

亞歷山大・柏恩斯作為被選定的任務領導人，是個強悍、精神抖擻而且足智多謀的年輕高地蘇格蘭人，也是蒙特羅斯鎮議長（Provost of Montrose）†的第四子。他生得一張寬臉，有著高額頭、深遂的眼窩，還有一張謎樣的嘴型在暗示著他個性中的好奇心與求知慾，還有他的幽默感，其中

* 譯註：印度河中游主要支流。
† 譯註：相當於英格蘭的市長。

後者更是他與蘇格蘭民族詩人羅比・柏恩斯（Robbie Burns）共有的特性，畢竟他們是同姓氏的親戚[62]。

在蒙特羅斯學院，也就是亞歷山大與其兄弟們受教育的地方，柏恩斯最為人記憶猶新的並非他在學業上的成就，而是他「在冒險時衝鋒陷陣」的個性，只不過他在學院時期受到的古典教育，也確實點燃了他對亞歷山大大帝的熱情，而他就這樣追著亞歷山大大帝，來到了阿富汗與印度河[63]。

十六歲時就跟著哥哥詹姆斯一起偷溜到印度的他如今年僅二十六歲，卻已經在印度待了十年，說起波斯語跟興都斯坦語都完全沒有怯生生的感覺；他同時還精進出了一種清晰而活潑的散文風格，並讓他對歷史的興趣開始萌芽：他的出版處女作——《孟買地理學會的交易》（*Transactions of the Bombay Geographical Society*）書中的一篇〈印度河上〉（On the Indus）——講得比較是希臘化時代的先例而非當代的政治。

如同許多參與大博弈的後進，柏恩斯是靠著過人的機智與語言能力，才得到了平步青雲的機會，而雖然出身背景相對不高且老家在蘇格蘭也不是什麼大城，但他依舊比口袋比他深、人脈比他廣的同儕都升遷得更快。他獲得的助力除了才華洋溢的哥哥詹姆斯所給予的提攜外，還有就是兩兄弟在共濟會中聲名大噪而創造出的關係*。

作為一個有稜有角、結實而機智的五尺九吋男人，曾被說成「單薄細瘦」的柏恩斯野心勃勃而充滿決心，並有著在緊急狀態中的冷靜頭腦。他受朋友崇拜的是他的想像力跟敏捷思緒：有人寫到過他「銳利、靈活、果斷，善與表達而一針見血」。在這趟旅程中，他多的是機會可以展現他的睿智與機敏，包括穿越邊境到旁遮普的時候，或是笨重的挽馬在蘭季德・辛格的官員間引發騷動的時候。「破天荒頭一遭，」柏恩斯寫道，「挽馬也得嘗試去奔騰、去跑跳、去表現出演化賦予馬這種動物所有的敏捷性。」

柏恩斯與他的贈禮在一八三一年七月十八日的拉哈爾，獲得了大陣仗的歡迎。儀隊的騎兵與整團步兵被派去恭迎他們。「美輪美奐的馬車，率領著隊伍前進，」他在記錄中寫道，「在挽馬的身後是在象背上跟著的我們，一旁還陪伴著大君的官員。我們緊挨著城牆下方，從宮殿大門進入了拉哈爾。街上排滿了騎兵、砲兵與步兵，所有人都在我們通過時行禮致意。由人所排成的穿堂甚是壯觀；他們在沿路房屋的陽台上的坐定，保持著至為尊敬的靜肅」。英國隊伍被帶著通過了舊蒙兀兒城堡的外庭，從入口進入了有拱頂的大理石接待室——樞密宮（Diwan-i-Khas）†。「蹲下以褪去鞋子的時候，」柏恩斯寫道，「我突然發現自己被一個怪模怪樣的小個子男人緊緊擁入懷中。」[64]

那人正是蘭季德·辛格，旁遮普之獅本人。牽起柏恩斯的手，蘭季德帶著他進入了宮廷，而到了那兒，「我們所有人都被安排坐上了銀椅，眼前就是陛下」。此刻的蘭季德已經掌權超過三十年，當時他還曾幫著沙·扎曼從傑赫勒姆河的泥濘中救起了大砲，而自沙·舒亞從城市的下水道逃離了蘭季德不給人選擇的款待算起，時間也已經過了十三年。從那之後，這名錫克領袖把

* 作者註：共濟會與聖殿騎士團跟其建於愛丁堡近郊的羅斯林教堂（Roslyn Chapel）扯上關係，一開始就是因為詹姆斯·柏恩斯寫了一本書叫《聖殿騎士團的歷史速寫》（*A Sketch of the History of the Knight's Templars*；一八四〇）。關於《聖血與聖杯》（*The Holy Blood and the Holy Grail*）與《達文西密碼》（*The Da Vinci Code*）這類鄉野傳說，柏恩斯都是始作俑者。

† 譯註：紅堡中接見國賓處；可查詢字彙章節。

握了阿富汗內戰所賜與的良機，吸收了杜蘭尼帝國位於印度河以東大部分的土地，建立起了一個極其富裕、強大、中央集權且治理良好的錫克國度。除了訓練他頗有可觀之處的軍隊之外，蘭季德還完成了官僚的現代化，運作起了一張不容小覷的情報網，並時不時會以此取得的情報與在魯得希阿那的韋德分享。

英國人大體上與蘭季德處得不差，但他們從未遺忘蘭季德率領著最後一支能在印度戰場上與東印度公司一較雌雄的軍隊：截至一八三〇年代，英國東印度公司已經沿旁遮普邊界部署了近半數的孟加拉軍隊，總兵力超過三萬九千人[65]。由此由柏恩斯與蘭季德建立起良好的關係，其重要性就非同小可了。

法國旅者維克多・雅克蒙（Victor Jacquemont）曾在用文字速寫過蘭季德大君，時間只比柏恩斯抵達拉哈爾早兩個月。他筆下的蘭季德・辛格是個聰明而迷人的反派——他私下的習慣有多見不得光，他在公共場合就有多令人景仰。「蘭季德・辛格是隻老狐狸，」他寫道，「跟他比起來，我們最狡猾的外交官也是那麼天真無邪……」雅克蒙報告了若干與這名大君的交手過程：「跟他對話像是噩夢一場。他幾乎算是我第一個遇到有好奇心的印度人，但他一人份的好奇心，已經足以補足整個國家的無動於衷。他問了我十萬個問題，有關於印度、英國人、歐洲、波拿巴（拿破崙）、陽間與陰間，地獄與天堂、靈魂、上帝、惡魔，還有此外的上千件人事物……」蘭季德・辛格深感遺憾的是女人「已經不能比御園中花卉帶給他更多的歡愉」。

為了讓我明白他有什麼覺得痛苦的好理由，昨天在他整個宮廷範圍的中央——也就是說在開放的鄉間，我們蹲坐於周遭數千士兵之中的一張美麗波斯地毯上——看哪，這老不修派人從他的後宮送來五名少女，令她們在我面前坐下，然後笑著問我們對她們做何感想。我一臉誠懇地說我覺得她們生得甚是標緻，但那其實連我真實心聲的十分之一都不到⋯⋯

雅克蒙還注意到大君「對馬的熱情幾近於瘋狂；他不計成本與人命的代價發動戰爭，為的只是從某鄰國手中搶得對方不願意出售或贈與的某匹駿馬⋯⋯他也是個厚顏無恥，會做了壞事還四處張揚的惡棍，簡直就是我們英國那位亨利三世的翻版⋯⋯蘭季德動輒會帶著穆斯林的『公用女人』（妓女）出現在拉哈爾的父老兄弟姊妹面前，跟女子在象背上行難以言說的苟且之事⋯⋯」[66]。

柏恩斯一如雅克蒙也受到蘭季德．辛格的吸引，而這也讓兩人很快成為了摯友：「大君的親民無人能敵，」他寫道。「他毫無停頓地一聊就是一個半小時，整場訪談毫無冷場。他特別問到印度的水深，還有航行於其中的可能性。」接著輪到挽馬與馬車成為賞析的標的：「馬兒的外貌激起了他無比的好奇；牠們的體型與顏色都令他十分滿意：他說牠們有如一頭頭小象，而隨著牠們一一從他面前通過，他還呼叫王公貴族與朝臣官員們加入他賞馬的行列。」[67]確實，蘭季德就是如此耽溺在獲贈的禮物中，再搭配上艾倫巴勒的信函，讓他史無前例地下令動用了六十門禮砲，每一門各發二十一響，為的就是要確保他對英國這名新盟友的熱誠在拉哈爾的百姓之間無人不知，無人不曉。

有兩個月的時間，蘭季德大手筆擺出了各種娛樂來招待柏恩斯。舞孃獻上了表演，部隊接受了調動，鹿群遭到了狩獵，碑塔獲得了遊歷，筵席被擺了出來。柏恩斯甚至品嘗了一些蘭季德的家傳鬼釀——一種從純酒精、珍珠碎、麝香、鴉片、肉汁與香料之中蒸餾出的火燙岩漿。這寶貝通常只消兩杯，就可以讓最硬派的英國酒豪躺在地上，但蘭季德卻推薦柏恩斯喝這東西來緩解下痢。柏恩斯與蘭季德，一個蘇格蘭人跟一名錫克人，發現火燙的酒汁成了他們關係的黏著劑。「蘭季德．辛格不論怎麼去看，都非池中之物，」柏恩斯寫道。「我曾聽他法籍官員說從君士坦丁堡到印度，都沒有能與其相提並論的人物。」[68]

在兩人最後的晚餐中，蘭季德同意讓柏恩斯一睹光之山的風采。「我想破腦袋，」柏恩斯寫道，「也想不到有什麼東西比這顆寶石更璀璨奪目；有著最優異的飽水度（water）*，大小大約有半顆雞蛋。重量約當三枚半盧比，而如果一定要給這樣的瑰寶定個價，我聽說他價值三百五十萬錢[69]。」

蘭季德在柏恩斯面前牽出了兩匹背上蓋著滿滿掛飾的馬兒，上頭不乏身價不凡的喀什米爾披巾，脖子上則妝點著瑪瑙項鍊，蒼鷺羽毛則從牠們的耳際豎起。就在柏恩斯為這份禮物謝過蘭季德的同時，一匹如今有著金色布疋增色且被安上了象轎的挽馬又出來繞了一圈，供蘭季德做最後的檢閱[70]。

如同蘭季德．辛格，柏恩斯很顯然也渾身散發著魅力。事實上就是靠著這股魅力，柏恩斯才得以一遍遍讓劍拔弩張的場面變得風平浪靜。

平日生性多疑的蘭季德在柏恩斯告辭的當日就致函英屬印度總督，為的是分享他有多享受結識這位「花園之中辯才無礙的夜鶯，這隻讓文字展翅飛成甜美言詞的鳥兒」。在總督授權柏恩斯繼續旅程，前往下一站阿富汗之後，阿富汗人也一樣十分歡迎他：他從印度河踏上阿富汗沿岸後打上照面的第一名酋長，就對柏恩斯說他跟他的朋友可以放心地「感覺像是母雞羽翼下的蛋一樣安全」。柏恩斯也禮尚往來地回應了這份熱情。「我覺得白沙瓦是個讓人愉快的地方，」他相隔一個月後寫信給他在蒙特羅斯的母親說，「直到我來到了喀布爾：這裡真的是天堂……我跟他們說了蒸汽船、大軍、醫學，還有關於歐洲的各種奇人奇事；而作為回禮，他們用他們國家的習俗、歷史、派系、貿易等事情讓我聽得茅塞頓開……」[71]。他真心感覺到自己喜歡這些民眾，因為他們「心地善良而且熱情好客；他們對基督徒沒有偏見，對我們的國家也沒有偏見。他們問起我喜不喜歡豬肉，我當然戒慎恐懼地說吃豬肉是只有被放逐之人才會去做，人神共憤之事。主啊請寬恕我！因為我其實熱愛培根，我光拼出培根這個字，口水就已經在分泌了。」

柏恩斯喜愛喀布爾、喜歡那裡的風土人情，喜歡那裡的詩句與地景，也景仰喀布爾的統治者群。他接續描述了由巴拉克宰東家多斯特．莫哈瑪德．汗處獲得的熱忱歡迎，稱他是「喀布爾各領地內最閃亮的明日之星」，並忠實地描述了閃爍在他言談中的聰明才智，以及他名下宮殿巴拉．希撒爾中花園與果樹之美不勝收[72]。如果說柏恩斯迷倒了多斯特．莫哈瑪德與他的阿富汗子民，那阿富汗的這些君臣也一樣迷倒了柏恩斯。

但倒是有個人遲鈍地免疫於柏恩斯的吸引力，那就是沙．舒亞的收留者，魯得希阿那的間諜頭子克勞德．韋德。韋德從來不樂見有外人踏上他的領土，一如英國獒犬會一山不容二虎地保護他的地盤。他尤其不可能坐視某個力爭上游的二十來歲毛頭取代他成為在阿富汗問題上總督的首席顧問。雖說艾倫巴勒的備忘錄多少讓韋德得以擴權，增加了東印度公司願意投入喜馬拉雅地區

＊譯註：指寶石的清澈程度與光澤。

情報蒐集的資源，也讓韋德可以雇用的幹員人數變多，但那份備忘錄也授權了一項他無法控制的行動闖入他的領域內。那是一項從競爭者柏廷格的普傑專員轄區冒出頭來，由與之較勁的孟買管轄區直接指揮的行動。韋德很快就開始視柏恩斯是對他地位的一大威脅，而隨著柏恩斯發自喀布爾的報告品質提高，數量變多，韋德開始在它們途經魯得希阿那時在上頭加上一些酸溜溜或吃豆腐的眉批，順便喜孜孜地指出他發現的錯誤[73]。

如今突然變成一個坐在辦公桌前，從來沒去過阿富汗的阿富汗專家，韋德變得愈來愈不耐煩於他帥氣的後進。針對英國在區域內的利益，對比韋德專員轄區提倡的觀點，柏恩斯會提出一些大相逕庭的結論。韋德一向認為與蘭季德·辛格的交往是東印度公司在北印最主要的盟友關係，並強烈認為錫克人是該區域最強大，無人可望其項背的軍事力量。事實上在一八二〇年代長時間身處於錫克的朝廷之中，韋德也幾乎成為錫克理念的擁護者，而這也讓韋德的長官們對他側目——甚至有所提防。相比錫克，他對阿富汗的興趣就小上許多。他厭惡他耳聞的多斯特·莫哈瑪德，並暗暗在內心將其在魯得希阿那的朋友兼鄰居沙·舒亞列為英國有需要時在喀布爾的傀儡人選。

只不過韋德的看法並沒有能跟上現實的改變。自從舒亞前一次想奪回王座失敗後，沙·馬赫穆德已經死去，而阿富汗已經幾乎完全落入巴拉克宰諸兄弟控制力之下；只有在赫拉特，沙·馬赫穆德的兒子卡姆蘭親王才撐了下來，成為了薩多宰統治的最後堡壘。惟即便如此，韋德仍繼續以跟舒亞一樣的眼光在看待巴拉克宰一族：野心勃勃而不擇手段的僭越者。

柏恩斯帶著沒有成見的眼光，看到了不一樣的角度。在他穿越魯得希阿那要去見總督的半路，也就是在告別蘭季德·辛格，但尚未要出發前往阿富汗之前，他去覲見了沙·舒亞。而他的感覺是見面不如聞名。即便舒亞告訴柏恩斯說「可惜我已經不再擁有我的王國，否則我多麼樂於在喀布爾見到英國人，並敞開歐洲與印度之間的道路」，但柏恩斯還是半信半疑。「我不相信這位沙阿具備足夠的能量讓自己再登上喀布爾的王座，」他在一封函文中寫道，「而就算他真的重新奪回了王座，他也拿不出辦法在如此困難的處境下執行王者的職責。」後來他在同個主題上進一步發揮說：「舒亞．烏爾．穆爾克的狀態究竟適不適宜居於王座之上，始終令人懷疑，」他在其暢銷書《布哈拉行旅》（*Travels into Bokhara*）中直言。這本書，是他取材自探險報告而整理出成的旅遊見聞。

他的儀態與言談絕對是一絲不苟，但他的判斷力卻連說是平庸都不夠。若非如此，我們怎麼會看著他淪為回不去故國的流亡者，在歷經二十載的缺席之後都已經年近半百，卻一點收復舊山河的希望都看不到……王朝的全面覆滅，得歸咎於被末代諸王者錯置的自豪與傲慢，由此他們如今完全得不到阿富汗民間的同情。舒亞實際上是有機會東山再起，重新掌權的，只可惜魯莽的他連八字都還沒一撇，就把國王的架子都擺出來了。阿富汗人無論如何，也控制不住他們對當權者的妒忌：近三十年來，有誰能奢望壽終正寢？想要讓他們對政府滿意，只有兩條路可行：要麼讓他們由強悍的獨裁者治理，要麼讓他們形成眾多小小的共和國。[74]

但柏恩斯在喀布爾看到的，正好就是強悍的獨裁者。柏恩斯在旅途中見齊了巴拉克宰的眾兄弟，但他內心對誰讓他印象最深刻毫無疑問。多斯特．莫哈瑪德．汗如今是喀布爾與加茲尼唯一的統治者，年紀輕輕就能在眼紅的諸兄長中朝成為宗族之首順利邁進。柏恩斯毫不諱言他對這位青年才俊的景仰：「多斯特・莫哈瑪德・汗的名聲遠播，讓旅者早在進入其國度前就如雷貫耳，」他在其《布哈拉遊記》（*Travels into Bokhara*）中寫道，

沒有誰比他更配得上他取得的崇高人格。他不懈於對商業的關注，天天在朝堂上主持政務……這樣的決斷甚受民眾歡迎。貿易得到了他最大的鼓勵……而這名頭目所代表的正義，得到了不分階級的一致好評：小農喜聞暴政之不存；公民樂見居家的安全；商人歡迎相關決定中代表之平等與財產得到的保護；士兵開心的是軍餉可以定期獲得發放而不再被拖欠。對當權者至高的稱頌，莫過於此。多斯特・莫哈瑪德・汗還不滿四十歲；他的母親是波斯人（齊茲爾巴什），所以他也跟著波斯國人一起受訓，藉此磨利了他的理解力，給了他超越所有手足的優勢。他集智力、知識與好奇心與一身的表現，還有他的高超的應對與談吐，絕對都能讓人驚豔。他無疑是阿富汗最強大的酋長，而且還有可能憑著他的本領，讓自己在其祖國的地位一路更上層樓[75]。

柏恩斯寫道他聽聞年少時的多斯特・莫哈瑪德曾經狂野而荒淫，但掌權之後便改過自新。他戒了酒、自學讀寫，並刻意在展現出信仰之虔誠與儀態、裝束上的素樸。他來者不拒，誰都可以請他主持正義。柏恩斯不只覺得多斯特・莫哈瑪德是個魅力十足的個人，他還覺得英國如果想要在阿富汗獲致影響力，多斯特是他們最有勝算的賭注。在他看來，薩多宰一族已經過氣，而由於多斯特・莫哈瑪德對英國存著善意，因此英國說不定可以「不花什麼稅金」，就與之結為盟友[76]。

這與韋德一直向加爾各答建議的策略，可以說是南轅北轍，而這也讓韋德陷入了二選一的抉擇：要麼接納這個在這區域資歷很淺，但強在親眼見過喀布爾的年輕人意見；要麼站穩自己有

二十年資歷的區域權威立場，繼續支持把沙・舒亞當成英國最大的資產去相挺。他選擇了後者。「民眾厭倦了戰爭與派系，」他在一八三二年五月寫道，當時柏恩斯人還在喀布爾。「他們引頸期盼之前的（薩多宰）政府能夠獲得重建，因為那是想要確保寧靜的生活，他們唯一看得到的機會。」[77]這種說法與柏恩斯從當地回報的現狀完全背道而馳，但韋德使出了他知道一定可以在加爾各答贏得論戰的辦法。他等到柏恩斯從喀布爾北行繼續去偵察想翻越興都庫什有哪些地圖上沒有的路徑後，才開始有所行動。

韋德得到了西阿富汗的情勢所助，主要是西阿大城赫拉特作為薩多宰統治的最後立足之地，即將遭到波斯人的圍困。由於英國人沒能在一八二六到二七年的俄波戰爭中前去支援波斯，因此波斯人得到的結論是聰明的話，他們就應該要把他們的俄羅斯敵人抱緊一點，而不要再跟已經用行動證明不肯為了他們而與俄國全面開戰的英國人搞曖昧。如今的波斯正計畫出兵奪回赫拉特，而在加爾各答的鷹派則強烈懷疑那背後是俄羅斯在利用波斯，以作為沙皇早想在阿富汗建立前進基地的計畫一環：簽署於五年前的合約中被插入一條條文，說的是若有朝一日赫拉特易主，則聖彼得堡將有權在波斯控制下的赫拉特建立領事館。這樣的憂懼在現實中是不成立的——一八三二年，俄羅斯人實際上曾嘗試說服波斯皇太子阿巴斯・米爾扎（Crown Prince Abbas Mirza）不要出手攻擊。只是儘管如此，韋德還是炒作著這些疑慮，包括他上書總督說「認為俄羅斯涉及這些事件的觀點已經在輿論看法中成為了主流……」[78]。他把話說得十分聳動：我們要是不有所作為，也不把舒亞重新送上王位的話，那俄羅斯就會控制住赫拉特，並用作理想的前進基地來準備入侵印度。

除了這封信以外，韋德還給總督捎去了一封出自沙・舒亞之手，圖文並茂的波斯文手稿，當中他正式向英國求助，希望英國能在他要包抄俄羅斯，反制俄方插手阿富汗事務的計畫中出一份力。此時他已與宿敵蘭季德．辛格盡釋前嫌，舒亞寫道，並說他現在只想重返阿富汗，領導對抗全新俄波聯合陣線的威脅。在蘭季德伴攻白沙亞來引以注意力的同時，他將率軍走南路對坎達哈發動包圍。「要征服我的祖國並非難事，」他寫道。「賭上六個拉克盧比（一拉克等於十萬），我相信我一定可以在阿富汗重建我的權威……阿富汗人民都翹首期盼著我的回歸，只要我王師的軍旗一出，他們就會前來簇擁，我將是他們唯一認同的酋長……巴拉克宰一族不是能讓阿富汗人一呼百應的部族……只要我能舉債那怕是兩或三拉克盧比，我就完全能夠期待在真神的眷顧下，我的目標將水到渠成。」[79]

一八三二年十二月一日，剛接受指派而駐於德里的參政司威廉．弗雷澤開始收到市區線民回報說市集中有阿富汗人在大肆收購武器彈藥。這些買賣是否違法，乃至於這些武器彈藥是要作為何用，一時間尚且不得而知，因此弗雷澤便先行收押買家並扣住貨物，然後再以公文請示加爾各答該如何發落這一干人等[80]。

回覆的書文，直接從總督班廷克爵士（Lord Bentinck）的辦公室發到了弗雷澤的駐館。文中解釋說那些買家一如他們所聲稱是替沙．舒亞辦事。他們被派至德里，為的是採購從長計議之復國大計所少不了的火繩槍、制服、彈藥、燧石、鈕扣、與彈袋——這一切都是在總督的默許與暗助下進行。在班廷克爵士本人或許秘而不宣的直接首肯下，沙．舒亞正籌備要發兵阿富汗。

晚至一八二八年，印度總督都連答應跟沙．舒亞見上一面都不肯。但事到如今，波斯對赫拉特構成的威脅跟艾倫巴勒的決心抗俄，共同改變了英國在政治上的算計。班廷克裁定英國的官方立場仍將保持審慎中立，但沙・舒亞將在檯面下獲得奧援來發起遠征，包括讓他預支四個月的養老金——合計一萬六千盧比[81]。

就在同一個月，正當多斯特・莫哈瑪德・汗從班廷克處收到友好的訊息，感謝他款待柏恩斯，並表達「深切渴望兩方政府可以建立起友誼與盟約」之際，班廷克的新機要秘書威廉・邁克諾騰也正暗地裡指示弗雷澤不僅要釋放舒亞的武器採買人員，而且還要在德里的海關讓他們豁免所有的關稅，藉此在薩多宰族要對巴拉克宰政府進行的反革命中助前者一臂之力[82]。

邁克諾騰作為此一嶄新秘密行動的幕後藏鏡人，是個愛書成癡的東方通。他出身是愛爾蘭阿爾斯特的法官，後來才從法庭中被拔擢到東印度公司管理官僚。他原本是海德拉巴（Hyderabad）*那位八面玲瓏而野心勃勃的參政司亨利・羅素（Henry Russell）†的人馬，後來靠著他的聰敏而廣受敬重。只不過在此同時，不少人也看不慣他的浮誇與虛榮，再者就是有人質疑他一個「坐辦公桌的人」，是不是真能勝任印度總督機要秘書跟首席幕僚的新工作。不過邁克諾騰本身倒是不懷疑自己的能力，反倒是頗為看好自身在政治謀略上的天分。他還過分自信於自己對阿富汗的了解，但其實他連該區域的附近都沒有到過，而且他對當地所有的認知，都只來自於閱讀韋德發來的函文。一如韋德，邁克諾騰也可能略為眼紅於柏恩斯的迅速崛起：作為一向希望照規章辦事的天生官僚，這樣的他自然看不慣柏恩斯繞過尋常的管道上達天聽，直接把話傳到總

* 譯註：印度中部大城。

† 作者註：關於亨利・羅素，詳見我的著作《白蒙兀兒人（暫譯）》（*White Mughals*）（London, 2002）。

督跟倫敦內閣的耳裡。跟韋德是多年舊識的他喜歡韋德，信任韋德的判斷，也認同他較為傳統的工作與思考方式。

而就此誕生的，便是在矛盾中帶著危險，英國面對阿富汗的雙面政策，其中柏恩斯對多斯特．莫哈瑪德與巴拉克宰部族遞出了橄欖枝，但同時間英政府的另外一個分支卻秘密在支持反對勢力要推翻巴拉克宰的統治。隨著時間的流逝，我們將看出這不僅是種兩手策略：這根本就是外交災難的標準配方，所有涉入其中的人物都難免在這災難於不久後爆開時，被炸得灰頭土臉。

一八三三年一月二十八日，也就是在他前一次嘗試的十年後，從德里為其部隊裝備了新武器的沙．舒亞騎在由羅希拉人組成的騎兵小部隊前，從魯得希阿那出發。他對於自己要收復呼羅珊王座的第三次嘗試，非常有自信。「我從未須臾遲疑要承擔任何困難與艱辛，只要是為了收復我的王國都行，」他在回憶錄中寫道。

寶箱裡的苦痛就是一種獎賞；
但寶箱的鑰匙握在全能的上帝手上：
只要一息尚存且一鞍仍在，就騎吧，喔，舒亞，
永遠不要懷憂喪志而怯於執轡。

就算心碎了上百遍，
喔，舒亞！也要勇往直前，
帶著神的恩典與偉大馳騁
因為凡事對神沒有不可能[83]。

為了率領與訓練部隊，舒亞聘請了一名頑強的英印混血傭兵來助他一臂之力，他名叫威廉·坎柏（William Campbell）。他們的第一個目的地，仍舊是位於旁遮普與信德邊界上的金融中心希卡布爾。英國人預付給舒亞的軍費只是杯水車薪，但這次他決意該多狠就多狠，說什麼也不想再看到失敗的結局。事實上他一離開英國控制的土地，就為了一展決心而突襲了前往信德的商隊，繳獲了貨物與負重的駱駝[84]。有了錢能發之後，他的追隨者也開始迅速增加。

隔著段距離在後方尾隨的韋德針對沙阿的進展發出了樂觀的回報。舒亞現已號召了三千名「狀態看來不差」的兵勇，他寫道，外加「四挺馬拉砲，還有一筆有兩拉克盧比的財富」。韋德絲毫不懷疑這次的沙阿可以馬到成功，並雖未指名道姓但意有所指地嘲笑了柏恩斯認為巴拉克宰受到的擁戴。「近期去過阿富汗的歐洲人都有一個大致的共識，就是阿富汗人對於老國王的復辟就算不反對，也不會特別支持，」他觀察說。「（但）別忘了這些歐洲訪客無一不是當朝（巴拉克宰家族）的座上賓或與之過從甚密，而現任統治者出於自身的利益，很難不為了在自己臉上貼金而去討好這些人。」[85]

時間來到五月中，舒亞已經渡過印度河，在未遭抵抗的狀況下進入了希卡布爾。他隨即向市區的銀行家課稅，把錢箱裝了個滿，然後就著手操練部隊。六個月後的一八三四年一月九日，坎柏的部隊擊退了由信德的埃米爾派來抓捕舒亞，由俾路支族人組成的軍隊。「一群俾路支人舞弄利劍進入了戰鬥，」米爾扎·阿塔以目擊者之姿記下了他的見聞。

他們用劍刃收割了許多皇軍的頭顱，嘶吼著戰呼直到他們自己也一命嗚呼。他們的英勇令人感佩——但他們對戰術的一無所知令人哀嘆！他們於戰鬥途中下馬，然後靠雙腳朝山丘上衝鋒。他們一邊揮舞著刀劍、一邊鬼吼鬼叫，最終只落得被丘頂的敵軍用火力掃倒。或尊或卑的俾路支人就此殞落；他們被收穫的生命就這樣隨風而逝……

一聽聞來犯者踢到了鐵板，舒亞便下令把所有的船隻截獲，不准任何人渡河。這麼一來，被困在火網與水面之間進退維谷的俾路支人開始慌了——無顏掉頭面對長官的不少人寧可投河：河中一下子出現了許多俾路支人載浮載沉，哀求著船夫與水手救救他們，還有些人緊抓著馬尾，直到馬與人連袂被水沖走[86]。

對舒亞而言，勝利讓他得以戰養戰。一個月後，當他終於要出發北上時，他的兵力已經成長到三萬人，而沙阿本人也顯得精神抖擻。「一想到我的軍容如此壯盛，」他在回憶錄中解釋說，「我不禁想問有哪位統治者曾在麾下擁有過如此壯闊的人海？若有，那又有誰可以站出來與之為敵？」[87]對於仍在信德招兵買馬要對付他的埃米爾們，舒亞發出了挑戰書，而這也反映了他看漲的自信。「該死的狗雜碎！」他寫道。「願上帝助我，讓我好好教訓你們給世界看看。對付有狂犬病的狗別無他法，就只能拿繩子套在牠頸子上。如果你們想來攻擊我們，就儘管放馬過來吧。我不怕你們。凡是上帝自有安排。這個國家必將歸征服者所有。」[88]

四月，舒亞率軍通過了波倫山口，而蘭季德．辛格也如同說好地從拉哈爾向西北移動，由錫克卡爾薩部隊聲東擊西地在阿特克渡過印度河，拿下白沙瓦。得分兵作戰的巴拉克宰軍面對入侵的敵人，在兩條戰線上都討不到好。終於這一次，一切發展都在舒亞的計畫內。舒亞在勝利的興奮中致函韋德，字裡行間難掩喜悅。他一方面嘲諷起信德的埃米爾，「這些短視的傢伙竟忘了我有神的眷顧」，一面也沒忘了樂觀地表示不久後將戰勝巴拉克宰：「藉著天助，勝利女神將繼續向我敞開大門。」[89]

只不過在一八三四年五月，當舒亞的部隊終於開拔進入坎達哈的綠洲後，運氣就開始不站在他這一邊了。巴拉克宰人開始有時間準備他的來犯，而等舒亞進軍到城下時，城內已經囤足了糧草，也完成了長期被圍的戰備。再者，舒亞的部隊對圍城戰並沒有太多經驗，人員訓練、火砲與攀牆設備的數量也不足。「實施圍城的軍隊對城市發動了猛攻卻未果，而且還蒙受了慘重的傷亡，」米爾扎．米塔寫道。

此時他們嘗試趁夜以爬梯登城。他們鬼鬼祟祟地摸黑把梯子扛到牆下，然後打算等睡意讓城內的衛哨失去警戒後，他們才會開始行動。在等待的期間，他們計畫稍後要如何豎起爬梯，突襲放下戒心的堡壘。結果先被睡魔摸上來的不是城內的衛哨，而是皇家的圍城軍……天一亮，國王（舒亞）不耐於沒有突襲啟動的消息，也聽不見堡壘內有任何動靜，便下令打響了作為起床號的砲火。打算夜襲的士兵這才嘎然驚醒，但此時太陽已然高掛空中，堡內的衛兵也早已起身示警

——惟出於對君威的畏懼，圍城的隊伍還是勉為其難地豎起爬梯，朝牆頂一擁而上，下場不是成為活靶，就是從生命的階梯被扔到死亡的壕溝中[90]。

如此經過兩個月，圍城戰已呈僵局之勢，雙方都只能固守對峙。而就在此時，消息傳來說多斯特・莫哈瑪德正自喀布爾率兩萬巴拉克宰軍前來馳援其同父異母而被圍困在城內的兄弟們。雖然舒亞擁有數量上的極大優勢——若干估算談到他的大軍至此已經膨脹到八萬之眾——但他擔心的是多斯特・莫哈瑪德會從後方切斷部隊的水源供應，為此他選擇率兵從原本城牆前穩固的壕溝陣地拉出來，往東北方撤退到沿著阿爾甘達卜河（Arghandab River），水源充足的花園帶。聽到這個消息，多斯特・莫哈瑪德親自策馬前去調查。「耳聞此一後撤的多斯特先是感謝自己鴻運當頭，然後喬裝前往確認傳聞的真偽，」米爾扎・阿塔留下這樣的紀錄。

親自出馬的他目睹皇家士兵躺平在涼蔭下休憩，心想喀布爾的援軍還遠在不知道多少英里外。多斯特見機不可失，馬上率領僅三千精銳快馬加鞭，對散落在花園之間的皇家部隊發動急襲，就是要殺丈二金剛的對方一個措手不及。在激戰的過程中，謝赫・沙阿・阿加西（Shaikh Shah Aghasi）早在於數日前就銜多斯特・莫哈瑪德之命來到國王的這一側潛伏，此時他拋開欺敵的面具，高喊「國王已經逃了，國王已經逃了」。他接著便趁亂從內部發動對皇軍的攻擊。舒亞的部隊在驚訝中聽聞戰敗的呼聲，只見眼前的謝赫在忙著搶掠。槍砲散出的硝煙朝天空蔓延，坎柏帶著一排兵力堅守，但喀布爾的年輕人打起仗來完全不要命……奮力衝擊著砲陣地，造成坎柏負傷被擒，火砲也盡成他們的戰利品。舒亞的大軍這下子慌了。所有人沒多久就鳥獸散，皇家部隊自此潰不成軍，四分五裂地消失在丘陵與平原間。沙阿見大勢已去，也不得不逃跑保命。[91]

又一回，舒亞被迫撤退。在散落於坎達哈花園中而被拾獲的行李中，赫然可見韋德手書的支持信，而這也成了英國共同密謀顛覆阿富汗政權的證據。韋德試著為自身緩頰，直說沒有人能想到事情會變成這樣，但擺在眼前的事實是柏恩斯認為巴拉克宰部族要更受愛戴，執政也更有效率的看法，愈來愈有說服力了。反倒是韋德似乎從頭到尾支持的，都只是個爛泥扶不上牆，屢戰屢敗的沙·舒亞。

應總督要求擬成的機密報告，分析了英國阿富汗政策的失敗原因，而其文中也毫不留情，一針見血地總結了整個局面。「沙·舒亞進行了一系列時運不濟的嘗試想要奪回王座，」報告中這麼說，並列出了舒亞的四大敗績：第一次是部隊在尼姆拉的蒙兀兒花園遇襲；第二次是在喀什米爾的冰天雪地中被凍；第三次是在白沙瓦被自己的彈藥炸翻；這回則是在坎達哈的花園中被殺個措手不及。「他非常努力，也非常進取地進行了遠征的籌備與執行，出師不利時也展現出了一定的剛毅，但他個人的勇氣卻總是在復國大業遇到危機時失靈，而這點缺陷也鑄下了他難以翻身的敗因。」[92]

即便是韋德本人，如今也準備好了要承認他扶植的對象已經氣力放盡。只是在私下與美國傭兵喬西亞·哈連的交談中，他還是預見了有一件事可以讓他的朋友重返賽局。「舒亞要重新稱王，眼下是完全無望了，」他說，「除非俄羅斯在喀布爾出現外交上的大動作。」[93]

如果俄國人在巴拉克宰政權的協助下，在阿富汗有什麼明顯的輕舉妄動，那舒亞就可能對英國的野心還有不可或缺之處。

CHAPTER 3 大博弈之始

在波斯與阿富汗之間有爭議的邊境上，低矮而荒蕪的沙漠丘陵可不是人夜晚迷路的好地方。即便時至今日，那兒都還是乾燥而遠僻的荒郊野外，僅會出沒著高飛的雄鷹、冬季的狼群，否則就是老商隊的路徑上有人在走私鴉片。人影移動在被烈日曝曬的廣袤地景上，顯得微渺而緩慢。兩百年前，這裡是即便白天行旅也輕易不會踏足之地，其谷地與山口都是山賊窩藏的巢穴，因為這一區有各王侯封地在相互征戰，其造就的爭議地帶正適合他們殺人越貨。

時間是一八三七年十月，酷暑的三伏天，亨利．若林森中尉剛度過漫長的一星期。三年來他持續操練著波斯陸軍裡的一支新軍團，地點在波斯西部離克爾曼沙赫（Kirmanshah）不遠處的一處偏僻兵營。這段期間，他迷上了一樣東西，即是附近的貝希斯敦（Behistan），一座由阿契美尼德王朝國王大流士下令刻下的三語銘文，也就是古波斯著名的羅賽塔石碑。他每天晚上的例行公事，就是爬上幾近垂直的石面，或是用洗衣籃垂吊自己下去，為的都是取得拓印，然後他會回到帳篷中案牘勞形到深夜。最終他成功破解了峭壁上的波斯楔形文字段落[1]。但這過程中，他的研究工作曾經被打斷過。當時他被派至波斯東北部出一項緊急任務，一在德黑蘭的英國使館收到命令，他在六天內就騎了超過七百英里。正常來講從德黑蘭到阿富汗邊界上的馬什哈德（Mashhad）這個聖陵城市，整條軍路上的商隊驛站都飼養著充足的驛馬可供公差使用。但波斯的沙阿正前往圍困赫拉特的路上，穿梭在軍營與朝廷之間的信差數量是如此之大，以至於若林森整路上都沒有坐騎可以更換。

話說，他的隊員與他們馬匹都如同若林森所形容，「相當疲憊，而且入了夜，在半睡半醒之間，我們一不小心就迷了路」。也就是在這個點上，正當黎明正要破曉在鋸齒狀的沙賈漢山（Kuh-e-Shah Jahan）山脈邊緣處時，若林森看到另外一群騎士穿過微亮的光線下山。「我並不急於與這些陌生人攀談，」若林森後來報告說，「但在馬兒慢跑經過他們的時候，我驚異地看見有人身著哥薩克的服飾，而我其中一名隨從認出在那群人當中，赫然有人是俄羅斯使團的僕役。」[2]

若林森立刻就意識到自己撞見了非比尋常的事態。一隊武裝的哥薩克人絕不會無緣無故現身在此等荒涼的沙漠路徑上朝著阿富汗的邊境而去，何況在這個節骨眼上，一名英國情報官有絕對的理由懷疑俄羅斯人在兵家必爭的邊境之地上移動，必然是心懷不軌。若林森被從他在印度的軍團找到新的情報兵團，還特地被派任到波斯，為的就是要反制俄羅斯在當地的影響力。他在波斯已經待了三年，期間他除了訓練波斯軍隊，還提供的大量的英式武器裝備給他們，而這都是經過精心計算，要將波斯拉回英國陣營的策略性手段。

他們抵達波斯後的才短短數月，若林森跟他的人馬就意識到自己遭到俄羅斯的嚴密監控。「一名俄國軍官，其身分是（俄羅斯駐高加索總督）馮·羅森男爵（Baron Von Rosen）的副官，在今天來到了營地，」若林森在一八三四年十月的報告中說。「他被其將軍派來向埃米爾致意。但他真正的目的，自然是確認我們在軍中的定位、波斯軍隊目前的狀態，乃至於其他他能觀察到，會影響其國家利益的事項。」[3]

俄羅斯與英國在一八三〇年代假波斯進行的冷戰，在一八三三年隨著風姿颯爽的伊凡·賽蒙尼奇伯爵（Count Ivan Simonitch）抵達德黑蘭，降至了冰點。一如前去蘭季德·辛格朝廷蹲點之法國軍官，賽蒙尼奇也是拿破崙戰爭的老將，而他們的共通點就是想在滑鐵盧之役跟拿破崙被放逐之後，找到更寬廣的視野。賽蒙尼奇老家在現代克羅埃西亞的達爾馬提亞沿岸，的里雅斯特（Trieste）南邊的扎拉（Zara）*，而他加入「大軍團」（Grand Armée）的時間，正好趕上了隨

* 譯註：今扎達爾（Zadar）。

拿破崙入侵俄羅斯的行程，結果就跟許多在慘烈的隆冬中從莫斯科撤退時，遭沙皇軍隊俘虜的同袍一樣，他也在獲釋後發現家鄉已經被併入奧匈帝國，於是他索性改投俄軍。獲頒少校軍階的他被派往喬治亞加入手榴彈兵團，在俄波戰爭中英勇作戰。事實上他在對波斯皇家衛隊進行刺刀衝鋒時身負重傷，卻仍堅守陣地，而這樣的表現也讓他晉升為少將。這之後不久他完成人生大事，贏取了一名芳齡十八卻已然守寡的奧貝里亞尼王妃（Princess Orbeliani），號稱「喬治亞最美的女人」，並沒過多久就成為了俄羅斯在提非里斯（Tiflis）*的統治當局中的一號重要人物[4]。在異動到德黑蘭當大使之後，他很快就給了自己一個使命是要智取他的英國對口人物，約翰．麥克尼爾爵士（Sir John MacNeill），因為賽蒙尼奇有多堅決反英，麥克尼爾就有多恐俄至極。

自從若林森與其軍事使團到達以後，賽蒙尼奇就設法取得了波斯沙阿的信任，並在取得溝通管道與影響力上的成果都遠勝慢半拍的麥克尼爾。公使館醫師出身的麥克尼爾來自外赫布里底群島（Outer Hebrides）†，而事實證明他不論比對世事的熟稔，或是策略的應用，都不是賽蒙尼奇的對手。一八三七年，在賽蒙尼奇也幫忙推了一把的狀況下，新即位的波斯沙阿用上了他由英國人協助武裝的部隊，對處於爭議領土的赫拉特城發動了又一波攻勢。賽蒙尼奇提出的誘因包括提供五萬枚托曼金幣‡跟債務的一筆勾銷，條件是攻下赫拉特後，俄羅斯有權在當地設立公使館。這招說多妙就有多妙——煽動沙阿的野心，藉以威脅英國在印度的利益——並用英國訓練出來的兵團去倒打其訓練者與供應者一耙。賽蒙尼奇此舉，是希望讓波斯的沙阿成為沙皇的貓爪，只不過波斯的新沙阿莫哈瑪德二世早就對光復赫拉特念茲在茲——他甚至在加冕演說中也提到了這件事——所以其實不太需要俄羅斯人在一旁搧風點火[5]。

賽蒙尼奇還代表俄羅斯一項保證提議，即是波斯沙阿與多斯特．莫哈瑪德在坎達哈那些同父異母的巴拉克宰兄弟之間，可以建立起互保的共同防禦條約。賽蒙尼奇很清楚這麼做會讓英國人惶惶不可終日。在四年後的一八四一回顧這場勝利時，他沾沾自喜地在回憶錄中提到此時的波斯就像「鬼魅」一般讓倫敦的內閣寢食難安，而且他知道英國人一心神不寧，俄羅斯真可以不費吹灰之力從赫拉特直撲而下，讓興都斯坦成燎原之勢。「想讓印度陷入火海，只在俄羅斯的一念之間。」[6]

麥克尼爾能做的，就是窩在他德黑蘭的書房裡振筆疾書，然後匿名將其危言聳聽的慷慨陳詞發表成《俄羅斯在東方的進展與現況》（*The Progress and Present Position of Russia in the East*）一書。「歐洲唯一一個以鄰為壑來壯大自己的國家，就是俄羅斯，」他氣得七竅生煙。「只有俄羅斯會做的事情包括威脅要推翻外國君主、顛覆他人帝國、征服原本獨立得好好的國家……波斯的完整性與獨立性，是印度與歐洲安全的必要條件；任誰意圖顛覆波斯，就等於劍指印度跟歐洲——也無庸置疑等於與英國為敵。」如此的炮火四射看似義憤填膺，但麥克尼爾似乎忘了一件顯而易見的事情，那就是英國在印度的擴張已經橫行了整個十九世紀上半葉，期間他們不論是鯨吞的土地或是推翻的王者之多，都不是俄羅斯能與之比擬的；但這本書在倫敦獲得了廣大的迴響，讀者甚眾。結果就是西敏寺也益發相信英俄在波斯與阿富汗終須一戰[7]。

* 譯註：今提比里斯（Tbilisi），喬治亞共和國首都。
† 譯註：蘇格蘭西邊的離島。
‡ 譯註：托曼（toman；可查詢字彙章節）是波斯金幣名，一九二七年停止發行。

但麥克尼爾倒是弄對了一件事，那就是不論沙皇尼古拉跟他在聖彼得堡的臣子們如何小心謹慎，賽蒙尼奇伯爵作為他的對手都絕對不會甘於寂寞，而其中賽蒙尼奇最核心的圖謀，就是要在赫拉特建立俄羅斯的據點。這地方從屬於英國邊境的魯得希阿那進軍，也就是步行六個星期的距離。近期，麥克尼爾在德黑蘭俄羅斯公使館內的間諜，傳回了些情資讓人感覺一頭霧水——「有些荒誕無稽的傳言說的莫斯科有名大公」據稱會親率萬人之眾出現在伊朗的邊境，為的是替要包圍赫拉特的波斯人助陣。這項情報的細節聽來十分可疑，但當中透露出的蹊蹺似乎是俄國已經動了起來，準備要經由波斯對阿富汗下手。若林森意識到他剛剛策馬經過，率領著哥薩克人隊伍的金髮官員「可能就是被影射的大公……我的好奇心自然不打一處起。在赫拉特行將被圍的前夕，呼羅珊出現一名俄國紳士的身影，怎能叫人心中不生出幾分懷疑。只不過以當下的處境，人很顯然不會想打草驚蛇……而我心想解開這謎團應是我義不容辭之責」[8]。

於是若林森讓他的隊伍掉頭：「我尾隨他們，沿大路走了一段距離，然後我發現他們轉進了山丘間的一處峽谷。在那兒我終於遇見那群人在一處清澈閃亮的溪流邊上坐著用起早餐。那名官員，我怎麼看他都給我這種感覺，是個身形輕盈的青年，膚色極其白皙，外加有雙明亮的眼睛，目光充滿生氣。」若林森接著說道那名俄國人

> 起身向騎馬靠近的我鞠了個躬，但沒有開口。我用法文向他問候——歐洲人在東方的共通語言——但他搖了搖頭。我接著換成英文，而他回答的是俄語。我又試了波斯語，但他似乎一個字也聽不明白；最終他有些遲疑起說起了土庫曼語或烏茲別克的突厥語。這種語言我還懂點皮毛，

所以可以跟他進行一些非常基本的來回，但想滿足好奇心就力有未逮了。但這很顯然也是我的這位新朋友想做的事情，因為當他發現我的察合台語（察合台語）沒有強到可以連珠砲之後，就馬上用他不修邊幅的突厥語滔滔不絕起來。我能掌握到的資訊只有他是個貨真價實的俄國官員，此行是要把（俄羅斯）皇帝的禮物送去給（波斯統治者）莫哈瑪德．沙。再多他便不願意透露口風了，所以在陪他多抽完一管菸斗之後，我就重新跨上了馬背[9]。

魯德亞德．吉卜林（Rudyard Kipling）的大博弈小說《基姆》（*Kim*）當中有一幕名場面是英屬印度的間諜頭子克萊頓上校訓練基姆記住細節，靠的是讓他玩後世所稱的「基姆遊戲」：玩家有一小段時間可以記住一個托盤上的隨機物品，然後在燈關上，托盤被拿走後，學員必須要設法寫出完整的細節清單。若林森有沒有受過這種訓練，早已不可考，但他在送往加爾各答的報告中對這位神秘官員的精細描述，「以防他打算喬裝滲透印度」，顯示出他受過這種訓練也不足為奇的觀察力。他在筆下提到這名俄羅斯官員……

……是個中等身材的年輕人，生著短短的頸脖，高而四方的肩頭，還有細瘦的腰身。他皮膚及其白皙，雙頰上沒有任何血色。他有著寬闊而開展的額頭、無比明亮但相隔有點遠的雙眼、形狀良好的鼻子、偏短的上唇，以及帶著笑意的嘴巴。他留著淺棕色的鬍子跟大大的八字鬍。八字鬍的部分並不長，但蓋住臉頰下方跟整個下巴的鬍子部分，則格外地豐滿、短而濃密……他身上的行頭有頭上那頂圓筒狀的白色哥薩克毛帽、一件深綠色的喬治亞大衣，細窄而飾銀的橫帶劃過他的胸前，讓他以喬治亞的風格把他們稱作 furshung 的子彈掛在身體左側，另外還有一把搭配鋼鞘的佩劍附在用素銀皮帶頭繫住的黑色腰帶上。他下身包著深灰布料的沙爾瓦褲（shulwars）*，腳踩作工精緻的俄羅斯靴。他有兩匹灰色的高大駿馬，其中一匹騎在他胯下，另一匹牽在後面……他所乘的是素色的波斯鞍座，上面覆蓋著深色布料，並附有一條短版黑色的鞍褥。他佩掛的是波斯風格的槍套，看得出土耳其匠藝的手槍槍托是鑲銀的黑檀木。他的波斯語很流利，但夾雜著短促而銳利的外國口音，且完全不像波斯人那樣會把 a 的音發得又開又滿。他的察合台語無懈可擊，但就是不會說察合台語的君士坦丁堡或波斯方言[10]。

若林森在天黑之後抵達了位於內沙布爾再過去的波斯營地，並立即要求覲見沙阿。獲准進入沙阿的營帳後，他講述了在途中遇見俄羅斯人之事，並重申了對方是如何解釋他們來做什麼。「帶禮物給我！」沙阿一聽大驚。「我跟他哪有什麼瓜葛；他是直接被（俄羅斯）皇帝派去喀布爾找多斯特．莫哈瑪德，而我只不過是應邀在路上給他點方便。」[11]

若林森立刻就意識到沙阿這番話的重要性：這第一次印證了英國情報單位長年來的疑懼。俄國人正為了在阿富汗立足而設法與多斯特．莫哈瑪德跟巴拉克宰部族結盟，也正在協助巴拉克宰與波斯人追殺對沙．舒亞的薩多宰王朝在赫拉特的殘餘勢力。若林森還意識到他必須盡快趕回德黑蘭，把消息帶回去。

稍後俄國人也來到了波斯營地。在軍中普通波斯人的眼裡，這名俄羅斯軍官「就像是遜尼派的穆斯林，而他也自介他的穆斯林姓名是歐瑪．貝格（Omar Beg）†。營中沒有人懷疑他的（假）穆斯林身分。」在不知道若林森已發現他們真正任務的狀況下，這名如今被介紹為「維特克維奇上尉的軍官……立刻用一流的法文招呼我，而對於我們之前的一面之緣，他只是四兩撥千斤地笑說『在沙漠裡不好跟陌生人混太熟』」[12]。

日後的若林森會以兩件事著稱，首先是他破譯了楔形文字，再者是他偕亞瑟．康納利發明了「大博弈」的說法。但在這個當下，他最派得上用場的才華都不是這些，而是他高超的騎術。畢竟他的父親在紐馬克特（Newmarket）是一名賽馬的育種者，而他本身也是在馬鞍上長大的；他同時也是個身強體壯之人：「六尺高的他有著寬闊的肩膀，強壯的四肢，以及過人的肌肉與肌腱。」[13]

當天晚上，若林森就星夜殺回了德黑蘭。他以破紀錄的速度跑完八百英里，穿越波斯，終於讓俄羅斯派團抵達阿富汗的消息於一八三七年十一月一日傳進麥克尼爾的耳中。得知此事的麥克尼爾立刻派人以急件通知在倫敦的帕默斯頓爵士，還有在加爾各答的新任印度總督奧克蘭爵士。「俄國人已經正式展開與喀布爾的外交交流，」他寫道。「維特（克）維奇或稱畢卡維奇上尉，別名歐瑪．貝格，一名來自俄羅斯的遜尼派穆罕默德信徒，已經據我所知被任命為埃米爾多斯特．莫哈瑪德．汗的代辦（chargé d'affairs）‡。」在函文中，麥克尼爾納入了若林森對俄羅斯軍官的詳盡描述，並補充了一些他的公使在波斯陣營中拾得的細節：「他自稱是皇帝的副官，但我的理解是他實際上只是奧倫堡總督的副官……前年他作為俄羅斯政府的正式雇員，在布哈拉待過一段

---

* 譯註：一種寬鬆長褲。

† 譯註：可查詢字彙章節。

‡ 譯註：沒有外交關係的大使。

時間。他的波斯語跟察合台突厥語，就是在奧倫堡跟布哈拉學的。」[14]

若林森目擊維特克維奇的記錄，似乎坐實了他上司麥克尼爾、艾倫巴勒爵士，還有其他英國決策者的所有熾烈恐懼，他們長年的擔心都是俄羅斯人會想要佔領阿富汗，然後將之作為根據地來奔襲印度。若林森對於維特克維奇的側寫，立刻就被送至了在白沙瓦、開伯爾山口，還有其他入印關隘的情報官員，以防這名俄羅斯人打算一路滲透進英屬印度，或是前去與蘭季德·辛格接觸談判。

但這神秘的軍官並沒有要前往印度。他的任務是要去破壞英國在阿富汗的利益，並建立起沙皇跟多斯特·莫哈瑪德之間的盟友關係。

若林森關於這名俄羅斯軍官的諸多臆測，算是對了一兩樣，但大體上還是錯誤連偏。他不是穆斯林，不是俄國人，不是俄羅斯邊哨奧倫堡的總督副官，出生時也不叫畢卡維奇或維特克維奇。實際上，這名軍官是個生在信奉羅馬天主教的波蘭貴族家庭，名叫楊·普瓦斯珀·維特基維茨（Jan Prosper Witkiewicz）。他的故鄉維爾紐斯，是如今的立陶宛首都。

還在克羅扎克中學（Krozach Gymnasium）*求學的階段，楊就參與創辦了一個秘密會社，名叫「黑色兄弟會」（Black Brothers）。作為一個地下組織，黑色兄弟會是由一群波蘭與立陶宛學子發起的「革命—民族」反抗運動，為的是要對抗俄羅斯對他們國家的侵略。一八二三年，黑色兄弟會寫了有反俄內容的信件給校長跟老師，並開始在鎮上的顯著公共建築外張貼革命標語與詩文之後，敗露了身分。維特基維茨與另外五名幹部被捕後接受偵訊。一八二四年二月六日，俄羅斯當局為了對徹底捻熄波蘭學子對民主的追求，殺雞儆猴地將其中三人判了死刑，另外三人的下場則是鞭刑加上流放草原。在此同時，維特基維茨剛慶祝完他的十四歲生日。

所幸在最後一刻，因為有波蘭攝政帕夫洛維奇大公（Grand Duke Pavlovitch）的出手干預，死刑的部分才被改為無期徒刑跟在巴布魯伊斯克要塞（Bobruisk Fortress）勞改，結果還是有一名少年最終在那裡發瘋而死在牢裡。至於維特基維茨與另外兩人被褫奪了他們的貴族頭銜與地位，被分送至哈薩克的不同要塞中當起普通的士兵，且沒有任何升遷的機會。他們被禁止在十年內與家人聯繫，並得背負著身上的鐵鍊，靠雙腳踏上向南跋涉的漫漫長路[15]。

一抵達流放的草原，楊就有了逃跑的計畫。偕一名黑色兄弟會的同志，阿洛伊齊·佩斯利亞克（Aloizy Peslyak），他設想了一條往南翻過興都庫什的赴印路線；但最終計畫敗露，涉及者遭到嚴懲[16]。在接下來的數年中，佩斯利亞克差點就一槍了結了自己，至於另一名波蘭流放者則真的讓自己解脫了。但維特基維茨選擇不跟命運過不去，他要盡其在我地做些努力。轉念之後他習得了哈薩克語跟察合台突厥語，並給自己新取了一個比較有俄羅斯味的名字——伊凡·維克托洛維奇·維特克維奇。

他日後的一名贊助者是這麼寫的：

> 被流放到奧倫堡戰線上一個遙僻的駐兵處後，維特克維奇當了超過十年的小兵，只能被醉醺

* 譯註：一六一六年由耶穌會創立在原屬波蘭立陶宛聯邦之克羅扎克，後經俄羅斯帝國世俗化的一所中等學校。

醺的糜爛軍官呼來喚去，但這樣的他不但維繫住了靈魂的純粹與高貴，而且還趁此時不斷突破跟充實自己；他學會了東方的語言，還讓自己浸淫於草原的環境中，讓自己成為自奧倫堡區建區以來，他說自己對哈薩克人的了解是第二，在地人不敢說第一的專家……哈薩克人都敬重他正直的行為，也敬重他不只一次在草原上展現出的頑強[17]。

很快地，維特克維奇就把整本可蘭經牢記於心，並開始邀請游牧的哈薩克長老回到他的住處，招待他們茶、（手抓）香料飯、綿羊肉，藉此向他們請益各種習俗、禮儀，乃至於其語言中豐富的用法。他還蒐集起了藏書，特別是關於草原跟探險的主題，而也就是以此為契機，讓他開始在俄羅斯軍中平步青雲。

維特克維奇對文學的愛，吸引到了烏拉河畔，歐爾斯克要塞指揮官的青睞。指揮官請他來當自己孩子的家教老師。一八三〇年，指揮官作東款待了著名的德國探險家亞歷山大・馮・洪堡德（Alexander von Humboldt），結果洪堡德很驚喜地發現他講述拉丁美洲遊歷的新作《如畫的自然（暫譯）》（*Tableaux de la Nature*），赫然擺在他屋內的桌上。當他問起這本書是如何會出現在此地，得到的答案是有個波蘭年輕人湊齊了這樣偉大旅行者的作品全集。洪堡德開口要會一會這年輕人，於是維特克維奇就被帶了進來：

這名年輕人雖然身穿小兵的粗劣大衣卻仍十分討喜的外表，他英俊的容貌、適切的態度與學養，都讓這名大科學家非常肯定。於是他一結束這趟奧倫堡的西伯利亞之旅，就立刻讓總督帕瓦爾・蘇克特連伯爵（Count Pavel Suhktelen）知曉了維特克維奇的慘況，並懇請伯爵讓他好過一點。

伯爵於是把維特克維奇召來了奧倫堡，提拔他為士官，給他派了個勤務兵，將他調到奧倫堡的哥薩克兵團，後來還發現他跑去吉爾吉斯部門辦公室任職[18]。

沒過多久，維特克維奇就被當成了通譯使用，開始獨自被派到哈薩克草原上出任務。他終於找到了自己的志業，但代價是得加入他自小恨到大的俄羅斯帝國機器，忠心耿耿地服務那個毀了他一輩子的國家，對此他內心應該還是窩藏著至深的怨氣。

若說洪堡德是維特克維奇起步的貴人，那接棒讓他在青雲之路繼續走下去的，可能很多人不知道，莫過於亞歷山大·柏恩斯。在他從布哈拉的考察回返後，柏恩斯出版了他的《布哈拉行旅》，結果一夕之間成了名人。他應邀去倫敦與艾倫巴勒爵士跟英王殿下與見面，被社交名媛捧成英雄，還在對皇家地理學會發表了全場站著聽的演說，並接受了他們頒發的金牌。隔沒多久，《布哈拉行旅》的法文譯本也在問世後成為暢銷書，柏恩斯又換到巴黎去領取更多榮耀與獎牌。

話說正是因為有了法文譯本，柏恩斯的這趟行程才引起了俄羅斯當局的注意。他走這一趟，用意就是要窺伺俄羅斯在阿富汗與布哈拉的動靜，但在那個時期——一八三〇年代初期——這兩個地方並非聖彼得堡的野心所在。那時的俄羅斯所緊盯著的，是波斯跟高加索。所以很諷刺地，俄羅斯會對阿富汗跟布哈拉產生興趣，似乎正是受到柏恩斯書寫的刺激，畢竟有英國人跑到離俄羅斯邊境這麼近的地方鬼鬼祟祟，總不能一點動作都沒有。國際事務上非常常見的狀況，就是鷹派對於遙遠威脅的疑神疑鬼，最終反而創造出最懼怕的怪物。俄羅斯草原邊境駐軍在奧倫堡的總督裴洛夫斯基（V. A. Perovsky）有位幕僚長叫伊凡寧將軍（General Ivanin），而根據伊凡寧將軍表示，聖彼得堡的挫折感已經愈來愈不輸為了在中亞情報工作不順而捶胸頓足的英國。「所有俄羅斯購得的情報都既貧乏又模糊，且提供情報的都是亞洲人。這些人要麼是因為愚昧無知，要麼是因為膽小如鼠，所以都沒辦法給出真正管用的陳述，」他寫道，而這說法也反映了與其英國對手無異的偏見。

我們有可靠消息指出東印度公司的幹員正持續出現在希瓦或布哈拉；我們還知道此一野心勃勃的公司有各種神通廣大，並且除了努力在全亞洲廣布其商業影響力外，還迫不及待想向外拓展其亞洲勢力的邊界……因此我們在一八三五年決定派出俄羅斯人員到中亞去一方面監視英國幹員，一方面中和掉他們的各種作為。如為了觀察中亞局勢的徙變，維特克維奇少尉就被以幹員的身分派往該地[19]。

有兩回，維特克維奇被派至布哈拉。第一次他偕兩名吉爾吉斯貿易商喬裝前往，結果他們僅僅花了十七天，就踏過深雪與冰凍的阿姆河，完成了這趟旅程。他在布哈拉待了一個月，但發現此處的浪漫程度遠不如將之描述為「東方奇幻屋」的柏恩斯所說。「我必須指出柏恩斯所說的故事，那些他寫入布哈拉遊記書中的故事，與我恰巧在此獲得的見聞，形成了有趣的對比，」他寫信回奧倫堡說。「一切事物在他眼裡都閃耀著璀璨的光輝，而我看到的卻只有噁心、醜陋、可悲跟無稽。這要麼是柏恩斯先生是刻意誇大或美化了布哈拉的好，要麼是他對其有著強烈的個人偏好。」[20]只是忍著這樣的反感，維特克維奇還是設法在不暴露身分的前提下，繪製出了這座城市的粗略布局圖。「沒有誰，尤其沒有任何一個狂熱的布哈拉人，可以看出這個作哈薩克打扮、說著哈薩克語，融入哈薩克儀態與風俗的男人，其實是一個歐洲的基督徒，」他的一名仰慕者如是寫道。「再者，他英俊的深色眼眸、鬍鬚跟短髮，都讓他儼然就是個亞洲的穆斯林。」[21]

在他一八三六年一月的第二趟布哈拉之行中，維特克維奇大大方方採取了俄羅斯官員的身分，並以此要求布哈拉釋放幾名遭其埃米爾扣押的俄國商旅。在抵達這個商隊城市後，他記錄下自己立刻被問：「你認識伊斯康德（Iskander）*嗎？」他說「我以為他們問的是亞歷山大大帝，但其實他們說的是亞歷山大．柏恩斯。」一來就發現英國影響力存在的證據，只讓維特克維奇頓了一小拍就開始設法扭轉局勢，而最終他也只花了兩個星期，就探得了柏恩斯建立來把新聞傳回印度的情報網：「英國在布哈拉有他們的暗樁，」維特克維奇很快就通報給了聖彼得堡。

> 他是個喀什米爾人，名叫尼扎穆丁（Nizamuddin），打著貿易的名號在這裡住了四年……他是個聰明人，交遊廣闊而且甚討布哈拉貴族的歡心；至少一週一次，他會把信交與密探送往喀布爾，由在那兒的英國人梅嵩（Masson）負責轉信。最有趣的一點是多斯特．莫哈瑪德其實知道梅嵩在那幹嘛；莫哈瑪德汗（khan）†甚至截獲過他的信函，但放了英國密探一馬，只說了一句：一個人傷不了我。很顯然，多斯特．莫哈瑪德出於對歐洲人的整體尊重，不想引發對方的不快，由此他對梅嵩睜一隻眼閉一隻眼。梅嵩這人是用尋找古幣當幌子，在喀布爾住著。

維特克維奇補充說尼扎穆丁在布哈拉有一名親族……

* 譯註：Alexander在中東語言裡的變化型。
† 譯註：普什圖的部落酋長；可查詢字彙章節。

替他處理所有的文書工作。他們倆人以在地的標準而言算是相當奢華的下榻處，是內廷大臣庫什・畢吉（Koosh Begee）的商隊驛站，也就是他們娛樂貴族的地方；尼扎穆丁身著華服，是個難得一見的美男子；他的伴侶或許不夠討喜但卻十分聰敏，且其舉止看似低聲下氣，但明眼人一看就知道誰在發號施令。他們領的是印度銀行家的錢。尼扎穆丁在我初來乍到時，就跑來要交我這個朋友，還問了我許多問題：有關於新亞歷山德羅夫斯克（Novo-Alexandrovsk）者，有關於新線（New Line；指新的「西伯利亞線」（Siberian Line），也就是俄國自十八世紀末以來，大致在沿草原與森林交界處以要塞連成的一條邊界線，奧倫堡就是其中一座要塞）者，也有關於希瓦者。被提醒過而有所提防的我給了一堆模稜兩可的答案。但即便如此，他還是在隔天發了信給喀布爾[22]。

在這第二趟的布哈拉之行中，維特克維奇走了運。出於某種巧合，他的行程與一名阿富汗特使米爾扎・胡珊・阿里（Mirza Hussein Ali）產生了交集。多斯特・莫哈瑪德・汗派出這名特使，是要去見尼古拉沙皇。在一八三四年於坎達哈外擊敗沙・舒亞後，多斯特・莫哈瑪德發現了韋德在許多封信中遊說阿富汗酋長，希望他們們要支持由舒亞來帶領薩多宰王朝復興。英國暗地裡援助舒亞，讓多斯特・莫哈瑪德十分震驚，畢竟他曾經以為自己跟印度總督關係很近。作為因應，他決定訴諸俄羅斯來買個外交上的保險，以防英國人有進一步的動作要干預阿富汗的內政。「阿富汗的獨立性受到了英國擴張的威脅，」他在給沙皇的信中說。「這種擴張也是俄羅斯在中亞與其南方周邊國家進行貿易的一種威脅。萬一阿富汗在與英國的長期抗戰中敗下陣來，俄羅斯與布哈拉的貿易也就完了。」[23]

維特克維奇會巧遇米爾扎・胡珊・阿里，是因為後者選擇了與前者同樣的商隊驛站下榻，而意會到機會難得，他主動獻上殷勤，表示願意親自帶大使先去奧倫堡參觀，然後再去聖彼得堡。「多斯特・莫哈瑪德・汗作為喀布利斯坦的統治者，正在尋求俄羅斯的庇蔭，」他興奮地回報，「所以對我們的要求可以說是言聽計從。」

但首先，他必須奮力從布哈拉脫身，主要是埃米爾已經突然在他的住處四周布下了哨兵，沒入了他的駱駝，拒絕了他離開的請求。「我抓起手槍，」他事後寫道，

> 塞進我的腰帶，把外套一甩披在肩上，戴上我出遠門用的毛帽，跑去找庫什・畢吉。正要進門時，我意識到他們正在討論我跟我的離開，只不過我沒有仔細聽他們說的內容。我直接跑進了房內……（然後說）「我跟你們再說一遍，也是最後一遍，那就是老子我不會繼續在這裡待下去，誰膽敢攔著我或問我要去哪，那就像我已經跟你還有上百個一天到晚來煩我之人所說過的一樣，任何人擋住我去路都會得到相同的回覆」——此時我掀開了大衣的襟翼，指了指手槍的位置。庫什・畢吉驚訝到說不出話來。我要求他發給我印有他關防的放行令，免得有人真敢攔我，但他什麼也沒有給我，而只是說了聲：你走吧。我向他辭行離開，並重申子彈是我給在路上挑釁我之人唯一的答案，那怕對方只是多嘴一個字。此時終於裝不下去了的庫什・畢吉說了句「我們走著瞧」——但他似乎也很滿意看著我的身影離去[24]。

在接著的幾個月裡，維特克維奇與胡珊・阿里緩緩穿過草原而抵達了奧倫堡，然後再接續橫越了俄羅斯國境，來到了聖彼得堡。胡珊・阿里在路上因為痢疾病倒，但有維特克維奇在一

旁照顧他、鼓勵他，並順便利用這被迫歇腳的期間向旅伴習得流利的達利語（Dari）*。終於在一八三七年三月，這兩人抵達了俄羅斯首都。維特克維奇在十四年前離開歐洲時，還是個被鍊條捆住的罪犯。但這一回，尼古拉沙皇親自恭賀了他順利抵達首都，並提拔他成為中尉。另外他還直接在引導之下進了俄羅斯副總理與外長聶謝爾羅迭伯爵的辦公室，成為了他的入幕之賓。

米爾扎．胡珊．阿里代表喀布爾當局來俄的消息，讓所有對大博弈在起步階段會如何發展念茲在茲的官員們，其興奮之情都溢於言表。賽蒙尼奇伯爵為此從德黑蘭公使館發函敦促俄國必須把握這個千載難逢的良機。

英國在波斯的影響力已經日暮西山，他寫道。如今時機已到，是時候把阿富汗納入俄羅斯、波斯與「喀布里斯坦」的鐵三角了。如此一來，一道代表俄羅斯影響力的弧線就可以從無到有，從喀布爾延伸到大布里士（Tabriz）。俄羅斯若得以在阿富汗成為一方之霸，那英國人就只能被迫採取守勢，勉勵維繫住他們在印度河流域的地位，至於想在其影響力渾然天成的其他中亞地區給俄羅斯製造更大的麻煩，則可以就此斷念了。再者，俄羅斯的政治影響力一旦能在喀布爾立足，俄羅斯的農產品就可以朝阿富汗市場長驅直入[25]。

奧倫堡總督在與其所見略同之餘，也在筆下表示他們……

……絕對有必要支持喀布爾的領袖（多斯特．莫哈瑪德．汗）。因為萬一英國的傀儡舒亞成為了阿富汗的統治者，那該國就會落入英國的影響半徑內，屆時英國人只要往前多踏一步就能涉足布哈拉。中亞將會徹底淪為英國的勢力範圍，我們與亞洲的貿易將萬劫不復，更別說英國人還可以把周遭的亞洲國家武裝起來，並提供他們力量、軍武與財源來與俄羅斯作對。如果俄羅斯可以支持多斯特・莫哈瑪德把王位做得更穩當，那他無疑會投桃報李地保持與我們友誼並與英國交惡；他會切斷英國與中亞的聯繫，讓被英國人當成寶貝的貿易力量踢到鐵板[26]。

奧倫堡總督還力薦讓維特克維奇擔綱陪伴阿富汗大使返鄉，理由是他「辦事俐落、聰明，對自身工作知之甚詳，而且腳踏實地，寫或說得少，動手做得多，再者論及對草原暨其居民的了解，不分死人活人都沒人比得過他」[27]。

大使抵達聖彼得堡後，多斯特・莫哈瑪德的信函被如獲至寶的仔細咀嚼，而而其內容最終也完全沒讓俄方失望。多斯特・莫哈瑪德在信中提到英國人行將征服征服印度全境，而他僅憑一己之力就足以阻止他們，前提是俄羅斯能如援助波斯那樣提供他們金援與軍備：「我們希望澤披波斯朝廷的慷慨與無可倫比的供輸，也可以源源流入阿富汗政府，流入我們的王朝。我們確信在在您帝國君威的溫暖注視下，這個王朝必定能重返其往日的榮光。」[28]

於是乎，聶謝爾羅迭建議沙皇派遣他口中的貿易與外加使團，前往阿富汗：「不論上述的國家（阿富汗與印度）離我們有多遙遠，」他寫道，「也不論我們對他們所知多有限，擴大貿易關係都無庸置疑是有利可圖的事情。」[29]唯一的問題，就是米爾扎・胡珊・阿里的病體一直沒有康復的跡象。所以經過多次會議，最後終於敲定由維特克維奇先大使一步南進，畢竟玉體欠安的大使得休養至少再一個月，才能嘗試踏上歸途。

---

* 譯註：又稱達利波斯語或阿富汗波斯語，是一種在阿富汗使用的波斯語變體。

一八三七年五月十四日，維特克維奇接獲了一份書面的指示，當中提及要與多斯特・莫哈瑪德開展貿易關係。據某俄羅斯資料指出，他另外還得到了一份口述的指示是關乎如何用兩樣東西來收買多斯特・莫哈瑪德的全副支持。一樣是給予他兩百萬盧布的金援，供他作為對抗蘭季德・辛格的錫克勢力之用。另一樣則是承諾給予軍事上的供輸，讓他得以替阿富汗收復沙・舒亞在一八三四年遠征失敗後就沒拿回來的冬都白沙瓦[30]。另外，他還將嘗試針對坎達哈，把與多斯特・莫哈瑪德同父異母的巴拉克宰諸兄弟都拉進這一新的盟約，敦促他們與在喀布爾的兄弟同心同德也同進退。他被告知最重要的，是要「讓阿富汗領導層能一團和氣……讓他們明白相濡以沫地把關係拉近不論是對他們個人或對其各自的領地，都有極大的助益，因為那能讓他們不論面對內憂或外患，都能進行更好的抵禦。」整趟任務中，維特克維奇將把筆記做得鉅細靡遺，並在返俄之後整理成完整的報告來說明「阿富汗的現況、包括其貿易、財政與軍力，乃至於阿富汗各統治者對英國人的態度」[31]。

維特克維奇將在剛被指派到俄羅斯駐德黑蘭代表團擔任賽蒙尼奇副官的伊凡・布拉蘭伯格上尉（Captain Ivan Blaramberg）陪同下，一路穿越高加索[32]。在提非里斯休息過後的他們將易容改扮，然後以最秘密和低調的方式朝德黑蘭出發。「一旦到了德黑蘭，」維特克維奇被告知說，「你要去向賽蒙尼奇伯爵報到，並聽候他調遣。他會決定是否要派你繼續前進到阿富汗。如果他認為這麼做有違波斯目前的政治局勢，或是出於某種理由所以窒礙難行，那他就會取消這次出使。另外關於阿富汗大使胡珊・阿里的後續行程，也會由他進行判斷。」[33]「我想我們不需要提醒你，」聶謝爾羅迭在其書面指示的尾聲寫道，「以上的內容都必須絕對保密，除了我們的波斯公使、賽蒙尼奇伯爵跟馮・羅森男爵以外的任何人，都不能知道我做了哪些指示。為了小心起見，你在動身前往阿富汗之前，務必要把所有指示留給賽蒙尼奇伯爵，如此萬一你遭遇什麼不幸，任務的秘密也不會洩漏出去。」聶謝爾羅迭警告說這些計畫絕不能讓英國得知，甚至雖然沒有明說，但意思不外乎是萬一英國人知道了，維特克維奇將會遭到聖彼得堡的切割。

維特克維奇的南行筆記在他離奇死亡前被燒毀，但布拉蘭伯格上尉的回憶錄倖存了下來。「在聖彼得堡待了兩個月，並收到了給我的指示之後，」他寫道，「我做好了離開的準備，但在那之前，我先跟旅伴維特克維奇中尉打了照面。他原來是個討人喜歡的年輕波蘭人，年紀二十八歲，生著一張很有戲的臉龐，念過書，很有活力……所有條件都很適合在亞洲扮演亞歷山大·柏恩斯的角色。」[34]

這兩人乘著馬車南行，車上滿載著要給波斯與阿富汗官員的禮物與賄絡，而等抵達提非里斯後，他們見到了總司令馮·羅森男爵，並去拜訪了賽蒙尼奇伯爵夫人，其中伯爵夫人「變成了常客；她迷人的千金們跟美豔的母親就像一個模子刻出來的」。

愈是從提非里斯繼續往南，鄉村景色就變得愈發一派田園詩的風情。晚間兩名旅者以星空為被，在游牧民族的營地裡度過了一夜又一夜。「七月十一日，我們越過了葉里溫省（Yerivan），逼人的熱氣迫使我們在已成廢墟的清真寺里歇腿，」布拉蘭伯格寫道，

> 也就在這裡，我們第一次見到了壯觀的亞拉拉特山（Mount Ararat）：其雙峰覆蓋在閃閃發光的白雪中，從平原遠處的南方升起。十三日我們翻過了最後一道山脊，下到了阿拉斯河河谷（Araxes valley）。那天天氣十分美麗，舉頭一片萬里無雲。我們選擇在一條潺潺小溪溪畔，一片小樹林底的陰影中扎營，並在那兒欣賞了眼前那高聳參天的亞拉拉特山脈。我們的亞美尼亞僕役

做了美味的手抓香料飯，興致來了的我們乾掉了整瓶馬德拉葡萄酒[35]。

直到他們一穿越波斯邊界，維特克維奇的多變情緒才陰沉了下來。「在我們通過波斯的行程中，維特克維奇經常情緒十分抑鬱，」布拉蘭伯格回憶說，「他會說他活膩了。」後來是一行人到了德黑蘭，維特克維奇才算是又振作了起來。

主要是在德黑蘭，賽蒙尼奇告知了維特克維奇兩條讓這名波蘭人大大興奮起來的情報。這第一條——後來證實有誤的——情報是米爾扎·胡珊·阿里的使團已經挑起了英國情報單位的懷疑，由此賽蒙尼奇表示對方從喀布爾就一路跟蹤兩人。賽蒙尼奇進一步警告了他，說他已經成為「英國幹員之陰謀與挑釁的目標」。惟這一切都與事實不符——英國人在這個階段對阿富汗派團出使沙皇一無所悉——但德黑蘭使館還是為了護衛使團而向維特克維奇提供了一支哥薩克衛隊隨行，確保他能一路平安地前往內沙布爾，乃至於沙阿在赫拉特的營地。正是這支隨行衛隊，才終於讓英國情報單位——經由若林森——驚覺到維特克維奇這支使團的存在。

第二個消息就比較和維特克維奇的脾胃了。因為賽蒙尼奇在阿富汗的間諜剛通知他維特克維奇在喀布爾有伴了。跟他打對台的英國對手亞歷山大·柏恩斯正以同樣的方向，前往中亞出第二趟任務。跟維特克維奇一樣，他也接獲了明確的指示要爭取多斯特·莫哈瑪德·汗與跟他們同陣線。維特克維奇跟蹤過的那人，甚至在某種程度上模仿過的那個人，如今正趕赴跟他相同的目的地，且身負與他相同的任務。

這兩人其實有很多相似之處。他們年齡相仿，兩人都來自所屬帝國的偏遠省分，少有與統治菁英的連繫，且相隔幾個月來到亞洲的他們都是靠自身的努力與果敢一路往上爬，尤其是他們的語言能力。如今這兩人在喀布爾的朝堂之上面對面，而這場對決的結果將在很大程度上決定阿富汗的未來，乃至於中亞的未來。大博弈的序幕，就此揭開。

在他於一八三七年十月份抵達白沙瓦後，亞歷山大・柏恩斯對他闊別這座城以來所發生的改變，並沒有給予很高的評價。

猶記得一八三四年，蘭季德・辛格趁沙・舒亞攻擊坎達哈而征服白沙瓦，如今三年過去，蘭季德・辛格已經將其半數軍隊移駐至城內，將此原本的杜蘭尼王朝冬都改造成了一處巨大的旁遮普兵營。在這個過程中，錫克卡爾薩大軍摧毀了許多白沙瓦最美麗的景觀。一座雄偉的嶄新磚造堡壘被蓋在了巴拉希撒堡精美的遊樂花園跟亭閣上面，而那可是一八〇九年，沙・舒亞曾經接待過艾爾芬史東使團的地方。另外一座像豪豬一樣豎滿重砲的新堡，才剛在開伯爾山口處的賈姆魯德（Jamrud）被建起。柏恩斯記錄下蘭季德・辛格手下一名前拿破崙軍官，保羅・艾維塔比萊（Paolo Avitabile）*，作為白沙瓦如今的統治者，「與錫克人共同改變了一切：城內許多美麗的花園都被改建成士兵宿舍；樹木遭到砍伐；整個周遭環境變成一望無際的營地。伊斯蘭的習俗已經消失殆盡——舞蹈與音樂的聲響不分時段，不分地方，在耳邊源源不絕。」[36]

柏恩斯還注意到雖然有如此大批的佔領軍在白沙瓦山谷紮營，但錫克人仍相當難以統治當地民風強悍的普什圖居民，由此在該城內部與周遭已爆發過多起部落動亂、暗殺與反叛之舉，而這

* 譯註：一七九一－一八五〇年，義大利傭兵與冒險家出身。

也導致佔領白沙瓦之舉成為了吸取錫克資源的無底洞。他意識到這一點對於他的任務，其實是好消息，因為這只會讓蘭季德・辛格更願意與多斯特・莫哈瑪德就白沙瓦的未來達成某種妥協。運氣好的話，這還能讓柏恩斯讓雙方化干戈為玉帛，一口氣為英國新添兩名盟友。

將柏恩斯派回喀布爾，是新任總督奧克蘭爵士的決定，而他之所以會提高警覺，是因為看了麥克尼爾在報告中提到俄羅斯人在波斯日益活躍，甚至據傳有野心要染指赫拉特跟其餘的阿富汗。奧克蘭在加爾各答只是初來乍到，對該區域的狀況所知甚少，但兩年前他曾在博伍德（Bowood）的一場家庭宴會中，曾經見到過新書巡迴宣傳非常成功的柏恩斯，而當時的印象讓他覺得柏恩斯這人應該靠得住。於是乎，柏恩斯第二次銜命沿印度河而上，這一次他收到的指示是要對印度河進行更完整的研究，屆時他將放出浮標，並豎立起導航用的地標。這之後他將繼續前往喀布爾，按指示藉蒐集情報來了解「阿富汗各土邦與波斯統治者之間於近期建立的關係」、阿富汗民眾對於俄羅斯的觀感、俄羅斯在該區域的活動，以及「俄羅斯為了增進其在中亞貿易而採取的措施」——這跟聶謝爾羅迭給對維特克維奇的任務非常相近[37]。

由於喀布爾的巴拉克宰統治階層正當性有問題，畢竟他們在加爾各答官方的眼裡是阿富汗真正君主沙・舒亞的僭越者，奧克蘭手下那名對外交禮儀非常一板一眼的政治祕書威廉・邁克諾騰下令任務必須「一切從簡」，柏恩斯此行率團不能有絲毫鋪張，帶去的禮物也比艾爾芬史東當年少很多：事實是柏恩斯只帶了一支手槍跟一管望遠鏡要贈與多斯特・莫哈瑪德。有鑑於阿富汗仍念念不忘沙・舒亞曾獲英使團餽贈的豪華手筆，邁克諾騰這樣的指示可說為柏恩斯的出使蒙上了一層陰影。至於雪上加霜的，則是就在柏恩斯要前往隔開兩方的新開伯爾邊境時，錫克人與阿富汗人之間傳來了會戰爆發的消息。

一八三七年四月三十日的賈姆魯德之役，是阿富汗人與錫克人為了蘭季德．辛格佔領白沙瓦而交惡，並耗時三年醞釀出的高潮。話說多斯特．莫哈瑪德一處理完沙．舒亞一八三四年的進犯，就立刻把心思轉到如何從錫克控制中解放阿富汗的冬都。不論是出於虔誠或策略，抑或是兩者都有一點，多斯特．莫哈瑪德於一八三五年在喀布爾之烏里瑪（學者或僧侶）的見證下，自封了一個伊斯蘭頭銜「穆民的埃米爾」（Amir al-Muminin），意思是「虔誠者的指揮官」。被尊稱「米爾韋茲」（MirWaiz）*之人，也就是喀布爾最資深的遜尼派神職者，領他到達了市鎮邊緣的艾德加清真寺（Id Gah），並將小麥的麥芽插在了他的頭巾上，就像一七四七年六月，一名蘇菲派聖者也曾在類似的典禮中將沙．舒亞的祖父艾哈默特．沙．阿布達利封聖†。一如《光之史》所述，

在把周遭地區的居民都召喚進喀布爾後，多斯特．莫哈瑪德宣布發動聖戰，並表示將收復旁遮普、白沙瓦與其他區域。

那些認為發動聖戰是對真神應盡的義務，認為在宗教的道路上殺人與被殺都是讓時代進步的觸媒，也是獲致生命之道的宗教學者們，歡天喜地聚集了起來並昭告民眾：「聖戰之令得依靠一名埃米爾的存在跟其國度的建立。任何人膽敢背棄他的命令或禁令，都等於不服從神與先知的號

* 譯註：miz 意思是「主要的」，waiz 的意思是「傳道者」。

† 作者註：同樣的頭銜也在一九九六年被塔利班組織領袖穆拉．歐瑪（Mullah Omar）採用，而他很明顯就是在效法多斯特．莫哈瑪德，希望從中獲得啟發，好藉此在阿富汗建立一個屬神學士組織的伊斯蘭大公國，或稱阿富汗伊斯蘭酋長國（Taliban Islamic Amirate of Afghanistan），也就是外界通稱的塔利班政權。

令。對其他人而言，他們除了必須絕對服從埃米爾的指令，還必須去懲罰那些不聽話的人。」靠著此一宣告……多斯特・莫哈瑪德開始為其大公國的建立奠定基礎。在短時間內，他就讓一切就緒，登上王座，並讓錢幣跟呼圖白（khutbah）*以他之名義發行。其中錢幣上銘刻以下的詩句：

埃米爾多斯特・莫哈瑪德下了發動聖戰的決心
還將鑄造錢幣——願真神許他以勝利

在他登基之後，埃米爾多斯特・莫哈瑪德決定完成聖戰。他從喀布爾動身到白沙瓦，身邊帶著六萬大軍——當中包括皇家騎兵、步兵還有非正規的部落兵力[38]。

透過對錫克人發動聖戰，原為奪權上台的多斯特・莫哈瑪德很方便地獲致了主政的正當性。他從來不敢染指薩多宰的沙阿頭銜。在這之前，他唯一的正當性來源只在於他的實力跟他代表正義的聲譽。但如今他將可以堂堂正正地昭示自身的統治，具體而言他可以訴諸更高的可蘭經權威，可以實踐良善穆斯林對異教徒發動聖戰的義務，並藉此——在理論上——為伊斯蘭導入上千年既純淨又神聖的黃金時代。在此同時，多斯特・莫哈瑪德也利用領導聖戰之舉來宣稱他是所有阿富汗民族的領導者，並依此致函給英國印度總督說，「這些人屬於我國內的部落，他們的保護與支持是義務也是責任……請三思阿富汗人民能否默默地承受傷害與壓迫卻永不反抗？只要我此身還有一口氣在，我就離不開我的國家，我的國家也離不開我」[39]。

多斯特・莫哈瑪德在當月稍晚對白沙瓦發動了一場以鳴金收兵作收的攻勢，為此他們召集了一群五花八門的聖戰士（jihadis）†——「來自最偏遠山區的蠻人」，美國傭兵喬西亞・哈連說，「當中不乏身形與力量的巨人，東拼西湊地拿著劍與盾、弓與劍、火繩槍、步槍、尖矛與雷筒（一種前膛手槍），蓄勢要為了真神與先知而對旁遮普蒙昧的非信者進行殺戮、搶奪與毀滅。」在這次事件中，多斯特的烏合之眾並非錫克正統派軍隊的對手，須知後者的訓練精良而且紀律嚴明，由此這次出擊唯一的效果，只是激怒了錫克士兵去屠殺白沙瓦的穆斯林平民。不過其實這次行動，多斯特・莫哈瑪德還是有收穫，那就是他默默地兼併了隔在喀布爾與開伯爾山口跟錫克邊界之間的瓦達克（Wardak）與加茲尼這兩個阿富汗省分；比起十一年前他初控制住喀布爾與其周邊時，他如今的稅收已經增加了五倍，並無庸置疑地成為了阿富汗國內最強大的統治者。

一八三七年二月底，多斯特埃米爾二度對錫克人用兵。「你們在邊境上的開伯爾谷地中佔領了賈姆魯德，而賈姆魯德的主人是那裡的開伯爾人，我的臣民，由此此舉已然激怒了這些百姓，他們必然會份起反抗，」他在給哈里・辛格（Hari Singh）的信中說到。哈里・辛格是替蘭季德・辛格在白沙瓦統領錫克駐軍的將軍。「我兒子莫哈瑪德・阿克巴・汗也會盡其所能去幫助開伯爾的百姓……如果你願意運作大軍把白沙瓦歸還於我，我絕不會忘了送他產自阿富汗的駿馬與其他贈禮。只要你能推動達成這個目標，我什麼條件都可以答應你。如果你做不到，那我會如何反應你心知肚明。」[40]

---

* 譯註：週五集體敬拜時的教義宣講詞，可查詢字彙章節。

† 譯註：可查詢字彙章節。

錫克人無視了這樣的警告。兩個月後，就在蘭季德．辛格把其由歐洲人訓練的精銳「法奧吉卡赫斯」部隊（Fauj-i-Khas）*抽回來拉哈爾擔任皇家婚禮儀隊的同時，兩萬名阿富汗騎兵奔襲開伯爾，並在四月三十日成功在賈姆魯德的新碉堡牆附近圍困了哈里．辛格。根據《光之史》所述，「在激烈的熱戰中，阿克巴．汗遇見了哈里．辛格。並未認出彼此身分的兩人開始你來我往地拳腳與刀劍相向，而在經過一番刺擊與撥擋之後，勝出的阿克巴．汗。阿克巴．汗將哈里．辛格擊到在地，並要了他的命。群龍無首且面對伊斯蘭大軍如潮水滾滾而來，錫克人開始從戰場上落荒而逃。他們一路被各薩達爾（軍中指揮官）追到賈姆魯德堡，才在那裡築起了屏障堅守」[41]。法奧吉卡赫斯軍迅速掉頭回防，並在兩週後擊退了包圍的阿富汗軍；此役已然大大提振了多斯特．莫哈瑪德的威望，也成為了阿克巴．汗征戰生涯中的第一場大勝，讓他證明了自己從驍勇的父親身上繼承了多少將才。自此開始，阿克巴．汗將日漸成長為阿富汗最能征善戰的軍事指揮官。

柏恩斯在沿印度河而上的半途聽聞了這場戰役。

有段時間，他不確定這場戰事是否會阻礙他進入阿富汗，進而迫使他放棄這趟任務。但無論如何，他都明白這一仗會讓想左右逢源的英國處境十分尷尬。不過等他抵達白沙瓦，看到了錫克人在想控制該地時遇到多大的困境，也看到錫克人自認「無法維持該地秩序」之後，他開始相信錫克人對當地的占領已經成為一個昂貴的燙手山芋，由此他將有充分的空間可以與對方交涉出某種解決方案。在一封寄到德黑蘭要給約翰．麥克尼爾的信中，他盤算著要如何以協議的方式讓白沙瓦可以在名義上由蘭季德．辛格控制，直到他死後再讓該城回歸阿富汗[42]。

當然是帶著某種自信與希望，認為他的出現可以促成錫克人與阿富汗人之間的某種妥協，柏恩斯才會在八月三十日穿過交戰雙方之間的無人地帶，上到了開伯爾山口。「我們從白沙瓦出

發，」他後來寫道，

由亞維塔拜爾先生用他的馬車載到賈姆魯德，也就是錫克人與阿富汗人近期激戰的地點……我們發現狀況非常的不樂觀。說好要派來要陪同我們穿越開伯爾山口的代表團，到現在還沒出現；而且雖然戰鬥已經結束了幾個月，但來自人與馬屍骸的瘴氣仍就令人十分反胃。某些駱駝的牽夫在我們抵達的當天就在少數士兵的護衛下離開了當地，但卻遭到久居山區的阿弗里迪人攻擊，對方一擁而上搶走了駱駝，砍下了兩人的頭顱，而死者的殘破軀幹被帶回了營地……（登上開伯爾山口的半途中）他們指出了許多小丘，底下埋的是在之前的勝仗中被其梟首之錫克人頭顱：某些圓丘上還看得到幾撮頭髮。

隨著他們從一個部落的勢力範圍移動到另一個部落，「每經一條小路或窄徑都會被部落的不同分支給攔下來」，使團緩緩進入了多斯特·莫哈瑪德的勢力範圍。相隔幾天在尼姆拉，他通過了沙·賈漢那座宏偉蒙兀兒花園中的懸鈴木與柏樹，那正是沙·舒亞在一八〇九年第一次遭多斯特·莫哈瑪德擊敗的地方。而在這之後，他見到了會對他生命產生重大影響的兩個人。

第一個騎馬進入他營地的人是英國逃兵出身的間諜兼考古學者查爾斯·梅嵩。柏恩斯在他的記述中提到了他與梅嵩的相見歡，須知此時的梅嵩已經在印度小有名氣，因為他就是那個在喀布

* 譯註：直譯就是卡爾薩軍中屬於正規軍的「菁英單位」。

爾與賈拉拉巴德開挖希臘—巴克特里亞王國與貴霜佛教遺址的考古先驅。柏恩斯在日記中形容梅嵩是「巴克特里亞遺跡的知名繪師，」並誇讚他「高超的文學造詣、長年在阿富汗國的定居，還有對人物與事件的精準認識」[43]。但多年來與阿富汗相交甚深且身為多斯特·莫哈瑪德入幕之賓的梅嵩，就不怎麼鍾情於對這位野心勃勃而且自吹自擂的名人來賓了。跟許多人一樣，他也很看不慣柏恩斯單憑一趟布哈拉之行就享有壯遊者的盛譽，同時也極為質疑柏恩斯的地理知識跟外交技藝。「我必須承認我很不看好他的任務能成功，」他後來寫道，「不論是考慮到態度，還是考慮到他認為『阿富汗人必須要被當成孩子看待』的看法。」[44]不過這兩人倒是在一件事上所見略同：事實證明佔領白沙瓦對錫克人而言是財務上的災難一場，「無利可圖，讓蘭季德·辛格一天到晚風聲鶴唳，不得安寧」。而他們現在有機會可以讓錫克人、阿富汗人跟英國東印度公司共組聯盟來讓心懷鬼胎的俄羅斯跟波斯不敢輕舉妄動，順便化解錫克人跟阿富汗人的衝突。阿富汗的狀況不是不能解決的，」梅嵩下了結論，「而解決之道此刻就在我們的能力範圍內。」[45]

第二個進入柏恩斯營地裡的人是個偉大許多的角色，而這人那天晚間是坐在象背上來的，前方還有「一群軍容壯盛的阿富汗騎兵」開路。這人就是多斯特·莫哈瑪德日益如日中天的第四子，莫哈瑪德·阿克巴·汗，其成名之路始於兩個月前他手刃哈里·辛格的那天。阿克巴·汗是個身強體壯、面貌如鷹的年輕人。他神似他父親的地方有其勇氣、魅力、無情與謀略，而這種種特質都讓他後來在阿富汗歌謠與史詩中被讚頌為英雄，達里語詩歌裡的他儼然就是阿基里斯、羅蘭*、亞瑟王三合一的人物[46]：

當勇者阿克巴，高超的劍客

征服並擊敗了敵軍之際

當他與旁遮普的勁旅交鋒時
他還不過是個年輕人，但卻有媲美蘇赫拉布[†]的勇氣

他成為了鮮明而勇敢的傳奇
名揚這片土地就像強大的羅斯坦[‡]

長大成人後的他
高大而優雅就像年輕的柏樹

他精通每種科學
卓越於每門藝術

他煥發的面容閃耀著神聖之光

---

* 譯註：八世紀查理曼大帝麾下的首席聖騎士。
† 譯註：Sohrab，古代波斯史詩《列王紀》中的傳奇悲劇英雄。
‡ 譯註：Rustam，波斯神話中的傳奇英雄，蘇赫拉布的父親。

完全配得上冠冕與王座
他的臉龐吸引了全世界
每一雙眼睛都盯著他看[47]

確實，阿克巴·汗是個美男子，而且美到他似乎在一八三〇年代的喀布爾成為了某種性感的象徵。《阿克巴納瑪》作為第一部獻給阿克巴的史詩，其作者瑪烏拉納·哈米德·喀什米爾（Maulana Hamid Kashmiri）把數頁的篇幅獻給了阿克巴在洞房花燭夜大戰其美麗新娘，即莫哈瑪德·沙·吉爾宰（Mohammad Shah Ghilzai）之閨女的過程，「這名天堂的美女，明豔地有如太陽，讓月亮與星辰都黯淡無光」。

慾望流動在雙方之間
他們對彼此的尋求讓激情熊熊燃燒
他們從矜持的幕簾後露出了各自的臉龐
衣裝構成的面紗也被他們拋開
他們緊扣住彼此
就像香氣扣住玫瑰，色彩扣住鬱金香

他們在歡愉與喜悅中躺在彼此身旁
身體對著身體，臉龐對著臉龐，嘴唇對著嘴唇

時不時手指會觸碰到月亮與昴宿星團
有時候手部會加速朝著征服的麝香而去

他的慾望在她的香吻中膨脹
他們為了最終的獎賞而加倍衝刺

閃閃發光，珠寶壓著珠寶，他植下了種子
靠著單顆珍珠，巴達赫尚*的紅寶散落了出去[48]

但即便外表光鮮亮麗，阿克巴仍很顯然是個複雜而聰慧的男人，其情緒的起伏比多斯特・莫哈瑪德更大，其審美也更加敏銳。他與梅嵩相識甚深；事實上阿克巴曾將梅嵩置於其羽翼下保護，並對梅嵩在賈拉拉巴德四郊的貴霜王朝寺院中所進行挖掘的希臘化健馱邏國佛像，展現出無其他阿富汗人能敵的興趣。「他迷上了兩顆女性的頭像，」梅嵩在其回憶錄中寫道，

* 譯註：Badakhshan，吉爾宰沙阿所統治的阿富汗東北部地區。

並哀嘆道雕像的理想之美無法在自然中實現。從此刻起，某種熟悉感開始存在於我們之間，這名年輕的薩達爾開始會頻繁地把我叫去。我變成他茶几邊上的常客，而他會下令好幾名馬利克（村落頭目）或酋長協助我進行任何我可能打算進行的研究……我非常驚喜地見證了這名年輕薩達爾對我研究的本質與目的，有如此正確的理解。他會對身邊那些表示我恐怕是在尋寶的人說我一心只想推動科學的進步，因為那會讓我在歸國之後得到學術上的肯定；並且他觀察說對比在杜蘭尼王朝的子民之間，受到尊崇的是戰士，在歐洲人當中受到尊敬的則會是在「伊蘭姆」（illam），也就是在科學上有所成就之人[49]。

另外一名歐洲旅者嘉弗列·韋聶（Godfrey Vigne）也把阿克巴描述為在所有阿富汗貴族中最進步、最好問，最有智慧的一位。阿克巴會緊挨著韋聶追問豬肉的滋味，因為那對所有虔誠穆斯林都是禁忌的味道，而且在一個多數阿富汗人都堅拒與基督徒一起吃喝的時期，「他曾不只一次令僕役用他自己的杯子給我遞水，完全不是個剛愎到會歧視人的人」[50]。

隔天，阿克巴·汗在象背上領著柏恩斯進入喀布爾。「我們受到了盛大而熱烈的歡迎，」柏恩斯寫道。「他讓我有榮幸可以乘坐他親自駕馭的大象，讓我與他一起來到他父王的的朝堂上，而我也因此獲得了他父王最誠摯的接待。在喀布爾巴拉希撒堡內，離皇宮不遠的一處寬敞的花園，分派了使團當作下榻的地方。」[51]

隔天早上，柏恩斯獲得了老朋友埃米爾多斯特·莫哈瑪德與滿朝文武的正式接風。一如以往，柏恩斯的魅力很快就席捲了埃米爾。即便多斯特·莫哈瑪德指控英國援助沙·舒亞是雙面人的行為，還指控英國在事前就知道蘭季德·辛格要竊占白沙瓦，但他顯然決心不讓這些問題影響到自己與柏恩斯的友誼。尤有甚者，他盤算著與英國開展外交關係，才能讓他獲致最好的機會去夾攻錫克人。沒多久，這兩人就回復到與之前無異的熱絡關係，而柏恩斯也又像一八三一年時那樣景仰起他的東道主。「大權在握經常會寵壞一個人，」他寫道，「但在多斯特·莫哈瑪德身上，不論是權柄的擴大，還是埃米爾的頭銜加身，都看不出對他造成了任何腐蝕。反之他似乎比我前一次見到他時要更加戒慎恐懼，更加流露出智慧。」當柏恩斯被引導進覲見廳，正式將使節文書跟略為令人失望的贈禮呈上之後，多斯特·莫哈瑪德一點也沒失禮的收下了一切。「我告訴他作為給陛下的禮物，我帶來了一些歐洲的珍品。他絲毫未有遲疑地回答說使團就是珍品，沒什麼比見到我們更讓他高興。」[52]

後來，柏恩斯針對這次見面進行了非常深入的省思：

多斯特·莫哈瑪德對狀況的掌握非常迅速；他極具識人之明；你沒有辦法長久將他蒙蔽。他會聽取每一個人的怨言，而且比起他的公平與正義，他的耐性與脾氣更加令人稱許……他發動宗教戰爭來遂行統治的動機是出於強烈的正統觀念，還是出於帝王的野心，仍是個未解之問題……（阿富汗人的）共和精神並未改變；不論今天是薩多宰還是巴拉克宰部族上台，其權力的延續都必須不損及各部落的權益為前提，各部落必須能繼續依其自有的法律來保持自治[53]。

多斯特·莫哈瑪德或許曾與柏恩斯惺惺相惜，但來自阿富汗多方資料來源的證據顯示即便是在一開始的這個時期，也不是所有的朝臣、貴族與酋長都樂見他們的埃米爾與這個菲蘭吉

（Firangi）*兼異教徒如此過從甚密。比較正統派的信徒尤其對這種不囿於國籍與信仰的關係感到惶惶不安，他們想知道這種破格的結盟要如何見容於埃米爾宣稱要對伊斯蘭之敵不共戴天的說法。

在阿富汗的資料來源中，柏恩斯一貫的形象都是迷人的小惡魔在施展狡詐的騙術，信手拈來就是各種扎浪（zarang）†、逢迎與異心——這很有趣地翻轉了英國人心中狡詐東方人的刻板印象。米爾扎．阿塔在《戰役之歌（暫譯）》（*Naway Maàrek*；*The Song of Battles*）中談到了柏恩斯沿印度河而上：

> 是為了探查信德與呼羅珊的狀況，而他靠著其柏拉圖一般的智慧也成功做到了這一點。柏恩斯明白這個區域裡的國家都是建立在非常不安定的基礎上，只消一陣風就能將之吹倒。當在地民眾聚集過來，盯著外國人猛瞧時，柏恩斯就會從帳篷裡現身，開玩笑地對鄉親父老們說「來啊，來看我的惡魔尾巴跟角！」大家會笑開懷，然有某人叫了一聲：「你的尾巴一路延伸回英國，你的角很快就會出現在呼羅珊！」[54]

這幅畫面被瑪烏拉納．喀什米爾在他一八四四年的《阿克巴納瑪》中拿來發揮。在這首詩中，柏恩斯作為阿克巴．汗的大敵，化身為基督教世界十字軍所有背叛與狡詐於一身，惡魔般充滿魅力的雙面人：

> 一名地位不凡，屬於菲蘭吉的大人
> 姓柏恩斯，名叫希坎達（亞歷山大）

他聚集了所有做生意必備的東西
戴上了貿易商該有的所有面貌

當他風馳電掣來到喀布爾城後
便拚命與這裡傑出偉人拉近關係

藉著眾多禮品與表面上的和藹可親
他在每顆心中贏得了一席之地，也讓每個人都被迷得暈頭轉向

埃米爾依著與生俱來的仁慈與寬容
將他奉為上賓款待

他將這人的地位拉得比誰都高
將所有尊貴的身分都賜與了他

---

* 譯註：外國人：；可查詢字彙章節。
† 譯註：小聰明。

但柏恩斯把毒藥摻進了蜂蜜
從倫敦，他索要了許多金銀
他用黑魔法與詐術在地上挖了個坑
許多人都被掐住了喉嚨而扔了進去

當柏恩斯將他們「用黃金鍊條捆住之後」，各個汗主都「一一宣誓效忠於他」。最終有人警告了埃米爾：

「喔，力可屠獅，大名鼎鼎的指揮官！
這個投放誘惑種子的柏恩斯——他是你的敵人
外表他看似是人，但內裡他是惡魔本人
請留意這個散播邪惡的仇敵
您不記得（詩人）薩迪*的提醒了嗎
您還是與陌生人保持距離為宜
因為偽裝成朋友會讓敵人變強

您不分日夜滋養著這名敵人
還請您在被背叛之前趕緊離他遠去」[55]

根據好幾筆阿富汗的資料來源，伊朗的卡扎爾王朝沙阿（Qajar Shah of Iran）莫哈瑪德・沙（Mohammad Shah）也曾致函多斯特・莫哈瑪德，警告他關於柏恩斯的蛇蠍計謀。這封信被提及在《光之史》，當中提到「當一名使者將莫哈瑪德・沙的訊息帶抵並獲准覲見後，當中提到的不是友誼或誠懇的關係」。這名伊朗的沙阿以書面方式描述了亞歷山大・柏恩斯的兩面手法，並直陳除非他的真面目被戳破，否則其表裡不一的行徑將持續為當地帶來永無寧日的苦果[56]。不過真正將沙阿指控柏恩斯插手當地事務描述得最完整的，還得算是瑪烏拉納・哈米德・喀什米爾。

那一天，邪惡的祝願者傲慢而醉醺醺地坐在
他已習慣的老地方，宮廷中一處尊貴的地點
受到眷顧而鴻運當頭的埃米爾
將一封有著圖文並茂的信遞到他手裡

* 譯註：Sadi，十三世紀著名波斯詩人。

並對他說：「不要停頓，將之大聲唸出來」
柏恩斯開了信並唸將起來

在宣稱了對沙阿的摯愛之後
這封信給出了警告：「偉大的統治者，我聽說
有名散播邪惡的惡魔名叫柏恩斯
已經抵達並日夜安坐在您的宮廷中
用盡上百種愛的表徵，您對他以父子相稱
並將他奉為不輸給任何人的上賓
要知道他可是菲蘭吉中的佼佼者
不論是要比的是惡意，是詐術，或是欺騙跟背信棄義
許多人都死在了他那隻看不見的黑手中
許多心都傷在了由他之弓放出的利箭下

您為什麼要用黃金灑在他身上？你該讓他灑出的是鮮血才對啊
他散布紛爭的能力你既該知曉，也該害怕

他可以煽動死屍叛變
連墓地的平靜都逃不過菲蘭吉的打擊

菲蘭吉之間無所謂榮譽與忠誠
他們沒有偶像，而只有詐騙與欺瞞

聽我的話，將之放在心上
聽我諫言，必也慎之，慎之」

瑪烏拉納．喀什米爾還暗示柏恩斯已經發展出一種愛好是帶著喀布爾的男性，以及女性，一起誤入歧途。在一組對句中，他讓柏恩斯告訴菲蘭（外國）的國王說：

「在美麗中，喀布爾的百姓
宛若是天堂中真正的胡里與吉拉姆*

---

* 作者註：吉拉姆（ghilman）是指伊斯蘭天堂中十八歲的肌肉猛男，胡里（houri）則是與其相對應，有如超模的絕世美女。

那片土地上的女人
有著如此可口的美貌
你想殺死一百個菲蘭吉
只需要她雙臂的力量便可做到」[57]

這顯然不僅僅是瑪烏拉納豐富的想像力在作祟——梅嵩也略帶焦慮地指出，柏恩斯對喀布爾女性表現出過分的興趣，這對一名特命外交官來說是不太明智的。梅嵩曾寫道，埃米爾對柏恩斯與瑪烏拉納．喀什米爾所稱的「喀布爾的可口天堂美女」之間的「翻雲覆雨」都有所了解，並且「或許會慶幸特使的計謀並不涉及政治」。根據梅嵩的記錄，由於柏恩斯的欲望過盛，不久後多斯特．莫哈瑪德的大臣米爾扎．薩米．汗（Mirza Sami Khan）來訪，建議「我應該效仿傑出的上司，把屋子填滿黑眼珠的少女。我告訴他我的屋子不夠大，而且這些少女從哪裡來？他回答說我可以隨意挑選，他會確保我滿意。我告訴他他的慷慨超乎讚美，但我還是覺得保持原樣比較好」[58]。

但梅嵩的擔心還不只於此。問題不只出在柏恩斯的舉止欠缺「英國使團自持該有的……禮數，」他還擔心柏恩斯的外交直覺是否正確，主要是他怕柏恩斯面對埃米爾的態度會過於「卑躬屈膝跟逢迎諂媚」，包括他是否馬屁拍過頭，「每次開口都是Garib Nawaz走在前面，意思是您謙卑的乞求者」[59]。梅嵩也擔心柏恩斯是在鼓勵埃米爾期待能通過英國的斡旋將白沙瓦完全收復，但其實蘭季德．辛格究竟會不會乖乖聽話，加爾各答願不願意出手施壓，甚至是年輕的大使究竟有沒有權利進行這樣的談判，一樣樣都還在未定之天。

儘管如此，在他來到喀布爾後的僅僅十天，柏恩斯就出發前往阿富汗的郊區去小小放鬆一下，此時的他對任務充滿了樂觀，精神無比抖擻。「遼闊的花園景觀拉出了三四十英里的長度，最終才由白雪皚皚的興都庫什畫上句點，」他隔天在舒馬里平原快意寫道。能再次在他熱愛的地景中旅行，讓他樂不思蜀。「每一座具有南面的山丘，上頭都有一座葡萄園。」

比起這樣的風景，或是能在蒙兀兒皇帝巴布爾最喜愛的度假勝地——伊斯塔利夫（Istalif）——好好休憩一週的願景，更加令他心滿意足的，是柏恩斯認為反俄聯盟已是囊中之物的堅實信念。「多斯特．莫哈瑪德．汗已經完全陷入我們的觀點，」他隔天就從伊斯塔利夫，如此寫信告訴了他的男性同輩姻親。

眼下的局勢，我認為我們距離與蘭季德國王談判只有一步之遙了，而談判的前提將是他從白沙瓦撤軍，由一名巴拉克宰人去接收之成為拉哈爾的屬地，同時喀布爾之主將派出他的兒子去請求諒解。喔，比起有人（韋德與邁克諾騰）千方百計要慫恿多斯特．莫哈瑪德．汗要裝模作樣地擺起架子，我是不是高明多了！蘭季德會接受計畫，我確信。我已經代表政府同意替雙方斡旋，而多斯特．莫哈瑪德已經切斷其與波斯跟俄羅斯的所有牽連，包括他對人已經在坎達哈的波斯沙阿拒而不見[60]。

柏恩斯有所不知的是在他寫下這些豪語的同時，南邊數百英里外正有股力量在破壞他的任務，由此他想要調和交戰雙方的願望將愈來愈成為一種幻想。他恐怕更想不到的是那個讓他的使團死不瞑目的人，跟那個將這使團派出去的人，其實是同一個人：新任英國東印度公司總督——奧克蘭爵士。

就跟柏恩斯在伊斯塔利夫眉飛色舞地寫信，或是跟維特克維奇偕哥薩克士兵策馬通過赫拉特南邊國境大約同一個時間，整列紅衣騎兵儀隊一字排開在加爾各答的總督府大門跟胡格利河（Hoogly）輕拍岸邊階梯的水面之間。

奧克蘭爵士正準備第一次離開加爾各答，進行前往孟加拉以外的第一次出訪。他代表大英帝國的這趟行程規劃，將讓他從阿瓦德（Avadh）王國到英國控制下的西北各省，一路巡視受到飢荒襲擊的興都斯坦平原。他的交通工具首先會是由蒸汽船拖拉的特殊副王級平台駁船，然後在貝納拉斯（Benares）*改走陸路並乘馬車、轎子或象隻，向上穿越旁遮普，朝新建立的西姆拉山丘駐站前進。

奧克蘭爵士喬治．伊登（George Eden）是個聰明能幹但有點自滿且疏離的輝格黨貴族。身形嬌小的他有張少年般的瘦臉，外加窄唇跟修長優雅的手指。作為一個結婚無望，但看起來比實際年齡五十一歲年輕十歲的單身漢，他不諱言自己職責所在又不得不跟某些人打交道，但他實在受夠了布爾喬亞（資產階級）的公務員跟逢迎諂媚的印度拉賈（土邦酋長）。羞怯的個性讓他無法在英國政壇生存，加上他又是個很差勁的演說者，所以他接下了印度總督一職，畢竟這是他沒有選擇的選擇中，最好的一個行政空缺了。對印度的歷史與文明都既不了解也沒興趣的他，就任之後也鮮少讓自己在這兩方面有所長進。

在前一份於海軍部的工作中，他對幕僚的倚重讓他的人緣大好，但同一套做法搬到印度卻是災難一場。被派來統治一個他完全陌生的地方，讓他很快就掉入了一群聰明但經驗不足，同時卻又高度恐俄的鷹派幕僚手中，這群幕僚的首領就是威廉·邁克諾騰——那個偷偷在一八三四年的遠征中支持過沙·舒亞的男人——以及他的兩個機要秘書亨利·托倫斯（Henry Torrens）與約翰·柯爾文（John Colvin）。如奧克蘭手下的印度理事會（Council of India）成員托比·普林賽普（Thoby Prinsep）所言，「奧克蘭辦起公來是一把好手，他批示公文兢兢業業，任何由他核准通過的文稿都正確得不得了，甚少有細節會被遺漏；但他極度缺乏決策時某種勇於任事的精神，推諉責任是他非常嚴重的毛病，以至於每每他給出的指示都讓人大搖其頭，專員們普遍都得自行決定困境該如何處理」。普林賽特補充說，「他被認為對自己的機要秘書約翰·柯爾文讓步太多，包括有時候總督把他的諮議會成員叫來進行閉門磋商時，柯爾文會一手攬下討論的主導權，而總督大人卻被晾在一邊變成兩手放在後腦勺的聽眾；而他被一堆工作纏身的後果就是他在年輕一代的印度公僕中得到了一個暱稱，那就是柯爾文爵士」[61]。

在他「北上印度」的休閒之旅中，奧克蘭的旅伴將包括他兩名脾氣暴躁但視他為偶像，未出閣的妹妹，艾蜜莉跟芬妮·伊登（Emily and Fanny Eden）、很看得起自己又愛雞蛋裡挑骨頭的政務秘書邁克諾騰，還有各式各樣副王級的官僚、隨扈、婦孺，外加邁克諾騰那惡名昭彰地愛頤指氣使又難搞的夫人法蘭西絲，外加法蘭西絲去到哪裡帶到哪裡的一隻波斯貓、一隻玫瑰色的長尾鸚鵡，還有五名印度女僕。

啟程的一早空氣晴朗且清新，而邁克諾騰的友人湯馬斯·巴賓頓·麥考利（Thomas Babington

* 譯註：今瓦拉納西（Varanasi）。

Macaulay）也起了個大早去給他們送行。艾蜜莉・伊登在她的日記——日後那個時代最出名的一本遊記——中寫道下屬們組成了一條「非常美麗的行列式……兩條士兵從總督府的門口延伸到河邊」[62]。直到後來到了晚上，她才提及總督隨扈的驚人規模：「我們下了象背，看到了營隊的先鋒從面前經過，」她在寄至英格蘭給另外一名姊妹的信中寫道。「眼前是一片紅色的東方天空，河灘上是深深的沙地，水面上則滿布著矮胖的船隻。沿著岸邊可見到的有帳篷、駝背行李箱、在地居民用來烹食的火堆，還有在船上等著他們的八百五十頭駱駝、一百四十頭象、數百匹馬，貼身保鑣、隨行護送我們的兵團，還有營地的追隨者。他們總計有大約一萬兩千人之譜。」[63]

總督的派頭之大，也凸顯了奧克蘭所處地位之怪誕。一如他的外甥兼軍務秘書威廉・奧斯朋上尉（Captain William Osborne）所說，「在所有的人類處境中，或許至為巧妙但也至為荒謬的一種設計，就得算是英屬印度的總督職位了。一名來自民間的英國紳士，頂著一家股份公司（即東印度公司）的員工身分，竟能在他短暫的統治期間，成為被託付以地表最大帝國的元首，下轄上億人。這在人類歷史上，恐怕找不到可以與之類比的東西……」[64]

但不論隨侍在側的陣容如何浩大、景色如何壯觀、恆河如何美不勝收，被熱帶季風洗滌過的孟加拉鄉間如何青翠蓊綠，這一行人都算不上至為愉快。艾蜜莉從一開始就不想來到印度，她初啟航就感覺到「一股野蠻帶來的絕望」。自所乘之船從孟加拉灣一轉進胡格利河，因為無風而停滯下來的那一天起，就厭惡她的新家。「我本以為此時我們已經能賺夠錢回家了，」她連加爾各答都還沒看見就不耐煩地寫道，「但……終於靠著極大的耐心跟極小的風勢，我們還是到達了目的地……我們身邊圍繞著船隻，而船上的黑人出於某種令人費解的疏忽，完全忘記了要穿上哪怕是一點點衣物。」[65]後來嚇到她的有兩件事情，一件是總督府正經八百的繁文縟節，另一件則是形影不離的侍從大軍，為此她在家書中提到「我在這裡的日子過得迷迷糊糊，天旋地轉……（那感覺就像）我身邊不停地有戲碼在上演，終日不歇……」[66]

同一時間芬妮則已經受不了邁克諾騰夫婦了。在日記中，她描述兄長這位戴眼鏡的政務秘書即便用英屬印度政府的標準去看，也是個刻薄的學究。當奧克蘭叫船在布克薩爾（Buxar）停下來，好讓他能跳上岸看一眼英國首次擊敗蒙兀兒人的戰場時，邁克諾騰據艾蜜莉說「簡直氣炸了……氣呼呼地在甲板上捶胸頓足」，只因為那違反了規定[67]。「托倫斯與邁克諾騰先生差點在甲板上昏了過去，因為喬治一時興起就冒險上了岸。」芬妮同意說。隔天在加齊普爾（Ghazipur），伊登一家「又給了邁克諾騰的身心狠狠的一擊，因為我們又上了岸，而且這次一個副官或戴徽章的官員也沒有帶在喬治身邊。等到了營地之後我們一定會洗心革面地表現乖點，但現階段就我看來，我們似乎會一直航行在遮雲蔽日的孔雀羽毛、銀棒與金傘之下」[68]。艾蜜莉承認邁克諾騰雖然浮誇了點，但確實是出了名的幹練幕僚，還說他是「我們的帕默斯頓爵士，不苟言笑的理性代表，臉上戴著一副巨大的藍色眼鏡……他說起波斯語的流利程度要略勝英語一籌；阿拉伯語又勝波斯語一籌；但如果是跟熟人對話他偏好梵語」[69]。

在此同時，邁克諾騰夫人一面忙著攔住她的波斯貓，免得牠把她的長尾鸚鵡給吃了——一名印度女僕受雇就是專門要看好跟餵飽她的鳥兒——一面還得擔心被趁夜爬上船來的雞鳴狗盜之徒給搶了：「去年他們潛進了邁克諾騰的營帳，竊走了她所有的行頭，以至於邁克諾騰必須用毯子把她縫起來，用車把她送到貝納拉斯重買新的」[70]。

芬妮最受不了邁克諾騰夫婦，是在間歇時沿恆河沿岸召開的正式朝會上：

這檔事唯一好玩的一點，就是看著邁克諾騰是如何極度嚴肅、極度強調地去翻譯每一個被說出來的字眼，但他八風吹不動的面容上連一條肌肉都沒被牽動。「他是在說，總督大人，您對他如父如母，如叔如姨，是您造就了他的日與夜，您是他唯一能夠倚靠的棟梁。」所有有玫瑰精油飄香的儀式，他都能主持得同樣莊嚴肅穆。要說有誰是生來就為了吃這行飯，他以外我還沒見過第二個。

後來在拜訪一名年長的印度土邦女王時，「邁克諾騰以至為莊嚴的態度，這樣回了話：『總督大人，女王說她完全不知道該如何表達您的大駕光臨讓她感到何等地蓬蓽生輝……她感覺自己就像一隻蟬站在了一頭大象的面前……』。邁克諾騰夫人其實也不是很懂土邦的語言，但她還是充當起了（芬妮與我）的通譯。喔，我的天啊，這麼個女人，實在是太要命了。」[71]

從一開始，奧克蘭爵士與她的兩個妹妹跟他們的賓客就飽受一種帝國成員的倦怠所苦而萎靡不堪。而催生出這種倦怠感的，則是針對那些他們不得不路過的遙遠殖民地，一種自以為了不起——頂多稍微覺得有趣——的鄙夷。在旅程的第二天，艾蜜莉有感而發說他們的賓客「全都像身分尊貴的我們一樣，無聊到八點就去睡了」。至於她的總督兄長，「G（喬治）已經無聊到要死了，」她在旅行開始了一週之後寫道「噁心讓他人都泛黃了。」[72]「我們比起預期中的要提不起勁多了，」芬妮呼應說，「而喬治在身邊沒了他的文件、辦公室箱，還有他的『諮議會成員們』之後，開始散發一種彷彿被撤職總督的無力感，而他也因此變得不耐煩起來……他開始對他的帳篷生活變得非常不能接受，每天早上都會責罵於我，只因為眼前的景色不夠美麗。」[73]唯一能讓伊登姊妹們打起點精神的，只剩下一些對上游派對的期待：「某場舞會的邀請函從李察茲准將處送來……

我猜想這將是一連串舞會的開端，直到我們抵達喜馬拉雅山脈為止⋯⋯我在想最理想的狀況，是喬治可以學著跳完整首室內的梅呂哀舞曲*。艾蜜莉跟我可以輪流接受駐站准將主官的帶領⋯⋯」在此同時，補給部門有一些麻煩得處理：「凱斯曼將軍跟邁克諾騰先生今晚上了船。我們在想他們今天早餐吃的蘋果凍有點問題。邁克諾騰先生對此做了一個讓人不解的聯想，但凱斯曼將軍趕忙讓他別再胡思亂想了。」[74]

就是在這麼許多讓人心煩意亂的狀況中，奧克蘭爵士還得分神去處理阿富汗的事情。如果說奧克蘭爵士並不怎麼了解或在意印度，那阿富汗在他心中的地位就更低了，事實上從一開始，他就展現出了對其大權在握的統治者多斯特・莫哈瑪德・汗，有一種藏不住的反感。反之多斯特・莫哈瑪德則大費周章地想要討好這位新印度總督。他一聽說奧克蘭爵士的到來，就立刻送了封信去讓爵士知道「我希望的原野原本已經在寒冬襲擊下凍結，但總督大人您大駕光臨的好消息，這片原野就立刻讓天堂花園也相形失色⋯⋯我希望總督大人您能把我跟我的國家都當成自己的東西一樣」[75]。但接著他便切入了正題，開口請求奧克蘭爵士代表他去與蘭季德・辛格交涉。他希望用總督的影響力去為阿富汗收回白沙瓦，讓區域內恢復和平。

但奧克蘭爵士很快就被邁克諾騰說服，不打算與埃米爾簽署任何的協定。「與多斯特・莫哈瑪德建立任何有目共睹的盟約，只會引發其他勢力的反感與眼紅。」奧克蘭在收到埃米爾來信的

* 譯註：慢節奏的小步舞曲。

不久後，就如此在備忘錄中寫道[76]。這之後他先是幾個月都沒有回信，然後才給予了一封客氣但也頗令人洩氣的回應。他說他很高興知道多斯特・莫哈瑪德有意與英國東印度公司建立良好的關係，但必須很遺憾地說他不宜介入他與蘭季德・辛格之間的紛爭。他說他希望雙邊可以好好化解彼此的歧見，並表示他祝願經由「商業的拓展」，阿富汗能「蛻變成一個繁榮與團結的國度」。他最後給出了一個日後證明只是隨口說說的結論，「我的朋友，你應該知道插手其他獨立國家的事務，不是英國政府平日之所為。而確實我一時之間對於我的政府可以如何介入此事來讓你受益，我也沒有任何想法」[77]。

這場僵局的根源，存在於派系之間的政治角力與相互羨嫉。奧克蘭所有關於阿富汗的資訊都來自於邁克諾騰與韋德，而他們誰都沒有去過阿富汗。柏恩斯從喀布爾發來的函文可以更精準地反映出阿富汗國內的真實權力平衡，但他的建議在能讓總督過目之前，卻總先得經過雙重濾鏡的嚴重扭曲，也就是邁克諾騰的摘錄剪輯與韋德那狗人看人低的眉批，而這兩人都多多少少沒把柏恩斯的建議當回事情。多斯特・莫哈瑪德的「權力基礎其實非常不安定」，韋德在附在柏森斯早期一封喀布爾函文上的說明信中做出了此等唱衰的評語，但其實柏恩斯在函文中大利讚許了埃米爾的執政表現，稱其力量與穩定兼具。「民間騷動偶爾會爆發，而他並無法加以壓抑……我自身的情報來源告訴我埃米爾的權威在他的臣民之間，一點也不具人望……他的軍隊泰半對他不滿，也不聽他指揮，且雖然裝備精良，但整體而言非常欠缺優秀士兵須要具備的特質。」[78]

透過在資訊上上下其手，韋德與邁克諾騰得以讓奧克蘭爵士相信柏恩斯對多斯特・莫哈瑪德的看法錯了：他們堅稱埃米爾是不受歡迎也沒有正當性的僭越者，其權力就如苟延殘喘的風中殘燭。一反柏恩斯的函文內容，這兩人主張多斯特・莫哈瑪德其實是阿富汗各統治者山頭中最弱的一個，其影響力還比不上他在坎達哈的同父異母兄弟們，也比不過「德高望重的統治者」卡姆蘭．沙．薩多宰，沙．舒亞在赫拉特那個沒用的表親。事實上，這一切都從來不是事實，而且與現實的差距還大到前所未見——多斯特．莫哈瑪德成功將其宗主國的勢力範圍從興都庫什延伸到了開伯爾，成功在沙．舒亞的圍攻中救下他在坎達哈的半兄弟們，讓他們接受了他的領導，還有最重要的，他成功獲頒了埃米爾的頭銜，成為了阿富汗聖戰的領袖。柏恩斯說的沒錯：多斯特．莫哈瑪德是阿富汗最強大的一股勢力，且只要加爾各答願意改弦易轍對其敞開胸懷，他就有機會成為東印度公司在其北方最有利的親英盟友。

柏恩斯人在阿富汗現場，而且顯然比任何一個英國官員都處於更好的位置可以評估不同勢力在阿富汗的強弱高下，但邁克諾騰從來沒喜歡過這個野心勃勃，但在他眼裡還是太過天真、歷練不足、爬得太高太快的蘇格蘭年輕人。他因此慫恿奧克蘭要相信在魯得希阿那的的資深情報頭子。「每當他們之間出意見不同時，」邁克諾騰在信中對奧克蘭說道，「我都會傾向於附議韋德上尉，因為他的主張與結論是根據登記在案的事實提出，反之柏恩斯上尉的看法則大多是旁人的意見，或是出自環境在他心目中留下的印象，問題是他根據觀察所得到的這些印象，其實並沒有特別到足以讓他做成結論中的那些推論」[79]。

在此同時，韋德一如以往鼓勵著奧克蘭要讓沙．舒亞重返賽局。「若想盡量不要傷害到阿富汗民眾的感情，或想盡量確保我們與其他勢力之間關係的安全無虞且健康，我們都應該要扶植沙．舒亞重新掌權，而不要強迫阿富汗人向現任埃米爾的宗主國地位低頭。」他如此建議。「在之前與錫克族的交手過後，喀布爾各派系之間的爭端高漲到我被告知若沙．舒亞能夠現身阿富汗，那搞不好他只要短短兩個月就可以成為喀布爾與坎達哈之主。」[80]

除這些扭曲以外，韋德或邁克諾騰似乎都不曾跟奧克蘭爵士提到過蘭季德・辛格是多晚近才佔領了白沙瓦，也不曾告訴奧克蘭爵士說白沙瓦對阿富汗人有何等的重要性，包括在阿富汗人的心目中，白沙瓦仍舊是他們的陪都。而這也就造成了奧克蘭爵士誤以為白沙瓦城毫無爭議的是錫克人的所有物，反倒多斯特・莫哈瑪德想將之要回去是一種強詞奪理的侵略行為。由此總督持續希望柏恩斯別抱持任何想改變現狀的想法。

奧克蘭也開始接受了韋德的另外一個看法，那就是比起協助多斯特・莫哈瑪德將阿富汗整合起來並將之收為盟友，一個維持分崩離析的阿富汗會更符合錫克人利益，也因此更符合英國人的利益。「一個強大的穆罕默德國度存在於我們的邊境之上，恐怕會造成這一帶永無寧日，甚至於帶來非同小可的危險，」他告訴倫敦。「讓酋長之間相互制衡，並依著他們的處境與環境來爭取我們的友誼，都絕對會使他們出落為更安全、更為我們所樂見的鄰居。」奧克蘭爵士還有一件證據擺在眼前但他怎麼也不相信的事情，就是赫拉特正受到來自波斯的威脅，而巴拉克宰人還可能與波斯的沙阿結盟。「這些阿富汗人天生對波斯政府並無好感，因此只要他們現有的一切不受到威脅，他們並不會想要與波斯建立緊密的關係，」他寫道[81]。這是對情勢的全面誤判：因為對多斯特・莫哈瑪德的實力有所誤判，奧克蘭與他的鷹派幕僚誤解了兩件事實。一件是多斯特在興都庫什以南對阿富汗的控制力穩定成長，一件是錫克人與阿富汗人之間的力量平衡。他們同時還低估了賽蒙尼奇伯爵是如何走在莫斯科指示的前面，聰明地透過各種運籌帷幄，設法將將整個區域納入由俄羅斯主導，而這名俄國公使希望很快可以從波斯跟阿富汗擴大到布哈拉跟希瓦的反英聯盟[82]。在這些誤判的基礎上，奧克蘭總督將會一錯再錯下去。

更令柏恩斯頭大的是奧克蘭爵士對阿富汗之事一點都不著急。他真正關心的是這趟總督出巡與紮營過程中的種種困難考驗，以及興都庫什的饑荒，其中後者引發的難民已經每天早上都能看到沿恆河而下，從他的船邊經過。只有在喀布爾的柏恩斯看得出奧克蘭爵士正一步步夢遊進入一場外交災難中。他深知若英國人不趕緊確保與巴拉克宰部族的友好關係，那先機就會被波斯人與俄羅斯人搶了去。到那時，阿富汗就會完全免疫於英國的影響力，被其敵人「整碗捧去」。就這樣，柏恩斯在總督的接連來信中受到愈來愈大的質疑，爵士不是令他不准承諾多斯特．莫哈瑪德任何事情，就是拒絕在白沙瓦問題上調停。

為了改變奧克蘭總督的想法，柏恩斯在十一月底發了一份名為《喀布爾政治局勢》的長報告回加爾各答，並在當中以強有力的論述表示鞏固並擴大多斯特．莫哈瑪德的勢力，才是將俄羅斯人拒於阿富汗境外的終南捷徑。柏恩斯再一次強調在蘭季德．辛格這位舊愛，跟他建議的多斯特．莫哈瑪德這名新歡之間，英國東印度公司並不需要二選一：只消一點想像力，加上在白沙瓦的問題上勤快一點，英國就能在這兩邊左右逢源。但他所不會知道的是在此時的加爾各答，邁克諾騰正在寫信給韋德，並在信中強烈支持後者的反對政策，亦即：英國應該押單邊地採取親錫克的立場，任由蘭季德．辛格繼續控有白沙瓦，並計畫將沙．舒亞重新安插回喀布爾擔任新的埃米爾，以便讓北邊繼續形成一個分裂的阿富汗[83]。

再者，奧克蘭此時正一步步更深陷入他對多斯特．莫哈瑪德那種不理性的強烈敵意，包括他在寫給倫敦的信中提到這人「應該知足於他能有太平日子可過，不需要面對真正的侵略。但他卻不安於室且詭計暗結，難以安撫下來……這完全是外交與謀略上的一大難題……」[84]

隨著阿富汗的冬天帶來了十二月初的初雪，壞消息也傳到了喀布爾而讓柏恩斯更加坐立難安。

波斯軍隊如今據報已經在全力朝赫拉特作為帖木兒舊都的強大城牆挺進。惟這並不令人意外：波斯人長年都沒放棄對西阿富汗的主權聲索，並除了在一八〇五年佔領過赫拉特以外，一八三二年也曾經籌畫過要進犯赫拉特。事實上這最新一波的波斯攻勢已經醞釀了好幾年，根本不需要俄羅斯的壓力或慫恿，但這支劍指西阿富汗首府的波斯大軍規模——足足三萬餘人——加上其營中有大量的俄羅斯軍事顧問、傭兵與逃兵為其效力，還是讓柏恩斯看得膽戰心驚。

柏恩斯之所以對赫拉特的情勢聊若指掌，一個原因是當時正好有一名年輕英國軍官兼大博弈的玩家人在當地，這人一開始是偽裝成穆斯林馬商，後來則搖身一變成為一名賽義德（sayid/sayad）*。艾德瑞·帕廷格中尉（Lieutenant Eldred Pottinger）的叔叔就是身為普傑情報頭子跟柏恩斯前老闆的亨利·帕廷格爵士。艾德瑞之所以會出現在赫拉特，恐怕不是偶然，而他也在赫拉特被圍期間，源源不絕提供了英國亟需的情報。在英方的描述中，這名「赫拉特的英雄」（維多利亞時代作家莫德·戴沃〔Maud Diver〕在其極端愛國主義小說中給艾德瑞起的別名）經常被冠上兩項功勞，一項是強化了赫拉特居民的守城意志，另一項則是多多少少僅靠一己之力就讓波斯大軍難越雷池一步。但這個版本的故事在波斯或阿富汗的眾多史冊中，並無任何證據支持。在波斯與阿富汗的史冊中，這場圍城戰被視為分屬伊斯蘭遜尼派與什葉派之間的兩個民族大戰；其中赫拉特守軍的堅毅在至為困乏的環境凸顯下，被其後人譜寫成了代表勇敢與反抗的阿富汗史詩。確實，當時阿富汗有兩大歷史學者，都將幾乎不下於後來英國入侵所獲得的篇幅，獻給了赫拉特被圍的過程。對於呼羅珊的獨立而言，這兩件事被視為不相上下的重大威脅。

根據這些阿富汗史料，消息一傳來說波斯大軍在朝赫拉特挺進，沙·卡姆蘭就立刻下令將糧草搬進城內，將牆外花園的果樹砍伐殆盡，還向跟薩多宰部族盟友的烏茲別克與哈扎拉部落徵兵。獲得修復與補強的除了赫拉特的巨大土牆，還有面積占到赫拉特三分之二的伊赫蒂亞爾丁方堡（Ikhtiyar al-Din）的外圍。赫拉特史官里亞茲（Riyazi）在《大事記》（*Ayn al-Waqayi*）中記錄下了波斯是如何在不到十二個小時內，就用英國人訓練出來的砲兵拿下了強大的戈里安堡：「戈里安堡遭到狂轟猛炸，四面有三面已經全毀。」[85] † 十一月十三日，波斯大軍的先鋒已經抵達了邊境要塞古里安（Ghorian）。就這樣，費茲·莫哈瑪德（Fayz Mohammad）寫道：「戰爭的導火紙遭到點燃，伊朗軍隊中開始備戰，目標是對赫拉特發動總攻」。

數日之後，三萬波斯大軍的第一波沿著哈里河（Hari Rud）的谷地朝赫拉特的城牆進軍，並不費吹灰之力就擊退了被派出來對付他們的騎兵。「雙方短兵相接的結果，造成了許多人死亡，」費茲·莫哈瑪德寫道，「但當為數眾多的伊朗主力部隊出現在視野中，赫拉特守軍便顯得難以為繼，紛紛撤退回城內……由於看到在一馬平川的原野上無法與伊朗人為敵，卡姆蘭便轉為將所有的精力投注在防禦工事上。同時間波斯沙阿的大軍就像一波波的海浪不斷拍打上來，將赫拉特的四面團團包圍。」[86]

十二月十九日星期二的早上，也就是壞消息傳到喀布爾的兩天後，柏恩斯與他的助手從他們

* 譯註：指先知穆罕默德的直系後裔，賽義德通常會頂著米爾（Mir）的頭銜；可查詢字彙章節。

† 譯註：亦稱赫拉特之堡或亞歷山大堡；伊赫蒂亞爾丁據傳是十三四世紀某波斯卡爾提德王朝的埃米爾別名。

在巴拉希撒堡的住處向外望，就等著信差從印度捎來最新的軍情。柏恩斯一直希望奧克蘭可以在看過報告後改變他對阿富汗的立場，也希望能為多斯特．莫哈瑪德帶來一些好消息。在赫拉特被圍的消息傳來後，初來乍到的敵人波斯公使，其影響力便與日俱增。他知道他亟需給在喀布爾的英國人打一劑強心針。而想做到這一點，唯一的辦法就是在白沙瓦的返還上讓英國人扮演調解的角色。

但實際發生的狀況是多斯特．莫哈瑪德捎了信來說要見他。在正式的朝堂上，埃米爾給出了他能想像到最壞的消息：銜沙皇之命來與阿富汗開展外交關係的俄羅斯專員，已經抵達了加茲尼，預計一週之內就會現身喀布爾。柏恩斯得知這名專員的名字叫作伊凡．維特克維奇[87]。

「我們在這裡可說是一蹋糊塗，」柏恩斯在不久後寫給他的妹夫霍蘭德少校（Major James Holland）的信上說。「被圍的赫拉特岌岌可危，而俄羅斯皇帝已經派了特使來喀布爾，準備拿錢讓他去打蘭季德．辛格！我簡直不敢相信自己看到或聽到了什麼，但維特克維奇上尉，也就是那名俄國專員，帶著一封足足有三英尺上的熾烈信函來到了此地，並立刻就派人來通知說他要來向我致意。我自然親自接待了他，並主動邀請他共進晚餐。」[88]

兩個死對頭之間的晚餐——大博弈史上的第一場這樣的王見王——上演在一八三七年的聖誕節當天。這兩名都是特務出身的使節一拍即合，並發現他們有很多共通點，只可惜我們對他們穿了什麼、聊了什麼或維特克維奇透露了多少他的背景，都所知甚少。柏恩斯僅僅在紀錄中提到這名波蘭人：

是個彬彬有禮、甚好相處之人，年約三十歲，法文、波斯語與土耳其語流利，身著在喀布爾感覺很新奇的哥薩克軍官制服。他去過布哈拉，而這也讓我們在不觸及政治的前提下有了共同的話題。我發現他非常聰慧，而且在北亞洲的主題上見多識廣。他很坦白地說俄羅斯不像法國或英國那樣，有把在外國研究之成果發表出版的習慣。

柏恩斯接著補充說：「雖然我們交換了各式各樣『惺惺相惜』的訊息，但我從此沒再見過維特克維奇先生，因為我必須很遺憾地說我無法按著心之所向去跟他發展友誼，畢竟公職在身讓人不得不小心再小心。」[89] 他這話並不是說說而已。柏恩斯已經開始攔截他晚餐同伴發回德黑蘭與聖彼德堡的信件，反之亦然。

在接下來的幾週當中，柏恩斯開始在他日益艱難的處境中強作鎮靜。他很清楚自己的任務有多接近解體邊緣，特別是他完全看不出來奧克蘭爵士有意會到喀布爾之局勢的嚴重性，也不覺得奧克蘭爵士了解自己只差一步就要將波斯與阿富汗都拱手讓給俄羅斯。事實上，柏恩斯已經難以招架維特克維奇對埃米爾發動的「禮物雨」攻勢：「維特克維奇上尉告知埃米爾說皇帝送給他的珍品價值達到六萬盧比，」他在一八三八年二月十八日寫道。「反英派把握這個良機，將之與我呈給埃米爾那些窮酸的東西對比了一番，並以此作為例證，證明一個以自由聞名的國家在阿富汗竟如此冷漠無情……在這種種的狀況下，你不難理解我為何會這麼焦急地希望得到政府接下來行動的指示命令。」[90]

但由於書信送達印度花了三到四週的時間，但加爾各答方面卻音訊全無，加上來自赫拉特的消息愈來愈不樂觀，柏恩斯決定採取主動。就在同一個月，他承諾支付坎達哈的巴拉克宰人三十萬盧比，以換取萬一赫拉特陷落而波斯沙阿的大軍朝阿富汗進軍時他們能共同協防。

他的另外一個決定是不囿於陳規，跳過韋德跟邁克諾騰，直接文情並茂地致函奧克蘭爵士陳情，希望他能夠理解情勢之危急，並清楚告知他只要他願意，盟約依舊唾手可得，而且這個盟約可以不費吹灰之力也不用花一毛錢，就滿足英國所有的需求，並一舉擊退俄羅斯與波斯的陰謀。他指責錫克人不該侵略成性地進佔白沙瓦並在賈姆魯德建立碉堡，還重申多斯特·莫哈瑪德雖然多次遭到拒絕，卻仍十分渴望與英國結盟。他指出錫克人奪取白沙瓦就是逼著多斯特·莫哈馬德不得不另尋盟友的原因。最重要的是，他強調維特克維奇所代表的迫切危機，並剴切地表示白沙瓦的問題繼續懸而未決多久，「各種陰謀威脅就會在我們門口游蕩多久，到時候我們一個疏忽，找上門來的就會從信差變成敵人」。作為結論，柏恩斯認為「英屬印度政府應該要採取比起其所希望，所考慮的，甚至迄今曾有過的做法，更強力的手段，因為那才是對抗俄羅斯與波斯在此區域陰謀所需要的。毫無疑問地，蘭季德·辛格大君是我們的盟友，但這樣的結盟並不能讓俄波等強權退避三舍，也不能確保我們國內與邊境的和平昌盛，這才是所有結盟行為的最終所圖」[91]。

柏恩斯確實手中還掐著一張王牌：多斯特·莫哈瑪德已經擺明了比起跟俄國，他更想要跟英國結盟，並且還大費周章地為此展露心跡。維特克維奇在多斯特·莫哈瑪德的大臣米爾扎·薩米·汗的宅中過著形同被軟禁的日子，住宿的待遇遠不及柏恩斯豪華不說，而且還始終沒有獲得多斯特·莫哈瑪德的接見；這兩人之間所有的溝通都仍得經由大臣為止。維特克維奇無時不刻不處於被監視的狀態下，甚至他還寫信給賽蒙尼奇說多斯特·莫哈瑪德「對我非常冷淡」。柏恩斯在給某密友的信中表示，埃米爾突然跑來找我，還讓我想怎麼做都行——把他（維特克維奇）踢走或如何都沒問題。我說犯不著這樣，但我希望他能把俄國專員帶來的信件拿來給我看看，而他二話不說就全數信件交了出來。我立刻發了一份快遞給我的奧克蘭爵士，並在其中挾帶了一封給總督本人的密函，懇求他看看他的幾位前任給他留下了什麼狀況，並告訴他此後我真的不知道會發生什麼事情，如今俄國人跟我們之間的競逐已難分軒輊[92]。

柏恩斯再三希望總督正視阿富汗局勢的請求，最終只從奧克蘭爵士處接獲了欠缺外交常識到讓人難以想像的命令。這些命令寫成於一月二十一日，並在恰好一個月號寄抵了喀布爾，並一舉抵銷了柏恩斯的各種努力與希冀。在來函的說明信中，邁克諾騰首先反駁了柏恩斯的擔心，並解釋說他並不認為赫拉特處於任何來自波斯或俄羅斯的實質威脅下，並讓人費解地說，「總督閣下並不覺得俄羅斯派出專員是什麼值得大驚小怪的事情」。柏恩斯還被告知他未獲授權向坎達哈的巴拉克宰人承諾任何金錢或盟約，由此他想收買坎達哈支持的行動已遭總督的否定與取消。

最重要的是，奧克蘭總督還再三表示了他對於與喀布爾結盟之事毫無興趣，並在署名給多斯特·莫哈瑪德的信中挑明了他的想法。奧克蘭告訴埃米爾說他必須忘了白沙瓦，並「對想統治該疆域的想法斷念」。埃米爾被告知他還必須「中止與波斯、俄羅斯與突厥斯坦的任何往來」。對此英國能回報的，「也就是我認為可以合理承諾的部分」，會是說服錫克人放棄入侵喀布爾，讓埃米爾省去「一場毀滅性的戰爭」。蘭季德·辛格那邊「出於其本性中的大器，已經同意了我希望化干戈為玉帛的所請，你要做的只是對他拿出正確一點的態度。你應該認真想想自己要如何推動與這位強大的王侯達成和解，要知道他與我們的國家可是有友誼的直接連結。你應該要早日放棄不切實際的希望。」

壓軸的是一道警告：如果多斯特・莫哈瑪德執迷不悟，繼續要與波斯與俄羅斯藕斷絲連，那印度政府將會支持錫克人擴張進入阿富汗，而「柏恩斯上尉……將撤離喀布爾，因為他多留無益」[93]。對於多斯特・莫斯瑪德完全站得住腳的焦慮與追尋，信中完全看不出一絲讓步之意。事實上奧克蘭對埃米爾搬出了更強硬的立場，要求他此後未徵得英國同意，不得與波斯跟俄羅斯有書信往來，至於對白沙瓦與喀什米爾的主權聲索也要放棄。但要說屈辱，這都比不上奧克蘭要求多斯特向蘭季德請求原諒更加讓人難以吞忍。

面對這組自殺式的指令，旁人很難想像柏恩斯還可以如何力挽狂瀾，尤其面對一個什麼都願意給的俄方。不光是友誼與庇護，還外加兩百萬盧布白花花的現金給多斯特作為對錫克人的建軍基金——他們對多斯特・莫哈瑪德可說是有求必應。顯然一時的失心瘋，讓奧克蘭一口氣把從波斯經中亞到阿富汗的一大片土地，都變成了俄羅斯的囊中物——維特克維奇奇一聽聞信件的內容，就也明白了這一點。「英國人，」他寫道，「將在很長一段時間裡無望重建在此區域內的影響力。」[94]

柏恩斯為此深受打擊。他的意見遭到了徹底的忽視，他的努力一夕間前功盡棄。如梅嵩後來所報告，柏恩斯有段時間「變得自暴自棄。他拿濕毛巾跟手帕把頭綁起，然後埋首在鼻煙壺中。那幅光景跟從中生出的荒誕無稽，讓人看了感覺丟臉至極」[95]。但在接下來的幾週當中，柏恩斯振作了起來。他宛若背水一戰地摸索著所接到指示的底線，看當中有沒有漏洞可以供他繼續壓制維特克維奇。

他與較為親近的貴族合作，希望說服多斯特・莫哈瑪德只單純接受英國保護而放棄其他要求。

他似乎還四處大撒幣來爭取支持，這一點在所有阿富汗資料中都曾被提及。「柏恩斯開始暗地裡與喀布爾的各大貴族與酋長見面，」米爾扎．阿塔回憶到，「而這些人有個共同的摯愛，他們都愛錢，都愛金幣碰撞發出的哄哩哐啷——所以他很快就用賄賂收買了這些人，讓這些人變了節。」[96]但同樣的結局依舊無法避免。不只一位調停者，包括把兒子送到魯得希阿那接受韋德指導的納瓦布．賈巴爾．汗（Nawab Jabar Khan），這名多斯特．莫哈瑪德的親英兄弟，都嘗試讓兩邊坐下來談，但奧克蘭信中那羞辱人跟高高在上的口氣，就跟其實際的內容一樣，讓妥協難如登天。埃米爾曾有感而發他無法捨棄的唯一一樣東西，就是他的伊薩特（izzat）*——也就是榮譽。「今天是奧克蘭捨棄了阿富汗人，」他告訴柏恩斯，「而不是他捨棄了英國人。」[97]

就在英國人自毀長城的同時，赫拉特的情勢發展更強化了俄羅斯的那隻手。赫拉特被圍得愈來愈緊。艾德瑞．帕廷格在給柏恩斯的信中報告說：

這個毀了的地方已經徹徹底底、完完全全沒有來年可言，因為來年已經無種可播。就算有種籽，也沒有可以耕田的牛。我真的很擔心（城內的）什葉派民眾會被成群賣作為奴……城內一面愁雲慘霧，因為鮮少有人覺得他們還能撐過幾個禮拜……可以吃的羊已經在城內絕跡，水的供應也已經暫停，公共水庫與蓄水池都已經汙穢到幾乎無法使用[98]。

再者，賽蒙尼奇伯爵已於此時來到了波斯沙阿的營帳，並開始在圍城作戰的指揮上扮演日益

* 譯註：可查詢字彙章節。

重要的角色。如麥克尼爾所報告，「波斯與俄羅斯合謀要對英國不利的鐵證如山已不容質疑，而我們受到邪惡威脅的程度，就我的估計可說是奇大無比」[99]。

其中一個可以看出風向轉變的跡象，即多斯特・莫哈瑪德的大臣米爾扎・薩米・汗在三月二十日邀了維特克維奇當他的貴賓，請他一起來過諾魯茲節（Nauroz）*，也就是波斯的新年。遭到針對的柏恩斯在宴會開始後才獲得邀請，結果他拒絕前往，但他還是派了印度助理莫漢・拉勒・喀什米爾代表他出席。

此時的莫漢・拉勒已經是柏恩斯不可或缺的芒西（秘書）兼顧問有七年之久，而回推他們的初次見面則是在一八三一年的德里，當時莫漢・拉勒還是個二十歲的年輕小伙子。他的父親曾在二十年前的艾爾芬史東使團中擔任過芒西，而等他回來之後，他選擇讓兒子莫漢・拉勒進入新德里學院，成為北印度第一批按英式課綱接受教育的印度少年。聰敏、上進且英語、烏爾都語、喀什米爾語與波斯語都流利的莫漢・拉勒曾陪同柏恩斯前往布哈拉，之後則在坎達哈替韋德幹了一陣子的耳目，期間與他在喀布爾的窗口梅嵩有頻繁的書信往來。柏恩斯對莫漢・拉勒有完全的依賴與徹底的信任，而這其中一個原因，就是他示範過他不惜為了對柏恩斯的忠誠與友誼付出終極的代價。一八三四年十二月，莫漢所屬的喀什米爾・潘迪特（Kashmiri Pandit）†將他正式逐出社群，理由是他公開表達了宗教上的懷疑論立場且動輒違反階級制度。這代表他被禁止「與他們（社群成員）用同一個杯子飲酒……他們將我從他們的社群中放逐……所以我如今在我土生土長的德里城中既沒有了朋友，也沒有了棲身之所」[100]。

莫漢・拉勒用英文寫了一本精彩的遊記跟分兩冊的多斯特・莫哈瑪德學術性傳記。其中在後者裡，他提供了與維特克維奇在米爾扎・薩米・汗的諾魯茲節宴會上見面的第一手記述。到達現

場後，他發現大臣與維特克維奇，

坐得比其他人都稍微高一點，主要靠的是尼哈利（nihali）[‡]，其中前者為了展現待客之道……將我安排在俄羅斯公使的身旁。在音樂飄揚聲中，大臣談論著政治，有時跟維特克維奇先生交流，有時候與我，包括他問起了英國有多少兵力駐紮在魯得希阿那，庫爾納（Kurnal）、密拉特（Meerut）與坎普爾（Kanpur）駐軍之間的距離有多遠，部隊的主力是穆罕默德的追隨者（穆斯林）還是拉傑普特人（Rajput），以及印度本地人對偉大帖木兒（蒙兀兒人）的府邸頹敗有什麼感受。觀察這些被提出問題的樣貌，我的結論是每一個問題都是在我加入宴會之前，就已經安排好了……

話題接著轉到了俄羅斯與喀什米爾之間的繁盛貿易上，對此維特克維奇表示他希望這能有助於阿富汗人從錫克人手中收復失地。維特克維奇宣稱他「獲得授權可對蘭季德・辛格大君說若他身為酋長，對阿富汗人沒有展現友善的態度，那俄羅斯將隨時拿出錢來……讓喀布爾得以籌募軍隊來對抗錫克人幣收復國土……」他補充說「五萬俄羅斯兵團已準備好在阿斯塔拉巴德（Astarabad）[§]登陸……他們登陸之後會朝旁遮普進軍；到時候俄軍的舉動必然會帶動心存不滿

---

* 譯註：可查詢字彙章節。
† 譯註：位於喀什米爾的婆羅門社區。
‡ 譯註：座台。
§ 譯註：今戈爾干（Gorgan）。

的印度酋長反叛；那些根本不是士兵而只是商人兼探險者的英國人絕不敢相助於蘭季德・辛格，因為他們知道阿富汗的背後有戰鬥民族俄羅斯的挹注」[101]。

維特克維奇眼看就要贏得喀布爾的爭奪戰。三月二十三日，多斯特・莫哈瑪德去見了柏恩斯最後一面。他告訴這位朋友說他已經不抱希望了。「我最希望得到的莫過於英國人的眷顧，」埃米爾說，「但你們卻什麼都不願意承諾，也不打算為我做點什麼。」[102]在此同時，愈來愈沒了懸念的是波斯與他們的俄羅斯盟友將在短時間內拿下赫拉特並朝阿富汗進軍；作為回應，屬於波斯裔的齊茲爾巴什什葉派開始信心大增地在喀布爾的大街小巷掃街，一副勝利者的姿態。「這是個前所未見於耆老，」柏恩斯寫到，「不久之前肯定會引發宗教騷動的事件。」[103]

最終在一個月後的四月二十一日，多斯特・莫哈瑪德召見了維特克維奇，為此他還派遣了親衛的騎兵護送他穿過喀布爾的街道。他在巴拉希撒堡以隆重的禮遇接見了維特克維奇奇。在正式朝會召開的同時，柏恩斯只能孤零零地坐在皇宮內苑另外一頭的房間裡，任由維特克維奇奇告訴埃米爾俄羅斯不承認錫克對阿富汗領土的征伐，並且在俄羅斯的眼中，白沙瓦、木爾坦與喀什米爾都仍舊在法理上屬於阿富汗。他說俄羅斯希望看到一個強大而團結的阿富汗，到時候俄羅斯將在外交上保護好這個阿富汗，使其成為阻斷英國擴張進入中亞的堅實屏障。他承認天高地遠的俄羅斯無法說派兵就派兵，但他承諾會給予多斯特・莫哈瑪德金援去對抗蘭季德・辛格，並根據莫漢・拉勒所述「把英國講得非常不堪」。他還承諾俄羅斯會保護人在俄羅斯的阿富汗商人。作為回應，多斯特・莫斯瑪德表示他願意派出親骨肉莫哈瑪德・阿扎姆・汗（Mohammad Azam Khan）去赫拉特城外的營帳與賽蒙尼奇伯爵會面，面對面確認埃米爾有意願與俄羅斯開啟永久性的友好關係。

這在柏恩斯看來代表萬事休矣：維特克維奇已經贏了。對這名蘇格蘭子弟而言，繼續耗在喀布爾已經沒有意義。四月二十五日他與多斯特・莫哈瑪德在悲戚中交換了辭別信。隔日柏恩斯、莫漢・拉勒與梅嵩就策馬離開了喀布爾。梅嵩寫道英國人的突然離開「帶有一點逃走的性質」，而瑪烏拉納・哈米德・喀什米爾更在他的《阿克巴納瑪》中描述了柏恩斯是為了性命倉皇而逃：

他的雙頰變得跟番紅花般蠟黃
暗暗在內心放棄了求生的想法

埃米爾說道：「起來給我滾！這不是你待的地方！
屬於你的旅程，片刻不得耽擱

免得我出於對金銀珠寶的貪婪
而懲罰了你，讓你吃到苦頭

我擔心與很多人以為的不同
你將會大難臨頭

我認為這遠非我做人的原則

那就是先與人交好再要了你的命
我不想為了黃金而失了榮譽
不想把我的貴客交到別人手中」
希坎德（亞歷山大，即柏恩斯）在此已無生機
也絕沒料到自己得這樣被掃地出門
他從喀布爾出發踏上前往興都之路
就像一頭從怒吼雄獅身邊逃離的綿羊
他每前行一步都會回頭確定
免得獵鷹會再度將他生擒[104]

惟實際上狀況，並沒有阿富汗視角的事後諸葛如此誇張。英國人是被埃米爾的小兒子古蘭姆・海達爾・汗（Ghulam Haidar Khan）護送出城，並且看在朋友一場的情分上，多斯特・莫哈瑪德還派米爾扎・薩米・汗帶三匹種馬，在巴特赫克（Butkhak）村追上了英國一行人，而此地距離喀布爾已經有十二英里。柏恩斯與多斯特・莫哈瑪德將一別就是三年，且再次見面將已人事全非。還不到賈拉拉巴德，柏恩斯就登上了木筏，沿喀布爾河而下抵達了白沙瓦。這時的維特克維

奇已經妥妥地行在前往坎達哈的途中，因為他下階段的任務就是要與多斯特．莫哈瑪德的同父異母兄弟們協商簽訂條約。在被奧克蘭爵士拒絕之後，這些半兄弟也已經同意要加入多斯特．莫哈瑪德、波斯人、俄羅斯人的陣容，共同為包圍赫拉特出一分力。

赫拉特是維特克維奇在阿富汗的最後一站。他在來自喀布爾與坎達哈的巴拉克宰諸王陪伴下，到達了赫拉特，並在六月九日於波斯營帳中獲得了賽蒙尼奇伯爵英雄式的款待，畢竟維特克維奇替俄羅斯立下了他的上司們連想都不敢像的曠世奇功。對柏恩斯與英國人，他拿下了徹底的勝利[105]。不久之後，波斯的沙阿授予了他「獅子與太陽勳章」[106]。

柏恩斯此時已經回到了白沙瓦待命，而霍蘭德少校則成了他此時宣洩挫折感的對象。「比賽結束了，」他寫道，「俄羅斯人給了我致命一擊，在喀布爾待不下去的我只能退回白沙瓦。我們的政府什麼都不願意做，而俄羅斯使團的援助與金錢公式則來得又快又急，讓無權以同等承諾與之抗衡的我只能被迫認輸。」[107]

相對於此，他發給西姆拉的公開信就比較像外交辭令了。柏恩斯明白正因為他的任務失敗，阿富汗專家反而很諷刺地變得炙手可熱。他知道與喀布爾開戰已經成為一種可能性，而且這種可能性還不小。姑且不論他對於英國的政策方向有多少質疑，雄心壯志還是驅策著他，想要在奧克蘭爵士盤算中的不知道什麼計畫中，站在舵手的位置上。

事實上早在柏恩斯抵達白沙瓦之前，東印度公司的機器齒輪就已經轉動起來要妖魔化多斯特．莫哈瑪德，並打算讓他為奧克蘭解讀為目中無人的行徑付出代價。「多斯特．莫哈瑪德．汗已經表現出其難以討好跟野心勃勃的一面，以至於我們難以與其形成令人滿意的連結。」奧克蘭極其不準確地這樣回報倫敦[108]。如果埃米爾不願以合作的態度配合奧克蘭的需求，那他顯然必須被沙．舒亞取代，因為奧克蘭相信後者會更好溝通，更願意對英國言聽計從。但具體要用什麼辦法跟什麼形式讓沙．舒亞取代多斯特．莫哈瑪德，奧克蘭心中還沒有底。

奧克蘭此時已與兩個妹妹在印度之旅的尾聲來到了西姆拉，而他們發現這裡是他們第一個真正喜歡的地方。「這裡的天氣很英國，讓人精神都來了，」艾蜜莉寫道。「大費周章來此真的很值得。這地方真美……西邊的起居間面對深邃的山谷，餐室那一側則襯托著積雪的山脈，而那一側也是我的房間所在。」[109]

西姆拉的存在，本身就為這時期的英國人是何等驚人地志得意滿，下了一個註腳：一年當中有七個月，東印度公司都只從一個可以俯瞰圖博（西藏）的喜瑪拉雅小村統治世界上五分之一的人口，此時他們與外界的聯繫，不過就是一條比（山）羊徑路況好不了多少的道路。在此，從這區域被查爾斯．甘迺迪上尉（Captain Charles Kennedy）於一八二二年「發現」以來的二十餘年間，東印度公司就一直在這個長而窄的高海拔喜馬拉雅鞍部上打造一處小小的夢幻英格蘭，那就像是個他們憑空想像出，維多利亞時代早期的主題樂園，當中不論是哥德式教堂、木質桁架外顯的小屋、蘇格蘭男爵風（一種建築風格）的宅邸都一應具全。西姆拉存在的意義，就在於鄉愁，就在於讓離家千萬里的英國人一解思鄉之情：來到這裡既可以避暑，也可以默不作聲地避印（度）。如一名看不慣的官員後來形容，「反叛、騷亂與血腥暴動可以在印度其他地方此起彼落，但在西姆拉，眾人念茲在茲的永遠是馬球決賽、賽馬與通吃所有人目光的板球賽事」。

在此，奧克蘭爵士終於知道要一改之前的做法開始關注阿富汗的事件。這之前的兩個月，他嚴重低估了由維特克維奇與俄羅斯人所構成的威脅；如今閱讀著白沙瓦與赫拉特發來的最新情資，他晚了一步地陷入了高度的焦慮，並開始擺盪到反應過度的另外一個極端。他會如此的其中一個理由是麥克尼爾從赫拉特城外發來一系列世界末日般的函文。麥克尼爾此時正要撤離波斯營帳來抗議沙阿對待他與屬下那種忽視與羞辱的態度，而賽蒙尼奇在一旁自然是看得很開心。在與波斯斷絕外交關係，並退回到鄂圖曼土耳其之前，他號召眾人拿起武器。「奧克蘭爵士此時應該要有所決斷，」他建議，「他理應昭告天下誰不與我們為友，就是與我們為敵，而我們也會準此來判斷該如何回應。萬一（波斯）沙阿拿下了赫拉特，那我們就片刻也不能浪費了，而且我認為我們將面對到迄今最大的輸贏……我們說什麼也要保住阿富汗。」[110]

作為起手式，奧克蘭命令海軍艦隊從孟買出航前往波斯灣佔領在設拉子（Shiraz）西南沿岸外海的哈爾克島（Kharg），算是給沙阿一個警告。在艾蜜莉藉起居室的其中一側籌辦起業餘劇場的同時——「為阿格拉（Agra）的飢民所演的六齣慈善戲碼」——起居室另一側的喬治則開始思考如何讓阿富汗的統治者變天。

他最希望的，是沙．舒亞或蘭季德．辛格可以解決掉現任埃米爾這個大麻煩，讓他落個輕鬆。艾蜜莉寫信給在英國的姊妹說，「每當有不聽話的鄰居需要恐嚇，我們都有一項很可靠的資源。我們永遠有用不完的王位覬覦者。他們或許被戳瞎了眼，或許有孩子在當人質，或許跟僭越者是兄弟，又或者他們在各式各樣的劣勢下掙扎。但他們依舊撐在那裡，而那對我們是好消息。多斯特．莫哈瑪德要是太亂來，我們有個沙．舒亞可以隨時撲上去，而蘭季德也隨時會在這類行動上加入我們……」[111]在一封給倫敦眾長官的信中，奧克蘭把同樣的意思表達得較為正式，對此他的遣詞用字是說他在探索一種可能性，也就是看能否「配合蘭季德．辛格來援助沙．舒亞．烏爾—穆爾克，以便其能夠在阿富汗東部重建其王國，並令各種安排可以既顧及錫克統治者的情緒，又可以把復國之君的支持與我們的國家利益綁在一起」[112]。

於是乎在五月十日，邁克諾騰偕奧克蘭爵士的外甥兼軍務秘書威廉·奧斯朋上尉被派至拉哈爾去試探旁遮普之獅。吃過送禮小氣的苦頭之後，他們這次出手非常闊綽——「一把劍，而且其背後的手藝據傳非常優異；兩匹馬，親人好駕馭且屬於高級英國品種。此外我還添了兩把由（英屬印度軍方）總司令精挑細選，他聽說閣下非常欣賞的手槍」。算是錦上添花，奧克蘭還讓幾頭駱駝扛了不少酒去給嗜酒成性的蘭季德大君。這人據艾蜜莉所說「曾請喬治把他所有的酒都帶點來給他嘗嘗，而他也照辦了。只是為求穩妥，他在品項中安插了一些威士忌跟櫻桃白蘭地，畢竟他早調查過蘭季德·辛格喝酒的習慣。威士忌是他的最愛，他甚至跟邁克諾騰說過他不懂英國總督為什麼要大費周章喝七到八杯酒，一杯威士忌就解決了不是嗎。」[113]有些箱酒在半路被旁遮普的攔路的盜賊給搶了，另外同行的助理醫師也有各式各樣的東西從袋子裡被拿走了：「洗胃的幫浦被竊賊『碎屍萬段』——蘭季德的朝臣們還真是老天保佑，」艾蜜莉在聽聞禮物被搶時說，「蘭季德什麼醫學療法都拿身邊的人來實驗。那些臣子差一點就要被洗胃洗到翻天了！」[114]

五月二十日，邁克諾騰穿越進入了錫克族的疆域。蘭季德·辛格按照自身的習慣，在他位於阿迪納嘎（Adinagar）的心愛夏宮接待了使團。奧斯朋描述了當時的蘭季德：

盤腿坐在金椅上，一身素白，僅有飾品飾腰上那一串巨大的珍珠，還有手臂上著名的光之山——但即便這些珠寶再耀眼，也只能打平，甚至可說難敵大君時不時掃視四下時，從其銳利獨眼中射出的炯炯火光。蘭季德一入座，他的酋長們紛紛圍繞著他蹲下，唯一的例外是狄安·辛格

（Dheean Singh；他的長子）仍在父親的後方站著。雖然自身完全稱不上俊美，但蘭季德似乎很自豪於能被一群外貌出眾的男性包圍。我相信不論是在歐洲或東方，你都很難找到有哪個朝廷可以像偉大的錫克薩達爾一樣，擺出容貌如此賞心悅目的陣仗。

蘭季德．辛格還有另外一個習慣是盤問他的訪客：「我們的時間乎都拿去回答蘭季德數不清的問題了，」奧斯朋寫道……

……但看不到一點滿足他好奇心的希望。我簡直無法形容他的問題是如何地一瀉千里，又是如何地千奇百怪：「你喝酒嗎？」「酒量好嗎？」「我昨天給你送去的酒，你嘗了嗎？」「你嘗了多少？」「你帶來了什麼樣的火砲？」「它們有砲彈嗎？」「量有多少？」「你喜歡騎馬嗎？」「你中意哪一國的馬？」「你人在軍中嗎？」「騎兵跟步兵你喜歡哪一種？」「奧克蘭爵士喝酒嗎？」「一次喝多少杯？」「他喝酒是在早上嗎？」「東印度公司的軍力多強？」「他們訓練有素嗎？」在這樣聊超過一小時之後，蘭季德．辛格起身並依習俗用檀香木精油讓我們幾乎窒息後，才擁抱過我們，放我們走……[115]

一個特別讓大軍感興趣的主題是英國人的私生活，由此雙邊的談判一邊進行著，英俊的奧斯朋上尉仍必須時不時被拷問他的性傾向：

「你有看到我的喀什米爾女孩們嗎？」「你覺得她們可愛嗎？」「她們會比與都斯坦的女子

更俏麗嗎？」「她們比起英格蘭的女子如何？」「她們誰讓你更加傾心呢？」我回答說我全部都喜歡，並點名了兩個我認為格外可愛的。他說，「沒錯，她們是很標緻，但我還有更標緻的沒叫上。我今晚會把她們送過去，你大可把最喜歡的留下來。」我對如此大手筆的盛情款待，表達了謝忱；大君對此的回答是：「女人我多得是。」然後他就把話題轉到了馬匹的上頭[116]。

奧克蘭爵士的僻好也沒有逃過蘭季德的檢視：

「奧克蘭爵士成家了嗎？」「還沒。」

「什麼！他一妻半妾也沒有嗎？」「沒有。」

「他為什麼沒有娶妻？」「我不清楚。」

「你又為什麼沒有娶妻？」「我娶不起。」

「娶不起？英國娶妻很花錢嗎？」「是，非常花錢。」

「我之前自己有想要個妻室，並為此寫信給了政府，但他們也沒有送一個來給我。」[117]

蘭季德之所以這樣耍嘴皮子，一部分是當成煙幕彈來鬆懈英國人的心防，一部分是當成障眼法來讓英國人看不清蘭季德在談判過程中對政治情資的精準掌握。但奧斯朋對此看的一清二楚：「蘭季德固然其貌不揚，但他那張臉一看就非等閒之輩……他動得超快的腦筋，還有那隻靈活又銳利的火眼金睛，都非常引人入勝，以致你即便第一眼覺得這人的外貌有些詭譎，也不得不承認那副尊容底下有著非比尋常的才智與敏銳。」

蘭季德・辛格的談判技巧很快地顯現了出來。不一會兒，這隻錫克的老狐狸已經把不懂變通的邁克諾騰耍得團團轉。一名同僚寫道「可憐的邁克諾騰實在應該老老實實待在他的秘書辦公室。他欠缺識人之明已經到了天真的程度，外加他也毫無能力去形成並主導行政措施。他最適才適所的生涯選擇應該是司法界，但即便如此，他也只應該負責上訴法庭，因為那裡判案只看書面證據」[118]。

奧克蘭原本並沒想到要動用英軍去執行推翻多斯特・莫哈瑪德的計畫：他希望把所有必要的戰鬥都交由蘭季德・辛格與沙・舒亞去辦，就像舒亞的前一次遠征那樣，英國不出人，只提供金援、裝備，外加給與道義與外交上的支持。由於守住在白沙瓦這個新戰果已經分身乏術，蘭季德對奧克蘭提出要入侵喀布爾的提案顯得意興闌珊。他確實想要剷除多斯特・莫哈瑪德，也認為這麼做可以一舉兩得地發一筆財，但就是不願意陷入阿富汗的泥淖。綜合考量之下，他秀了一手什麼叫無懈可擊的手腕。

六月初，邁克諾騰通報了一個令人氣餒的消息，蘭季德「並無懷著進軍喀布爾的夢想」[119]。然而一步一步緩緩地，這名錫克大君擺出了他可以被說服的架式。他隱約暗示著若能拿到金融中心希卡布爾、開伯爾山口跟賈拉拉巴德，那他或許就願意加入懲罰遠征去教訓並推翻他的阿富汗宿敵。邁克諾騰拒絕了這樣的索求，談判因此陷入了僵局有兩星期之久。事實上，蘭季德多半只是利用這些要求作為一種談判的籌碼跟施力點。因為當他終於軟化而表示他願意退一步接受白沙瓦與喀什米爾的永久主權，英國人付他兩萬英鎊、信德的眾家埃米爾也付他一大筆現金、外加沙・舒亞每年向他進貢「五十五匹毛色與速度獲得認可的駿馬」、由駱駝背來「甜滋滋的美味麝香瓜」，還有「一百零一條波斯地毯」，邁克諾騰二話不說就答應，而且還承諾會代他向舒亞跟信德的埃米爾施壓以接受他的條件。隨著雙方談判的牛步進展，原本設想中的錫克人代英出征，慢慢在數周的時間內質變成了英國人打仗，好處由錫克人享。

後來到了六月底，談判地點轉移到拉哈爾之後，加上柏恩斯與梅嵩從白沙瓦加入了英國的代表團，蘭季德加入英國聯軍陣容的事情才確定下來，屆時他們共同的目標將是把舒亞拱上台。

「閣下您之前（一八三四年）曾與沙・舒亞・烏爾—穆爾克簽署過條約，」邁克諾騰說，「您依舊認為這條約繼續有效，符合您的利益嗎？如果英國政府也成為這份條約的其中一員，會不會更讓您稱心如意呢？」

「那，」蘭季德答道，「會有如往牛奶裡加進糖。」[120]

直到此刻，都還沒人想到通知沙・舒亞即將在旁人的規劃下班師回朝。同時邁克諾騰明明費了那麼大功夫讓退隱的舒亞重出江湖，但他卻也許久未曾跟他力推的這個人選打過照面了。

此刻的舒亞已經在魯得希阿那流亡了三十個年頭——相當於半輩子之久——但他從未須臾打消過歸鄉重拾天命的念頭。近來他失去了他能幹的賢妻娃法・貝甘，狂熱的錫克族阿卡利（akali）*一點時間都沒浪費地在傷口上灑鹽，衝去褻瀆了他為貝甘建立在西爾欣德（Sirhind）聖陵中的墳墓[121]。

一八三八年七月十四日，邁克諾騰抵達了魯得希阿那，此時的他終於因為與蘭季德達成協議而放下了心中的大石頭。舒亞一直有透過他自身的細作與線民網路掌握消息，所以他心裡有數自己是如何被當成傀儡——或是按阿富汗人習慣的比喻，被當成mooli，也就是「蘿蔔」。他尤其感到受辱的是自己苦等了三十年的行動，最終竟然是由旁人背著他做成了安排，而執行的方式卻連意思意思徵詢一下他的意見都省了。他同時還很不滿於要對蘭季德・辛格進貢，畢竟這人不僅折磨過他的兒子，而且還偷走了他最寶貴的財產，就算條約裡管那不叫進貢而美其名為「補貼」，也改變不了什麼。

在這第一首以英國侵略為題的阿富汗史詩《英雄史詩》（*Jangnama*）中，這場英國人與沙・舒亞之間的會面被想像成邁克諾騰（「他的心一點也不透明——只有滿滿的煙霧」）與柏恩斯（「那個居心叵測的男人」）用他們惡魔般的魅惑與讒言，壓過了沙（卑鄙的舒亞）的遲疑，讓他決心回歸阿富汗並甘為傀儡供英國人操弄。

他們說：「喔，沙阿，我們在此供你差遣！
我們謙卑地向你的命令叩首」

沙阿聽他們說得天花亂墜
緊閉的唇舌之鑰也開始浮現

他對他們說：「喔我的夥伴們！

* 譯註：武鬥派：可查詢字彙章節。

讓我們在埃米爾的王國內部製造麻煩吧

我會奪走他的國家與冠冕
我會在他的頸子上放一個死結

面對我的劍鋒他有何處可逃？
除了讓位於我他將無路可走。

這之後喀布爾王國會在轉瞬之間
成為你們這些外國薩希博（Sahib）*的囊中物

這位拉特（Lat，大人之意，指邁克諾騰）——那個睿智而狡猾的男人——當他聽到這些言語
就與奮了起來說道：
「喔，沙阿！願你受上天眷顧！」

如果這合你的意
那就請你把收拾好前往喀布爾的行李
我唯一怕的是：那兒的人

會覺得我對攝里白（sherbet）[†]的品味太苦
但此時該做的是出發追擊
否則你何時會再有這種涉獵的良機？」[122]

不過事實似乎與史詩所寫稍有出入。邁克諾騰甚為感佩這名年過六旬者的豪情壯志，且「眼睛一亮於這位老邁王位覬覦者外在威儀，尤其是其及腰黑鬚的傲人飄逸……他耐心地等待著奇士美（kismet）[‡]，也就是他的天命，而他的天命就是要重登大位」[123]。但話說回來，邁克諾騰並無心情繼續讓薩多宰人如此多愁善感，因為那只會讓他的阿富汗大計被繼續延宕，何況薩多宰人也無啥立場用錫克人那種態度跟英國人討價還價。舒亞被簡短告知了行動計畫，還有他將獲准統治的掐頭去尾的縮水阿富汗，如今有著什麼樣的邊界。他獲得英國人的一些保證，包括不會在沒有取得他同意的狀況下去干涉他的家庭或內務，還有會獲得金援在戰後重建阿富汗並整合他的統治。女奴逃跑是他在魯得希阿那一個長年的問題，為此根據他自身對於談判過程的描述，舒亞特別要求在雙方協約中加上一條規定保證「逃跑到外地的女僕將進行交換或歸還。一名王者若少了女僕，

* 譯註：老爺。
† 譯註：濃縮果汁。
‡ 譯註：命運。

就談不上榮譽與驕傲」[124]。他得到了另外一項保證是他將獲准在進入阿富汗時走在大軍的最前面，並使用他在一八三三到一八三四年間走過的同一條路，而不會只是跟在英國兵團的屁股後面被放上王位。最後，他還獲得一項承諾是可以得到額外的資金去訓練他直轄的兵力，就像他在前一次戰役時所做的那樣。

七月十六日，就在他與邁克諾騰見上第一面的僅僅四十八小時後，舒亞就簽下了後世所知的《三方同盟條約》（*Tripartite Alliance*）。

西姆拉的季節，在艾蜜莉．伊登的心目中，有了個令人再滿意也不過了的開始。「我們舉辦了各式各樣的晚宴與偶爾的舞會，」她開心地在給英格蘭姊妹的信中說道，「並且我們還使出了很受歡迎的一招。我們的樂隊會每週一次在這裡的某處山丘上演出，並且聽眾還可以享用我們提供的冰品與點心，所以我們每次無需太麻煩，就可以讓大家夥開心聚聚。」[125]她唯一想抱怨的是蒸汽船「塞米拉米斯號」（Semiramis）原本要載著她的信到倫敦，如今卻跑去把海軍中隊送往波斯灣的哈爾克，導致郵件只能卡在孟買：「我們嘗試了各種方案；但首先是有艘汽船被季風弄到拋錨，然後第二艘去了又回，我們一腔熱血以為已經寄至英國的信件仍在船上原封不動。然後我們嘗試了一艘阿拉伯的帆船；但我根深蒂固的印象是阿拉伯帆船上都是一邊喝著咖啡，一邊當著海盜，生性非常瘋狂……」[126]

同一時間在喜馬拉雅的高山岩架上，他的兄長正在敲定英軍入侵阿富汗的全盤計畫。他仍舊非常猶豫不決，且從英屬印度老臣處寄至的關鍵書信也不斷動搖著他。查爾斯．麥特卡弗是奧克蘭前來赴任的代理總督，也曾是許多人心目中比奧克蘭更適任的總督人選。這樣的他對於奧克蘭的阿富汗政策，深深表達了不祥的預感。「我們既無必要也沒想清楚地就栽進了困局與尷尬的境地，」他寫道，「從中我們將永遠難以優雅地脫身。我們一心想要阻卻俄羅斯的影響力，但我們的做法卻注定會讓其扶搖直上……唯一能確定的結果，即便我們初步的抵抗無比成功，也只能是永恆的尷尬與困境，在政治或財政上皆然……」

在英國算是第一把交椅的阿富汗專家，蒙特斯圖亞特・艾爾芬史東也同樣不看好。「你若派兩萬七千名兵力翻過波倫山口，前往坎達哈（如我聽說計畫是這樣），而且糧草供應不成問題，那我確信你將能拿下坎達哈跟喀布爾，扶植起舒亞。」他分析說。「但要在一個寒冷、強悍的窮鄉僻壤，在像阿富汗人這種動蕩的民族中為他撐住局面，我必須我覺得希望渺茫。就算你硬是辦到了，我也覺得你面對俄羅斯的立場也會被削弱。阿富汗人輕易不選邊站，由此他們可以滿懷感激地收下你的援助來驅逐入侵者——也可以說翻臉就翻臉，合著隨便一個入侵者把你掃地出門。」[127]

英屬東印度公司的在地盟友也認為入侵阿富汗不會那麼輕鬆寫意。巴哈瓦爾布爾（Bahawalpur）作為英軍部隊入阿的必經之地，當地的納瓦伯（Nawab）表示了他深沉的疑慮，且朝臣們也群起響應。一如銜命前去與納瓦伯交涉的英國官員報告說，

> 他們念茲在茲的是這個國家裡的種種挑戰、我們對入阿之路與各山口的一無所悉，還有英國政府竟將這任務看得輕鬆寫意，他們一臉愁容地表示入阿的困難並非一般。對沙阿的運勢，他們也非常不看好。至於說到多斯特・莫哈瑪德・汗，這裡整體的意見似乎是他除非是到了眾叛親離的窮途末路，否則他絕不會輕易求和[128]。

七月二十日，柏恩斯在西姆拉的總督官邸被召見。他此去雖然是要提供建言，但卻也收到警告說別亂給奧克蘭想法，更別妄想改變他的主意。根據梅嵩說，「他一到，托倫斯與柯爾文就跑上前去，拜託他別在總督大人面前亂講話，動搖了閣下的決心；托柯兩人說他們費了九牛二虎之力才說服了總督蹚這渾水，但那怕能抓到一點藉口打退堂鼓，現在的他都會喜聞樂見」[129]。最遲到八月份，奧克蘭都還在各版本的計畫中擺盪不定，都還在檢視各種可能的選項。

儘管如此，各種條件還是紛紛開始就定位，入侵阿富汗的計畫在邁克諾騰與英屬印度政府鷹派聯手不顧一切的推動下，踏過奧克蘭的焦慮與保留態度向前邁進。[130]。日復一日，入侵的規模與英國的涉入程度都有增無減，直到整整兩萬英軍被投入到了計畫之中：英屬東印度公司二十年來發起最大的軍事行動，也是他們四十年前擊敗提普蘇丹之後第一次真正意義上的大型衝突。

九月十日，動員令正式發布：奧克蘭爵士正式令其總司令集結部隊，準備朝阿富汗進軍。印度各地原本昏沉沉的駐地開始緩緩地動了起來。在蘭都烏爾（Landour），威廉・丹尼上尉（William Dennie）在日記上草草寫下：「我們馬上要去幹大事了。他們說我們要去打俄國人或波斯人。」[131]同一天，柏恩斯被派去替英軍準備一條通過信德的道路。「兩萬士兵如今受命，要去完成一件原本一句話就可以做到的事情，」他寫信給霍蘭德說，「而兩百萬的錢要砸進我說我可以兩拉克（lakh）*就搞定的事情！」[132]但他並沒有不高興：他收到的命令被放在一個信封裡，上頭註明給「亞歷山大・柏恩斯爵士」。一開始他以為那是筆誤；但打開信一看才發現他真的被賜與了爵士頭銜。他的外交任務或許以失敗收場，他朝思暮想的遠征軍政治指揮權，或許也被邁克諾騰拿去了，但高層確實注意到了他願意公開支持一個他一項反對的政策，也願意與他向來喜歡且曾受其款待的統治者為敵。再者就是他任由從喀布爾發回的函文被編輯到像他從來都很支持舒亞的復辟，悶不吭聲地讓其被放進給議會的藍皮書†中發表‡。雖然承受了數個月的挫敗與委屈，但柏恩斯知道什麼時候該閉嘴，也因此獲得了回饋。他的官運仍就是一顆上升的明星。

十月一日，奧克蘭發布了後世所知的《西姆拉宣言》，正式對阿富汗宣戰，並昭告天下英國要用武力讓沙・舒亞回歸阿富汗大位。「可憐、親愛又和善的喬治去打仗了，」艾蜜莉寫信給她的舅舅，也就是派艾爾芬史東第一次訪阿的前總督明托爵士說。「這跟他的個性有點不太契合。」[133]

奧克蘭的宣言，多多多少少是純粹的宣傳——對所掌握情報一種刻意且毫不遮掩的指鹿為馬——印度新聞界立刻就指出這是「對真相最不誠實的扭曲」[134]。一名印度公務員指出《西姆拉宣言》用上了「正義」、「不得不」等字眼，並且讓「邊境」、「英國皇室產業的安全」、「國防」等在英語語境中很不幸也找不到前例的用語[135]。

在這份宣言中，奧克蘭指控多斯特・莫哈瑪德「煽動道理上完全站不住腳的王位野心，宣示擴張與野心的圖謀，意欲破壞印度邊境的安全與和平」，並為此「公開威脅……呼叫所有叫得動

* 譯註：數字或金錢單位，一拉克等於十萬；可查詢字彙章節。

† 譯註：藍皮書首次發行於一六八一年，正式名稱是《英國議會文書》，為英國議會的出版物，且因書封是藍色而得名，是英國政府提交議會兩院的一種外交資料和檔案。

‡ 作者註：為了爭取議會同意出兵，柏恩斯的外交函文收錄進藍皮書前進行的選擇性編輯，後來成為了一件重大醜聞，堪稱那個時代的「見不得光的檔案」（Dodgy Dossier，又稱伊朗克檔案或二月檔案，指的是二〇〇三年二月，由布萊爾領導的工黨政府曾對新聞界發表的一份文件，當中謊稱伊拉克藏有大規模毀滅性武器，為的是爭取出兵伊拉克的正當性）。見 G. R. Alder, 'The Garbled Blue Books of 1839', Historical Journal, vol. XV, no. 2 (1972), pp. 229–59.。

的外援，」還說他「毫無徵象且未經挑釁就主動攻擊我們長年的盟友蘭季德・辛格大君」。此外他還被指控「肆無忌憚支持波斯的陰謀……意圖將波斯的影響力與威信延伸到印度河兩岸與更遠處」。他宣稱這場戰爭是為了「為我們（英屬印度）西北邊境建立永久性的屏障來抵禦侵略」。這些話，自然是對真相的歪曲，但事已至此，奧克蘭就算想修正立場也為時以晚；就因為他讓身邊圍了一整圈鷹派，事情如今才會宛如脫韁野馬，一發不可收拾。

沙・舒亞的人望，《西姆拉宣言》接續說，「在總督閣下面前獲得了證實，主要是最可信的不同權威給出了最強力也無二致的證言」。準此英國人表示將協助喀布爾的合法統治者「在子弟兵的簇擁下進入阿富汗」。這也完全不是事實。在十分安逸地退隱了三十年後，年近六旬的舒亞如今即將率領其第四次遠征要奪回王座。但這一次他身後將是一支英屬印度的軍隊，要在英國官員的密切監督下為了英國的國家利益而戰。

這一點也不是他夢想了數十年的衣錦還鄉。但對已經活到這個歲數的沙・舒亞而言，這也不是什麼大不了的問題了。至少對他與他的朝臣而言，這並不是英國對某個獨立國家一場沒道理、沒被挑釁、沒必要的入侵。這是王者的再臨。

CHAPTER 4

地獄的入口

沙・舒亞想奪回王座的第四次嘗試——也就是英國歷史學者記作第一次阿富汗戰爭之事——有個混亂程度不輸前三次的開場。

這次行動的計畫，在原則上是好的。首先會有一場壯行典禮辦在旁遮普的菲奧茲普爾，三方同盟的三邊簽署者都會到場。然後一如沙・舒亞五年前的上一次遠征，入侵阿富汗的隊伍會兵分兩路。其中一支由舒亞長子帖木兒世子所率的部隊會在韋德上校與蘭季德・辛格提供之旁遮普穆斯林兵團助陣下，北上穿越白沙瓦後攀上開伯爾山口，然後奔襲賈拉拉巴德。另外一路——遠比第一路大——的兵力會在名義上由沙・舒亞帶領，但邁克諾騰會從旁監理，且英屬東印度公司會出動孟加拉與孟買的軍團助其一臂之力。因為蘭季德如今禁止英國士兵在他的土地上行軍，所以這路兵力會走南邊繞過旁遮普，然後取道波倫山口去攻擊坎達哈以下的南阿富汗，最後再鎖定加茲尼。這兩支部隊將會在喀布爾會師，然後在巴拉希撒堡讓舒亞復位。在此同時，沙・舒亞許多熱切的阿富汗盟友將四起響應他的回歸，把多斯特・莫哈瑪德這個「僭越者」驅之他處。「沙・舒亞連阿富汗的國境都還沒踏入，稍微有頭有臉的酋長就會早早望風來歸，」韋德這麼向奧克蘭爵士保證[1]。但事實上從一開始，計畫就趕不上變化。

西姆拉宣言明說了沙・舒亞會「在子弟兵的簇擁下」回歸。問題是此時的舒亞哪來的子弟兵；如今追隨他的只剩下平日那一小撮殘疾的家僕。所以當務之急是就是召募一支新軍來成為沙・舒亞兵團。應募而來的準新兵在一八三八年夏天抵達魯得希阿那，當中有一部分人士擁有羅希拉（Rohilla）血統的印度阿富汗人，他們的祖先是在十八世紀外移到恆河盆地，但多數仍是在地的「興都人……從（東印度）公司的駐軍站點過來，追隨軍營的平民」。但這些新兵既狂野又生猛，非常不受控，所以高層很快就判定這群「衣衫襤褸」的「烏合之眾」不適合在菲奧茲普爾的盛大壯行典禮上參加眾所矚目的閱兵[2]。還有一個問題按某英國軍官在其信中所說，在於這顯然是「捏造的虛言，說什麼『沙阿重返故土時身邊簇擁著自己的部隊』，但如此悖於事實的說法怎麼可能逃得過眾目睽睽，那當中根本連一個沙阿的子民或阿富汗人都找不到」[3]。

於是乎在八月底，舒亞與他的兵團低調地消失在眾人的視線內。他們在其餘部隊之前出發，要安安靜靜地從菲奧茲普爾被趕往希卡布爾，並在那裡接受密集訓練。但出發沒多久，這支兵團就偏離了預定的路線，開始像無頭蒼蠅般四處劫掠拉爾卡納（Larkana）[4]*。這勾起了信德百姓的回憶，讓他們想起了舒亞的部隊在前一次沿印度河而上時曾犯下的暴力與「失了分寸的脫序行徑」，而這也讓原本就意興闌珊的信德的埃米爾更加不想幫忙。更慘的是第一批走海路抵達喀拉蚩的孟買軍誤會了當地燈塔發出的禮砲是在攻擊，結果當場把信德盟友的濱海土堡夷為平地。

問題不只如此而已。讓人隱隱感覺是個凶兆的是舒亞似乎被其運勢的反轉沖昏了頭。沒過多久，沙阿——其善良本性早已被長年的噩運給侵蝕，心腸早已從軟變硬的沙・舒亞——就與同行的英國軍官徹底鬧翻。他高高在上的態度與英軍官堅持要在他面前站著，使得雙方的關係益發疏遠[5]。他還有一樣舉措讓其身邊的英國人內心警鈴大作，那就是他會把阿富汗人，也就是他未來的子民，稱作是「一群狗，一個個都是」[6]。「我們必須試著，」氣急敗壞的邁克諾騰表示，「做點什麼，好讓他慢慢對自己的子民觀感好一點。」在此同時，世子帖木兒連從魯得希阿那出發都做

* 作者註：日後布托王朝（Bhutto dynasty）的老家。（譯按）布托家族是世居信德的巴基斯坦世家，為當地最大部族，其政治上的發跡始於沙・納瓦茲・布托（Shah Nawaz Bhutto；1888-1957），後代代相傳形成所謂的巴基斯坦政壇的布托王朝。

不到——「世子是個連帶兵前進半吋都嫌難的蠢蛋，」他的父親在其中一封從希卡布爾寄出的道歉信中，是這麼對韋德說的[7]。

就此，在奧克蘭爵士所發動戰爭的餞行大典上，你看不到名義上這次遠征的主角，也看不到他朝中的任何一人。為了代替薩多宰部族出席，伊登家的人在季風豪雨中從西姆拉出發。艾蜜莉對得告別她心愛的喜馬拉雅度假地，說多不樂意就有多不樂意。「大雨天的營地李有多髒多慘，我真不知該從何形容起，」她一到達平原處就開始抱怨。

濕透了的僕役們看上去十分狼狽，他們的鍋碗瓢盆還在上個營地沒有送來，帳篷漏水漏得亂七八糟：哪裡有接縫，哪裡就有水流……駱駝滑倒送命者有之，兩輪的牛車在河流裡動彈不得。個人的舒適完全談不上！每一頂帳篷周圍都有一堆小溝渠，每一道溝裡都是一堆爛泥，人經過沒有不跌進去的……我得撐傘從我的帳篷到達喬治的帳篷，充當餐廳的帳篷在營地的一側，過去得搭轎子，飯菜從另外一側送過來，還是搭轎子……[8]

途中他們在魯得希阿那暫停去見了帖木兒世子，結果他還是沒能出發前往白沙瓦。「我們昨天在韋德少校家吃了頓豐盛的晚餐，」芬妮寫道，「整座城市被長串的傳統小燈籠照亮……舒亞的公子也來了，但因為沒有王國的他也沒有大象，所以他們派了我專屬的大象去接他」[9]。在此同時，邁克諾騰在移動的混亂中丟失了他的餐盤與刀叉，而這也讓非常注重禮儀細節的他顯得非常驚惶。「營地為此籠罩在了巨大的恐怖中，」芬妮描述說。「用手指吃飯的沙・舒亞要是看到邁克諾騰也這麼做，他會怎麼想？」[10]

在這橫跨印度整個北部與西部，正值季風時節的大規模部隊調動中，潮濕的總督營地只是冰山一隅。

在孟買的雨中，眾兵團從兵營中宛若潮水一般，流向了運兵船所在的灘頭，準備在狂風暴雨的海上被接駁到喀拉蚩、特達（Thatta）與其他圍繞著印度河口的登陸點。在德里山脊（Delhi Ridge）下方的各大軍營中，負責實驗性駱駝砲組——由駱駝背負提供機動力的迫擊砲與康格里夫（Congreve）火箭系統——的騎兵千辛萬苦，只為把韁繩套在他們有著牛脾氣的駝獸身上。在哈恩西（Hansi），詹姆斯．史金納上校（James Skinner）嘗試要把他在哈里亞納（Haryana）的後備部隊從淹水的牧地中召喚上來，而勤務兵則忙著把生鏽的頭盔與鎖子甲給戰士們拋光擦亮。在密拉特與羅奧爾凱埃，各大營裡滿是泥濘，同時英印公司的印度士兵正打包好行囊，開始沿「大幹道」（Grand Trunk Road）而上，目的地是卡納爾（Karnal）與菲奧茲普爾，至於川流於他們身後泥淖中看起來狼狽不堪的，則是這些印度士兵的三妻四妾。

率領其中一支兵團通過季風泥濘的，是威廉．諾特（William Nott）。一個有什麼說什麼的自耕小農之子，出身威爾斯邊界，四十年前從卡納芬（Caernarvon）來到印度，並一路慢慢往上躋身為東印度公司裡的資深將領。剛在德里安葬了他結縭二十載的髮妻，那「摯愛而令人喟嘆的樂媞莎（Letitia）」，諾特就與他的印度士兵弟兄——那些與他關係密不可分的「英勇好男兒」——從德里基地出發，奮力走上了前往卡納爾之路。「整路都是滿滿的部隊、火砲、砲車、彈藥與貴重物品，」他寫道。「人跟馬都需要藉著耐性，才能穿梭在這些輪車與軍需間前進。」

相對於年輕士兵希望戰爭能帶給他們榮耀、戰利品與晉升機會，諾特只求戰爭能幫助他忘卻。「這悲慘的一天，又在對往日時光摯愛人兒的思念裡度過了，」他在抵達卡納爾的那一晚，這麼寫信跟愛女們說。他在信中還提到：「說也奇怪，我的心情能獲得某種程度的紓解」，得感謝有即將開打的戰爭讓我分心；只不過這念頭也讓他為之一驚，讓他在留白處振筆寫道：「人類何時才會停止自相殘殺？」[11]

終於晉升為少將，對他來講好像開心不太起來，畢竟要是他能在長官面前少說兩句，這榮銜早就是他的了。作為一個不怎麼吃眼前虧，被看扁絕對不會裝啞巴的好漢，他並不打算吞忍英軍內那些「空降」指揮官們被給與的特殊待遇。這些個傢伙固然多比同級別的英印公司長官來得身價更高，背景更硬，但他們既不通曉興都斯坦語，也沒有任何與印度士兵在次大陸並肩做戰的經驗。諾特聽到一些謠言說總司令約翰・基恩爵士（Sir John Keane）將帶著數個印度兵團脫離英印公司將領的掌控，而他也已經準備好要針對此事據理力爭。「實情是他是女王的軍官，而我是（英印）公司的軍官，」他這麼跟女兒解釋。「我堅信女王的軍官不論他是不是有這資格，都完全不適合統領公司的軍隊。」

讓眾人鬆了口氣的是時間來到十一月初，當如今有了個「印度河軍」（Army of the Indus）威名的部隊開始在菲奧茲普爾平原集結時，雨勢終於停了。為了振奮營地的士氣，蘭季德・辛格派了手下六百名園丁，用盆裝玫瑰布置出了即興的花園在軍官營帳四周。但比起雨勢，集結中的大軍現在面臨著一項更嚴重的出兵阻礙。讓奧克蘭尷尬的是在其大手筆籌備入侵阿富汗的過程中，消息傳來說波斯人懾於哈爾克島被英國海軍佔領，已經意外放棄了對赫拉特的包圍，並撤兵到馬什哈德。不久後又經證實在聖彼得堡的聶謝爾羅迭伯爵也已經妥協，這一次是出於英國外長帕默斯頓爵士發自倫敦的外交壓力。賽蒙尼奇伯爵作為想以波斯與阿富汗包夾英國的外交戰規畫者，遭到了俄羅斯的犧牲——他被拔除了駐波斯朝廷的大使職位，理由是其職務的行使已超乎授權範圍*。維特克維奇原本在坎達哈忙著強化俄羅斯與巴拉克宰的結盟關係，為此他承諾多斯特·莫哈瑪德的異母兄弟們說若英國膽敢入侵，俄羅斯會提供軍事援助，而他這會兒將被召回聖彼得堡。

原本讓奧克蘭師出有名的開戰理由，現已不復存在：俄羅斯與波斯已經正式收手。之前就算英屬印度受到的威脅是真的，現在也告一段落了。這原本會是一個很好的時機供英國重啟與多斯特·莫斯瑪德的談判，藉此達成所有開戰想達到的目的卻又不發一彈。畢竟此時仍有嚴重的饑荒在北印度造成數萬乃至於數十萬人死亡——官方數據付之闕如——而其駭人程度又因為英國人鼓勵種植罌粟甚於糧食作物而雪上加霜。再者就是奧克蘭爵士有愈來愈高的可能性會還在另一條戰線上打起第二場非法的侵略戰爭——這次的對手是中國——為的是保護從英印公司從原本那些良田眾出的罌粟中，所獲致的豐厚鴉片貿易利益。然後還有舒亞在阿富汗獲得接納的各種不確定性，包括一朝將舒亞扶植上位，能不能讓他把位子坐穩這個沒有人能回答的問題。但令人驚異的是，菲奧茲普爾沒有一個人想到要考慮一下重啟談判的選項。

* 作者註：這至少是聶謝爾羅迭告訴帕默斯頓的話。事實上很顯然，賽蒙尼奇已經準備好要與美麗的奧貝里亞尼王妃跟他們的十個孩子在提非里斯重聚了。自從一名前任俄羅斯駐伊朗公使格里博也多（Griboyedov）遭到殺害之後，德黑蘭使團就被認為跟現今在巴基斯坦的英美使館一樣，使節妻小的安全無法獲得保障。在賽蒙尼奇返回喬治亞之後，他的繼任者杜哈梅爾一開始也沿用了類似於賽蒙尼奇的外交路線。

反之，現在因為沒有了在阿富汗與哥薩克人或皇家波斯陸軍狹路相逢的威脅，英國做了一項宣布要將數支兵團從印度河軍中抽回，由此讓投入遠征軍的兵力大幅縮水。儘管如此，奧克蘭還是悍然公開宣稱他打算「精神抖擻地貫徹」既定的計畫。「關於我們即將要踏上的行程，其正義沒有一絲值得懷疑之處，」他堅稱。「為了自身的安全，我們有責任協助阿富汗的合法君主恢復他的王位。」三方同盟將會獲得遵守，沙・舒亞仍會「被置放在他先祖傳下來的王座之上」。

十一月二十七日，錫克人與英印公司的部隊在菲奧茲普爾會師。奧克蘭爵士平日看什麼都不順眼的副官威廉・奧斯朋被那場面之大嚇了一跳。「在菲奧茲普爾的金布之野（Champs de Drap d'Or；指的是一五二〇年，英王亨利八世與法王弗朗索瓦一世在加萊附近見面議和的場合）上，奧克蘭爵士以印度君主的磅礡威儀現身，」他在記錄中說道，「雖然總督隨扈的制服在錫克薩達爾的珠光寶氣跟鎖子甲一旁顯得黯淡無光，但總督身邊多達一萬五千人的隨從與護衛，則完全可以跟旁遮普之主的派頭比美。」[12]艾蜜莉很不尋常地，也完全為那一幅光景所折服。「我們身後有大大一個圓形劇場的象群屬於我們的陣營，」她寫道。他們面前是「數以千計蘭季德的追隨者，所有人都身著黃或紅色的綢緞，大量由她們牽著的馬匹裹著金銀色的綾羅，沒有一匹不閃耀著珠寶的光芒。我著實沒有見識過如此炫目的景象。三四名錫克人看著像是從艾斯特利（馬戲團名）走散的成員，但如此浩大的組合讓他們的光彩不至於看起來誇張突兀。」[13]

但其他人就沒給出這麼好的評價了。約翰・凱伊爵士（Sir John Kaye）作為未來的阿富汗戰爭史家，當時還只是個年輕的砲兵軍官，而他記憶中奧克蘭爵士與蘭季德・辛格打的第一次照面發生在「以難以言喻的騷動與迷惑之中」。畢竟兩道在嘹亮號角聲中前進的象群，搭配後方簇擁著兩位當家者進入杜爾巴（意指波斯統治者的宮廷）營帳的的人群，行伍的衝撞造成推擠混亂也是剛好而已。那種亂的程度，甚至導致不少錫克士兵懷疑英國人想要趁亂奪取他們摯愛領袖的性命，於是便「開始吹起火繩（也就是讓火繩槍做好發射的準備）並用一種混雜了猜忌與狠勁的架式抓起他們的武器」[14]。奧克蘭爵士在熱鬧氣氛的渲染下，「語不驚人死不休」地答應了蘭季德在歡迎致詞中提到「他們的聯軍將征服整個世界。要是哪天他們手牽手拿下莫特康（Motcombe，英格蘭北部的村莊），」芬妮對在英國姊妹的信中說到，「我想你應該會嚇一跳吧」[15]。

那晚芬尼在宴會上坐在蘭季德．辛格的身旁，而這同桌的吃飯的緣分也讓她感受到了這人的有趣之處與魅力所在。他穿著一套純白的庫爾塔長衫（Kurta Pyjamas：上衣長及腰下，外加下身搭配長褲的中亞或中東男性正裝），還配戴了唯一的珠寶──在其手臂上閃耀的光之山──惟這或許不是最周詳考慮的配件選項，畢竟他得到這寶物的手段也不是沒有可議之處。這名錫克君主花了大半個晚上在讓芬妮品嘗他的家釀。「他稱之為酒的成品就像燃燒的火焰，遠比白蘭地濃烈，」她後來表示。

剛開始讓喬治跟威廉．柯頓爵士吞下肚，他就滿意了。接著他開始用金杯不停地往我這裡送酒。我一開始演得不錯，作勢要喝然後把酒遞給他的斟酒人。但很快就發現了不對勁的他把酒杯端到他的獨眼前，仔細往裡瞧了一遍，搖了搖頭，然後又把杯子遞還了給我。下杯酒他用手指伸進了杯中，確認了我到底喝掉了多少。我讓韋德少校代我緩頰，表示說英國仕女的酒量都不太好。聽到這話，他開始等到喬治的頭轉開，才把藏著掖著的酒偷偷朝我端來。他心想喬治真是個惹人厭的暴君，竟然擋著我喝酒[16]。

同時間的喬治也不得安寧，因為新搭檔一直追問他為何連個一妻半妾都沒有。「喬治說英國只讓人娶一個老婆，」艾蜜莉表示，「而且萬一所娶非人，他也輕易無法脫身。蘭季德說一夫一妻真是個劣習；他說錫克族可以娶到二十五個太太，而且她們誰也不敢表現不好，不然就等著挨揍。喬（治）回答說這風俗真的太棒了，等他回英國會試著推廣看看。」

隔天早上錫克人操演了一段傲人的戰技，其中展現出的軍紀令英國盟軍感覺非常了不起，砲火的百步穿楊更讓人眼睛為之一亮。然後就輪到英軍了。「英國統帥在攻擊假想敵時的技術之完美，」凱伊寫道，「跟他擊潰對手之英勇絕倫可謂絕配。他在平原上作戰是一把好手，會需要另外一支軍隊當他的先鋒，只是希望把勝仗贏得更徹底一點。」[17]

事隔兩日，在進一步展示過精湛的戰技與馬術，再歷經更多的演說與若干場飲宴後，大軍終於朝站場開拔。在身披緋紅斗篷而頭頂飾羽筒狀軍帽的槍兵前導下，一列列騎兵與步兵兵團朝下游的希卡布爾出發，他們的規劃是要在那裡與孟買軍跟沙·舒亞的兵團聯繫上。錫克軍則將於同時向南朝拉哈爾前進。

這麼一來，印度河軍的組成就只剩下大約一千名歐洲人跟一萬四千名東印度公司的印度士兵——不含舒亞雇來的六千名非正規軍——外加不少於三萬八千名逐軍營而居的平民。這些人的行囊得由三萬頭駱駝背負到戰場，而這些特地找來的駝獸最遠來自比卡內爾、賈沙梅爾，以及英國東印度公司位於哈里亞納邦希薩爾縣（Hisar）的駱駝繁殖場。

無人打算輕裝簡從。一名准將宣稱他需要五十頭駱駝來運送他的裝備，而（威洛比·）柯頓爵士（Sir Willoughby Cotton）更為了他的東西準備了兩百六十頭駱駝。專門保留來挑扛軍方酒窖的駱駝更多達三百頭。即便是基層軍官，隨行的僕役都多達四十人——當中從廚師、清潔工，挑夫，到負責拿水的都有[18]。諾特少將是個終其軍旅生涯都靠自己力量往上爬，沒有人脈、後台、金錢可依恃，而且看著各女王兵團（Queen's Regiments）的有錢年輕軍官就很不順眼的英軍將領。按照他的看法，這支部隊顯然沒拿出面對戰爭應有的嚴肅。不少基層軍官都表現吊兒郎噹，彷彿這趟是去打獵——事實上還真有一個兵團帶上了自家的獵狐犬要去前線。「許多年輕軍官寧可丟下佩劍與雙管手槍，也不能在行軍時少了他們的化妝箱、香水、溫莎肥皂跟古龍水，」他寫道。「某兵團有兩頭駱駝是專門在揹一等一的馬尼拉雪茄，而其他駱駝身上則是果醬、酸黃瓜、廉價雪茄、魚罐頭、氣密封裝的肉品、盤子、杯子、陶器、蠟燭、桌巾等」[19]。

以上種種對於部隊的戰力而言，實在不是好兆頭。而同樣糟糕的還有各翼印度河軍之間欠缺橫向溝通。至此，亞歷山大·柏恩斯理應要完成與信德的埃米爾的談判，為印度河軍取得在其勢力範圍內渡河與行軍的必要許可。但喀拉蚩遇襲加上拉爾卡納被劫，讓計畫中與多斯特·莫哈瑪德的戰士還沒開打，就有第二場戰爭快要爆發在英國人與信德人之間。信德人相當可以理解地，並不想看著有英國軍隊踏過他們的土地，所以在給通行許可的動作上慢慢吞吞，也不肯幫忙尋找需要的駱駝或其他駝獸，就這樣眼睜睜看著孟買軍繼續陷在他們登陸的印度河三角洲岸邊，面對著瘧疾肆虐。

這還不是谷底。隔週邁克諾騰先陪著錫克領導人去了拉哈爾，芬妮與艾蜜莉在那裡見到了「特定的幾位蘭吉德夫人」，然後才回頭趕著去追上大部隊，途中他聽到一個讓他毛骨悚然的壞消息。身為將軍的威洛比·柯頓爵士明明沒收到命令，卻擅自離開了約好的會師地點，快速地朝南遠離阿富汗而去，準備對信德首府海德拉巴發動非法的攻擊。「柯頓很顯然正在悶著頭亂闖，」邁克諾騰手忙腳亂地寫信給西姆拉。「他似乎沿著一條沒有路面的路線在越野前進。我擔心他他恐怕很快就會深陷在叢林之中。再這樣下去，我們的阿富汗遠征會落到什麼田地呢？」屬於沙．舒亞兵團一員的米爾扎．阿塔描述說在薩多宰的陣營中流通著謠言，那就是柯頓已經走偏到要有聖人顯靈來拉他一把，才能回到正路的程度了。「部隊迷失在了灌木叢林中，」他寫道，「在困惑與驚惶中晃蕩了一整班夜哨的時間，才在活像伊斯蘭先知基澤爾（Khizr）的某白鬍子長者指引下，抵達了他們位於河畔的紮營地。」[20]

邁克諾騰靠快「駝」加鞭發出了一道又一道最後通牒，敦促柯頓停手，這名不受控的將軍這才老大不情願地在預定的幾個小時前同意了撤銷攻擊，但這已經是信德的埃米爾們完全降服於他之後才決定的。如米爾扎．阿塔所言，「當這些（埃）米爾們——粗魯無文又桀傲不馴，隨時在找架打的一群——看到一波波英國士兵像潮水一樣湧來，又像是風雨欲來前的烏雲在陸上與海上朝他們的土地滙聚而來，他們就孬了，也放棄了。」[21] 儘管如此，這次的事件還是讓將軍在自家部隊的眼前顏面無光，因為將士們原本對洗劫這個理應是個寶庫的城市，充滿了期待。

邁克諾騰與他的手下大將，就這樣重逢在一點也不和諧的氣氛中：「威洛比顯然一點也不把陛下跟我本人放在眼裡，」邁克諾騰對柯爾文抱怨說。「我給出的任何暗示，不論多麼低調委婉，他都是回應都是一副趾高氣昂的模樣；我被他嗆說我想要控制軍隊，而他，威洛比爵士，眼中的長官只有一個人，那就是（總司令）約翰．基恩爵士，還說他絕不會讓誰誤了他的事情，諸如此類的。這一切的起因，得從我要求一千頭駱駝供沙阿跟他的部隊使用開始說起。」[22] 邁克諾騰的這個請求，跟駝獸危機擴大有關，主要是沙阿有半數駱駝誤食信德的一種跟毛地黃是近親的有毒植物而死。導致了沙阿跟他的部隊就跟那些還在印度河三角洲的潮濕環境中水深火熱的人員一樣，「孤立無援又動彈不得」。

舒亞與邁克諾騰之間的關係開展，也沒有好到哪裡去。「沙阿，我必須很遺憾地說，每回都在我面前說些他將來的疆域會有多受侷限的蠢話。」這名公使寫道，「還動不動就說他早知道就該留在魯得希阿那。下次他再那壺不開提那壺，我打算幫他複習一下薩迪的詩句，『一名國王就算征服了七片領域，他還是會繼續渴望另一塊土地』。」他接著烏鴉嘴地評論了一句，「我實在不覺得一個月五萬盧比足夠沙阿開銷。」[23]

當然免不了的，還有邁克諾騰與柏恩斯之間的劍拔弩張，而且慘就慘在好死不死，邁克諾騰拿到了柏恩斯夢寐以求的工作，而柏恩斯則獲頒授了超虛榮的邁克諾騰朝思暮想的爵士身分。這導致了倚老賣老的邁克諾騰一天到晚吃柏恩斯的豆腐，把他當成少年得志的毛頭小子對待。而柏恩斯眼中的邁克諾騰則是個「沒經驗又不善於與本地人交涉的傢伙。他的計畫一回兒丟出來，一會兒又撤回去，感覺十分兒戲」[24]。

就這樣，一支充滿矛盾而難以同心同德的部隊，在一八三九年二月底於希卡布爾開始集結，此時距離預定的侵略起始日已經晚了整整三個月。唯一看得起印度河軍的，只有渾然不覺於這支軍隊在協調、紀律與事前規劃上的付之闕如，也不知道軍中的領導幹部會吵吵鬧鬧，只被這支朝它們而來的大軍據說有多浩浩蕩蕩的誇大故事唬得一愣一愣的阿富汗人。多斯特・莫哈瑪德在坎達哈的巴拉克宰半兄弟們尤其不知該如何是好：一如在一八三四年那樣，他們會首當其衝於任何一個取道波倫山口、對阿富汗發動的進攻，而且維特克維奇奇一走，他承諾過的俄軍支持也人去茶涼，坎達哈心知肚明自己遇上訓練有素且裝備精良的現代化殖民地部隊會有多不堪一擊。多年之後，阿富汗的史詩詩人們回憶了關於英國侵略大軍是如何朝著他們的山間與谷地而來，民間的傳言是怎麼說的：

在被指定的那天，在被指定的那時刻
陣容完整而龐大的軍隊朝喀布爾進發
當這群人在那片土地上浩浩蕩蕩
大地連其基礎都在震盪
陪伴著沙阿穿越信德
是一百一十五萬精挑細選的戰士
在另外一條路上，帖木兒、韋德與醫師大人（麥克尼爾）
則帶著其他五萬士兵向前挺進
兩條暴怒的河水來自兩個不同的方向
但都從魯得希阿那朝著喀布爾而去
每個區域跟省份的領導人

都聽話得有如沙阿印章戒指下的封蠟
踏著鐵蹄的馬兒抵達了信德的山上
進入了興都的沙漠
汗如雨下而負擔過重的駱駝
像潮水一樣漫過山區的道路
火砲與象群走在一塊
就像用尼羅河的力量在移動大山[25]

英軍營地與橋頭堡一在希卡布爾建好，加上沒有額外的駱駝可以搬運軍需，彈藥與糧草便靠臨時徵集來的駁船艦隊，沿印度河往下游送——「平底、極淺、船尾比船艄寬，且最高點離水面有十四英尺，」一名叫做湯瑪斯·席頓（Thomas Seaton）的年輕步兵記得，因為當時有一支運補船隊就歸他管。「在這奇特的運輸工具上，建起了有兩個房間的一頂稻草屋。而由於艦隊裡的所有駁船——大約五十艘——都跟我的這艘並無二致，因此它們看起來就像一片水上人家。」[26]時間來到二月底，整座火藥庫都已經運到了希卡布爾；同樣在二月底，最後一批孟買軍也順利行軍抵達。萬事俱備，只欠一座橋。河面寬逾一千碼，「其湍流就像推動水車的溪水一樣」，而一開始工程師只有八條船，「我們附近除了個小村莊以外，什麼都沒有……我們先是使盡全力，徵用了一百二十艘船。」出身蘇格蘭奧克尼群島而負責這項行動的詹姆斯・布羅傅特（James Broadfoot）描述，

> 然後砍了一大堆樹；這些樹被處理成堅實的梁木。因為沒有繩索，我們拿生長在一百英里開外的一種特殊的草當原料，自製出了五百條草繩；船錨是拿若干小樹加上半噸的石頭湊合而成。我們的釘子也都是現場做出來的。我們接著把船錨定在河中央，成一條橫線，船與船隻間留出十二英尺（約三點六公尺）的距離；船與船之間鋪上強韌的梁木，然後再在梁木上釘上棧板來作為通路。這是有史以來最大規模的軍用（浮）橋，你不難想像我們在十一天內完工有多麼辛苦[27]。

二月的最後一天，這支侵略部隊終於橫越印度河。米爾扎・阿塔對此給予了極高的評價：「英軍驚人的技巧會讓柏拉圖與亞里斯多德都相形見絀，」他寫道，「目睹浮橋結構的人，沒有不嘖嘖稱奇的。」[28]但英軍的技術也有其侷限，這點在接下來的日子裡會昭然若揭。

到了度過印度河，深入希卡布爾與波倫山口之間那片寸草不生的鹽澤達一百五十英里的這個點上，邁克諾騰與他手下的眾將才赫然意識到他們究竟要面對的是什麼：一場遠離他們勢力範圍的廝殺，途中要經過地圖未標示的乾燥惡地，通訊如風中殘燭般孱弱，四周拱衛他們的還盡是一堆意興闌珊而靠不住的所謂盟友。

肇因於行程的拖延，夏天的腳步此時已慢慢逼近，沙漠快速地在加溫當中。由此通過曠野的行程只能改於夜間為之。踏上預定路線前沒有針對手中的用水與補給進行充分的清點，意味著沒

有人知道出發之後會需要多少數量的水與食物。同時也沒有人為酷熱的天候做好準備。席頓從一開始就幾乎無法忍受這種高溫。「我們在日落時分啟程，」他在離開希卡布爾兩天之後寫道。「我們一進入沙漠，就有一陣風揚起，一開始還相當溫和，但接下來卻變得又熱又辣，當中還挾帶著細到不能再細的粉塵粒，穿透了一切，然後靠著輻射自土壤的餘熱，創造出了一種令人難耐的乾渴。」他接著說：

印度士兵人人帶著沉重的火繩槍、六十發彈藥、衣物、裝有必需品的背包，軍用裝備，乃至於裝滿了的黃銅水壺。這些讓這趟路變成負重行軍，也讓身著緊身羊毛制服的壓迫感變得加倍難忍。這些人在這種狀況下的處境，是令人同情的，他們的酷刑每一分鐘都在加重。他們的水壺很快就空了。午夜時分他們先是顯露出疲態，然後念念有詞，不久後更開始集體呼喚起「水—水！」許多人已經陷入半譫妄……一名印度士兵已經嚴重到我跟他說話時，他幾乎無法回答；他的舌頭在嘴裡發顫，整張臉痛苦扭曲。

苦的還不只是印度士兵：

追隨部隊的可憐民眾，扛著大包小包，包括有些人抱著孩子，他們的狀況又更加令人同情了，尤其孩子們的哭叫聲讓人心碎。壯漢在負重到精疲力盡後在地上躺成一堆，有的在呻吟，有人摀著胸……營中其中一名本地軍官帶著一個小女孩，他的獨生女，她的媽媽已經死了。她是個標緻、活潑、嘰哩呱啦的小女生，年約六歲的她是所有人的開心果。我曾每天看著她跟爸爸聊天，幫著他生火、煮食；她迷人的一舉一動讓人看著意猶未盡。但十點時我看她還都好好的，下午三點她就沒了氣息，抬出來要下葬了……（當他們在黎明時抵達營地時）三十二個挖在溪谷中的井只剩下六個有水，其中一個還因為有動物掉進去而淪為毒井，其餘的井水是苦澀的半鹹水，很多人都說他們的羅塔（lota，銅水壺）因此變黑了[29]。

然後俾路支匪徒的攻擊也不斷聚集增加。外交手腕的不足、高高在上的態度，還有與地方酋長間的協調不利，意味著區域內的部落看著破綻百出的英軍一行人，就是塊唾手可得的肥肉。當然大部分人還是不敢動英軍的歪腦筋，但手無寸鐵跟著部隊前進的那些平民就慘了，被槍跟被殺成為了他們的日常。

內維爾．張伯倫（Neville Chamberlain）是第一次出征的年輕騎兵軍官，而他生平第一次見識到死人，是在離開希卡布爾一週後的某處水坑旁：「有個女人躺著——可憐的東西！——在水邊，其黑長髮漂浮在清澈溪水的漣漪上。」她的咽喉從一耳被劃開到另一耳。有一就有二，他看到的死者愈來愈多。「曝屍在外的死者在路邊腐爛。僅有的月光下望不見一棵樹、一叢灌木，乃至於一片草。放眼所及全是沙，這地頭上沒有半隻鳥，甚至連豺狼都不存在——畢竟我們經常經過駱駝的腐屍，如果豺狼存在，牠們不可能沒察覺到這些大餐。我們的駱駝曾好些天沒東西吃，結果一晚上死了四十五頭，全都是長途跋涉餓死的。」[30]

就在這些披星戴月的悶熱行軍途中，許多士兵第一次瞥見了讓他們非得如此出生入死的那個人。「沙．舒亞是個老人家，年約六旬，」張伯倫寫道。「他及腰的長鬚應該是白色的，但為了看起來年輕，他將之染成了黑色。他四處移動靠的是某種十二人抬著的大轎，此外服侍他的還有馬夫、跑腿的、大象、馬匹，跟上百名印度士兵。」

關於行軍中的各種匱乏，舒亞臉上完全看不出異狀，但他內心也跟所有人一樣焦慮於行前的計畫不周跟俾路支盜匪與駱駝死去的問題惡化。還有件事也讓他擔心，那就是他早就發函要未來的子民喜迎王師，在他的軍旗之下揭竿起義，但卻始終得不到像樣的回應。自從邁克諾騰告知要讓他復位的計畫後，舒亞就積極與他舊領土上不同的部落領袖進行交流，包括邀請他們「按其家族傳統站出來輸誠，藉此讓他們的古老權利與土地可以獲得永世的認證」。但他如此登高一呼，得到卻是一片明哲保身的冷漠，要不然就是像吉爾宰或開伯爾的某些酋長，一開口就是要錢[31]。

其中一位酋長的默不作聲讓人扭了把冷汗，因為部隊即將進入的疆域就屬於這名酋長——卡拉特（Qalat）的米哈拉布汗（Mehrab Khan）。在過往，卡拉特的汗王都相當效忠舒亞，五年前舒亞兵敗坎達哈之時，也是卡拉特給予了他庇護。但這一次，米哈拉布汗非常反對舒亞以英國人的傀儡身份重新掌權。當柏恩斯被派來招納他，順便採購一萬隻綿羊來給軍糧只剩一半的部隊時，米哈拉布汗直言他認為出兵之舉是有勇無謀，規畫失當，且在戰略上是一種誤判。「汗王秉持一片誠意，剖析了英國發動的這次遠征，並宣稱規模如此浩大的行動將難以有成，」柏恩斯表示：

> 他說與我們的政府沒有寄望於阿富汗民族，反而把他們扔在一邊，然後用外國部隊淹沒了這個國家；他說如果我們求的是讓阿富汗建立英國勢力，然後把喀布爾跟坎達哈名義上的主權交給沙·舒亞，那我們就已然誤入歧途了；他說所有阿富汗人都很不滿沙阿，還說所有穆罕默德的信徒都對正在通過阿富汗的一切都虎視眈眈；他說我們若不對沙·舒亞指出他的錯誤，那我們就會發現自己陷入非常尷尬的處境；他說喀布爾之主（多斯特·莫哈瑪德）是個有能之賢才，即便以

目前的形勢想要用沙・舒亞取代他，也不會是難事，但我們將永遠無法贏得阿富汗的民心[32]。

這是極其中肯的建言。不僅沒能自米哈拉布汗處購得任何所需補給，更沒能爭取到他那怕一點薄弱支持，柏恩斯要返軍覆命前，米哈拉布的臨別諍言依舊帶著真知灼見。「你們帶了一支軍隊進阿富汗，」他說，「但你們有想過怎麼把它帶出去嗎？」[33]

從達杜爾（Dadur）炫然刺目的白鹽沼澤地開始，沙漠平野的閃爍熱霾開始緩緩地過渡為波浪起伏的山麓丘陵。而這些山麓丘陵又慢慢向上滾動從遠方的夏日沙塵暴中升起，帶著銀色輪廓的一道道龍脊：阿富汗南部的崇山峻嶺。這個國家依舊氣力放盡，依舊槁木死灰，也依舊乾燥如昔，地面的坡度卻變得愈來愈陡，愈來愈折磨人，直到波倫山口的漏斗形破口突然漆黑地開展在部隊的眼前。

山口全長七十英里，前四英里宛若一道道門廊連成的「縱谷」窄到一次只有單匹駱駝可以通過。此時隨著辛苦的騎兵喀拉喀拉地通過在乾涸河床上形成路障的落石，各級指揮官的錯誤開始累積人命的損失：緊繃到讓人窒息的冬季步兵制服穿在身上，讓人熱到無法頂著烤箱一樣的夏季氣溫在陡坡上攀爬。即便峭壁一開始可以為印度士兵阻擋住陽光直射，岩壁反射的熱度仍像坦都（tandoor，印度土窯）一樣烤在他們的臉上。白天，空氣不流通的帳篷內溫度可達華氏一一九度（約合攝氏四十八度）。

未經工兵詳細勘查或改善過的那些道路，幾乎無法讓火砲在上頭通過。一開始，他們得用八匹馬去拉一門砲，還得讓印度士兵身繫拉繩並排成一列來幫忙。後來隨著道路愈來愈陡，碎石愈來愈多，他們不得不把火砲拆卸成零件並以徒手搬運：「每門砲、每輛雙輪推車、馬車等，都必須拆開並交由人力去徒手傳遞，」威廉·霍夫少校（Major William Hough）如是說。「上坡的坡度之陡，有些人有馬不騎寧可下來走路。幾頭駱駝一跌倒，後面的隊伍通通被塞住……行囊在山口頭部成了（俾路支人）奮力猛攻的目標；四十九頭駱駝背負的穀物被劫走……（後衛）在路上發現許多隨營平民的殘破遺體。」[34]

入夜之後，空氣中迴響著瀕死駱駝與隨營平民的雜亂呻吟。許多印度士兵也崩潰倒地，吸起

---

* 作者註：這句話成了一句名言並廣為流傳至今。二〇〇三年，有人對我複述了這句話。賈維德·帕拉恰（Javed Paracha）是一名在白沙瓦高等法院中替基地組織的嫌犯成功開脫，精明的普什圖族律師。科哈特（Kohat）這座城市位在作為巴基斯坦與阿富汗之間的緩衝區，屬於法外之地的部落帶深處。而就在他固若金湯到可媲美要塞的科哈特家中，帕拉恰收容過負傷的塔利班戰士——還有他們被凍傷的婦孺。這些塔利班成員剛剛翻山越嶺，逃離托拉波拉（Tora Bora；普什圖語為「黑色洞穴」之意，代表當地有遍野的山洞群）的美軍轟炸，須知美軍在那裡用上的是俗稱「雛菊收割刀」的集束炸彈。帕拉恰還曾兩度被關進惡名昭彰，位於德拉·伊斯梅爾·汗（Dera Ismail Khan）的監獄。他在獄中遭到偵訊之餘——他宣稱美國中情局的審訊者對他用刑——還被單獨監禁。雖然近距離見識到了西方現代武器的能耐，但他熟悉自己國家的歷史，所以他片刻不曾覺得北約（NATO；北大西洋公約組織，歐美西方國家組成的軍事互保同盟）可以成功佔領阿富汗。當我在卡爾宰總統（Karzai；美國發動阿富汗戰爭後扶植的首任阿富汗總統）上任後不久去科哈特訪問帕拉恰時，他就引用了上述米哈拉布汗的名言。他想以此說明的是扶植新的波帕爾宰（Popalzai；帕波爾宰與巴拉克宰、薩多宰同屬普什圖人杜蘭尼部族的分支，其中薩多宰又算是帕爾波宰族中的分支）統治者上位，仍舊將徒勞無功。

了稀薄而燠熱的空氣，大聲討著水，但得到的壞消息卻是水已經一滴不剩。在這一片無以復加的混亂當中，「駱駝屍骸的惡臭讓我們度日如年，」席頓寫道。「我無法形容我們在熱浪、灰塵與沙漠風勢，還有萬千飛蠅的夾擊下有多麼煎熬。整片營地聞起來就像間藏屍所。任誰在營中的任何一隅跨出三步，都一定能看見已死或將死的人畜」[35]。

糧草不足意味著士兵的食物配給從減半再減半，變成四分之一。隨營的平民淪落到只能吃「炸綿羊皮、動物的凝血，還有四處可以挖到的各種植物根部」[36]。偶發的野蠻暴力事件讓所有人內心都開始動搖。四月三日，威廉·霍夫在日記中寫道：「兩名士官，砲兵的，在外頭射擊的時候落入陷阱，然後在給出一撮鼻菸的時候遭到殘殺。」[37]必須大量槍殺孱弱到無以為繼的馬匹，許多行李必須被拋下燒毀以防其落入俾路支人之手[38]。

「這是地獄的入口，」印度士兵西塔·蘭姆（Sita Ram）回憶說。

> 僅存井中的水苦得跟什麼一樣，就連薪柴都得靠駱駝運來。俾路支人開始用夜襲來騷擾我們，將我們的駱駝一長串一長串地驅趕走。天氣炎熱到很多人熬不過去——某天曾多達三十五人成為高溫下的冤魂。到了這個階段，東印度公司軍的印度士兵幾乎已經決定要退回印度，好幾個兵團中都隱隱約約有要譁變的跡象。但部分受到於沙·舒亞開出的奢華承諾引誘，部分忌憚於每天有愈來愈多俾路支人出沒，英屬印度大軍並沒有停下進軍的腳步。許多人死於部落土著之手。這些部落居民會把握每個機會痛下殺手，還會從山邊滾下巨大的石頭[39]。

米爾扎·阿塔寫到沙·舒亞的隨扈也覺得自己非常幸運能夠存活，畢竟躲在上方岩石斷層

與裂隙中的俾路支狙擊手對部隊行伍彈如雨下，讓他們疲於閃躲。「部隊進入了波倫山口中的狹路，」他寫道，

山口之路既崎嶇又多碎石，四周圍繞著一圈摩天的山巔：部隊懷著沮喪的心情凝望，而山間的俾路支部落毫不遲疑於狙擊與搶掠。數以千計的駝獸、駱駝、馬匹、象之與他們的負宰，就這樣沒有了。

穿越山口之難並非一般：早在兩個月前，英國人就派來過兩門大砲跟數千頭驢子背負的火藥來到山口，為的是清出道路，為此他們得一一用繩索把裝備拉上山頭；搬運其他軍需之困難也不惶多讓，期間不僅犧牲了大量的駱駝、馬匹、公牛，外加渴死餓死的士兵弟兄——這還沒提被搶走的軍事裝備。在那無水的狹道地獄中，他們耗了三天三夜，補給之欠缺，一枚盧比金幣還買不到半希爾（seer／sihr，一希爾約當〇．九三公斤）的麵粉[40]。

至於舒亞，他從山口寫信給韋德說他打算懲戒此區域內的部落，讓他們「適時為自身的罪犯態度」付出代價。他還寫道說他很擔心「僭越者」們正利用學者與烏里瑪*來帶動民眾仇視他，「並製造騷動」[41]。他擔心是對的：他與屬於異國異教徒聯手的事實將成為他擺脫不掉的軟肋。宗教性的恐外或仇外心理，永遠是舒亞之敵巴拉克宰部族手中最強大的武器。

* 譯註：伊斯蘭教學者。

過了波倫山口，來到的是奎達（Quetta）*這個當時「才五百戶人家的破落村頭」。過了奎達，是第二條難如蜀道的山口——科加（Khojak）。科加山口比起波倫山口較短也較緩，但卻也更乾。「他們沒水過夜，」米爾扎·阿塔回憶說。「僅有能找到的水源骯髒腐臭，因為當中有跌入死亡的動物。這樣的水誰喝了，都會立刻胃痙攣與腹瀉。他們是如此苦於缺水，以致於有足足兩天，人畜都抖到像風中的楊柳。」[42] 隨營平民間的食物幾乎已於此時用罄：某些人「在掘出腐肉吃，或是在動物的糞便中挑揀穀粒，」一名軍官說。「我某天看見了有個男人死在路邊，而他死前正在啃食一具死牛殘骸中的軟骨」[43]。印度河軍連一個阿富汗人都還沒打到，就已經慘不忍睹。

所幸再往前，就可以喘口氣了。在科加的遠邊，入阿的軍隊發現自己來到了波浪起伏的牧草地上，上頭的雜草中點綴著一叢叢侏儒橡樹與冬青。偶爾的一群群肥尾綿羊與蓬毛棕山羊作為游牧民族庫奇人（Kuchi）的財產，由某個頂著白頭巾、身穿紫袍子的大漢帶著腳邊的獒犬一同看顧。乾燥依舊乾燥，熱風也未曾停歇，但只要是有水的地方，涼蔭就不難找到在一排白楊木後，當中有些有藤蔓纏繞在樹幹上†。

部隊如今已穿越了俾路支疆域那看不見的邊界，進入了普什圖族的土地。對比之前鬼鬼祟祟的俾路支山賊，諾特對阿恰克宰（Achakzai）部落成員的一身是膽非常敬佩。他們會抬頭挺胸且不卑不亢的跨進英國營地，質問起他們的準殖民者。「他們生得實在都非常好看，」諾特寫信對她的女兒們說道，「而且都相當紳士」。當一名阿富汗人問他英國人為什麼要來時，諾特回答說沙·舒亞已經回來要承繼應該屬他，多斯特·莫哈瑪德沒有資格強佔的天命。阿富汗人回嗆說：「你們有什麼權利佔有貝納拉斯跟德里？拜託，我們的多斯特·莫哈瑪德也有一樣的權利佔據喀布爾，沒什麼好讓的。」在這次的言詞交鋒後，諾特愈來愈對沙·舒亞會在阿富汗得到什麼樣的反應感到懷疑。「我的看法與政府跟其它人不同，我真心認為阿富汗人不會毫無反抗地把國家拱手讓人，」他觀察說。「我知道我是不會啦，如果今天我是他們的處境的話。」[44]

其它軍官之間也有類似的對話。湯瑪斯・蓋斯福特中尉（Lieutenant Thomas Gaisford）的印度勤務兵被一名普什圖訪客在營內問起，「『他們真的尊稱這些菲蘭吉薩希博（先生）嗎？』那人這麼問，口氣好像是覺得『異教徒的狗』才是比較恰當的稱謂…」[45]。「我們遇到一個衣冠楚楚的阿富汗騎士，」喬治・勞倫斯（George Lawrence）這名剛被邁克諾騰提拔為其軍務秘書的聰明年輕阿爾斯特人寫道。「他告訴我他拜訪了我們的營區，看到了我們的士兵，口氣中盡是不屑，『你們只不過是帳篷與駱駝的軍隊，我們的才是戰馬與士兵的軍隊。』『你們是多想不開，』他補充說，『才會虛擲數克若（crore，單位數，一克若等於一千萬）盧比，只為了來到我們這個都是岩石的窮鄉僻壤，又沒柴燒又沒水喝，全只為了硬塞給我們一個康布赫特（Kumbukht；倒楣的壞蛋）當國王，須知你們一轉身離去，他就會被我們的國王多斯特・莫哈瑪德給推翻。你們這是何苦？』」[46]假以時日，這名騎士的預言會被證明相當正確，而當叛亂真正爆發時，擔任叛軍先鋒的部族正是阿察宰。

---

* 譯註：今巴基斯坦俾路支省首府。

† 作者註：今天我們看到的同一處土地，感覺要更加乾燥許多——在坎達哈以南的山麓地帶，從史賓波達克（Spin Boldak）延伸出的達許特（Dasht；可查詢字彙章節）如今幾乎是一片沙漠，只有零星的春季放牧活動，侏儒橡樹的分布侷限在山坡地。但英屬印度軍成員留下的描述卻勾勒出一幅較具有綠意的光景，一如當地許多地名所透露的線索：那一帶的查曼（Chaman）是位於今日巴基斯坦與阿富汗交界處的邊哨，其在波斯文當中的意思是「草原」。

諾特或許對阿富汗人刮目相看，但他並不怎麼欣賞自己的同事。大約就在此時，英軍總司令約翰．基恩爵士來到了營地，並決定跳過高於年資與經驗都大勝的諾特，拔擢威爾舍將軍（Willshire）這名女王兵團軍官，讓威爾舍取得了由印度士兵組成，東印度公司整支孟買步兵兵團的指揮權。雖然他早就猜想會有這類的事情發生，也早就習慣了因為出身低微跟因為英印公司的地位不比正規軍而被跳過升遷，但一旦事情真正發生了，諾特還是不免怒不可遏。他立刻去殺去總司令的帳篷裡表達了不滿。兩人這一面並沒有見很久，但已經夠把事情鬧得很僵：

「看樣子我是要被犧牲掉了，誰叫我剛好是女王直屬兵團軍官的上級呢？」諾特說。

「你這是什麼態度！將軍」基恩答道。「你以下犯上，我還有一口氣在都不會原諒你。」

「閣下，既然你這麼說。那我只能祝你有個非常愉快的晚上了。」

吵這一架，讓諾特付出了慘痛的代價。雖然他在英屬印度軍中是不論人望、能力與經驗都無人可及的將軍，但經過這件事後，他與長官犯沖的名聲便不脛而走，自此奧克蘭與基恩都認定了太難搞也太不夠圓滑的他將永遠不是當主官的料。這種壞印象會陰魂不散地繼續造成他一系列令人搖頭的任命，期間諾特會一而再再而三被才幹遠不如他的同僚在升遷時超前——而這將在不久後對佔領阿富汗的行動產生致命的影響。

印度河軍現正步向其第一項嚴峻的挑戰：坎達哈。據傳巴拉克宰的騎兵單位已來到印度河軍附近，隨時可發動攻擊，甚至某晚曾印度河軍曾從睡夢中驚醒，匆忙從帳篷中跑出來組成方陣禦敵，雖然後來證實是一場虛驚，但他們還是手握滑膛槍，在陣形中待命直到天明。只有一條供作營地水源的溪流在夜間莫名改道，還有邁克諾騰的兩頭大象神秘失蹤，才是周遭還有敵對勢力在伺機而動的證明。

也還好阿富汗人沒有以大軍直攻入侵者，否則剛連番經過山口蹂躪的英屬印度軍稱得上是一支殘破的弱旅。「此時的我們極不適於實戰，」湯瑪斯．蓋斯福特在日記中提及。「沒有人不亟需休憩，馬兒也氣力放盡到難以為繼。隨營的平民飢腸轆轆，我們軍需部門的存量已幾近用完。總之對一支前進中的部隊而言，我們的處境極其不堪[48]。

四月二十日上午十點前後，英屬印度軍總算開始轉運。一名信差來到柏恩斯手下情報主管莫漢．拉勒．喀什米爾的帳篷裡宣稱多斯特．莫哈瑪德手下一名顯赫的貴族正在營區外帶著兩百名追隨者候召，隨時準備向沙．舒亞投誠[49]。舒亞發出的信函終於有一封開花結果[50]。莫漢．拉勒被派去把這名貴族領進營區，並帶其前往沙阿的王帳。

即便以十九世紀阿富汗權力政治標準去看，哈吉．汗．卡卡爾也是個為了野心可以不擇手段的狡猾傢伙。他的列祖列宗一直在區域內扮演著權力掮客與造王者的角色。明明是在多斯特．莫哈瑪德麾下嶄露頭角，還曾先後被任命為巴米揚總督跟屬於多斯特精銳的騎兵隊長，但他已經兩度棄埃米爾而去，最近一次是在一八三七年的賈姆魯德之役。但他就是有他的一套。他總是能挑到完美的時機轉臺，以至於每一回的背叛都只讓他權力更大也更加吃香。瑪烏拉納．哈米德．喀什米爾在《阿克巴納瑪》中形容他是「外來者、異心者、背叛的師尊」，還說這人會「把毒藥摻進糖裡」，用魅力與讒言去達成他左右逢源的目的。如今在這個關鍵時刻，他假借要率兵突襲英軍營地，趁機帶著所有追隨者叛逃。他打的如意算盤是能藉外國人的闊氣與傻氣發筆橫財，同時讓舒亞白紙黑字地承諾他能在新政府裡當個大官。在這過程中，他啟動了大出血一般的叛逃潮，也讓原已搖搖欲墜的坎達哈守軍士氣一推而倒。

在沒有人知道來犯英軍內部是如何悽慘，如何吃不上飯的狀況下，愈來愈多的坎達哈貴族在接下來的四天中跳槽到舒亞的陣營，表示願意效忠回歸的國君。對舒亞來講，這是他幾乎已經不抱希望能見到的奇蹟。對多斯特・莫哈瑪德在坎達哈的兩名巴拉克宰半兄弟而言，他們只能束手無策而日益絕望地看著什麼叫眾叛親離：

在一片混亂中，就像象群發了狂
他們受著怒火無邊無際的折磨

這兩頭凶狠的獅子，他們所想要的
就是讓復仇與敵意這兩把利劍出鞘

但他們欠缺朋友，軍隊又不夠
畢竟哈吉・卡卡達這叛徒已走

他們坐困在要塞緊鎖的大門之後
他們為了禍福的反轉而心碎不已

當他們看到自家的行伍出現分裂
特別是在沙阿的波帕爾宰部族內
他們看不到別的辦法
只能讓自己離鄉背井

夜裡他們帶上了左右親近
踏上了前往伊朗的路途⋯
在此同時，沙．舒亞內心雀躍於能看到惡魔哈吉
並對敵人再也沒有了恐懼

他向猙獰的哈吉展示了值錢的玩意
彷彿他在用黃金對他施以石刑[51]

五天之後的一八三九年四月二十五日，哈吉．汗隨侍在沙．舒亞的左邊，伴他一起以勝者之姿策馬穿過了成熟的小麥與大麥田間，還有依舊圍繞在坎達哈郊外那片有城牆保護的茂盛花園與果園帶。一路上他接見了一團團的鎮民出來代表迎接他。「一擁而上的窮人將他團團圍住，」柏恩斯寫道，「獻花的獻花，在他行經路上撒玫瑰的撒玫瑰。人不分貴賤，都奮力想在回歸掌權的薩多宰血脈面前展現出至誠與喜悅。」[52]身後跟著柏恩斯、邁克諾騰，還有為數不多的心腹，沙．

舒亞毫無戒備地騎進了坎達哈敞開的城門與街道，須知僅僅五年之前，同一座城曾成功將他拒之於外。

坎達哈這座古城的命運，是在沙・舒亞祖父艾哈默特・沙・阿布達利手中被喚醒。他設計了新市鎮來取代一七三八年被納迪爾・沙焚燒摧毀的舊市街，同時阿布達利也選擇了要被埋在坎達哈中心一座蒙兀兒風格的美麗陵墓中。舒亞入城後的第一件事，就是移駕到陵墓花園，在那兒褪去的馬靴，隻身進入了墓室。在墓中祝禱完並祈求了祖父的巴拉卡特（barakat）*後，他便接續前往了隔壁的建物，那是由阿布達利所建的祠堂，供奉著阿富汗舉國最崇高的聖物——據傳曾屬於先知穆罕默德的羊毛奇爾卡（khirqa）†。舒亞先將之握在手中，然後抱在胸前，淚水汨汨流下了雙頰。

三年前，多斯特・莫哈瑪德也曾來到這裡，當時他正打算宣告發動對錫克人的聖戰，並接下埃米爾・阿爾穆米寧（Amir al-Muminin），也就是「牧民的長官」或「有信者之指揮官」的頭銜。一百五十年後，時間來到一九九六年，穆拉・歐瑪（Mullah Omar）也將來到此處，由普什圖的烏里瑪授予同樣的頭銜，並用先知的披風包裹住自己，好讓自己具備宗教上的權威可以將阿富汗的男女老幼歸入塔利班的掌控中。至於此刻的舒亞，則正將自己包在同一塊布中來彰顯他回歸為王，延續由他祖父、父親與兄長所建王朝的正當性。他在三十餘年前的尼姆拉一役受挫後丟失了王座，但他從不曾丟失信心。雖然之前歷經了三次失敗，但這次他終於回到了祖國，並只差一步就可以擊敗他屬於巴拉克宰部族的宿敵。

「這是一個非常令人開心的地方，」湯瑪斯．蓋斯福特在隔週的一封信中寫道。

風景極其羅曼蒂克，氣候宜人，令人匪夷所思的水果不僅盛產，而且物美價廉。最好的桃子——有些周長可以達到九吋半、十吋半那麼大——半打才賣一便士！有著玫瑰色臉蛋的蘋果只要半便士就買得到。桃子、杏子、葡萄、梅李與桑葚的果乾要多少有多少——冰過的雪酪、肉叉烤肉、麵包、甜食與各種可以解饞的珍饈都轉角即得，而且價賤如土。從來沒有何處可像此地如此讓飢腸轆轆的官兵大快朵頤。但我們是費了多大工夫才來到此地！我們為來到坎達哈而走的那兩三百英里，差可比擬為兵敗如山倒的法軍從莫斯科撤退[53]。

印度河軍在千辛萬苦中抵達了坎達哈，然後憑藉著好運與被誇大了的兵力，從心生恐懼的敵人手中一彈未發就拿下了這個阿富汗南部的古都。邁克諾騰尤其喜不自勝，因為這讓他得以在批評聲中出了口氣，而沙．舒亞受到的熱烈歡迎，也為他證明了這個自他五年前加入總督陣營後就一路力挺的人選，人望並不低。邁克諾騰認為這平反了他一直堅信，而柏恩斯則始終反對的看法：舒亞是孚眾望的合法統治者，而巴拉克宰則是民間敢怒而不敢言的僭越者。從坎達哈的宮殿中，他寫信給奧克蘭報喜，並宣稱那就像是部隊突然「掉進了樂園……我很開心能夠像您報告坎達哈

* 譯註：祝福之意。
† 譯註：披風或斗篷。

之其鎮與其地都深切處於恬靜之中。這樣一個稠密而繁雜的聚落可以不鬧出什麼天大的亂子，著實令人喜出望外。沙阿的威望正在全境逐漸成形」。

他補充說稍有軟化的舒亞已開始表現得較為放鬆而不再那麼專橫。「現如今我可以很滿意地說在與沙阿相處了四到五個月的時間，體驗了他的舉止之後，我終於能對陛下的秉性形成一個至為正面的看法。」他寫道。

陛下在其復國之路上歷經的屢戰屢敗，導致不少人認為要麼是他的主張不得人心，要麼是他在意志或能力上有所不足；為這些人所沒有考慮進去的是陛下是在何等艱辛的環境下努力。少有人能有毅力像陛下這樣屢敗屢戰……有樣東西是沙阿絕對不缺的，那就是衝勁與決心。就我對他人格的觀察，我會說他為人溫和、悲憫、聰敏、公正而堅定。他的缺失在於倨傲與吝嗇。其中前者看在酋長們的眼中，會與巴拉克宰的僭越者們形成較為強烈的對比，因為他們為了顧全自身的權力，而逼迫自己與追隨者較為平起平坐。

邁克諾騰說他有理由相信「陛下會逐漸地採用一種不會那麼上對下的態度，或是在大小場合中，其臣民會慢慢更能諒解君上的距離感跟排場」。至於在過於節儉的問題上，「這在當前的危機當中確實較為不宜，惟我們也有不少要為其辯護的地方。陛下的手頭一點也不寬裕，而要他大手筆的請求卻所在多有」[54]。

十天之後的五月八日，就在孟買軍最後一批後衛縱隊也終於步履蹣跚地進入到坎達哈外圍的營地後，邁克諾騰為舒亞主辦了一場盛大的朝會。此舉是為了召告天下他復行視事，並讓坎達哈的百姓有機會正式宣誓效忠。雄偉而有頂蓋的王座被墊高在城牆外艾德加清真寺（Id Gah）的土泥小平台上，由此望出去便是「駱駝背山脈」（Camel's Back），而那兒有坎達哈舊城的土泥遺跡散落在「四十階山」（Forty Steps Mountain）與「巴布爾洞穴」（Cave of Babur）下方——也就是沙阿五年前遭到擊敗的同一個戰場。城內的舒亞從宏偉宮殿中的帖木兒拱廊被邁克諾騰引領出來，而邁克諾騰也把握了這個機會盛裝出席，第一次換上了他新做的副王級禮服：「（邁克諾騰）全套的宮廷行頭，就像女王陛下在英格蘭早朝時，大臣們常做的打扮，」一名軍官這麼說。

> 亞歷山大・柏恩斯爵士則一身素樸跟在後頭，跟周遭圍繞著的阿富汗酋長們看似有說說笑。後面這位紳士迷人的笑容，坦誠有禮的態度，似乎為他贏得了沒有其他歐洲人可以拿來說嘴的高度評價……說到服裝的華美程度，沒有人可以跟酋長的衣著、頭巾與鑲滿寶鑽的佩刀相提並論，他們的騎乘的馬匹更是俊美的完美寫照[55]。

哈吉・汗，卡卡爾等替舒亞擔任傳聲筒的酋長後頭跟著基恩、柯頓、諾特等一干英軍將領。他們出了赫拉特門，然後只見夾道的沙・舒亞兵團中滿是穿得破破爛爛的士兵。應著印度兵團銅管樂隊演奏的英國國歌——《天佑吾王》——舒亞在隆重的儀式中登基為阿富汗國王，並檢閱了英屬印度軍那不畏衣衫襤褸也要擠出氣勢的分列式。現場打響了一百零一發禮砲，一袋袋印度盧比被扔向聚集來觀禮但規模小到讓人失望的阿富汗群眾中。「大家一起富起來吧！」莫哈瑪德・胡珊・赫拉提（Mohammad Husain Herati）寫道，身為赫拉特商人的他是舒亞一名頗為狂熱的追隨者，也是舒亞身後的首名立傳者。

陛下令將兩拉克的盧比分發給窮人，算是濟貧。那些在巴拉克宰統治期間窮到甚至無法把驢子綁在自家後院的人兒，現在也能買得起奢侈的鞍座給馬跟駱駝；他們的錢包裡裝滿了銀幣，他們的心中則沒有了憂慮。實際上，錢已經多到小孩子會在巷弄裡拿金銀幣當玩具。這就是陛下與英國人給予將士跟小農的恩典[56]。

惟不論局勢在沙阿的支持者當中是何等樂觀，這場朝會後就隨即發生了一宗事件。這事在任何英方資料中都未曾被提及，根據各種阿富汗資料的描述卻影響深遠，因為就從這件事開始，沙．舒亞在他新臣民心中的可信度就開始走下坡了。莫哈瑪德．胡珊．赫拉提是最早提到這件事，也是把前因後果交代得最清楚之人。「就在此時，一件不幸的事件生了，」他寫道。

一個好人家的女孩正在忙著自己的事情，突然一個醉醺醺的外國士兵擋住她的去路，抓住她的人，把她拉進旁邊的一條水渠，奪走了她的貞節。女孩的尖叫聲讓路人注意到了她不幸的遭遇，於是便跑去通知她的家人：一大群人聚集起來，包括薩伊德與神職者，接著他們便前去向陛下討公道。雖然對方道了歉也表達了遺憾，但對名譽非常敏感的阿富汗人還是懷著忿忿不平的心情說道：「如果外國的占領才不過剛剛開始，這種對血統高貴女孩之暴行就可以這樣大事化小，小事化無，那再這樣下去，誰的榮譽都都會變得岌岌可危！愈來愈清楚的事實是陛下就只是個傀儡，他只在名義上是國王！

赫拉提進一步解釋說：

坎達哈民眾一直很自豪於他們的勇氣與自尊，這次的事件在這樣的他們眼中可不是什麼道個歉就可以打發的小事。雖然女孩的家族與聲援者看著英國的強大而敢怒不敢言，但杜蘭尼部族卻不甘於自家尊嚴與榮譽遭到踐踏，氣得咬牙切齒外加滿腔熱血。受辱與難堪的心情在他們的臉上一目了然。即便是杜蘭尼諸汗之中的保皇派盟友，像是哈吉·汗·卡卡爾，也看得出對自家部落受到的侮辱耿耿於懷，且雖然他們沒有讓怒氣爆發出來，你也能從他們的舉動中看出其內心的不滿[57]。

《光之史》把話說得更直截了當：「復仇的種子就此種在了視榮譽如命的阿富汗人胸中，有朝一日將結出可怕的果。部落首領們開始覺得帕迪沙阿（Padishah；沙阿的全稱）只不過想分一杯權威的紅酒來喝，根本不關心自身的清譽。此事讓杜蘭尼的諸汗開始與沙阿離心離德，他們開始牢騷暗結，就等著恰當的爆發時機出現[58]。

有一個真正這麼做了的人物是大地主阿米努拉·汗·洛加里。出身相對卑微的阿米努拉是尤蘇夫宰部族（Yusufzai）普什圖耆老——他的父親曾在帖木兒沙阿的時代輔佐過喀什米爾總督——而他自身則是在效力薩多宰部族的期間崛起。一如許多當時在坎達哈的人一樣，他本身並不反對舊王回歸，但他怕的是沙·舒亞挾異邦非信者的大軍狐假武威。在強佔民女的事件發生後，他前往了喀布爾，並在那兒以納瓦布·巴格（Nawab Bagh）為根據地，「伺機與志同道合的聖戰士（Mujehedin）組成結盟來驅逐英國人」[59]。

抗英之舉沒多久就有了消息。兩名隸屬第十六槍兵團（16th Lancers）的軍官在去阿爾甘達卜河岸邊釣魚返回時被一群杜蘭尼群眾襲擊，其中一人被刺並傷重而亡。沿著通往科加山口的路上，英國糾察隊遭到的攻擊愈來愈多，送郵跑者與信差也不乏被鎖定者。兩百名隨營平民字想要回去印度時「遭到背叛、繳械，然後被屠戮到最後一人。每一支載著財寶、彈藥與物資的車隊都不得不在戰鬥中通過諸山口，並在生命與財產上損失慘重」[60]。

印度士兵西塔·蘭姆在部隊停駐在坎達哈的兩個月中感受到了氣氛的根本性改變。「一開始百姓似乎都還蠻樂見於沙阿的回歸，」他回憶說。

但據傳他們在心中默默鄙視著沙阿，並很反感於沙阿帶著外國軍隊擅闖阿富汗。他們說他替英軍帶路，還說不久之後英國就會取他而代之。他們說英國人會像其剝削整個興都斯坦一樣剝削阿富汗，並引進各種令人厭憎的規定與法律。他們氣的是這些。他們說如果沙阿只帶著子弟兵過來，什麼問題都不會有，而如今英軍來了好像就不打算要回去興都斯坦的模樣，讓他們看了火冒三丈……雖然他們一而再再而三被告知英軍不是來侵略他們的，但他們就是忘不掉興都斯坦的歷史殷鑑[61]。

未及許久就有命令下來說英軍的印度士兵不得擅自離營，除非「成群結隊或全副武裝」[62]。這道命令一直到英國結束占領都未被撤銷。雖然口口聲聲說是要讓阿富汗恢復和平，所以才在合法君主的邀請下進駐，但英軍對自己有多不受歡迎心裡有數。他們知道自己只要一踏出戒備森嚴的軍營，就難保不會被人一刀劃過喉嚨而沒命。

就是在這種來自民間的攻擊不斷升溫的狀態下，奧克蘭爵士跨出了最後一步，正式決定了要在沙・舒亞重回王座後繼續把英軍留在阿富汗。為此他致函倫敦表示「我們必須準備好在沙阿按我們的規畫上位後，留下來支持他一段時間」[63]。

就在沙・舒亞被安插在坎達哈的同時，韋德與帖木兒王子在白沙瓦方面卻無甚進展。韋德固然砸下了逾五萬盧比的賄款去疏通，但開伯爾各部落卻仍無意放沙・舒亞的部隊過去。至於韋德建議他們行出一些陰謀詭計，包括拿下就在山口頂端下方的阿里清真寺（Ali Masjid）*堡，或是「入侵並佔領賈拉拉巴德，然後摧毀並搶掠（當地巴拉克宰族的）財物，就更不在這些部落的考慮之中了」[64]。一名部落酋長挑明了說沙阿如今既已成為異教徒的朋友，「他說什麼也不會為了異教而戰，就算巴拉克宰人都死光了也一樣」[65]。

一如卡拉特的米哈拉布汗，阿弗里迪等邊疆部落曾經是舒亞的忠實追隨者，並曾再三在舒亞陷入低潮時保護過他；至少有其中一人——馬利克丁凱（Malikdin Khel）部落的汗・巴哈杜爾・汗（Khan Bahadur Khan）——與舒亞是關係密切的姻親。但事到如今，部落酋長無一不對舒亞與錫克人、英國人等異教徒的合作心存芥蒂，而多斯特・莫哈瑪德在這一點上的借題發揮也十分順利。他送出訊息給所有人說「你要嫌錢不夠，可以儘管（向沙・舒亞陣營）開口，但請務必要記得你是阿富汗人，是穆斯林，而沙・舒亞則已淪為卡菲爾（異教徒）的走狗」[66]。就怕鮮血與信仰

* 譯註：masjid 即清真寺之意，可查詢字彙章節。

的號召不夠強大，多斯特．莫哈瑪德小心翼翼地確保酋長們的忠誠，靠的是從所有馬利克*處取得人質，並確實讓人質待在喀布爾與他長相左右。

不幸的是帖木兒王子一點也不是個魅力型的人物。這名容易緊張又無能的王儲一同前來，原意是要對開伯爾的酋長們發揮號召力。但帖木兒原不是個天生的領導人——他的肖像顯示他是個一臉焦急的嬌小男人——加上在韋德張羅好讓白沙瓦認識他的朝會上，他的表現十分拙劣，由此事情的前景看來更是不容樂觀。「一進到朝會的帳篷中，」一名觀察者寫道，「我們就發現這可憐的沙扎達（Shahzada）†因為不習慣自己今後要扮演的皇家角色，所以站著在招待人進帳……在（韋德）上校的一個動作提醒下，他立刻知道自己錯了，然後就開心地往他的加迪（gadi）‡上趴的一聲坐了下去。」但他很快就無聊了起來，「對所處的場合顯得百無聊賴，對身邊的人事物也一概堅定地無感……直到不久前才脫離了相對沒沒無聞的狀態，加上不習慣陌生人的目光，讓他在這種要公開展現其身分不凡的場合中顯得渾身不自在，並一看就知道他為了典禮的結束而鬆了一口氣」[67]。

此外蘭季德．辛格承諾要為入侵部隊提供的錫克兵力，也還沒看到個影。近兩個月來可以看得很清楚的是奧克蘭爵士一消失回西姆拉，狡猾的錫克大君就開始無所不用其極地推托拉，不想把他答應過的部隊與補給提供出來。一八三九年三月十九日，韋德致函大君表示他很遺憾「穆斯林軍隊與一名穆斯林指揮官的任命還沒有完成」[68]，並請大君「能立刻處理這件事情」。兩天之後他又在另一封信中指出英屬印度河軍從菲奧茲普爾出發已經四個月了，但如今來報到的只有蘭季德．辛格手下兩名貴族的府兵[69]。

隨著時節從春天進入盛夏，一連串其他的抱怨開始接續而來：沿印度河駐紮在阿特克的錫克官員並未配合將帖木兒王子的部隊渡河；其他官員則未能提供士兵、庇護、糧草供應；該出現的部隊也沒有出現——「我們急需穆斯林士兵的參戰，」韋德一而再再而三地寫道。一個月後他又抱怨「在白沙瓦被任命的部隊有了大麻煩，主要是阿兵哥的軍餉都沒發……軍隊的招募尚未按照協議內容完成」[70]。

一直要到了四月底，命令才終於被發給蘭吉德的白沙瓦總督艾維塔比萊將軍，要他組織一支在地的穆斯林兵團來助入阿部隊一臂之力[71]。到了五月中，當沙・舒亞與主力部隊已經在坎達哈大啖桃子、杏桃、蘋果的同時，白沙瓦卻只有一個營的非正規騎兵——大約六百五十名索瓦爾（sowar）§——現身[72]。整個五月，就在開伯爾諸酋長進一步開口要餽贈與金錢的同時——「我已經成功整合了我所屬山丘地的民眾，」一名酋長寫道，「還請撥款兩萬盧比作為必要之經費」——蘭季德發了一封訊息給如今急得像熱鍋上螞蟻的韋德，告訴他事情不急，還問他：能否回到拉哈爾對進攻計畫一起從長計議？[73]

一個月後，韋德收到了更大的壞消息：蘭吉德・辛格在「一陣暈眩後」臥病不起；六月二十七日他以五十八歲的壯年去世。他最後做的一件事情是進行了一系列大手筆的慷慨解囊。「死前兩小時，他派人取了全數珠寶，」威廉・奧斯朋描述，「並將名為光之山的瑰寶送給了一間寺

---

* 譯註：村落酋長。
† 譯註：沙阿之子、王子；可查詢字彙章節。
‡ 譯註：有坐墊的王座。
§ 譯註：騎兵，同 sawar，可查詢字彙章節。

廟，他知名的珍珠項鍊給了另外一間，而他的一匹匹愛馬外加其珠光寶氣的馬飾則給了第三間。他四名無一不極為姿色的妻子都伴隨他的遺體被一同火焚，一如他的五個喀什米爾女奴也難逃厄運……旁人盡了各種努力去遏止這樣的悲劇，但最終仍無力回天……」[74]

在西姆拉，艾蜜莉·伊登原本還在慶祝坎達哈的光復——「我們明日的舞會將非常歡樂，而我剛剛已經安排了要在其他其他燈飾對面豎起一個大大的『坎達哈』」——如今卻因聽聞「蘭季德夫人們」的噩耗而深感駭然，須知她短短幾個月前才跟那些夫人們有過一面之緣。「我們感覺她們是如此地美麗與開心，」他寫道。「那些可憐女性的死訊，令人無比抑鬱，她們是多麼開朗與青春的生命，而她們在赴死之際展現出了至為堅定的勇氣。」她最後補充說：「（以至於）我開始覺得『百妻體制』要優於一夫一妻；她們愛得更深也更有信念。」[75]

馬上意識到蘭季德之死對入侵阿富汗的影響有多嚴重的，是韋德。如果說蘭季德還在世時，說好的軍隊都湊不齊了，那如今人亡政息，想讓友軍到位就更是緣木求魚：蘭季德麾下少有貴族與他一樣熱衷與英國人結盟，且隨著要不要繼續與英國人合作出現爭議，加上有內戰伺機而起，英國恐怕短時間內無法利用其外交操作去影響暫時還不知道會是誰的接班人。

受到影響可能更大的是英屬印度軍的糧草補給：正好位於入阿軍隊與其英屬印度基地之間的旁遮普平原看似戰雲運密布，一場大亂即將鋪天蓋地而來的同時，食物、武器、資金與補充兵能順利運過去機率還剩下多少呢？原本已成孤軍的英屬印度軍如今被隔絕得更加徹底，主要是其後門已經被旁遮普關閉。在此同時，英屬印度軍正持續朝中亞山區的深處進軍，運補線也因此愈拉愈長，愈來愈容易遭到攻擊，畢竟萬一發生什麼事，援軍很可能會鞭長莫及。

一場勝負尚未未定之天的艱困長征，在這一瞬間又變得難上加難了。

蘭季德・辛格在拉哈爾行將就木的同一天——一八三九年六月二十七日——英屬印度軍恢復了從坎達哈前往喀布爾的行程。

大軍如今一分為三，並穩定地以每天大約十英里的速度前行。這要比之前快一些，主要是基恩決定拋下大個頭的圍城用砲，免得又在一個個山口處造成部隊的困擾。他做出這個決定有兩個原因，一來是有人告訴他加茲尼與喀布爾這兩處要塞並不特別堅固，二來則是舒亞保證他的波帕爾宰族人會控制住加茲尼，並在大軍抵達時開門獻城。在坎達哈，一支有三千人的駐軍被留了下來，名義上歸舒亞一個小兒子法特赫・姜王子統領，實際的軍務上由諾特少將節制。多數向舒亞輸誠的杜蘭尼貴族也選擇按兵不動，只有急於建功立業的哈吉・汗選擇隨軍。

長達兩個月的坎達哈假期之所以畫下句點，是因為有令人憂心的情報傳自西邊的赫拉特與東邊的加茲尼。在赫拉特，瓦齊爾亞爾・莫哈瑪德・阿里克宰（Wazir Yar Mohammad Alikozai）並沒有展現出英國人期待的他因為英國解除了波斯來襲之危而展現出的感激之情。實際上，波斯大軍撤退還不到兩個月，他就跟在城內慷慨解囊了三萬鎊善款的英國公使艾德瑞・帕廷格發生了口角，砍掉了帕廷格一名僕人的手，還嘗試一併暗殺公使。瓦齊爾接著展開了與波斯莫哈瑪德沙阿的秘密談判。直到不久之前，波斯的軍隊一直駐紮在赫拉特城外。他宣稱：「我對真主發誓，我寧願面對王中之王（波斯沙阿）的怒氣，也不願接受一百萬個英國人的善意。」[76]

邁克諾騰不確定這關係的崩壞應該算在亞爾・莫哈瑪德或是經驗不足的帕廷格帳上，總之他決定派出一支使團去贏回赫拉特。邁克諾騰請柏恩斯率領該團，但後者很工於心計地拒絕了，他想要留在喀布爾附近，這樣才能在重返喀布爾後隨時準備取代邁克諾騰，主要是他懷疑——後來確實也猜對了——出使赫拉特不太可能成功。於是邁克諾騰改派了通曉波斯語的達爾西·陶德（D'Arcy Todd），他是若林森在德黑蘭軍事任務中的前同事。「年輕的帕廷格針對對方威脅要殺害他一事，接受了他們的道歉，」柏恩斯在給朋友的信中寫道，「陶德少校明天將出發前往赫拉特，而我預測他將一事無成，因為跟他們真的沒什麼可談的。」[77]

陶德收到的命令很簡單：跟亞爾·莫哈瑪德交好，讓赫拉特重新成為與波斯接壤處的親英盟友，並處理好沙·舒亞領地的邊疆。但實際的狀況事沒過多久，陶德就魂飛魄散底寫信回報了亞爾·莫哈瑪德這名英國名義上的盟友在設法恢復赫拉特財政的過程中，是如何「沒有底線跟心狠手辣地在榨財」：

被挑中的通常是一名因為享有特權而理論上有兩個錢的汗，或是某個被控透過不執行職務在斂財的劊子手。犯嫌會被施以酷刑，其中最常見的是被在慢火上被煮、被煎、被烤。那些恐怖的創意令人反胃到連提都不想提。受刑人在痛苦中蠕動著，慢慢地就會把錢吐出來，並在死前被告知他的妻女都被賣給了土庫曼人，或是被殺害自己的人賞賜給了手下的掃地工或僕人。在最近兩名受害者中，其中一名被烤到半熟並切成細丁，另外一個則被預煮在前，烘烤在後。[78]

赫拉特給英國出了一個進退維谷的難題，一個英國會在佔領阿富汗期間愈來愈不陌生的難題——也是未來的其他殖民這都必須要面對的難題：你究竟該不該如陶德在一封給邁克諾騰的信中所說，嘗試去「推廣人道精神」，該不該鼓吹社會改革，禁絕將犯姦淫的女子用石刑砸死的傳統？

身處情報部門的韋德對此立場非常鮮明。英國人來此是出於戰略上的國家利益考量，建立新阿富汗國或推動性別改革不是他們來此的目的。「我們最該戒慎恐懼的，」他寫道，「莫過於習慣性地過度自信於自身體制的優越性，還有在嶄新的處女地上引進這些體制時所表現出的焦慮。這樣的干預，永遠只會導致尖銳的爭議，甚至是暴力的反應。」[79]

在此同時，韋德在喀布爾的間諜回報說多斯特・莫哈瑪德果然不負其幹練之盛名，劍及履及地開始建軍備戰英軍，並著手修復加茲尼的要塞群。他讓大批物資沿喀布爾河而下被送至賈拉拉巴德，然後從喀布爾的烏里瑪處取得了法特瓦（fatwa）*使得討伐沙・舒亞的聖戰變得師出有名。他還寫信到德黑蘭遊說波斯的莫哈瑪德沙阿重返戰場，「敦請沙阿陛下切勿延誤地協助他」，並宣稱這是阻止英國在阿富汗取得立足之地的最後機會。「湧泉的出口，原本只消一根針就能堵住，」他寫道，「但等到大水冒出來之後，就算大象也無力與水勢對抗。」[80] 關於這些動靜的情資在大約六月二十日傳到了英軍陣營，而英軍也決定盡快對多斯特・莫哈瑪德發動攻擊。

從坎達哈前往加茲尼的兩百英里長征，英軍穿過了富饒肥沃的阿爾甘達卜河谷，那兒有棕黃的河水、銀色的柳樹，用泥牆圍住的石榴與葡萄與深紅桑葚果園沿灌溉渠道一路延伸。但過了此處，部隊愈是從阿爾甘達卜河岸前進，愈是遠離蜜瓜田延伸到谷地邊緣的冒泡灌溉溪流網，土地就愈乾燥。吉爾宰之卡拉特（Qalat e-Ghilzai）周圍那被風吹拂的白色草地，緩緩轉變成一片布滿石英和頁岩的岩石地形，這裡更加丘陵起伏，景色更加荒涼，當中點綴著白色罌粟與紫薊。代表部隊如今正穿過吉爾宰人的領域。這裡是荒蕪、「野性而多山的鄉野」，威廉・泰勒（William

* 伊斯蘭教令；可查詢字彙章節。

Taylor）寫道，

路況極為艱險，偶爾甚至幾乎寸步難行。吉爾宰人一察覺我們接近就逃到常見於此一山丘地帶的眾多泥堡中，鮮少冒險與我們的路徑有所交集。在他們拋棄了的居所中，我們只發現一些老嫗與飢腸轆轆的狗兒，而這二者都用某種嘶吼聲在迎接我們……我們很幸運地找到耳聞我們接近後、被居民埋藏起來的玉米與「布索拉」（bussorah，飼草）。我們的水也獲得了充分的補充，畢竟此地東南西北都有河流與溪水行經。惟世事總是禍福相倚，成群的蝗蟲讓我們不堪其擾之外還多到蔽日，讓我們耳邊的嗡鳴聲未曾片刻中斷。蝗蟲似乎是阿富汗人心目中的珍饈，他們會將之文火慢烤然後大快朵頤。雖說我們的口糧也不是什麼人間美味，更談不上菜色豐富，但這種非常主觀的美食我們實在無福消受[81]。

七月十八日，基恩接獲兩宗情報。首先是波帕爾宰族計畫偷開城門的計畫已被破獲，忠於舒亞的人馬已經被代換為聽命巴拉克宰的吉爾宰部落成員。再者，巴拉克宰人據報將在加茲尼四周發起頑抗。意欲小心為上的基恩於是決定暫停前進讓沙．舒亞所率的中軍與威爾舍將軍的後衛跟上他[82]。在重新整隊之後，他帶著編組更緊湊的大軍前進。二十日破曉，加茲尼的清真寺尖塔浮現在雜草的地平線上，而尖塔之後便是在中亞算得上大型且固若金湯的巨大要塞。「我們看到的要塞一點也不像情資中說的那麼孱弱而無力堅守，」基恩寫道，「相反地，它們就像第二個直布羅陀一樣出現在我們眼前：狀況良好的堡壘建構在有陡坡的土丘上，側邊拱衛著眾多塔樓，外加周圍有一結構完善的（雲梯）跟具有寬度的潮濕溝渠。簡單講，我們十分驚豔[83]。這種堅若磐石之要塞的存在，就證明了英國情報工作的重大失敗，且由於圍城用砲被留在兩百英里外的坎達哈，由諾特掌管著，所以英軍一時間也不知道該怎麼辦才好。英軍一來不可能繞路往前走，任由加茲尼威脅到他們日後與坎達哈的通訊，二來他們也不能選擇撤退或長時間圍城，他們的補給打不起消耗戰。

他們最擔心的狀況果然發生了，加茲尼的駐軍一看到英軍逼近就發起了激烈的反抗。他們派出騎兵騷擾印度士兵前進的隊伍，還在入侵者嘗試在要塞四周建立據點時以堡壘上的重砲進行火力壓制。「敵軍大量跳了出來，」西塔．蘭姆回憶說，「我們開始受到狙擊。阿富汗人對此地的防禦強度信心十足，其圍牆高到外人難以攀爬，而我們的輕型馬砲對其毫無用武之地。這是我們進入阿富汗以來第一次與人真正接戰。」[84]

這也是第一次阿富汗人展現出他們使用長管傑撒伊火槍（jezail）*，也就是十九世紀版狙擊來福槍的準確性，主要是他們的狙擊手會確立射程，然後開始大量撂倒沒有掩蔽的印度士兵。「來自加茲尼城堡上的每發子彈都如天譴一般擊向英國部隊，」米爾扎．阿塔寫道。「士兵飢腸轆轆，而站著的動物們都因為長途跋涉而面露疲態，牠們一直負重到晚間才等到我們在臨時的要塞跟壕溝後面完成紮營。從城堡中發射名為「重擊者」（Zuber Zun）的巨砲，一視同仁地將駱駝、士兵與馬匹像紙風箏一樣轟上了天。」[85]

* 譯註：可查詢字彙章節。

那天晚間英軍可以看到由堡壘中射出的藍光信號彈，而回應的光芒則發自東邊的山脈。這些信號彈發射的目的在隔天清早真相大白，因為英軍從後側遭到了兩千名濃眉大眼的加齊（ghazi）*組隊攻擊。天亮不久他們就策馬舉著聖戰的綠旗現身在英軍營地後方。隨著警示的號角吹響，聖戰士的前鋒設法從防禦溝渠的上方一躍而過，殺進了沙·舒亞所屬營地的中央，同時還高喊著「真主至大！」用一種視死如歸的態度奮戰到被團團包圍為止。

最終只有五十人同意投降，但即便是這些人，也在被拖到舒亞面前時咒罵他是「精神上的異教徒跟異教徒的朋友」[86]。就在舒亞站著氣得七孔生煙的同時，一名聖戰士突然變出了一把匕首想朝他衝殺。等這個傢伙一被制伏擊殺，舒亞的侍衛便將一干戰俘盡數斬首，而這也讓邁克諾騰在一旁看的驚心動魄。據傳舒亞的劊子手是有說有笑地上工，他們「手持長劍與利刃，朝著那些可憐蟲就是一陣亂砍，讓他們身首異處或斷手斷腳」，而手被綁在身後的犯人只能倒在地上默默承受。「在英軍營地旁如此大肆處決人犯，為我們的征途蒙上了陰影，」莫漢·拉勒寫道，「只為了確保一個人的安全，怎麼說也不會有哪個國家承認或認可這樣慘無人道地對五十個人大開殺戒，是吧？」[87]

在接下來的幾個小時裡，莫漢·拉勒在拯救英軍脫離他們自己製造的困境中，扮演了最關鍵的角色。前一天，就在英軍靠近要塞的同時，一名與多斯特·莫哈瑪德為敵的巴拉克宰老王侯阿巴杜·拉席德·汗（Abdul Rashid Khan）越過中線向莫漢·拉勒投誠，話說老王侯會認識莫漢，是因為他曾經在一八三〇年代中期替韋德當過在坎達哈的線人，而莫漢當時還在當柏恩斯的芒西。在自己的營帳中進行過偵訊後，莫漢·拉勒發現根據老王侯所說，要塞有一個重大的弱點在於當其他門口都被以磚頭封死的同時，喀布爾門仍為了與多斯特·莫哈瑪德保持通訊而敞開著。等柏恩斯把情報告知基恩後，這名總司令決定他必須當晚就發動攻擊，並盼望這晚的奇襲可以彌補此次行動在情報與計畫上的不足。

英軍很快擬定了行動方案。他們將先以砲轟跟在南邊的佯攻來提供掩護，同時派出一隊工兵潛至上頭，以埋下的火藥將喀布爾門炸開，最後再由大部隊上刺刀一擁而上。「這樣的行動滿是風險，」志願率領爆破隊的亨利・杜蘭德（Henry Durand）寫道。「就算是能僥倖得勝，也可以想像會是一場死傷嚴重的慘勝。」杜蘭德拿這些風險去跟基恩商討，但總司令說他們別無選擇，因為他們的軍需部門只剩下兩三天的糧食了[88]。

這天剩下的時間都被拿去進行了偵察工作，基恩與工兵騎著馬在要塞的外牆繞，並利用要塞底部有圍牆的杏桃與胡桃果園避免被傑撒伊槍手從城垛上狙擊。眼見午夜已近，上頭發來的命令是部隊要在深夜四點集合，且屆時眾人要把白色的帽蓋移除，以便從要塞看下來的他們不要太過顯眼。凌晨兩點時，舒亞被邁克諾騰帶到比喀布爾門高上那麼一點的山丘。根據他的立傳者莫哈瑪德・胡珊・赫拉提所說，「威廉・邁克諾騰感覺很榮幸可以來到陛下的面前，並邀請陛下移駕到蘇菲派智者兼聖人巴魯爾（Bahlul）廟宇所在的山丘上，讓他可以從那兒的制高點觀察將士們攻堅加茲尼堡的過程。陛下一就定位，掩護的砲火就開始四處紛飛。」[89]在他空門大開的位置上，舒亞受到了來自堡壘上猛烈的砲火轟擊，但他卻帶著冰如霜雪的勇氣在原處不為所動，而這也讓招待他的英國人印象非常深刻，原來他們之前舒亞曾臨陣脫逃都是誤傳。

＊ 譯註：發動聖戰者、聖戰士；可查詢字彙章節。

希塔．蘭姆是負責聲東擊西的部隊一員。「我們受命要維持火力不墜，以便達到欺敵跟分散聖戰士注意力的效果，」他寫道。「那晚風勢很強，四散的塵煙讓一切看起來都比平常暗。我們一開砲，就看見聖戰士拿著火炬跑來跑去，一時間那地方看起來就像印度光明節（Diwali puja）的現場。」[90]

相對於南邊的砲火打得震天價響，要塞的北邊噤若寒蟬，而就在這一片悄然無聲中，杜蘭德與其他工兵開始摸黑朝上方的城牆潛去。他們戰戰兢兢的一個原因是邁克諾騰已經把整個計畫透露給舒亞的人馬，由此「這個成敗完全繫於能否出其不意的攻擊計畫已經在沙阿陣營中廣為流傳」。但所幸這個消息還沒有傳到守軍的耳朵裡。在拂曉前的微光中，杜蘭德攀至了距離喀布爾門前不到一百五十碼的地方，才與一名哨兵狹路相逢。「一發槍響、一聲吼叫，顯示出隊伍的行蹤已經暴露，」他後來寫道。「駐軍隨即進入了警戒；他們的火繩槍開始快速地從要塞牆上此起彼落地射擊，藍色的信號彈突然在城垛的頂端發光，照亮了通往城門的路徑。從較低處外層結構進行的掃射將火力以手槍射程一半的距離覆蓋住引橋，原本可以將工兵隊一干人等盡皆殲滅，但說也奇怪，雖然城牆上以所有射孔火力全開，但引橋的部分卻完全沒有被從下層結構射中任何一發子彈。

火藥袋被埋好，引信被點燃，「被射孔限制而感到不耐煩的守軍直接跳到所在城垛的頂端，開始對著牆底彈如雨下，甚至還拿著石頭跟磚塊往下砸。」往回跑來尋求掩護的工兵們往壕溝裡縱身一躍，然後只聽見一聲巨大的爆炸，號角吹響了進攻的訊號[91]。部隊由威廉．丹尼（William Dennie）率領攻進了缺口，然後相隔一空檔又有勞伯．賽爾將軍的縱隊突入，這位將軍在官兵間被稱為「好鬥者鮑伯」，因為他總是不甘人後，非身心士卒地衝進最激烈的肉搏戰中不可。

莫哈瑪德・胡珊・赫拉提正在舒亞身邊，從丘頂俯視著一切。「要塞的諸城門一一被炸開，」他在記錄中寫道，「英軍衝進城內展開肉搏，直到投降的呼聲響徹雲霄，『阿門！饒了我們吧！』的聲音一落，阿富汗士兵紛紛丟下武器。那些陽壽已盡之人就此被殺，其他人則不分男女淪為囚犯，值錢的東西跟財產、家畜則被清繳一空[92]。米爾扎・阿塔油然而生對守軍深深的同情。「當他們點燃引信時，」他寫道，

城門經過炸藥摧殘只剩一格一格的空洞，最終徹底崩潰，爆炸後的空氣中滿佈風暴般的煙塵，讓四下一時間伸手不見五指。沙阿的部隊趁此時對要塞發動攻堅，他們面對的是三百名為了信仰而戰的聖戰士，他們拔劍是為了捍衛其宗教，由此三次擊退了英軍到門外，英軍被迫撤退到一千英尺的範圍以外進行火力投射。但最終賽爾將軍與總司令重整了部隊，進入了要塞，擊潰了聖戰士。孟買軍再一次發動衝鋒，要塞的指揮官納瓦布・古蘭姆・海達爾・汗（Nawab Ghulam Haidar Khan；一年前曾護送柏恩斯離開喀布爾的多斯特・莫哈瑪德之子）被想苟活並賺到英國金幣髒錢的同伴背叛、拋棄。這些人收下了英國的賄賂不戰而逃，他們的氣色因為背叛同伴而歸於黯淡。剩下的聖戰士戰鬥到他們從天河中飲下了名為忠烈的杯酒，然後被帶到了下方淌留著河水的天堂花園，願神悲憐他們的忠魂！只有踏過聖戰士的屍體，英國人才能入主加茲尼的要塞，吹響勝利的號角[93]。

就在要塞下層空間遭到大肆劫掠的同時，最後一波英勇無望的反抗還在要塞最頂端持續進

行。「阿富汗人持劍奮戰，即便自己已經被刺刀定住，仍能夠連傷我們好幾名弟兄，」喬治・勞倫斯寫道[94]。他的朋友內維爾・張伯倫則對英軍的行為不是很認同。暴行開始四處可見，「士兵開始闖入民宅搶掠，過程中造成眾多傷亡……我就不描述那天目睹的殘忍行為了，因為我確信那一定會讓你對人類感覺噁心；惟令我欣慰的是少有婦孺遇害，而那算得上是奇蹟，因為房間裡一被聽到有人的動靜，十或十二支火神槍就二話不說對門後一陣亂射，很多人因此死得很無辜」[95]。

天一亮，守軍開始徹底潰敗。「一定數量的敵人開始靠繩索從城垛下墜，」湯瑪斯・蓋斯福特表示，

有些人放繩子下來的過程中被槍擊，而更多成功下到空地上的人則被騎兵用軍刀砍殺。在要塞盡落我們之手後，成群將自己鎖在民宅內的駐軍仍持續向部隊開火。投降者會獲得接納，但執軍旗者跟那些在要塞淪陷許久後還殺了我們不少人的傢伙則被一落網就被槍斃。待塵埃落定後，一群人從某間屋子跳出來想殺出重圍，過程中傷了不少弟兄……

這場屠殺，蓋斯福特補充說，「非常駭人」。

在經由寬敞階梯通往城垛的門廊上，我發現了三四十具屍體躺在一起，當中許多都被火焚身而部分成為焦屍……搬動遺體時發生了一些令人動容的場面。一組人剛從某間屋內把某具遺體搬出來，沒想到才一轉身，遺體已經被拖回了屋內，並有一名婦人跟孩子趴在上面哭。民宅跟商店都一一遭到洗劫，沒有染血的家戶少之又少。五六百具屍體經清點後埋進了坑中，而實際上的罹

難者恐怕不下千人。傷者處境悽慘且在我們離開之前都不敢出來……有些人被燒傷，有些人為槍擊或刺刀所傷，還有人斷了手腳，甚至有十三人在一門砲爆炸時被炸飛。要塞的總督，多斯特．莫哈瑪德的兒子海德．汗被發現藏在一處門徑上方的塔樓中，而他在獲得不殺的承諾後交出了佩劍[96]。

時間來到上午九點，反抗正式告一段落，而這也代表戰利品專員該上工了。他們於此時開始系統性地蒐集搶得的東西，以便後續分發給部隊官兵。根據米爾扎．阿塔的記錄，他們足足花了五天才用推車運出所有東西。他們移至「自家倉儲裡的有：共三千匹突厥馬、阿拉伯馬與波斯馬；兩千頭來自喀布爾、巴爾赫（Balkh）、布哈拉與巴格達的駱駝；來自伊斯法罕（Isfahan）與伊朗德黑蘭的劍柄；數百件來自喀什米爾的帕什米納（Pashmina）*羊毛圍巾；數千蒙德（maund）†的葡萄乾、杏仁、鹽漬無花果、無水奶油、米、麵粉；數以千支手槍」。學者型的米爾扎．阿塔尤其感興趣的一批戰利品似乎被英國資料來源給忽視了。其中有坎達哈宮殿內的圖書館──「數千本以波斯文語阿拉伯文寫成的珍本與或孤本，內容涉及各種科學，理則學、文學批評、法理學、句法學與文法」[97]。

這是一場漂亮的勝仗：難以攻破的加茲尼要塞從被目擊的第一眼算起，短短七十二小時不到

* 譯註：波斯語中的羊毛之意，泛指最高級的羊毛織物。
† 譯註：重量單位，實際重量差異甚大，從十一到數十到上百公斤都有。

就被英軍拿下。阿富汗陣營除了一千人戰死之外，還有三百人負傷跟一千五百人被俘。相對於此，英軍只有十七人死跟約六十五人傷[98]。但一如杜蘭德後來點出的，這次進攻的成功主要是運氣站在英國這一邊，因為光是沒把圍城用的大砲帶上跟遠征沒帶夠補給，基恩其實就已經「在軍事判斷上犯下了嚴重的錯誤；但就像是在嘲諷人類的小心翼翼或是自以為有遠見，戰爭偶爾會創造出一些錯誤，在天意莫測高深的作用下，反而直接促成了一場意外而漂亮的勝利：基恩的錯誤就以其結果證明了這一點」[99]。

若說英國人逆天打贏了這一仗，那阿富汗人也算得上雖敗猶榮。他們展現了戰技，而且即便萬事休矣，他們仍以身為守軍的勇氣，創造出了幾乎在第一時間便開始流傳的許多傳奇。米爾扎．阿塔跟許多阿富汗人一樣，都開始覺得他們效忠的對象在一瞬間有所轉變，而這樣的他也記錄下許多人都認為奇蹟降臨在了殞落者的遺體上。「死去的聖戰士，就跟卡爾巴拉（Kerbela）*的烈士一樣，都被留在了戰場上而不得入土為安或一片裹屍布的覆蓋，」他寫道，

而雖然虔誠的穆斯林懇求讓他們獲得像樣的葬禮，英國人仍不肯放行。惟在當晚，在全能真主的幫助下，所有烈士的遺體都消失無蹤，連一滴血的痕跡都沒有留在地上。另外一個引人入勝的故事是有一名聖戰士在要塞中待了三天，期間他以狙擊的方式殺死了所有靠近之人；他了結了七十名英印公司的士兵，然後突然消失不見。沒有人知曉他去了哪裡。在加茲尼的要塞中有許多大型的地底隧道，但英國人要事隔好幾個月才會發現隧道的存在，原因是據傳有八百名處女跟嬰兒、三百匹馬、五百名阿富汗男人說消失就消失，但佔領加茲尼的英軍也絲毫沒有嘗試要去追擊或攔截他們。於是乎加茲尼就此落入了英國的統治當中[100]。

加茲尼陷落的消息在不到四十八小時之後就傳到了喀布爾，多斯特．莫哈瑪德的耳中。他之前花了三個月的時間整頓並強化這個地表上最強固的要塞，結果它落入卡菲爾（異教徒）的手中只用了三小時。之後的數日，又有更多壞消息的傳來不僅侵蝕了他的自信，也掏空了他支持者的決心。

首先對埃米爾打擊最大的是他最鍾愛的兒子兼最得力的助手阿克巴．汗在被派去鎮守開伯爾、阻擋韋德與帖木兒王子的進軍之餘，突然一病不起。外傳他是遭到了下毒，以至於阿克巴的性命有兩天的時間宛若風中殘燭。根據阿富汗的資料來源，此事比什麼都更動搖到了多斯特．莫哈瑪德的心神：「當埃米爾看見他的兒子，比他的心肝還親的兒子，那種哀痛可謂撕心裂肺，不知所措的他只能用手狠狠打著自己的頭。」[101]

阿克巴．汗的病痛，終於讓韋德等到了他要的機會。趁著情勢混亂，他決定以徵集到的不足五千兵冒險出擊，而且這五千兵的素質他還不是很挑。這次攻擊受到了在地阿弗里迪族跟（屬於巴布拉克凱之）吉爾宰族酋長莫哈瑪德．沙．汗（Mohammad Shah Khan）率部落成員強力反擊，其中莫哈瑪德．沙．汗正是阿克巴．汗知名美嬌娘的父親。但在七月二十六日，韋德在山口頂峰下方拿下了阿里清真寺堡，接著沒多久就開始朝賈拉拉巴德進軍，臥病的阿克巴．汗只得趕緊地被轎子扛著從那裡離開。

* 譯註：指西元六八〇年的卡爾八拉之戰。

阿里清真寺堡與加茲尼在相隔不到四十八小內相繼被拿下之事，讓其他心存不滿的部落覺得有機可乘。在伊斯塔利夫，也就是喀布爾過去三十五英里的地方，塔吉克科希斯坦人（Tajik Kohistanis）在其宗教領袖，納克斯邦迪教團辟爾（Naqsbandi Pir）*與普爾伊齊斯提清真寺的世襲伊瑪目米爾・哈吉（Imam Mir Haji）†的率領下起事反抗巴拉克宰人，驅逐了他們的巴拉克宰族總督，多斯特・莫哈瑪德的長子，薩達爾・薛爾・阿里・汗（Sardar Sher ʻAli Khan）。他們追殺他到他以泥牆圍起，位於恰里卡爾（Charikar）的大院，然後將之團團包圍，「將繩圈在他的脖子上愈套愈緊」[102]。年輕時的多斯特・莫哈瑪德曾在替其半兄長法特赫・汗統治該地區時殺掉過不少科希斯坦的馬利克，而如今在韋德的財務利誘下，米爾・哈吉也鼓勵他的子民舉事以報二十年前的舊恨[103]。

多斯特如今三面受敵，除了有敵人分別從加茲尼跟賈拉拉巴德向他進軍以外，科希斯坦人也在他的背後發難，由此他的選項正快速地收窄。他的第一個反應就是普什圖人面對挫敗時的傳統反應——談判。納瓦布・賈巴爾・汗是喀布爾貴族中最親英的一個：他作東招待過柏恩斯，贊助過查爾斯・梅嵩的考古挖掘工作，還把兒子送到韋德開在魯得希阿那的學校受英式教育。此外在前一年與維特克維奇的決鬥中，納瓦布曾為了非常拚命為英國爭取其兄弟的支持。

就這樣，賈巴爾・汗被派到了加茲尼去釋出善意：沙・舒亞可以重返王座，條件是多斯特・莫斯瑪德可以在薩多宰族的統治下續任瓦齊爾，「因為他們照理有權世襲這個位置」。畢竟他的半兄弟法特赫・汗當過沙・扎曼的瓦齊爾，他父親佩殷達赫・汗當過舒亞父王帖木兒・汗的瓦齊爾。在普什圖人的眼中，這是既符合傳統也理所當然的解決之道，所以賈巴爾・汗才會在此議被英國人斷然拒絕時那麼訝異。但這還沒完，因為同樣使他駭然的還有英方竟然也拒絕了他的第二項要求：「交出他的姪媳婦，海達爾・汗的妻子」。此時一名年輕英國軍官亨利・哈夫洛克（Henry Havelock）注意到賈巴爾「感到或裝出了被這拒絕深深冒犯的模樣」[104]。只有莫漢・拉勒因為長年體驗過阿富汗的榮譽觀念，才理解這樣的拒絕有多讓人感覺受辱：「在這麼關鍵的時刻去得罪像納瓦布這麼寶貴的朋友，實在沒必要，」他寫道。由此，

（賈巴爾）真的喪失了對我們的信心與希望。在他與我們進行的對話中，話題轉到了沙・舒亞・烏爾—穆爾克，而我們提到他都是畢恭畢敬；對此納瓦布微笑著對公使說，「如果沙・舒亞真的是國王，而他來到的又是他祖上代代相傳的王國，那你們的軍隊是來幹嘛的？你們用你們的金錢跟武器，硬是把他帶進了阿富汗，你們當他是朋友，做他的各種後盾。不如你們把他留給我們阿富汗人，讓他靠自己的力量，看他統不統治得了我們」。這樣的大白話讓我們聽著不痛快……而納瓦布這位好朋友就在我們失禮態度所造成的失落與難過中，於七月二十九日正午前後離開了我們的營地。我被叫去送納瓦布到我們的警戒哨以外，而這一路上我們聽到有些從加茲尼要塞被抓來的女性在尖叫。納瓦布把頭轉向我，點了點頭……納瓦布說話的語調，在他回到喀布爾之後，對我們並不友善[105]。

* 譯註：辟爾為蘇菲派的師尊或聖人；可查詢字彙章節。

† 譯註：伊瑪目是宗教領袖尊銜。

談判既已失敗，多斯特．莫哈瑪德就只剩下一個選項：他匯集了他在喀布爾的支持者到帖木兒沙未建成的墓周圍，在那裡的花園裡開了一場公眾大會，並發表了一場非常煽情的演說，不少人對當時的描述都流傳了下來。「你們吃了我十三年的鹽巴，」他對自己僅存的追隨者說。「就算是報答我在這麼長時間中的照養與溫情，幫我一個忙就好——讓我有個光榮戰死的機會。請與法特赫．汗的兄弟站在一起，陪他對狗養的菲蘭吉騎兵發動最後一次衝鋒；若是他命定要在這樣的攻殺中殞落，到時候你們盡可去與沙．舒亞談條件。」[106]這樣的請求得到的是無聲的回應。關於接下來發生的事情，最鉅細靡遺的描述在瑪烏拉納．哈米德．喀什米爾的作品《阿克巴拉瑪》中。當中記錄下了多斯特．莫哈瑪德是如何與隨從者辯論起了他統治的正當性。埃米爾宣稱他的統治代表了伊斯蘭的教法與正義，但他的追隨者卻見風轉舵地回答說比起埃米爾，獲得加冕且繼承正統的王者才應該最優先獲得他們的效忠。出於這個理由，他們沒把多斯特．莫哈瑪德的論點，認為舒亞既然選擇與菲蘭吉異教徒結盟，就已經失去了教法的保護。「這年頭，世界是怎麼了？」埃米爾不禁有此一問。

「怎麼會一百個朋友剩不到一個？
怎麼會男人還比不上女人信仰堅定
如此女人的信仰怎該被蒙上了汙名
我擔心這個國家會落入菲蘭吉之手

到時他們便會將他們的法律、信條與宗教加諸此地
到時就沒有誰的榮譽可以完好無虞
沒有人的苦痛可以獲得饒赦」

他們回答他說：「噢，這場集會的領導者
在這場戰爭中，你不會收到我們的援助……

因為反叛王者是神所禁絕
但埃米爾或沙阿就不是這回事了

我們不敢向他拔劍
就讓會來的命運來吧」

埃米爾回答說：順從王者沒有錯
但前提是他必須走在受教法指引的正道上

而不能是一個失去了信仰的王
世界在這樣一種王的壓迫下將陷入恐怖

如今挾著異教徒的援助
他率領大軍有備而來

幫助異教徒之人按照聖訓
就算是卡菲爾，邪惡而不純淨

剷除這種不純淨的沙阿，乃正確之舉
助紂為虐則是有違公義的錯誤

此時回答他的是汗·蒔林·汗（Khan Shirin Khan）這名齊茲爾巴什領袖。多斯特·莫哈瑪德有一名齊茲爾巴什的母親，所以他希望齊茲爾巴什人可以站出來與他同一陣線，但他們跟其他人一樣，也看的出風向怎麼吹。

「閉嘴！（汗·蒔林·汗答道）如此邪佞與不得體的話就別再說了吧
因為話說到底我們吃的都是沙阿的鹽巴

別再繼續信口自誇！你僭越的時光已經到頭
你傲慢與虛榮的時間已經結束」

待至夜幕降臨，帶著千百筆憤怒與無比的放肆
齊茲爾巴什等一干理應被送上絞刑台與十字架的人

就像豁出去了的盜匪，搶掠了寶藏
他們捲走了大量的財富與贓物

然後一夜之間就像風兒一樣起飛
加入了菲蘭吉的軍隊

埃米爾遭到自己的軍隊背叛，心碎不已。

所有的朋友在他眼前，都宛若素昧平生
他擔心起自己的追求，陷入了焦慮

一如詩人薩迪所言，「當你看到朋友對你不再好言相向
就把能在戰場上相搏的機會視為是你的收穫吧」

於是他在心中擷取了所有戰爭的念頭

那些來自武器、來自武裝，來自他所珍視事物的戰意
他盡可能扛起了扛得住的鬥志，剩下的就擱著
然後他敲起了出發的鍋鼓，舉起了旗幟

他帶著一千五百人出發
全都是他部落的成員，然後取道巴米揚朝霍勒姆（Khulm）而去[107]

多斯特·莫哈瑪德出逃的消息在一八三九年八月三日傳到了英軍陣營。這之後只又花了三日，英軍就走完了他們與喀布爾之間的最後幾英里。八月七日，也就是英屬印度軍從菲奧茲普爾出發的八個月後，他們終於行抵了阿富汗的首都，而這時位於隊伍最前面的沙·舒亞「一身的光耀由頭頂的王冠、鑲珠寶的腰帶與手環提供」，而邁克諾騰也不落人後地身著「有鴕鳥羽毛妝點的三角帽、有著突起鈕扣的藍色長版禮服、錦繡輝煌的領口與袖口、光彩不輸野戰元帥的肩章，以及鑲有大氣金邊的長褲」。此時距離沙·舒亞上一次見到佔喀布爾將近四分之一面積、建於巴拉希撒巨岩上的壯麗帖木兒宮殿，已經相隔三十年。滿街的群眾悄然無聲，默默地在沙阿經過時起立致意，卻又在英國官員於後頭跟上時重新坐定；但總之沒有人歡呼，沒有人慶祝。按照喬治·勞倫斯所說，喀布爾人「（對沙·舒亞的回歸）無動於衷到一個極致，對他的重新登基既不表歡迎，也看不出滿意。很顯然他們的心思與感情都還在前任的君主身上，只是那人如今已經在興都庫什

之外流浪」[108]。另外一名年輕軍官說的更直接。「那更像是送葬的序列，」他寫道，「而不太像是收復舊河山的國王進入他的王都。」[109]

唯一看得出滿意或開心的人，就是沙阿本人。「陛下親自領著眾人進入了宮殿與花園，」威廉・霍夫少校寫道。「其中宮殿在經過三十年的荒廢之後顯得十足破落，以至於陛下他老人家得哭著向孫兒們與其他家族成員解釋其當年的丰采。」他踏上了通往宮殿上層房間的熟悉階梯，馬上便望見了喀布爾攤開在他眼底，由此他的精神為之一振，因為他意會到自己的夢想在再三受阻了三十年之後，終於在這天實現了：「來到宏偉階梯的頂端，沙阿開始像個興奮的孩子一樣在房間之間跑來跑去，畢竟那裡可是他記憶猶新的皇家住所，而他一邊跑，也一邊哀嘆著四處可見的年久失修，尤其讓他不捨的是『鏡宮』（sheesh mahal）中一片片鏡子已被搬走。」[110]

但不論他嘴上有再多的抱怨，沙・舒亞其實非常高興。歷經了這麼多，他終於回家了。

CHAPTER 5 聖戰的大旗

一八三九年的五月八日早上，就在沙．舒亞以勝利者之姿策馬進入坎達哈城門時，一名聖彼得堡女清潔工在百葉窗緊閉的後巷中發現一個年齡三十出頭的男人屍體，巴黎住宿會館（Paris Boarding House）的頂樓房間裡。這人顯然是從內部將房間反鎖，然後一槍轟爆了自己的頭。一封的言簡意賅的遺書被留在了遺體旁的書桌上。

信裡是這麼說的：

> 反正這世上會稍微在乎我命運的人，一個都沒有，所以你們只需知道我是自殺的就行了。由於我現下任職於外交部亞洲司，因此我懇求該司能將奧倫堡第一兵團積欠我的兩年分薪資做以下的處理：一、把軍官制服與配件的帳結了，總金額大概三百盧布；二、拿五百盧布給裁縫馬克維奇，我跟他訂了一件衣服但還沒去領；三、讓我的下屬迪米崔使用我當下擁有的全部財產。我已經把跟前一趟旅程相關的文件全部燒毀，所以不用浪費時間去找了。我已經跟巴黎客棧的房東把帳結到五月七日，但要是房東還有其他的要求，麻煩亞洲司用前述的薪資給他一個交代。
> 一八三九年五月八日凌晨三點，維特克維奇。

維特克維奇這種杜斯妥也夫斯基式的死亡，可以說充滿了不合理的地方。從屍體被發現的第一時間起，這名俄羅斯頭號大博弈幹員的謎樣下場就成了各界議論紛紛的話題。英國人認為維特克維奇的自殺證明了他們關於沙皇政權的獨裁冷血最厭惡也最畏懼的一切，都是真的。畢竟維特克維奇年僅十四歲，就野蠻地從他出身的波蘭被放逐到遙遠的中亞草原來作為懲戒。然後在他克服萬難一路高升，且成為一名優秀的情報員之後，也在他智取勁敵柏恩斯爭取到巴拉克宰人支持，還洋溢在勝利喜悅裡之時，維特克維奇就被他的俄羅斯上級們無情地切割拋棄。

英國駐聖彼得堡大使寫信告訴帕默斯頓說「其尋短的原因據說是他的阿富汗行動不但沒有換來自己期待中的獎賞與升遷，甚至還得不到俄國政府認同與承認」[2]。根據約翰．凱伊爵士在一八四〇年代尾聲調查此事時所接觸的俄羅斯「難民與外移者」所言，維特克維奇來到首都*時「滿懷著希望，因為他已經漂亮地完成了上級託付給他的職責」。但聶謝爾羅迭伯爵卻不肯接見他，甚至當他自行出現在外交部前也遭驅趕。伯爵放話說他「不認識什麼維特克維奇上尉，叫這個名字的冒險家倒是有一個，而且聽說這人最近一直在喀布爾與坎達哈從事未獲授權的秘密行動」。維特克維奇「一聽就明白了這訊息中的深意，畢竟他深知自己的政府是何種貨色」。除了知道他在英國看似成功入侵阿富汗的行動中已經遭到宿敵柏恩斯的將軍以外，他如今「看得很清楚」的是他被自己死心塌地效力的政客們給「當成了犧牲品」[3]。

英國駐布哈拉幹員兼新聞寫手納齊爾．汗．兀拉（Nazir Khan Ullah）獨立在寄自中亞的一封密函中證實了這個版本的事件發展。維特克維奇感覺被沒能信守對巴拉克宰軍援承諾的上司扯後腿，導致他必須單槍匹馬地去面對英國人。「此處的俄國特務是我的舊識，」納齊爾．汗寫信給主管柏恩斯說。「他說當維特克維奇從喀布爾回到俄國後，他告訴俄國官方，他多次從喀布爾向他們發函申請軍事和財務上的援助，但官方卻置若罔聞，拖延公務，而這種放牛吃草的態度也陷他於不義，讓他在喀布爾與坎達哈成了空口說白話的江湖郎中。他深感受辱，也才會在聽到聖彼得堡回答的時候飲彈自盡」[4]。

* 譯註．聖彼得堡從一七一二到一九一八年間是俄羅斯帝國的首都。

然而在許多俄羅斯觀察家的眼裡，維特克維奇的神秘暴斃加上其阿富汗文件的莫名失蹤，怎麼看都是英國人在後頭搞鬼，畢竟維特克維奇的文件裡內含他已經成功滲透的英國情報暨新聞撰稿網路。如時任俄國外交部亞洲司的新任司長辛亞文（L. G. Sinyavin）在不久後的一封信中所言：

他選擇燒毀而不交上來的那些文件裡，有各式各樣的觀察可供擬成關於阿富汗事務的報告，還有多份英國幹員發給阿富汗不同個人的函文。簡單講就是維特克維奇一死，以他的過人洞察力，我們完全有理由相信存在文件中的珍貴有用訊息也就此人間蒸發。我們已知的就只剩下他設法親口告訴我的那些東西。[5]

這種種看法都導致了有人臆測維特克維奇的死並非自戕，而是被英國間諜暗殺，畢竟他完全沒有理由想不開。事實上——根據俄羅斯對相關事件的官方說法——他這之前曾被表揚、提拔、還被告知有獎牌在等他，死亡當天早上還獲得沙皇尼古拉斯一世的接見。像這樣的一個人，為什麼要在光榮一刻的前夕結束自己的生命呢？至少辛亞文想不通。「維特克維奇來聖彼得堡才短短八天，」他寫信給維特克維奇在奧倫堡的贊助人裴洛夫斯基（Perovsky）說，「期間他除受到外交部的熱誠接待，而且在他死亡當天，相關的報告已經下來，除了核准讓他異動到衛隊以外，還有其他的升遷、榮銜與獎金在等著他。」辛亞文接續講道：

在與他的會面中，我描述了你對他是如何充滿了好感與興趣，提到你在聽說他去了希瓦還在那裡被殺的（錯誤）消息後有多麼焦急，還講到你是如何在他動身前建議我應該籌畫一個像樣的回饋來肯定他這趟任務之艱辛。他看似非常滿意、非常開心，而在他死前一天，我在劇院看到他，他在那坐了一晚上，還跟薩爾蒂科夫王子（Prince Saltykov）聊了天。在他自殺的前夕，他們又一次在日間看到他，當時他看起來十分快活；晚間他拜訪了賽蒙尼奇伯爵……這一切都非常的奇怪……[6]

根據這一俄方的版本，維特克維奇從來到聖彼得堡之後就一直精神抖擻。維特克維奇的奧倫堡友人布克（K. Bukh）描述了兩人那天早上是如何碰了頭跟「去島上兜了風」*，然後在卡曼尼島劇院（Kamennoostrovsky Theatre）看了場戲。「他完全沒有顯露出任何抑鬱的跡象，」布克後來寫道。「我在他不幸去世前的晚上去見了他；他當時很興奮地提到有篇文章在德國報紙上提到他。他給我看了他的購自東方的長槍與手槍，那是他一輩子的興趣。回飯店的路上他看起來神清氣爽好，還請飯店叫他九點起床。」

沒半句廢話的奇特遺書也促成了更多陰謀論：他竟沒有提到他的母親、兄弟，或任何同事或朋友？第一個白紙黑字提出懷疑的人是沙皇軍中的歷史學者特倫特耶夫（M. A. Terntyev）。「調查一無所獲，」他寫道，「但你實在很難相信有人會努力了這麼多年來力爭上游，最後卻在他美夢成真的前一天晚上不想活了……許多人都懷疑這場神奇的意外背後是英國人在搞鬼……畢竟除了英國人，還有誰會對維特克維奇的文件感興趣？除了英國人，還有誰會因為被柏恩斯的失利

* 譯註：聖彼得堡位於大小涅瓦河交匯的三角洲，十八世紀初還是一片沼澤，後隨著聖彼得堡市區的開發，人工運河在市內縱橫交錯。聖彼得堡範圍內有逾四十座小島，以數百座橋梁相連。

惹毛，還有誰會因此遷怒於維特克維奇？……維特克維奇的死，讓我們失去了阿富汗的重要情報；他與埃米爾多斯特．莫哈瑪德簽署的條約也憑空消失。」這個版本的事件發展顯然說服了冷戰時期專門研究大博弈的蘇聯歷史學者哈爾文（N. A. Khalfin）：「所以真相是什麼呢？」他問道。「一場由某個外國勢力一聲令下，在聖彼得堡市中心被犯下的謀殺嗎？」[7]

但其實事情還有第三個版本流傳在巴黎住宿會館中，話說這也是在維特克維奇的老家波蘭受到普遍信賴的版本，更是聽起來最可信的版本。因為根據他一名奧倫堡同事表示說在他死前那一晚，維特克維奇奇——也就是波蘭同胞至今認知中的楊．普瓦斯珀．維特基維茨——在劇院中巧遇了一名來自維爾紐斯的老朋友。這名老友特什克維奇（Tyshkevitch）把他痛罵了一頓，憤怒地指稱原本願意以祖國之名犧牲自己的他，如今卻喪失了所有的理想，為了赤裸裸的野心拋棄了他原本最珍視的原則。

關於此說，最早的資料是桑古洛夫上校（Colonel P. I. Sungurov）的某些扎記。桑古洛夫在奧倫堡服役了三十年，跟維特克維奇很熟。根據桑古洛夫所說，維特克維奇在看完戲之後回到了他的飯店，拿出了他的計畫與筆記，開始為隔天早上要覲見沙皇的行程進行準備。那天深夜，特什克維奇去維特克維奇的房間裡見了他。特什克維奇敲了敲房門，見到了被文件與扎記包圍的旅人朋友。維特克維奇在一個個故事中講到他旅行中的見聞，講到他為俄羅斯帝國做出的「重大貢獻」，還講到他令人興奮不已的光明前程，在在都讓特什克維奇怒不可遏：「你應該要感到羞恥，潘．維特克維奇……你把自己的任務講得好像是多麼神聖一樣……曾經你不惜自己的性命、身家與地位也要讓你摯愛的祖國從奴役之中被解放出來……而如今你卻幫著（俄羅斯）去奴役獨立的國家。過往你鄙視間諜與叛徒，而曾幾何時你也變成了這些人的一丘之貉……」特什克維奇長篇大論地教訓了他的朋友。好不容易聽完，維特克維奇崩潰地像是洩了氣的皮球，陷入了抑鬱：「一名叛徒，」他輕聲細語地說，「沒錯，我就是個叛徒，天殺的叛徒！」就這樣特什克維奇一離開，深陷懊悔而無法自拔的維特克維奇奇就點火燒掉了他的所有文件，然後從飯店房間地板上的皮箱中取出了手槍。他就拿這把手槍抵進了嘴裡，扣下了扳機[8]。

憂鬱——或維多利亞時代的英國人所稱的抑鬱——所激發出的羞恥與自責，才是維特克維奇尋短主因的說法，也得到了其旅伴伊凡．布拉蘭伯格上尉的認可，布拉蘭伯格在維特克維奇奇人生的最後幾個月裡跟他走得很近。「四月份我們收到了好朋友維特克維奇的噩耗，」布拉蘭伯格後來在他的回憶錄中寫道，

這麼悲慘的下場，實在不該發生在一個還能為我們政府重用的年輕人身上，須知他兼具在亞洲扮演亞歷山大．柏恩斯角色所需要的幹勁、野心跟種種必備的特質。在我們的波斯之行與在那兒的短暫旅居中，他經常陷於憂鬱的情緒中，還會說他活夠了。他有回曾指著一把柏川（Bertran）後膛手槍說起了法文：「Avec ce pistolet-là, je me brulerai un jour la cervelle（總有一天我會用這把手槍，燒了自己的這顆腦袋）。」而他果然也說到做到，因為他在一時抑鬱中開搶打死自己時，用的就是這把手槍[9]。

維特克維奇的自殺，只不過是沙．舒亞重返阿富汗為王所造成的眾多天搖地動中，一小支餘波盪漾而已。

在奧倫堡，維特克維奇的贊助者裴洛夫斯基伯爵下定決心，絕不讓俄國在中亞打輸這場與英國的謀略之戰。英國打算入侵阿富汗的情勢一明朗，裴洛夫斯基就開始進行遊說工作。他希望俄羅斯也能征服希瓦的突厥汗國，並藉此重振俄羅斯在區域內的聲威，畢竟那是他自從一八三五年起就在推動的工作。希瓦人長年購買被哈薩克人從邊境地帶綁走並奴役的俄羅斯農奴，而英國人揮軍中亞，正好給了裴洛夫斯基一個他等了很久的理由可以採取行動。在聖彼得堡，俄國成立了一個委員會來評估他的提案，結果委員會判定遠征希瓦汗國應可「鞏固俄羅斯在中亞的影響力，遏止希瓦人長期的為所欲為，反制英國政府長期持續在這些地區散播有損於我國產業與貿易的影響力。從以上的角度去觀察此一提案，本委員會完全肯定此役的必要性」[10]。

同時間在倫敦，進入維多利亞女王時代的第一場軍事行動就贏得如此輕鬆寫意，眾人都非常滿意：在倫敦的上流社會，一種新的舞蹈——名為「直搗加茲尼」的加洛普舞步——成為了該季當紅的流行[11]。年輕的女王在她的日記中寫到這次的入侵作戰「是稱霸中亞的第一步」，而她身邊的臣子都向她保證此役已經暫時讓英俄誰能「入主東方」的問題塵埃落定。身為英國首相，墨爾本爵士從沙．舒亞回到巴拉希撒的那一天起就認為阿富汗真正的王者，此刻是邁克諾騰[12]。唐寧街（首相官邸）核准了邁克諾騰、韋德與基恩的男爵爵位，還有奧克蘭的伯爵爵位。

同樣地在西姆拉，戰事有如此順遂的開展也讓人鬆了一口氣：總督的慶功舞會「辦了個滿堂彩」，艾蜜莉．伊登寫道，「現場看得到拿下加茲尼過程的一張張幻燈片，四面八方寫著『奧克蘭』的大字，被花擺滿的拱廊與陽台，還有專門替總督大人準備的惠斯特橋牌專用桌。會場上可謂冠蓋雲集，整個西姆拉無人缺席。」[13]

在喀布爾本地，慶祝也沒有少，至少在薩多宰人的擁王派之間沒有少，在能夠因為英國占領而升官發財的人之間也沒有少。沙．舒亞在巴拉希撒堡住定，重啟了朝廷，並任命了他在魯得希阿那的左右手穆拉．沙庫爾為幕僚長，還召來了長期支持他的韋德上校來授予一件特製的榮譽袍。對著一群集合起來的貴族，他宣布阿富汗的嶄新未來從這天開始：他會赦免敵人，並對在他一無所有時照顧過他的英國人信守承諾。一如他忠心耿耿的立傳者莫哈瑪德．胡珊．赫拉提所言：

國王陛下常說他當了英國人三十年的客人，期間他感受到的除了好意，就是尊敬，而為此他只能報以他自己，還有他一代一代的後嗣，絕對的忠誠。他把自己比喻成曾向伊朗的薩法維(Safavid)朝廷尋求庇護，後來還藉其幫助復國成功的蒙兀兒皇帝胡馬雍（Emperor Humayun）。他在朝堂上還大聲公開宣布所有逃離家園的巴拉克宰汗王只要回到喀布爾，都會獲得特赦，他們的財產也都會歸還給他們：好幾名汗王，像是納瓦布．扎曼．汗．巴拉克宰就偕其兒子與兄弟跟他們所有的妻小與部落成員，利用了這項和解的提案，回復了所有原本的地位[14]。

在此同時英軍與其印度士兵在秋宮花園群與喀布爾結實累累的果園中開心地遊蕩，而「一隊隊人馬一會兒騎到這兒，一會兒騎到那兒，只為造訪一個個聞名不如見面，令人好奇的景點」[15]。這個剛由英國人從多斯特．莫哈瑪德手中拿下的城市，在當時正處於繁榮的巔峰，人口在七萬之譜，事實上一八三九年的喀布爾應該是中亞最大的商業集散地，也是區域商隊貿易的中心。多斯特．莫哈瑪德在其王國之內所保證的安全，加上他對宗教少數所展現的包容，共同讓喀布爾成為了對來自信德與信德金融中心希卡布爾的印度貿易商的一個主要的活動中心，此外就連猶太人、喬治亞人與亞美尼亞的貿易商，在此都有十分繁茂的社群存在[16]。

狹隘的街道通往的是富商的泥牆大院跟地主與部落酋長的宅邸，只不過從街上望過去，你能看到的只有宏偉的雕刻木質門徑，懸在空中那些上層房間的木作百葉窗跟窗格，還有從牆頂探出頭來的桑樹樹梢。若遇大門開啟，路過者都能瞥見偌大的庭院當中有流淌的噴泉被安置在墊高平台的中間，上面除了舖有地毯與坐墊，還有果樹提供遮蔭。拱廊中的退縮處會裝飾有精巧的泥作。在此居住的酋長們會於夜間漫步於亭格底下一邊抽著菸斗，一邊要麼聆賞樂師們撥動他們的拉巴布琴（rabab），要麼聽詩人誦念偉大的波斯史詩。

宅院與宅院間會延伸有長達數英里熙熙攘攘的磚造市集，當中按生意分門別類，有的街巷是圍巾一條街，有的是香料或玫瑰水一條街，另外向從布哈拉進口絲綢的，從俄羅斯進口茶葉、從勒克瑙（Lucknavi）進口靛青，從韃靼人處進口皮毛，從中國進口瓷器，還有從伊斯法罕進口特產匕首的商人，都在不同的街上各擅勝場。「店家開著落地窗，」詹姆斯·拉特瑞（James Rattray）這名後來會畫出精美喀布爾素描的年輕軍官寫道，

而那琳瑯滿目的商品展示，包括水果、野味、盔甲、刀具，樣樣都讓人難以言喻。這些東西都被超大器地從地板堆到屋頂；每一堆的前面都坐著一名師傅，要不就是商品山的山腰後面會有老闆探出頭來跟客人大眼瞪小眼。那些商店街之窄，一串滿載的駱駝得花上數小時才能從稠密、移動、不斷變化，一整日都佔滿了幹道的群眾中脫身……進進出出於人群的女性蓋著她們宛若帷幕一般的面紗，四處見縫插針，不然就是跨在馬上想辦法用擠的……這時人潮突然被步兵的人龍推開，他們是某個偉大酋長的前鋒衛隊。酋長本人乘於仰頭闊步的座騎背上，後頭跟著一隊騎兵身穿閃閃發光的紋繡披風與配件，手中揮舞著長矛與火繩槍……這之後搖搖晃晃通過的是沙阿的

象群，只見牠們有的扯掉了過寬屋頂上的水管，有的倒退撞進了冰店或水果鋪[17]。

在喧鬧與推擠中，你會聽見帶著銅杯與皮袋的賣水販子在喊著「阿博！阿博！（Ab！Ab！）*」，會聽見一排排盲眼乞丐在開口索要施捨，還會在夏日尾聲聽見大黃的小販「沙巴什・拉瓦什（Shabash rawash）†」的叫賣聲。

在歷經了千辛萬苦後，這時的英軍似乎看什麼都有趣，甚至有點目眩神迷：「他們驚嘆於有查塔（Chatta）‡覆蓋的奇妙市集，」米爾扎・阿塔寫道，他指的是由沙・賈漢§的總督阿里・馬爾丹・汗（Ali Mardan Khan）建於一六四〇年代，大約跟阿格拉的泰姬瑪哈陵同時期之宏偉拱廊市場。

他們崇拜著石匠切割出精美水塘與蓄水池、可與天堂等量齊觀的花園、不愧位於首都的高超建築，以及備貨充足的商號……跟一波波海浪一樣眾多的英國軍隊已經在來呼羅珊的途中體驗了眾多磨難，而如今歇息在喀布爾，吃飯有肉有米，有扁桃仁膏、有法魯達（faluda）¶、烤肉、與串燒，外加各式各樣的水果，其中光葡萄就有薩黑比（sahebi）與卡利利（khalili）等品種，外加

* 譯註：即水啊，水啊。
† 作者註：超漂亮的大黃。
‡ 譯註：原指「傘」，此處為拱頂之意。
§ 譯註：蒙兀兒帝國皇帝，一六二八—一六五八年在位。
¶ 作者註：麵線布丁。

堪稱葡萄品種中聖品的卡雅—伊．古拉曼（khaya-e ghulaman），意思是「年輕人的睪丸」。他們嗑著葡萄乾，然後靠可憎的印度辣椒、扁豆糊咖哩（dal）還有恰巴蒂（chapatis）*從面黃肌瘦變得身形圓潤。「喀布爾的女人都有情郎，就像白沙瓦的小麥麵粉都摻了玉米麵粉」作為當地的諺語，很快就被證明所言非虛，主要是英軍士兵不非日夜，都騎乘在他們慾望的駿馬上[18]。

這最後一種娛樂是活潑的隨軍牧師葛雷格（Rev. G. R. Gleig）在回憶錄中講到喀布爾各種有益身心的男性餘興活動時，選擇了輕描淡寫的東西。「英國人不論走到哪裡，」他寫道，

他們遲早會把對各種運動的品味介紹給他們接觸的人群。賽馬與板球都在喀布爾的周遭興起，當地人不分酋長與民眾很快就對其興趣盎然。沙．舒亞本人拿出了一把寶劍當成賽馬勝者的獎品，結果第四輕龍騎兵團（4th Light Dragoons）的達利少校有幸勝出成為寶劍得主：這種運動的習慣開始傳染，以至於好幾名本地仕紳都拿出了馬匹來參賽。但板球運動就沒有那麼合阿富汗人胃口了。雖然也喜歡用他們的方式分出勝負，但阿富汗人總是帶著驚奇的眼神在一旁看著英國選手在那裡投球的投球，打擊的打擊，但你完全看不出來他們會想要褪去飄逸的長袍跟巨大的頭巾來比一場。另一方面，我們的人則參加了他們的鬥雞、鬥鵪鶉、鬥各種動物，還大手筆地下注輸掉或贏到他們的盧比，一切都開心到不行[19]。

更令人驚訝的是葛雷格宣稱阿富汗人還發展出了對業餘戲劇的品味。「英國軍官主辦了一些戲劇表演，」他寫道，

一座劇場被建了起來，布景畫了上去，戲服準備齊全，一流的樂團來到了現場。戲碼的挑選以喜劇為主，像是《愛爾蘭大使》（Irish Ambassador）之類的，觀眾們都被徹底逗樂了。因為在這種場合裡，主辦單位會把登場人物的頭銜改掉，好讓這些人物與他們所肩負的職務能夠為阿富汗人所理解，若遇獨白時則有柏恩斯充當口譯。阿富汗人是懂得找樂子的民族，他們非常能欣賞滑稽跟嘲諷的東西，且由於口譯每次都能把笑點翻得很到位，他們在開心之餘也都不吝報以哄堂大笑[20]。

隨著時序從季夏進入初秋，夜晚開始變長變冷，部隊開始配發羊皮衣物、暖手的手套與棉被。此時已被視為是狩獵季節，因此那些活過了波崙山口沒有餓死或被隨營民眾吃掉的獵狐犬開始上工，每天被帶出去獵捕豺狼。拿槍打鷸科與雁鴨等目標也成了很熱門的休閒，又過段時間則開始有人滑起冰來或堆起雪人。「我們開始穿起自製的冰刀，」湯瑪斯·席頓寫道，「並在冰上大展身手，看得喀布爾的百姓目瞪口呆。從來沒有見過那幕景象的他們紛紛圍過來成了表演的觀眾。我們盡可能享受了一個愉快的冬天——槍獵、打雪仗、用雪堆巨人、去湖邊野餐，主要是天氣大都甚為宜人。天氣既晴朗、又蔚藍，更別說還萬里無雲！」

* 譯註：印度烤餅。

同時間的舒亞正忙著重建巴拉西撒堡，希望回復記憶中他年輕時該堡的輝煌，也讓其成為一棟配得上他心目中王者之尊的宮殿。相對於沿巨石邊緣圍成一圈的高牆與壁壘狀況良好，他看不慣的是聳立於牆內平台上的宮殿建築，主要是他認為宮殿的裝修不夠講究。於是以朝堂大廳作為起點，舒亞重新整理並漆過了牆壁的泥作，並修復了欄杆與拱廊。蒙兀兒王朝的庭苑被換了一批新的植栽，而等舒亞的女眷從魯得希阿那過來，這裡將會有一座徹底重新設計的後宮等著這些后妃入住。在此同時，朝堂上的儀典也被改回比較正式，之前遭到巴拉克宰族廢棄的薩多宰禮制。原有的舊官制也重獲啟用，連帶著繁複的制服也一併回歸，讓英國觀察者感覺開了眼界：「朝臣看起來真的應該有數百之眾，」畫家詹姆斯．拉特瑞寫道，「他們身穿緋紅色的外套，頭頂花俏而有著各式各樣造型的高帽，有的裝飾有像驢子一樣的巨大耳朵，有的有像豪豬的剛毛，還有些加入了山羊或水牛角的型態，更別說還有不少圓錐、螺旋與鐘形的設計。這些帽子都多多少少點綴有人物或器材，有些上面的矛頭標記代表的是較高的階級。」[21]在正式的朝會上，舒亞的打扮也一點都不馬虎，這包括有件長版罩袍會鬆垮地披在他的肩上，袍子鉤環處有珠寶裝飾，而他宛若熱拿亞總督的帽子角落則有一個個絲絨墜子繡在邊上。他會一直坐在他八角形的白色大理石王座上接見請願者，只有最高階的英國官員才能讓他起身。遇到這種場面，他會倚靠著一支有長度跟曲線的羚羊角，「臉上的表情既嚴肅又憔悴」。

隨著寒冬的手愈掐愈緊，日子變得愈來愈冷，厚重的低雲開始滿布著要落不落的雪，而舒亞則決定對特定軍官頒發一種他自行發想的獎章。這所謂的「杜蘭尼帝國勳章」似乎在形狀與外觀設計上參考了共濟會的貴爾菲恩勳章（Guelphian Order），也就是柏恩斯從布哈拉回歸時被授予的那一枚[22]。這些勳章在頒授的同時，第一批兵團也趕在第一波飄雪變厚成地上的吹雪，讓高出山口被封閉之前，展開了回印度的長征。一如邁克諾騰的年輕軍務秘書喬治．勞倫斯所觀察到的：「所有的受獎者都是英國軍官，因為沒有一個他自己的臣民被認為值得此等榮譽。」[23]

時間來到十一月底，第一批返回的兵團已經抵達了西姆拉，「而他們看起來全都非常福泰，」艾蜜莉．伊登說。「他們不明白為何報紙只報他們此行所吃的苦，因為他們不但沒有被餓到的感覺，反而還全都看起來胖嘟嘟。就以奧克蘭爵士的衛隊成員道金斯上尉來說，這趟回來的他看起來比大部分演法斯塔夫（Falstaff；莎士比亞筆下的圓潤丑角）都肥[24]。

就在沙．舒亞在巴拉希撒住下來的同時，其前任堡主多斯特．莫哈瑪德．汗正拚了命在往北逃竄。就像三十年前在尼姆拉之役吞敗後的沙．舒亞，人一朝沒了權力，一切就都不一樣了。失勢了的多斯特不僅歷經了一連串的羞辱，還差一點就落得政息人亡的下場。

巴拉克宰人在覆冰的山口上走得很掙扎，但還是只能悶頭往前逃，畢竟他們身後有英國派出的追蹤者在獵捕。但多斯特．莫哈瑪德的腳步怎樣也快不起來，因為他「身邊帶著一票妻妾、嫩嬰、兄弟、子息，還有僕役」[25]。再者他的繼承人阿克巴．汗顯然還在開伯爾之毒復原當中，且那可能就是韋德令人下的毒手。因此無法騎馬的他只能由轎子扛著。阿富汗的史詩詩人們在回想多斯特．莫哈瑪德是如何逃亡時的那種同情，差可比擬蘇格蘭詩人是如何將「俏王子查理（Bonnie Prince Charlie）在庫洛登之役（Culloden）敗陣後的亡命之路寫得浪漫無比。「果敢的軍主就這樣一路前進，」古蘭姆．科希斯坦尼（Ghulam Kohistani）在他的《英雄史詩》中寫道，

而追隨他的有一千名英勇的騎兵
他們身後經過的是後宮嬪妃
古老的習俗她們不敢或忘
在他之後出現的是財產與黃金
還有看管的哨兵，睜大著眼睛
來時路上有人踏著迅如雷電的步伐
那是尋仇者在一路追殺
不分日夜地他們騎馬前進
就像快速劃過天空的白雲[26]

追殺的隊伍是由兩名智勇兼備的年輕軍官率領，一個是詹姆斯·奧特蘭（James Outram），一個是喬治·勞倫斯，至於擔任他們嚮導與護衛的則是哈吉·汗·卡卡爾跟一千名沙·舒亞的騎兵。快馬加鞭，他們理應不難追上慢慢吞吞的巴拉克宰車隊。但無論他們如何努力，奧特蘭一行人始終沒能將埃米爾一舉成擒，而隨即浮出的真相是哈吉·汗一如往常在在玩兩面手法，刻意誤導英國人偏離路徑，並盡其所能拖緩追逐的步調。

歷經兩周的追逐，搜索隊中於嗅到了巴拉克宰的氣味，主要是他們追上了一些來自多斯特．莫哈瑪德衛隊的逃兵，並從這些人口中得知他們落後逃犯只有一天的行程。「我們在午後五點重新上路，」精疲力盡的勞倫斯寫道，

雖然有哈吉的抗議，這人說什麼也不願意前進，他宣稱這條危險而在萬丈深淵邊的道路不適合摸黑趕行程*。很顯然他的心不在任務上。他的反對成了耳邊風，我們仍繼續踏上了一條非常惡劣的道路，翻閱了高丘與乾涸的山澗河道，前進了十英里，然後就地停下來，躺在馬匹的旁邊休息……跟著我們一起下來的阿富汗人只有五十名，但他們在白天跟了過來。在此我們收到了情報說多斯特人在一個叫作育克（Youk）的地方，我們再趕一段路就可以追上。哈吉．汗再次顯得很不樂於前進，他懇求奧特蘭停在原地，理由是多斯特身邊帶著兩千名騎兵。但奧特蘭仍在下午四點下令隊伍出發，並在召集阿富汗人時發現他們一共才三百五十人，然後他們才老大不情願地上了馬[27]。

這些拖字訣繼續在接著的幾天中被使了出來。哈吉堅持他們必須就地等候增援，而當奧特蘭仍嘗試要夜騎時，「不知道是出於意外還是設計，我們還走不到四英里，就有由哈吉．汗人馬管

* 作者註：其實哈吉說的不是沒有道理。哈吉嘎克山口（Hajigak Pass）即便在光天化日下跟在夏日，也是非常有挑戰性的路線。此外哈吉．汗還另有一個很好的理由小心行事，主要是該山口控制在哈扎拉人手中，而他若干年前曾鎮壓過這裡，而對方絕對不會輕易放過這個對前迫害者報仇的機會。

理的嚮導傳出逃兵的消息。當時天色一片漆黑，困在前後都不是個頭的峽谷中，四處連半條小路都看不到，我們不得不就地修整等待天明」[28]。隔天晚間隨著英國人想往前挺進，哈吉．汗抓住奧特蘭的手臂「大聲懇求我放棄前進的念頭，還威脅說他寧可用蠻力把我攔住，也絕不准我悶著頭去找死」。此外他還明顯並無虛言地警告了奧特蘭說：

若你真追上多斯特．莫哈瑪德，沒有一個阿富汗人會對他拔刀，同時我也不敢保證他們不會在混戰中倒戈對付你……在動搖不了我們的決心後，汗終於離開，在距離我營帳門口數碼處坐定，然後壓低了聲音，與三四名他的酋長在黑暗中對話，一聊就是一個多小時。你可以聽見酋長們斥責他不開幫著菲蘭吉抓捕多斯特．莫哈瑪德，還有責問埃米爾是否傷害過他聲音……也可以聽見哈吉．汗針對酋長們提出的各種質疑坦承不諱[29]。

隔天，隨著雪下了起來，隊伍中的阿富汗叛意也益發蠢蠢欲動。「我們意識到了，」奧特蘭寫道，「我們當中的阿富汗人都是不可輕信的叛徒。」由此奧特蘭與勞倫斯決定踏上一場看來簡直是自殺的任務，那就是僅帶著區區十三名英國軍官，就冒著暴風雪去追捕多斯特．莫哈瑪德。那一夜奧特蘭睡在厚厚的積雪中，心之他明早不一定能醒得過來，但即便如此，他還是決心要盡一己之力活捉埃米爾，否則就殺了他。日後他回憶說他「一輩子都沒有像那夜一樣高興過，因為隔天將有一場璀璨的鬥爭在等待著他，讓他興奮難耐」。只不過那場鬥爭最終並未成真。奧特蘭與他的人快馬下了山口，進入到寬廣的巴米揚谷地，卻只發現多斯特．莫哈瑪德剛在當天早上北逃到興都庫什，抵達了讓他們鞭長莫及的賽格汗（Saighan）以外，來到塔什庫爾干（Tash

Qurgan），進入了「與沙・舒亞為敵」之烏茲別克人米爾・瓦里（Mir Wali）獨門獨院的勢力範圍。奧特蘭出於無奈，只能寫信回去告知邁克諾騰說「由於在這個狀況下，我們想在沙阿領域內追上逃犯的希望已經微乎其微，而我們又不能越界，加上我們的騎兵軍官已表示他們的馬匹因為吃不飽加上休息不足，當下已無法繼續急行軍，由此我們只能被迫放棄續追」[30]。

那一晚，多斯特・莫斯瑪德與追隨者平安抵達了販奴的米爾・瓦里位於喀馬爾（Khamard）的要塞，在那兒得到了庇護。「埃米爾當了烏茲別克人兩個月的貴賓，」米爾扎・阿塔寫道，

然後下一站去到了巴爾赫（Balkh），並或那裡的總督接待在一美麗花園中的賓館中住下。在巴爾赫期間，布哈拉的統治者納斯汝拉・汗（Nasrullah Khan）靠駱駝驛站接連來信，意思是希望埃米爾可以移駕布哈拉，好讓他的朝廷蓬蓽生輝。埃米爾把家人妻小留在巴爾赫，帶著繼承人阿克巴・汗騎到了布哈拉，伊斯蘭的科學之都，並在那兒獲得了皇家等級的禮遇，包括他被安排住進了專屬的宮殿，還有一小筆用度可以支應日常開銷[31]。

布哈拉之行出了什麼問題，細節難以完全釐清，但可以確定的是在住了幾個星期後，多斯特・莫哈瑪德便與主人鬧翻：米爾扎・阿塔表示這是因為脾氣暴躁的埃米爾之子阿克巴・汗幾次出言不遜。還有一種可能是納斯汝拉過往曾記恨多斯特・莫哈瑪德嘗試攻佔巴爾赫這個兩邊的埃米爾都主張擁有的邊境城市，而如今又反對他計畫讓布哈拉的烏里瑪代表他宣布聖戰開打。不論起因為何，結果就是這兩人惡言相向，巴拉克宰人在深深冒犯了納斯汝拉・汗後只能撤離布哈拉。在這之後，布哈拉這名狡猾而心狠手辣（甚至可能稍有精神異常）的統治者嘗試起刺殺多斯特・莫

哈瑪德。「布哈拉的埃米爾暗地裡指示隨行者在他們渡過阿姆河時破壞多斯特．莫哈瑪德與王子們搭乘的船隻，以便讓他們淪為波臣，」費茲．莫哈瑪德在《光之史》中提到：

阿富汗人在看守下被帶到了阿姆河岸邊，並引導到了各艘船上。一個洞被偷偷摸摸地鑽在了埃米爾（多斯特）選擇搭乘的小船身上。等船一一離岸，布哈拉埃米爾的一名不知道主人計畫的手下陪同多斯特坐在同一條船上，他打算在渡河之後在自行回返。此時另一個知道內情的手下用突厥語叫他下船，免得一起陪葬，沒想到埃米爾（多斯特）因為母親是喀布爾一名齊茲爾巴什大老的女兒，所以通曉突厥語。當他聽到布哈拉埃米爾第二名手下的警語後，他就立刻下了船並拒絕渡河。不論布哈拉埃米爾的一干手下如何費盡了唇舌，多斯特都不肯就範回到船上，而且還對同行的夥伴們說，「我寧可打滾在自身的血泊裡，也不要在溺斃在河中。因為死在劍刃下，我的一條命就可以化身證據，讓布哈拉埃米爾無法狡賴其行為的不公不義。但倘若我溺死在水裡，他對我這種惡劣的待客之道就再不會有人提起*。」

埃米爾在一旁的警戒下，帶隊回到了布哈拉。「但一場強烈的暴風雪刮了起來，讓所有人都聯想到了死亡。許多年紀尚輕的王子甚至冷到連張口說話都做不到。埃米爾下令貼身僕役每人負責一名王子，對著他們重重地呼吸來溫暖他們」，免得他們有生命危險。

簡單講，他們步履蹣跚地，千辛萬苦才回到了布哈拉。這回布哈拉埃米爾連原本捉襟見肘的用度都不給了。最終多斯特．莫哈瑪德的人員中有七十人逃了……納斯汝拉．汗得知消息便派了七千騎兵去截擊，並下令若這些薩達爾選擇硬碰硬，那就讓他們血濺當場，而若他們束手就擒，那就將他帶回來安上鎖鏈。在齊拉格崙（Chiraghchi）他們追上了這些薩達爾，然後包圍了他們，發動了攻勢。在子彈與火藥用完之前，阿富汗人還能與布哈拉人有來有回，讓他們也流了不少血。但最終到了彈盡援絕之際，布哈拉人還是席捲了他們，讓他們通通成為了戰俘。阿夫扎爾・汗（Afzal Khan）與阿克巴・汗都在戰鬥中負傷，好幾人當場陣亡，其餘受重傷者也不在少數。布哈拉人背負多斯特・莫哈瑪德與其人員回到城內，並奉布哈拉埃米爾之命將他們打入漆黑的地牢[32]。

一八三九年十一月二日，隨著喀布爾市集的水窪凍結起來，冰霜開始閃耀在喀布爾河畔的柳樹上，沙・舒亞離開了巴拉希撒，前往是在白沙瓦缺陣的情況下，他指定為替代性冬都的賈拉拉巴德避寒，邁克諾騰也與之同行。但後來邁克諾騰比舒亞早一步抵達賈拉拉巴德，是因為舒亞要在尼姆拉花園的白楊樹間埋葬一名小王子，因此耽擱了行程。結果邁克諾讓自己住進了賈拉拉巴德最好的處所，後到的舒亞只能窩在一名英國觀察家口中的「破屋子」[33]。

穆拉・沙庫爾被留在喀布爾主持大局，邁克諾騰的職務則由柏恩斯暫代。在那一年的最後一

* 作者註：這話從多斯特・莫哈瑪德口中說出，我只能說他還蠻好意思講的，因為他在他當權的時期也曾殺了好幾個他答應過要保對方周全的敵人，其中最著名的就是塔格布（Tagab）、科希斯坦與戴孔迪（Deh Kundi）的三位米爾（穆罕默德後人或王族的尊稱）。

夜，隨著冬寒益發料峭，柏恩斯舉辦了一場「霍格莫內」（Hogmanay）[*]派對，並換上了應景的蘇格蘭裙跟當成配件的毛皮袋（sporran）[†]擔任主持。剛從坎達哈北上一星期的內維爾．張伯倫也是賓客之一。「我們這晚非常盡興，」他隔天早上寫道。

> 雖然我們只有白蘭地跟琴酒可以喝就是了。大約凌晨兩點我們跳到了食堂的桌上，跳起了侶爾舞（reel；愛爾蘭與蘇格蘭的傳統快步舞蹈）；辛克萊上尉立於桌面，身穿高地的傳統服裝，演奏起了風笛。柏恩斯對我們非常客氣。沒有人不喜歡他，因為不像其他做這一行的人，他不會一開口就是天花亂墜的政治語言……（事實上他）普遍是所有人的最愛，而且以他公正不阿的態度，我認為他在我有幸認識的人物當中是最不感情用事、最稱得上是紳士、最討喜也最風趣的男士。[34]

只不過在喀布爾延續了整個冬天的慶祝活動並不合所有人的胃口。美國冒險家喬西亞．哈連「將軍」除曾接連效力過東印度公司、沙．舒亞、錫克人，還有最後的多斯特．莫哈瑪德，還宣稱他曾短暫自封為「古爾王」（Prince of Ghor）。這樣的他看著英國人在那尋歡作樂，不斷累積不悅，最終終於反感到不得不向阿富汗辭別。「喀布爾作為一個有千座花園的城市，在那段日子裡是一個樂園，」被柏恩斯列為不受歡迎外人而被遣送，後來他在回鄉的汽船上寫道。「我用雙眼見證了這個國家，這個孤寂受到崇敬而產生和諧，而這股和諧將之奉為聖地的國家，是如何被褻瀆於不講理的陌生粗野之人對其無禮的入侵中。這些粗人的積習卑劣，他們不入流的品味惡名昭彰。那些冷血無情的外來領袖在其暴力血腥而目空一切的跋涉征伐中，輾壓了脆弱的心，歡快的喜慶、熱鬧與愉悅之聲則如寒蟬為之一噤……」他有如先知般地補充說，「用軍事力量去抑制、壓迫一國的群眾，而明明所有國民都有志一同地懷著要自由的決心，那就等於是你要將整隻民族通通關進監獄：任何人這麼做都不可能長久成功，這種事必然會以災難作收……」[35]

只不過在英國占領阿富汗的第一個冬天，哈連這番話只讓他聽起來像是個過氣而憤世嫉俗的阿富汗通。說出來可能會讓很多人嚇一跳，但喀布爾的貴族並沒有不歡迎英國人。以英軍牧師葛雷葛為首的許多人都覺得阿富汗人對個別的英國軍官展現出「明顯的好感」，只不過被他引用的一名酋長是這麼說的：「我們希望你們來是要跟我們交朋友，而不是要於我們為敵，因為你們一個個看都是好人，但合成一個團體卻讓我們憎恨。」[36]

對英軍而言不無小補的是多斯特．莫哈瑪德曾經的鐵腕統治，這包括他對阿富汗人課過重稅，還有他曾將民眾的不少產業充公來挹注他的幾次聖戰大業。這麼一對比，沙．舒亞初始的統治便顯得相對和煦，也因此不少喀布爾人跟多數杜蘭尼菁英都曾願意給他們的老國王一次機會。如米爾扎．阿塔所說，「在他們佔領喀布爾的頭幾個月裡，英國人成功收服了多數酋長、城市本身還有其周遭地帶，大部分人都順服而聽命：極少數桀傲不馴者不是被關押，就是要塞與地產被東印度公司政府沒收」[37]。再者，邁克諾騰很睿智地選擇了懷柔的政治和解。南方那些身分顯赫的杜蘭尼貴族被成功收買，東方那些吉爾宰人的酋長則領到了大量的補貼，一如烏里瑪也是。這對英

* 譯註：蘇格蘭語的新年之意。
† 譯註：搭配蘇格蘭裙掛在正面腰間。

屬印度的財政造成了嚴重的負擔，眾人也立即意識到阿富汗是個錢坑。不過金錢攻勢是有用的，因為沙・舒亞恢復統治的第一個秋冬確實落了個太平[38]。由此奧克蘭得以略感欣慰地回報倫敦說，「這個國家可說十分平靜，有著安全的道路，蓬勃的商機，君主制與新政府也仍甚受歡迎……羅伯茲上校（Col. Roberts）寫道，『我結識了很多酋長。他們普遍都很樂於與薩希博洛格（Sahib Loge）*變熟，而等我回到喀布爾，我家大門將為他們敞開。他們很高興能與我們共餐，也很高興在他們的家中看到我們。』」[39]

在這種明亮氣氛下的一點微小陰影是廣泛有人質疑回歸的巴拉克宰人會不會真正接下舒亞的橄欖枝，為已經在細心呵護下成長了兩代人的深仇畫下句點。「許多薩多宰的貴族都對舒亞的和解政策感到不太是滋味，」莫哈瑪德・胡珊・赫拉提表示。「他們不論在外頭行走或在朝堂上碰面，都會交換怨言：『如今這些巴拉克宰族如此廣受敬重，故舊的特權與地位也已全都重新握在手中，只怕邪惡的爭端火焰再度升起，就在不久之後。這些自詡擁有科學、理性與政治經驗的英國人如此培植他們朋友的敵人，究竟他們覺得這一切會如何結束呢？那結局肯定是悲痛與懊悔！』」一名剛從白沙瓦過來的旅者如是說：

> 錫克的白沙瓦總督艾維塔比萊將軍問過喀布爾如今的狀態，也被告知所有族群包含巴拉克宰人在內，如今都獲得一視同仁的禮遇後，轉身向他的隨扈歎息說道：「願老天保佑沙・舒亞，並寬恕於他！」旁人一聞大驚失色，因為這話一般都是說給死人聽的，眾人於是追問：「國王不是還健在嗎？」艾維塔比萊答道：「任誰把空間留給死敵，並毫無猶疑地擁抱他們，必將來日無多。畢竟一如菲爾多希（Firdawsi）†所說：

你殺了一名父親然後撒下復仇的種子，
叫父親被害的人子如何能獲得內心平靜？
你殺了條蛇然後撫育其幼子？
這豈非愚不可及之舉？
敵意終將結實累累。很快你就會聽說舒亞．烏爾—穆爾克命喪同一批巴拉克宰人之手！[40]

陰霾並非僅止於此：一支朝印度回返的兵團遭人攻擊其後衛，並在沿開伯爾山口而下時遭到屠殺，一百五十頭背負行李的駱駝也被搶掠一空；不久後阿里清真寺的駐軍被迫向下疏散到白沙瓦[41]。在此同時，一名高階軍官赫林上校（Colonel Herring）在瓦爾達克（Wardak）散步時被一群阿富汗人殺害。他違反命令脫離了道路，跑去跟山丘上的一些阿富汗人閒聊，結果被那些人大卸八塊。「我們深感哀戚地發現了他的遺體，」湯瑪斯．席頓寫道。那一幕「慘不忍睹，他被亂刀砍劈，凌虐得慘無人道，衣物被撕扯到幾乎一絲不掛，只剩上衣的腕帶還留著。這副遺體的下體

* 譯註：直譯為世界之人，此處指英國白人。
† 譯註：波斯詩人。

被幾近切除，胸前有一道駭人的血痕畫過且深及肋骨。全身上下有合計十六到十七處傷口，每一處都足以致命。」[42]不過整體而言阿富汗還算太平。吉爾宰的酋長們一收訖來自邁克諾騰的補助金，就信守了自己立下的承諾。「從開伯爾到喀布爾的一路上橫行著土匪與盜賊，可說是匪滿為患，」《蘇丹編年史》有言之。「行經此地的行人與旅客都都飽受威脅。然而一經吉爾宰諸汗接管之後，這條道上的這些威脅就都一掃而空，剩餘的冬天得以在平安無事中度過。」[43]

更令人憂心的是納齊爾・汗・兀拉傳自布哈拉的情報顯示俄國即將完成入侵希瓦的籌備工作。「俄國人蒐集了為數眾多的駱駝、馬車與船隻在裡海沿岸集結，」他寫道。「他們決心要取道裡海派遣兵力與補給到基爾（Kir）附近，距離希瓦只有三天的行程。」[44]還不知道多斯特・莫哈瑪德被羈押在布哈拉的邁克諾騰擔心俄國人是又找上了埃米爾合作，要扶植他在如今「相對不設防」的赫拉特即位[45]。

只有柏恩斯似乎心裡有數俄羅斯此舉單純是針對英國出兵阿富汗所作出的回應。「俄羅斯如此部署其兵力，只是要反制我們的政策，」他在信中對友人賈可伯上尉（G. L. Jacob）說。「我們親手用進軍喀布爾之舉，加快了危機。」即便在這個階段，柏恩斯也直覺地體認到了不論是俄羅斯還是英國，都不可能長久掌握這支如此特立獨行的阿富汗民族。「英國與俄羅斯將瓜分亞洲，」他在筆下預言，「而這兩個帝國會如水面的漣漪一樣不斷向外擴張，直到其餘波減弱到蕩然無存為止。未來的世世代代會在此搜尋英俄兩國留下的身影，一如我們如今也在此找尋亞歷山大大帝與其希臘雄兵的遺跡。」[46]*

這種務實的態度在一八三九到四〇年的冬季可說是奇貨可居。事實上永久併吞阿富汗已經在暗地裡成為英國人討論的議題；甚至有人提出要把英屬印度的夏都從位於喜馬拉雅山脊上而交通不便的西姆拉，遷到喀布爾谷地的豐饒花園，就像蒙兀兒人曾一度每逢五月，就從德里與阿格拉移動到喀什米爾與距離賈拉拉巴德不遠，美麗的尼姆拉花園[47]。這種過度自信，很快就會開始導致英國在戰略上的一系列重大誤判。

首先，明明應該先專心鞏固沙·舒亞在阿富汗弱不禁風的統治，應該挹注所需的資源去讓英國的佔領變得更有效，更穩定，奧克蘭爵士——還是沒有從近期的侵略者身上學到教訓——七早八早就自認征服已經大功告成，很放心地一心二用去另闢戰場。「中國應該會有很趣，」總督的妹妹艾蜜莉在大約此時一封真情流露而輕佻的信中說道。「中國人正在武裝自己，裝備他們小巧可愛的美國船，還蒐集了一堆作戰用的戎克船（junk），而我個人的看法是這些不知天高地厚的中國人會用一些老掉牙的辦法妄圖用藍紅相間的煙火炸光我們的七四戰艦（有七十四門艦砲的戰船），俘虜我們全數的水手與官兵，然後教會他們如何鏤雕空心象牙球。」[48]把孟買軍主力從阿富汗調離，又把鞏固阿富汗佔領所急需的資源抽走，奧克蘭爵士為了鴉片戰爭付出的代價是讓邁克諾騰在成立沙·舒亞的統治時要兵沒兵，要錢沒錢。

治國資金短缺對舒亞跟邁克諾騰造成的一個直接後果，就是奧克蘭爵士拒絕了總司令要求在喀布爾跟坎達哈建立新要塞，並表示，「在把阿富汗的終極型態看得比現在更清楚之前，我不會

* 作者註：俄國對希瓦的進攻一如之後的英國撤出喀布爾，都是災難一場。中亞的暴風雪讓裴洛夫斯基折損了半數的駱駝還有近半的將士，也讓俄羅斯有一代人不敢再染指中亞草原：希瓦直到一八七二年才被俄羅斯攻下，就像英國人也將近四十年不曾重返阿富汗。詳見 Alexander Morrison, Twin Imperial Disasters: The Invasion of Khiva and Afghanistan in the Russian and British Official Mind, 1839–1842（即將出版）。

輕易砸大錢蓋東西，就是是要塞也一樣」[49]。這讓英軍陷入了兩難。隨著冬寒如今在喀布爾河谷壟罩得愈來愈緊，某些官兵住在巴拉希撒堡內，其他人分布於喀布爾城牆內各個住宿處，但更多人只能在科希斯坦路上的營地帳篷中瑟瑟發抖。再者，舒亞正在對邁克諾騰施壓，希望英軍可以從易守難攻的巴拉希撒堡中撤出，因為他表示等他的後宮嬪妃從魯得希阿那抵達之後，如果英國士兵還在巴拉希撒堡內進進出出的話，他在阿富汗人的眼中實在面子掛不太住。由於奧克蘭爵士已經否決了建立一座像樣新堡的計畫，因此將領們逼不得已，只能臨時搭建一座湊數用的輕型營舍，問題是他們四周可不是孟加拉的恬靜稻田，而是阿富汗的窮山惡嶺。

我們並不清楚是誰做了這樣的決定，把臨時營舍蓋在一片肥沃平原上，四面都是灌溉溝渠跟有圍牆的花園，還任由若干阿富汗貴族可以由其堡壘上居高臨下地俯視。如某觀察者所言，「這簡直匪夷所思，任何政府，乃至任何一名或一群軍官那怕有任何一點實戰的概念或經驗，都不應該在一個半征服的國家之中，把自己的部隊部署在這種莫名其妙而且極為不智的位置上」。就連葛雷格——他可不是什麼戰術天才——都能一眼看出這種據點會讓人坐以待斃。他寫道，那是一個讓人很傻眼的據點位置：

那兒有一到多個堡壘與塔樓的方位可以俯視所有用來捍衛英國陣線的環狀工事……再者，就像是要讓當地民眾相信他們的征服者既不懼怕也不猜忌他們似的，其主要的軍火庫與倉庫，不論裡頭存放的是糧草或彈藥，都沒有被安排在被壕溝圍住的營地內部。相反地，一個不怎麼牢靠且未與營舍跟巴拉希撒堡一連的古老要塞裡被放滿了各種堪稱英軍安全命脈的物資儲備；且區區百名印度士兵在一名基層軍官的號令下，就被認為足以保護這些物資了。一個本身就被高度所扼制，被塔樓所俯視的營地，根本不可能對任何目標發揮控制力，也根本不可能隔著一條河流去維繫一座城市的內的秩序[50]。

但問題還不光在於這地點選得奇爛無比——這軍舍就連設計也令人大搖其頭。很顯然在葛雷格的眼裡，這急就章規劃出來的軍營有其格局上很大的問題，因為其將近兩英里的圍牆實在是長到讓人無法有效駐守，且其僅有的防禦工事不過是一處輕易便可攀爬的的低矮壁壘，外加一條談不上寬度的溝渠[51]。

但很神奇的是心思全放在狩獵豺狼跟舞台初登場的英國軍官們，竟少有人歸納出這麼顯而易見的結論。隸屬史金納騎兵團（Skinner's Horse）的詹姆斯·史金納上尉（Captain James Skinner）作為奉命管理軍需的年輕英印混血軍官，確實曾指出物資應該要放進軍營的圍牆以內，但他得到的卻是來自威洛比·柯頓爵士毫無建設性的回應說「沒有這樣的地方可以給他，因為他們忙著蓋弟兄們要住的軍營，誰有那閒工夫去顧及軍需的存放處」。

質疑軍營設計的另外一人，是亞伯拉罕·羅伯茲上校（Abraham Roberts），沙·舒亞兵團的指揮官。看著臨時軍營冒出頭來，他隨即意識到其選址完全沒有道理可言，更別說其營舍圍牆頂端的步道並未預留射孔或突堞的設計，而這就讓其在遇到攻擊時多少陷於不利。他手書一封向孟加拉工兵團的約翰·史都爾忒中尉（John Sturt）點出了這個問題，畢竟史都爾忒是營舍的設計者，但對方卻只很乾脆地回應說他無能為力。「您的建議為時已晚，」史都爾忒寫道，「因為我已經鋪下了半數的地基。我不懂什麼便宜行事不便宜行事——我就是呈交了一分計畫給邁克諾騰爵士；計畫有沒有交由他的軍事幕僚審議我不得而知，但既然我沒有聽聞任何異議，我就當作是上頭已然默許，開始趕工了。現在我們能做的只有盡人事聽天命，再去質疑這是否是權宜之計已經無濟於事。」[52]

雪上加霜的是阿富汗人的自尊心正開始遭到嚴重的冒犯，原因是愈來愈多英軍軍官與阿富汗女性產生了情愫。其中最引人矚目的一對英阿結合可算是勞勃・瓦伯頓上尉（Robert Warburton）與沙・賈漢・貝甘，須知貝甘除了面貌姣好，身分上還是多斯特・莫哈瑪德的姪女，而柏恩斯與史都爾忒中尉都見證了這段姻緣*。在同樣敏感的另外一對中，男方是卡拉特政治專員林區中尉（Lieutenant Lynch），女方則是在地吉爾宰酋長瓦魯・汗・沙瑪爾宰（Walu Khan Shamalzai）的美豔妹妹。不過要說到最讓人無法視而不見的，還得算是在喀布爾風生水起的特種行業，畢竟眾多單身官兵也有需求要獲得滿足[53]。「英國人無恥地喝下了淫亂的美酒，」米爾扎・阿塔寫道，「他們忘記了任何行為都有其代價與獎懲——所以不久之後，天子腳下之春日花園就凋萎在這些醜事交織的秋天……貴族不住相互抱怨，『日復一日，這些英國人害我們暴露在詐欺、謊言與恥辱之中。很快地喀布爾的婦女就會產下雜種的猴子——丟死人了！』但沒有人去做任何處理。」[54]

從佔領喀布爾提供的機會中拿到完整好處的人，其中一個就是亞歷山大・柏恩斯本人。他如今已遷回了在市中心曾經的寓所，好好地裝潢了一番，這包括他去市集採買了俄羅斯的鏡子，刮除了背後的水銀，就此成就了全喀布爾第一棟裝有玻璃的房子。由於在賈拉拉巴德的邁克諾騰正一天天挑起更多政務，柏恩斯發現自己手上多了不少空檔。「我成了個錢多事少的閒人，」他寫信給朋友說。

我只是紙上談兵地給出意見，但從來不用傷腦筋執行的事情……我現在的座右銘是：不說話沒人當你啞巴；錢放進口袋才是真的；一切聽令行事就好，別人自會對你滿意……但我日子過得非常愉快，若說心寬體胖與神清氣爽是健康的具體表現，那我一應具全。早餐我對外開放已經很久了。床褥會在八點鋪好，接著有半打軍官會找上門來，因為他們忍不住想跟人共同鑑賞一下罕見的蘇格蘭早餐，包括當中的煙燻魚肉、烤鮭魚、魔鬼蛋、果凍，然後用雪茄吞雲吐霧直到十點……每週一次我會主辦一場八個人的派對，而由於印度河這好傢伙不僅是流通了商業，也帶來了奢侈品，因此我可以以高於孟買三分之一的價格，在朋友面前擺出香檳、霍克德國白酒、馬德拉葡萄酒、雪莉酒、波特酒、波爾多粉紅酒，還有怎麼能忘了一路從亞伯丁（Aberdeen）†運來的氣密密封鮭魚與雜燴。那真的是天殺的美味……[55]

如果阿富汗的流言蜚語可以稍做參考，那他就絕對不是「魔鬼蛋跟果凍」就可以滿足的人。向來忠心耿耿的莫漢．拉勒直言柏恩斯他自行帶來了「專門服侍他的」喀什米爾女子大軍，還說他不與阿富汗的女人私通，只不過喀布爾的傳言還是堅持不這麼想[56]。「柏恩斯比誰都無恥，」米爾扎．阿塔這麼認為。「在他私人住處，他會跟他的阿富汗情婦泡在情慾與歡愉的熱水中共浴，

---

* 作者註：瓦伯頓夫婦的愛情結晶，日後長成了上校勞勃．瓦伯頓爵士（Colonel Sir Robert Warburton）而他也善用自身的跨文化背景與雙語能力，在一八七九與一八九八年之間的開伯爾山口擔任了英屬印度邊境軍的統帥，並在當地創立了開伯爾步槍隊（Khyber Rifles）。見 Robert Warburton, Eighteen Years in the Khyber, 1879–1898, London, 1909.。

† 譯註：蘇格蘭城市名。

這對男女會用輕佻作樂的法蘭絨跟儂我儂的滑石互刷身體。還有兩名也在他情人之列的曼薩希博（memsahib）*也會加入他們。」[57]

這類謠言很快就開始讓喀布爾民眾與佔領部隊之間原本還不錯的關係開始變質。喀布爾原本就有一處低調的紅燈區位於由印度樂師與舞者所佔據的區域，地點就在巴拉希撒堡的牆垣不遠處，但其現有的阮迪（rundi）†的數量遠遠不足以滿足駐軍中共四千五百名印度士兵跟一萬五千五百名隨營平民所創造出的生理需求，由此愈來愈多阿富汗女性都開始因為有快錢可賺而前往英軍軍營「一日遊」。這種現象蔚為風潮，以至於英國人開始寫起打油詩來描寫阿富汗女人的唾手可得：

布卡罩袍底下的喀布爾人妻，
沒聽說過誰沒有個情夫[58]。

莫哈瑪德・胡珊・赫拉提寫道：

沙阿陛下接獲支持者的通報說女性為娼的市場蒸蒸日上，還說這些妓女夜以繼日在眾目睽睽下用馬載進了英軍軍營中。她們身著精美的服飾、珠寶與妝容，坦蕩蕩且如入無人之境地在營舍進進出出，由此誰也不好說她們究竟是出身高貴還是普通的窯姊——這種種發展掏空了社會良俗，還有立國的基礎。首先揭發了這種敗壞風氣，並將之栽贓到沙阿陛下頭上的，正是巴拉克宰那些偽君子，他們巴望著可以藉此撩動普通老百姓的道德怒火。陛下跟邁克諾騰提起了這個問題，結果沒怎麼經歷過巴拉克宰人是如何不講信義跟卑鄙的邁克諾騰只是簡單答道：「不讓阿兵哥尋歡，那些可憐的孩子會生大病！」國王陛下回說：「即便如此，至少在這個王國的境內，這些士兵還是最好能有點規範，還是要尊重一下道德上的外在觀感！」[59]

費茲・莫哈瑪德在後來的《光之史》中提到這種日益不把阿富汗尊嚴當一回事的做法，正是阿富汗人與新政府疏遠的最大主因。

沙阿的支持者作為先知（穆罕默德）教法的追隨者，深知是這種丟人現眼的行當扯下了宗教尊嚴的面紗……他們向沙阿抱怨，而沙阿又告訴邁克諾騰，「你最好是能靠著懲戒去阻斷這個市場中的商品流通。否則這棵邪惡之樹將結出腐敗的果實」。但威廉・邁克諾騰爵士只把沙阿的話當成耳邊風，很快就忘得一乾二淨……在那之前，大家還不怎麼知道關乎國家大事或跟軍務有關的問題，沙阿其實毫無影響力。但如今巴拉克宰開始大肆宣傳起事情的真相說，「沙阿只在名義上是沙阿，他對國政完全插不上手」。再者為了有利於他們自己，巴拉克宰人會誇大英國人的角色重要性。危險地玩著叛亂之火的他們甚至會嘲弄起他們的鄰居。「就連你們的女人，」他們說，「都不屬於你們。」[60]

* 譯註：女版的薩希博，字首 mem 源自於 ma'am，意指住在印度的上流白人女性，尤其是英國紳士的女眷。

† 譯註：印度俚語，「娼妓」之意；可查詢字彙章節。

在一八四〇年三月，沙．舒亞從他在冬季的住所回到了喀布爾，朝廷重新在巴拉希撒的亭閣召開。照講多斯特．莫哈瑪德如今已被關押在布哈拉的地牢，沙．舒亞與其英國支持者便有了真正的機會可以鞏固他們的共同統治。但實際上的發展確實隨著春暖冰融，英國與薩多宰這兩個存在矛盾的政治實體所展開的是相互的較勁，他們爭的是這個國家的控制權。同一時間，外界也益發意識到實際上在主導新政權的不是舒亞，而是邁克諾騰。

爭端的起點不在於個性的衝突：邁克諾騰仍舊跟以往一樣對沙阿死心踏地。「長年與陛下的相處，讓我了解了他的個性，也讓我發自內心相信在他所統領的全境，都找不到比他更能幹、更完美的人了，」他在從賈拉拉巴德返回後寫信跟奧克蘭爵士說。

除了禮拜四，陛下每天早上都出席大約兩小時的朝會，期間他會以無以倫比的耐心聆聽酋長們的心聲，其中有一天會特別騰出來讓每一個宣稱自己的案子被轉介完仍未獲得當局平反的人暢所欲言。雖說正義的執行十分嚴峻，這一點從寥寥數日前的一個殺人案中即可看出，當時嫌犯就是大費周章才獲得特赦，但陛下甚是慈悲為懷且宅心仁厚，且若人君的個人特質可以確保其人望，則沙．舒亞絕對有條件做到這一點[61]。

惟此時確實有若干政策議題加上政治權力單純一分為二的現實，緩緩地在讓沙阿跟他的英國靠山漸行漸遠。一如莫漢．拉勒所言，「我們既沒能把權力的轠繩握在自己手中，也沒完全將之交到沙．舒亞．烏爾—穆爾克的手裡。透過內部運作或不為人知地，我們干預了大大小小的事務，違背了我們與沙阿合作的條件；但對外我們卻戴上一副中立的面具」。此舉激怒了舒亞，也令民眾失望。「沙阿開始嫉妒我們的權力，也嫉妒他認為我們食言而肥，一天天出於私心而從他那兒偷走的影響力。他更懷疑阿富汗百姓全都視我們為這片土地上真正的君王。」[62]

沙阿與英國的第一點矛盾，在於雙方對軍方的歧見日深。留意到固守阿富汗的龐大開支，還有這一點是如何開始讓東印度公司帳目上的小賺變成大虧後，奧克蘭爵士接到了倫敦的三令五申地要培訓一支有戰力的阿富汗國民軍給舒亞，屆時東印度公司就可以撤軍回印，而舒亞也能安心且有能力捍衛自己。「我已經盡心讓邁克諾騰了解他必須不遺於力去鞏固沙．舒亞的權力基礎，」身為總督的他如此寫道，「包括讓他的部隊具有戰力，也讓他的政府獲得民意基礎，（畢竟）我們的正規軍不可能滯留超過本季……」[63]奧克蘭也將這一點向沙阿據實以告：「我已經做好準備要讓英軍留在阿富汗，不讓誰在此妄圖生事，但陛下您也深知我意欲在安全無虞的前提下盡早撤軍，且在那之前我們將組建陛下的軍隊，讓您完全可以倚靠這支兵力去維繫王國在阿富汗的合法統治。」[64]

這種規劃在西姆拉當局看來，或許無可挑剔，但在喀布爾，舒亞很清楚邁克諾騰把資源從向舊部落徵召騎兵導向職業常備步兵正規軍的策略，讓他失去了對酋長們施恩的主要工具。對阿富汗的貴族而言，沙阿就是有責任要授與他們金錢、土地與產業來交換他們提供騎兵。這個體系無疑是腐敗的：「幽靈清冊」讓部落酋長可以在募兵時以少報多，濫領補助。但這也不啻是一種黏著劑般的存在，鞏固住了地方上部落領袖對中央政權的忠誠。在以犧牲酋長為代價，打造出一支訓練有素的現代化軍隊的過程中，邁克諾騰形同奪走了沙．舒亞僅有真正能回饋貴族支持的手段，也損及了其最重要追隨者的權力與財富。

惟儘管如此，邁克諾騰依舊堅持推動改革到底，並強調這麼做的利益與節約比起牽涉到的風險，稱得上利大於弊。確實，中央政府付給酋長的款項從一八三九年的一百三十萬盧比降到兩年後的一百萬盧比，降幅達到四分之一，其中最大的降幅落在阿富汗東部那些掌控了喀布爾與開伯爾之間重要山口並維持著其秩序的吉爾宰部落。更糟糕的是這些酋長有種自然的想法是希望富有的菲蘭吉（外國人）可以讓他們得到的補助不減反增。而期待愈高，被背叛的感受就愈強，特別是當他們看到烏茲別克的詹巴茲（Janbaz）與哈扎拉的哈齊爾巴什（Hazirbash）兩新兵團所收到的新兵並非來自貴族，而是如莫漢．拉勒所言，盡是些「低賤卑微之人」，心中就更不是滋味了。等酋長們抱怨起此事時，經柏恩斯提拔並由邁克諾騰指派去主持改革的勞勃．賽利斯柏里．崔佛上尉（Captain R. S. Trevor）這個手腕與人望俱無的年輕人竟未經修飾地直言「兩年之內，所有軍事階層的酋長都應該被屏除在他（沙阿）的人馬以外。至於在那之前收到的任何補貼款，都應該被視為一種慈善」。這是非常嚴重的事態。對整體傳統秩序造成了威脅，而且還奪走了阿富汗部落領袖的所得來源，邁克諾騰成功疏遠了許多舒亞的天然支持者，他們原本可都是很樂見薩多宰人班師回朝的。面對這個最有條件動搖沙．舒亞統治的族群，這種政策設計顯然做不到收買人心[65]。

兩名堅決的尊王派貴族尤其不滿於英國人是如何在侵蝕他們眼中屬於自己的傳統權利。這兩人出身於不同的背景。阿布杜拉．汗．阿恰克宰（Abdullah Khan Achakzai）是名年輕的戰士貴族，來自該地區最強大也最顯赫的家族。在艾哈默特．沙．阿布達利治下的杜蘭尼帝國早年，他的祖父曾經跟多斯特．莫哈瑪德的祖父是爭奪瓦齊爾職位的對手，同時阿恰克宰人也從來就不熱衷於給巴拉克宰人太多好臉色看，但以位於坎達哈南部那固若金湯的阿布杜拉要塞（Qila Abdullah）為基地，阿恰克宰硬是控制了大片疆域，由此多斯特．莫哈瑪德向來小心翼翼在爭取他的支持。

相較於阿恰克宰，年長的阿米努拉・汗・洛加里幾近是白手起家：他的父親在帖木兒・沙的時期當過喀什米爾總督底下的高階行政官員，但他是靠著本身的聰明才智與對薩多宰家從沙・扎曼、沙・馬赫穆德，乃至於沙・舒亞一路忠心耿耿，才開始控制位於喀布爾南邊，廣大且屬於戰略要地的洛加爾一帶，以及喀布爾北邊的科希斯坦，乃至於控制由南進入喀布爾各要道的科爾—喀布爾山口（Khord Kabul Pass）。如今的他雖垂垂老矣，但老而彌堅的他依舊大權在握，這包括他控制了不在少數的資金，而且還坐擁他自己的私人民兵。

這兩人作為死忠的薩多宰尊王派，天生偏好沙・舒亞的政府多於多斯特・莫哈瑪德的統治自然不在話下，但他也強烈反對身為異教徒的英國人踏上他們的土地，並決心不論是卡菲爾拿出什麼樣的新鮮玩意兒，他們都不放棄自己報效君王於上，發餉給廣大追隨者於下的權利。根據莫漢・拉勒的描述，當他們去向崔佛上尉抱怨薪餉被苛扣時，崔佛羞辱了他們，然後把他們轟了出去[66]。以這兩人的身分地位，降貴紆尊還得受到這種對尊嚴不可接受的傷害。他們前去向沙阿申訴，沙阿說完很同情兩人後要兩人去找邁克諾騰，但邁克諾騰表示愛莫能助。不久之後阿米努拉「被要求要麼辭去（所屬區域的）酋長一職」，要麼「增加他的上貢金額」[67]。阿米努拉不接受這樣的勒索，結果他對所屬區域的控制權就被收了回來[68]。自此阿布杜拉・汗・阿恰克宰與阿米努拉・汗・洛加里就成了英國在喀布爾遭到反對的兩大中心。兩人就這麼揣著心計，等著復仇的時機成熟。

舒亞本身也有理由對邁克諾騰新設的阿富汗國民軍抱持猜忌，尤其是他不清楚一支由英國人訓練並擔任軍官的部隊，到底會不會服從於他。一如他對奧克蘭所點出的，光是直屬於他的沙・舒亞兵團就有點不太甩他了。「我跟軍中許多的軍官都談不上認識，」他寫道。「我也不瞭解他們身負的職責究竟為何。他們似乎也並無自己是我所部的認知。我會希望你們用心良苦交由我管制的軍官與各營可以明白他們歸我指揮，如此這個國家的百姓也才會覺得這些隸屬我的人馬真的是國王的僕役。」沙阿補充說：「這個國家的皇權已經懸缺長達二十九年了，而其結果就是叛亂四起與氏族各自為政……我因此希望全體軍官與各營可以徹底聽我號令，好讓他們與百姓間建立起良好的氣氛，也讓民眾心中的猜疑能一掃而空。」[69]

對沙阿來講，無力控制手中軍隊讓他比什麼都更有一種無力感，而他也因此在這期間陷入了深深的抑鬱。「他經常在宮殿裡倚窗而坐，」杜蘭德寫道，「任由時光流逝，也任由這座城市與這片平原上的人事物在他無神的眼中更迭。有回就這樣大半晌默不作聲後，沙．舒亞開口說的是『一切在他看來都縮了水，都變得微小而淒涼，他還說活到這把年紀，喀布爾已經沒有一處能對應他年輕時對喀布爾的記憶』。」[70]即使是長年麻木不仁的邁克諾騰都注意到「陛下近來的精神十分委靡」[71]。

舒亞固然很想控制住新兵團並一展君威，但他也心知肚明不靠英國的金援他養不起這麼大的一支部隊。長久以來想在窮困、分裂且動盪的阿富汗維穩，得辛苦找錢養兵就是統治者的宿命。老杜蘭尼帝國募集軍隊，靠的曾是向喀什米爾與信德等富裕的印度河支流流域徵稅。由於這些地區已經不再屬於阿富汗，阿富汗的統治者都只能勉力不讓稅負重到讓相對貧瘠與少產的僅存區域受不了，然後在這個前提下籌錢付餉給部隊：「曾經在薩多宰統治的時代，每個家族與部落都有一號地位崇高的人物，而他們底下的騎兵開支則由旁遮普、信德、喀什米爾、木爾坦，還有部分呼羅珊等藩屬的上繳支應，」舒亞對奧克蘭解釋說。「如今各家族都有十到二十個人此起彼落地要求被冠以酋長的榮銜。我想不出化解之道，只能求總督閣下好心幫我一把。」他接著補充說：

多斯特·莫哈瑪德·汗即便習於壓迫與強取豪奪等手法，也照樣入不敷出。他之所以在怨聲載道中眾叛親離，就是因為整場仗打下來，官兵長達半年沒領到薪餉，僅有的報酬是羊毛織物。換成我去養著跟多斯特·莫哈瑪德一樣大的軍隊，那我跟他就沒有差別了；如果我養著比他更大的部隊，那這個國家的收入一定不夠軍隊的支出，我也將沒辦法讓部隊獲得溫飽；如果我的軍隊比他小，那每天愈聚愈多，請求要為我效力的民眾又會失落。由此陷入麻煩的我日夜都在苦惱。看著要付給官兵們的薪餉，我除了依靠總督閣下您的幫忙以外，也真的走投無路了[72]。

如果說是軍隊改革是讓邁克諾騰與舒亞產生衝突的第一個問題，那麼另外一個問題就是對舒亞忠心不二的幕僚長穆拉·沙庫爾，因為柏恩斯與邁克諾騰都發現這人愈來愈跟他們唱反調。「不論是公開或私下賺到的錢，都被他加進了沙阿的庫房，」莫漢·拉勒寫道，

因此他深受君上信任。但穆拉·沙庫爾年事甚高，完全不適任這麼高的職務。他的記憶力已經退化到不過一天沒見面，他就會認不出曾經相識甚深的熟人；不過他倒是完全能理解我們與君上所簽協議的內容，由此他深知根據協議，我們無權接手這個國家的行政治理[73]。

早沙·舒亞對邁克諾騰與柏恩斯干預其內政感到不耐之前，穆拉·沙庫爾就曾一面嘗試抗拒英國人插手阿富汗國務的日常運作，一面維繫舒亞真正在主持大局的表象。「只要穆拉·沙庫爾在任一日，陛下能對王國與軍隊事務稍加置喙的體面假象就會一直維持下去。」莫哈瑪德·胡珊·赫拉提寫道。

比方說小麥價格規定只能以固定的價格販售，但某個商人卻藐視此規定而遭到穆拉・沙庫爾以喀布爾助理總督的身分懲罰——這時只要亞歷山大・柏恩斯派他的查普拉西（chaprasi）*過來抗議說這小麥商是他罩的，那原本在押的此人就會順利獲釋。經由這種手法，穆拉・沙庫爾想要維護的是沙・舒亞政府的統治正當性。但柏恩斯與邁克諾騰並不樂見自己的權威以任何形式受到挑戰，也不想花心思去顧全政府施政的各種細節，由此這兩人便日復一日把穆拉視為了他們的眼中釘[74]。

隨著一八四〇年由春入夏，沙・舒亞政府的聲望與運作並不只受到上述這一件事的侵蝕。許多人於此時開始抱怨起舒亞那種有距離感的風格，主要是那與多斯特・莫哈瑪德刻意營造的親民態度形成了鮮明的對比。舒亞向來的行為模式就是他愈感覺到自己的地位不若以往，就愈希望在眾目睽睽下展現他的高人一等。於是在一八四〇年，就在他感到權柄在從手中流失的同時，我們開始讀到一些報告指出國王與他的朝臣會在喀布爾一帶天花亂墜地長篇大論。舒亞君臣的「瘋狂排場」讓人「丈二金剛而難以言喻」，與此時跟他們打上照面的畫家詹姆斯・拉特瑞寫道。朝他迎面而來的皇家單峰駱駝「從挽具上垂下掛著的搖鈴，配合牠們夢幻的步態有節奏地叮噹作響，伸長了的脖子上則有流蘇等飾物。牠們總共有上百頭」，其中許多都背負著妝點著綠色與緋紅色旗子的小砲，由駕馭駱駝者隨興發射：「縷縷硝煙隨風飄送，駝騎燒了個焦，在在都讓那些貌似天降神兵的砲手樂不可支」。隨著震耳欲聾的駱駝砲兵行過，出現的是皇家種馬「閃耀在金布與珠光寶氣的馬衣中」。再後頭則是皇室的大小官員，劊子手，還有負責執旗或移動樂譜、刀劍、鍋鼓之人頭戴他們的緋紅色多角尖帽，人多勢眾地邊把路塞滿邊開路前進，就像是以創造混亂的方式在維繫著秩序。成群嘈雜的阿富汗馬跟在人後，全身從頭到腳都有著飾羽與武裝。他們敲響著鍋鼓，有浮雕跟裝飾的家具則在他們掃過時鏗鏘作響，後頭還有群裸腿長髮在打理馬匹的少年跑者。跟在他們之後是英國公使身著藍色與銀色制服的護衛中隊在昂首闊步，接著才是——陛下本人。

沙阿本人不可一世地乘於馬上，坐姿甚是挺拔，全身沒有一寸不望似人君。皇家絲絨王冠伴隨其在冠頂分枝，由翡翠墜子組成的垂葉，環繞在沙阿高聳的眉梢，讓他的雙眉在一道價值不菲的珍寶間閃閃發亮。他身穿合身的紫色緞袍，袍上繡有黃金與寶石，並從肩膀到腰間都綁著以大片珠寶製成的臂章。此外畫龍點睛的，則是一雙尖趾鐵跟的鮫皮靴子，以及上頭掛有伊斯法罕彎刀，平整俐落的喀什米爾圍巾腰帶。沙阿本就是個有著盛世美顏的男人，如今再加上一番講究的打扮，結果就是旁人完全猜不出他的年紀。他容貌中的展現出的性格，是目空一切裡融合著憂鬱，而他一貫濃密的眉毛、修長的深色眸子，還有漆黑的鬍鬚，更是讓這款表情的效果放大了十倍。

拉特瑞看得目瞪口呆，並注意到喀布爾的民眾也做不到無動於衷：「隨著皇家隊伍掃過狹窄

* 譯註：戴有官方徽章的僕人或信差。

而蜿蜒的街道，每扇窗戶、每道門徑與屋頂都擠滿了圍觀的群眾。」但這些民眾並沒有在為他們口中的「菲蘭吉國王」歡呼。事實上他們完全沒有表現出一點「興高采烈或忠心耿耿」，而只是「帶著默然的定見」在冷眼旁觀，「一動不動地站著數算隊伍中的人頭，雙手抱胸。唯一稍能打破現場靜默的，只有想靠前讓自己的聲音上達天聽的一名訴願者、騎兵的馬蹄聲，外加有名官員在高呼沙阿中的沙阿作為杜蘭尼王朝的珍珠，有何等的權柄、長才與威嚴」。另外一名官員出身的畫家洛克耶爾·威利斯·哈特（Lockyer Willis Hart）把話說得更白：「這種讓阿富汗人恨之入骨的形式與儀典，是國王三不五時會玩到過火的僻好。」[75]

厭惡這一套的不只是大街小巷的民眾。不少酋長都眼看著舒亞那並非一般的皇家作風與那當中的浮誇與隔閡感，而感到受辱與被小瞧：「相比在前任的領導者（多斯特）治下，貴族受到的待遇可謂無微不至，君臣幾乎沒有上下之分，人們能享有的影響力也很大。」韋德上校的芒西沙哈瑪特·阿里（Shahamat Ali）在記錄中寫道，「而如今……他們發現自己連想見上沙阿一面都難如登天；且就算是有些人能靠討好宮中的門房見到主上，他們也只能必恭必敬地拱著手，站在距離沙阿很遠的地方來表示崇敬，而且還經常一句話都還沒跟國王講，就被迫從朝堂上退下。」[76]也是出於同樣的原因，舒亞直屬兵團的英國軍官都很厭惡伺候他們名義上的雇主。如同柏恩斯試著向沙阿解釋的，「（您）可以設法解決英國軍官都不出席朝會的問題，辦法是選定每週一天由沙阿固定接見他們，免得他們老是人來了卻要一等大半天，最後也還是沒能見到國王的面」[77]。

惟比起這些，邁克諾騰也坦言的最大問題是舒亞的清譽正一點一滴因為他與英國異教徒持續糾纏不清而蒙上汙點，還有就是愈來愈多人開始相信他就只是英國人的傀儡。「陛下被奇特且複雜的困難中整得十分辛苦，」邁克諾騰寫信對奧克蘭爵士說，其中最值得提的就是他與我們的關係。我們將他送上了王座，但我們這麼做的動機無法在短時間被理解，甚至有很多人惡意要誤解我們的動機。宗教信仰的不同，自然是在地民眾抱持敵意的主因。阿富汗人是一支非常不能接受外來觀念的民族。而除了無法包容我們的信仰以外，他們也無法容忍我們的習俗，由此我們不得不在嘗試創新時如履薄冰，也不敢片刻稍忘一個體系即便本身十分優越，也不見得適於套用在這個國家，更別說要獲得在地人的感激。這麼做需要我們用至為謹慎的態度去掌舵，一方面要避免讓民間偏見的警鈴大作，一方面又不能讓政府繼續陷於我們初來乍到時所看到的那種愚昧樣貌中。[78]

對柯爾文來講，邁克諾騰發展出的是一個類似的主題：「您正確地臆測到了巴拉克宰具備最適合煽動的材料可以供人利用。在所有的道德特質中，貪婪、輕信與偏執是燃點最低的三種，而阿富汗人完美地集三者於一身。」邁克諾騰固然正確地點出了宗教差別是阿富汗反對新政權的核心問題，也了解穆斯林烏里瑪們正快速集結為反舒亞集團的主力，但他錯在將這些人的反對解讀為單純的擇惡「偏執」。這些穆拉（先生、老師）原本曾被招撫進英國—薩多宰政權，主要是聯合政權剛開始會支付薪水而跳出來支持沙阿的烏里瑪。但隨著時間過去，穆拉們開始有了好理由去厭惡起這個不論是施恩給他們的組織或協助修復他們的清真寺，都只會有一搭沒一搭地像在吃他們豆腐一樣，但更多時候都在向他們的「瓦基夫」（waqf）*遺產上下其手，以補足其稅收虧空

* 譯註：伊斯蘭教法中不可被人剝奪的捐獻；可查詢字彙章節。

的政權：引發最大恐慌的事件莫過於當英國人「竟過分到把篡奪之手伸向蘇菲派大清真寺阿什勘瓦阿里凡（Ashiqan wa Arifan）手中的遺產，那可是跟歷代先王都報備過的教產」。此舉尤為不智，是因為這座由佛寺改建而來的清真寺是老喀布爾最重要也最古老的崇拜中心，也是好幾代巴拉克宰人身後的埋葬之地。再者，控制此處的是兩個來自科希斯坦，實力與名望兼具的世襲奈克什班迪教團教團謝赫（sheikh）*——米爾．瑪斯吉迪與他的兄弟米爾．哈吉，其中後者還是普爾伊齊斯提禮拜五清真寺的世襲伊瑪目兼喀布爾烏里瑪，也就是當地伊斯蘭學者的領袖[79]。這兩人作為在地方上是舉足輕重的人物，原本應該受到英國—薩多宰政權無所不用其極的攏絡，將他們留在沙阿的統治核心才對。但實際上英薩政權所做的一切都在自絕於這兩位。

更糟糕的是英國人似乎在干涉穆拉的正義與執法。烏里瑪顯然不會喜歡被自以為是的邁克諾騰拿伊斯蘭教法對他們說教，要知道這時的邁克諾騰會在筆下口出狂言，「我完勝了那些穆拉，他們已經發自內心坦承我對穆罕默德之法的認識要勝過他們一籌」[80]。他們尤其受不了這些「荒淫無到的異教徒」是如何在帶著這座城市沉淪，每天看著這些嗜酒成性的英國與印度士兵在光天化日下飲酒作樂，在他們的街道上尋花問柳，更是讓他們內心產生了深切的反感。

跟這些保守派一起反對英國人駐紮的，還有阿富汗的貴族。一八四〇年夏，英國人攔截到一封由巴拉克宰大老兼前任白沙瓦總督蘇丹．莫哈瑪德．汗寫給他同父異母兄弟多斯特．莫哈瑪德的信，信中他抱怨說，「我真不知道該從何說起這些菲蘭吉是如何用各種手段在壓迫我們。有些人公開改信基督教，有些人下海為娼。五穀變得奇貨可居。求神讓這群該死的傢伙攆出這個國家，因為有他們在的一日，眾人便屏棄了宗教信仰與敦厚自持」[81]。

這種種的不滿都在一八四〇年七月浮上了檯面，主要是在米爾．哈吉的教唆下，烏里瑪開始在禮拜五的禱告中刻意不喊出沙．舒亞的名銜，理由是真正的國家領導人不是舒亞，而是那些身為卡菲爾的英國人。根據柏恩斯所言，沙阿立刻宣他到巴拉希撒堡，並這樣對他說：

在喀布爾城內，他日夜不斷受到的抨擊來自穆拉，也來自那些聲稱喀布爾的現狀根本不是穆罕默德王國的人。這些人會逼沙阿表態，問他認不認同他們想舉事反英易如反掌。當然，陛下表示，我已經努力在矯正這些人的偏差看法，並為此向他們保證說英國人跟我是同心同德。但我實在不敢奢望能真正說服他們轉念，畢竟都城裡的駐軍並不是我的子弟兵，他們的行動我也一無所悉……陛下表示把英總督送來供他使用的官兵稱為他的人，單純就是自欺欺人，畢竟這些軍官從來都跟他保持著距離，甚至一舉一動跟他也不似君臣。陛下說這也難怪他的子民會愈來愈覺得他就是個傀儡（他用的字眼是 moolee，也就是白蘿蔔†），愈來愈覺得他在自己國家裡都沒有尊嚴……[82]

也大約就是在這個時候，阿富汗國內一些比較敏銳的英國人已經意識到他們處境的微妙之處，還有他們所扶植之政權是如何有如風中殘燭。亞伯拉罕．羅伯茲（Abraham Roberts）開始擔心起過於交通運補過長的距離、大幅縮水的英軍，乃至於散落在關鍵都會區裡的零星駐軍是如何難以對抗阿富汗人難保不會產生的叛意。他很快地就寫信給奧克蘭爵士，表達了他有多不放心「眾

* 譯註：長老、教長之意。
† 譯註：可查詢字彙章節。

多軍團散布在這個國家各隅，不受任何軍事上的調度，唯一對其進行管理的是政治部門，而軍團本身既欠缺足夠的判斷力，也沒有任何實戰經驗」[83]。在此同時，人在坎達哈的諾特將軍把帳算在邁克諾騰與其政治幕僚的頭上。「他們喝著粉紅酒、領著優渥的薪水、不管去哪身後都有一票跟班，」他對女兒們抱怨說。

所有人都靠著約翰．布爾（擬人化的英國），或者應該說是靠著與都斯坦那些被壓迫的耕田者供養。加爾各答庫房裡的盧比被用了個精光，身為好好先生的奧克蘭爵士只會批准認可，根本沒在把關。在此同時，這裡的一切都亂了套。我們成了民眾憎恨的眼中釘、肉中刺……這裡用人選材都是靠關係跟後台。一千零一個政客的行徑如出一轍，毀壞了我們的初衷，讓這個國家裡的每個歐洲人都露出了頸脖，上頭架著阿富汗人復仇心切的刀劍，由此除非幾個兵團能趕緊派過來，這裡到時會連見證同志如何倒下的倖存者都不存在。除了訴諸武力，我們別無他法可以迫使他們向招人怨恨的沙阿俯首稱臣[84]。

即便是平日裡樂觀成性的柏恩斯，都不免焦躁起來。「執政目標無兩日必有一變，」他私下對朋友賈可伯抱怨說，「未來的政策計畫不分外交內政，都撐不過一個禮拜。做一點是一點的模式成了主流。沒什麼談得上整體的規劃……我個人已經開始覺得（已經退休返回魯得希阿那的）韋德將是我們當中的幸運兒，因為他將遠離最終的分崩離析，要知道除非事態能掀開新的一頁，否則我們注定會一敗塗地。」[85]

聯合武裝反抗的第一道跡象，發生於一八四〇年五月，當時一支從坎達哈朝加茲尼行軍的縱隊遭到兩千名吉爾宰騎兵的襲擊。吉爾宰人很快就被擊退，還當場被殺死了兩百人，但他們收穫了一個教訓是在開放的平野上發動正面攻擊，並不是對付英國人最好的辦法。接著在八月中，也就是沙・舒亞以勝利者之姿進入喀布爾後還不到一年之時，英國人最害怕聽到的消息就傳進了這個首都。多斯特・莫哈瑪德從布哈拉的地牢中脫逃了。「在喀布爾的英國人正安逸地待在歡愉與慵懶的懷抱中，」米爾扎・阿塔寫道，「突然就聽說了埃米爾多斯特・莫哈瑪德・汗已經在一名民間商人的幫助下，從布哈拉脫身的消息。那名商人買通了被派來看管埃米爾的守衛——賄款金額據說在一萬盧比之譜。」

接續的報告指出埃米爾已經回到了北阿富汗，並舉起了聖戰的大旗。八月底，英國設於賽格汗的小型哨站不得不把駐軍後撤二十英里到巴米揚一個較好防守的據點。話說賽格汗位於昆都士一帶（Kunduz）*諸侯米爾・瓦里的領地邊境，而那的地形是由山谷下墜至北方平原處。更壞的消息是一支隸屬沙・舒亞的兵團竟在被派去襲擊埃米爾時變節加入了叛軍陣營。約莫在同一個時間，另一宗不怎麼相干的叛變爆發在科希斯坦，地點只在喀布爾北方幾小時的行程處，原因是當地的塔吉克人覺得沙阿沒有好好回報他們在一八三九年協助拿下喀布爾時的付出，同時當初當初承諾他們的事情也都沒有做到。†

* 譯註：位於阿富汗東北。

† 作者註：韋德曾鼓勵科希斯坦人起義，並承諾其辟爾（即領導人）米爾・瑪斯吉迪與哈吉・米爾兄弟如果他們照做，英國就會每年給他們五百托曼（toman；中亞貨幣名）的獎勵金，但這錢從來沒有給出去過。於是領導塔吉克人叛變的人，正好就是不久前將沙・舒亞從喀布爾的禮拜五禱告中除名的同一批烏里瑪成員。

短短一年，阿富汗人就發起了革命。對抗英國人的聖戰就此開打。

最完整描述了埃米爾是如何逃脫布哈拉的，莫過於史詩詩人們。瑪烏拉納・哈米德・喀什米爾講述了一個知名喀布爾商人汗・卡比爾（Khan Kabir）是如何帶領商隊來到布哈拉，然後聽聞了埃米爾被扔進地牢。因為感激多斯特・莫哈瑪德當權時的各種恩惠，

他全心全意想要促成埃米爾的獲釋
夜以繼日地尋找著出路
為了幫助埃米爾，他慷慨解囊
一擲千金地讓看守埃米爾的警衛成為金錢的囚徒
被埃米爾的的繩結給牢牢綁上後
獄卒便戮力為埃米爾效命，宛若被黃金收買的奴隸
埃米爾獲悉大門開啟
便伺機趁著夜色匆匆遁逃而去[86]

一同脫逃的阿克巴・汗還沒能出城就重新落網，但他的父親則順利重獲自由。在汗・卡比爾的幫助下，多斯特・莫哈瑪德喬裝成一名蘇菲派的法基爾（fakir）*，一如三十年前的沙・舒亞也曾在拉哈爾逃離蘭季德時用過這招。一開始埃米爾走錯了路，並在慌亂中害死了他被交付的馬匹，主要是他騎著馬兒誤入了荒蕪的崇山峻嶺，令其最終耗盡體力而步向了生命的盡頭。就在他隻身一人於高海拔的沙漠中找不到出路，即將喪失希望時，一支目的地是巴爾赫的駱駝商隊救下了他。「埃米爾獲贈一頭左右兩側都掛著貨簍的駱駝，」日後成為多斯特・莫哈瑪德首位立傳者的莫漢・拉勒寫道，

> 而他以身體微恙為由，鑽進了其中一個簍子中。在（他前一年被包圍後逮住的）齊拉格蚩，布哈拉政府的官吏因為收到埃米爾已經逃出城的消息後，所以懷疑他人可能就藏身在商隊中。他們一個個檢查了簍子，但沒有發現多斯特，原因是懂得見機行事的他用手邊的墨汁，將自己的灰鬚染成了黑色。告密的線人還因為謊報而陷官員於不義，受到了懲罰[87]。

在接下來的幾週當中，埃米爾繼續跟著商隊前進，但身無分文的他只能靠乞討度日。阿富汗的口述歷史中滿是各種埃米爾在旅途中歷盡劫難語苦楚的故事，包括有一部分被費茲・莫哈瑪德收錄到他的史書之中。「在沙赫—里・薩布茲（Shahr-i Sabz），埃米爾在一間破落的托缽僧客棧前下了馬，」他如此記載著。那裡散落著幾名漢子在坐著享用著奶茶。

* 譯註：苦行者、托缽僧；可查詢字彙章節。

飢腸轆轆的埃米爾在盤算著能否跟這些好漢討些茶喝之餘，選定客棧門口坐了下來。但那些不明何謂惻隱且自稱卡蘭答（qalandar）*的男人根本沒有一點聖人的本色，對落難的埃米爾沒有一句話，也不分一點東西給他。帶著依舊空空如也的肚子，他只好進了城，找上一個名叫穆拉．卡比爾（Mullah Kabir）的商人。這人來自喀布爾，在沙赫—里．薩布茲也成了家……他一見著埃米爾，就親吻起他的手，陪他回到自己的家。進了家門，穆拉就因為看到埃米爾一副托缽僧的打扮而難過到潸然落淚。他表示願意為供埃米爾差遣，能力範圍內的事他一概義不容辭。

在稍事休息後，埃米爾派穆拉．卡比爾去通知沙赫—里．薩布茲總督說自己已經進了城。

一得知此事，總督就直奔穆拉．卡比爾的家中，向埃米爾致上了最高的敬意，並安排他住進皇家賓館。在盡了各種地主之誼後，總督談起了布哈拉總督的可恥行徑，並表示願意派兵去討個公道。多斯特．莫哈瑪德謝過他的好意，但改請他提供七百騎兵陪他渡過阿姆河。總督對此答應下來，並準備了必要的補給與裝備，然後就指派了七百兵勇伴埃米爾同行[88]。

自此之後，埃米爾就開始轉運了。他渡過了阿姆河，平安地抵達了巴爾赫。途中經過北阿富汗的各個村落時，他意識到外界的風向在他身陷囹圄之際已經有了變化，主要是阿富汗人對於英薩政權的幻滅已經愈傳愈廣。「他沿路向旅人打探，」瑪烏拉納．喀什米爾在《阿克巴納瑪》中寫道。他想知道更多來自喀布爾與布哈拉的新發展。

一日他看見在眾多旅人之間
有個青年啟程自喀布爾

他問年輕人：「喀布爾的地頭現在是什麼狀態？
大家提到沙阿跟菲蘭吉的頭目有什麼評價？

他們對於是戰是和有什麼樣的計畫？
諸汗近況如何？他們是否一如既往……？」

青年答到：「喔，我深受眷顧的偉大領袖！
舒亞已非昔日的舒亞，他的心思已非舊時的心思

一如歷代先王他端坐在寶座上
但他既未統治這片大地，也插手不了國庫的金銀

* 譯註：蘇菲派的流浪聖人，直譯為神聖的愚者；可查詢字彙章節。

暗地裡他痛苦不已，他的靈魂氣力放盡
他這個國王，當得比還門房守衛更加窩囊。」[89]

最終，埃米爾抵達了米爾．瓦里庇護過他的喀馬爾，並發現瓦里的公子阿夫扎爾．汗（Afzal Khan）已經在恭候他的大駕。在喀馬爾，這名烏茲別克領袖再度表示願意伸出援手——米爾．瓦里能如今日這般有權有勢，全仰仗多斯特．莫哈瑪德曾經的照顧跟提拔——但他也同樣帶來了壞消息。埃米爾的兄弟納瓦布．賈巴爾．汗因為對埃米爾能逃出監獄之事感到絕望，所以不久前已偕埃米爾的後宮女眷降了英國。但埃米爾並未因此氣餒，反而在下定了與對方一戰的決心之後，再次公開對菲蘭吉宣戰。對於阿富汗的眾家詩人，這是一個豪氣干雲，值得紀錄的片刻：

他臥薪嘗膽，準備迎敵
並尋覓著他潰散的舊部
包括他的將士，以及揮舞著兵刃的各營
最終他召集了五百名騎士
在喀布爾，拉特．揚吉（Laat Jangi，軍隊總司令之意）邁克諾騰聞訊
得知英勇的埃米爾領兵壓境

由此為因應厲兵秣馬的埃米爾
以及他所率領的烏茲別克各營
窮兵黷武的拉特・揚吉邁克諾騰於是指派醫師
（帕希瓦・巴頓・洛德醫師〔Dr. Percival Barton Lord；一八〇八—一八四〇〕）
偕四十名將領率四萬兵力
以猛虎之姿展開追擊
打算將那勇武的雄獅一舉成擒
懷著滿腔熱血，他們在怒吼中
朝巴米揚挺進[90]

此時的多斯特・莫哈瑪德有一支不足千人的烏斯別克騎兵供他節制。帶著這支小部隊南進，他成功在第一處遭遇的英軍哨站就擊退了該處的印度士兵。不久之後，駐於巴米揚且由薩利赫・莫哈瑪德（Saleh Mohammad）指揮的阿富汗軍就叛逃變節，成為了埃米爾麾下的一員。

危機擴大的消息很快就傳至了喀布爾。「消息在英國士兵的心中注入了恐懼，」米爾扎・阿塔寫道，「國王的內心更是十分驚惶。事實上他被埃米爾找上門來的消息嚇得夜不能寐，只得來到巴拉希撒堡底層的御花園中耗著，此外他還令人在其王座平台的底部開鑿了一條隧道來供他遁逃。」不論此話是真是假，許多英國軍官確實把家人連同行李與財產送進了巴拉希撒堡來求全，而邁克諾騰一開始還拒絕發兵救援巴米揚，宣稱說喀布爾沒有多餘的兵力。然後他還發了一系列函文到西姆拉，緊張兮兮、疑神疑鬼地求援。「阿富汗人就像火藥，」他寫道，「多斯特就是根點燃的火柴……我們被奸細團團包圍。」[91]

但喀布爾害怕歸害怕，事實是埃米爾那一點騎兵仍不足以在一馬平川之地與訓練有素的東印度公司軍隊硬碰硬。等英國援兵終於在威廉・丹尼（William Dennie）的率領下北上到巴米揚，雙方才終於在九月十八日短兵相接。多斯特・莫哈瑪德控有扼住谷地入口的連環要塞群，並將騎兵安排在中路。他派兒子阿夫扎爾・汗指揮左路制高點的一翼，米爾・瓦里據守山谷另一側（右路）的高地[92]。但由於阿富汗人還在從錯誤中學習的階段，所以集中兵力在平原與裝備現代化火砲的英軍決戰，絕對是一個錯誤。英軍的馬砲可以隔著大老遠，就摧枯拉朽地讓還在衝鋒的阿富汗騎兵全軍覆沒，後者連伸手去掏槍的機會都不會有：

菲蘭吉軍瘋狂與盛怒中
片刻未耽擱就發動了進攻
突然之間整群敵軍
發動了宛如漫天瘴氣的攻擊
靠著彈丸與砲火

他們創造出天搖地動
菲蘭吉人在烈焰中出沒
就像地獄之火中的惡魔

看著戰局的走勢不利，加上自身大腿受到重傷，多斯特・莫哈瑪德下令收兵。此舉雖留下上百名將士曝屍沙場，但也讓他保留住得以改日再戰的主力。他此舉並非膽怯，更非撤退。事實上他一頭鑽進了羊腸小徑與乾涸的河床，翻山越嶺朝喀布爾而去，為的是與塔吉克的叛軍在科希斯坦合體。

勇敢歸勇敢，這畢竟是一著險棋。邁克諾騰已經派出柏恩斯偕「好鬥者鮑伯」勞伯・賽爾將軍率領兩支兵團前去佔領位於恰里卡爾的區總部（區是阿富汗的行站單位），而這些部隊如今已封鎖了埃米爾與科希斯坦叛軍之間的主幹道。再者，多斯特・莫哈瑪德在科希斯坦樹敵甚眾。僅僅一年之前，科希斯坦人就曾在英國人進逼喀布爾時起事反抗他，但埃米爾還是想賭一把大的，還是希望他們共同對於現行卡菲爾政府的新仇可以強過對彼此的舊恨。他先行派了特使去跟塔吉克的酋長接洽，並授權他的盟友，塔格布的薩夫・米爾（Saf Mir）去說服科希斯坦與古爾班德（Ghurband）的諸位謝赫與米爾可以團結在他的領導之下。由此當他的示好立刻就獲得了回應後，埃米爾大大地鬆了口氣。古蘭姆・科希斯坦尼作為《英雄史詩》的作者就出身此地，而他也記錄下了在本地人的記憶中，多斯特・莫哈瑪德的蒞臨在塔格布獲得何種歡迎：

第一個走上前來的是來自帕爾旺（Parwan）的常勝戰士
睿智而博學多聞的他名叫拉賈布·汗（Rajab Khan）
「您是埃米爾，而我們是您的僕人，」他說，
「我們在您的號令下俯首；
我們這些不值一提的陋室，這片岩石與薊花的土地
因為您的駕臨而蓬華生輝。」

在埃米爾的號令下，驍勇的反抗者
馳騁穿越了山地

他們不曾有片刻的休息與遲疑
也不曾在內心害怕菲蘭吉的攻擊
他們只害怕埃米爾會搶先他們一步逮到——
柏恩斯那個在恰里卡爾的混蛋傢伙[93]

緊接著便是為期數週的游擊戰，期間多斯特·莫哈瑪德突襲了政府的哨站，造成了傷亡，但

總歸他還是欠缺能與東印度公司大軍單挑的力量。在此同時，賽爾將軍系統性地掃蕩起叛軍掌握的村落，摧毀叛軍手中的林地與作物，圍困叛軍控制於達曼山（Koh Daman）週遭的要塞，而柏恩斯則嘗試買通科希斯坦的酋長，希望他們能變節並交出埃米爾。時至九月底，柏恩斯成功策動了米爾．瓦里與他的烏茲別克人與多斯特．莫哈瑪德分道揚鑣，讓埃米爾身邊只剩下區區數百名科希斯坦支持者，但他依舊逃脫了追捕。「埃米爾與英國人之間的戰鬥延續了兩個月，」米爾扎．阿塔寫道。「大大小小共計十三次交鋒，英國人一次也沒稍微瞥見勝利女神的可愛臉龐。反倒是埃米爾有如在打馬球一般，在戰場上射入了致勝分。最終英國人放棄了搜索，七零八落、半死不活地返回了恰里卡爾，大部分的物資與裝備還都沒帶走。」

根據莫漢．拉勒所說，不少這些莫須有的戰鬥與毀滅，都總歸是出於對形勢的誤判：科希斯坦的一干酋長都明言他們願意叫停叛亂，他們唯一的要求就是前一年的說好的事情可以被履行。其中一名格外重要的酋長，米爾．瑪斯吉迪．汗作為德高望重的納克斯邦迪教團辟爾，是該地區最具影響力的領袖，而他除了僅差一步就要投降，還出言承諾他會到喀布爾，「先前往帖木兒．沙的陵墓落腳，然後從那裡前去晉見沙阿與（英國）公使」。柏恩斯原本已經認可了這事，但「說話不算話的」賽爾與帖木兒王子卻前去圍困了瑪斯吉迪的要塞。剛一開始，這座要塞顯得並不是那麼好拿下，於是米爾．瑪斯吉迪便帶著身上的傷與心中的怨懟，趁隙逃到了尼吉洛（Nijrow 或 Nijrao）。他一走，要塞就遭到摧毀，他的家人遭到屠殺，土地則由敵人瓜分。要塞與所有居民遭到毀滅的手段是如此慘忍，嚇壞了科希斯坦人。「他們搗毀了牆垣，」古蘭姆．科希斯坦尼寫道，

金光閃閃的每棟房屋
妝點得就像春天的花園

他們縱火在門板與屋頂
讓其想傳遞的訊息被帶到天際

他們摧毀了中央的拱門
他們讓要塞淪為一片荒地

沒人看得到一點生機
不，沒人聽說過比這更令人痛心疾首的故事[94]

由此，莫漢・拉勒下了個結論，「我們永遠把米爾變成了自己的敵人」[95]。有朝一日，米爾・瑪斯吉迪會回歸故里，成功將英國人從科希斯坦驅離，還一個不剩地把殘存的英國駐軍追擊回喀布爾。與瑪斯吉迪為敵，是英國人在整場戰事中所犯下下一等一的嚴重錯誤。

十月中旬，事態益發惡化，主要是一整支接受英軍訓練的科希斯坦部隊從駐地恰里卡爾渡河投奔多斯特・莫哈瑪德[96]。莫漢・拉勒認為這是英軍在占領阿富汗期間的一次重大危機，畢竟能興風作浪的埃米爾還於外頭、科希斯坦陷於火海之中、各地部落隔山觀虎鬥，且「百姓與酋長都很不滿於我們未能恪遵與他們的約定與承諾」[97]。

最後的正面交鋒，同時出乎了雙方的意料。一八四〇年十一月二日，賽爾與柏恩斯在埃米爾的精心引誘下，穿越了潘傑希爾，與他們位於恰里卡爾的基地漸行漸遠。他們開始沿帕爾旺達拉（Parwan Darra）這個林木茂密的谷地而上。他們在此途經連成一氣的泥牆要塞，還有盛產杏桃的果園，為的是奔襲一處偏遠的叛軍堡壘，沒想到就在此時，消息傳來說多斯特・莫哈瑪德就在他們前方快馬加鞭而來。短短幾分鐘內，埃米爾與他的四百騎兵已經赫然出現在一片高地上，進入了英軍前方的視野中。賽爾的火砲位於後衛，所以不等眾人把砲拖過來，在縱隊頭部的一千人等，包括柏恩斯的摯友帕希瓦・洛德醫師——阿富汗詩人筆下的「達克塔」（Daaktar，Doctor 的音轉）——決定直接發動攻擊，英國軍官把馬刺一蹬開始衝鋒，卻等一切都已來不及了才發現他們自己的印度騎兵中隊已經掉頭逃跑。接下來發生的，是對阿富汗詩人而言，多斯特・莫哈瑪德光榮的得勝時分。

接著醫師就如煙霧般躍起
身邊跟著他所有好用鬥狠的騎兵
埃米爾打量著達克塔
狗養的那傢伙
而後他也縱身上馬
用有如燎原之火的全速

從花崗岩的山丘上直衝而下
而他一動作，騎兵也緊追其後
從劍鞘中抽出仇恨的利劍
他們毫無遲疑地一擁而上

他們撲倒了基督徒，
田野隨著菲蘭吉的血而溫熱起來

勇者的刀劍鏗鏘上達天聽
塵埃填滿了烈日與木星的眼睛

很快地大地便「因英雄之血而染成玫瑰之豔紅」。
英雄屠戮著菲藍之人
拚戰之日宛若世界末日

然後從他的鞍座底下，阿夫扎爾取出了他的手槍擊發

子彈射入了達克塔的體內
彈丸貫穿他的胸膛，從他的背後出現
他的肉體遭到撕裂，他的魂魄從體內流洩

英國人展開了撤退，「喀布爾的勇者急起直追」。

然後柏恩斯，當機立斷地命令他們
將火砲投入戰鬥

砲火的轟隆怒吼響徹天空
宛若雷鳴讓舉世震動

至此，篤信者的心靈為之一驚
黑暗降臨了大地

他們發現自己無能為力
一粒水滴要如何與湍急的洪流為敵？

阿夫扎爾與埃米爾於是也選擇撤離
他們從戰場中央直奔高聳的山地
然後在那兒選了個地方安營
讓剛經過試煉與盛怒的自己得以稍得歇息[98]

兩日之後的十一月四日晚間，惶惶不安的邁克諾騰在喀布爾郊外夜騎，與之同行的是軍務秘書喬治·勞倫斯以及一小隊騎兵。洛德醫師與其他軍官的死訊在前一日傳抵，緊接著又是四日下午來自柏恩斯宛若末日的函文，敦促他讓所有在喀布爾以北的英軍放棄據點，集中兵力拱衛首都。這一天就這樣在緊張的討論中度過了——各地部隊該不該朝喀布爾收攏？他們該不該集結第二支兵力北上？讓喀布爾流失更多部隊是否明智？「我們正朝著官邸走去，」勞倫斯回憶說，「突然一名騎士騎了過來，嚇了我們一跳。把馬插進我與公使之間的騎士問道『這位是否就是薩希博（主公）大人？』」

一聽到我說是，他就抓住威廉爵士（邁克諾騰）的馬轡頭大喊著，「埃米爾，埃米爾！」大吃一驚的公使急忙追問，「你說誰，什麼埃米爾？他人呢？在哪？」我立馬望向自己的身後，看到了另一名騎士在靠近我們。此人騎上前來，一個翻身下馬，把公使的馬鐙皮帶抓在了手中，然後將之貼上了其前額與嘴唇，作為順服的象徵。威廉爵士隨即也下了馬，並對埃米爾言道，「不必如此，歡迎歡迎」；然後領著他通過了官邸的花園，進到了他的房間。多斯特·莫哈瑪德一進到房內，就立刻行起了東方人那種五體投地的大禮，這包含他脫下了頭巾以額頭觸地。起身之後他交出了佩劍，以表歸降之意，並說「他用不著這玩意了」。公使當場就把劍物歸原主，並向埃米爾保證英國會念及他的苦衷，與長年跟英國政府作對的他盡釋前嫌。對此埃米爾回答說「那是他的命，他無從與之抗衡」。

多斯特·莫哈瑪德是個「孔武有力的壯漢，生著線條銳利的鷹勾鼻、高聳彎曲的眉毛」，以及不修邊幅的絡腮與八字鬍。「他……告訴我們在帕爾旺·達拉之戰以前，他便已下定決心要投降，即便在那場戰爭中得以苟且取勝，他的心意也絲毫沒有動搖……」勞倫斯補充說。「埃米爾在一一立起的營帳中獲得接待，並由我直接照看其人，而這差事可真是讓人提心吊膽。在歸我管的那兩晚，我幾乎徹夜未眠，三不五時就得爬起來去探探營帳，確定他人還在；多斯特終能安然落在我們手裡，感覺簡直像做夢一樣，要不是再三去他的帳篷裡確認，我實在很難相信。」[99]

英方若是對於埃米爾的自投羅網感到驚訝，主要是他們認定埃米爾似乎沒意會到自己與勝利已近在咫尺，但若從埃米爾的角度去看，他只是按照突厥—波斯人的常俗去投降，因為落敗的諸侯向興起中的區域王者投降，希望能藉此受其冊封，並不是什麼罕見的事情。十七世紀末時，杜蘭尼人與漢達基（Hotaki）吉爾宰人都曾以薩法維王朝的總督之姿崛起，而杜蘭尼帝國在其擴張的過程中，也經常重新指派地方領導人擔任他們的總督。這樣的體系為中央政權的延續與穩定提供了條件，而對於被擊敗的地方勢力來講，這則提供了保命的契機，還有日後隨著情勢改變，東山再起的可能性。

如莫哈瑪德・胡珊・赫拉提所言：「當英軍如海浪一波波向前挺進之際，他們曾放話說誰能獻上被抓到的多斯特・莫哈瑪德・汗，誰就能領到賞金兩拉克（二十萬盧比）。埃米爾想：『在這個為了一盧比就能謀財害命，所以五條命有可能只值五盧比的國度，被懸賞二十萬的我想要不被出賣，談何容易？』」隻身匹馬進入喀布爾以自己選擇的方式向邁克諾騰投降，代表埃米爾承認了在這個當下，逐鹿阿富汗的博奕已然底定，新的區域霸主已經出爐。他懷抱著的期望顯然是英國人遲早會重新啟用他為阿富汗的統治者，或至少一旦英國垮台，他將能有機會靠一己之力重返榮耀。事實證明他這是相當精明的算計[100]。

要將埃米爾送往印度的事宜很快就準備就緒。他會領到一份豐厚的俸祿，還可以跟現時被扣留在加茲尼的女眷團圓。眾人很快就有了個共識是沙・舒亞在魯得希阿那的故居應該提供給他，畢竟舒亞的妻妾不時就將動身前來喀布爾。讓人想不到的是埃米爾逗留喀布爾不過短短九天，邁克諾騰就與他交上了朋友：「交流與對話的燭火在兩人之間燒得明亮，」米爾扎・阿塔表示[101]。邁克諾騰甚至代表了埃米爾去與奧克蘭交涉。「我相信大家待他不會雞腸鳥肚，」他寫道。「他的案例被拿來與沙・舒亞相提並論；我見過有人主張他不該得到比陛下過往更優渥的待遇，但我們肯定不能依樣畫葫蘆處理這兩人。我們不欠沙阿什麼。他的王國跟王位遭到剝奪，我們完全沒有插手，但反過來說，我們確實是多斯特下台的罪魁禍首。他跟我們無怨無仇，他只是無辜了成為了我們為了自身政策而必須搬開的石頭。」[102]這已經是邁克諾騰在最大程度上承認了「英勇老埃米爾」在向來對英國人有好的狀態下，被十分莫須有地奪走了他的大位與王國。

埃米爾還很欣喜跟寬慰於他以不失尊嚴的方式降於了英國，包括他是如何在歸降之前以怕爾旺・達拉的表現證明了自身的勇武，由此他也調整好了心態要原諒柏恩斯，即使巴拉克宰陣營中

的所有人都視柏恩斯為一個陰險狡詐的納馬克・哈蘭姆（namak haram）*。柏恩斯在給朋友的信中寫道，

> 我與多斯特・莫哈瑪德的會面甚是有趣且極為熱絡。他完全沒有拿任何碴挑釁於我，反倒說我是他的朋友，還說他會投誠是出於我過往寫給他的一封信。對此我是不太相信，因為我們（在科希斯坦）挨家挨戶追蹤他，他想不投降都不行。但我希望我在那封信上，有替他爭取到兩拉克而不只是一拉克的年俸。揮別時我送了他一匹阿拉伯馬；至於他送了我什麼你知道嗎？他隨身，且惟一的佩劍，上頭還印著血跡。他將前往印度……並在魯得希阿那住下。在科希斯坦，我目睹了我們的砲兵沒能轟出破口，我們的歐洲士兵出擊未果，我們的騎兵沒能衝鋒建功，但上帝依舊把勝利賞賜給了我們……若能藉此契機展開新頁，則我們仍有機會將阿富汗打造成我們的屏障[103]。

埃米爾只在一件事上拒絕與英國人合作。邁克諾騰再三敦促他去跟沙・舒亞見上一面，但遭到多斯特・莫哈瑪德悍然拒絕，事實上就連沙阿送去給這位投降對手的食物，都被整盤退了回去——這在阿富汗的榮譽體系裡是莫大的侮辱。按照米爾扎・阿塔所述，「埃米爾面對邁克諾騰的請託勃然大怒，『我來見你的結果就是被當成俘虜還得流亡海外，這也就罷了。現在還要我去面見一個不惜讓祖國陷入紛紛擾擾與不幸的傢伙，對我有什麼好處？要不是打著國王的旗號，你們

* 譯註：直譯為「不純之鹽」的意思——這是很嚴重的汙辱，因為那代表的是這人背叛了主人；可查詢字彙章節。

英國人哪能獨自揮軍阿富汗』。」[104]費茲・莫哈瑪德把他的類似觀點，藉埃米爾之口說了出來：「我跟沙・舒亞沒什麼好談的，」埃米爾（在費茲筆下）對邁克諾騰說，「我自投羅網不是為了效忠於他。」邁克諾騰則堅持，「有鑑於他身為一國之君會有的顧忌，你還是去見他一面為宜。」埃米爾答道，「讓他登上大位的是你們，而不是懂得『拿捏鬆緊』去評斷人的芸芸眾生。如果民眾真在心中有把可放可收的尺，那你們就該停止以靠山的身分扶植他，屆時你們跟所有有識之士就會一目了然誰有資格為君，誰又能號令得了這個國家的菁英與百姓。沙阿要是有話想對我說，就勞煩他過來一趟，當著你們的面說」[105]。

英國人拒絕把多斯特・莫哈瑪德交給薩多宰人處死，讓舒亞氣不打一處來。他曾一連幾週敦促邁克諾騰派刺客去取埃米爾的性命，而如今他起碼希望這位宿敵可以雙目失明。但邁克諾騰對這件事連談都不願談。「陛下非常驚訝，並且無法理解何以多斯特・莫哈瑪德・汗會無禮地選擇拒絕上朝向他致敬，」莫哈瑪德・胡珊・赫拉提寫道。「埃米爾的一票黨羽與追隨者，乃至於還留在阿富汗的巴拉克宰宗親，都還是一派逍遙地過著日子，彷彿他們是剛皈依伊斯蘭的非信者，身上罪孽剛被洗滌一清！英國人對多斯特・莫哈瑪德・汗的派系暨部族那種破格的偏愛與照顧，很快就導致陛下的威望蕩然無存，讓他一瞬間好像重重從天堂掉回地上。」在此同時，赫拉提接著表示，「邁克諾騰對這位客人的無微不至，搭上他對於陛下權益的忽視，終將導致自身的覆亡——還是那句詩人說過的老話：『澤披惡人，就是在傷害忠良與有德者。』」[106]

十一月十三日，多斯特・莫哈瑪德・汗由兒子阿夫扎爾・汗陪同離開了喀布爾，原來多斯特之前給阿夫扎爾寫了封信，告訴他「自己在此備受款待與尊重」，並呼籲兒子也隨他一起歸降。

在賈拉拉巴德，父子倆與他們其餘的後宮眷屬重聚：多斯特・莫哈瑪德的九名妻室，還有他兒子的二十一名媳婦、一百零二個女奴，外加兩百一十個男奴跟侍從。這要是再算進開枝散葉的孫輩與其他親戚，一行人的總數將來到三百八十一人之眾[107]。隨著埃米爾受到的尊崇待遇傳了出去，前來投靠的人數不斷攀升。按米爾扎・阿塔所說，當整團人抵達魯得希阿那之時，「埃米爾的家族與眷屬是這樣一個數兒：二十二個兒子、十三個姪兒、二十九個親戚，外加四百個男僕與三百名侍女，合計一千一百一十五人加入了埃米爾的流亡行列」[108]。

巴拉克宰一族在十二月底終於抵達魯得希阿那後，喀布爾跟西姆拉都大大鬆了口氣。威洛比・柯頓爵士在其短暫擔任英國駐阿富汗軍事指揮官一職的尾聲，被賦予了護送埃米爾到他新宅邸的任務，而他甚至於在事後寫信給他的繼任者說，「你在這裡會閒得發慌，因為一切都已歸於平靜。」[109]

但實情是叛亂根本就遠遠沒有結束。阿克巴・汗，多斯特・莫哈瑪德最耗戰的一個兒子，才剛設法逃出布哈拉。他將一躍成為新的強大反抗中心，而且其殘酷無情、不擇手段與兵鋒之利，都將是其父親所難以匹敵。

CHAPTER 6 我們敗於無知

一八四〇年二月初，伊登一家從西姆拉南下返回加爾各答的途中，巧遇了他們在蘇格蘭的舊識威廉·艾爾芬史東少將。這兩家是世交，這位為人和藹、能力不強還笨手笨腳的老將軍——蒙特斯圖亞特的堂弟——上一次見到伊登一家，是在他位於蘇格蘭博德斯（Borders）的卡斯泰爾斯（Carstairs）莊園。此時隨著老太爺挪動身子下了轎，艾爾芬史東有點不太樂意他還得稍候一陣，才能見到晚輩奧克蘭。「自從一起去打過松雞之後，我就沒再見過奧（克蘭爵士）了，」他同艾蜜莉說，「現如今我想見上他一面，想求個一官半職，還得我親自開口，真是怪了。」[1]

這種失望的感受，其實是彼此彼此。若是艾爾芬史東有點不快於兩人的地位的十年河西十年河東，那伊登一家則是光見到艾爾芬史東的模樣就憂心忡忡。自從一起在「光榮十二日」（Glorious Twelfth）*時跨越邊境的石楠，還把槍枝夾在腋下的那段歲月以來，艾爾芬史東的健康狀況就江河日下，如今的他「痛風竟然如此嚴重，真是可憐！一支手吊著，腳還跛成那樣」，沒人扶根本沒法兒走，不然就是要拄著手杖。事實上他的氣色差到艾蜜莉一開始根本認不出他：「我印象中的他是『艾爾芬老爺』（Elphy Bey）†，以至於我一直沒有認出那是同一個人。直到上個禮拜，我的記憶才一股腦通通回籠。」[2]話說，她寫到，「我很少看到那麼嚴重的（痛風）病例」[3]。

喬治（奧克蘭）的擔心要更甚於艾蜜莉，只不過艾蜜莉是於私擔心他，而喬治則是於公不放心他，畢竟喬治才剛選了這人去指揮在阿富汗的英軍。這項派任會在威洛比·柯頓爵士離職後宣布；奧克蘭眼中的諾特將軍脾氣大、難搞，更完全不是個紳士，所以評估時被又一次跳過他；但，奧克蘭寫到，他「要怪只能怪他自己」。但從諾特的角度去看，他原本就擔心奧克蘭爵士在選材時的判斷力與階級偏見，而一發現自己輸給了「在跨過軍階門檻後能力最差勁的軍人」，他便感覺自己的擔心果然是對的。

諾特比誰都清楚，艾爾芬史東的問題不光是身子骨弱，而是一如女王手下許多同世代的軍官，他自從在二十五年前的滑鐵盧‡指揮過第三十三步兵團以後，就再也沒有上過戰場了。而他之所以在領了許多年的半薪之後，以五十五歲的年齡於一八三七年回歸現役，是為了償還不斷累積的債務。他的贊助人，也就是把他派到印度的同一個人，即日後因為下令自殺式「輕騎兵衝鋒」（Charge of the Light Brigade）而聞名於世的拉格倫男爵費茨洛伊・桑默塞特（Lord Raglan Fitzroy Somerset）[4]。艾爾芬史東對於拉格倫剛將他推入的那個世界既一無所知，也不感興趣。「他討厭那地方，」艾蜜莉說，「沒有人能跟他聊倫敦，也沒有人認識他口中的倫敦人，讓他覺得日子過得很慘，由此威（靈頓）爵士的一封長信讓他如獲至寶……興都斯坦語他自然是一竅不通，而他的副官也沒有比較好：『我們怎麼也沒辦法讓挑夫聽懂我們的意思，』他不滿地表示。『我有個會說英文的黑奴，但我沒法兒帶上他（到北印度）。』艾爾芬史東不太可能真的雇用到一個通曉興都斯坦語而毛茸茸的黑人，我想他指的應該是原住民。」[5]

雖然看到了艾爾芬史東那副稱不上有多中用的身體，也知道他無感於印度跟他準備要統領的印度士兵，但奧克蘭爵士似乎從不曾在腦中閃過要質疑或撤換這名老友的念頭。事實上，奧克蘭

---

* 光榮十二日指的是八月的第十二日，英國松雞捕獵季的開端。

† Bey 是中亞、南亞的伊斯蘭頭銜或尊稱，有酋長、總督、老爺之意。

‡ 這是指一八一五年的滑鐵盧之役。那年的六月十八日，英帝國、荷蘭、普魯士共同對上法蘭西第一帝國，在布魯賽爾南部的滑鐵盧進行了拿破崙戰爭中的最後一次戰役，也是軍事史上的知名戰役。其中戰後荷蘭擺脫法國佔領，恢復獨立，與比利時跟盧森堡共組了聯合王國。

溫暖地給艾爾芬史東寫了大半年的信，然後終於在一八四〇年十二月，也就是多斯特．莫哈瑪德歸降後不久，艾爾芬史東的任命獲得了確認，而奧克蘭也自此對他吐起了苦水，說起了佔領阿富汗的種種心煩。「對於何時能把我們的正規軍從該國撤出，我已經慢慢有點不耐煩，」他寫道，「但我總感覺在我們真的要這麼做之前，新王朝必須確立比目前更加穩固的權力基礎，維安工作也必須更上一層樓。」[6]

一如奧克蘭，艾爾芬史東也不是個多善於決斷之人。同時也一如奧克蘭，他在仕途上一路走來，大多靠的都是底下人的意見。但如果說奧克蘭的命運，就是要落在柯爾文這個鷹派與邁克諾騰這個或許迂腐但無疑聰明的學究手裡，那艾爾芬史東就更不受老天眷顧了，因為上頭給他派來的副手，竟然是所有軍官裡數一數二派不上用場、不會做人，也不受待見的奇葩。

第四十四步兵團的約翰．薛爾頓（John Shelton）准將是性情乖戾、不懂禮數、粗野無文之人。他在半島戰爭（一八〇八—一八一四年）*中失去了右臂，而這無止盡的痛苦似乎正是他性格陰鬱且憤世嫉俗之原因。他是個毫無彈性、墨守成規的酷吏，人稱「兵團裡的暴君」。柯林．麥肯齊上尉（Captain Colin Mackenzie）第一次見他率部進入這個國度，就在日記裡記下薛爾頓是個「差勁至極的准將。部隊渡河時的嚴重脫序與亂無章法，正是因為他連基本的安排都沒有做到，而這除了丟人現眼，更難保不會在不共戴天的敵國境內造成致命的結果」[7]。後來，麥肯齊在第二次與他打上照面後是這麼寫的，「一如預期，薛爾頓讓旅團行軍行到腿軟……砲兵的軍馬被操到力竭，騎兵的馬也好不到哪去，至於各種馱獸，包括駱駝在內……都犧牲相當慘烈，還在硬撐的也不太樂觀……這種莫須有的苦，讓官兵吃得很不是滋味，特別是在穿過開伯爾山口的時候，許多積怨因此油然而生。部分騎砲兵甚至真的譁變過一回」[8]。

整個兵營瞬間跟他不對盤了起來。跟他在印度有過交集的軍醫約翰・馬格瑞斯（John Magrath）隨即形容他「惹人厭更甚以往」[9]。薛爾頓跟溫文儒雅的紳士艾爾芬史東也相處不來。「他從報到的第一天起，行徑就不受命令節制，」官拜少將的艾爾芬史東後來寫道。「他什麼資訊或建言都不曾給過我，只是一股腦在已經做完的事情裡找碴，不然就當著一夥軍官的面拖延或否定所有的命令——包括他會動輒扭曲命令的內容，或是遲遲不肯執行軍令。他行事的動機，看似就是對我個人的敵意。」[10]

艾爾芬史東對他馬上就不得不合作的政治專員與一國之君，也不是很滿意。一八四一年四月，從密拉特啟程的旅途終將告一段落，而他來到的是阿富汗冬都賈拉拉巴德，也就是舒亞再次從喀布爾前來躲避暴風雪的地方。「我當這個指揮官，根本不值得羨慕，」他在見過邁克諾騰的不久後，提筆在信中對堂兄說道：

這份差事集汗水、責任與焦慮於一身……沒有太多參謀可以給我什麼建言，因為他們大多都跟我差不多，在這個國家初來乍到而已。普遍都是年輕軍官的政治專員提出的一大堆建議，都是他們不用自己去負責執行的計畫。近期有人向總督提議要進攻赫拉特，而那是一段從喀布爾出發，中間會歷經重重險阻的六百英里長征，運補要動用的駱駝將高達四千頭……

* 拿破崙戰爭的一部分。

（邁克諾騰）冷淡而拘謹，但我相信他是個聰明人……沙．舒亞我兩天前見到了，是個粗壯結實、感覺飽經風霜的憔悴之人。他在一處破落的花園接見了我，宅邸看來屋況不佳，住起來恐怕也不會太舒適，但這裡的房子基本都是如此——除了威廉．邁（克諾騰）爵士住的好上一截，其他人就是以泥作的棚屋為佳。國王將在十日啟程，一如我也預定將在同一日動身，而這讓我有點頭疼，因為我原本是打算自己走自己的，這下子他穿得破破爛爛的隨從將在一路上顯得十分礙眼[11]。

一週之後，艾爾芬史東終於抵達了喀布爾，而這裡又比賈拉拉巴德讓他更沮喪了。「這座城市幅員遼闊，但汙穢不堪而且十分擁擠，」他觀察說。「（同一時間）兵營要是不多派些人，防守恐怕做不到滴水不漏，主要是閒雜人可以從很多點自外部突破。這要是遇到其他地方需要用兵的時候，就會變成一件很傷腦筋的事情，而我現在是一頭霧水，真不知此時此刻該怎麼做方為上策。」

說起不知道該拿阿富汗怎麼辦的人，可不是只有艾爾芬史東一人。就連邁克諾騰作為英國人裡最天真爛漫的樂觀者，如今都體認到即便多斯特．莫哈瑪德投了降，事情也不會一帆風順。

在阿富汗的東南方，旁遮普正陷入了相互廝殺的無政府狀態中。短短兩年，卡爾薩大軍就換了三名錫克族統治者。由此一個群龍無首且意向曖昧不明的軍事政權，現正卡在了英國的阿富汗佔領軍與其位於菲奧茲普爾的軍需基地之間。「旁遮普的持續動盪，讓能被騰出來的兵力都得卡在邊境，」艾蜜莉在一八四一年四月寫道。「蘭季德之死，堪比亞歷山大大帝之崩殂，也一如半數我們在古代史中讀到的偉大征服者辭世。他還在的時候，其麾下的軍隊是一支勁旅，他的王國則是個福地，但一旦沒有了他去看著這一切，事情就在轉瞬間陷入了亂局。蘭季德的士兵手刃了他們的法籍與英籍軍官，開始以匪徒之姿在全境流竄。對此我們原本可以置身事外，但我們不能坐視（印度）與阿富汗之間的交通受阻……」[12]

這話說得算是客氣了。事實是非但沿山口而上要進入阿富汗的運補車隊得真刀真槍地挺過各種伏擊，從劫匪想搶奪馱獸與貨物的頻仍嘗試中殺出一條血路。而且還有愈來愈多的可信報告指出，有位於拉哈爾與拉瓦爾品蒂（Rawalpindi）的錫克薩達爾在主動包庇不服中央指揮的巴拉克宰與杜蘭尼酋長跟其他的阿富汗叛亂領袖，讓他們在旁遮普地區跟白沙瓦周圍丘陵地帶有一個基地，並可以以此作為根據地，越過邊境反擊在阿富汗的英軍。印度當局這才發現他們陷入了一個困境：各方錫克勢力名義上是盟友，但實際上許多人正無所不用其極地在扯阿富汗英軍的後腿。不多時，奧克蘭就開始與認真考慮起柯爾文倡議的鷹派計畫，其構想是要併吞旁遮普來肅清叛亂分子的基地，打通交通線，舒緩前線補給的壓力：「我的看法是如果錫克當局再分崩離析下去，要恢復其中央的控制力就難了，」他寫道，「事情雖還未達到無危機的地步，但其惡化的速度也確實非常迅速。」[13]

在此同時，在阿富汗的西部，令人擔心的是德黑蘭當局正在阿富汗與波斯邊境興風作浪。達爾西．陶德肩負著在赫拉特拉攏瓦齊爾亞爾．莫哈瑪德．阿里柯宰（Yar Mohammad Alikozai）的重責大任，但這項任務不可避免地如柏恩斯所料，以一敗塗地作收，主要是他實在阻止不了赫拉特人與波斯人愈走愈近。最後一根稻草是亞爾．莫哈瑪德收了陶德一大筆錢，雙方說好由亞爾拿著這筆錢去進攻由波斯控制的邊境要塞古里安。但由於日漸相信亞爾．莫哈瑪德有意與波斯勾結，然後率領一個伊斯蘭同盟來與沙．舒亞與其英國靠山打對台，陶德在一八四一年二月十日擅離職守，逕自折回坎達哈，實質上切斷了雙方的外交關係。等時機成熟後，亞爾．莫哈瑪德先是鎖定舒亞的堂姪卡姆蘭．沙．薩多宰（Kamran Shah Sadozai），將其拘捕後絞殺，並由此在名義上與形式上都接管了赫拉特城。而後他也一不做二不休，順勢與波斯的莫哈瑪德．沙組成了反英聯盟[14]。

更具威脅性的局面存在於坎達哈的南方與西方，主要是那裡的杜蘭尼族與強悍的圖海伊（Tokhi）與漢達基吉爾宰人都已經在赫爾曼德（Helmand）與卡拉特起事反抗英國人。雖然事情顯然是因為傳統上免稅的圖海伊部落因為被徵了稅而燃起了叛意，但叛軍還是在宣傳上搬出了整套伊斯蘭專屬的悲情，三句不離聖戰，並自稱是「伊斯蘭的戰士」[15]。不同於在阿富汗的絕大多數英國軍官，諾特將軍在與叛軍的交鋒中證明了自己是貨真價實，有戰力的指揮官。這包括他建立了一支足足有五千人的部隊快速平亂縱隊，可以視需要快速部署到任何方向，惟每回他剛處理完甲地的叛軍，就有另一支叛軍冒出於乙地——他相信這得歸功於「杜蘭尼人視我們為異教徒與征服者所懷抱的恨意。阿克塔爾（汗．杜蘭尼〔Akhtar Khan Durrani〕，赫爾曼德最主要的反叛勢力）形容他的所部是「穆斯林與烏里瑪的薈萃」，而他的大業則是在追求「伊斯蘭的光榮」。他相信「菲蘭吉一心想要穆罕默德的信眾徹底毀滅與放逐」[16]。

諾特現任的政治助理是能幹又聰明的亨利．若林森，也就是四年前第一個目擊維特克維奇在朝阿富汗邊境而去的那個男人，事實上也正是因為若林森當時拚了命衝回德黑蘭，才會引發後續的一連串事件，包括戰爭的爆發。在近期憑藉波斯探險的考察見聞，加上他為貝希斯敦

（Behistun）三語銘文中的古波斯楔形文字進行的翻譯，而獲頒了皇家地理學會的「奠基者勳章」（Founder's Medal）之後，如今的若林森被派駐到坎達哈，且工作內容愈來愈圍繞著把由坎達哈與赫爾曼德聖戰士幾乎無一日不發布的聖戰呼聲，翻譯成英文。「所有的聖者與真正的信徒，願神的降福於你，」其中一份由若林森轉給邁克諾騰的譯文如下：

我必須通知您的是穆斯林與烏里瑪已經召集了五千名火繩槍兵、步兵與兩千名全副武裝的騎兵，而蒙真主之庇佑，我們將捍衛起伊斯蘭的光榮——但為此我們必須和衷共濟，必須團結一致。在此信函的號召下，你必須立刻集合你與其他聖戰士的人馬，前來加入我們。堪稱人中豪傑的瓦齊爾（亞爾．莫哈瑪德）已從赫拉特給我們捎信，祈求真主在我們能集中兵力並開始進發時，瓦齊爾已抵達並拿下格里什克（Girishk）*。召募追隨者時切莫碌碌無為，務必要全心全意以我們的聖戰大業為念，刻不容緩前往討伐英賊[17]。

隨著愈來愈多這類文件從線人處積攢而來，讓若林森赫然意識到了佔領軍所面臨的是何種規模的反撲。「你若能帶著第四十三兵團重返此鎮，我將不勝感激，」他焦急地去函諾特，「因為眼見反政府的氣氛瀰漫在各區，並深感不論情勢伊於胡底，我們都沒有辦法（在你回師之前）以武力維護皇權。」隔天他又更加張皇失措地寫信給諾特說：「我很遺憾，但西線的局勢已看似糜爛到我開始擔心中央權威的維繫將有賴於正規軍的出動。」[18]但邁克諾騰在閱畢若林森急如星火的

* 赫爾曼德之城鎮名。

函文後，其回應既自以為了不起又搞不清楚狀況。他指控若林森「毫無根據地妄自菲薄，還懷抱並散布有利於這種悲觀看法的謠言。已經困難重重的我們無須如此節外生枝……我知道（這類謠言）在阿富汗這一帶與事實完全不符，也沒有理由相信它們在你那一帶與實情相符[19]。」在之後的一封信中，他再次對若林森認為動亂迫在眉睫的評估表達了不同的意見。「我無法苟同你認為我們處境維艱的看法，」他寫道，

相反地，我認為我們的前途一片大好，且就我們所掌握的資料看來，挑戰少到說是沒有也不為過……這個國家的人耳根子很軟，各種對我們有偏見的謊言他們都會輕信，惟他們很快就會了解我們並非傳言中的食人族……我們的部隊在鎮上自無法風靡百姓，畢竟他們為了自身的住宿而把半數居民攆了出去，但我敢大膽地說今天即便是英格蘭的鄉鎮成為駐地，軍方類似的出格行徑也是免不了的……

這些人是不折不扣的孩子，也就該被當成孩子對待。只要把一個頑皮的孩子叫去角落罰站，剩下的就會知道我們的厲害。我們已經從杜蘭尼酋長們的手中奪走了他們視為玩物的權力，讓他們在飢渴中氣喘吁吁。他們壓根不懂如何使用權力。權力在他們手中毫無用處，只會不斷對他們的主子造成傷害，所以我們不得不將其收回並轉給我們自身的學者。該怎麼做由學者去鼓動穆拉，再由穆拉去教化百姓。但這只會是非常短暫的權宜之計[20]。

在喀布爾以北，科希斯坦的狀況也如出一轍。一八四一年的夏天，昔日的「赫拉特英雄」艾

德瑞·帕廷格帶著一隊廓爾喀軍進駐洽里卡爾，結果發現英軍的聚點還是跟喀布爾的兵營一模一樣，守勢形同虛設：廓爾喀人只得委屈以帳篷紮營，而他們位置欠佳、用泥巴築牆，而且依舊少了大門的兵營，則在近處略高高地上另一座牢靠許多的堡壘俯視下，顯得一覽無遺，由此後者可說是優勢占盡。再者他們還一門火砲沒有，但明明四周盡是騷動即將愈演愈烈的跡象。帕廷格的一名幕僚被他布施過的苦行僧拉到一旁，對方警告他說市集裡公然討論著要屠殺英軍。僧人「強烈建議我前往喀布爾過冬，」帕廷格開始相信新一波的大型民變即將爆發[21]。但邁克諾騰既不肯聽取帕廷格的疑慮，也拒絕派給帕廷格他認為想寸土不失，不可少的增援與火砲。於是帕廷格花了數星期蒐集情資，然後發了第二份更詳盡的評估報告給邁克諾騰。他在報告中表示科希斯坦的酋長們原本挺的是沙·舒亞，但後來發現英薩政府的苛政「有損於他們的利益與權力，直至他們多了一個有本事逼他們就範的主子，少了一個睜一眼閉一隻眼，由著他們胡來的中央」。除此之外，其它反叛的理由還包括：「對外國霸權的憎恨、自身的狂熱主義、我軍軍紀敗壞，還有在這個居民以善妒著稱的國度，女性可以被勾引或強虜，但男方卻能全身而退……」他欲罷不能地說：

英國的敵人正愈來愈使勁地在抹黑我們的人格，讓基層民眾對我們心存芥蒂，並且鼓勵犯罪。在七八月之間，正當地頭上一片莊稼的同時，乾草堆被焚毀與灌溉渠道的堤岸出現破口成了頻仍發生的人禍，盜匪也動輒會結夥入侵。但即便很多人都知道這幫人橫行鄉里，該出手抓捕惡徒的王權卻不知所蹤……由此大肆串聯舉事的傳聞幾乎無時無刻不在基層流通……而我覺得職責在身，我必須建議向各科希斯坦酋長要求交出人質[22]。

現實是反英的勢力正在各地如雨後春筍般興起，只有在喀布爾還存在幾許對英薩政權的支持。但即便是在喀布爾，沙．舒亞的人望也在土崩瓦解。瑪烏拉納．喀什米爾有言：

人民受到菲蘭吉的暴力壓迫
飽受菲蘭吉的囂張氣焰之苦
尊嚴在城內蕩然無存
國法綱紀無立錐之地
飽受羞辱的諸汗
下賤如土，連水都能摻和
當喀布爾如此這般陷入了恐慌
各式災難留下的血漬斑斑與傷痕累累
家家戶戶，他們懷念著埃米爾那貨真價實的正義
他們朝思暮想的，是埃米爾的回歸[23]。

至此，大部分英國官吏都已認清英薩政權正在衰敗中的事實——像邁克諾騰那樣鴕鳥心態且

過度自信的人，畢竟是少數——惟即便是面對了事實之人，也對該用什麼辦法來力挽狂瀾，人言言殊。在倫敦，年輕時曾與詩人拜倫過從甚密且結伴旅行的東印度公司管理委員會主席約翰・坎姆・霍博豪斯（John Cam Hobhouse）主張當務之急，是增加部隊的人數。他認為阿富汗要麼就徹底放棄，如果要守，就該拿出力量堅守。由此他倡議阿富汗的地面部隊應該要大幅擴充，不能再繼續陷於多斯特・莫哈瑪德・汗投降後那種被裁撤到見骨的狀態。他寫道對於阿富汗的開支與投資都應該增加，並認為對阿富汗政府的控制力道應該加大。「英國人是這個國家之主」的基本事實應當獲得承認，且要迫使舒亞對英國人言聽計從。撤離應該完全不在考慮之列[24]。

柏恩斯也十分熱衷於將舒亞邊緣化，以及改革他腐敗的政府。一八四〇年八月，就在多斯特・莫哈瑪德投降的前夕，他在寫給邁克諾騰的備忘錄中長篇大論，闡述了他是如何認為沙阿的政府不具效率、不得民心，而且所費不貲等弊病，且他認為想要對症下藥，唯一的辦法只有英國擴大介入的力道，否則這個政權勢將無可救藥。他個人並不贊同全面併吞阿富汗，對此他明言「我們永遠不該用刺刀抵著阿富汗，然後在這裡住下來」，他也提到許多同僚已開始相信最好的解決之道，就是將旁遮普與阿富汗都併吞到英國東印度公司之下，成為英屬印度的一部分[25]。

在私人的書信往來中，柏恩斯措辭更加鋒利，並把該負責的矛頭指向了奧克蘭與邁克諾騰。「此處除了蠢，還是蠢，別無他物，」他給在寫給妹夫霍蘭德上校信中說道[26]。「我們擁有這些城市，」他在大約同一個時間告訴兄長，「卻未曾擁有這個國家，也未曾擁有其民眾（的支持），且迄今我們尚未大刀闊斧地做點什麼去團結阿富汗。奧（克蘭）爵士明明有能力可以攻下白沙瓦與赫拉特來恢復王朝，令其有能力自給自足，而不用再靠英屬印度去養，但他卻毫無作為。他的座右銘是 Après moi le deluge（待我百年任他洪水滔天），意思是要天下大亂可以，等我死了再說。

想要平安回家的他，很擔心自己會不會已經做了什麼不該做的事情[27]。

邁克諾騰在此同時，選擇了放棄不玩跟強力介入以外的第三種辦法：他還沒放棄好好扶持舒亞成為一名真正強大的君主。固然此舉不是沒有可能是想惹毛柏恩斯，但邁克諾騰也確實跟他的副手一樣想要拓展政權的疆域，對赫拉特發起攻擊，畢竟他猜得沒錯，就是亞爾．莫哈瑪德在唆使各部落舉事抗英。他同時還希望能併吞並「馬路化」*旁遮普，然後向北推進越過巴米揚，併吞米爾．瓦里的烏茲別克領地，將舒亞的疆界固定在阿姆河河岸，隨時準備將妄圖跨出中亞的俄國拒於此地[28]。

惟不管有多想要增加兵力，大舉擴大英國控制範圍的雄心壯志，擺在眼前一項不爭的事實是加爾各答的庫房已經幾乎見底。佔領阿富汗始終是一項燒錢的事業，而到了一八四一年，佔領的支出已攀升到每年兩百萬鎊的天文數字，成為了一開始估計的數倍，且早已遠超過東印度公司的鴉片與茶葉貿易利益所能支撐的水準。

到了一八四一年二月，在加爾各答管帳的會計部門主管被逼急了，只得修書一封向奧克蘭坦露實情，亦即「未來六個月一過，印度的財富就會徹底用罄」[29]。時至三月，問題的全貌終於展現在奧克蘭的面前。「我們第一缺的是錢，第二缺的是錢，最後缺的還是錢，」他寫信對邁克諾騰說。「以你們現行的消耗速率，我不敢講我們還能養你們多久。負擔哪怕再重一點，我們都會被徹底壓垮。」

帳目一被呈給總司令約翰．基恩爵士過目後，他也同樣沮喪。「我們顯然遇上了麻煩，」他在一八四一年三月二十六日的日記裡寫道。「那個國家每年要讓我們失血一百萬鎊——而我們事實上只能在槍桿與騎兵所能企及的範圍內確保民眾的忠誠……這事兒長此以往必然崩塌；我們不可能永無止盡地負擔這在兵力與財務上沒有最重只有更重的負擔。」數日之後他補充說到，「年復一年讓印度流失一百二十五萬鎊（實際金額其實遠大於此），只為了一處石頭漫山遍野的邊境，肯定不是長久之計，畢竟這牽涉到大約兩萬五千名官兵外加所費不貲的體制。」[30]

惟就在政策方針紊亂，財務日益接濟不上的此時，地面上的佔領人員卻日益開始落地生根，包括第一批最強悍的曼薩希博（英國白人女眷）開始不畏凶險穿越現已相當不太平的旁遮普，去到喀布爾的兵營。在這些首發抵達喀布爾的女眷中，就包括邁克諾騰那位有意在社交界求發展的妻室法蘭西絲，外加她的愛貓、長尾鸚鵡，還有五名隨侍在側的阿雅（ayah）†。這多少給讓伊登家姊妹鬆了一口氣，主要是自從法蘭西絲被丈夫留在西姆拉，由兩姊妹做伴後，她們就一直想擺脫這個燙手山芋。然後還有一個是佛羅倫西婭·賽爾（Florentia Sale），也就是「好鬥者鮑伯」賽爾將軍那位生於印度，甚少打退堂鼓的妻子。佛羅倫西婭帶著平臺鋼琴跟她人見人愛的小女兒亞歷山德莉娜（Alexandrina），在一八四一年夏天抵達了喀布爾。

不是每個人都樂於見到女人家跑來。像愛擺臭臉的駐營軍醫約翰·馬格瑞斯就一方面覺得賽爾跟邁克諾騰夫人「既一般粗俗，也一般丟人現眼」（但很可惜沒有細說是怎麼個丟人現眼法），一方面還嫌棄邁克諾騰夫人那糟糕透頂的家政技術。「我數日前在邁克諾騰家吃了便飯，」他在

* 馬路並非馬走的路，而是由蘇格蘭裔英國工程師約翰·馬卡丹（John McAdam；一七五六—一八三六年）發明，以碎石與泥土夯實成的平整道路，為柏油路的前身。馬路即是馬卡丹路的簡稱。

† 印度女僕，有時具有家教或保母身分。

一八四一年五月寫道，「結果我大費周章騎了六英里的路，換得的晚餐卻慘不忍睹。」亞歷山德莉娜·賽爾，他補充說，「蒙昧無知，大字不識幾個」，惟他也承認她起碼可以說「個性不錯」。

雖然據傳目不識丁，但亞歷山德莉娜很快就成了兵營裡半數軍官的追求對象。馬格瑞斯將這歸因為她「是此地僅有的閨女且……打定了主意要把自己嫁出去……她的一項優勢是不會被人比下去」[31]。賽爾夫人對於大部分滿口甜言蜜語就來追求女兒的傢伙，都看不上眼——「好聽的話，沒辦法如奶油一般給歐防風增添風味*，」她老愛這麼講——但英俊的約翰·史都爾忒中尉，也就是把軍營設計得無從防守的那名工兵軍官，讓她很是中意。不多時，史都爾忒就成了公認的第一，領先幅度令眾人望塵莫及，而這也令他的單身同袍們羨慕不已。

賽爾夫人很有遠見地從她在卡納爾的花園帶足了種子，由此喀布爾的邊界得以都開滿了英國的花朵。「我培育出了讓阿富汗紳士們都讚嘆不已的花卉，」她不久後便如此寫道。「我的香豌豆與天竺葵都深獲肯定，食用豌豆的種子在生長繁茂之餘，成了眾人之間的搶手貨。廚房園圃裡則有馬鈴薯格外生氣蓬勃。」[32]

於此間來到喀布爾的，不光是曼薩希博。看著邁克諾騰與妻子團圓，舒亞也決定要將他盲眼的兄長沙·扎曼連同他們兄弟倆的後宮都從魯得希阿那送上來。此舉可以合理推測是出於他對家人的思念，但也難免是他考量過旁遮普只會愈變愈危險，所以得趁早將人送過來，否則萬一旁遮普的交通徹底封閉，他跟家人就完全見不到面了。

兩名年輕的蘇格蘭軍官奉命挑起了將上述後宮從魯得希阿那護送到喀布爾的重責。話說這趟旅程若在承平時期，也就是兩三周就能輕鬆完成的遷徙，但事到如今，隨著錫克卡爾薩軍中亂成一團，許多兵團公開叛亂，這趟路突然成了充滿危險與不確定性的壯舉。活像是怕這趟行程還不夠玩命，舒亞決定讓他的積蓄與著名的那盒蒙兀兒細軟由女眷們帶上來，而且這消息還早早就走漏了。

喬治・布羅傅特（George Broadfoot）作為車隊的負責人，是個個性務實、出身奧克尼群島（Orcadia）的紅髮巨漢，此外他有一位在柯克沃（Kirkwall）†聖馬格努斯教堂（St Magnus Cathedral）擔任牧師的父親。喬治的助手兼朋友是帥氣留著八字鬍的柯林・麥肯齊。原本出身珀斯郡（Perthshire）的他以英屬印度軍中的最英俊的青年軍官而聞名。在他到達加爾各答後不久，麥肯齊就就贏得了鎮上最知名美女阿德琳・派特爾（Adeline Pattle）的芳心。阿德琳作為英吉利、孟加拉與法蘭西三國混血的六姊妹一員，繼承了他們金德納格爾（Chandernagore）‡祖母炯炯有神的深色眼眸跟黝黑的膚色。六姊妹自小在孟加拉與凡爾賽宮之間往返生活，其中他們的法國祖父佘瓦利耶・德・列坦（Chevalier de L'Etang）曾在凡爾賽宮給瑪麗・安托內特（Marie Antoinette）§當差，由此這六姊之間會用興都斯坦語、孟加拉語與法語溝通。阿德琳的其中一個妹妹嫁給了奧克蘭爵士的參謀亨利・托比・普林賽普（Henry Thoby Prinsep），而即便普林賽普

* 英諺語：好話中聽不中用。
† 奧克尼群島上的地名。
‡ 印度西孟加拉邦地名。
§ 即路易十六的瑪麗王后。

被艾蜜莉・伊登說成是「天道造物最無聊的作品」，不爭的事實仍是麥肯齊可以越過艾爾芬史東與邁克諾騰，直接上達奧克蘭爵士的天聽，而這一點將在日後展現出大用。

就這樣從他們在印度阿里格爾（Aligarh）的軍營出發，這兩人踏上了前往沙・舒亞女眷的道路，途中他們行經了泰姬瑪哈陵，並為了獵捕叢林中的獵豹而在印北馬圖拉（Mathura）暫停。在抵達魯得希阿那後，他們發現自己要帶回的車隊組成包括「瞎眼的老沙・扎曼、成群的沙匝達（shahzada）*、眾多階級與年紀各異且分屬兩個匝娜娜（zenana）†，（約莫）六百名的仕女，外加不在少數的侍者，以及大量的財寶與行李」。夯不啷噹，這一路西行將多達六千人浩浩蕩蕩，而這還沒算上他們需要一萬五千頭駱駝去扛的行囊。只靠區區五百兵力，這組青壯軍官搭檔被期待要保護好這群秀色可餐又幾乎不設防的車隊。禍不單行的是在錫克邊境，他們身邊多添了一群「從錫克軍隊中挑出來的護衛隊，但這些人耳濡目染於四下的叛亂氣息，說是保護還不如說是威脅，」布羅傅特寫道。「旁遮普在我們出發之際，就已經瀕臨了無政府的亂局，而隨著我們一步步前行，情勢也一天天變得更加脫序。來自四面八方的叛軍朝拉哈爾匯集，偶爾就會與我們狹路相逢。他們動身前就已經殺害或驅逐了自家的軍官……」[33] 車隊的進展十分牛步，但靠著扎實的查探與情報作業，他們順利完成了錫克地界上三分之二的路程。

但情勢不變於他們正要在阿特克渡過印度河之際，主要是消息傳來說白沙瓦已經爆發大規模的叛亂。更糟的是起事的四個營——大約五千叛軍——已經得知他們的存在，現正傾巢而出擺出了砲陣，準備扮演攔路虎，「把卡菲拉（商隊）搶掠一空」。為避免腹背受敵，麥肯齊在通過印度河之後即「過河拆橋」，省得錫克的護衛隊等會兒趁火打劫。接著的幾天，麥肯齊與白沙瓦的叛軍陷入了僵局，所幸布羅傅特設局誘使叛軍領袖遇襲被擒，然後才以這些人質為籌碼，成功交涉出讓車隊安全通過的結果。他接著繞過了白沙瓦，克服了第二場僵局，這回他在賈姆魯德面對的是叛意更甚前者的邊境衛隊，須知這些人「除了搶奪了眾多財產外，還嘗試想搜查出哪些是貝甘的帕爾基（palkee）‡」，惟最終麥肯齊還是登上了開伯爾山口——而且一彈未發。[34]

隨著他們穿越賈拉拉巴德朝喀布爾而去，布羅傳特與麥肯齊看著阿富汗的慘狀感到不寒而慄，由此他們也隨即意識到阿富汗已經來到爆發大規模動亂的邊緣。布羅傳特很快就看出了英國人變成了何等的過街老鼠，也觀察到現有的駐軍完全不足以控制阿富汗的局面。「佔領軍遭到縮編，」他寫道，「一部分奉調回到印度，而剩餘的兵力並未被集中在一兩個軍事重地，而是零碎地散落在阿富汗廣大的疆域。」[35]一樣讓布羅傳特感覺驚心動魄的，還有英國人在意圖統治阿富汗的過程中所展示出的一無所知。「我們在這方面的無動於衷，令人感到汗顏，」他大聲疾呼，

> 那正如我們對這個國家的規制與禮俗均毫無所悉。某國一旦遭受侵略，其資源自然會由前來征服的軍隊所用，而其領導者也將掌握治權。威靈頓公爵（Arthur Wellesley）§就曾如此執掌過法國南方的文人政府，而他除了收稅，也派任了所有的公職。但自我們占領阿富汗以來，四年過去了，而我們的執政能力還跟一八三八年時一樣差勁；甚至更慘，因為當時至少我們還比較想學習，

* 沙阿之子，即王子之意。
† 後宮、閨房之意思。
‡ 轎子或肩輿；可查詢字彙章節。
§ 1st Duke of Wellington，一七六九－一八五二年。

而如今所有人都認定我們在此地不久矣……關於這個國家實際上擁有哪些資源，這些資源該以何種模式徵集，乃至於各個階級相對於政府與彼此各享有哪些權益，我們從來都不覺得有需要去查個水落石出……結果就是，我們敗於無知[36]。

抵達喀布爾不久，兩名帶隊軍官就受邀去面見邁克諾騰與柏恩斯，期間他們對兩位長官訴說了一些個人感想，但「公使對這些警語置若罔聞」，麥肯齊寫道，「而柏恩斯並不想多追究：他的看法除了在小地方以外，與邁克諾騰者並無二致，同時對於身邊所發生的一切，他也幾乎是一樣地視若無睹」[37]。所以喜歡熱鬧的邁克諾騰做了什麼呢？他安排讓兩個辦完差的年輕人在巴拉希撒堡接受舒亞的盛大接待，主要是舒亞說他想要親自感謝兩人將他的女人跟寶物平安帶回來，為此他打算頒發給兩人的獻禮是一人「一匹馬、一把劍，還有一件象徵榮譽的袍子」[38]。

駭然於這整場鬧劇的麥肯齊寫信對他在加爾各答的姻親，為了是讓其連襟托比・普林賽普知道他認為佔領軍以其目前的狀態將難以久存，且整體局勢極其「危殆……我們人在阿富汗的英勇同袍必須即刻獲得增援，否則他們就只能等著遭到消滅」[39]。

在等待他的眾多貝甘（begum）*到來時，不甘寂寞的沙・舒亞決定向另外一名年輕女子展現魅力。「至為神聖的女王，您的旗幡就是太陽，」舒亞於大約此時，給維多利亞女王的信中說道。「我仁慈而璀璨的姊妹，願全能的真神保守她！我有幸能收到陛下出於無比敦厚與友善而為我所撰，傳達了您健康與興旺之喜訊的賀函。這使我情感的花園都額外結出了豐碩而甜美的果實。」

沙阿對英國，在收到女王來信的瞬間產生了前所未有的好感，為此他寫道：「那一瞬間，斑駁噴香的和諧玫瑰，還有馥郁芬芳的愛之花朵，笑逐顏開地盛放在我內心那深情款款園圃之中。」他接續向女王告白說如今在喀布爾的王座上，有了一名她的仰慕者，而他是何等鍾愛著她「那如陽光般明曜的心靈，那崇高如蒼穹的無上至尊，高聳如明月、睿智如水星、討喜如以太陽為旗幟的金星、幸運如以火星為臂膀的木星、光輝如土星，其人讓正義與勝利的殿堂錦上添花，讓提供平等與保障的閃耀光芒，她在享有崇高與盛譽的天堂是一輪的皎潔的明月，也是掌握了國祚與天命的耀眼星辰。」[40]

只不過無論沙阿對青春的英女王是多麼傾心不已，也不論他是如何形容邁克諾騰「有著高貴而顯赫的身分、集卓越與英勇其一身、智慧與明辨的能力由他而生、其人也非等閒之輩、其地位無人能望其項背，所謂鶴立雞群的無雙國士，非他莫屬」，都扭轉不了他日復一日與在喀布爾輔佐他的英臣們愈來愈貌合神離。事實上沙阿「因為認為他的大位愈坐愈穩當，也愈來愈不需要倚靠我們為他穩住局面，所以便覺得我們的存在有些礙眼，」邁克諾騰的軍務秘書喬治·勞倫斯如是表示。「你看得出他對公使必須加諸於他的限制感到不耐，他想要能全盤施展他的權柄……也看讀出他會多迫不及待想掙脫公使的拘束與監督。」[41]

在此同時，柏恩斯開始在英政府內部的論戰中佔得上風，主要是他認為有必要以更聽話的親英派人選取代忠心耿耿且具影響力的穆拉·沙庫爾，藉此增加英方對舒亞的掌控力。英國對舒亞

* 小寫時指的是穆斯林的上流社會仕女。

政府的指導棋在兩年間不斷穩定增長，而如今隨著要撤換穆拉・沙庫爾的決定已下，實質上的阿富汗政府終於落入英國人之手[42]。柏恩斯根據莫哈瑪德・胡珊・赫拉提所寫，青睞的是穆拉・沙庫爾的對手，烏斯曼・汗（'Uthman Khan），其人之前是以忠誠的巴拉克宰支持者為人所知。「此人純粹出於一己之私，才決定將跟英國人同舟共濟，把自身的命運跟英國綁在一起，但他絕非真心支持沙阿陛下——所以無可避免地，傾軋的火焰又迸發得更旺了。他的父親在他之前，曾經擔任過（舒亞兄長）沙・扎曼的朝臣，而出於對杜蘭尼諸汗的敵意，他也為杜蘭尼王朝的殞落進了一份心力。但邁克諾騰還是堅持要把位子給他，只因為那是他父親當過的職務，就不去考驗這個人選的資質與品格。」他接著表示：

在當時，米爾扎・伊瑪目維爾迪（Mirza Imamverdi）作為與多斯特・莫哈瑪德・汗過從甚密的友人，最惡名昭彰的就是他的謊言騙術與利用人的手腕。他逃離了布哈拉，靠的就是撕咬自身的膚肉來偽裝發瘋，結果就這樣來到了喀布爾。他判斷加入穆拉・沙庫爾為首的當權派出不了頭，便連繫了在陛下體制的基層任職的烏斯曼・汗，然後短短幾日內就發動了不利於穆拉・沙庫爾的文宣與汙衊戰，而且成效好到連杜蘭尼諸汗跟普通百姓都跑去向陛下抱怨連連，進而導致邁克諾騰既柏恩斯都對外宣告：「穆拉已經無法勝任其職務——他必須下台！」不論陛下如何抗議說穆拉・沙庫爾是個虔誠、正直且無私之人，還說好更好的執政人選打破砂鍋也找不到，但仍無力回天。就此烏斯曼・汗獲得了任命，得到了尼扎姆・阿爾—達烏拉（Nizam al-Daula），也就是首相的頭銜與職位，有權力可以在王國全境決行事情。穆拉・沙庫爾被罷黜並施以嚴格的軟禁。

無視於尼扎姆・阿爾—達烏拉「敗絮其內」的腐敗，邁克諾騰是如此地寵幸於他，以致於短短幾個月內，「他就妄自尊大地自我膨脹，對人不分尊卑都一概跋扈刁蠻」。赫拉提補充說，「就算是在陛下的面前，他也做不到恪守禮數跟行止得宜。德高年劭的朝臣不分是不是杜蘭尼的舊部，都成了他在背後捅刀的對象，只因為他會對邁克諾騰上呈不利於這些人的報告，然後拍板削減或終止他們的俸祿，且不論這些臣子如何據理力爭，也不論陛下如何支持他們，最終都是狗吠火車。」[43]

由於尼扎姆・阿爾—達烏拉與舒亞關係不睦，且完全是倚靠英國人的支持上位，所以即便是最親薩多宰的貴族也認為這坐實他們內心所有的懷疑，那就是沙・舒亞已經管不住他自己的政府，實權的韁繩完全掌握在英國人手中。如費茲・莫哈瑪德後來所說，「若無尼扎姆的首肯，沙阿可說令不出巴拉希撒。如果有受了冤枉或欺壓的士兵或小農跑來要沙阿主持正義，一切也得尼扎姆・阿爾—達烏拉說了算，否則沙阿能給的也只是空話一句。而這也讓巴拉克宰人又多了些證據可以在基層宣傳，『沙阿就是個頭銜，他對國政根本無從置喙』。」[44]

對沙・舒亞而言，這標註的是公眾對他的羞辱達到了一個新的高度。始終感覺欠英國一份情的他希望能表達出感激，扮演英國人的忠實盟友，卻又因為太過驕傲而無法接受自己淪為無能的傀儡。「我今天下午又被國王召見了，」柏恩斯在穆拉被革職後的不久後寫道。他表示很顯然，沙「對（新任）瓦齊爾懷有深刻的嫉妒」。

> 國王向我娓娓道來了他的感受與痛苦。他說他在國內無一人可推心置腹，還說所有人都處心積慮地要他與我們作對，又要我們扯他後腿——說他的敵人都獲准繼續大權在握——說歲入中該

歸於他的部分並未徵收，也未支付於他——說他的支持者心有不滿——說他所有事都被我們蒙在鼓裡，但這些事並沒有照該走的方式去走；說他唯一的選擇只剩下前往麥加朝覲（換言之他應該遜位），還說比起在自己統治下的這個區域，自己在魯得希阿那的權力還挺大的[45]。

但柏恩斯從來就不喜歡舒亞的人，也不肯定他的能力，更沒有心思在此時同情心大作。再者他的上司也慢慢開始跟他所見略同了。「邁克諾騰今日直言說沙・舒亞乃一老嫗，本不宜統治萬民，遑論他還另有種種值得譴責之處，」柏恩斯在某封信中寫道。「唉——詳見我的（布哈拉）遊記，那已是一八三一，十年前的事了。事到如今，我依舊認為他的適任或不適任無足輕重；我們既已來此代他治國，我們就必須好好統治，不用考慮別的事情。」[46]

尼扎姆・阿爾—達烏拉究竟把阿富汗貴族處理得多糟糕，不久後就露出了馬腳。一八四一年八月底，邁克諾騰收到奧克蘭的函文表示財務的崩潰已經過了臨界點：東印度公司被迫向印度商人借了五百萬鎊的高利貸，否則連員工薪水都發不出來[47]。邁克諾騰奉命要大規模並立刻削減開支。再者，在倫敦的托利黨政府剛以一票之差的勝利上台，而新任首相勞勃・皮爾爵士（Sir Robert Peel）並無意繼續出錢資助這場在他與同僚眼中，只是帕默森爵士的一場昂貴又莫須有的輝格黨戰爭[48]。奧克蘭作為由輝格黨任命的官員，此刻正嚴肅地在考慮辭職。邁克諾騰感到極度震驚：「要是他們——托利黨人——把我們對沙阿的支持徹底抽走，那我將毫無猶豫地說他們犯下了舉世無雙的政治暴行。」那不光是簽了條約卻食言而肥，更是「一等一的詐欺」[49]。

在罕見致奧克蘭的抗議信中，邁克諾騰如此寫道：「我不得不有幾分驚訝於會接二連三收到這些（要求財政節約的）通知，畢竟我已經再三解釋過這個國家處於何等的財政窘境之中，還有我必須一路以來有多少一言難盡的困難必須處理……我已經鞠躬盡瘁。」他接著勾勒了自己在應付日益亂了章法的舒亞時，遇到了多少傷神之事。「近來我與陛下的幾次會見都讓人非常沮喪，不過份地說，我為了減少公共開支所做的各種努力不僅打擊到陛下的心理，還讓我們成為阿富汗當權者的眼中釘。」但到了最後，身為公僕楷模的邁克諾騰意識到他必須向不可免的現實低頭。「總督閣下的再三敦促讓我沒有選擇，只能在緊縮政策上毫無容赦。我所知已產生的龐大費用使我們別無他法，只能厲行節約。但這就是個歲數只有十五拉克（一百五十萬）盧比的王國，我們又能拿她如何呢？」[50]

邁克諾騰決定讓舒亞已經撙節過的家計預算維持基本不變，也不去觸碰已經承諾過要撥給舒亞的阿富汗國民軍，供其重編新制兵團使用的經費。做為取捨，他決定把大刀砍向地方而非中央。他把吉爾宰跟開伯爾地區的酋長叫到喀布爾的朝堂上，然後當場告知津貼要基本減去八千鎊，而其中最大的減幅會落在東吉爾宰人與他們的領袖莫哈瑪德・沙・汗，也就是阿克巴・汗的岳父頭上，話說這人在其投誠過來為沙・舒亞效力時，曾被授予「總劊子手」（Chief Executioner）這種讓人心驚肉跳的頭銜。對邁克諾騰而言，這是個再合理也沒有了的決定：他相信貴族在阿富汗就跟在印度一樣，都已經走到了窮途末路。他只是在加速封建體系不可免的衰亡，並揭發野蠻過了頭的游牧部落，讓什麼貢獻也沒有的他們不能再靠喀布爾政府習於揮霍在他們身上的保護費過活。

然而事到頭來，此舉卻成了邁克諾騰生涯中最大的誤判，由此不過短短數週，佔領軍的整座大廈就轟然倒下。因為對吉爾宰人而言，他們認為自己為了這些津貼流血流汗，他們以為自己被叫去喀布爾是為了對沙阿政權的鼎力相助而獲得封賞。「因為有他們，我們的哨站、信差與不堪一擊的分遣隊才沒人敢動一根寒毛，」亨利．哈夫洛克寫道。「狀況不一而足的車隊在這些玩命的隘道上通過，闖越世界上數一數[50]一險峻的高山屏障，期間才能鮮少或全然不曾遭到這些虎狼部落的攔截或侵擾。書信傳遞至我們控制的省分才能如同在加爾各答跟孟加拉的任何一個駐站一樣規律可預期。」柯林．麥肯齊同意此一看法，並強調吉爾宰事在何等程度上視之為一種無可救藥的背叛：「威廉爵士回報說這些酋長們『默認了減俸是公道之舉』，但實際上他們認為這是一種直截了當的失信之舉。酋長這部分的赤字區區四萬盧比，但想省這筆錢卻成為了事情一發不可收拾與後續各種禍事的主因。」[51]莫漢．拉勒說得更一針見血：「一共砍了不過幾拉克盧比的錢，我們就搞到阿富汗舉國與我們為敵。」[52]

有一部分的問題出在時至一八四一年秋，各部酋長與其眷屬已單純承受不起補貼被砍的壓力。軍務改革已然啃食到了他們的收入，而這些收入的真實價值又因為惡性通貨膨脹而一落千丈：駐於喀布爾的四千五百兵力外加一萬一千五百名隨營平民對綜合發展程度極低的阿富汗經濟造成的極大的負擔，突然如潮水般湧入的盧比銀幣跟信用狀造成了大宗商品價格的飆升。截至一八四一年六月，邁克諾騰表示若干基本物資價格已經上漲了百分之五百[53*]。漲得尤其兇的是穀物，結果就是阿富汗的窮人被逼到飢荒的邊緣。莫漢．拉勒意會到這點，便試著警告柏恩斯要注意後果。「我們的軍需官所進行的糧食採購，讓穀價徹底高到廣大民眾難以企及，」他寫道。「牧草、肉類與蔬菜，簡單講就是所有的生活所需都貴到了一個境地。沒飯吃的呼救聲鋪天蓋地，非常多人就算上街乞討，也要不到一塊麵包，但其實要不是我們搜刮的太厲害，糧食應該是綽綽有餘才對。」[54]

讓事情變得更糟糕的是關於撙節減俸詳細內容與施行細則，被邁克諾騰丟給了手腕與人望俱無的尼扎姆・阿爾—達烏拉去搞定。結果他不僅砍人福利的手法粗糙到讓沙・舒亞最死忠的追隨者都感到受辱，他還在九月一日強迫最老牌的支持者去重新申請軍職、重新宣誓效忠沙阿。等貴族一概因為這不符慣例且有損其榮譽而不肯就範，表示說「國王沒有這種猜忌其忠僕，要求其具結這類狀紙的習慣」之後，他們全都幾句話就遭到流放的威脅[55]。第一次嚴重的對立，出現在隨後的朝會上。莫哈瑪德・胡珊・赫拉提也在巴拉希撒堡的現場。「一日，」他回憶說，

朝臣按其位階高低盡皆來到皇家覲見廳，此時薩瑪德・汗（Samad Khan）作為扎爾・貝格・汗・杜蘭尼・巴杜宰（Zal Beg Khan Durrani Baduzai）之孫陳情說「我的俸祿沒撥下來」。陛下示意要尼扎姆・阿爾—達烏拉給個說法，但他只是答了句：「你少信口開河！」薩瑪德・汗駁斥說：「你才在胡說八道！你羞辱了愛戴並效忠皇家的每一個人。」尼扎姆・阿爾—達烏拉被實話弄得惱羞成怒，扯開嗓門大吼：「看我挖了你的眼睛！」聽得此人在君上面前如此粗野放肆，薩瑪德・汗回答說：「要不是當著陛下的面，我就拿劍割了你的舌頭！我們在聖駕回歸前都已經在這個國家住得夠久了，誰不曉得我們家族長年都在國內享有崇高且尊榮的地位，而你只不過是替莫哈瑪德・扎曼・汗・巴拉克宰（Mohammad Zaman Khan Barakzai）遞送尿壺的！

---

* 作者註：美國率領的盟軍在二〇〇二年抵達喀布爾時，也產生了類似的效應，導致當地房價在短短幾個月內飆漲了十倍。

赫拉提接著說，沙阿雖然承認薩瑪德・汗是出身非常高貴的杜蘭尼，卻仍於此時起身離開了覲見廳。尼扎姆・阿爾—達烏拉「一溜煙跑去跟邁克諾騰惡人先告狀，講述了他的一面之詞，而邁克諾騰也隨即致函陛下說『薩瑪德・汗沒資格留在朝堂上——他非走不可』。陛下視英國人的每一道號令都是上天的旨意，因此便罷了薩瑪德・汗的官，將他逐出了朝廷。杜蘭尼一族一片錯愕，巴拉克宰陣營則鼓舞歡騰，沙阿無能為力的這一幕讓他們喜不自勝。

邁克諾騰接受了尼扎姆・阿爾—達烏拉的建議，將砍除津貼的重心放在吉爾宰諸汗身上，理由是「他們將大量的盧比一千又一千地吃乾抹淨，但那全都是莫須有的虛擲浪費。就算斷了他們這一筆，心虛的他們也沒人敢抗議！」但「吉爾宰人不僅抗議了，而且還抗議得非常大聲，」赫拉提記述道。「古往今來從沒有一個當家的敢減了或廢了給我們的補助：我們可是幹了活的，道路與哨站因為我們安全無虞，竊案因我們而能物歸原主，我們可不是白拿這些錢，所以我們也絕不接受少拿任何一點！」吉爾宰人這話言之成理。自從蒙兀兒人的時代以來，吉爾宰與開伯爾、白沙瓦的部落就一直領有拉答里（rahdari）*來從事道路的養護，並讓前往印度之軍伍與商賈獲得保護。哈塔克人（Khattak）†負責保持從印度河到白沙瓦的道路暢通，而阿里弗迪人則負責從白沙瓦到賈姆魯德這一段。這筆錢，每一個王者都乖乖地結了，而如今邁克諾騰卻通知酋長們說他將罔顧約定俗成的部落律法跟他自己白紙黑字的書面承諾，自行其是地把這項協議作廢。更糟糕的是如赫拉提所記載，「尼扎姆・阿爾—達烏拉犯蠢地拒絕了聽取酋長們的申訴，還對他們出言不遜：於是酋長們棄他於不顧，連夜從喀布爾逃回屬於他們的山丘，然後開啟了叛亂的大門。舉事的舉事、行搶商旅的行搶商旅，封鎖道路的封鎖道路」[56]。

山區諸汗從喀布爾撤退一事按瑪烏拉納・喀什米爾於其《阿克巴納瑪》一書中的描述，比較不是一種意氣下的抗議，而事經過深思熟慮的策略布局。按照他的說法，阿富汗的這些薩達爾害怕薪餉的失去只是第一步，唯恐接下來會被迫流亡印度或甚至倫敦的他們決定先下手為強。他們以可蘭經為誓共商反撲大計，為的是將英軍主力誘出喀布爾，然後等王城空虛再直撲城內的英國高層，殺他們一個措手不及：

當夜幕降臨，人在喀布爾的汗王齊聚一堂
他們坐在阿巴杜拉．汗．阿恰克宰的家中共商大計
如今自救之法握在我們手中，他們說
箭在弦上，蓄勢待發
這場風暴的水勢尚未將我等滅頂
我們不能坐以待斃
死在戰場的兵刃之下

* 譯註：買路錢：可查詢字彙章節。
† 譯註：普什圖族的一支。

也勝過苟活於菲蘭吉的獄中

如同惡魔本尊，柏恩斯是萬惡的根源
躲在偽裝後面，他四處低聲在人耳邊進讒言

所以就在今夜，莫哈瑪德・沙・汗・吉爾宰必須挺身而出
帶上他的勇猛兇汗的族人

他們將會點燃戰火
然後朝著火焰投擲礦石*

他們會藏身於山谷之間
將途經的商賈與行旅一網打盡

好逼得沙阿派兵來開戰
等到他的軍隊一出城，我們就可以去處理柏恩斯[57]。

就像冥冥之中注定，吉爾宰的叛亂一起，艾爾芬史東將軍就因為痛風復發而倒了下去。

一個月後，艾爾芬史東的軍醫坎貝爾醫師審視了他的病人，然後被結果嚇了一大跳。按他的機密報告所述，「從來到這裡的第一天，艾爾芬史東將軍的病情就非常嚴重。疾患攻擊著他的四肢，讓他宛若一個廢人。我不久前見了他一面，而他的外貌變化之大讓我著實震驚。他已經消瘦到一副皮包骨，兩手浸在泡水的麵粉裡，雙腿則用法蘭絨裹著，狀態極為孱弱且消沉，由此我確信不論再怎麼天大的事情，他也無心去關注或有心無力了。我怕的是果真如我的淺見，他的人已經病入膏肓而難以回天」[58]。艾爾芬史東向奧克蘭呈交了這份健康報告，然後請求解除他的指揮權；此時的他已經將近要完成返回印度的規畫，而那之後就是要在引退回到他鍾愛的蘇格蘭松雞獵場。

作為撙節政策的一環，邁克諾騰還決定了要進一步精簡在阿富汗已經不算大的英國駐軍，並把「好鬥者鮑伯」賽爾連同他的旅團調回印度。賽爾此時接獲的命令是要在返印途中繞道去掃蕩幾個吉爾宰的要塞，並未雨綢繆地將其在離阿過程中發現的叛意捻熄。各個部落，邁克諾騰八風吹不動地地寫道，「能配合我們的行程在此刻發起動亂，真的是非常貼心。我們的部隊會在返印途中順道把他們處理掉」[59]。

賽爾手下的奧克尼工兵團軍官喬治·布羅傅特去見了艾爾芬史東一面，為的是蒐集情報並敲定「清剿」東部吉爾宰人的方案，結果他發現將軍「健康狀況堪憐，徹徹底底無法履行職務」，而且還「迷茫困惑」到布羅傅特問到最後，不得不懷疑將軍神智究竟還清不清楚[60]。

---

* 譯註：硫磺是地獄之火的燃料，代表上帝的怒氣。

他堅持起身，在攙扶下來到了他的待客室。這番努力讓他精疲力盡到，他能處理正事已經是半小時之後的事了，且這當中我若干次向他請益而未果，已經驚擾了他數回，以至於我幾番愧疚地覺得自己根本不應該來……他說他不清楚（吉爾宰）要塞的數量或兵力，（並）忿忿不平地抱怨起（邁克諾騰）不該將他的權力褫奪一空，讓他淪為一名無足輕重的小嘍囉……（後來）我二訪將軍時發現他奄奄一息地臥病在床……他又跟我說起自己是如何自始至終都受到邁克諾騰的折騰；他的原話是自己堂堂一個將軍被貶成了捕頭。他要我在行動前再來見他一面，但也同時直言，「萬一有個什麼，看在老天份上請盡快打通隘道，好讓我能脫身。因為情勢實在不對了，我這副廢了的身體與腦袋實在無力應付，這話我已經跟奧克蘭爵士說過了」。這話他重複了兩三遍，並補充說就算真的逃出生天，他也很懷疑自己能不能再看到家鄉一眼[61]。

要告辭之際，布羅傅特也跟將軍分享了他自身的焦慮：他嘗試要讓城內的匠人與武器師傅打造些挖掘的器具，好供他在圍攻吉爾宰的要塞時使用，但眾人全都「拒絕了替菲蘭吉工作，理由是他們有批武器要忙著交貨。至於這批貨是幹什麼用的，我們後來也有所掌握，只不過柏斯恩堅稱那是給準備遷徙的游牧部落所準備的」[62]。

在此同時，不論是對於軍隊指揮官的離去，對情報顯示市集中有人緊鑼密鼓地在製造武器，甚至於是對吉爾宰酋長們怒氣沖沖地拂袖而去，邁克諾騰都是一如平日的處之泰然。以至於他在信中對奧克蘭爵士說這些人不過是「為了薪酬被砍而在小打小鬧」，而他們「不論如何機關算盡，最終還是會被狠狠痛擊……這些傢伙還需要多給些皮肉痛，」他寫道，「才能乖下來當個良民」[63]。

賽爾旅團的先鋒約上千名兵力，在十月九日早上離開了喀布爾。他們行軍到巴特赫克，距離在賈拉拉巴德路上的軍營有十五英里遠。那天晚上天剛黑，正當部隊駐紮在隘口處附近，哨兵聽見了頭頂有怪聲迴響在陰暗的山坡與光禿的峭壁上。湯瑪斯·席頓作為在場的其中一名年輕軍官，滿心期待著能回到印度去享福。

我們剛在食堂用完晚餐，就有統領分衛隊的在地軍官派了名印度士兵來通知上校說看到很多人聚集在我們上方的山丘上，而且他還聽到那些人在裝填傑撒伊火槍的聲音……彈丸被裸著放進傑撒伊火槍，並需要用鐵製通條花費好一番力氣，才能將之捅進最裡面。這一次次捅撞都會發出鏗鏘有力的巨大聲響，大老遠都聽得到，而且做為一種性質非常獨特的聲音，但凡人耳只消被其驚嚇到過一回，就終生不會忘掉。「各位，」上校說道，「你們最好趕緊回去集合各自的連隊，動作愈快愈好，愈不要打草驚蛇愈好。他們馬上就會找上你們。」

上校遣人去營地各隅熄滅了燈火，席頓則奉命領著兩個連隊去到阿富汗人集合的山腳下，「上頭交代要讓全軍保持一片死寂，或跪或坐但不得開火」，就在那兒靜待敵人衝下山。「我在前面帶著弟兄們移動，結果才剛一抵達哨點，就看見整座山頂就像被同時擊發的數百支傑撒伊火槍點燃而冒出火來。喊著『耶里、耶里、耶里（Yelli）*』的怒吼呼叫聲在同一時間撕開了空氣，伴隨著宛若一千頭豺狼發出的嚎叫。」這波猛攻就這樣延續了超過一個小時。

我方陣營長時的黑暗與靜默，讓阿富汗人被搞迷糊了，他們尤其不解的是我們為什麼不嘗試還擊。他們的猜想是我們要麼已經抱頭鼠竄，要麼他們猛烈的火力「已經將所有在受火焚的父親之子都也送往了地獄」。由此他們兵分兩路下山，並一路開始鬼吼鬼叫地打劫營地、屠戮傷兵……

（最終）我們只稍微能在昏沉暮色中辨識出他們模糊的身影。我兩個連的弟兄始終席地而坐，火繩槍置於雙膝之間，但短潔的「預備！」就讓他們轉成了跪姿；接著只聞「舉槍！」的一聲令下，一百七十人的一輪猛轟在敵陣中爆開，當場血流成河……我們有四十人傷亡，但要不是多虧了我們上校的冷靜與遠見，我們的損失恐怕會是三倍[64]。

遭到突襲的消息讓邁克諾騰怒火中燒。「試想那些鼠輩的膽大妄為，」他寫道。「竟敢帶著四五百人在庫爾德—喀布爾山口（Khoord-Kabul Pass）設伏，要知道僅僅十五英里之外便是王都。」好鬥者鮑伯賽爾將軍當即在十二月十二日奉派帶著他其餘的旅團——一共大概一千六百人——前去救援先鋒部隊，並重新打開山口。

援軍在山口度過的第一夜平靜無波，翌日早晨他們拂曉出發，挺進了庫爾德—喀布爾那狹隘蜿蜒的高地。「我們直到相當深入山口才遭遇反抗，」打算偕旅團返印的隨軍牧師葛雷格回憶道。

接著從左右兩側的岩石與峭壁間，迅雷不及掩耳的火網爆開，而這無疑說明了上方的高地已經被雄兵佔領。同時這些阿富汗人也展現了遭遇戰的高超技藝，以至於除了他們從火繩槍迸發的火花以外，你根本無從判斷他們的槍手身處何處。大小石頭，包括有些比十三英吋砲彈大不了多少岩塊，似足以為他們提供絕佳的掩蔽。蹲下的他們不會從絕壁後露出任何東西，惟二的例外是手中長槍的槍管與頭巾的頂端；而隨著他們以無比的準頭例無虛發，我們的先鋒與縱隊主體都紛紛有人員開始倒下[65]。

一如某官員在彙報給加爾各答時所點出，眼前愈來愈清楚的事實是在高海拔的山口地形上，「我等歐洲與興都斯坦的正規軍與阿富汗人在他們土生土長的山區上作戰，會處於很大的劣勢。後者傲人的敏捷性利於其閃避追擊，而他們使起傑撒伊火槍或長槍有著致命的準頭與射程，我們的火繩槍根本傷不了他們」[66]。阿富汗人那種可以自然融入到地貌中的隱身能力，也讓英國人十分吃驚；如賽爾就跟他的妻子表示，「他們只要不開槍，我們根本不會知道那裡有人」[67]。事實上「好鬥的鮑伯」本人也在傷員之列。遇襲不到一分鐘他就挨了一記傑撒伊火槍的子彈，斷了一條腿。「我不得不佩服老賽爾的處變不驚，」他的旅參謀長說。「他轉頭對我說：『韋德，我中彈了』，然後繼續在馬背上指揮散兵作戰，直到失血讓他不得不把指揮權移交給丹尼。」[68]

即便如此，賽爾的部隊仍得以往前推進，並沿庫爾德—喀布爾山口而下，期間喀布爾繼續增

* 譯註：呀，阿拉（Ya Allah）的略語。

兵，部隊一路上累積更重的傷亡，賽爾則重新於轎上掌兵。一個星期後的十月十七日，英軍在又一次的夜襲中蒙受了此行最嚴重的打擊。下午五時許，德金（Tezin）的一名酋長給英國人送了信，「說他們已經抵達同伊塔里奇（Tung-i-Tareekhi）*，兩小時內就可以對我們發動攻擊。我們禮尚往來地回了函，大意是我們歡迎酋長們大駕光臨，並且一定會竭盡全力讓他們感覺不虛此行」[69]。事實證明對方的信是一種聲東擊西的詭計：這些吉爾宰人預告要從正面進攻，並在作勢有所行動之際以主力從英軍的後方奇襲，原來他們早就買通了沙．舒亞新募得的一些哈齊爾巴什騎兵，由這些騎兵放他們進入了英軍營地：「他們原本就屬於同一個部落，由此當其他英軍在抗敵鏖戰之時，這些早就心懷不軌的先生們也沒閒著，他們要麼在砍殺蘇爾旺（surwan）†，要麼在挑斷駱駝的腳筋。」[70]

那天晚上，賽爾的旅團又折損了八十九人，許多行囊與彈藥也被搬進了吉爾宰位於德金的要塞裡，而且用的還是東印公司的九十頭駱駝。英國這次出兵原本是要給吉爾宰人一個教訓，結果卻倒打了自己一耙。在高山山口交織出的狹窄蛛網中，蜘蛛變成了蒼蠅；獵人赫然發現自己才是獵物。

十月二十三日早晨，被前後夾擊的英軍縱隊再次開始推進，穿過了快要到德金處變得格外狹窄的山口。彎過兩塊巨岩後，「從四面圍住谷地的山丘上突然滿滿的都是阿富汗人」。結合躲在掩蔽物後的狙擊手，以及以輜重車隊與後衛為目標，時機抓得恰恰高的衝鋒，「他們又一次在這天殺害了我們眾多弟兄，搶走了不在少數的戰利品，當中我們的人更痛恨他們劫走的，不知道該說是連同裝置設備一起被他們納為己有的那九頂新的醫療級帳篷，抑或該說是裝有不少於三萬發火繩槍彈藥的桶子」[71]。須知那些彈藥日後會被用在喀布爾的其餘英軍身上，造成了嚴重的傷亡。

翌日英軍發現他們再度陷入重圍，只是這一次除了被圍，他們通往德金的前路也同樣受阻於難以計數的騎兵。在經過短暫的僵持後，賽爾同意了在營中接見舉著停戰旗幟的代表團。談判後來在吉爾宰的營地中恢復進行，而隸屬於英軍縱隊的政戰官喬治·麥葛雷格（George MacGregor）自該營地中回報說「酋長們禮數周到地接待了他，並且很樂見他只帶一名蘇瓦爾（suwar）‡就前往談判所展示出對他們的誠意的信心。他們看似眾口同聲，匯聚的人數達到七百之眾且還在與日俱增」[72]。

麥葛雷格最終同意了按部落的要求把錢付給他們。「他們將拿到一開始引發事端的那四萬盧比差額，」賽爾夫人稱，「並承諾會把能找到的我方財產盡數歸還：以換得我們就此打住攻勢，並不再追究我們的死傷、花費、彈藥與輜重的損失，還有那些若非佚失，就是遭他們全給扣住的達克（dak）§。」[73]惟賽爾夫人話說的雲淡風輕，當時的情勢實際上非常危急。當時幾乎所有人都認為談判頂多只能拖點時間，亨利·杜蘭德等人甚至覺得談判是大錯特錯。「現在是行動的時候，」他寫道。他認為「好鬥的鮑伯」該做的是「出手而非出一張嘴」[74]。但事實是花錢消災達到了效果，賽爾得以派武裝人員護送傷員送回喀布爾，順便就動亂的規模之大警告當局，也得以讓剩餘的縱

* 譯註：直譯為暗谷。
† 譯註：駝夫；可查詢字彙章節。
‡ 譯註：跟索瓦爾、薩瓦爾一樣是騎兵的意思。
§ 譯註：郵寄物、信件（十八九世紀偶爾拼寫為 dawke）；可查詢字彙章節。

隊加速南下前往賈拉拉巴德。再者，如看什麼都不順眼的軍醫約翰．馬格瑞斯寫道，「我很樂見我們不用再繼續戰鬥，因為什麼事情只要賽爾跟丹尼斯一插手，就肯定會被搞砸」[75]。

情勢不容樂觀地只平靜了兩天，攻擊就又重新開啟。「後衛日常地遭到襲擊，」賽爾在當周的尾聲表示，「宿營處夜夜遭到開火。」[76]每天早上，「召集步哨的號角一吹響，阿富汗人就像變魔術似地從距離營地不到半英里處的石塊、巨巖、山丘、叢林與草簇中現身，形成了巨大的半圓形敵陣」[77]。阿富汗人的數量不斷增加。如賽爾夫人從軍營中進行的觀察，「喀布爾周遭所有的要塞都已淨空，（據說）朱萬（Juwan）*都來德金助陣了」。一直要到十一月二日，賽爾的旅團才終於走出山口進入平原，到達了肥沃的小村莊甘達馬克，那兒的不遠處就有沙．賈漢的尼姆拉花園，而沙．舒亞的兵團在尼姆拉花園還保有一處規模不算大的軍營。

賽爾與他的軍官在村中暫停修整了十天——惟如隨軍牧師連忙強調，這是個清醒的時刻，「沒有人縱情於酒精的濫用中」。就在此地，其他的邁克諾騰新軍「敢死隊」（Janbaz）「悍然公開叛變，嘗試殺死英國軍官……現在已經不只是吉爾宰的酋長為了拿回津貼而鬧事，現在擺明了是阿富汗舉國都揭竿而起要對付我們了」[78]。旅團已經在短短幾天內損失了超過兩百五十人，而他們的處境還顯然在快速惡化中。傳言開始四起說他們身後的各山口與喀布爾本身周遭都爆發了激烈的戰鬥。賽爾於是召開了作戰會議來判斷一步該如何進行。與其繼續前往印度或是退回喀布爾，賽爾與其下屬決定完成剩餘的三十五英里下坡路，抵達賈拉拉巴德，在那裡強化防務並靜觀其變。這將會是個左右整場戰爭走向的決定，只是當時還沒有人察覺這一點。

賽爾的旅團在十一月十二日抵達了賈拉拉巴德，並設法未經太多抵抗就拿下了該城鎮。低矮的泥牆已見傾塌，英軍發現賈拉拉巴德是個「骯髒的小鎮」。但起碼那裡土地肥沃，而且其中一側有由喀布爾河提供的豐沛水源，飢腸轆轆的英軍甚至發現河中滿滿的都是可口的鱒魚跟當地特產的奶魚（shir maheh）†，於是他們便把這些食材拿去炭烤。如葛雷格牧師所說，「或許對尋常的旅人來說，這座破落的城鎮他們根本看不上眼，但對奮戰過後餘悸猶存的英軍而言，這裡有太多讓他們愛不釋手，割捨不下的優點。」[79]

布羅傳德在抵達的當日午後便著手重建賈拉拉巴德的防禦工事。護牆上的裂隙獲得了彌補，胸牆與槍眼獲得了修築，十座火砲被升起到了稜堡之上蓄勢待發。覓食的隊伍被組織派出去蒐集食材與秣草，干擾到火砲從城牆上開火路線的障礙物被一一破壞清除。他進行這些整修的時機可謂恰到好處，因為隔天早上就有一大票吉爾宰與辛瓦里的部落聯軍找上門來，「在鎮南的低矮丘陵處現身，而且隨著時間過去，他們開始在岩質的高地上愈聚愈多」[80]。

所有城門開始緊閉，但在那之前，賽爾還是先派出了最後的求救信差。他懷抱的希望是信差可以平安穿越開伯爾山口，抵達在白沙瓦的英國駐地。「謹此稟告總司令，」他在一張紙片上潦草寫道，

> 我們四面遭到叛軍包圍。兩個兵團與一隊工兵實不足以佈防這片廣大的城牆，我們只能苦撐。我們需要財源，外加兩萬發火繩槍彈藥。事實上我們需要兵員、金錢、補給與彈藥各個方面的賑

* 譯註：年輕人、小伙子；可查詢字彙章節。
† 譯註：可查詢字彙章節。

助，而且刻不容緩，遲了就沒用了。官兵目前的配給已經減半，但我們仍只剩下六天份的大米，麵粉已然用罄[81]。

賈拉拉巴德的圍城戰，就此揭開序幕。

一場席捲整個阿富汗南部的大規模叛亂，已然風雨欲來。

在坎達哈，若林森認為「我們面對的敵意正在與日俱增，而我怕的是騷亂將接踵而至……他們的穆拉正從這個國家的一端到另外一端倡議與我們為敵」[82]。在軍事上與他地位相當的諾特將軍也英雄所見略同，由此他在絕望中寫信給女兒們說「這個國家景況堪憐……威廉・邁克諾騰爵士的錯誤與其體制之孱弱，已經開始顯露出凶兆；要麼現況必須有所改變，要麼我們從世界的這一隅撤退……想扭轉邁克諾騰其人所造成的沉痾，恐怕需要經年累月。奧克蘭爵士怎麼會容許這樣一個人大權在握，任由他把英國人的臉都丟光了呢？」[83]

在加茲尼，當地駐軍的指揮官湯瑪斯・帕瑪上校（Thomas Palmer）也同樣擔心，由此他寫信給諾特說「這個國家正一天天更加動盪……我看不出賽爾將軍的旅團要如何逃出阿富汗。當然他們可以強攻前行，但敵人會在他們的後方關門，並且像過去兩週那樣切斷其與印度的全數通訊」[84]。恰里卡爾的艾德瑞・帕廷格比誰都更加坐不住，他確信他那一小群廓爾喀軍將被殺個精光，於是他策馬返回喀布爾去與艾爾芬史東跟邁克諾騰當面理論。艾爾芬史東先是坐在那而一臉惶惶不安，繼而猶豫不決地手忙腳亂，但最終他並未能提供帕廷格任何具體的協助，尤其是沒能讓帕廷格取得他死命要求的騎兵與火砲，只表示喀布爾自顧不暇，騰不出任何多餘的兵力（與火力）。同時間邁克諾騰則說他無暇接見帕廷格，並拿他的書面報告開了玩笑：「帕廷格寫得一副好像他馬上要被（米爾·瑪斯吉迪的）尼吉洛人（Nijrowees）侵略似的，但我可以想像那是杞人憂天。那些個傢伙只要一聽說吉爾宰人又沒了動靜，就會重新躲回他們的山洞中。」[85]

至此邁克諾騰似乎已經吃了秤砣鐵了心，消息再壞也不能壞了他自認勝券在握的自信。但這與現實的反差，明顯地擴散到喀布爾的事態上，須知此時在王都，英國人已經成為過街老鼠，連街邊的店老闆都可以對其出言不遜，而「民眾普遍的行為舉止」，如柯林·麥肯齊表示，「有種他們勝利在望，毀滅英國人指日可待的感覺」。好幾起兇殺案接連發生：一名英軍騎兵睡在帳篷中遭阿富汗人持槍擊斃；一名普通士兵被發現被割喉而陳屍壕溝中；沃勒上尉（Captain Waller）遭一名刺客所傷，一名劍士出手砍傷了從鎮上騎馬返回兵營的麥特卡弗博士。賽爾夫人嚇得花容失色。「外界普遍的印象是公使打算自欺欺人地說服自己阿富汗一切風平浪靜，」她在日記中寫道。「他的處境十分艱難，但又沒有足夠的道德勇氣去隻手力挽狂瀾。」[86]

他會如此剛愎，一部分的理由是他剛收到消息說奧克蘭爵士已為了獎勵他在阿富汗的勞苦功高，賞給了他東印度公司能給予文官的第一肥缺：孟買總督，而那就代表他能進駐在馬拉巴山（Malabar Hill）上，美不勝收的帕拉第奧風格官邸。由此符合他利益的作法便是盡速全身而退，以予人一種任務圓滿完成的印象。只要等他安全下莊了，天大的事情也是繼任者的責任。「這是他意想不到的光榮，」他曲意奉承地對奧克蘭爵士寫道，「尤其降臨在此時更是喜上加喜，因為我正好可以本著良心，將這個四境平安且進步神速的國度交接給下任。」[87]

最有可能在邁克諾騰卸任後接棒的人選，是亞歷山大·柏恩斯。數月間他遭到公使的邊緣化，一日比一日更加無所事事，以至他終日只能狂讀他鍾愛的作家度日。「這無疑是我這輩子最閒散的一個階段，」他在八月時寫信回家說。「我已經沒替公家做什麼事，頂多是當當顧問給給建議，但除此之外我已經沒有要履行的公務，真要說，就是我每個月要領三千五百盧比的乾薪……（而在此同時）我要麼研讀塔西陀的著作，要麼寫寫軍情函文，生活一派輕鬆」[88]。耳聞公使另有高就，他寫道說「他開始湧起希望」自己可以接下邁克諾騰的位子；但如今他曾經夢寐以求的封賞近在咫尺，他卻開始思索起這是不是他真心想要的東西。「我似乎無時無刻不在流失自己對權力與地位的焦慮，」他在最後一封信中這樣告訴她的弟兄詹姆斯。「我始終在捫心自問，我是否真如自己所想地那麼適合成為此地的至尊。偶爾我會覺得真相並非如此，但每每能不受拘束地大展身手時，我從未辜負自己獲得的權柄……我只盼這樣的自我懷疑能夠盡早化解，因為焦慮讓人苦不堪言。我的個性就是太過認真；我不管做什麼事都沒辦法打馬虎眼——事實上我只要一件事做下去，就不可能只是隨便做做。」[89]

但事實是柏恩斯的才華在佔領期間多屬無用武之地。除了梅嵩以外，他對阿富汗的了解與熱愛更甚於任何一名英國官員或旅人，同時他的政治直覺極其敏銳，各種判斷因此往往無可挑剔地準確。唯有他的野心是他的阿基里斯腱，否則他也不會任由自己捲入一場徹底莫須有的侵略跟一次處置失當的佔領，且不論侵略或佔領都是由一名不聽取也不尊重他意見的愚蠢酷吏操刀。一如他的俄國對手維特克維奇，柏恩斯也是名勇氣過人且足智多謀的年輕人。如同維特克維奇，柏恩斯也是憑藉自身的努力，一路從權力的會外賽打進當代最大地緣政治鬥爭中的中央舞台，只是兩人都殊途同歸地發現到了最後，他們終究不過是帝國間博奕時的過河卒子。當維特克維奇意識到自己一生的心血遭到了忽視與糟蹋，他選擇了在一陣抑鬱與反胃來襲時舉槍自盡。柏恩斯的反應則是讓自己縱情享受，而這麼做讓他時至今日都還是阿富汗人憎恨的對象；而根據阿富汗方面的說法，這也正是讓最終的驚天一爆炸開在喀布爾的火花。說起柏恩斯是如何扮演了最後的引信，米爾扎・阿塔給出了最好的阿富汗方說法。

喀布爾的貴族們，米爾扎寫道，對英國佔領的不耐與日俱增，主要是英國人切斷了給吉爾宰酋長們的津貼、架空了沙・舒亞，還開除了他的瓦齊爾穆拉・沙庫爾。而最終根據米爾扎・阿塔表示，舒亞對於自身令不出巴拉希撒堡的不滿「撩動了尊王派薩達爾的情緒，讓他們因為尊嚴與信仰被冒犯而怒不可遏」，開始與佔領軍勢不兩立，「以至於他們各自返回家鄉，然後待至太陽西下，皎月東昇之際，他們聚首共商大計並以可蘭經立誓團結一心」。趁著賽爾的部隊還在庫爾德・喀布爾未歸，瑪烏拉納・哈米德・喀什米爾令若干部落領袖敦促行動加快腳步：

國王沒有軍隊，拉特・黑・揚吉（邁克諾騰）酩酊大醉
壺不離手的他飲酒作樂，縱情笙歌

柏恩斯養尊處優而自命不凡
此等天賜良機錯過豈能再來？

時間一逝不返，行動刻不容緩
我們不能不為所動，我們必須有所圖謀

否則狡兔將察覺會風吹草動
獵物將從我們指縫溜走
就讓我們趕忙直朝柏恩斯而去，那邪佞的傢伙
讓一切在破曉之際有個結果[90]

只不過到了最後，眾人還是決議他們要伺機而動，等著佔領軍再鬧出些事端，落些口實，這樣他們起兵才更師出有名。十一月一日晚間，正當拉馬丹（Ramazan）*的第一週，帶頭的薩達爾終於等到了他們苦候的引爆點。「說巧不巧在真神的旨意下，那晚有個阿布杜拉．汗．阿恰克宰的女奴逃家跑到了柏恩斯的住所，」米爾扎．阿塔寫道。「當經過詢問發現女奴的去向後，氣炸了的阿布杜拉．汗派人前去把傻女孩帶回；但拉不下這個臉的這名英國大人口出穢言不說，還把人痛毆一頓，轟出了府外。」這麼一來真是把事做絕了。據莫漢．拉勒描述，「阿布杜拉．汗．阿恰克宰帶著一幫親戚前去找了阿米努拉．汗．洛加里，並手拿著可蘭經求洛加里成為他的同志，與他一起煽動城內的叛變。等洛加里同意後，他們便派人去把其他一些同樣心有不滿的酋長給請到阿恰克宰的家中」[91]。吉爾嘎（jirga）†召集完成後，阿布杜拉．汗便開始向貴族們喊話：

「如今我們有十足的正當性可以甩掉英國人給我們戴上的這副牛軛。他們伸出暴政之手，不分貴賤傷害了平民百姓的尊嚴：有女奴供我們洩慾，不值得我們用那之後的浸禮去換取。我們必須於此時此地為事情畫下一個句點，否則這些英國人將騎著他們名為慾望的驢子進入到愚蠢的地

界，直至我們所有人都將在不久後被抓捕，被遣送到異鄉的囚牢中。我把信念交托給真神，並高舉先知穆罕默德的旗旗，然後出征奮戰。如果我們僥倖得勝，那我們便能得償所願；而就算我們不幸陣亡，那也好過苟活在墮落與羞恥中！」其他的薩德爾身為他的兒時玩伴，盡皆整裝待發，隨時準備加入聖戰[92]。

莫汗・拉勒聽到經由線人耳聞了這場密謀反叛的集會內容，便立刻趕赴柏恩斯住所，告知他正在醞釀的危機，讓他有所警惕。於是柏恩斯一整天都為了自己的未來惶惶不安：這是他踏足印度的二十週年，為此他總感覺今天會改變他的一生。「這日會有何種開展？」他的最後一篇日記如是說。「我想今天於我不是大好就是大壞，日落前我應該就能知道答案。」[93]但吉爾宰的叛變阻礙了諸山口，那天因此沒有郵件寄至喀布爾。

「一八四一年的十一月一日晚間，」莫漢・拉勒寫道，

我造訪了亞歷山大・柏恩斯爵士，告訴他（正在發生的事情）……他回答說他不想干預公使做成的安排，畢竟他不日就要前往孟買，到那時他（柏恩斯）將會恢復原本的津貼來安撫酋長。我又跟他強調了一次說任由此等不祥的邪惡壯大滋長，卻不想想辦法來先下手為強，在敵人對我

* 譯註：齋戒月。
† 譯註：部落集會：可查詢字彙章節。

們造成嚴重傷害前先將他們剿滅，有違擔任公職的準則。聽到我這麼說，他從椅子上起身、嘆了口氣，然後又坐了回去，告訴我說離開這個國家，哀嘆怎麼會將之亡失的時候到了[94]。

隨著莫漢・拉勒掉頭返家，密謀者也在更遠處的普爾伊齊斯提市集準備行動。「那一晚，」米爾扎・阿塔寫道，

在破曉之前，他們去到柏恩斯的家中，用他們無情的利劍斬殺了護衛的士兵。衝突的消息傳遍了城內，喀布爾的眾家好漢與剽悍鬥士無不歡天喜地將之視為真神回應其祈求的恩賜。他們用板子釘死了店面，拿起了武器，趕赴了現場叫囂助陣（用杜蘭尼與吉爾宰特有的戰呼）。「呀，恰哈爾，呀！（Ya Chahar Yar）*喔，我的四名友人，受到正確導引的伊斯蘭哈里發！」隨著黎明破曉，他們如蝗蟲般湧上了街頭，把亞歷山大・柏恩斯的住家圍了個水洩不通[95]。

* 譯註：直譯是「四個朋友」，指的是遜尼所承認在西元六三二年先知年穆罕默德逝世後，他的最初四名繼任的哈里發。

CHAPTER 7
秩序到此為止

一八四一年十一月二日在冷冽的晴空中破曉。冬季斜倚的晨光打在喀布爾城外園林中的阿富汗松柏上，拉出了輪廓銳利的長影。在園林之外，新落成的兵營中，身為沙．舒亞部隊中負責發放軍餉的主計官，修．強森（Hugh Johnson）上尉起了個大早。他前一晚出席了某場兵團晚宴，而考量到治安的逐漸敗壞，他說服了軍官弟兄們在兵營裡過夜，由此在市中心的紹爾市集（Shor Bazaar）裡，他的阿富汗情婦便只好在屬於他的床榻上獨守空閨。

「大約日出前後我尚未起身時，」他那晚在日記中寫道，「我的一名僕人來通知我關於我購置在市內傳教團區的房子，原本有幾名受雇工人會來裝修，但近幾日他們卻害怕到足不出戶。只因為他們害怕自己的財產會被掠奪，原來是一夜之間，市區將發生騷亂的傳言已不脛而走。」強森上尉認為這說法應該只是空穴來風。他昨晚離開市區時還不曾感覺到任何騷動迫近的跡象，更何況他置產的位置就在亞歷山大．柏恩斯府邸的對面，所以他堅信若真有什麼風吹草動，他的朋友肯定早就來給他通風報信了。但話是這麼說，「我的僕人告退回市區後才約莫半小時，就有三名印度信差跑來通報說暴民聚集在了我家跟公家庫房的前面。他們在設法破門而入，而柏恩斯則在設法安撫」。強森接著寫道：

我起身。令人備馬，但上馬前我去稟報了我聽說的消息給公使的軍務秘書勞倫斯上尉知曉。此前公使已經自柏恩斯處收到關於這件事情的訊息，並隨即趕往將軍府。我另一名僕役接著前來表示柏恩斯與我居住的街道已徹底遭暴民佔領，包括有人嘗試突破我家正門，而我庫房的衛隊正用優勢火力壓制他們。看到我的馬上了鞍，僕役告訴我說我是靠近不了自家門口的，因為作亂者每一分鐘都在增加，而且見歐洲人或印度人就殺。我估忖將軍會立即著令分隊前來鎮壓暴動，拯救我的庫房跟參政司亞歷山大・柏恩斯爵士的性命，畢竟爵士才又傳來一封急信求救，所以將馬保持在隨時可出發的狀態，以便我可以一同前往作戰。首先我去到堡壘上觀察市區有無任何不平靜的跡象，沒想到我才上去不到五分鐘，就看到一陣濃煙升起，並隨即就從其飄來的方向確認了亂賊放火燒了我的家。我還聽到火繩槍猛烈連發的聲響。

「關於兇殺與掠奪……的恐怖報告」開始傳入他的耳中。

但讓我們驚訝的是迄今沒有分遣隊奉命前往。幾個小時過去，官方沒有為了平亂採取任何動作。一則事後被證實真到不能再真的傳言開始流傳，那就是作亂者已經靠掘牆控制住了我的公庫，並藉放火燒毀大門強佔了我的房產，並進而殺害了整支衛隊的一名印度帶隊軍官跟共計二十八名印度士兵，乃至於我們（歐洲人）的軍官。我全數的僕人——不分是男女或孩子——洗劫了我整個庫房，金額高達一拉克加七萬盧比，燒毀了我這三年來的公文檔案，當中包括將近一百萬鎊未經調整的帳目，還恣意侵佔了我價值超過一萬盧比的一千私人財產[2]。

強森無法置信的是柏恩斯的一條命、公家庫房，還有他的屬下，竟然就這樣被丟著，形同自生自滅，由此他再三要求當局說明他們有什麼計畫。結果顯示問題的癥結出在艾爾芬史東將軍。當收到通報說舊城有騷亂發生時，有恙在身的將軍嘗試了上馬，結果狠狠摔了一跤，還讓一併重心不穩的馬兒給壓著了。這之後文生・艾爾（Vincent Eyre）上尉表示，「我料想艾爾芬史東從來也不是個身強體壯或有其主見之人，現如今他與老邁昏聵更只剩一步之遙」[3]。

兵營中的某人試著催促部隊有所行動，他就是邁克諾騰手下那名年輕有幹勁的軍務秘書喬治・勞倫斯。一如強森，勞倫斯也起了個大早，也一早就察覺情勢有異。「我派去市區買點小東西的信差氣喘吁吁地跑了回來，慌張地像是發生了什天大的事情。他回報說店家全都關起門來不做生意，武裝群眾在街上愈聚愈多……」他如此寫下。「我立刻起身去找尋公使，結果我發現才上午八點，他就與艾爾芬史東將軍在嚴肅地商討對策……[4]」

勞倫斯提議應該讓兵營中的五千英軍立即朝柏恩斯住處所在的城市進發，同時已知兩名暴動的帶頭者阿米努拉・汗・洛加里與阿布杜拉・汗・阿恰克宰應該當即逮捕下獄：「不能再等了！」但如他事後寫道，「我的提議當即遭到否決，因為以當時的局面，我被認為不是瘋子，就是異想天開」。但我的第二道建議倒是獲得了採用。新婚的駐營工兵史都爾忒中尉應該快馬前去找薛爾頓准將，其人紮營在位於喀布爾遠端的賽亞桑（Siyah Sang），並藉該地扼守從不平靜的庫爾德—喀布爾山口出入口進入喀布爾城的要道。史都爾忒應該要告訴准將暴民正以普爾伊齊斯提為中心進行搶掠，並敦促他即刻進軍巴拉希撒堡控制局面；進駐巴拉希撒後，准將就可以號令牆內的城區，採取適當的行動。同時間勞倫斯將前往巴拉希撒與沙・舒亞確認這個計畫。

帶著一小隊四名騎兵隨行，勞倫斯在上午九時許出發前往軍營，並指示這些騎兵要「緊緊跟上，該蹬馬刺的時候就蹬，切莫勒馬而停蹄」。

在馬赫米德・汗的要塞附近，一名阿富汗人從溝渠衝上了道路，手中揮舞著一把得兩手並用的巨劍，咬牙切齒地朝我衝殺而來。我為了閃避攻擊先是朝他扔出手杖，拔劍，然後引韁策馬朝他衝去。我的一名護衛用卡賓槍*射殺了此人……接著我們剛一離開那條路就聽見一聲吶喊，與藏身溝中的第二伙人狹路相逢，並被他們以火繩槍連發伺候。惟光是我們的速度加上他們的火線過高，就讓我們免於命喪當場。

到達巴拉希撒後，勞倫斯被領至沙阿的面前，「其人正遑遑不可終日地在朝堂上來回踱步」。

陛下驚呼，「我不是早就跟公使說會有今天了嗎？他為什麼不聽我的去勸戒？」我於是將覲見的目的稟告了君上，然後懇請他授權我把薛爾頓准將叫上來進駐巴拉希撒。「慢著，」陛下言道，「吾兒法特赫．姜與首相烏斯曼．汗（尼扎姆．阿爾—達烏拉）已經領我若干兵馬進城處理。我確信他們會把事態弭平。」

勞倫斯不會不清楚這箇中所蘊含不小的諷刺。一連數月，英國人都把舒亞形容得又懶又無能，但當危機爆發，卻又是舒亞獨力採取了果斷的行動去壓制城內的暴動，才沒讓事端繼續擴大。他派去對付暴民的，是他的英印混血禁軍指揮官，也是忠心耿耿的老臣威廉．坎柏。他讓坎柏率一千兵力加兩門火砲前往，並由法特赫王子坐鎮來壯其聲威。說實話，真正有做點什麼去拯救亞歷山大．柏恩斯的，也就舒亞一人，即便他曾是對沙阿批判最烈之人有十年之久。就在勞倫斯與舒亞一同等待的同時，戰報開始傳來說法特赫．姜的順利進城，並成功平定了許多城區。

＊ 譯註：即騎兵用的步槍。

但上午過了一半，情勢卻急轉直下。首先是史都爾忒中尉來到朝中，「一劍在手而身上鮮血淋漓，呼喊著他剛剛是如何差點遇害。他說他在門前才剛一下馬，就被人群中衝出的一個傢伙持刀在臉上跟喉嚨上招呼了三下」。接著又有報告傳來說坎柏與法特赫・姜的徵兵在市區的窄巷中遭到反賊的偷襲，並因為藏匿在紹爾市集民居中的狙擊手而蒙受了上百人的傷亡。他們被奪走了帶去的兩門大砲，而且如今還被壓制在距柏恩斯府邸不遠的地方。舒亞愈來愈擔心親骨肉的安危，並不顧勞倫斯的懇請，任由自己「在父愛的作祟下幾番猶豫，終於召回了兒子與首相，其中後者作為一條大膽、坦率、而不屈的漢子，終於在激戰後氣喘吁吁地回返，並在高亢的情緒中怒斥國王。『在勝利在望時召回我們，你的部隊將因此遭到擊敗，而邪惡將朝我們每個人撲來』」。[6]

在只睡了三小時後，莫漢・拉勒在即將天亮前被俾女叫醒，她驚慌失措地告知了拉勒外頭有群眾包圍在距市集盡頭僅幾戶之遙的柏恩斯家門口：「阿迦（agha）*」她言道，「你睡著的時候，城裡出大事了。」

莫漢・拉勒來到屋外的花園，看到民眾在把財物從是非之地搬到安全的地方。

> 商家在從店裡把貨品卸下，全城亂哄哄的。米爾扎・柯達德（Mirza Khodad）作為蘇丹・詹（Sultan Jan）的輔臣（蘇丹・詹是在布哈拉跟過多斯特・莫哈瑪德，為首的一名巴拉克宰叛賊）來到我的住處，並以熟人的身分警告我若不離家避難也不把財產撤走，處境恐將會相當危險。納

伊布·沙里夫（Naib Sharif）[†]也派了他的岳丈過來接應我到城裡的波斯區，還讓我帶上值錢的家當。但我婉拒了她們的好心建議，因為我擔心自己擅自離家會製造出更多對危險將至的恐慌。於是我派僕人帶信去給其宅邸與我的住處只隔幾棟建築的亞歷山大·柏恩斯爵士，把我收到的消息傳達給他……他的答覆是我萬不可離家，還有他已經派人去搬救兵，援軍很快就會來到市區。半小時候，僕役告知我說尼扎姆·阿爾—達烏拉建議那名軍官（柏恩斯）放棄他的宅邸，隨他前往巴拉希撒，因為他的人身安全已面臨很大的危險[7]。

柏恩斯因為太過自信於自己的安全與人望，所以身邊只有十二名衛士。他剛決定隨瓦齊爾離開，卻又在最後關頭被說服，跟他的老賈馬答（Jamadar）[‡]一起留了下來。主要是隊長要他別忘了他剛派了人去捎信給邁克諾騰，還說他真的應該留下來等待公使的回覆。於是尼扎姆·阿爾—達烏拉只得獨自離開，並承諾回來時會帶上一營沙·舒亞的部隊。他離去時被人從屋頂上開槍，所幸他靠著一路還擊逃出生天，回到了巴拉希撒。

在這個時間點上，帶頭叛亂者——一群由心懷齟齬的尊王派、巴拉克宰的薩達爾、對軍事改革感到憤怒的貴族成員，失業的前官僚，還有未受沙阿啟用的中階烏里瑪等共組的烏合之眾——

* 譯註：老爺、官人的意思。
† 譯註：一名齊茲爾巴什酋長，也是柏恩斯相交甚久的酒肉朋友。
‡ 譯註：衛隊隊長。

來到了位於紹爾市集一隅的阿什勘瓦阿里凡清真寺（Ashiqan wa Arifan）。在很快就在動亂中取得軍事指揮權的阿布杜拉·汗·阿恰克宰指揮下，這群人在柏恩斯宅旁的園林中掌握了據點。如柯林·麥肯齊在日記中表示，叛亂的領袖們「憎恨柏恩斯，因為他眾所周知是那個把英國帶來阿富汗的人。他們宣稱柏恩斯對待他們有不敬之處。柏恩斯自認在基層中頗負人望，但實情是否如此啟人疑竇，須知在酋長們的眼中，他是將他們極度反感的秩序體系給引入的罪魁禍首」[8]。所以當柏恩斯派出兩名信差去徵詢叛亂酋長的不滿，並邀請他們前來詳談時，酋長們只是砍了第一個人的頭，然後讓第二個人去回稟柏恩斯。酋長們接著便把人手派上屋頂，為的是設法找路潛進柏恩斯的宅院後方。柏恩斯成了這些人殺無赦的對象。「此時有約莫兩百人從四面包圍，」莫漢·拉勒寫道，「而亞歷山大·柏恩斯從他樓上窗口對作亂者喊話，要他們冷靜，並承諾會給予所有人重賞。」跟他一起站在陽台上的有威廉·布羅傅特上尉，也就是賽爾將軍那名紅髮工兵軍官的弟弟，還有柏恩斯自己在喀布爾初來乍到的弟弟查爾斯。

正當他在對暴民滔滔不絕之時，布羅傅特上尉在胸下挨了一記（火繩）槍彈，然後由亞歷山大爵士跟親弟查爾斯攙扶到樓下的房間安置。此時在叛亂份子的猛烈砲火下，（印度）衛兵正勉力不讓暴民越雷池一步。某些僕役建請把爵士包裹在帳篷裡，由他們扛著，然後混在以同樣方式在搬運贓物的眾多暴民中逃走。但他說了個不字，因為他說他既不能拋下弟弟，也不能置受傷的朋友布羅傅特上尉於不顧。

到了這個點上，暴民已經放火燒起了柏恩斯府邸的大門，「火舌延燒到了亞歷山大爵士與弟弟站在那兒望著群眾求饒的房間，布羅傅特上尉遭到火焰吞噬。查爾斯．柏恩斯中尉於是來到了庭園中，在自身死無全屍之前殺死了約莫六人。」

莫漢．拉勒站在自家屋頂上，魂飛魄散地看著這一切，同時間還有火繩槍的一顆顆流彈從柏恩斯家中襲來，把他周遭的牆面打得坑坑巴巴，窗戶也應聲碎裂。就在此時，屋頂上的火繩槍手發現了他，逼得他不得不連忙逃命。為此他爬過自家庭院外牆上，一個他特定為了這一天準備的洞。他的計畫是衝到圍牆固若金湯，屬於齊茲爾巴什居住的穆拉德卡尼（Murad Khani）區，然後找到親英的什葉派領袖汗．什林．汗（Khan Shirin Khan）去馳援柏恩斯。但狂奔在街上的他正好與一群叛亂者迎面遇上，正當對方將他團團圍住，要把他這個卡菲爾間諜問斬的時候，一名貴人出現了，他是莫哈瑪德．扎曼．汗，多斯特．莫哈瑪德的堂兄弟，也是一名年高德劭的巴拉克宰酋長。事實上他一年之前會歸降並融入舒亞的朝廷，正是因為莫漢．拉勒從旁推了一把：

納瓦布（莫哈瑪德．扎曼．汗）從家中出來，把抓住的我那些人訓斥了一頓。把我從他們手中扯過來後，他帶著我離開了現場，將我安置在了他的女眷之間，而之前讓我幫過幾次忙的她們給我端來了一盤豐盛的「手抓飯」（pulav）當早點。要是在不同的場合下接過此等阿富汗佳麗的親手款待，我一定會喜出望外且深感這是極為滋養的珍饈，但在當下如此凶險的時候，我只感覺驗下的每一粒米都噎在喉嚨。我現在被鎖在一間暗室裡，好心的納瓦布希望我能摘下手上的一顆顆戒指，將之好生藏著，免得他貪婪的兒子會惡向膽邊生，連同珠寶砍下我的手指。在此期間我的家已經被搶掠一空[9]。

既然莫漢·拉勒作為最接近現場的當事人，此時已經被窩藏於齊那那（zenana）*，就再沒有目擊者可以見證柏恩斯人生的最後的一段時光，並將之傳於後世了。至於現存各種版本的描述，只能在不同程度上都是道聽塗說。其中最脫離現實——但也著實是最具想像力——的版本，屬於米爾扎·阿塔。在他的敘述中，當聖戰士衝進宅院時，

> 據稱柏恩斯當時人在房內的私室中，與他的情婦洗著情慾與歡愉的鴛鴦浴……就在此時，打游擊的聖戰士衝了進來，將兩人拖出了那生命的更衣間，持劍將兩人殺死，然後將其遺體扔進死亡的灰燼火坑。屋裡被洗劫一空，戰士破開寶箱，將他們衣著的兜中塞滿英印公司的錢幣，任其相互敲擊發出巨大的金屬聲響：「悉拎，悉拎！」聖戰士接著襲擊了巴赫什（Bakhshi）†（修·）強森上尉的住處，也把他庫房裡的物資與財寶一掃而光；任何人在喀布爾城內的英國人都拚了命要逃往英軍的軍營[10]。

這則故事的一個變奏曲，是由阿布杜·卡林（Abdul Karim）這名芒西講述在《喀布爾與坎達哈的戰鬥（暫譯）》（*Muharaba Kabul wa Kandahar*）一書中。跟米爾扎·阿塔一樣，芒西·阿布杜·卡林也認為這場危機的主因是柏恩斯性喜漁色且慾壑難填。在芒西的看法中，事態的引爆點並非阿布杜拉·汗·阿恰克宰的一名女奴，而是「柏恩斯跟一名阿富汗婦女好上了，而且還為此囚禁了她的丈夫。」

> 據說有天他在城內步行巡視，結果竟突然瞥見一名妙齡的阿富汗女子生得一副無雙的美貌，

人就站在她家平坦的屋頂上。柏恩斯隨即驚之為天人，對她無比神往。由此他忘記了自身的職責，也拋下了所有的虔信與榮辱之心，一回到官邸就即刻召見柯特瓦爾（Kotwal）‡，命他把那一區、那一戶的一家之主抓來。警員跑著去執行了收到的命令，帶回了一名年輕的阿富汗士兵，挺拔而虔誠的他是那一戶家庭的主人，也是絕世美女的丈夫。柏恩斯說「我有工作要給你——若你能按我的指示去做，我將讓你當上軍官，也會讓你家財萬貫。我會讓你成為我的入幕之賓！」

「那是什麼樣的任務呢？告訴我，我能如何效力才能如您所願呢？」年輕士兵問起。

「你有個妻子，如滿月般美麗的妻子，她站在你家的屋頂上，被我看到了。我對她念念不忘；把她讓給我，讓我一解相思之愁，我就什麼要求都答應你！」

深感受辱的年輕士兵止不住地發抖，並為了捍衛尊嚴而義憤填膺地厲聲說道：「你這個骯髒的禽獸！你對神沒有一絲敬畏之心嗎？你當我是拉皮條的，會出賣髮妻給你換金子嗎？你聽清楚了！再說多一個字，我就要拔刀用利刃回答你了！」柏恩斯在手足無措而需要個下台階之餘，便讓此人鋃鐺下獄，將他當成一般的殺人犯扔進了地牢裡。

* 譯註：後宮、女眷的起居處，可查詢字彙章節。

† 譯註：主計官。

‡ 譯註：警察首長，可查詢字彙章節。

在芒西·阿巴杜·卡林的版本中，給柏恩斯最後一擊的正是這名士兵的親戚：

年輕士兵的十二名親戚湧入了柏恩斯的房間。兩人逮住了他，把他壓倒在地，然後坐在了他的胸膛上大喊：「你這禽獸！竟連出身高貴的女孩都敢玷汙？既然你按理是法院的主事者，那就勞煩你告訴我們，這種敗類理應接受何種懲罰？猶太人、基督徒、祆教徒的律法書中是怎麼說的？柏恩斯懇求他們饒命，請他們原諒自己——但阿富汗人不為所動。事實上他們不但殺了他，將他碎屍萬段，削去了他的鬍鬚，拿他的頭顱遊街，並早在那之前就先燒了他被搶奪一空的房子，殺光了每一個要來救他的人。暴動者跑到監獄，制伏並殺害了一千守衛，釋放了年輕士兵等囚徒。另一夥人襲擊了主計官的庫房，持劍斬殺了現場所有的守衛與官員，庫房內的一切都被他們席捲[11]。

在第三個版本，也是最受維多利亞時代的阿富汗戰爭編年史大家約翰·凱伊爵士（Sir John Kaye）所鍾情的版本中，出現了一名「神秘的喀什米爾穆斯林」在其宅邸被大火吞噬時，出手相救於柏恩斯。這個——此版本專屬——的神秘人物據稱上到了柏恩斯兄弟在與群眾相持的陽台上，以可蘭經立誓要帶著兩人從後花園脫險。由於到了這個份上，邁克諾騰已經擺明不想救他的年輕副手了，柏恩斯兄弟遂「套上本地服裝」，跟著他們的嚮導下到了花園，希望能逃出生天。惟他們走沒幾步，這個「喀什米爾版的猶大就用盡了力氣大喊：『看這兒，朋友們！這不是西坎德·柏恩斯（Sikunder Burnes）*！』暴民花不到一分鐘就解決了被出賣的兩人」[12]。

莫漢·拉勒給出了或許是最可信，肯定是最動人的第四個版本。他表示在莫哈瑪德·扎曼·汗的後宮被鎖了一小時後，救命恩人才經過他的懇求放他到屋頂上。此時情勢已然塵埃落定：他

相交十年的旅伴與摯友柏恩斯慘遭殺害，他的府邸只剩下被祝融開場剖肚的殘骸。惟根據納瓦布的衛兵從屋頂的女兒牆邊看到的終局，

在查爾斯・柏恩斯遇害，整個房間也付之一炬後，亞歷山大・柏恩斯不得不來到外頭就是庭園的門口，求群眾對他網開一面，但換來的（卻）是狂潮般的咒罵……（由此）他放棄了所有求生的希望。值此他解開了脖子上的黑色領巾，以此矇住了雙眼，因為他不想看到死亡是從哪個方向給他致命的一擊。準備好之後，他踏出到門外，然後在短短一分鐘內就被憤怒的暴民弄得屍骨無存[13]。

「兩百名阿富汗勇者的利刃將他千刀萬剮，直至粉身碎骨，」瑪烏拉納・喀什米爾寫道。

他們將屍塊串起示眾
血流成河在各個角落
金銀財帛備一掃而空
宛若落葉遇上了秋風[14]

---

* 譯註・西昆德是亞歷山大的波斯語講法。

不久之後，叛亂者通告阿富汗全境的酋長：「事發於蒙福之拉瑪丹齋戒月的第三個星期二早上，在各路英勇鬥士奮起如雄獅的助威下，我們以雷霆之勢掀了西坎德·柏恩斯宅邸。憑著至為神聖與全能的真神恩典，勇士們分左右兩路伏擊，手刃了西坎德·柏恩斯與其他有頭有臉的菲蘭吉，外加近五百營兵，直叫他們一個個成為劍下亡魂，一個個萬劫不復。」[15]

柏恩斯遭到梟首的軀體被棄於路街之上，任由城內的野狗啃食。將近一週，都沒人想到要去稍微收拾一下他血肉模糊的骨骸。最終是跟柏恩斯快活過許多夜晚的朋友納伊布·沙里夫派僕人過去撿拾了一些他腐爛的遺體，將之葬在了柏恩斯故居的庭園中[16]。

曾經的士兵、間諜、旅人、外交官與壯志未酬的副阿富汗公使亞歷山大·柏恩斯，得年三十有六。

隨著柏恩斯的住處與強森的庫房付之一炬，且兩棟建物中的人員也都被屠戮殆盡，餘怒未解的暴民開始以遜尼派的重鎮阿什勘瓦阿里凡清真寺還有紹爾市集為中心，像漣漪一樣擴散出去，經過沙·扎曼的普爾伊齊斯提清真寺，然後又過了橋，不斷在找尋著新的目標。在此同時，隨著搶掠與得利的消息愈傳愈廣，武裝部落成員開始從鄉間腹地湧進市區。「周遭地區的民眾聽聞柏恩斯遇刺，」費茲·莫哈瑪德寫道，「很短的時間內，正當沙·舒亞與英國官吏還在思考對策時，許多人已經在城內聚集……吉爾宰人連行囊都來不及卸下就緊急參戰——步兵的口糧還在背上，騎兵的食物還在鞍囊。」[17]

前一天的深夜，賽爾夫人已經從她的屋頂上看見有大批科希斯坦的武裝騎兵進城；此刻，不分族裔的部落武裝份子開始從四面八方湧入喀布爾，匯集成一股洪流。「阿布杜拉．汗．阿恰克宰與阿米努拉．汗．洛加里歡迎武裝的志願者跳著舞、打著鼓，不分東南西北地前來共襄盛舉，」米爾扎．阿塔寫道，「他們舉著伊斯蘭的大旗，將這些志願者集合在城牆外，命令他們進攻。」[18]

柏恩斯在自家宅院遇襲的那天早上，叛亂的人數不過三百上下，但如今事發才短短不過四十八小時，三千戰士就已經聚集在城中；三星期後，這個數字將膨脹到幾乎是前所未見的五萬人，主要是各式各樣的團體即便是各有非常不一樣的動機與怨言，都被動員要來對抗英國。三五成群以不同時間到達的這些團體不僅來頭不同，甚至相互敵對，在紮營時也各自為政。事實上，特別是在一開始，所謂叛軍根本不是英國人想像中的那支團結的軍隊。巴拉克宰的支持者佔據了沙．賈漢的其中一個舊御花園，「沙阿花園」（Shah Bagh）搖搖欲墜的遺跡。科希斯坦的塔吉克人把基地設在城內的德馬贊區（Deh Mazang；喀布爾西城的山坡地）。阿富汗東部的吉爾宰人落腳在馬穆德．汗（Mahmud Khan）要塞內，而親薩多宰的尊王派如阿米努拉．汗．洛加里掌控了舊城區。大部分的來人並非杜蘭尼的菁英，而多半出身自較為相對邊緣的團體。他們有些是來自喀布爾南部與東部的谷地與山口，老家在科達曼（Koh Daman）與洛加爾（Logar）那些不安於室的普什圖人，惟一開始響應號召的主力，仍是長年蠢蠢欲動的塔吉克科希斯坦人。這些科希斯坦人深受柏恩斯與賽爾前一年那些大動作的懲戒戰爭影響不說，同時又受到他們所屬各納克斯邦迪教團辟爾，特別是米爾．瑪斯吉迪的親戚米爾．阿夫塔伯（Mir Aftab）的慫恿，其中後者在十一月三日大陣仗地帶人前來。這當中有些像是洛加里人是隨著他們的酋長前來；其他人則是單槍匹馬，在極端遜尼派烏里瑪的號召跟可以搶些好處的傳言吸引下前來。舒亞後來寫道他相信「這些人不是出於受到宗教的感召而來，他們拿命來賭是為了俗世的財富，正所謂人為財死。」[19]但話說回來，叛軍可沒少用那些宗教的語彙來招募人員或讓自己師出有名——這在阿富汗的內部歷史中是相對新穎的發明，因為之前多數的紛爭都發生在同屬穆斯林的自家人之間*。「所有的公民不分貴賤、窮富、軍民，都得以神聖的可蘭經立誓支持這場抗爭，」莫哈瑪德．胡珊．赫拉提補充說[20]。

羽翼初豐的這些叛軍首批鎖定的，是一系列位於喀布爾市區與英國兵營之間，外圍那些被英國軍事官僚徵用來作為倉房的小型要塞與塔樓。「這些要塞全都離市區不遠，」赫拉提寫道，「連綿成一張果園牆垣與灌溉渠道的網絡，外加有林木的掩護，由此游擊隊也更容易潛伏接近。」[21]他們在選定目標時沒有隨機這回事：叛軍領袖都清楚英國人沒有安排好如何守住他們的補給，亦即那些物資並不在兵營範圍內，而是在賈法爾．汗（Jafar Khan）、尼桑．汗（Nishan Khan）與莫哈瑪德．沙里夫（Mohammad Sharif）等要塞之中。

他們意識到如果他們可以毀掉或搶下這些要塞，英國人就得要麼餓死，要麼得因為彈藥不足而投降，又或者兩樣一起來。由此柏恩斯一死，他們就動身出城去摧毀要塞，搶奪那裡的倉庫。前後不過短短幾分鐘，他們就拿下了賈法．汗的要塞並一把火燒了那兒。接著他們又挺進到鄰接英國兵營的莫哈瑪德．沙里夫要塞。最後聖戰士則把注意力轉回把城牆弄倒，就像老鼠開始挖起牆腳[22]。

那天早上，柯林．麥肯齊上尉醒在了第三個被鎖定攻擊，周遭有城牆的尼桑．汗要塞，也就是專屬供應沙阿軍隊的軍需要塞。這處要塞，內含九個月份的小麥與草料，外加全數的英軍醫療備品，而其地點就在距離英軍總部一英里多一點的地方，左右一邊是運河與齊茲爾巴什人住的穆拉德卡尼區，另一邊則毗鄰沙阿花園。麥肯齊已經耳聞市區的騷亂，但他滿心只想要著算好兵團的帳目，而且最好是能在他陪同公使隔天前去白沙瓦之前大功告成。

突然間有名男子赤身裸體站在我面前，一身的血跡分別流自他頭上兩處深深的軍刀傷痕，還有手臂跟身體上五處火繩槍傷。事實證明他是威廉．邁克諾騰爵士的一名薩瓦爾（騎兵），他們派他來是要警告我們，但中途遭到叛軍的截殺。這讓我驚覺到事態不好，於是我即刻下令固守各門。同時我命人去（不遠處的）特魯普上尉住家的上層牆垣處挖鑿射孔備用，畢竟那兒駐守著一名納伊克（Naik）[†]與十名印度士兵。就在我忙著安排這些事宜的同時，德赫伊阿富干安區（Deh-i-Afghanan）的武裝住民一湧而下穿過了庭園，開始對我們開火……我的一名弟兄被殺，另一人則身負重傷。

* 作者註：此前阿富汗兩次較近期使用聖戰語言的先例是：舒亞的祖父艾哈默特．沙．杜蘭尼採用了聖戰來作為他侵略旁遮普的理由，就像多斯特．莫哈瑪德在嘗試從蘭季德．辛格手中收復白沙瓦時也打出相同的旗號。

† 譯註：士官。

損傷。

來犯者接著佔領了整座沙阿花園，並經麥肯齊的人馬反覆由要塞出擊皆不得下，且持續皆有

白日運河遭到截斷，且遭到了嚴密的看守，以至於我的一名追隨者在想去取水時被開了槍；但我們很幸運地發現了一座古井，當中的水是可以喝的。到了下午，子彈只剩下士兵袋子裡的那些，經我與崔佛上尉溝通過後，他總算是把我對彈藥的請求發了出去，但他本人並沒有送來援助。勞倫斯上尉忠肝義膽地借調兩個連來馳援我們，但遭到了（艾爾芬史東與邁克諾騰）的否決。晚間我從政府庫房中撥發了口糧。夜裡繼續有斷斷續續的攻擊，而我們很不祥地懷疑敵人正在我們的東北塔樓下挖坑[23]。

那日下午，就在麥肯齊在奮戰求生時，城內的叛軍頭子正在審視他們有哪些選項。直到中午過後不久，他們都沒有把馬鞍從馬背上卸下，就怕英軍會如預期反攻回他們的總部[24]。但愈來愈明顯的情勢是餘悸猶存的英方亂成了一鍋粥，根本無法做出有條理的回應，同時好幾名原本替英國效力的酋長在看到英國兵營是如何嚇破了膽，也開始離心離德，開始嘗試與叛軍接觸[25]。如文生·艾爾評論說：「我們的國人遭到殘殺，我們公家跟私人的財產遭到侵占，而且事發就在駐軍營區的一英里內，就在巴拉希撒堡的城牆底下，卻不用付出任何代價。如此的示弱，只是助長了敵人的威風——原本在怎麼想要加入反叛卻持續保持觀望者，也在此時確認了要與我們為敵，且最終讓阿富汗舉國得到鼓舞，團結一心要毀了我們。」[26]作為第一步，眾家叛軍領袖決定與其急流勇退，他們更該把自己組織成一個臨時政府，並選出一個領導人，唯有如此他們才能合法地發起聖戰。

由於叛亂一開始帶頭的貴族是以尊王派為主，他們因此第一個念頭是讓沙．舒亞有機會可以驅逐他這些異教徒的靠山。舒亞之前曾不諱言他與英國人的過節，所以這一點眾所周知，但根據赫拉提所說，來試水溫的叛軍在沙阿這邊碰了一鼻子灰。

叛軍的領袖派了代表團來見沙阿，而他們傳遞給陛下的訊息是：「您是我們的君主，我們想尋求你支持我們對入侵者展開鬥爭：請您與這群外國人劃清界線！」陛下對此回覆說：「我們的統治與英國人密不可分，三十年來我們都是他們的貴賓；而雖然他們安插了無德的烏斯曼．汗來擔任尼扎姆．阿爾—達烏拉兼瓦齊爾，這點確實讓我們很難過，但我們對他們本身並不懷著怨恨：就讓降臨在他們身上的命運，也降臨在我們身上吧！」因為沒有能與陛下達成統一陣線，叛軍們便宣告他是名非信者，是名卡菲爾[27]。

在沒有薩多宰族可以統領他們的狀況下，叛軍於是轉向巴拉克宰。幾個星期以來的傳言都是多斯特．莫哈瑪德那智狠雙全的兒子，阿克巴．汗已經終於逃出了布哈拉。但因為也找不著他人，所以叛軍不得不改投他巴拉克宰堂兄弟裡輩分最高的一個，莫哈瑪德．扎曼．汗，也就是稍早救過莫漢．拉勒一命的那個人。當他聽說事情爆發時，扎曼．汗曾第一時間派他跟陛下同名，也是陛下教子的兒子舒亞，去到崔佛上尉處輸誠並提供協助[28]。但如今看著風向的轉變，他同意了成為叛軍的領袖，並禮貌性地致函邁克諾騰表示他接受這項邀約「不是出於自願，而是想要避免事端繼續擴大」。他說他願意出任舒亞的瓦齊爾來磋商出英國的和平退場機制。「他們選出莫哈瑪德．扎曼．汗．巴拉克宰作為他們的領袖，」不以為然的赫拉提如此記下，「讓這個眾人口中的『有錢的游牧民族』，一個舉國皆知的土包子，搖身一變成了喀布爾權力最大的人。」[29]

至於那兩名真正帶頭反叛的領導者也沒有被忘懷：阿米努拉．汗．洛加里被選為了納伊布

（naib）*，也就是一當家（一個他終其一生都驕傲地自稱的頭銜），而阿布杜拉·汗·阿恰克宰則擔任起叛軍的總司令。一道公告發下說：「納瓦布·莫哈瑪德·扎曼·汗·巴拉克宰，聖戰士，其慈悲為懷是當世之名花，其信仰虔誠為當代之奇葩，而這樣的他已經各部落的穆斯林共同推選，萬眾歸心地挑起虔信者的埃米爾與聖戰士的伊瑪目之頭銜。」[30] 這之後沒多久，穆拉與瑪浪（malang）†就鼓聲喧天地湧上了街頭，正式宣告聖戰啟動。

此時在巴拉希撒，沙·舒亞明白必須立即有所反應，免得讓叛變累積出聲勢的重要性。但也因此他愈來愈看不懂邁克諾騰為何遲遲不做出反擊：這不只是扯自己後腿，更與其在承平時期事事插手的風格一個地，一個天。惟事實就是與城內的天翻地覆有如兩條平行線，兵營內的英軍高層出了奇的只會靜觀其變，就彷彿恐懼將它們凍僵到了冰點。如赫拉提所言，「陛下終於忍不住派了他的首相去見人在兵營的邁克諾騰，對他喊話說：『此刻切莫無所事事或貽誤戰機！即刻派兵接管全城，趁動亂尚未成燎原之勢前將之撲滅；將還未完全組織起來的帶頭者拿下——事態尚未至不可為之際！』」赫拉提接著說到：

> 邁克諾騰——哀哉——只覺得沙阿陛下緊張過度，所以就聊勝於無地派了一排堤林加（Tilinga）‡帶著火砲到巴拉希撒去穩住國王的情緒。但國王又再次發了急信過去說：「我們目前在巴拉希撒堡內相當安全，但迫在眉睫的是市區的治安必須盡快恢復，否則這些失控的民眾永遠不會被馴服！」邁克諾騰對此只是簡單回了一句：「急什麼？」要是邁克諾騰遵從了陛下的提醒，立刻派了足量的部隊去控制住城內各隅的局面，並燒了帶頭者的房子來殺雞儆猴，那他就能將對神的畏懼注入到暴動者的體內並恢復秩序！但事實是邁克諾騰未能當機立斷，而陛下只有為數不

多的內衛，所以也沒辦法力行他的意志[31]。

兵營中的英國目擊者也記錄下了即便他的副手柏恩斯死得這麼慘，邁克諾騰依舊誤判情勢的嚴重性到何種程度。「邁克諾騰一開始還對這場叛變輕描淡寫，」文生・艾爾記錄說，「針對我們在一般民眾心目中的觀感，他的說法不僅自欺欺人，還誤導了將軍，奈何刺眼的真相很快就被逼到了我們眼前。」[32]果然到了中午過後不久，邁克諾騰不但沒有反擊，反而還決定撤退，放棄他在喀布爾外圍的（傳）教團區，並將其文人政府的總部縮進兵營區中。同時艾爾芬史東則下令讓沿兵營區城牆的守衛加倍。除此之外，英軍指揮官就沒有採取什麼其他的行動了，但明明他們手上有五千名武裝士兵、充足的馬砲跟一年份的彈藥可以運用。「我們必須看到早上發生的事情，」艾爾芬史東發函給邁克諾騰說，「然後思考我們可以怎麼做。」[33]並非弱女子的賽爾夫人非常震驚。「萬事皆毫無章法，懸而不決，」她寫道，「公使上了馬，騎到門前，然後又騎了回來……」

但很快地，賽爾夫人就有了另外的心事。史都爾忒中尉作為她剛結為親家的女婿，被人用擔架從巴拉希撒抬了回來，而且「渾身是血，而且口齒不清。從其臉上跟肩膀的傷勢看來，他的神經恐怕受到了影響；他的嘴張不開，腫脹的舌頭陷於癱瘓，失血過多則讓他一臉慘白且無法清醒

* 譯註：副手或代表的意思；可查詢字彙章節。
† 譯註：雲遊的托缽僧，可查詢字彙章節。
‡ 譯註：同 sepoy，印度士兵之意。

過來，再者就是喉嚨嗆血讓他一時無法平躺。經過一番掙扎與且忍著劇痛，他被攙扶上了樓，安置在了床上，由哈考特醫師（Dr. Harcourt）替他處理傷口。那些十點前後受的傷，來到下午一點的此時已經冷卻且凝血結痂」[34]。

就在這一切發生在兵營的同時，薛爾頓准將終於姍姍來遲地繞過城市後端，率領部隊進入了巴拉希撒，只是進了巴拉希撒，他也不知道自己能幹麼。大約下午三點，喬治．勞倫斯返回了沙舒亞的朝堂上，並回報說他發現不知變通的薛爾頓：

指揮著兩門火砲，毫無章法地對市區開轟。值此危機時分，薛爾頓准將的行徑讓他目瞪口呆，不知該說什麼才好……（他）簡直是完全亂了方寸，根本不知道該如何反應，臉上寫滿了無能為力。他當即問我該怎麼辦，而一聽到我說「立刻進城」，他便尖銳地反駁我說，「我的兵力不夠，而且你看起來也不像知道巷戰為何物……」此時國王反覆追問我部隊為何不採取行動，且似乎對我們的毫無作為深表不滿，而這也難怪。薛爾頓深知國王急於看到他採取積極的措施去平息騷亂，但他確實是被嚇到手腳無法動彈……[35]

正是如此行動力盡失的英軍，讓某些酋長出於不平之鳴的一場自發性抗爭——他們以為那只能是宣洩怒火的困獸之鬥，而沒想到竟會演變一場大型革命的引信——將民眾團結在了伊斯蘭的旗幟之下，並在短時間內升級成十九世紀英帝國在其廣大的疆域內，所面臨到一次極其兇險的挑戰。「優柔寡斷與碌碌無能之風，瀰漫在我軍的運籌帷幄中，也讓理應果斷出擊的人員失了這麼做的心思，」勞倫斯給出這樣的結論。「因著他們令人扼腕的怯懦，一場原本出動一小撮兵力就足以當場平息的偶發暴動，竟演變成一發不可收拾的亂事，最終甚至賠上了一整支驍勇的勁旅。」[36]

到了晚間，眼看他的盟友意志消沉而無法自拔，沙．舒亞打算設宴來提振軍官們的低迷士氣，但軍官們在回應時卻顯得悶悶不樂。他們回答說他們的軍禮服丟在了兵營裡，教他們如何赴宴？[37]就在火燒喀布爾，而他們的處境每分每秒都在惡化的同時，英國人仍堅持軍禮到最後一刻都不得有失。

十一月三日上午，艾德瑞．帕廷格開始緊張起來了。僅僅帶著一百名兵士的他駐守在拉格曼尼（Laghmani）一處不能算大，設有防禦工事的圍場內——實則改建前是商隊驛站。在丘頂上的這個據點位於喀布爾北方六十英里處，下方無甚遠就有英軍兵營設於恰里卡爾，英國在科希斯坦的行政中心。話說此時有愈來愈多科希斯坦人全副武裝地蜂擁而至，將他的塔樓團團包圍。表面上這些部落成員的出現，是為了在帕廷格當局與若干心懷不滿的尼吉洛區（Nijrao district）酋長之間扮演和事佬，主要是該地區的這些酋長曾於一八四〇年被迫造反，後又於賽爾將軍同年秋天的懲戒遠征中吃足苦頭；惟帕廷格總強烈感到事情沒有這麼簡單：「讓我益發警戒起來的是他們愈來愈可觀的人數，」他後來寫道，

乃至於他們拒絕了攻擊（叛亂）酋長們的城堡，而那些酋長正是（科希斯坦叛軍領袖）米爾．瑪斯吉迪的軍隊成員。這股異樣的感受也導致我採取了各式各樣的措施來防範突襲，以確保我的處境安全。惟若做得太過明顯恐有弄巧成拙之虞，因此我也不敢放開手去做，只能盡量盡些人

事……（十一月）三日，圍住我住處的武裝人員已經多到讓人頭皮發麻，我只得派人進駐（要塞的）諸塔樓。上午，把尼吉洛族帶來的酋長們開始耐不住性子，他們覺得我怎麼還沒接待他們的友人；而那些應邀前來的尼吉洛人則開始索討贈禮，並因為一無所獲而氣急敗壞。我連番捎了信給後者說若他們願意執行我稍早提出的任務（討伐亂軍城堡），則我不僅將給予他們禮物，還將替他們進言，讓陛下授予他們禮袍。

帕廷格的助手查爾斯·拉特瑞中尉（Charles Rattray）*隨即去到三十碼開外一片收割完只剩殘株的毗鄰田地中，迎接了初來乍到的新兵。根據廓爾喀哈維爾達（havildar）†莫提·蘭姆（Moti Ram）的描述，「拉特瑞先生身為某支阿富汗兵團的指揮官，被誘使出去探視了他口中一些自己帶來服役的新進徵兵，而且還是騎兵。就在拉特瑞中尉在校閱他們的同時，原本排成一列的他們突然轉頭由左右包抄，將拉特瑞先生圍住，造成他被手槍擊中」[38]。此時的帕廷格正在與一些尼吉洛酋長交談，然後就只見他的一名阿富汗新兵「跑來通知我有人叛變」。

他話說得隱晦，導致我還沒怎麼理解他的意思，就聽見槍聲大作讓我們下了一跳。跟我在一起的酋長們起身逃跑，而我則從後門躲進城堡，並在鎖好門後跑到壁壘的最頂端，從那兒望見拉特瑞先生重傷倒在大約三百碼遠的地方，原本應募來的新兵則拿著從哈齊爾巴什分隊營中搶來的贓物，開始朝四面逃竄。一夥敵人在穿越平野時發現了拉特瑞，便跑上前去，其中一人給他頭上來了一槍，了結了他，另外幾人則分別朝他的身體各處開槍。此時已進入警戒狀態的衛隊拿著上膛的火繩槍一陣開火，快速清出了一片空地。但我們仍持續受到敵人在諸多水道與牆垣的掩護下，對我們進行的嚴密壓制[39]。

隔天晚間，守軍的彈藥就開始見底，主要是他們從恰里卡爾的主基地行軍過來時，基本只帶上了「弟兄們兜裡的那些補給」，因此帕廷格跟他的廓爾喀衛隊只得趁夜突圍。帕廷格被迫撂下軍械室與金庫，乃至於從科希斯坦酋長處抓來的全數人質，帶著衛隊殺出重圍，來到山谷底部的英軍大營，那兒駐有滿編七百五十名廓爾喀士兵的整支分遣隊，外加大約兩百名婦孺是他們的家眷。另外那裡還有三門火砲，但沒有騎兵。此時帕廷格面對了一個新的問題。未完工的大營除了沒有大門，就連水井也尚未鑿成，而果然未經許久，被圍困的駐軍就開始出現缺水的問題‡。他們每晚都趁夜派隊去鄰近的水圳，但志願者卻總是在岸邊被射殺或活捉。每每能成功取回來的一點點水，「會被搶成一團，然後瞬間被一把抓住的人喝掉」。

「弟兄們會摸黑溜出去，」莫提・蘭姆士官回憶說，

到附近某處被阿富汗人調轉了方向的水泉。有軍用水壺的就會裝滿水壺；只有洛塔（lota）§

---

* 作者註：查爾斯・拉特瑞跟畫家詹姆斯・拉特瑞是一對兄弟，後者後來產出了關於英阿戰爭最著名的一些石版畫作。

† 譯註：相當於士官階層的印度軍銜；可查詢字彙章節。

‡ 作者註：這個英軍大營至今仍屹立在原址，其不遠處就是駐阿富汗美軍的巴格蘭（Bagram）空軍基地。（譯按）美軍已於二〇二一年七月初撤離駐守了近二十年的巴格蘭空軍基地，正式結束在該國的軍事任務。

§ 傳統印度銅製圓形水壺。

的人則會用衣物把洛塔包住，免得其金屬光芒害他們被發現。兩樣都拿不出來的人就會拿布浸到泉中，然後連布帶水一起拿回來。這些勇者一冒完險回營，身邊就會圍著一群人你爭我奪，大家都想搶得彌足珍貴的一滴水。但這事一經阿富汗人發現，對方就開始射殺每一個膽敢接近水泉之人。要塞的牆內連一滴水都沒有，將士們已經渴到快要發瘋[40]。

在此同時，科希斯坦的部族成員開始大量湧入；短短不到四十八小時，大約兩萬名塔吉克人就將帕廷格與他的廓爾喀士兵圍困在了他們只是半成品的軍營中。「那簡直就像阿富汗全數的男丁都跑來對付我們了，」帕廷格都柏林出身的同事約翰·霍頓中尉（John Haughton）寫道[41]。翌日，圍攻者拿下了鄰近可以俯瞰軍營的要塞，「我們的廣場內部開始彈如雨下」。未消許久，帕廷格就被火繩槍擊中大腿而身負重傷，而他的軍事指揮官克里斯多福·寇德林頓（Christopher Codrington）上尉更是在胸前中了槍而命在旦夕。

在接下來的數日中，守軍開始亂了方寸。「（我們最後的）水只能分給作戰的將士，」霍頓表示，「一人大約半個茶杯的量，但其實大部分只是泥巴……很多人所幸吸吮起了生（綿羊）肉來解渴。打仗本身不需要水，但沒有水想打仗是幾乎辦不到的。我們痛苦難當……很快地我們的聲音就變得沙啞，我們的嘴唇乾裂，我們被塵埃與煙霧弄得灰頭土臉，我們的眼睛滿布血絲。」時間來到那一週的尾聲，全軍營的人都開始產生幻覺。「大約正午時分，」霍頓寫道，

我得到通報說有人看見一群人從喀布爾的方向過來。我立刻出去瞧個究竟，結果還真的看到他們；但他們究竟是我們望穿秋水的援軍，還是敵人呢？自然是援軍。我可以用望遠鏡確定他們

的身分。走在最前面的是騎兵，我們自家的第五騎兵團，這點可以由他們的白色頭飾證實。我們相互恭賀起來，喜極而泣的淚滴從眼中汩汩流下；可是哀哉！我們很快就發現自己上當了。海市蜃樓在一群吃草的牛兒身上進行了精彩的演出，徹底把我們給耍了[42]。

大同小異的故事在整個阿富汗東部上演。一夜之間，大小村落都跟英國人翻了臉。

在開伯爾山口，英軍在白什布拉克（Peshbulaq）的衛哨遭到襲擊，部隊被迫撤回到白沙瓦[43]。在喀布爾以南，十一月三日，一小隊印度士兵在克勞佛（Crawford）上尉的率領下，正押著一群被捕的阿富汗叛軍酋長要從坎達哈前往加茲尼。「我們走了一整夜，並在破曉時抵達了穆士奇（Mooshky），」一名印度士兵希瑪特・巴尼亞（Himat Baniah）在後續接受軍法審判時回憶說。

上午八時許，穆士奇與幾個鄰村居民聚集起來，突然有約五百人朝我們撲上來。靠著火繩槍與刀劍等武裝，他們聲勢浩大地朝我們衝來，殺了我們不少弟兄，剩下的人得以脫逃。我們一個東一個西地散落在不同的要塞中。我聽說克勞佛上尉最遠逃到了摩尼（Monee）。當那五百暴民撲向我們時，我被扒了個精光，除了身上的衣服以外無一倖免。在這之後我逃了一小段距離。下午五時許，見我在逃的兩名騎兵將我擄獲，並送到了一處名為迦爾德（Ghardeh）的要塞關押[44]。

不久之後，加茲尼陷入加茲尼人大軍的重重圍攻。只有坎達哈在諾特將軍的嚴密看管下還有太平日子可過。「我可不打算像我們喀布爾的朋友一樣，在睡夢中被殺個措手不及，」諾特寫道。「我做足了準備要確保阿富汗這一隅的安全。」[45]

同一時間在喀布爾，兩座緊要軍需要塞所蒙受的圍攻正愈演愈烈。十一月三日，崔佛上尉位於沙阿軍需要塞對面的塔樓在他與家人摸黑從後門逃脫後不久，就遭到叛軍猛烈的攻擊。惟雖然這兩座要塞內含英國為了阿富汗的漫漫長冬而收集的所有食物儲備，但不論是艾爾芬史東或邁克諾騰都沒有派出任何軍隊，甚至也沒有增加彈藥的供應去援助任何一座要塞的守軍，但其實兩座抗敵的中心都距離喀布爾兵營不到一英里半而已，更別說兵營裡就有五千名武裝的印度士兵在空等著軍令。「迄今尚無任何軍事手段獲得採取來保護我們在面臨圍攻時僅有的糧食，」挫折感愈來愈大的賽爾夫人在日記中寫道。「這座（鼠患橫行，老舊又破敗的）要塞，存放著整支孟加拉軍的軍需儲備。萬一要塞有失，我們將不僅失去的全數物資，更會與王城斷了聯繫。公使與將軍看來還完全處於癱瘓之中。」[46]

薛爾頓准將也不比這兩人管用。「薛爾頓似乎從一開始就不對勝利抱任何希望，」莫漢・拉勒寫道，「這點對每一名戰士都造成了極大的危害。」[47]「雖然已經手握重兵，且人數上遠勝那支稍早曾在光天化日下強攻卡拉特要塞得逞的叛軍，但薛爾頓仍毫無作為，」喬治・勞倫斯附議。「即便是像守住（舊蒙兀兒帝國）沙阿花園跟（能俯瞰喀布爾兵營的）莫哈瑪德・沙里夫要塞等顯而易見該採取的行動，都遭到徹底忽視，要知道這兩個地方就位在我們跟存放軍需儲備的要塞中間，而軍需一旦不存，部隊又將何以為繼。」[48]

十一月四日，修・強森作為沙・舒亞部隊的主計官去見了艾爾芬史東，向其清楚地解釋了當前局面的危急。他向將軍表示「兵營內僅餘兩天的糧草……在鄰近要塞都有敵軍進駐與活動的情況下，我們無法向周邊地區徵集糧食，而接下來的饑荒將（不可避免地）造成我方部隊的折損，除非軍需要塞可以不計一切危險守下」。艾爾芬史東百般不情願地同意了強森的分析，也這才發出了訊息給要塞守將，第五本土步兵團（5th Native Infantry）的沃倫少尉（Ensign Warren）這名「性格冷靜果敢，沉靜少言且總是帶著兩隻鬥牛犬在腳邊的男人」，告訴他說有支援軍會在凌晨兩點給他派過去。但這之後他完全沒有採取任何行動去履行承諾。沃倫回覆了川流不息的訊息，懇求艾爾芬史東能即刻發兵救援，並解釋說除非他能盡快獲得支援，否則他將迫於無奈棄守要塞，畢竟他一開始也不過就七十人整的衛隊，現在已經都逃跑得差不多了。隔天早上五點，軍需要塞終於遭到了棄守，沃倫與他僅剩的士兵在艾爾芬史東答應的時間過後，還英勇地等候了整整三個小時。「敵人二話不說就進占了要塞，」賽爾夫人說，「奪走了我們（幾近）僅有的存糧。」

這麼一來，英軍就只剩下一座補給中心還未被染指了，那就是由柯林．麥肯齊駐守的尼桑．汗堡，那兒至今仍存放著蒐集來給沙．舒亞部隊使用的充沛補給。從他們（堡頂的）胸牆上，守軍鬱悶地看著「崔佛家遭到劫掠的一幕」，麥肯齊寫道；「而敵人在佔據了（崔佛家那）可以俯瞰我防務的屋頂後，便開始用其大型的傑撒伊火槍發射槍彈，奇準無比地掃除了我布置在西面的守軍。」他接著描述說：

我唯有手腳並用地爬上了一小段階梯，再突然一口氣通過門口，才勉強得以前去巡視塔底正遭到破壞的塔樓。在其中一次巡視的過程中，哨兵告訴我說有一名阿富汗人在從對面的射孔中瞄準我們，但我看不見他說的那人。而就在我撇開頭的一瞬間，哨兵剛把一隻眼睛湊上細縫，就被一顆子彈射穿了前額，倒斃在我腳邊……午後敵人弄倒了一大片牆體，從該處射來的子彈撼動了我們其中一座塔樓的上半部。我們用完最後的彈藥卻徒勞無功，讓原本就趨於絕望的士氣又更受打擊……阿富汗人還攜來了大量末端帶有易燃物的薪柴與長竿，並將之置放在牆下，隨時準備用來燒毀我的大門。

麥肯齊的一些薩瓦爾（騎兵）如今處於「一種半叛變的狀態」，主要是他們盤算著要連人帶馬逃跑。「我把事情壓了下來，靠的是拿著雙管槍下（樓）到他們中間，把槍上膛，命令他們把門關上，並撂下狠話誰第一個抗命，我就第一槍打在誰身上。他們看到我誓死如歸的決心，便依了我。」到了晚上，麥肯齊與手下顯得精疲力盡，須知他們已經「連著工作與戰鬥四十個鐘頭都沒有休息」。

顯然已被同胞拋棄，幾乎注定要滅亡的我，身邊的阿富汗追隨者卻對我不離不棄，即便只要背叛我，等著他們的便是極盡誘人之能事的獎賞。等到我們終於已經彈盡援絕，哈桑·汗（Hasan Khan）*跑來跟我說：「我想我們已經盡了職責。如果您覺得我們有必要死在這裡，那我們就死在這裡，但我覺得我們做的已經夠多了。」[49]

麥肯齊於是同意安排撤退。此時正值拉瑪丹齋戒月，所以他們計畫在日落之後不久逃跑，因為屆時正好會是敵軍忙著準備伊夫塔（iftar）†的時候。哈桑·汗的阿富汗傑撒伊狙擊手將領頭，而傷兵則將用急就章出來的擔架運送，隨婦孺一起跟在後頭。麥肯齊自身將負責殿後。他們的計畫是要避開所有村落，沿著水圳前進到能望見兵營，然後再設法衝過平野。輜重糧草一概捨棄[50]。

這命令下起來不難，執行起來可不容易。「夜間撤退往往是災難一場，」麥肯齊寫道，

而此次也不例外，因為即便我三令五申要扔下輜重，許多窮困的女子仍挖空心思，把僅有的財產大包小包背在肩上後才溜了出來，由此她們的孩子只能自己走路，而他們的哭聲增添了我們被發現的危險。我在女人之間巡視，看我要眾人撩下一切的命令有無遭到違反，結果一名十六還十八歲的廓爾喀少女一副破釜沉舟地模樣，腹帶上還插了一把劍，朝我走了過來。她把她所有的身外之物都丟在我的腳邊，然後說道：「薩希博，你說得沒錯，生命重於財產。」她是個容貌姣好的可人兒，生得白皙的膚色與深色的大眼，衣物通通捆在身上就往那兒一站，騰出了可以任意活動的四肢，活脫脫就是一幅生命、鬥志與衝勁的光景。那是我與她唯一的打過的照面，而我恐怕她已經在那趟夜行中遇害或被俘。

縱隊移動還不到半英里，槍擊就開始了。麥肯齊一行人很快就與帶頭的傑撒伊火槍隊走散，而麥肯齊本人則發現他隻身陷入了火網中，此外則有「一名查普拉西（印度信差）跟兩名索瓦爾（騎兵）處於一群不斷哀嚎的婦孺之中」。這之後沒多久他就遭到包圍。一開始他以為是自己的弟兄來保護他，但「他們很快就用一句『有菲蘭吉』（這兒有個歐洲人）打醒了我，並開始對我

* 譯註：麥肯齊之阿富汗傑撒伊槍兵（jezailchi，可查詢字彙章節）隊長。

† 譯註：開齋餐，齋戒月時吃的晚餐。可查詢字彙章節。

刀劍齊發」。麥肯齊馬刺一蹬，調轉了方向，

從右邊切到左邊。我的幾招蒙上主垂憐，擋掉了他們大部分的攻勢，甚而有幸能砍下了對我用劍最狠者的一隻手。我的劍，乾淨俐落地切穿了那人的手臂，但就在那之後，我後腦勺受到了重重的一擊，以至於儘管那柄軍刀在敵人的手中翻轉了一下，我仍幾乎要被打下馬背，僅靠一隻腳懸著……接著我就只記得自己直挺挺坐在馬鞍上，跑在敵軍前面，後面整批尖兵都在朝我開火。我歷經了兩輪火繩槍擊仍毫髮無傷。敵人的尖兵窮追不捨，但我很快就拉開了距離，高速穿越了平野……如履薄冰中，我驚恐地發現自己的去路又遭到密密麻麻的一群阿富汗人阻擋。後退是不可能了，所以我只好把命運交給上帝，卯勁朝他們衝去，只盼馬兒的重量可以替我開出一條路來，實在不行了再以刀劍進行最後一搏。所幸我衝出去了，因為等撞到了一群傢伙，我才發現他們是我的傑撒伊火槍隊弟兄。

最終他們抵達了喀布爾的兵營。「那天晚間，」麥肯齊表示，「許多從隊伍中走散的人，主要是在後頭跟著的人，慢慢重新歸隊。從第一個算到最後一個，我大概有一打人遇害。在導致我們一敗塗地的各種失誤中，為禍最甚者莫過於沒有去強化我的駐所。每個有才智的阿富汗人都坦言說要是我能獲得兩支兵團的救援，那我們今天應該還是都城的主人。」[51]

修．強森原本已經很驚駭於那些將軍會蠢到讓他的公庫落入叛軍的手裡，但他沒想到更可怕的其實是食物補給的丟失——而且這一切還都只發生在從叛變爆發算起，短短的三十六個小時裡。「價值四拉克（四十萬）盧比的小麥、大麥、葡萄酒、啤酒與各種必需品都在我們毫無對敵還擊

的狀況下，拱手讓了出去，」他在隔天的日記中寫道。

為數眾多之人，特別是齊茲爾巴什這個龐大而具有影響力的部族，至今都還對這場鬥爭做壁上觀，且即便他們對我們這一兩天的毫無作為，乃至於對我們看著庫房遭劫與參政司遇害的無動於衷，應該也十分愕然，但他們就是再怎麼做夢也想不到一支五千人的英軍，其紀律與勇氣乃至於其領導者的智慧都曾讓他們如雷灌耳，此時竟會乖乖地坐令一小撮鋌而走險的可恨蠻人在自家兵營的門口撒野。

惟現如今，阿富汗舉國皆已張開雙眼，他們無一不是我們的敵人，且對比我們迄今曾在他們之間享有的仰之彌高，他們如今蔑視我們到極點。此刻的倉庫要塞已經宛若某種大型蟻窩。日正當中之時，成千上萬人前仆後繼，一批接著一批從大老遠前來搶狗養的英國人一筆，人人都拿到拿不了了才肯罷休，而我們一個個只能眼睜睜看著而無能為力[52]。

阿富汗的資料來源顯示在二十四小時內，叛軍就拿光了三年份的軍需與糧食，並把所有東西都搬到城牆內。「他們把贓物頂在頭上帶走，把幾千蒙德的莊稼分發給阿富汗的村民與游牧民族，為的是讓他們吃飽了也來加入叛軍，」芒西阿布杜．卡林寫道。「任何被判定過重而拿不走的東西，便會被他們當場毀棄。」[53]

賽爾夫人是明白人，她清楚此一發展的嚴重性：「這不僅資敵以信心，還讓他們斬獲了大量贓品，蘭姆酒全沒了的歐洲人為此恨得咬牙切齒。但比起酒，更嚴重的是他們失去了全數的醫療用品、西米、葛根、葡萄酒等病患所需的物資。」[54]數週之後，當壞消息傳至被圍的賈拉拉巴德，喬治・布羅傅特的耳中之後，他在日記中怒不可遏地寫道：

> 柯林・麥肯齊深處於王都近郊的老舊要塞中，奮戰了兩天，然後殺出一條血路回到那似乎沒有能力殺到他那邊救援的大部隊，而且還帶上了他所有的弟兄跟婦孺，保住了這些人的周全，但自己身上卻挨了兩記軍刀的刀傷。再沒有比這更具英雄氣概的表現了。之後那些不幸的婦女與孩子殉難者有之，為奴者有之，都只因為有些事情五十人做到了，五千人卻做不到[55]。

在被圍困的喀布爾兵營中，飢餓隨即開始滲透。部隊開始減半發糧，但一如兩年前在波倫山口的死亡行進，首先遭殃的是隨營的平民跟馱運輜重的動物。「我們的牛隻已經餓了好幾日，」強森在他一週之後的日記裡寫道。「哪怕一片草或一粒飼草或穀物，我們都沒辦法為牠們取得*。儲存的大麥被當成口糧發給了隨營的平民，但每人也只領到四分之一希爾過一整天。我們的牛只能靠樹木的粗細樹枝或樹皮撐著。還有力氣負重的動物已所剩無幾。」[56]一週之後情況更加惡化：「我們的隨營者已經有兩天的時間只能以餓死的駱駝跟馬匹為食。細枝與樹皮已經無法取得。兵營內所有的樹都已經被扒光了皮。」[57]

強森很快就想到了僅有可行的食物來源：畢畢瑪露（Bibi Mahru）†這個有著蘇菲派寺院的村落，也就是英國人所知的貝瑪露（Bemaroo），位置就在往北半英里，可以俯瞰兵營後方的低矮山脊上‡。強森最終總算與村長完成了談判，少量的麥子得以送抵兵營，但那也僅供寥寥數日所需[58]。雪上加霜的是氣溫於此時開始下降，冬季的初雪開始像灰塵一樣飄撒在地面上。大約在同一個時間，叛軍開始用他們從城中與軍需要塞中劫獲的火砲轟炸營區。他們的轟炸手法粗糙而亂無章法，事實上整場仗打下來，阿富汗人都找不太到訓練有素的砲手，但隨機掉落的砲彈打在兵營的牆上，仍足以消磨被圍英軍的意志。

除了砲響，火繩槍連發也很快開始從叛軍隔天斬獲的莫哈瑪德．沙里夫要塞射來。該要塞正對著兵營的正門，並且緊鄰通往城內的道路。阿富汗人在大搖大擺走進去接收無人抵抗的要塞後，就很快在要塞牆上設置好了射孔，如此若有英軍從喀布爾的前門出擊，他們就可以以火力壓制。十一月六日，艾爾芬史東進一步削弱了英軍的反擊力道，主要是他下令禁止從城牆上還擊，理由是「彈藥很珍貴！」對此不可置信的賽爾夫人寫道。「火藥根本多到夠被圍十二個月用。」[59]

這讓所有人都看清楚了，艾爾芬史東就是個累贅。「那我們不用搭理這位長官的話了，」眾人都已經說得毫無忌諱了，」賽爾夫人在她日記裡說。「可憐的將軍已經被五花八門的各種建言搞得六神無主；同時那日復一日的病痛也讓他氣力被不斷削弱。各種大逆不道的牢騷開始甚囂塵上：包括撤退之說，以至於我們的穆斯林軍隊開始有人逃兵。而這都讓官兵們留下了不好的印

* 作者註：吉爾宰人原本的工作之一就是供應穀物與糧草給喀布爾的兵營，但自從邁克諾騰削去了他們的補貼後，報復心切的他們就此拒絕繼續運補。

† 譯註：月臉娘娘，傳說中她生前因為聽說未婚夫戰死沙場的消息後心碎而死，但其未婚夫卻活著回來。他於是終生忠於畢畢瑪露，死後也葬在她墓旁。畢畢瑪露亦被後人認為是保護孩子月臉女神。

‡ 作者註：村子跟寺院如今都還在，位置就在機場路上，且可以俯看聯合國國際安全援助部隊（ISAF）在喀布爾的大型基地，以及堆滿沙包防禦的美國大使館館區。

象。」[60]賽爾夫人所說自然是事實：英軍確實在形同群龍無首且信心突然崩盤的狀態下，顯得不知所措且鬥志盡失。「部隊的士氣極其低迷，」印度士兵西塔・蘭姆寫道。「每天都有戰鬥，而由於歐洲士兵吃得不好，所以他們精神不振，打起仗來也沒有過往強悍。」更糟糕的是，

天氣冷到讓英軍中的印度士兵幾乎變成廢人……我們不分日夜受到砲火的騷擾。敵軍總感覺一增加就是幾千人，而他們的長距離火繩槍射程也勝過我們的滑膛槍。雖然他們決計抵擋不住正規軍的衝鋒，但只要他們有城牆、房屋等的掩護，那麼他們的火力就還是讓人十分氣餒……整支軍隊都處於淒風苦雨中……食物價格高得離譜，沒一個人好過。我眼見許多薩希博掉下了不堪其擾的眼淚，而他們都把受辱的過錯怪到他們的將軍與領導人身上。他們說他們的領導人老到簡直是一堆廢物……[61]

十一月九日，為了替換掉讓人不良於行的痛風與連番吞敗之中陷入憂鬱黑洞的艾爾芬史東，邁克諾騰決定把駐於巴拉希撒堡的薛爾頓叫來。但這又是錯上加錯，薛爾頓不僅說起被動毫不遜於艾爾芬史東，而且真要說，他對於英軍的處境還更加絕望悲觀。「他只是公開放話要撤退，」柯林・麥肯齊寫道，「而這話既不能給人協助，也帶不來慰藉」。薛爾頓一到，麥肯齊曾熱情向他問好，而薛爾頓的回答是，「身體挺好。」「嗯，」麥肯齊說，「那在這種非常時期也算聊可自慰。」「此時准將以至為悲戚的面容轉向他，說出了這樣三個字：『塵歸塵』。」[62]

薛爾頓的到來也造成了英軍指揮高層的分裂。邁克諾騰相信駐軍有責任「甘冒一切風險守住據點」，而薛爾頓則「強力主張立即退往賈拉拉巴德」。「這種意見上的分歧，出現在如此至關

重要的議題上，自然不會產生什麼好的結果，」文生．艾爾記錄道。「那在他最需要的時候，奪走了同心同德可以賦予將軍的力量。」[63]

把薛爾頓叫來到兵營，意味著棄守英軍在喀布爾一個真正強固且補給充足的要塞。兵營所在地的弱點，對所有人來說都顯而易見。一個遠優於此的策略應該是放棄兵營，將英軍整隊轉至巴拉希撒堡。「我們全都飢腸轆轆且靠吃馬匹跟駱駝過活，但我們其實是可以轉進到巴拉希撒，然後在那裡撐上一年的，」麥肯齊心想。「只要熬個兩週，部落就會軟化散去。那兒有一座強大的堡壘可以俯視全城，同時也容納得下整支英軍，但就是沒有一個契機讓指揮官們想到要進駐巴拉希撒。」[64]

要說誰從根本上意會到了兵營無險可守，那肯定就是史都爾忒中尉了。從他的病榻上，身著睡衣的他撐起身體，「氣極敗壞地怒斥著每一件做錯了的事情」，包括他連番發信敦促指揮官們要率軍移入——而非移出——舒亞的古老城堡。「史都爾忒的建議若獲採行，我們本應連夜送去彈藥，」賽爾夫人在她的日記中記錄道，「且當送的量夠了之後，所有人就該極度輕裝來一次大膽的夜行軍，只帶騎馬帶得了的東西。在堡內我們可以（我承認，不怎麼舒適地）借宿於民家。他們都準備了過冬的儲量，我們大可不計代價買下，然後我們就可以跟阿富汗人慢慢耗。」[65]但史都爾忒之計從指揮官們那兒得到的回應卻是：「兵營花了我們那麼多錢蓋，怎麼能說放棄就放棄？」

在薛爾頓離開巴拉希撒後，舒亞隻身一人在堡內就只剩下沙阿兵團與附屬的少數英軍軍官。根據賽爾夫人所說：

（他）在後宮門口住了下來，並一直在那兒待到圍城結束；一整日坐在窗邊，一覽無遺地俯瞰著喀布爾的兵營，手裡拿著望遠鏡，焦急地看著事件在那兒的流轉，然後陷入一種沮喪的狀態。他一時間放下了所有的皇威，讓軍官入座在他的身邊，擺出一副在東方的語言裡有個詞非常生動，大抵可說是「嚇到了」的臉，其具體的意涵介於呆若木雞與江郎才盡之間[66]。

到了十一月的第二週，隨著英國在巴拉希撒堡、喀布爾城與所有兵營周遭的要塞盡皆陷落或遭棄守，戰鬥開始集中在畢畢瑪露附近，須知那裡已經是日益走投無路的英國人最後的補給來源。在此一系列勝負未分的街戰發生在可居高臨下之村莊且俯視喀布爾兵營的要塞周圍。十一月十日，叛軍收緊了套在英國人脖子上的環結，佔領了兩側的高地，然後「以不下蟻群或蝗蟲的數量」拿下了位於兵營正對面一座山丘頂端，一棟名為里卡布．巴什要塞（Rikab Bashee's fort）的塔樓[67]。

三天後，叛軍七手八腳搬來了兩門收繳的火砲到這些高地上。一如既往，薛爾頓還是拒絕採取行動，理由是出擊會有失敗的風險。「准將，」氣急敗壞的邁克諾騰終於受不了地[68]說，「你要是繼續這樣任由敵人放肆，堅持今晚還不出手去拿下那兩門砲，那你就得做好各種奇恥大辱將臨在我們身上的心理準備。」隔天早上天一亮，薛爾頓終於調動了步兵大舉出擊，但卻出師不利地遭到俯衝而下的阿富汗騎兵直衝入其部隊。「阿富汗人集結兵力朝山下衝鋒，像割草一樣將數百英軍掃倒，」米爾扎．阿塔記錄道。「兩邊都看得到勇氣與死亡。」[69]

最後是在八十名官兵陳屍沙場，近兩百人負傷後，英軍才成功堵住了其中一門砲，拖回了另一門砲到兵營的牆內[70]。這樣的表現對於惶惶不可終日的英軍，面對不斷累積自信，日益有恃無恐的敵軍，實在不是一個好的先例。

十一月十五日，英軍的士氣又遭逢了另一道打擊，主要是有兩名衣衫襤褸的身形突破了敵軍的包圍圈，帶來了天大的壞消息。艾德瑞・帕廷格與約翰・霍頓顯然是恰里卡爾的七百五十人英軍大營中，僅有的兩名生還者。

經過十天的被圍，口渴已經快要把人逼瘋，加上逃兵潮不斷擴大，且前來加入包圍大營的塔吉克人與薩非人（safi）*愈來愈多，焦慮不堪的帕廷格於是認定唯一的希望就是朝喀布爾突圍。「艱難的處境讓兵團陷入徹底的混亂，本土軍官完全控制不住他們的士兵，長時間值勤造成人困馬乏，水跟補給更是沒有一樣不缺，」他後來寫道。「我因此評估要多少救下一部分兵團，唯一的機會就是撤退到喀布爾。雖說這麼做也是無比凶險，但我仍懷著一絲希望，或許那些沒有妻小之累，而且身手最為敏捷的人員可以藉此逃出生天。」

但是就如麥肯齊從軍需要塞發動的夜逃一般，帕廷格的部隊幾乎一從營中衝出就陷入一團混亂。「我發現一出了大門，想保持住任何秩序無異緣木求魚，想要領導部隊更是徒勞無功，」他在正式報告中坦承不諱[71]。脫逃的士兵一邊瘋狂地想找到水，一邊中槍倒地。被留在營裡的三百名傷兵外加印度士兵與其妻室，則通通被分給了塔吉克的酋長們，並即刻就被賣為奴隸[72]。

相對於都有馬可騎的帕廷格與霍頓最終總算抵達了喀布爾，靠的是晚上避開幹道，只沿著達

* 譯註：普什圖部族之一。

曼山（Koh Daman）的西麓前進，能跛行跟上他們的印度士兵寥寥可數。被捕且淪為奴隸的也包括士官莫提・蘭姆，而他很獨特地留下了自己被抓的敘述。莫提・蘭姆走得比大部分人都遠，才在已經看得到目的地的地方被捕。「在衝突爆發的當時，」他寫道，「兩名廓爾喀的法基爾*正在要塞中訪問，他們當時正在進行阿富汗的各印度教廟宇的朝聖行程。」這些托缽僧索要起武器彈藥。

我們軍官順應了他們的要求，於是這兩名強健且神聖的人物就在眾人的驚異中露了一手：沒人打起阿富汗人比他們更俐落。我們夜裡一同行軍，一路未受騷擾，直到來到卡拉花園（Kara Bagh）附近的一個村落。在那兒開始出現了反抗，而我們且戰且走到大約凌晨三點，此時我們的行蹤已經人盡皆知，我們的敵人也每分鐘都愈聚愈多，直至讓人絕望的程度。我們前進的道路貫穿卡拉花園的中央，兩側都有牆垣與葡萄園：阿富汗人就沿著這些牆壁與果園朝我們致命且頻繁地彈如雨下，不少人因此被殺，我們一敗塗地。此時路的一側有門徑通往某葡萄園，我便衝了過去；一名阿富汗人抓住我的衣物想攔阻於我，但我甩開了他繼續逃跑，期間還不忘帶好我的滑膛槍，雖然我兜裡的子彈只剩五發。

黎明時分來到喀布爾兵營的附近，莫提・蘭姆突然意識到他誤闖進了阿富汗圍城部隊當中。「我立刻明白了繼續逃跑已然無望。我在腹帶裡有一百盧比是替沙阿效命時存下的。我將之取出並埋在了一顆我認為之後能認得的石頭底下，然後安靜地坐下準備束手就擒。未過許久，一群大約二十五匹馬來到我的所在地，有人抓住我的腳，有人抓我肩膀。」[73] 那群阿富汗人意圖用莫提・

蘭姆隨身的滑膛槍射他，但連著三次擊發不了後，士官告訴對方說自己也是穆斯林，而不要殺他是神的意旨。他被要求背誦出卡利瑪（Kalima）[†]來證明自己的信仰，而他也照辦了。

他們於是移開了架在我喉嚨上的軍刀，把我帶去見（他們的酋長）巴哈—烏德—丁（Baha-ud-Din），然後首先奪走了我的大衣、長褲、一條絲質手帕、一把手槍、我的鞋子，還有一些其他物品，只讓我留下一套睡衣。村民仍持續威脅要處死我，但巴哈—烏德—丁最終釋放了我。我前進了一柯斯[‡]，然後一個在路邊犁田的男人抓住了我，要我替他犁田，否則就殺了我。在他那裡我晚上過得很慘——天氣十分嚴寒，而我除了一件罩袍以外衣不蔽體。我趁白天檢視了房子的屋頂，感覺上只要從煙囪上移開幾塊磚頭，我就可以神不知鬼不覺地脫逃。晚上我依計行事，成功恢復了自由之身。

但沒有很久。「我只沿著通往賈拉拉巴德之路只走了五柯斯，就有一名父親在喀布爾作戰的薩達爾之子派了些騎兵前來，把我抓到了他的面前。村民不分男女老幼都聚在一起高喊，『這不

---

* 譯註：托缽僧。

† 譯註：其伊斯蘭信仰中的「清真言」，意為「美好的語言」。念誦清真言是穆斯林的五功當中最重要的一種，無日不需要誦讀。

‡ 譯註：長度單位，拼寫為 coss 或 kos，梵文本意是呼喚，所以柯斯理論上代表喊聲能夠讓人聽見的距離。

是卡菲爾就是菲蘭吉*：宰了他，宰了他』，但年輕的酋長保護了我不受暴力相向，並叫我去照料他的馬」。莫提·蘭姆補充說：「這年輕人總是朝喀布爾的方向望去，而且用的還是他說是亞歷山大·柏恩斯爵士送給他父親當禮物的望遠鏡。」[74]

十一月二十日，叛軍的砲火突然陷於靜默，然後一連三天都沒有對兵營發動攻擊。二十三日早上，明朗化了的局面顯示這暴風雨前的寧靜是因為叛軍需要時間生產更多彈藥。是日清晨尚未破曉之際，米爾·瑪斯吉迪手下大批科希斯坦人群聚在喀布爾兵營上方的高地，挖掘起了胸牆與壕溝，徹底切斷了英軍與畢畢瑪露村之間的食物運補。他們接著便開始拋轟英軍兵營。薛爾頓隨即就奉派去清剿高地。

「砲火的聲音轟隆如雷鳴，」米爾扎·阿塔寫道。「阿布杜拉·汗，阿恰克宰·加齊聽到猛烈的戰鬥聲響，便趕忙去增援在畢畢瑪露的聖戰士：他們把英軍士兵踐踏在馬蹄之下，用利劍將他們砍殺，然後繳獲了英國的火砲，並一邊朝英軍衝鋒，一邊高喊著『阿拉·胡—阿克巴！』（Allah hu-akbar）†」

為了捍衛自己不受阿富汗騎兵傷害，薛爾頓遂將其步兵組成兩個方陣，陳兵於丘頂，那是在滑鐵盧對付拿破崙的槍騎兵時產生過奇效，英軍抵禦騎兵攻擊的標準陣勢。但事實證明這搬到阿富汗是災難一場。阿富汗人直接把騎兵叫回來，換成讓傑撒伊槍兵上陣。他們讓狙擊手在大小岩塊的掩護下，大老遠從英軍滑膛槍的射程外朝擠在一起的敵人開火。英軍成了活靶：扎扎實實由緋紅色制服組成的一整塊目標，動也不動地在山頂一站就是數小時，在山脊上形成了反差極大的剪影。英軍裡有一百名工兵隨行，「目的很清楚地就是為了建起石壘（sangar）‡，讓我們的部隊可以在其後完全不受到傑撒伊火槍的威脅，並藉此在內心注入一股安全感……但自始至終沒有這樣的防禦工事被建構起來」[75]。反之，英軍在山脊上空門大開，一排排的士兵接連從站立處倒下，而薛爾頓則繼續在敵火下不為所動，勇則勇矣卻欠缺想像力到要命，因為顯然他完全想不出該如何回應，只能眼睜睜看著自己的兵團送命。

更慘的是薛爾頓的那一門砲在這節骨眼上過熱，因此無法對阿富汗人的傑撒伊火槍進行回擊。此時的負傷者中有在左手上中了一彈，「讓我無法繼續此戰」的文生·艾爾，也有左肩挨了一槍的柯林·麥肯齊。「方陣的正面被迫補充了三遍，」麥肯齊後來寫道。

前排名符其實地遭到了殲滅……我們的彈藥幾已用罄，人員在下午一點因為疲憊與口渴而幾近暈厥。但水無從取得，死傷人數則無一刻不在持續攀升。我嘗試說服薛爾頓撤退，卻被告知：「喔不，我們要再堅守山丘一會兒。」聽到薛爾頓拒絕收兵，粗壯的奧利佛上校表示如此一來，英軍最後的下場必然是朝兵營潰逃，而他由於受限於體型跑不起來，所以還不如讓阿富汗人現在就一槍了結了他。語畢他便往敵火下一站，然後就當場倒地命危[76]。

---

* 譯註：異教徒或外國人。
† 譯註：真主至大。
‡ 譯註：較淺的戰壕與胸牆，可查詢字彙章節。

賽爾夫人與一干旁觀者從兵營屋頂看得愈來愈膽戰心驚——「我將戰場上的動態盡收眼底，並靠躲在煙囪後避開了不斷從我身邊呼嘯而過的子彈」，一大群阿富汗聖戰士在阿布杜拉·汗的親率下開始爬上隱蔽的溪谷朝英軍方陣而去，英軍看不到那道溪谷，但夫人們都看得一清二楚[77]。不一會兒他們從隱身處跳出來，開始朝紅衣英軍處一擁而上。根據《蘇丹編年史》的記載，「一瞬間以勇敢著稱且晨禱時說了想要成為烈士的阿布杜拉·汗·阿恰克宰大喊『蒙真主恩點，勝利近在眼前！』，然後就領著他所部化身隱於芳香草叢中的猛獅抑或大蛇，發起了突擊。他斬獲了英軍的火砲，將英國步兵逼退並打散。英軍士兵抵擋不住他的攻勢，紛紛掉頭逃跑。」[78]

幾分鐘內，最近的方陣就已然崩潰，接著阿富汗人就開始把繳獲的火砲往回拖。「那一幕像極了十字軍戰爭被描寫的畫面，」賽爾夫人寫道。「敵人持續進逼，把他們面前的我軍驅趕得像是後頭有狼在追著的羊群一樣。看到火砲遭搶，我方的砲兵奮勇抵抗，其中兩人在砲前壯烈犧牲；其中士官莫霍爾（Mulhall）身受三傷；可憐的連恩（Laing）則是在砲邊揮劍鼓舞士氣時遭到槍殺。那一幕讓我們看得心急如焚且心跳不已[79]。」

惟薛爾頓總歸保住了僅存的一個方陣，並令號手吹響「停止前進」的訊號。接著他下令以刺刀進行反攻，由此英軍不僅奪回了火砲而且還在肉搏戰中殺死了米爾·瑪斯吉迪與叛軍的軍事指揮官阿布杜拉·汗·阿恰克宰（·加齊）。「加齊戰死的消息讓所有穆斯林如喪考妣，阿富汗各部族的成員尤其哀戚，」蘇丹·莫哈瑪德·汗·杜蘭尼寫道。「他要是沒有喪命，聖戰士肯定能在當天就攻下喀布爾兵營。」[80]

一時間，英軍似乎佔得了上風。但等到阿富汗人撤退，殘餘英軍重新組成兩方陣後，傑撒伊狙擊手又重新開火，成排的印度士兵又開始在站立處倒成一片。「眾人開始敦促跟懇求准將能把握機會朝敵人衝鋒，」從兵營牆邊看得心驚肉跳的喬治·勞倫斯寫道，「但出於某種無解的原因，山上的准將說什麼就是不肯行動。」[81]

然後叛軍的第二波劍士開始在隱谷中匯集，準備發起最後的進攻。這一次英軍全潰散並逃回了兵營，後頭追著阿富汗騎兵。「秩序到此為止，」喬治·勞倫斯言道。

> 我可以從身處的崗位看到我們飛奔的部隊後頭緊追並混雜著敵人，他們正從四面八方殘殺著我們的士兵：那一幕怵目驚心到令我永生難忘。逃命的士兵泉湧而至，灌入了兵營，對此我們完全以為阿富汗追兵會一起衝進來。所幸出乎我們意料地，阿富汗騎兵在最後關頭突然右轉，我們後來得知那是莫哈瑪德·奧斯曼·汗·巴拉克宰的意思，而他是跟威廉·邁克諾騰仍有溝通管道的其中一名酋長。但對自認在劫難逃的我們而言，那一夜究竟有多駭人聽聞，多令人手足無措，又有誰能細說之於一二呢？我方官兵的表現自是令人無法為其開脫，但薛爾頓准將的無能至極，他不顧後果地讓將士們站在山脊上，以肉身暴露在毀滅性的敵火下，還有他剛愎地漠視一整天下來多次可以供他善用的良機——他大可趁敵人短暫逃竄的時候趁勝追擊，畢其功於一舉——凡此種種行為都嚴重斲傷了官兵的戰力，畢竟對於一名再三證明自己沒有統御能力的領袖，他們已經毫無信心[82]。

這場戰爭的轉捩點，就在於此。那天堪稱災難一場。在一千一百名一早隨薛爾頓出征的人員中，不下三百人陣亡，傷者則被棄置於外，在山下妻小無助地目睹慘遭開腸剖肚。此外還有更多被拒於門外而未能回到兵營牆內者，在當晚成為了被獵捕的對象。「那些從戰鬥中活下來，但在回營之路上迷途，只能設法躲進羊腸小徑或縫隙中的人，被一個個圍捕後處決，」費茲・莫哈瑪德寫道。「對英國人來講，充滿諸多禍事的這一日讓他們失去了原有或多或少對局面的掌控，自此他們基本上只能聽天由命。」[83]

可想而知，英國人此後便不再嘗試採取主動。「薛爾頓的無能讓軍官們的英勇為之一鈍，」麥肯齊寫道。「他們再也打不起精神，軍紀也幾近乎泯滅。」[84]「即便是此前曾一廂情願盼著情勢逆轉的軍官們，至此也開始因為前途未卜而懷憂喪志，」艾爾在當晚的日記中附議。「我們的軍隊就像在礁石與淺灘間隨時會遇難的船艦，我們缺的是一名能帶我們安全脫險的船長。即便此時此刻，在這第十一個小時*，只要船舵可以交到一名能幹者的手中，我們或許還有一線生機可以逃過毀滅；但既然這樣的救星並不存在，那很顯然就只有老天爺能拯救我們了。」[85]

惟禍不單行，當晚他們又接獲了更壞的消息。表達歡迎的禮砲在城內連番響起，宣告了多斯特・莫哈瑪德最火爆也最心狠手辣的兒子，阿克巴・汗的蒞臨。他才剛一馬當先，浩浩蕩蕩地從巴米揚率來六千名米爾・瓦里的烏茲別克騎兵，就立刻將反抗勢力的大權一把抓進手裡。

復歸後的頭幾日，阿克巴・汗都在接受子民的恭維歌頌。「一切就彷彿春意將生氣帶進了花園裡，」瑪烏拉納・喀什米爾寫道。

貴族與酋長盡皆前來致敬

各方的祝福不分老幼男女

他們對他說：「喔，我們共同的守護者！

我們的捍衛者、避難所與堅定基石！」

眾口一聲的禱告是如此從地表響徹雲霄

天際的眾人追問耶穌下面為何如此喧鬧……[86]

阿克巴很快就證明了英國人沒有錯看他，他真的就是那個他們應該要擔心害怕的對手。短短數日內，他就第一次有效地封鎖住了英軍兵營，讓這場叛變產生了質變。眾多穆拉被派進鄰近的各個村落，以免農民繼續把補給賣給英國人[87]。兵營後方的村子都遭到叛軍佔領進駐，各村長都收到警告說他們膽敢再賣一袋穀物或秣草給菲蘭吉，就叫他們血濺當場。新搭在喀布爾河上，原本可以連接兵營與巴拉希撒堡，同時還能銜接通往賈拉拉巴德之路的木橋，此時遭到了焚毀。讓邁克諾騰氣憤的是英軍竟坐視這樣的事情發生，完全沒有嘗試出手阻止。明明前來毀橋的阿富汗人都明顯在射程內，英軍卻仍只是從胸牆後袖手旁觀。隨著兩名尊王派領袖於畢畢瑪露被殺，原本內部還有點各行其是的叛軍高層，如今也開始以阿克巴・汗等巴拉克宰族為中心團結一致。「他

＊ 譯註：典出聖經，意指最後關頭中的最後關頭。

們（叛軍）能如此不分彼此，簡直是好到不能再好了，」邁克諾騰話說得十分氣餒[88]。

阿克巴・汗與莫哈瑪德・沙・汗（Mohammad Shah Khan）這名強大吉爾宰酋長之女的政治婚姻，也開始改變了叛軍內部的族裔構成。隨著阿布杜拉・汗・阿恰克宰戰歿，加上在米爾・瑪斯吉迪死後，其追隨者大批出走去埋葬他的辟爾（導師）了，導致科希斯坦塔吉克人日益邊緣化，胸無點墨但戰力雄厚的吉爾宰人便趁勢而起，成為了反叛行動的重心。以就在城牆外的馬穆德・汗要塞為根據地，吉爾宰人逐漸以主力之姿構成了將噤若寒蟬的英軍兵營團團圍住，周遭一個個丘頂上的那圈叛軍，而在谷底支援他們的則是於沙阿花園安營紮寨的巴拉克宰軍。

此時在兵營的牆內，冰冷的風雪與飢餓讓英軍蒙受巨大的壓力，士氣因此持續探底。馬匹餓到反覆啃食起帳棚的營釘，乃至於牠們自身的糞便；賽爾夫人目睹一匹馬餓到咬掉了鄰馬的尾巴吞下，而她自身的母馬則對著一圈車輪嚼得津津有味。米爾扎，阿塔如同許多阿富汗人，對於傲慢的英國人也有這天甚是幸災樂禍。「沒見識過呼羅珊之雪的那些英國軍隊，面對這突如其來的大雪，變得一個個就像要融化的雪人一般，」他寫道。「不少人餓死，還有人宰了運輸用的駱駝跟公牛給穆斯林吃肉，印度人啃皮！在這種極端的狀況下，人就像是來到了地獄最底層的坑，各種不一樣的宗教習俗與禁忌都被忘得一乾二淨。」[89]吃不到死馬跟死駱駝的隨營平民，此時被看見串烤起了街上的野狗。

阿克巴・汗被從他在布哈拉的地洞中放出來，不過是短短一個月前的事情，此前他已經蹲了一整年的苦牢。瑪烏拉納・喀什米爾說在阿克巴獲釋的不久前，曾有一名蘇菲派聖人入夢跟他說了一些話，意思是要他戴上頭巾、腰掛佩劍，前去保衛真主託付給他的祖國[90]。漸對這位巴拉克宰繼承人佩服不已的米爾扎・阿塔從其追隨者處得知了另外一個版本：「布哈拉這座尊貴城市的烏里瑪們對其統治者拿西爾·阿爾—達烏拉（Nasir al-Daula）說項，希望他釋放薩達爾·莫哈瑪德·阿克巴·汗與他的夥伴，」他寫道。「在喀布爾的酋長們致函阿克巴，一方面恭喜他獲釋，一方面歡迎他前來，並解釋說英軍力量在近期的戰鬥後已被大幅削弱，簡直不堪一擊，所以薩達爾重返喀布爾可謂此其時也：此時正是他身為人子，為舉世無雙的埃米爾雪恨的天賜良機！」阿克巴·汗於是直奔喀布爾，並在那兒聽取了酋長與仕紳訴說英國人犯下的諸多不義，眾人皆希望他能主持正義。薩達爾隨即手書一封請見邁克諾騰，雙方於是安排了一場會議。

隔天薩達爾莫哈瑪德·阿克巴·汗帶著些心腹，從喀布爾策馬前往指定的地點，而邁克諾騰則由英國兵營出發：他們見面後先是熱情相擁，接著便退而展開密談。據報薩達爾向英國公使表示他已不宜續留喀布爾，並希望他能交出一名軍官作為人質，然後開始撤回印度。什麼時候薩達爾崇高的父親，舉世無雙的埃米爾，能從異地的囚禁中獲釋並返回呼羅珊，什麼時候英國人質就能恭恭敬敬地被遣回。這些條件獲得了邁克諾騰的首肯，化為了白紙黑字；英國人全都以為經此和議，苦難就可以告一段落了[91]。

實情稍微比這複雜一點。原來從叛亂爆發的一開始，邁克諾騰就透過在城內仍活躍的莫漢·拉勒保持著與數名叛軍指揮官的聯繫，並已經有好幾週的時間在尋求收買軍事支持、分化阿富汗派系，或布局某種光榮撤退的可能性。在薛爾頓慘敗的兩天後，這名公使接待了初始的叛軍代表團前來尋求英國的無條件投降。根據他死後一張發現在他書桌上的隨筆，邁克諾騰自己的說法是，應我之邀，叛軍派了代表在二十五日來到兵營，而我此前已經收到他們期盼在我們撤離阿富汗的基礎上，雙方以和為貴的試探。我向他們提出了我認為我們可以懷著榮譽接受的最起碼條件。隔天早上他們盛氣凌人地回信，大意是除非我同意棄械投降並任由陛下自生自滅，否則我們就得預備雙方當即兵戎相見。對此我回覆說寧死也不受辱，並表示雙方的勝敗還在未定之天，自有更高的力量會決定一切[92]。

邁克諾騰既已拒絕將舒亞與其家眷交給阿克巴．汗，又跟對方翻了臉，接下來就只能又連著兩個禮拜都在飢餓與焦慮中無能為力。邁克諾騰如今只能寄渺茫的希望於援軍會自賈拉拉巴德、加茲尼或坎達哈前來搭救兵營裡這批死氣沉沉的英軍。對於麥葛雷格這位隸屬於賽爾將軍旅團，人在賈拉拉巴德的政戰官，邁克諾騰使出了三催四請：「此前我已寫了成打的信件，敦促您能立刻偕賽爾的旅團回師喀布爾，若您在接獲此信時尚未動身，我誠摯懇求您能即刻啟程。我們的處境十分危急，但若您能伸出援手，我們必然能化險為夷，而您哪怕有一絲顧及我們的生命，乃至於稍微考慮到國家的榮譽，都請您務必不要見死不救。」[93]

惟最後一名通過科爾．喀布爾山口的信差，攜來的消息是賽爾也自身難保地被圍困在賈拉拉巴德，寡不敵眾的賽爾根本沒有條件去救援喀布爾；信差還通報說開伯爾山口已經陷落而遭到封鎖，所以潛在的援軍即便存在，也上不了白沙瓦。十二月七日，在厚厚的積雪堵住了道路後，來自坎達哈的援軍也注定不可能出現了，至少在春天融雪之前是不用想了。八日上午，邁克諾騰得到了最後一支駐軍從加茲尼傳來的消息，說是他們也遭到圍困而無法馳援喀布爾的同胞[94]。這下子由於糧草只剩下一天份，希望蕩然無存。所有人眼看著就要捱餓，但軍方高層依舊麻木不仁。艾爾芬史東與薛爾頓都愁眉深鎖而一蹶不振。仗打不贏又沒得吃的部隊來到了造反的邊緣。阿富汗叛軍的人數已估計超過五萬，跟駐喀布爾英軍的比例來到十比一。

種種禍不單行導致耐受不住的英軍眾將官，在十二月八日晚間開了一場火爆的會議。來到此時，艾爾芬史東、薛爾頓跟邁克諾騰三人講話都已不太能好聲好氣，而任性到簡直幼稚的薛爾頓更對公使尤其出言不遜。「我要譏笑他，」他在人前這麼說。「我就是想譏笑他。」[95]在作戰會議上，他為了公開給將軍難看而將自己捲起在地上的被褥中，並用鼾聲回覆所有對他的意見徵詢。

在會議上，艾爾芬史東出示了應邁克諾騰要求而寫成的信件，正式負起責任要開啟投降談判，並在信中解釋說：

在被圍的狀況下於此地堅守三週有餘，且因為缺乏補給與糧草，我軍的狀態未臻理想，加上傷員與病號的數量龐大，我們所駐之兵營面積廣大且位置欠佳，實在難以防守，遑論凜冬將至，我們的通訊又被切斷，沒有來援可以期待，乃至於整個阿富汗都拿起武器要對我們不利，由此我的看法是我們在阿富汗的局面已無可為，諸位理應善加接受我現在提供給你們，要去進行談判的提議[96]。

在場其餘軍官也正式宣告英軍的處境難以為繼，「並給出了一個堅定不移且沒有但書的意見是英軍以其目前的狀態將不便再採取軍事行動，並表示刻不容緩的當務之急應該是透過談判，取得可以平安撤回興都斯坦的承諾，且完全不用去顧及沙．舒亞或其利益，因為他們的首要職責是確保他們麾下英軍的福祉與榮譽」[97]。軍方如此乾脆地將舒亞拋棄，與舒亞對英國人的堅定不移形成了強烈的對比，要知道叛軍可是源源不絕地提供了誘人的條件，就是希望舒亞可以背棄他遭到阿富汗人唾棄的卡菲爾盟友。邁克諾騰再三警告說棄舒亞於不顧，會讓英國背負「永世的罵名」。但他的意見遭到駁回，並受命要去與阿克巴．汗見面，看看他可以用什麼條件換到英軍能立即從阿富汗安全撤出的保證。

這兩人的第一場會議，召開在了比被燒毀的木橋殘骸再過去一點，喀布爾河結冰的岸邊。邁克諾騰由勞倫斯、崔佛與麥肯齊陪同；阿克巴則帶上了叛軍的全數酋長[98]。一張口又是他一貫自我陶醉而言不由衷的開場白，邁克諾騰以流利的宮廷波斯語朗讀起來：「近期的事件，顯然顯示了英國繼續留在阿富汗來支持沙．舒亞．烏爾—穆爾克，並非阿富汗國大多數人所樂見的發展，而英國政府派兵來阿也純粹是為了阿富汗人的國家統一、幸福與福祉，並無他圖，由此既然英軍的存在已經違反了其前來的目的，我們自當無意逗留。」再來，就是邁克諾騰版草約裡的重頭戲了。「第一點，目前在喀布爾的英軍將以符合實際的最快速度撤至白沙瓦，然後再由該處返回印度。第二，眾薩達爾需保證英軍撤軍途中不會遭受騷擾，能獲得有尊嚴的對待，且在運輸與補給上能獲得最大的協助。」[99]就在這個時候，邁克諾騰在他最後的備忘錄中說，「莫哈瑪德．阿克巴打斷了我，並表示我們不會需要任何補給，因為我們翌日一早行軍不會有任何阻礙。我提出這一點，是想說明這名年輕人的衝動性格。此話一出他遭到其他酋長的責備，而他本身也相當自責，但此外他都表現得十分有禮，惟很顯然他在突然走運之後的地位已非吳下阿蒙」[100]。

兩個小時過後，雙方達成了協議。英軍將於三日後的十二月十四日撤軍，而他們的安全將獲得保證。崔佛上尉將被交出成為人質。賈拉拉巴德、加茲尼與坎達哈也將被疏散。以一筆鉅額的訂金為代價，糧食、穀物與拖拉用的牛隻會被送去給英軍，供他們一路上使用。沙．舒亞可以選擇與英軍一同離開，或是以一介平民的身分留在喀布爾。巴拉希撒堡會先由剩餘的英軍進行人員疏散，然後再移交給阿克巴．汗。在此同時，多斯特．莫哈瑪德會從魯得希阿那的軟禁中恢復自由，然後獲准重返王座。阿富汗人保證不會背著英國與其他外國勢力結盟，而英國則相對承諾「除非阿富汗領導人請求，否則英軍不會再涉足阿富汗的領土」。

邁克諾騰覺得這些條件已經很讓他滿意，於是便照例天真爛漫地寫信給奧克蘭說，「我們將與阿富汗人好聚好散，且令我滿意的是這之後成立的任何阿富汗政府，都將秉持善意與我們互信互諒」[101]。

從頭到尾都沒被徵詢過意見的那個人，自然是沙．舒亞——儘管這場戰爭是以他之名發起，英軍也是為了他將阿富汗佔領。舒亞聽到曾為他出頭的邁克諾騰有哪些撤軍條件後是什麼反應，他的立傳者莫哈瑪德．胡珊．赫拉提給出了唯一傳世的敘述：

> 當陛下得知有這份和議後，他在給邁克諾騰的信中如是說：「你把我們帶回這個國家，只是為了把我們親手交給敵人嗎？你還不明白巴拉克宰族跟這個國家的人是何等背信忘義之輩嗎？把錢扔給這些復仇心切的人，你就是在加速你我的死亡與毀滅而已！這麼做明智嗎？」邁克諾騰只簡短回應說：「談好的協議，現在要改已經晚了。」陛下為此心亂如麻，宛如流體的水銀一般東奔西跑，不分日夜地擰著手，嘴裡念著「邁克諾騰簡直喪心病狂——這下子我們兩的末日都到了！」

邁克諾騰下令讓剩餘的英軍離開巴拉希撒堡，並發了信通知阿克巴．汗知曉堡壘已然清空，他可以派軍進駐了。

莫哈瑪德・阿克巴・汗立刻派出了兩千名持傑撒伊火槍的吉爾宰人。喀布爾的安生百姓全都嚇壞了，他們驚呼著「如果阿克巴・汗拿下城堡，沙・舒亞的妻妾孩子跟眷屬會有何下場呢？真主保佑！」

一想到即將發生的姦淫與搶掠，陛下就陷入了絕望的漩渦。惟巴拉希撒堡內的居民仍大多是在高牆大院中出生的舊臣，是食皇家之祿並受其保護長大的忠僕：起碼這些人沒有輕易被絕望打敗，而是最後的英軍一步出城堡，他們就毫不遲疑地把門關上，已經滲進堡內的叛軍士兵也被他們斬殺，導致阿克巴・汗只能暫且鎩羽而歸[102]。

阿克巴・汗的部隊又接連兩次嘗試攻擊巴拉希撒堡的主門，但都被沙・舒亞的那些被英軍貶低是「無用的烏合之眾」之府兵給順利擊退，並造成了嚴重的傷亡。「我們無法不欽佩他（舒亞）在這個危急存亡之際所表現出的果敢與勇氣，」勞倫斯寫道，「且衷心希望同樣的活力也能展現在我們的領導人身上，因為後者至今仍看不太出能拿出辦法來確保我們的尊嚴與安全」[103]。

雖然英軍承受不住壓力而投降，漠視了舒亞的再三警告，但沙阿仍堅強地守著巴拉希撒堡，直到數個月後春暖冰融，他才自行從補給充足的城堡中踏出。

就在邁克諾騰默默出賣了沙・舒亞的同時，奧克蘭爵士則有些出人意表地在款待舒亞的宿敵多斯特・莫哈瑪德，地點在加爾各答的一場舞會上。

在體驗過西姆拉那「颯爽」的空氣後，伊登一家有點震撼於加爾各答的夏天竟如此炎熱潮濕。「我們已經從阿富汗政壇的利益糾葛中退出，」艾蜜莉對一名友人寫道，「轉而投身別讓自己被烤成人乾的日常奮戰。我可以說我們已經晉升到更高的追求上，因為這兩件事放在一起，後者絕對更為重要，也是更為困難的成就……」[104] 熱浪證實了她的想法，那就是他們是時候一起離開有著種種恐怖的亞洲，盡快回返安全的肯辛頓：「我們的喬治已經在印度做得非常好了，是不是？你知道我們始終對他有很高的評價，即便是在他可笑蹩腳的落魄歲月中亦復如此……如今我認為他已經盡足了本分，不如就回去吧，但家鄉的人聽不進這樣的話，像這個月的函文就讓我看得坐立難安。」[105]

但職責就是職責，於是在維多利亞女王的壽辰當日，也在孟加拉六月天的溽熱，「那印度歷來僅見的逼人天氣」當中，伊登姊妹倆決定辦場舞會。「我們的女王壽辰舞會辦得極其光輝燦爛，」艾蜜莉在會後不久寫道，「而且我衷心地希望這能是我們的最後一場，由此我很高興這次活動能辦得如此圓滿。不枉我特地拿出了鑽石配戴！」當天有位貴賓在眾目睽睽下既新奇，又是一種宣傳品，彰顯著奧克蘭爵士在外交政策上的巨大成功，而這位明星，正是埃米爾本人。「我們邀請了多斯特・莫哈瑪德與他的幾位公子與隨扈蒞臨舞會，」艾蜜莉接著說，

> 這是他第一次看見歐洲仕女穿著那些「忝不知恥」的衣服，但他並沒有順便見識到舞蹈——喬治把他帶到了另外的房間。他是個極有王者風範之人，且一舉一動把自己那半俘虜半雄獅的特

殊立場處理的十分圓融。算是換班一下，讓喬治別整晚都那麼辛苦，我招呼多斯特過來下了棋。我們一盤接著一盤下，而能做到這樣也頗為不容易，畢竟阿富汗版的下法跟我們的西洋棋不一樣，而且他還邊下邊發明一堆新的規則，要不是看在他是多斯特的面子上，這種棋實在不甚公平[106]。

這之後，艾蜜莉對她的新棋友開口想畫一幅他跟他隨扈的肖像。他應允了坐下讓她的鉛筆揮灑，但就像艾蜜莉曾受到加爾各答的溼熱驚嚇，多斯特也突然如驚弓之鳥，朝內地踏上了前往魯得希阿那的回程，徒留既沒畫完也不知道發生什麼事的艾蜜莉在原地。「我原本在速寫多斯特·莫哈瑪德與他的家人，」艾蜜莉不免有些惱火地把這事分享給了她在英格蘭的姊妹，「他今早就要啟程前往北方的省分，讓我只剩他們其中一個姪輩還沒素描好。所以我便朝氣蓬勃地起了個大早，柯爾文把那姪子從蒸汽船拉出來，讓他在早餐前就坐下讓我作畫。這姪兒生得跟『加略人猶大』（Judas Iscariot）*簡直一模一樣，但他是個很好的題材。考慮到柯爾文還沒吃早餐，他用波斯語聊天的興致算是提高的。」[107]

阿富汗的局勢在多斯特·莫哈瑪德離開加爾各答後便迅速惡化。兩週之後消息傳來，倫敦選出了一個托利黨的政府，而在思索過他的選項之後，奧克蘭爵士辭去了印度總督之職。艾倫巴勒爵士，也就是十年前最早寫下備忘錄，派柏恩斯沿印度河而上的那位，被指派為接替奧克蘭的人選。

一週之後，柏恩斯遇害跟奧克蘭爵士之阿富汗大計土崩瓦解的消息，由信差帶到了孟加拉。第一封抵達總督府的函文是由賽爾將軍三週前寫於賈拉拉巴德的短箋，當中告知了奧克蘭關於喀布爾之亂初步的傳言，以及他自身遭到的圍困。「我想不用我說，您也應該知道這些消息讓我痛苦萬分，」奧克蘭當晚寫信給總司令賈斯柏・尼可斯爵士（Sir Jasper Nicholls）說。「那些消息留有很大的空間供人進行非常可怕與嚴重的臆測。但無論如何我不願論及我個人的情緒。問題是，現在該怎麼辦？」

他接著列出了各種不同的選項，但就跟他在喀布爾的將軍們一樣，川流不息的壞消息讓他彷彿陷入癱瘓，且從一開始他就反對進行立即性的軍事回應。「我提議明日召開一場特別會議，」他寫道，「但在我看來，我們不該考慮增兵去重新征服一個我們恐怕保不住的地方……我在想阿富汗的民族意識恐怕已經被普遍撩起。」[108]

事實是奧克蘭早在幾個月前就已經意識到他的整個阿富汗政策已經犯下災難性的錯誤，一不小心就會全面拖垮印度政府的財政。如今隨著大難臨頭，他的財庫空虛，他一點也不猶豫就想將整個計畫一筆勾銷，免得把更多資源投入一場很顯然並無勝算的戰事。

沙・舒亞、邁克諾騰，甚至邁克諾騰是他打松雞的老搭檔，艾爾芬老爺，都將被丟在阿富汗收拾自己搞出的爛攤子。加爾各答不會伸出任何援手。

十二月的第二週，喀布爾下起了大雪。這些自興都庫什滾滾而來的暴雪只在短短一瞬間，就把城市周圍原本漫天塵土的灰色山丘變成了銀色世界，兵營中的胸牆布滿了厚厚的積雪，喀布爾

* 譯註：就是聖經裡的猶大。

河則凍成一片。「這些雪對薩達爾與聖戰士們不算什麼，他們根本如魚得水，」米爾扎．阿塔寫道，「但出身印度的部隊則不習慣雪天，不少人因此喪生。還有很多人因為嚴寒而失去戰力。」[109]

但對邁克諾騰而言，這雪只是他最不用擔心的事情。他按照和議交出了兩座僅餘可以俯瞰兵營的要塞，還有一干薩達爾所要求的鉅額訂金，包含要給阿克巴．汗的兩萬盧比，但即便如此，說好的食物與秣草卻來得零零星星，英軍的士兵與馱獸都還是處在飢餓邊緣[110]，英軍運送物品回印度所需要的車輛與獸力也看不到一絲蹤影。就這樣十二月十四日，撤軍的期限來了又走，但英軍還是一動不動。在此同時，兵營內殘餘的反抗意志已經被威嚇到只剩下焦慮與恐懼。「兵營內的常識判斷一落千丈，」麥肯齊寫道，

以至於數以百計全副武裝的敵軍得以滲透進兵營，大搖大擺地四處蒐集軍情。一名吉爾宰人在裝有實彈的六磅砲邊不到數碼處，對著史都爾忒中尉拔劍，原因是史都爾忒喝斥吉爾宰人身邊那些傲慢的同伴退開。哨兵被三令五申不得開槍，以至於我們的隨營平民乃至於與我們友好的阿富汗人，都動輒會在距離牆邊不到十幾碼的地方被搶甚至被殺，還有第五騎兵團廚房的綿羊，也在距離壁壘不到一百五十碼的地方被劫走，全軍只能眼巴巴地看著[111]。

意識到英軍已經無計可施，阿克巴．汗開始就地起價，獅子大開口地一會要更多的火砲，一會兒還要更多的人質。看著自身陷入的無底洞，邁克諾騰再次向同志們提出了要退入巴拉希撒堡，甚至是重啟戰端的想法，須知阿富汗人現在算是鬆懈下來了。他希望眾人可以「一鼓作氣成戰鬥隊形開拔（勞倫斯的說法），進入喀布爾，或是與敵人在城牆邊戰鬥；他表達了最誠摯的希

望，只盼將軍如今既已獲得從巴拉希撒撒出的生力軍奧援，那麼是不是能夠採納這個顯而易見的做法」[112]。但又一次薛爾頓與艾爾芬史東反對了他所有的計畫，而且想盡快從阿富汗出走的信念似乎還愈來愈強。「兩個要塞在遭我們放棄的同一天晚上就隨即被阿富汗人進佔，」勞倫斯補充說。「公使與我站在靠近清真寺的一座土墩上，眼睜睜看著要塞裡撤出了我們的人，就算羞恥我也要坦白說我們是帶著濕潤的雙目，懷著悲哀與憤怒，目睹著這些要塞作為我們在阿富汗搖搖欲墜之權力的最後支柱，也作為我們耗費了如此多的鮮血才搶得並固守的據點，一個一個移交給我們老奸巨猾而如今歡喜若狂的敵人。」[113]

然後就在毫無徵兆的狀況下，出現了一小角的光明與希望。十一月二十日，尼扎姆·阿爾—達烏拉作為邁克諾騰之前硬塞給舒亞的首相，捎來了消息說他的舊主納瓦布·扎曼·汗，也就是一開始曾領導叛軍的那名巴拉克宰大員「很看不慣把莫哈瑪德·阿克巴拱成共主的那群人，所以遣人表示他想要與英國人結盟。而希望能在阿富汗的利刃下求得生機的英國人收到尼扎姆·阿爾—達烏拉的信，簡直當這是天降甘霖」[114]。在此同時，也有消息傳來說不少叛軍部隊對阿克巴·汗心生不滿，原因是食物價格過高[115]。

邁克諾騰立即著手另起爐灶，嘗試對阿富汗人分而治之。急於避免在隆冬中從惡劣的山區撤退的最壞結果，他一口氣嘗試了好幾種不同的方案，「任何一種組合只要看似比前一種更值得期待，他都不會放過」。透過莫漢·拉勒，齊茲爾巴什與加茲尼的酋長都獲得邀約，只要誰願意與叛軍一刀兩斷並轉而支持英國，誰就可以領到兩萬盧比的鉅款。「只要有一定比例的阿富汗人希望我們留在這個國家，」他宣稱，「我就會認為自己有權打破我做過要撤軍的承諾，因為我原本做出那樣的承諾，是因為我相信那是阿富汗舉國所願。」

但這個困局之難，仍讓邁克諾騰感到絕望。「我很難知道到底該怎麼做，」他在此時給莫漢．拉勒的信中做了這樣的結論[116]。他不明白的是聯姻的力量是如何牢牢地連繫住吉爾宰人跟阿克巴．汗，也無法理解多數阿富汗人憎恨他們的卡菲爾占領者到何種程度。再者，莫漢．拉勒還被監視著，阿克巴的間諜會鉅細靡遺地把英國公使那些業餘的權謀細節都回報給主子。同時叛軍陣營中還有殺傷力很強的謠言傳得甚囂塵上，那說的是邁克諾騰懸賞要刺殺阿克巴與其他與英國為敵的酋長。據米爾扎．阿塔所說，「邁克諾騰寫了一封密函給眾酋長，意思是誰能獻上薩達爾莫哈瑪德．阿克巴．汗的首級，誰就能領到一萬盧比，而且還能當上公使的助手。諸汗一讀到這段內容，他們就立刻把原件交給阿克巴．汗保管」[117]。這故事很可能是真的。莫漢．拉勒的書信往來中確實有證據顯示一名叫做阿布杜．阿齊茲（Abdul Azia）的受雇刺客送了發票給莫漢．拉勒，請款的名目是刺沙阿布杜拉．汗．阿恰克宰，當中還詳述了他是如何在十一月二十三日，用有毒的子彈打在了在與薛爾頓戰鬥的阿布杜拉背上，而這就暗示著莫漢．拉勒確實有買兇殺害叛軍幹部的行為[118]。而你很難想像他會在毫無公使授權的前提下如此膽大妄為。

得知此事後，阿克巴．汗決定設下陷阱來揭發邁克諾騰的兩面手法。十二月二十二日晚間，他派出兩名表親前往英軍兵營，而陪同他們前去的是詹姆斯．史金納上尉。史金納作為一名年輕的英印混血騎兵指揮官，也是史金納騎兵團的創辦人之子，他在叛變的首日就套上女性的布卡罩袍想逃出喀布爾，結果被逮個正著。

晚餐之間，巴拉克宰來使給邁克諾騰開出了一個令人吃驚的提議。英國人可以在阿富汗待到春天，他們說，而沙．舒亞也可以續任沙阿，條件是英國人要支持阿克巴．汗成為瓦齊爾並握有實權。只要邁克諾騰願意白紙黑字地承諾協助他們，並一口氣拿出三十萬英鎊的首付跟之後每年四萬鎊的歲幣，阿克巴・汗就會很樂於獻上阿米努拉・汗・洛加里的項上人頭。邁克諾騰顯然得到了一個可以撕毀近期和議，與阿克巴・汗另立新約的機會。考量到英軍處境之有如風中殘燭，這次的條件感覺好到讓人無法不起疑，但直到最後都還目空一切的邁克諾騰似乎說服了自己，他相信了自己近期的布局是如此絕妙，以至於要確保其共主地位的阿克巴不得不妥協。阿米努拉的頭顱邁克諾騰沒打算要，他說只要把阿米努拉下獄並送來給英軍就行；但邁克諾騰一口吞下了其他的誘餌，還簽下了波斯文的文書來表示認可。根據莫漢・拉勒所說，「接受這項提案的公使並非毫無懷疑，但由於他已經無望獲得援兵，再加上覺得撤退有損英軍名譽，於是他就像行將滅頂之人在抓住稻草」[119]。

對阿克巴・汗而言，這代表他已經徹底抓到英國公使玩兩面手法的小辮子了。他把文件交給阿米努拉・汗過目，並警告其他酋長要慎防邁克諾騰，因為他就是個隨時可以食言而肥，在人背後鬼鬼祟祟、圖謀不軌的傢伙。接著他便發信給邁克諾騰，約他翌日早晨再見一面，說是要把計畫的細節敲定。邁克諾騰不疑有他地答應了。

喬治・勞倫斯、麥肯齊與崔佛在黎民時分被公使召來，並被告知了對方的提案。根據勞倫斯表示，邁克諾騰說：

他沒有理由不懷著希望能藉由這次的機會，盡快為我們目前的困境畫下句點，也沒有理由不相信阿克巴・汗不會割捨阿米努拉・汗，並將他生擒後交給我們。威廉爵士接著便提醒我要準備好快馬去告知陛下有這回事，讓他知道阿克巴提議了什麼。在我再度表示這圖謀似乎有點危險，並問他是不是不明白這當中的爾虞我詐時，他回答我說，「危險歸危險，但只要我們成功了，那所有的風險就值得了。叛軍確實至今沒有實踐過和議中的任何一條承諾，我對他們確實也不信任，但只要我們能藉此舉保留住我們的尊嚴，那這些也就都無妨了。話說到底我寧可死一百遍，也不想再過這六星期以來的那種日子。

哈桑．汗作為麥肯齊曾忠誠率眾從軍需要塞撤退的傑撒伊火槍隊隊長，在這個點上跳了出來，「再三警告威廉爵士不可輕忽與阿富汗酋長『會無好會』，甚至會有性命之虞的可能性。他表示比起威廉爵士，他對自家同胞在打算些什麼可清楚多了，他表示被我們稱為背信棄義的事情，他們可不會覺得有什麼不名譽」。麥肯齊也點出說這提議怎麼聽都不對勁，但邁克諾騰答道：「計畫什麼的！你們就別管我了──交給我處理就是了！」對也同樣持反對意見的艾爾芬史東，邁克諾騰則大言不慚地說：「讓我來就是了，這種事我比你懂得多。」

薛爾頓理應派兵隨同邁克諾騰赴約，但亂成一鍋粥的騎兵根本無法說走就走。在稍事等待後，不耐久候的邁克諾騰決定僅攜為數不多的親衛，外加他的三名左右手前往，分別是勞倫斯、崔佛與麥肯齊。阿克巴．汗已經在說好的地點等著，並帶上了與他是親戚的蘇丹．詹．巴拉克宰（Sultan Jan Barakzai）、身為他岳丈的吉爾宰酋長莫哈瑪德．沙．汗，另外還有第三名英國人不認得的酋長，但他其實正是阿米努拉的弟弟，他與會就是要親眼看看邁克諾騰有多卑鄙。

會面起頭倒也行禮如儀。英國公使給阿克巴獻上了他之前曾讚不絕口的一匹寶馬，年輕的叛軍領袖則禮貌謝過了邁克諾騰，主要是邁克諾騰前一日就連同馬車與一對馬，給他送去了若干雙筒手槍。阿克巴一行人下了馬，馬毯被鋪在了阿富汗指出可以免受積雪干擾且不能完全從兵營望見的小圓丘上。公使接著便在阿克巴．汗身邊坐下，崔佛與麥肯齊則在左右陪伴著他。勞倫斯站在邁克諾騰身後，直到在阿克巴的逼迫下才單膝跪地。勞倫斯此時點出朝此處聚集的阿富汗人似乎愈來愈多，他說如果會議的主題掩人耳目的話，閒雜人等最好退下。邁克諾騰將這話轉述給了阿克巴，而阿克巴回答，「他們都知道我們的秘密」。「他言猶在耳，」勞倫斯日後寫道，「我就發現雙臂早被鎖住，槍與劍則從腰帶上扯下，我本人則被硬從地上拉起拖走。莫哈瑪德·沙·汗·吉爾宰拉住我叫道，『若還惜命就隨我來！』我轉身看著公使躺在地上，頭已經被壓在他剛剛腳踩的地方，雙手也被鎖住在阿克巴的手中，臉上的表情盡是困惑與驚恐。」[120]

就在勞倫斯被拖走的同時，米爾扎·阿塔說：

薩達爾（阿克巴）對邁克諾騰喊聲，「你是一名偉大國王的臣子，是一支強大軍隊的統帥，所有外國的達官顯要都對你的淵博知識與卓越成就十分稱道。但恕我對此無法苟同，且我必須說你在我眼裡是個傻子，是個言而無信，是個親筆寫下其居心叵測之人！你在戰場上打不過我們，所以你如今就妄圖靠詐術毀了我們。你這個不忠不義，滿口謊言的郎中！你竟能轉眼就背棄我們的和議！你竟然以為我會信任你甚於我信任我自家的喀布爾民眾？你竟然以為你可以隨隨便便就讓我們窩裡反，讓你那麼方便？你沒意識到自己的醜態百出嗎？真夠丟臉了你：你就是笑柄！我這邊的打算是給你留面子，讓你斯斯文文地被送出喀布爾回到印度，但你卻密謀要刺殺我。你那顆陰暗的心腸盡是黑煙與癡心妄想！現在你最好乖乖跟我回到喀布爾城！

慌張失措之中，邁克諾騰試著逃跑，「就像鴿子振翅想脫離老鷹的掌控」。阿克巴「一把抓住他，拔出他嗜血的利劍，當場讓公使開膛剖肚且身首異處。原本是高高在上的首席大臣（Chief

Minister；此處指非國家政治實體的最高領導人），薩希博邁克諾騰大人那沒了頭的屍體就像被支解後的瘋狗屍骸，被拖行於市街。其遺體後來連同其頭顱與高帽，被懸掛於四頂市集。」[121]

柯林·麥肯齊以目擊者的身分給出了稍有差別的描述。他寫道先有一群武裝阿富汗人朝已就坐與會者接近，然後就在此時，阿克巴·汗以有機密相告為由請邁克諾騰靠邊，而就在邁克諾騰朝阿克巴靠過來時，後者突然向左右大喊「比吉爾！比吉爾！（Bigir, Bigir，意思是抓住他！抓住他）」，並同時壓制住公使。阿克巴臉上的表情「窮凶惡極」，而邁克諾騰的臉上則「滿是恐怖與驚愕」。邁克諾騰高喊著「阿茲·巴雷·庫達！」（Az barae Khooda）*，而阿克巴則抓住他的手腕，嘗試持槍逼迫邁克諾騰上馬並隨他進城。「拒絕就範的公使對他說，『你想把我怎麼樣？』」蘇丹·詹遂對阿克巴講，「動作快，否則我們都會被從兵營出來的部隊逮住」。一聽到這話，阿克巴·汗就用原本是禮物的雙管手槍射殺了公使。邁克諾騰並沒有當場死亡，但阿克巴下令他的隨從以傑撒伊火槍了結了邁克諾騰，這才讓英國公使的生命畫下了句點。然後阿克巴割下了他的頭顱，並下令在市區拖行他與死於蘇丹·詹殺害之手，崔佛上尉的屍體[122]。

暴行一開始，邁克諾騰的貼身護衛共計十六名士兵就一哄而散，完全沒有嘗試要拯救幾位軍官[123]。就在策馬返回兵營的過程中，這些士兵遇上了姍姍來遲的英國騎兵，結果騎兵也掉頭跟著他們一起夾著尾巴逃跑。「沒有一兵一卒（從兵營）被派出來，」勞倫斯寫到，

> 沒有任何一隊人出來偵察，沒有人嘗試出擊，甚至沒人開上一槍，但明明敵人的騎兵與步兵身影都能被看到從開會地點朝莫哈瑪德·汗的要塞直奔，且好幾名軍官都宣稱他們可以一清二楚地從野戰望遠鏡中望見兩具屍體橫陳在會議進行處的地上。沒人設法去替他們收屍。由此幾乎就

在我方戰壕據點的滑膛槍射程內，且在光天化日下，一名英國公使遭到殘忍地殺害，而後身首異處地陳屍在其遇害處數小時之久，最終還被一群泯滅人性的暴民帶走，以各種極盡羞辱之能事的手段對待，最後在市區裡遭遊街示眾，期間完全沒有英方之人嘗試去搭救談判代表，之後也沒有人要去報這不共戴天之仇[124]。

在此同時，麥肯齊與勞倫斯遭到了綁架。兩人「被一圈吉爾宰人拔劍或用上了膛的傑撒伊火槍包圍，『殺了卡菲爾』的呼聲喊得震天價響……」。但阿克巴·汗護住了他們。他拔出佩劍「並非常有男子氣概地親自以寡擊眾」，麥肯齊非常感激地記下了這段經過。「但等到他覺得我安全了之後，他的驕傲就戰勝了他的禮數。這時的他就轉身面對我，並不斷用勝利者的口氣嘲笑我說：『舒瑪，木爾克—伊—瑪，美—基里德！（Shuma mulk-i-ma me-girid!）†』」[125]在此同時，勞倫斯也在槍口下被捆走並經過一群群憤怒的吉爾宰人，他們全都在叫嚷著要把庫爾班（Koorban）‡送到位於莫哈瑪德·汗的要塞，吉爾宰人的總部。最終這兩名被俘的英軍軍官也就被送到了那裡的一處牢房中。就在牢房門要關上的瞬間，一名部落成員持劍斬向了麥肯齊。就立於一旁的莫哈瑪德·沙·汗·吉爾宰伸臂抱住麥肯齊，保護了他，替麥肯齊在肩膀上挨了一刀[126]。

* 譯註：看在上帝的份上。
† 譯註：你不是要搶占我的國家嗎，不是嗎？
‡ 譯註：祭品。

嗣後不久，阿米努拉・汗・洛加里這名邁克諾騰加害未遂的對象，闖到了兩名英軍戰俘的面前，告訴他們說他們很快就會被從砲口中發射出去。在牢房的外面，吉爾宰人聚集起來挑釁這兩名被俘的卡菲爾，他們吐口水、用劍跟槍去戳在柵欄後的兩人，還嘗試拆掉牢門。獄卒拚了命才能不讓暴民要了犯人的命。幾分鐘後又傳來一陣騷動，兩名戰俘往外一瞧，看到的是一隻人手被插在竿子上。「看清楚了！」吉爾宰人大喊，「等等就輪到你們了。」

那是公使的手。接著，邁克諾騰與崔佛的首級被插在長矛尖端遊行，軀幹在街上拖行，最終他們被扒下的皮被懸掛在市集的肉勾上[127]。就連邁克諾騰那碩大的藍色眼鏡也被當成展品[128]。「所有人都跑來看那無法入土為安的遺骸，」米爾扎・阿塔言道，

並嫌惡地吐兩口口水。講信修義與言出必行是能通行四海之金幣，即便在最動盪的亂局中，這玩意也能保護其主保有榮譽。「只要你信守承諾且表裡一致，民眾就會愛戴你；欺瞞誆騙只會讓你眾叛親離！」經此一事，薩達爾・莫哈瑪德・阿克巴・汗的名聲遠播，眾人口耳相傳的都是英國人忙了半天，最終只能趕著他們野心遭挫而飢腸轆轆的蠢驢回到印度，並迫使印度寡婦為了他們的丈夫披麻帶孝！誰都能一目了然地看出那些英國人雖然自吹自擂，說自己多老謀深算跟英勇善戰，但他們與呼羅珊的薩達爾們一比根本一文不值。他們最多只是陷入泥濘中的騾子罷了！[129]

CHAPTER 8

號角的哀鳴

從喀布爾的撤退始於上午九點後不久，那天是一八四二年一月六日。

前一晚，如今已幾乎完全復原的史都爾忒中尉在後門左側炸毀了一段城牆，為的是創造出夠寬的缺口供三千八百名殘餘印度士兵、七百名歐洲騎兵與步兵，還有一萬四千名隨營人員通行。地雷在拂曉之際引爆，四濺的城牆碎塊成為了戰壕上的一座橋梁。

從參差不齊的圍牆缺口望出去，朝陽升起在喀布爾四周那圈耀眼的白色山脈上，為「美麗晴朗而又冷若冰霜，地上積雪將近一尺深」的一日揭開了序幕[1]。但英軍因為等著從相對安全的兵營走向阿富汗山區那不確定的命運，看上去就沒有那麼讓人振奮人心了。「一支彎腰駝背、垂頭喪氣、消沉萎靡的軍隊，與不久之前那之神清氣爽的勁旅簡直天差地遠，」沮喪的喬治·勞倫斯心想。他與柯林，麥肯齊都雙雙獲釋來監督撤退事宜。一踏進未經染指的初雪，「眾將士就（隨即）每一步都陷入一尺深處……我內心一沉，更加堅信我們是支注定不會有好下場的軍隊」[2]。

自從英國得知他們在阿富汗的政治領袖威廉·海伊·邁克諾騰（Sir William Hay Macnaghten）死於阿克巴·汗之手，已經過去了兩週。經過兩日的焦急等候與相互矛盾的眾說紛紜，英軍最害怕的狀況終於被證實為真：英國真的已經痛失他們在阿富汗的領導人，而邁克諾騰夫人也正式成了一名寡婦。

在阿富汗人之間，傲慢的菲蘭吉入侵者遭到翻盤之徹底，讓民眾在驚嘆之餘歡天喜地，惟多少也有人秉持俠義之惻隱之心，對麥克諾騰夫人有些同情，至少在詩人之間是有這種心思。在《阿克巴納瑪》中，瑪烏拉納·哈米德·喀什米爾藉夫人之口說出了一段當聽聞丈夫回不來的時候，她痛徹五內的哀思：

……拉特—海伊—楊吉，即擁兵自重的海伊大人之妻，拉扯著衣領
她將喪夫之痛，灌注在泉湧而出的哀歌之中……

她哭號著：「喔，菲蘭吉之地的王者！
你在蘭姆（Rum）*，備受尊崇，在衣索比亞聲名遠播！
何奈在這片土地上你卻天不假年
在此你難逃死劫

「歸來吧！有你依偎我安貧亦樂道
比起你當此勛爵，我寧可一同乞討……

……今天，街上的頑童與巷內的鼠輩
踢著你的頭顱當球玩……

……歸來吧，喔，不可一世的征服者！
屬於你的冠冕與王座曾因你而顯耀

* 譯註：指羅馬／歐洲。

但在今日的喀布爾，在其路間塵土之上
橫陳著你無頭的屍體，乃至於你無冕的頭顱」[3]

惟瑪烏拉納表達的再多同情，都抵不過一種確切的信念，那就是曾經權傾一時的英國人那垮台的速度之快捷，最主要的起因是天神之不悅：那些說謊成性、詭計多端的卡菲爾是罪有應得。這一點的如山鐵證，至少對瑪烏拉納·喀什米爾而言，便是為被詛咒之非信者增添了不悅，降落在他們身上的空前暴風雪：

縱然已讓他們蒙受了無比的傷悲與憂愁，磨難與苦痛
天堂也沒有對他們縮回用刑之手

上天束緊衣著，決意摧枯拉朽
讓喀布爾陷入歷來最嚴酷的寒冬之中

從天而降無邊的災禍
讓庭院與屋頂融為一體在雪中……

原本流淌的河中再也無水湧動

閃耀的陽光再也無法讓人暖和
外頭的牛隻嗚咽長嚎
被宛若殺人利刃的風勢萬剮千刀
打在那群已然遭受厄運重擊的菲蘭吉身上
暴風的呼號與吹雪的飛降不啻是災難一場
他們多的是士兵，少的是食糧
他們身後是判決，死神立於前
駐足不智，逃脫不能
和平無望，戰亦無門[4]。

到了這步田地，英軍也開始覺得他們是受到天譴。就連向來剛毅不屈的賽爾夫人都接受了情勢對被圍英軍極為不利的事實，並一貫輕描淡寫地在日記中寫道：

悽慘的聖誕節，我們的處境絲毫沒有能樂觀之處。勞倫斯已然歸隊，一臉枯槁且因為焦慮而老了十歲……納伊布．沙里夫付清了其屍身的安葬費，但柏恩斯仍未入土，其遭碎屍萬段的一部分仍懸於他庭園的樹上。（如今）公使的頭顱被保存在市集的一只米糠袋中：阿克巴說他會將之送至布哈拉，讓那裡的國王看看他是如何已經抓住了此處的一千菲蘭吉，乃至於他打算如何處置這些人……不論我們照不照和議走，我都不敢說我們有多少人能活著回到印度諸省……[5]

她補充說在選擇要帶上那些財產踏上撤退之路時，她發現了一本湯瑪斯．坎貝爾（Thomas Campbell）的《詩集》（*Poems*），開篇是〈霍亨林登〉（Hohenlinden：德國城鎮名，此詩乃講述拿破崙與反法聯盟發生於一八〇〇年十二月三日的霍亨林登之役），而其中一段讓我日夜不能稍忘：

集結於此的眾人將極少，極少能再離去
白雪將宛若屍布裹住他們的屍體
他們腳下的每一方草坪
都將成為某名士兵的葬身之地[6]

雪上加霜的是，英軍此時得知了邁克諾騰在想要打破原和議時死於非命。由此英軍不僅缺糧、謀略不如人、無路可逃，現在還多了一個壞消息是他們喪失了僅存的道德高地。還有一點是這些不論力敵或智取都勝他們一籌的阿富汗人，原來並非他們想像中來自山間的精銳部隊，而——起碼有一部分——只是「喀布爾的商販與匠人，而這就代表我們連敗在阿富汗的戰鬥部落手中，雖敗猶榮的安慰都沒有了」[7]。

在邁克諾騰死後，身負重傷的艾德瑞・帕廷格成為了英國在阿富汗位階最高的官員。雖然他曾告誡艾爾芬史東與薛爾頓不要輕信阿克巴，並敦促兩人要寄唯一的希望在巴拉希撤，但薛爾頓仍持續堅持撤軍，帕廷格被放到轎子上，送去談判投降事宜與撤退條件。「我被從病榻上拖出來，」他後來寫道，「被迫替這群只會自掘墳墓的蠢貨去協調如何讓他們保命。」[8]作為物資與安全撤退之路的交換，阿克巴現在要求英國交出所有的火砲與財寶。

在等待食物與馱獸送達的期間，英軍仍持續受到騷擾，其中最過分的是愈來愈多的聖戰士，主要是他們會變本加厲地群聚在兵營大門前去逗弄、凌虐、搶劫走投無路的英國人跟那些仍與英國友好的阿富汗人。「這些人每天讓我們不堪其擾，」文生・艾爾寫道。

他們習於打劫那群從市區帶著糧草而來，和氣生財的商賈，基本上商人只要一出兵營就會遭殃。他們甚至會頻繁地攻擊我們的印度士兵，此時便會有弟兄再三請命下令對這些聖戰士開火，但都未獲理會，即便眾人皆知就連那些酋長自己，都建議我們還是開槍回擊為宜……這樣的結果便是我們的士兵得日復一日被迫忍受極盡羞辱與鄙夷之能事的挑釁與待遇，但其實只消一次上刺刀的衝鋒，就能讓這些傢伙像糠秕一樣七零八落。他們之所以氣焰愈來愈囂張，是因為我們的部隊看似溫吞，他們無疑認為那是因為我們連最平凡的勇氣都沒有[9]。

這當中最令人椎心的是英國人明知每個仍與英軍有或多或少接觸的阿富汗人，都完全確定英軍正一步步走入陷阱。一八四一年十二月二十九日，修・強森在他的日記中寫道：

我好幾個在城內的本地朋友會天天來看我，而他們都異口同聲地認為我們的不幸完全是咎由自取，害了我們的，是我們從事情之初就表現出來的呆滯與愚蠢。

他們還告訴我，我們在撤退時的安全要完全依靠自己，切不可依賴任何酋長做出的任何應許，因為這裡每個酋長都知道自己某個程度上已經收了錢，所以他們會傾全力來消滅我們[10]。

在喀布爾，人脈無人能出其右的莫漢·拉勒一而再再而三提出警告，說的是英國人正一頭栽進遭到突襲之路，甚至他還轉呈了來自齊茲爾巴什酋長們毫無遮掩的情報，意思是英國人將雞犬不留地遭到屠殺，但就是沒人理會他[11]。傳言開始令人毛骨悚然地說著阿富汗人將盡數俘虜英國女人，然後將英國男人趕盡殺絕，只留一個活口帶到開伯爾山口的入口處砍斷手腳，然後在他胸口插上留言，警告英國人切勿再進入阿富汗。向來勇於面對現實的賽爾夫人在撤軍前一晚的日記中把話說得灰暗，「阿富汗人說我們死路一條」[12]。

不過真要說關於在山口處等待的厄運，究竟是誰最不遺餘力在警告英國人，這人莫過於是沙·舒亞本人。莫哈瑪德·胡珊·赫拉提記錄道「陛下寫信給帕廷格說：『在如此嚴酷的隆冬離開兵營，實屬愚不可及，切不可大意，也請斷了要前去賈拉拉巴德的念想！若非離開兵營不可，那請來巴拉希撒與我們一同過冬，一起等待冬天結束，期間若是補給用罄，我們就為了生存出擊去掠奪四鄰。』但這邀約並未獲得接納……」[13]

如莫漢·拉勒指出，英國放棄舒亞的決定當然是徹頭徹尾的背信忘義。「三方協議的條款被視為無物，」他寫道，「而沙．舒亞．烏爾—穆爾克則遭遺棄且任憑敵人處置，更別說這些敵人在他統治的過去兩年中，正是由我們提供庇護。若非我們橫生枝節，而由他自行獨立執政的話，巴拉克宰族早就由他一手摧毀，那我們今天也不致淪落到這般性命垂危，還把他拖下水。」[14]

舒亞本人倒是沒有那麼不滿或憤恨於英國人的背叛，他只是沒想到自己的盟友可以蠢到這個地步。

在魯得希阿那的期間，雖然他經常與作東的英國人意見不同，但舒亞仍十分景仰英印公司順暢的行政效能，惟他這六週來的見聞讓他感到匪夷所思：英國人，尤其是曾經運籌帷幄一把好手的邁克諾騰，怎麼能一轉身就表現得如此痴呆？「威廉．邁克諾騰爵士不聽我的，」失落的舒亞寫信給奧克蘭爵士，表示他是如何苦口婆心，不厭其煩地向公使解釋說：

除了殺了他們或把他們用鍊子鎖上，其他你什麼都不該去做，我太了解這些人了；但我的話只被當成耳邊風……

我常說自己要離開這個國家，因為這裡肯定會發生叛亂，但公使卻叫我不要杞人憂天，說他隨便用幾個兵團就可以搞定阿富汗。我又說，「你要留神莫遭欺騙；我意欲從此地抽腿」，但家人讓我無法說走就走，加上凜冬翩至，所以我沒能成行；接著事情就來到了無法善了的地步。這些人是何等地卑鄙如狗！我本欲讓呼羅珊與波斯之間之全境都能歸於太平，這種事豈能有人反對於我？但他們就能將之搞成是卡菲爾與伊斯蘭之間的對立，由此我竟成了全民公敵[15]。

讓舒亞最嘔的是邁克諾騰在最終的談判中給了阿克巴·汗那麼大一筆鉅款，豈知他長久以來是如何苛扣舒亞的預算，導致他沒有資源去採取像樣的守勢：

> 莫哈瑪德·阿克巴等人原已將成餓殍——你卻用你的錢讓他們又能邁開大步。你把錢拿去資敵，讓他們武裝自己來殺你；他幹出這些事，花的都是你的錢。要是沒這筆錢，他們連十天都撐不過去。
>
> 我連喝個水都要經過威廉·邁克諾騰爵士的恩准，而我經常對他說：我們將會大禍臨頭。勞倫斯上尉還健在，在他面前我就常這樣說；柏恩斯上尉已經逝去，他做事隨心所欲，結果遭人以言詞蒙蔽。我告訴他有人對他不滿，意欲對他不利，請他對人不可輕信，但他不以為意……至此我千方百計苦撐了下來，但現如今他們卻派人來找我，說我這個沙阿正在讓伊斯蘭沉沒，他們說我跟你們（英國）是一夥，而為此他們離開了我。

他最終下了個很有其風格的結論：「凡真主所願，萬事皆可成。」[16]

由於與舒亞親近的英軍軍官只剩下喬治·勞倫斯還活著，因此舒亞便把最後的緊急訊息發給了他，懇求他能再一次警告將軍別離開兵營，並強調萬萬不可對阿克巴·汗所作承諾有哪怕一丁點當真。「只要我們堅守，國王陛下力促，他們就傷不了我們一根寒毛；惟一旦棄守了據點，那我們就只有死路一條，」勞倫斯寫道。「關於這些警告，我全都盡忠職守地轉告給了帕廷格，而他也領著我去見了艾爾芬史東將軍，而我也把話對將軍又重複了一遍……但我們得到的回覆是我們如今待在原處是行不通的，還說部隊開拔勢在必行。」[17]

在未能就撤軍難保周全之事說服營內英軍高層後，舒亞只能盡人事去拯救他少數僅存的熟識之人。如文生．艾爾所述，

（他）竭盡全力說服了邁克諾騰夫人與所有願意追隨夫人之女士，讓她們與英軍分道揚鑣，他說英軍將全軍覆沒，所以希望女士們能來到巴拉希撒堡中受他保護。他還訴請統領沙阿部隊的安奎蒂爾准將（Brigadier Anquetil），表示「他向來將這支部隊視為己有，若在他最需要的時候背棄他，將這支部隊的裏助力量剝奪於他，難道不會有可議之處？」可惜的是他的一切努力均屬枉然。將軍與他的參謀已決定我們非走不可，而最終我們也真的這麼走了[18]。

根據賽爾夫人所言，在一月五日深夜，舒亞發來了最後一封懇求信給他的英國盟友，上頭草草寫著「一段訊息，內容是在問難道將軍的部隊裡連一個認同他的軍官都沒有嗎？」[19]但在拋棄了他並漠視了他所有的建議後，舒亞的英國軍官們此時只忙著打包行李趕著出發，根本沒時間管他問了啥。

一月六日上午九時，在號角聲與鼓點的伴奏下，第一批英軍步出了喀布爾的兵營，開始踏著往賈拉拉巴德之路上及膝的深雪，朝庫爾德─喀布爾山口邁進。縱然早晨陽光燦爛，但賽爾夫人的溫度計卻讀出「顯著低於零的溫度」[20]。

值得樂觀的徵象也不是沒有：雖說有上百名阿富汗人前來圍觀前征服者的離去，但原本盤踞在兵營門前的聖戰士莫名消失，英軍縱隊的先鋒幾乎暢行無阻地走了出去。就連周遭要塞構成的圈套原本在過去六週中對英軍兵營彈如雨下，如今也鴉雀無聲，「牆垣之上連半個人影都沒有」，鬆了口氣的修·強森寫道。

出於這個原因，英軍的先鋒顯得歡欣鼓舞：

> 在兵營中窩藏了兩個月又三天，期間我們在數次交戰中損失了大半軍官與士兵，其中士兵還深受基本糧食匱乏、寒冷與過勞之苦，因此印度士兵一想到可以脫離喀布爾當令的鬼天氣，心情都雀躍無比，畢竟原本為了過冬儲存的薪柴都已經焚燒一空，兵營內的果樹也都為了燃燒而被砍伐殆盡[21]。

賽爾夫人為了煮她離營前最後一頓早餐，燒掉了她的餐桌。吃飽後她聽從阿富汗友人的建議戴上頭巾，穿起阿富汗傳統的帕斯汀（pustin）*，然後戴上她懷有身孕的二十四歲女兒。她拒絕了勞倫斯上尉表示要提供的保護，選擇了混在作為先鋒而衣著光鮮亮麗的史金納騎兵團之中前進。

酋長們答應要派來與英國人同行的衛隊，並沒有出現。匆忙搭建在冰冷喀布爾河上的浮橋也沒來得及迎接英軍的撤退，他們被迫為了過河而排了一小時的隊，即使賽爾夫人負傷的女婿史都爾忒中尉已經整夜沒睡「把屁股泡在水裡」，就為了沉入砲車到河中，並在上頭鋪上木板。只不過話說從頭，不論在橋邊耽擱了多少時間，也不論數以千計害怕、挨餓、麻木的隨營者是如何為了自保而刻意混入印度士兵的行進隊伍中，造成了如何的混亂一片，降雪看來仍比阿富汗的刀劍對撤退的英軍而言是更大的威脅。「在此刺骨、冷冽的寒風中，」喬治・勞倫斯說，「而我自靈魂深處同情那些可憐的本土士兵跟隨營人員，因為他們得在及膝的積雪與泥濘中行走。要讓我所部的所有人都聚攏在一起，並非易事，主要是挑夫有些衝在前頭，有些則被坐著婦孺的肩輿或轎式擔架拖在後面。」[22]

十一點剛過發生了第一個問題，主要是納瓦布・扎曼・汗捎來訊息說英國人得暫停前進，因為他還沒有完成關乎他們安全的各種必要部署。此時前進的隊伍終於開始穿越史都爾忒的臨時橋梁，一長串脆弱的軍隊就站在河流與兵營之間的冰天雪地中等候。猶豫如常的艾爾芬史東下令部隊暫停，然後又開始不知如何是好起來。大約在同一個時間，一大群阿富汗人包含剛剛神秘消失的聖戰士，開始從畢畢瑪露村俯衝而下，「用他們見獵心喜的吶喊聲撕裂了空氣」，並開始搶掠並燒毀如今已遭到棄置，緊鄰著主要兵營北側的教團區。近處傳來的槍聲與煙霧讓所有人都緊張起來，有些挑夫與隨營者開始脫隊跑出大門，把他們理應要搬運的輜重給撂下，並「開始混入軍隊而造成整條縱隊大亂」[23]。

一個小時之後來到正午時分，聖戰士攀上了教團區的牆垣，開始朝下向在等待的英軍開火，而英軍縱隊的後衛也開始從兵營牆上的步道舉槍還擊。時間來到午後一點，五十名歐洲步兵已在雪中身亡或負傷倒地。柯林・麥肯齊可以看出大屠殺發生在即，而英軍此時正一半還在兵營內，

* 譯註：一種阿富汗羊皮外衣，源自達利語裡的單字 post，意思是皮膚；達利語是阿富汗的兩種官方語言之一，又稱達利波斯語或阿富汗波斯語，是一種波斯語的變體，普什圖語同爲阿富汗的官方語言。可查詢字彙章節。

一半已出兵營外，而看著艾爾芬史東還在猶豫不決，麥肯齊抗命策馬疾馳——將軍虛弱地在他身後呼喊「你住手，麥肯齊」——來到橋邊叫薛爾頓恢復行軍。雖然有麥肯齊如此當機立斷，但就「多虧了」這段延誤，天色開始黯淡下來，最後一名後衛的印度士兵終於脫離兵營，已經是將近傍晚五點的事了，而這就代表他們已經在冰冷的牆上駐守了十一個小時都沒有進食[24]。而他們前腳一走，聖戰士們後腳就直衝入英軍兵營，登上了兵營牆上的步道，開始用他們的傑撒伊長槍從牆上的垛口對縱隊射擊。

在這個階段，雖然多數英軍已經順利在朝第一晚預定的營地巴格蘭（Bagramee）前進，但部隊大部分的輜重與全數的彈藥都還在等著過橋。等聖戰士的傑撒伊槍慢慢抓到正確的距離後，英軍隨營人員與殿後部隊便開始原地倒斃，接下來就是相互推擠，爭先恐後在慌亂中搶著過河。在驚恐的場面中，

（柯林·）麥肯齊永遠記得在恥辱的那天令他撕心裂肺的一幕，是他偶然定睛看見一名與都斯坦幼兒全身赤條條地坐在雪上，附近看不到爸媽。那是個美麗的小女孩，大約兩歲大，兩隻小腿剛能夠盤起來坐正，一頭波浪卷髮繞在精巧柔嫩的喉嚨邊上，黑色的大眼睛放大到正常的兩倍，直盯著手持殺器的士兵、來來往往的騎兵，乃至於迎面而來的怪誕景象……他眼睜睜看著許多同樣年幼天真的孩子被殺害在路邊，而女人則一頭長髮上沾濕的是自己的鮮血……（很快地）阿富汗人就被看到（在雪中走來走去，解決掉還有一口氣的漏網之魚，並）持刀刺死負傷的投彈兵[25]。

雖然史都爾忒已經向將軍點出說喀布爾河完全可以在橋的上游處以駱駝與馬渡過，但如此緊

要的一條情報卻似乎沒有被分享出去，而來自兵營牆上的掃射則不斷增強，以至於僅存的印度士兵縱隊只能在驚慌中與隨營者中的婦孺爭著渡過用砲車架起的新橋。結果是到了傍晚，隨著斜陽落至群山之後，影子開始迅速地愈拖愈長，河岸變成了「裹上了表面一層冰殼的沼澤」，濕滑到載著輜重的駱駝連靠近都做不到。隨著來自兵營壁壘上的射擊愈來愈準也愈來愈強，英軍開始成堆把帳篷、火藥桶、滑膛槍的彈丸箱，一綑綑的衣物與食物拋下在喀布爾河畔，現已陷入火海的兵營照亮了遭棄置的麻袋與鞍囊。英軍後衛不得不將九門（被獲准帶走的）火砲釘死兩門，主要是他們發現置身雪地，自己拖不走所有的重砲。最終，英軍忙亂到幾乎所有的輜重都沒能過橋。就這樣，英軍重蹈了艾爾芬史東在圍城之初犯下的最大錯誤：沒有能守護好他的各種軍需。

「夜幕終於在四周落下，」艾爾回憶道，「但聖戰士已經燒了英國駐館，還有兵營內幾乎所有的建物，因此熊熊大火照亮了方圓幾英里的鄉野，呈現出令人駭然但又嘆為觀止的一幕。」[26]隨著氣溫在日落之後愈降愈低，部隊的主體開始在七英里開外的巴格蘭等待起他們永遠等不到的食物、薪柴與帳篷。時間不斷流逝，夜晚愈來愈黑也愈來愈冷，輜重與糧食遺落的消息終於傳開。撤退開始才短短幾小時，英軍就又一次丟失了他們全數的補給。

在巴格蘭的那一晚，可以總結為兩個字：混亂。最後一名英軍後衛直到凌晨兩點才到達，而且還是「一路奮戰過來，穿過實實在在連綿不絕的可憐人，當中有男有女，有老有小，有死有活，死的或是因為天寒，或是因為傷口，而這些人因為無法動彈，於是便懇求他們的同志給他們一個痛快，讓他們不用繼續受苦」[27]。直至營地的入口處，英軍後衛都能發現「成群精疲力竭的印度士兵與隨營人員沿路排成一列，他們一個個都是絕望到坐下在雪中等死」。

那晚還能有些東西下肚的只是少數幸運兒。喬治・勞倫斯成功找到了「少許冷肉與雪莉酒」，給他這些東西的是自備了補給的邁克諾騰夫人。此外幾乎所有人都只能挨餓，「被迫直接躺在雪地上沒有遮蔽、無法生火、沒有食物……眾人的沉默透露了他們的沮喪與麻痺，現場聽不到隻字片語」[28]。

賽爾夫人比多數人都幸運：雖說她丟失了所有的財產，而且也沒有東西吃，但她之前把被褥給了女兒的阿雅（印度女僕兼保母）當馬鞍用，所以在撤退的這第一晚，她與她一家成了有點東西蓋的極少數例外。當然幸運的不只有她：像暴躁的軍醫馬格瑞斯就找著了一個空著的轎子可以睡在裡頭。惟愈來愈擺在眼前的一項事實是孟加拉的印度士兵對如何應付雪地根本一竅不通，而與之形成強烈對比的則是那些死忠於麥肯齊，且示範了標準答案的阿富汗傑撒伊槍兵。「他們一來到（營）地的第一步就是從雪中清出一小塊空間，」印象深刻的艾爾回憶道。「他們接著緊挨著彼此躺成一圈，腿通通朝中間靠著；眾人能蒐集到所有溫暖的衣物，被平均鋪在全體成員身上。透過這種其實很簡單的做法，他們創造出了足夠的動物體熱，確保了沒有人凍傷；麥肯齊上尉在親自體驗了他們看似不起眼的床鋪之後，宣稱說他完全沒有感覺到天寒帶來的不便。」[29]

這些技巧有多麼不可或缺，在隔天早上便一翻兩瞪眼。許多士兵夜裡直接就凍斃了。「我發現躺在我帳篷附近有具已經僵硬、冷卻且明顯無生命跡象的身體屬於一頭灰髮的後勤准尉，名叫麥葛雷格，他因為體力耗盡，所以就在那兒躺下後靜靜死去，」喬治．勞倫斯回憶說[30]。許多人找來了沙．舒亞兵團裡那位沉默寡言的蘇格蘭助理軍醫，這年三十歲的威廉．布萊登（William Brydon）。他裹在他的羊皮大衣中，度過了溫暖的一夜，由此他一早就在營區四周跑來跑去，試著鼓勵那些還活著的人起來跳上跳下，好把身體暖和起來。「我呼喚那些躺在我附近的本地人起來，」他在日記中寫道，「結果只有少數人做得到。事實上他們當中有人笑我傻，並指了指他們看起來像是木頭燒焦的腿。可憐的傢伙，他們這是被凍傷了，而這也代表我們將被迫拋下他們。」[31]

事實證明，撤退的第二天比第一天更加混亂。

「此時還有體能執行任務的印度士兵，只剩不到一半，」文生・艾爾寫道。「如何強壯的士兵都抵擋不住手腳的凍傷，徹底失去了值勤的氣力。」連騎兵上馬都「得由人抬到馬背上……大塊硬雪緊黏在馬蹄上，沒有用鑿刀與槌子根本弄不下來。我們呼出的空氣在離開口腔跟鼻孔的過程中就會結凍，由此形成一層小小的冰柱在我們的八字與落腮鬍上……還能打的戰士只剩區區數百人」[32]。

若說士兵的肉體遭到了嚴重的弱化，那被打擊得更嚴重的就屬他們的意志與自制能力了。「約莫早上七點半，先鋒部隊就既沒奉令也沒吹響號角的狀況下，自顧自地出發了，」修・強森在日記裡說。「紀律已經無以為繼。」[33]剩餘的輜重都沒被搬到駱駝或牛隻上，大批阿富汗人就如箭矢一般衝下山坡，一路有什麼搶什麼。三門由騾子拖動的火砲在經過營地近處一處小型泥磚要塞的時候，被一夥阿富汗人直衝上來奪下。理應守護火砲的印度士兵見狀就跑。隨著英軍在路上推進，他們身邊的阿富汗騎兵也愈聚愈多。他們在英軍兩側與縱隊平行前進，並不時以零星的火力射擊這群如今被他們驅趕到中間，推擠逃難的烏合之眾，就像俐落的牧羊人在控制一群慌張的綿羊，須知嚇壞了的印度士兵早已全沒了反擊的念頭。

一支完整的與都斯坦兵團——沙・舒亞的第二十九兵團——在當天早上集體改投阿克巴・汗。

許多其他印度士兵則在凍傷到無以為繼的狀況下，開始丟下武器逃回喀布爾，就希望他們的傷勢可以重到讓鎮上那些奴隸主連抓都不想抓，總之無論如何，「他們都寧願成為階下囚，也不想繼續跟著大部隊前進，畢竟他們都看清了這樣走下去只有死路一條」。事隔數月，喀布爾都還看到數以百計前印度士兵靠殘肢一拐一拐地拖著不全的身體，在各市集周遭行乞。

雖然可支撐大部隊抵達賈拉拉巴德的食物與彈藥已經所剩無幾，但艾爾芬史東仍在第二天午後喊停了隊伍，此時他們才不過勉強走了五英里，來到了位於壯觀庫爾德—喀布爾山口入口處的巴特赫克，「就此又損失了一天」，強森表示。

> 我們離開喀布爾時，只帶上了五又四分之一天的口糧要撐到賈拉拉巴德，牲畜的秣草則完全沒帶，也無望在途中有任何來源。
>
> 就此他讓我們不幸的部隊在幾乎已經凍僵的狀況下，又得在沒有遮蔽的雪中多熬一夜。這一夜同樣沒有專門標記給部隊的地面，大家又是亂成一堆。四分之三的印度士兵跟隨營平民混在一起，沒人曉得自家兵團的總部在哪裡。[34]

賽爾夫人也同樣看不起艾爾芬史東的領導無方，並愈來愈確定信一場大屠殺已經迫在眉睫。她寫道：

> 因著這些莫須有的滯留，我們消耗了補給，而且因為官兵都沒有東西蓋，所有人都徹底被凍

到無法動彈……

積雪之深仍超過一英尺。人畜都沒得吃，甚至近在眼前的河水都難以取得，畢竟我們的人一去取水就會被開槍；惟我們冥頑不靈的領導者仍堅稱那些薩達爾是信神的人，說阿克巴·汗是我們的朋友，諸如此類的，又說他們之所以要暫停行程，理由是要等這些朋友派兵來替我們清出山口！他們會派兵去那裡，這點倒是不用懷疑；怎奈一切發展都正如出發前我的預料[35]。

於是乎接連第三晚，英軍又是飢腸轆轆地在厚厚積雪中過夜*。只不過這次更慘，因為他們四面山坡上都布滿了阿富汗人從黑暗中開槍，且傳言就是阿克巴·汗本人在指揮射擊。「一整夜的挨餓、受凍、疲憊與死亡，」艾爾寫道，「而在各種死法當中，我能想像最痛苦的莫過於讓嚴寒折磨著每一條敏感的手腳，直至堅忍的靈魂支撐不住，一舉陷入那人類苦難的極致深淵。」[36]

但他不知道的是這撤退頭兩天的苦難，壓根比不上隔天早上在等著他們的命運。

* 作者註：撤退英軍比較好的選擇，應該是趁夜裡積雪結凍的時候前進，更別說夜幕的掩護也能讓吉爾宰人比較射不準：阿富汗的穆賈希丁（Mujehedin，直譯也是聖戰士，但近代史上專指在一九七九到一九八九年間從事反蘇聯游擊戰的穆斯林戰士）於一九八〇年代在這一帶永遠晝伏夜出，正是出於這兩個原因。但當時的英軍訓練跟裝備都不足，根本無法應付山區或冬季的作戰。

過了庫爾德—喀布爾山口的參天絕壁，再一小段距離就是巴特赫克*。兩個多月前就是距此不遠的山口入口處，「好鬥者鮑伯」賽爾將軍的旅團首次遇襲，當時他們正要過夜歇息。而今同一群峭壁要見證的，將是一次更加血腥慘烈的拂曉突襲。一如以往，殺戮之前的序曲是肉眼看不見，傑撒伊火槍那令人毛骨悚然的彈藥裝填聲[37]。

破曉前一刻，大批阿富汗人在黑暗中集結在英軍營地的後方。等印度士兵起身發現更多凍死的屍體散落在僅存少數帳篷外的地面時，戰鬥才真正展開：「日出時的那一幕，實在非常可怖，」修．強森寫道。

部隊整個亂無章法。所有人都凍僵到快握不住滑膛槍，也幾乎踏不出任何一步。有些敵人從他們宿營地的後方現身，隨營者一股腦全往前衝：男女跟孩童都有……地上散落著一箱箱彈藥還有各式各樣的財物。為數眾多的敵人隨即集結起來。若他們此時朝我們衝鋒，我們必然無力反擊，所有人都會慘遭殺害[38]。

所幸實際的狀況是最前端的英軍與隨營者被很巧妙地成群引導到了庫爾德—喀布爾山口的入口，其中一眾女流之輩的領頭者是賽爾夫人——「我非常感激自己肚裡那杯換成任何一個場合，恐怕都會讓我失態的雪莉酒」。在此同時，艾爾芬史東將軍的參謀注意到一群阿富汗騎士隔著段距離立於部隊後方，頭頂還有一面旗幟，很明顯是在指揮調度。他們猜對了那就是阿克巴．汗，而麥肯齊與勞倫斯便銜命去與他就阿方在喀布爾承諾過的安全路線重新進行談判。阿克巴．汗同意若他的兩位老朋友，麥肯齊與勞倫斯，可以再一次投降為人質，那他就會派出他最具影響力的手下去前面「清出山口，不讓盤據當地的吉爾宰人亂來」[39]。這條件獲得了接受。

「我們一路前行，」勞倫斯日後寫道，「在阿克巴兩名家屬的陪同下穿過了敵陣，來到了薩達爾處。我們發現他（阿克巴）坐在山腰上早餐，而他也禮貌性地請了我們加入，並同時令手下繳了我們的槍械……我們接著便坐了下來，不無有些顫抖地跟不久前才殺死公使的殺手用同一副餐盤吃飯。」[40]不久之後，正當阿克巴輕聲細語數落著兩名年輕軍官不該在他還來不及安排好安全事宜前就匆匆忙忙地離開喀布爾，麥肯齊與勞倫斯耳邊聽到的卻是傳來自山口處，成排滑膛槍齊發的聲響。那代表英軍的先鋒已經被趕入天衣無縫的突襲攻勢中。

後來他們才明白吉爾宰人為此進行了好幾天的準備。土堤、淺溝、與用碎石打造的掩體被精心豎立在英軍滑膛槍的射程以外，但又近到足以讓谷底進入阿富汗傑撒伊火槍的射程。接著只要英軍縱隊的先鋒一足夠深入到山口高聳峭壁內——但又沒有按如今已是步兵基本作戰要領地派出側衛去佔據四周的高地——突擊就如陷阱一樣被觸發了。「我們走還不到半英里，就遭受到猛烈砲擊，」賽爾夫人當晚寫道。「騎馬與我軍先鋒一同走在前面的酋長們要我們跟緊他們。他們肯定希望他們的追隨者可以向高地大喊別再射了，但想法畢竟只是想法，達不到什麼實效。這些酋長誠然與我們冒著相同的風險，但我也保證他們當中不少人都願意犧牲一己來換得為國家剷除我

* 作者註：英軍原本可以走危險性低很多的勞塔邦德山口（Lautaband Pass）。他們沒有這麼做的原因至今成謎。在後來的第二次英阿戰爭（一八七八－一八八〇）中，英軍就走了勞塔邦德山口，藉此繞過了最多死傷發生，凶險的庫爾德－喀布爾與德金山口。

們。」──[*]她接著又說：

在穿過一陣非常激烈的射擊後，我們遇上了賽恩少校被射穿了後半身的坐騎。正當我們理應相對安全了的時候，可憐的史都爾忒騎回來要照顧賽恩少校：結果先是他的馬在他胯下被擊中，而他還來不及從地上爬起來，就在腹部狠狠挨了一槍。他經由兩人費了好一番手腳才扛上小馬，送進了位於庫爾德──喀布爾的營地。

史都爾忒騎乘的小馬被傷到了耳朵與頸部。我很幸運地只有一顆子彈打在手臂上；另外三發都穿過了我的波許丁（poshteen）[†]而從肩膀附近掠過，但沒有真正傷到我。開槍的那伙人距離我們不到五十碼，而我們之所以能夠逃脫，都多虧了我們趕著讓馬用全速衝過那段我們平常一定會一步一步慢慢騎馬走過的路面。

山口很快壅塞了起來，且「有相當一段時間我們在猛烈火力壓制下寸步難行……第三十七（兵團）持續緩緩推進但一槍未發，因為他們已經冷到完全不想動，不論軍官好說歹說，他們也不肯動哪怕一根手指頭去驅逐敵人，導致敵人從某些英軍身上不光拿走了火槍，甚至還從他們身上扒走了衣服；若干第四十四（兵團）的人員也直接從他們印度士兵（sipahee）[‡]的兜裡的彈藥來用……這段時間我們很快地因為高地上的側邊火力射來而一個個倒下……（不下）五百名我們的正規軍與大約兩千五百名隨營者，都遭到了殺害……」[41]

但根據跟在後面的人所述，有賽爾夫人隨行的第一波部隊算是相對受創較輕的了。「先鋒部隊雖然吃了不少苦頭，但相較後衛還算是非常幸運的了，」修．強森寫道。

那兒的屠殺場面十分駭人。我們得跑步通過那整段可怖的隘道，全長大約是五英里。輜重全都遭到了拋棄。高地上的敵人不僅從每顆石頭後與洞穴中大量射來殺人的子彈，而且還會直接衝下來，在隘道中不分男女老幼地大肆屠戮。整條五英里的路上布滿了死人跟瀕死之人。第三十七本土（孟加拉）步兵團已經損失了過半的兵力，其他兵團也差不多是這個比例。即便是剩下的人也幾乎無法移動他們被凍傷的手腳，而更倒楣的是我們又在來到庫爾德—喀布爾時遇上了降雪[42]。

一整個上午，勞倫斯與麥肯齊都只能一邊坐在阿克巴的身邊與他閒聊，一邊聽著迴響的滑膛槍聲一波波從下方的隘道中傳來。深具語言天分的麥肯齊聽著阿克巴用——許多英國人都通曉的——達利語對他的手下大喊「放過」英國人吧，然後再用——只有麥肯齊與極少數英國人聽得懂的部落通用語——普什圖語叫手下「把他們殺光」。午後向晚，兩人繼邁克諾騰遇害當天以來再

* 作者註：事實上要巡邏這些山口的賈霸爾凱人（Jabbar Khel）與卡洛提吉爾宰人（Kharoti Ghilzai）違背巴拉克宰酋長們的號令，他們心裡也不會有什麼疙瘩，畢竟吉爾宰酋長厭惡巴拉克宰族的程度，幾乎可以與他們憎恨薩多宰相提並論。至於邁克諾騰則苛扣了說好要給他們的款項，如今他們正好可以還以顏色。

† 譯註：即前述之帕斯丁，直譯為「長皮膚」，即羊皮大衣。

‡ 譯註：同 sepoy，可查詢字彙章節。

一次成為俘虜，只不過這次他們有阿克巴表親蘇丹．詹．巴拉克宰（Sultan Jan Barakzai）的保護。獲准同行的他們看著經過的場面，只感到無與倫比的恐怖。對此勞倫斯是這麼描述的：

四處的印度士兵與隨營人員被扒光搶光了金錢與財物，不從者會當場被刺死或砍倒……一看到我們，這些可憐人就大聲呼救，當中不乏有人認出我來，直呼我的名字。但我們又能如何呢……吉爾宰已然嘗到血腥，顯然露出虎狼之本色，對待我們變得極度野蠻又暴戾，還要求應該把我們交給他們作為祭品，為此他們當著我們的面揮舞著染血的長刀，要我們「看清楚了身邊那一堆堆的屍骸，因為不久我們就會加入他們了」。「你們來喀布爾不就圖個果子吃嗎？現又如何，好吃嗎？」他們吼叫著。

他看到一副英國人的身體癱倒在路邊，勞倫斯驅策馬兒向前，發現那名士兵還有一口氣在：

那可憐的傢伙抬起頭來認出了我，便叫了出聲，「看在老天的份上，勞倫斯上尉，別把我丟在這裡！」我跳下了馬背，走向前要將他攙起，兩名蘇丹．詹的手下也奉命下馬要來幫把手。這人是第四十四兵團的一名士官，乍看之下失了左手，但讓我感到悲痛與恐怖的是當我一將他扶起，我才看見他從後頸以下到脊梁，全部都已經被砍成一段段。「這還扶他幹麼？」阿富汗人叫了出來，「他活不了幾分鐘了。」我只得勉強同意，而就在我告訴這可憐的傢伙說我們幫不了他之後，他說：「那看在上帝的份上給我一槍吧。」「這我也做不到，」我話回得哀戚。「那就讓我自生自滅吧，」他說，然後我們就不得不離開了……

我們走著走著，遇到了一些敵人從喀布爾回返的騎兵與步兵，他們滿載著各式各樣搶來的戰利品。其中一名惡徒在馬背後方載著一名印度小女孩……[43]

那天晚上，在攀上了山口的頂端之後，英軍發現他們身處在比前一晚更加寒冷的營地中。雪在向晚時下了起來，並在夜間九點發展成全面性的暴風雪。整支部隊只剩下四頂帳篷，其中一頂被指派給了賽爾夫人跟她女兒。燃料或食物都沒有了，但至少某些軍醫還留著他們的藥袋。布萊登醫師的友人兼蘇格蘭同鄉亞歷山大．布萊斯醫師（Dr Alexander Bryce）「前來檢視史都爾忒的傷勢」，賽爾夫人寫道。「他給傷口敷了藥，但我從他的臉色看得出他已不抱希望。他之後很好心地幫我把子彈從手腕中取出，並替我兩個傷口都敷了藥……（那天晚上）印度士兵與隨營人員都被凍到受不了，而嘗試要硬闖不只我們的帳篷，甚至還想上我們的床……許多可憐的傢伙都在夜裡死在帳篷四周……遭到綁架的婦孺也不在少數。」[44]

「雪是所有人僅有的床鋪，」艾爾寫道，「而對許多人而言，雪在天亮之前就成了他們的裹屍布。我們哪怕有一個人能活過那可怖的一夜，都稱得上極其神奇！」瑪烏拉納．哈米德．喀什米爾在其《阿克巴納瑪》書中呼應了這想法：

冬季，以其特有的冷血無情
澆灌愛給勇敢的喀布爾人民

因為如果卡菲爾未死於雪中
也沒有死在搶奪者的刀劍下

那鬣狗、野狼與豺狼就會從四面八方
受狐狸的呼喚，要牠們來赴肉的宴饗

群鳶在高空盤旋，呼喊著遠方
那是慷慨的邀約，要猛獸來訪

那條路上，有多少能生還？
全都被拋下，從此被雪埋[45]

在撤退的第四天，一月九日早上，高海拔且零度以下的暴風雪當中，沮喪終於徹底交棒給了絕望。「肉從士兵的腳上如雪片般剝落，」威廉・安德森上尉（Captain William Anderson）作為沙・舒亞兵團少數的倖存者有此記述。「夜裡凍死不少將士。」[46]

隨著暴風雪持續肆虐而且風勢愈來愈猛烈，英軍一整天只推進了一英里。「漫天都是飛雪，」芒西阿布杜・卡林記錄說，地平線變得難以辨識，強風吹拂將樹木被連根拔起。濃厚的烏雲挾著駭人的雷擊與閃電而來。隨著降雪不斷累積，冰霜寒氣更加逼人，萬物都覆蓋在宛若樟腦的白色粉雪中。英軍遭到急凍，官兵的指尖一節節脫落，軟組織開始從骨頭上掉落，就連他們的腳丫都跟腳踝分了家；死人活人已經難以區分，一概都在冰凍的荒地上一動不動。早習於這種嚴酷環境的阿富汗部落居民先聚集在丘頂，接著便俯衝下來洗劫無助的英軍。他們發現這些英軍要麼要死不活，要麼被凍得像石頭，總之就是再沒人關心他們的武器、黃金、財物，甚至連意識都相當薄弱，只能勉強察覺自己身處的慘況[47]。

當天晚間，艾爾芬史東實質上承認了自己的部隊已經完蛋，便交出了所有的英國女眷——至少是軍官階級的眷屬——到了阿克巴．汗的手中*。一整天下來，阿克巴都陰魂不散地尾隨著英軍縱隊，堅持說他已經盡其所能節制吉爾宰人，但也宣稱這些人既已嘗到血腥味，就連他們的酋長都拉不住他們。作為替代方案，他表示以投降為前提，他願意收容所有婦孺與受傷的軍官。最終有十九個英國人——兩名男性、八名女性與九個孩子——被帶走。賽爾夫人與她女兒亞歷山德莉娜（Alexandrina）才剛眼睜睜看著被綁在發抖小馬背上的史都爾忒死去。「一路的顛簸晃蕩增加了他的痛苦，加速了他的死亡，」賽爾夫人說道，「但他仍能意識到妻子與我在他身旁，而我們在悲愴中的一點安慰是能給他辦場基督徒的葬禮……」後來如她所述，

* 作者註：軍官階級以下的英國女眷被丟著自尋生路。根據我在這些山口處部落居民談話得知，當時她們不少人淪落成地方勢力的後宮成員，其貌不揚者則被當成奴隸賣掉。

痛失家人後，史都爾忒的遺孀與我都定不下心決定要不要接受薩達爾的保護。我們能平安抵達賈拉拉巴德的希望渺茫，由此我們隨波逐流……我們極為迂迴曲折地被帶到了庫爾德—喀布爾的要塞群，並在那兒見到了莫哈瑪德·阿克巴·汗，還有其他的人質。有三間房間為我們清了出來，除了各一個小門以外別無出口；這些房間不消說，自然是又黑又髒……午夜時分，有人送來一些羊排與油膩的米飯。史都爾忒夫人與我別無長物，只剩下我們背上那些撤離喀布爾時所穿的衣服……[48]

對英國人而言，把女眷交給被他們日積月累視為蠻人的這群男性手中，讓他們在一瞬間感受到奇恥大辱。反之對阿富汗人而言，提供給英國曼薩希博（英國仕女）的保護，被他們視為是自身騎士精神的表徵。「阿克巴·汗指揮官雖然忙於廝殺，但也未曾無視或忘記憐憫婦孺所處的悲慘境地，」芒西阿布杜·卡林寫道，

出於真主的大愛與共通的人性，他令人將生者與死者分開，並讓他們被帶到溫暖的處所，披上羊皮與貂皮外衣。他將這些久經嚴寒，幾乎已無血液循環之人置於火盆旁，讓他們重獲生機。這就是阿富汗的待客之道！即便先在戰場上廝殺了一番，他們還是不會吝於濟弱扶傾，就像弱者是他們的家人一樣。若按神的旨意，即便卡菲爾也可以是行善的動機[49]。

但對於仍在繼續撤退的人而言，恐怖仍未結束。隔天一月十日早上，在毫無遮蔽的庫爾德—

喀布爾高地上度過第二個夜晚後，修．強森簡要地記錄說「整支喀布爾英軍現已無任何一名印度士兵倖存，輜重也盡數化為烏有。我們徹底自暴自棄起來……無一人不覺得自己注定不用多久就會一命嗚呼，差別只在於被凍死、餓死，還是死在敵人的屠刀之下……我的眼睛因為雪地的反射而灼燒到我幾近目盲，而且還伴隨著劇痛。好幾名軍官也跟瞎了沒兩樣」[50]。

布萊登醫師那早運氣不錯，發現了邁克諾騰夫人被移交給阿克巴．汗時所留下的食物儲備。夫人與喬治．勞倫斯分享的肉與雪莉酒已經早就沒了，但還剩下「一些雞蛋跟一瓶酒……蛋沒有煮過，但被凍得硬邦邦，酒也一樣被凍成了蜂蜜的稠度……」也幸虧布萊登先補充了點活命所需的營養，因為接下來便是撤軍以來最不堪的一天，主要是雪盲與凍傷的部隊開始步履蹣跚地通過德金山口的狹路，而等著他們的將是第二波精心策劃的突襲。「這是一趟慘烈的行路，」布萊登在當晚的日記中載明，

> 敵火接續不斷，大批軍官與士兵在因為雪盲而不知道自己在往哪兒走的狀況下被一個個掃倒。我一路上大多時候都領著希臘商人班尼斯先生走在高地上，但期間我往往會覺得自己也看不見，而這時我就會抓起一把雪往眼睛上敷，同時我也把這種辦法推薦給其他人，因為這樣真的能讓狀況緩和很多。朝著德金往下走，一片白茫茫的狀況就慢慢比較好了，而隨著太陽開始西沉，雪盲的狀況也沒了，惟敵人的火力卻愈來愈猛，且由於在我們再度進入的山口中，他們能夠整個朝我們逼近，因此我們的死傷相當慘重。

敵人一路壓迫著我們的兩側與後方，並且在傍晚抵達德金谷地後，撤離喀布爾的各支英印本

士兵團只剩寥寥無幾的成員……布萊斯醫師一進入山口就被射穿了胸口，臨死時把他的遺囑託給了馬歇爾上尉[51]。

「印度士兵做出的反抗聊勝於無，」艾爾芬史東在他給政府的官方備忘錄中提及，「他們多數人都缺了手指或腳趾，但即便士兵的手腳有辦法操控，那些上頭覆蓋著凍雪的滑膛槍也已無用武之地。屠殺相當慘烈，而當我們抵達庫柏賈伯（Kubber Jubber）*，你已經很難分清誰是戰士誰又是隨營人員。大部分人已經丟棄了他們的武器與裝備，而這也讓他們面對我們野蠻與嗜血的敵人，只能任其宰割。」[52]一如以往，艾爾芬史東不下令便罷，愈下令狀況愈糟。「我們那些已經證明了他們無力指揮撤退，一如他們之前已經示範過自己不懂用兵的軍事長官，此刻卻莫名其妙地令我們的士兵不得在任何狀況下還擊，」勞倫斯寫道。「這造成的後果便是他們的行伍遭到強行突破，坐以待斃的英軍就這樣一路至德金被殺得摧枯拉朽……」[53]「我們被擠成如此緊緊的一團，」疲憊且絕望的強森寫道，「以至於每一槍都會讓縱隊的某一塊受到大小不同的影響。」[54]

時間來到一月十一日晚間，歷經又一整天的屠殺後，人數益發稀少的縱隊跌跌撞撞，步出了德金山口，朝著土地肥沃的谷底村落賈格達拉克而去，而此時英軍已經累積了一萬兩千人的傷亡。還能一跛一跛往前邁進的部隊，只剩下兩百人。為數不多的後衛現由薛爾頓指揮，而他也第一次展現出鐵血，站在縱隊的後方擋住了阿富汗人的攻勢。「薛爾頓展現出了蓋世的驍勇，」強森寫道，「他就像隻鬥牛犬面對著眾多野狗的圍攻，有的想咬他的頭，有的想咬他的尾巴或腹部。薛爾頓的一小隊人馬受到騎兵與步兵的聯手攻擊，其中步兵的人數比雖然是五十比一，但對方卻無一人膽敢靠近……我們用純正的英國風格替他喝采，迎接他從山上下到谷地，也不管我們當時其實是山丘上敵軍狙擊手的活靶。」

那天晚上，隨著剩餘的軍隊忍著飢餓被圍困在賈格達拉克一處破落的泥牆小院落中，阿克巴・汗召來了艾爾芬史東將軍與薛爾頓准將談判。修・強森也陪同前去。「我們發現薩達爾跟他的人馬露天野營，」他寫道。「這名酋長以一種至為仁慈與顯然充滿同情的態度，接見了我們，這包括他一得知我們飢渴交迫，就立刻下令在我們所坐的地上鋪了塊布。」[55] 阿克巴將他們迎入了他熊熊燃燒的營火邊，提供了他們晚餐，但最後卻拒絕他們回到自己的部隊處。薛爾頓憤怒地主張他們有權作為軍官與軍人，回去率領弟兄戰到最後一兵一卒，但此話遭到了阿克巴的拒絕。

隔天晚間九點，在又是一天持續的敵火攻擊後，英軍僅剩的領導者已經擺明了要麼被殺，要麼被俘，因此多數的倖存者，「在行軍了二十四小時，或應該說被當成野獸被狩獵了二十四小時後，餓到要發瘋，渴到更是要爆炸的狀態下」，料定他們唯一的希望就是硬著頭皮摸黑前進。但豁出去的他們卻赫然發現前路受阻，而阻擋他們的則是「交錯縱橫的帶刺冬青櫟，大約有六尺高」，儼然就是一大片宛若荊棘的路障，且剛剛才被置放在山口隘道最狹窄的瓶頸處[56]。有人想徒手將之扯開，也有人想手腳並用地翻爬過去，但相同的下場都是遭到擊落。順利通過之人少之又少。其中一名失敗者就是印度士兵西塔・蘭姆。他記錄下了自己是如何，

> 在將軍薩希博離開之後，軍紀蕩然無存。由此阿富汗人得以進一步騷擾我們。若干印度士兵

* 譯註：實際上應該是喀奇賈巴（Khak-i-Jabar）。

與隨營者為了保命而投敵。我的兵團已經不復存在，於是我跑去加入了某歐洲兵團的殘兵。我想說跟著他們，我應該有一絲希望可以逃離這個可恨的國度。但哀哉啊！哀哉！誰能夠與命運為敵呢？我們繼續作戰，也繼續每一步路都損失更多弟兄。我們從前方遭到攻擊，從後方遭到攻擊，從丘頂遭到攻擊。事實上，地獄也不過如此。那種恐怖是我無法形容。最終我們來到一處高牆將道路擋住；在設法突破此牆的期間，我們一整隊人遭到了殲滅。弟兄們作戰之英勇已不似凡人，而更像神祇，但他們終歸寡不敵眾。我也被一發傑撒伊槍子彈擊中頭部側邊而倒地。

西塔·蘭姆只是被打暈，而等清醒過來時，他發現自己：

人被斜著綁在一匹馬上，而被牽著的馬兒則正快速離開戰場朝喀布爾而去。我這才知道自己正要被送去喀布爾賣為奴隸。我求誰把我一槍了結了，或是在脖子上幫我劃一刀，並不斷用普什圖語跟我的母語辱罵著阿富汗人……但抓我的人恐嚇說要是我再不閉嘴，就當場把我變成穆斯林。我一路上看到的血腥實在太嚇人了——從積雪中突出的人類手腳，半遭掩埋的歐洲人與興都斯坦人……那一幕幕都將讓我終生難忘[57]。

在極少數越過冬青櫟障礙的人員當中，有一個是僅存還活著的軍醫布萊登醫師。「混亂變得更加不可收拾，」他回憶道，

而「立定，立定，別讓騎兵推進」的叫喊聲不絕於耳。就在脫離了山口之後——我千

辛萬苦擠到了前面。我們在黑夜中沒前進多遠，就發現自己遭到的包圍。此時我的侍餐男僕（Khidmutgar）衝到我面前說他受了傷、弄丟了小馬，求我帶上他。但我還沒來得及這麼做，就被拉下馬來，頭上還挨了阿富汗人一記尖刀。要不是我在軍便帽裡塞了些《布萊克伍德雜誌》（Blackwood's Magazine）*，這一擊早要了我的命，但我頭蓋上還是有鬆餅大小的一塊骨頭被砍了下來，幾近讓我暈厥過去。我勉強跪立起來，而看到第二擊又朝我打來，我便以刀刃迎向攻擊的來勢，而我想我多半削下了對方的手指，否則他的刀也不會落在地上。他開始朝著某條路溜走，而我則帽子也不要了往反向逃跑。此時我的男僕已死，而我則再也沒見到過原本跟我一道的人。我重新加入了部隊，七手八腳地爬過了橫在隘道上，由樹木建成的路障，然後又有一名從山丘上衝下來並橫越道路的阿富汗人，往我的肩膀上重重一擊[58]。

重傷的布萊登逃過一劫，靠的是緊抓住某名軍官坐騎的馬鐙，藉此被拖出了混戰。跌跌撞撞踩踏過月光下的更多遺體後，他遇見了一名傷重將亡的騎兵。這人在胸口挨了一槍，鮮血浸濕了他的紅色制服，但他還是抓住了布萊登的手，求他搶在別人之前帶走他的小馬，語畢騎兵就倒地而死。懷著對無名恩人的感激且急於覓得其他的生還者，布萊登於是騎上了小馬，進入了黑暗之中。

* 譯註：出版於一八一七到一九八〇年間的英國雜誌。

還有些人也奇蹟似地九死一生。軍士莫提．拉姆（Havildar Moti Ram）作為恰里卡爾廓爾喀駐軍的僅存其中一人。一到喀布爾就淪為奴隸的他聽說駐軍正要離開喀布爾的兵營，便設法在一月六日晚間逃離了奴隸主之手。

靠著在攔住他的阿富汗人面前假裝他是個從沙．舒亞麾下退役的駝夫，他順利脫身並找到了藏著他畢生積蓄的石頭，及時加入了同袍，也趕上了兩天後發生在庫爾德—喀布爾山口的大屠殺。「在賈格達拉克，」他後來記述道，

英軍被阿克巴．汗的騎兵團團包圍，而對方也大開殺戒。在黑暗中我擺脫了那個殺戮戰場，重新在山丘找到了安全之所，並就此在丘頂待上了一天。此時從也沒怎麼吃飽的上一餐算起，我已經二十六個小時點滴未進。我被凍到毫無知覺……我只求一死來從這我已無法忍受的痛苦中解脫。我下了山丘，來到路上，決心向第一個上前的阿富汗人表明身分，然後麻煩他大發慈悲地給我一劍。這時我看到一隊人靠近，便心想我終於等到了死期。

但這一隊人原來是五名印度的哈特里*，身分是商人：

這些哈特里言道，「既然你是印度人，我們願意搭救於你，但你必須先把錢付清」。他們搜了我的身，從我腹帶中取走一百盧比，然後退了十盧比給我——他們領著我去到一間達蘭薩拉（dharamasala）†，當中有一名印度托缽僧。我也一併尋求了他的保護，並把剩下的十盧比給了他。他給我穿上了托缽僧的紅色衣袍，往我臉上抹木灰，令我假扮他們的切拉（chela）‡，並提議我

陪同他前往哈爾德瓦爾（Hardwar）[§]朝聖。不久來了一隊水果商人。托缽僧、哈特里與我加入了他們。我們沿非常靠白沙瓦左側的大路往下走。我一路乞討，直到來到賈斯柏・尼可斯爵士的營地，再走一程就可以抵達魯得希阿那這一側的地界[59]。

最不幸的莫過於那數百名印度士兵與隨營人員，他們既沒能逃脫，也沒有淪為奴隸或冤魂。光是在德金山口，他們就有一千五百人被阿富汗人扒光了財物與衣服，然後被棄置在雪地中餓死或凍死，當中被英國雇主遺棄者有之，被擄獲他們的阿富汗人蔑視虐待者有之[60]。在接下來的日子裡，這類例子在賽爾夫人等戰俘返回喀布爾的途中屢見不鮮。「沿路滿滿的都是慘不忍睹的殘破遺體，且全都衣不蔽體，」賽爾夫人在日記中寫道。

我們途經約莫兩百具死屍，當中不少是歐洲人，盡皆赤身露體且滿布巨大的傷口……我們發現部分隨營者一息尚存，但都被凍傷且餓壞了；有些人已經恍惚失神而一副癡呆模樣……那一幕

* 作者註：從木爾坦到希卡布爾的哈特里（Khatri）商人稱霸了從布哈拉到信德之間的中亞貿易。見 Arup Banerji, Old Routes: North Indian Nomads and Bankers in Afghan, Uzbek and Russian Lands, New Delhi, 2011, p. 2. 譯按：哈特里是一種主要來自旁遮普的種姓階級，當中不少人從商。

† 譯註：供朝聖者歇腳的客棧；可查詢字彙章節。

‡ 譯註：門徒或學子，可查詢字彙章節。

§ 譯註：北印度的喜馬拉雅山城。

讓人看得膽戰心驚，且伴隨令人反胃的血腥氣息。成堆的屍體多到你沒辦法去多瞧兩眼，因為你必須要很小心騎馬才不會踩到它們。

他們還遇到一些隨營者從洞穴或大石後方冒出來，這些人「在那裡躲掉了阿富汗人的奪命利刃與惡劣無比的天氣」。

他們被奪走了一切，且少有人可以手腳並用地爬個幾碼，畢竟他們腳上都是凍傷。強森在此發現了他的兩名僕人：其中一人的手腳都被凍傷，一隻手上有道讓人怵目驚心的刀傷，遑論一顆滑膛槍彈丸還擊中了他的腹部；另一人的右臂被徹底砍斷了骨頭。兩人都一絲不掛，而且五日未曾進食……受傷又餓著肚子的他們放火燒起樹叢與青草，還抱在一起來用體溫取暖。後續我們聽說這些可憐人幾乎無一逃出那條隘道：餓到一個極致，他們被迫吃起了死去的同志來續命[61]。

一月十二日晚間，英軍縱隊通過賈格達拉克的冬青櫟障礙而能活下來者，僅區區八十人。這些人當中的大多數——隸屬薛爾頓第四十四步兵團的約莫二十名軍官與四十五名士兵，外加三兩個砲兵與印度士兵——在拂曉之際發現自己前進了十英里，站上了甘達馬克的山丘丘頂，但當下毫無遮蔽且遭到團團包圍，也不知道正確的路該往哪裡走。在人數處於極度劣勢——「每間小屋都湧出了居民要殺人越貨」——而因為只剩下二十把滑膛槍跟每人兩發彈藥，這些英軍決定背水一戰。對方表示可以饒他們一命，但英軍沒有接受。許多人覺得他們的兵團在十一月二十三日從畢畢瑪露丘頂逃跑，已經是奇恥大辱，這一次他們決心要為了重拾兵團榮譽而戰到最後一兵一卒。他們排成了方陣進行防禦，「數次將阿富汗人趕下山」，但最終他們耗盡了子彈，只能用刺刀進行肉搏[62]。自此他們一個一個遭到了屠殺*。阿富汗人只抓了九名戰俘，其中一人湯瑪斯・蘇特上尉（Captain Thomas Souter）還是因為將第四十四兵團的軍旗圍在了腰間，才被以為穿著如此花俏之人必然可以用來勒贖的吉爾宰人留了活口。「光鮮亮麗的我被當成了某種大人物，」他寫道，「兩個傢伙於是把我抓了起來，當時我才剛因為肩膀上被狠狠一劈而讓劍脫手，手槍也無法擊發。他們趕忙把我從該地點移到一段距離外，脫掉我除了長褲與軍帽以外的衣服，然後領著我去到一個村落。」[63]

另外十五名騎兵走得更遠些，來到了費特哈巴德（Fattehabad），但其中十人在接受某些村民提供的早餐時，遭到了殺害。四人在嘗試重新上馬離開村莊時被從屋頂上射殺。最後一人——艾德瑞・帕廷格的年輕姪子湯瑪斯——被追蹤、抓獲、斬首在他藏身的美麗柏樹與水流之中，而那裡正好是舒亞一八〇九年第一次遭到擊敗並失去王位的事發之地——尼姆拉花園。

過了此處還活著的，只有一人。布萊登醫師此時距離安全的賈拉拉巴德還有十五英里。「我隻身前行，」他後來寫到，

然後我看到一隊大約二十人擋住了我的去路，並在我靠近時開始撿拾起大顆的石頭……於是

* 作者註：作者南西與路易斯・杜普里（Nancy, Louis Dupree）曾於一九七〇年代走訪甘達馬克，並於當地發現了人骨、維多利亞時代的武器與軍事裝備殘骸還躺在村莊上方的碎石坡上。

的劍身。

我奮力讓小馬奔跑起來，用嘴咬住韁繩，然後左劈右砍地從他們之中穿過。他們的短刀搆不著我，傷到我的只有一兩顆他們丟來的石頭。再往前些，我又遇到差不多的一夥人，但當我想要重施故技穿越他們時，我發現自己得用刀尖去戳那可憐的小馬，才能讓牠跑將起來。對方有個人立於路面一土丘上，手握一把槍。他近距離向下朝我開了一槍，射斷了我的劍，劍柄上只留下大約六吋的劍身。

經過一番波折，布萊登總算是擺脫了這些人的襲擊，但好景不常，他很快就發現「子彈打在了可憐的小馬身上，傷及牠的後腰，要繼續載我是不太可能了」。

此時我看到大概五名騎士身穿紅衣，就想當然耳地以為那是我們非正規軍的騎兵，但等我朝他們走得愈來愈近，才發現他們是阿富汗人，且他們牽著的是柯利爾上尉的坐騎。我試著躲開他們，但我的小馬動彈不得。他們派出其中一騎追殺我，並對我一刀砍來。而我在將之擋開時一用上斷劍，劍身與劍柄就分了家。對方先是超越了我，但又掉頭重新朝我衝來。就在他要第二次砍向我時，我把刀柄朝他的頭部扔去，導致他為了迴避攻擊而轉開馬頭，結果刀鋒只劃到我的左手手背。覺得左手廢了的我向下伸出右手，為的是接替左手把韁繩握住。但我想對方應該是誤會我要伸手去掏槍了，所以就一個轉頭落荒而逃。我這才去摸索口袋裡的手槍何在，但槍已經不知去向了。至此我已經手無寸鐵，胯下騎的還是一頭恐怕載不了我到賈拉拉巴德的動物。

這名軍醫突然覺得全身無力：「我開始緊張兮兮而且杯弓蛇影，且我真心覺得要不是馬鞍前面有高起來的設計，我早就摔下馬去了……」所幸賈拉拉巴德要塞的角樓上有名堪稱鷹眼的參謀認出了他，救援轉瞬即至。

首先來援的其中一人是辛克萊上尉，他的僕役褪下一隻鞋來包住我的腳。我被帶到工兵團的廚房，由佛爾西斯醫師替我包紮了傷口，然後在享用了一頓豐盛的晚餐後，我滿懷感激地進入了奢侈的夢鄉……經過檢查，原來我除了頭部與左手以外，還有一道輕微的刀傷在左膝，另外有顆子彈在膝蓋上面一點射穿了褲管，微微擦傷了皮膚……可憐的小馬被直接安置在馬廄裡躺下，就沒再起來過了。一聽我說完事情的經過，賽爾將軍就立刻派了一隊人前往平原搜索……但是他們除了霍普金斯與柯利爾上尉以及哈波醫師的遺體以外，完全一無所獲……[64]

當晚，賈拉拉巴德的各處門口都掛起了燈火，另外還吹響了號角來指引剩餘可能有的散兵，但最終並無人一跛一跛地來歸。「一陣強勁的南風吹起，讓號角的聲響散播到鎮上的全境，」湯瑪斯．席頓上尉回憶說。「那些淒厲的號角聲，讓我永生難忘。那是獻給我軍所有遭屠殺官兵的一首輓歌，且一整晚聽下來，你會油然而生一種無法言喻的哀戚與悵然。布萊登醫師的故事讓所有人聽了都毛骨悚然……部隊遭到全殲，只剩一人逃出來講述這段駭人的遭遇。」[65]

接下來的數日，少數其餘倖存者終於步履蹣跚前來，當中包括布萊登醫師的友人班尼斯先生，也就是那名希臘商人，還有其他幾名堪稱硬漢的廓爾喀士兵。時間久了，英軍在阿富汗被趕盡殺絕成了流通的傳言。這自然與事實不符：坎達哈與賈拉拉巴德都有大規模駐軍倖存下來，甚至連在喀布爾的英軍都還有兩千名印度士兵，外加三十五名英國軍官、五十一名小兵、十二名女眷跟二十二名孩童，最終全都得以返家，他們要麼是遭到俘虜（以歐洲人而言），要麼想方設法，跌跌撞撞回到喀布爾成了街邊的乞丐（以興都斯坦人而言）。惟不論怎麼說，這都是英國一場出奇的慘敗，也是阿富汗反抗軍一場奇蹟般的勝利。就在鼎盛的大英帝國控制全球經濟比重達到空前絕後的時間點上，也在各地傳統兵力被工業化殖民軍隊四處屠戮的同時，阿富汗卻罕見地讓殖民強權被恥辱地完敗。

阿富汗的詩人與歌手二話不說，立刻開始傳頌這個故事，而每傳一手，英國的傷亡慘重與阿富汗的勝利規模就更上一層樓。「據稱有六萬名英軍——半數來自孟加拉，半數來自英屬印度的其他省分，這還沒算進僕役與隨營者——前去了阿富汗．」米爾扎．阿塔寫道，

結果只有一小撮人身負重傷，一無所有地回來，其餘人都死無葬身之地地曝屍荒野，就像腐爛的驢子一樣散落在阿富汗的土地上，沒有壽衣覆蓋。英國人酷愛黃金與錢財，以至於他們總忍不住要染指任何一塊可以產出財富的區域。但這樣的他們在阿富汗得著了什麼獎賞呢，除了一方面耗盡了他們的財庫，另一方面讓英軍蒙上了羞辱？有一說是在去到喀布爾的四萬英軍中，許多人在途中被俘，許多人變成瘸子在喀布爾行乞，剩下的則埋骨於山區，就像一艘船沉得毫無影跡；話說到底，想侵略或統治呼羅珊王國，可一點都不容易[66]。

CHAPTER 9 王者的逝去

整支英軍遭到屠殺的消息，很快就傳遍了整個地區。

在布哈拉，埃米爾為了慶祝這個喜訊而下令殺害了他的兩名英國囚犯，查爾斯・康納利（Charles Conolly）與亞瑟・史托達特（Arthur Stoddart）。在赫拉特，瓦齊爾亞爾・莫哈瑪德趁機掐死了他的君主卡姆蘭・沙・薩多宰，因為他知道不論是英國人或是沙・舒亞，此時都無暇阻止他。被這項消息弄得花枝亂顫的，得算是印度。在德里，月光集市（Chandni Chowk）的銀行家整整比殖民地官方早了兩天得知這項消息：傳統商貿的手書系統比起嘎吱作響的殖民地哈卡拉跑者體系（harkara）*，前者又快又有效率[1]。等傳到加爾各答，這事兒早就讓眾多反對英印公司統治之人在廣大的興都斯坦四境上，滿懷起希望與振奮之情：一八五七年的印度大叛亂（Great Rebellion）†會有被英國軍官遺棄在庫爾德—喀布爾山口雪中的一個個印度士兵兵團響應，可以說其來有自，同時在勒克瑙、阿格拉、坎普爾等人口聚集地，波斯報刊則非常積極地翻印阿富汗的史詩與散文，裡頭講的全是英軍的敗績[2]。

奧克蘭爵士幾乎是最後一個知道的人。內含布萊登醫師所述的急件花了整整兩週，才終於在一八四二年一月三十日送抵總督官邸。這消息依艾蜜莉・伊登所言，讓「可憐的喬治」在十小時裡老了十歲：他在吶喊與氣憤過後躺上了床，再起來時半邊身體癱瘓，據信是歷經了某種中風[3]。接下來的日子，愈來愈憂慮的妹妹們只能無助地看著他們的兄長白天一臉蒼白地在陽臺上來回踱步，夜裡則俯臥在草坪上，只為了埋首清涼的土壤來獲得一點慰藉。僅僅數週前，他心腹的謀臣邁克諾騰曾從喀布爾來信，信中要他別相信那些唱衰者，並保證阿富汗一切太平。如今他的整個帝國方略跟他種種「賭上一切，著眼公益與公共安全的規劃，都已經在史上僅見之恐怖與災難狀況下崩毀」[4]。確實這整件禍事對奧克蘭爵士本人而言，「既可怕至極又令他無法理解」。但更糟的發展接踵而至，主要是阿克巴等叛軍領袖已經有所行動，他們準備一不作二不休地去消滅英國在賈拉拉巴德、加茲尼與坎達哈的三支駐軍。在印度各地，四起的謠言說的是由於大部分的印度軍隊仍在中國替奧克蘭爵士打跟清朝的鴉片戰爭，因此阿富汗人很快就會沿開伯爾山口而下湧入興都斯坦平原，然後像以往那樣大肆劫掠。

還要再過一星期，倫敦當局才會知曉發生了什麼。《泰晤士報》將壞消息告知了全國：「我們必須很遺憾地宣布本報所收到的急件，捎來了慘無人道，令人痛心疾首的情報。」數日後在一篇典型的「恐俄」社論中，《泰晤士報》強力——但相當失準地——暗示這背後是俄羅斯之手在運作，因為被鎖定刺殺的第一個目標就那麼剛好，是亞歷山大・柏恩斯爵士，維特克維奇奇的大敵，「俄羅斯特務的最難纏的對手」[5]。

新上任的托利黨政府在勞勃・皮爾爵士的主掌下，原已作勢要從阿富汗撤軍，把自己的雙手從前朝輝格黨政府鬧出的爛攤子中洗淨。但此時內閣達成的新共識是拯救英軍的威名才是當務之急。艾倫巴勒爵士作為一手發想印度河政策的理論派跟早被托利黨政府派去接替奧克蘭擔任總督之人，其所搭之船在二月二十一日於馬德拉斯（Madras）‡靠岸，而他也在這一天聽說了這場災難。進駐當地的總督府後，他便立刻修書一封給皮爾，宣稱他打算給阿富汗人一個永生難忘的教訓：

* 譯註：字面上的意思是「包辦一切的人」，實務上是跑者、信差、新聞撰稿，甚至是間諜。在十八到十九世紀的史料中，這個字偶爾也會拚寫成 hircarrah，可查詢字彙章節。

† 譯註：一八五七到一八五八年，印度反抗英國東印度公司殖民統治的一次失敗起事。

‡ 譯註：現已改名清奈。

「我們在阿富汗的軍威必須重新樹立……為了保住印度我們必須面對種種現實並排除萬難。」[6]等艾倫巴勒在當月二十八日抵達加爾各答——他對著顏面盡失而成為眾矢之的前任與伊登姊妹，幾乎未發一語——此時軍情傳至說加茲尼也已經陷入吉爾宰人之手，而當地駐軍也一如喀布爾的同袍，遭到了抓捕、屠戮或淪為奴隸。

值此一支火力強大的援軍足足有六個兵團，頂著讓人不寒而慄的名號——「懲戒之師」，已經從密拉特與菲奧茲普爾的兵營啟程，奉命要渡過薩特萊傑河（Sutlej）前往白沙瓦，準備要報仇雪恨。奧克蘭的原本的主帥人選是跟艾爾芬史東一樣的老將軍，所幸醫師建議排除搖搖欲墜且老邁昏聵的哈利・朗姆利爵士（Sir Harry Lumley），這才讓英軍很幸運地躲過了一劫。這麼一來，帥印就被交到了喬治・波洛克少將的手中。波洛克人在其阿格拉平房的陽台上抽著早餐的廉價雪茄，就這麼收到了派令。波洛克是個一絲不苟、不講情面，把效率當堅持的英印公司將領，在印度待了有三十多年。身為英國—尼泊爾與英緬戰爭的老將，他一如喬治・勞倫斯的弟弟亨利所說，是「現有可用指揮官中一時之選」。喬治・布羅傳特在被圍的賈拉拉巴德牆內聽說了這個任命，也表達了認同。雖然比不得拿破崙，他寫道，但波洛克絕對是「我在這一帶到目前為止，見識過最優秀的指揮官」[7]。

就在波洛克接獲任命的同時，另外一道命令也被發給了看守多斯特・莫哈瑪德的尼克森上尉（Nicholson），要他把俘虜從阿富汗邊境移走，並讓其在單獨關押下接受監視。「你一接獲此信，即宜立刻針對多斯特・莫哈瑪德・汗採用至為嚴厲的關押手段，」如此指示尼克森的是喬治・克勒克（George Clerk），英屬印度西北邊境的專員，「讓他成為你眼皮底下的犯人，他與他的隨扈都不得未經你的允准與阿富汗或興都斯坦人有任何通訊。」[8]

由此未及數日，多斯特．莫哈瑪德就被轉送到穆索里（Mussoorie）另一頭的山丘高處，接受獨門獨戶的監禁。尼克森這種滴水不漏的做法，反映的是英國人此時在印度所感受到的極端恐懼與杯弓蛇影。原本人丁稀少的印度士兵衛隊，被換成了從新至的女王兵團中調來的兵力，人數不下一百一十名。甚是連史金納騎兵團作為一支其中一個營——連同史金納的親生兒子詹姆斯——在從喀布爾撤軍途中被殲滅的英軍，都被調離了該區域，理由是「穆罕默德追隨者（穆斯林）在本地里薩拉（Rissalah）*中的比例過高，以至於小心起見，最好不要讓這些宗教信仰有一絲可能使其遭到引誘而放棄職守的士兵（不論他們對我們懷有多少善意）被使用在這裡」。

英軍鉅細靡遺地採取了各種措施來確保多斯特．莫哈瑪德無法逃離或連繫上阿富汗叛軍。「埃米爾所居的院落有哨兵日夜把守，」尼克森寫道，「且從蘭多烏爾（Landour）或拉傑普爾（Rajpoor）通往此處的道路也布有常態性的衛哨，埃米爾的追隨者無一可以出去，也沒有任何陌生人可以進來，除非有我非絕對必要不發的通行證，且個別人士離開也都需要由歐洲衛兵陪同。」至於其他的措施則是用來防範通訊：

> ……我打算建立一個小塔納（thannah）†在山腳下，藉此來監視所有西來的陌生人，特別是阿富汗人或喀什米爾人，並一有可疑人物就回報給我……在塔納的前方，我認為得從現有編制中挑出一個通曉所有印度河流域國家語言的人才，然後搭配一名印度查普拉西與四名山地居民。他

---

* 譯註：由里薩爾達（Risaldar，印度騎兵隊長）率領的騎兵。

† 譯註：由塔納達（thanadar，警局局長）出掌的警局或警哨，可查詢字彙章節。

們所奉之命是要秘密尾隨任何可疑之人上山，直到對方抵達最近的衛哨，然後將人交由會部署在埃米爾住家附近的衛兵處理。

作為額外的保險，尼克森建議將穆索里山區設為喀什米爾人的禁區，非有特別通行證不得進入，

（理由是）阿富汗的信差不太可能親自嘗試與像多斯特．莫哈瑪德一樣被看管得這麼死的囚犯通訊，但倒是有可能求助於比較不容易被懷疑的對象，尤其是喀什米爾人。

他們作為柯西德（Cossid）*替人作嫁已經是眾所皆知之事，所以我對他們最為戒慎恐懼。為此我會建議在魯得希阿那與安巴拉（Amballah）明令規定喀什米爾人非經您（克勒克）許可不得走訪都恩（Dhoon，山谷，尤其指南亞北部與喜馬拉雅山脈南麓者）或山丘。另外若一遇有喀什米爾旅人出現便能由安巴拉區的警官利用達克（郵驛）。

通知於我，不但對我的工作有幫助，也可以用來測試塔納人員的警覺性。

克勒克同意了尼克森全數的提案，並額外給了尼克森特別的授權，讓他可以「對所有可疑人物進行逮捕或詳細的搜查」[9]。

在此同時，奧克蘭成了千夫所指的對象。在賈拉拉巴德，布萊登騎小馬抵達的當晚，湯瑪斯．席頓就在日記中寫道：「艾爾芬史東的愚蠢直接導致了此番的恥辱與這些可怕的災難，這點無庸

置疑，但究竟是誰把如此困難與責任重大的職務交給一個手腳都被痛風弄得動彈不得的傢伙，一個意志力不敵身體病痛的傢伙，一個能力決計稱不上有才的傢伙，選材的這人才是禍事真正的始作俑者。」[10]很快的其他人，包括英國報業與不少國會議員，都做成了相同的結論，其中年輕有為的托利黨議員班傑明．迪斯雷利（Benjamin Disraeli）還特地在議會中發起了對奧克蘭長期的抵制運動。

甫來到加爾各答，艾倫巴勒就對其前任一點情面也不顧，以至於喬治在給倫敦友人霍伯豪斯（Hobhouse）的信中懷疑起艾倫巴勒的精神狀況是否穩定[11]。奧克蘭不得不承擔起大部分的責任，灰頭土臉地回到英國。不難想像，他在此期間的信件中是滿滿的絕望。「我有說不出的沮喪，」他在信中對霍伯豪斯說。「依我看，我們在阿富汗的經營已無可為，但我們還不到停止涉險的時候，我們還是得盡人事，從災難之中救回來多少算多少……我怕的我們命定的厄運還沒結束，還有更多的恐怖與災難將接續傳來。」[12]

奧克蘭不明白的是他扶植在喀布爾的政權，其實一點都還沒有畫下句點。

英國人始終忽視並低估了沙．舒亞，而如今柏恩斯與邁克諾騰雙雙死去，喀布爾英軍的冰冷遺體在被大雪封阻的吉爾宰各山口餵養著兀鷹，舒亞仍毫髮無傷、安全無虞地待在巴拉希撒堡的

* 譯註：騎馬的信差。

高牆之內。實際上隨其英國盟友不復存在，舒亞在民間與喀布爾酋長間的人望明顯地不減反增。少了邁克諾騰那拙劣的指導棋，舒亞——面對大難來襲從未稍減決心的他——反而得以展現出他經手阿富汗部落政治的高超手腕。

他如今玩弄著的，是僅存兩名原始叛軍領袖——阿米努拉．汗．洛加里與納瓦布．扎曼．汗．巴拉克宰——的嫉妒心，而他們嫉妒的對象自然是他們已經把英國人打敗了，才突然空降而來的阿克巴．汗。他開啟了談判，然後短短不到幾日——趁著阿克巴遠離喀布爾，一開始是陪同英軍戰俘到拉格曼（Laghman）的安全要塞，回程時又去圍攻賈拉拉巴德——沙阿就設法建構起了一個新的聯盟，一個他希望能藉此繼續掌權，讓阿克巴．汗遭到孤立的聯盟。

舒亞接觸的二人，帶了非常不一樣的資產到檯面上。身為阿克巴．汗的叔叔，納瓦布．扎曼．汗是主張自己有巴拉克宰正統繼承權的資深競爭者，並控制著一項珍貴的籌碼是被英國人遺留在喀布爾的全數傷病者；但他缺的是財力與智謀，軍事能力也不強。年紀有了但仍足智多謀的納伊布．阿米努拉．汗．洛加里則相形之下財力傲人，這除了他經營貿易有成所積累的財富外，近期不無小補的則是他從喀布爾的印度銀行家手中敲到的一大筆竹槓，主要是作為投降條件的其中一環，他自撤退的英國人手中收得了各種票據。拿著這些錢，他除了招募了一支印度士兵的軍隊，還得以支薪給他從洛加爾（Logar）過來的自家部落成員。此外他作為徹底擊潰喀布爾英軍的惟二軍事領袖之一，聲望如日中天。只不過他既非薩多宰，亦非巴拉克宰部族之人，出身相對貧微，因此他顯然無法在這兩大部族其一的支持下掌權。透過與納瓦布．扎曼．汗跟沙．舒亞結盟，納伊布．阿米努拉得以同時取得兩部族的支持[13]。阿米努拉向來是貨真價實地對薩多宰忠心耿耿，而納瓦布．扎曼．汗很厭惡他這個魅力十足的堂兄弟阿克巴，一如野心勃勃的平庸之人時而會對真正有才華之人滿懷恨意。這段三贏的盟約看似牢不可破，畢竟參與的三方都各自有所貢獻，也都各自有所收穫。

根據其傳記作者莫哈瑪德．胡珊．赫拉提所言，舒亞以無懈可擊的巧思設計了整個局。「陛下與英國侵略者密不可分的說法在巴拉克宰的廣為宣傳之下，已經在朝野大人與市井小民間生根，」他寫到，

為了反制這一點，也算是順應建議，相信要從眼下危及王朝存亡的叛變中脫身的唯一辦法，就是獲取阿米努拉．汗．洛加里的厚愛，陛下決定派出他最鍾愛也最能幹的皇子沙普爾（Shahpur）進入阿米努拉府邸，另外他還承諾了一筆二十萬盧比的餽贈要給納瓦布．扎曼．巴拉克宰。就此，阿米努拉與大部分的汗都開始支持起陛下，他們倡言納瓦布被選為埃米爾是因為陛下表面上得向外國與異教利益低頭，但現如今他已經得回了獨立，再次真正成為了穆斯林的君王，埃米爾的存在就沒有必要了，扎曼．汗有瓦齊爾的現職就足夠強大，也應該滿足了。阿克巴．汗並非此新聯盟的一員。

為了讓這些協議正式成形，舒亞的皇子沙普爾在一八四二年一月十七日偕阿米努拉．汗．洛加里與扎曼．汗．巴拉克宰出席了在巴拉希撒堡的朝會，「連同他們的幡旗與騎兵，以及杜蘭尼、吉爾宰、科希斯坦與喀布爾操波斯語之諸汗的幡旗與騎兵，一起向陛下請安並接受其號令」。赫拉提補充說，「從那之後，同樣的儀式就每日早晚被遵行著，而陛下則利用官職、俸祿與金錢賞賜等承諾，把這批剛被拉攏來的叛軍要得團團轉。在此同時，他寫了信給在賈拉拉巴德的喬治．

麥葛雷格與英軍指揮官，告知他們情勢終於控制下來了。」[14]

時間來到二月第一週的尾聲，雖然歷經了前三個月的多災多難，但愈發明朗的事實是阿克巴．汗表面上的勝利絕不等於大局已然底定，具備各種條件的沙．舒亞仍大有可為。也的確，在舒亞這輩子一點也不陌生，人生又一次讓人想都想不到的命運翻轉中，如今的他獲得了自重返阿富汗以來，對祖傳土地最強的直接控制力。看著情勢丕變，剩下的杜蘭尼與齊茲爾巴什酋長也不少人見風轉舵，開始與沙阿同舟共濟，一個個上朝來宣示效忠並求取原諒。「隨著新聯盟日益穩固，」瑪烏拉納．喀什米爾寫道，「沙阿開始上朝接見諸汗。」

他將原本就高貴的大人更獲抬舉
並讓士兵階級感受到其恩澤廣披
喀布爾逐漸擺脫暴力與騷動
統治力再度回到了沙阿手中

但他並未授予阿克巴一席之地
恨意在他內心並未隨時間冷熄[15]

局勢依然不容大意。舒亞還沒敢離開巴拉希撒堡，且他仍須仰賴兩名新盟友的支持，特別是阿米努拉．汗的軍事實力。根據米爾扎．阿塔所說，舒亞仍舊有一點「心存懷疑，主要是這兩名喀布爾酋長都曾是埃米爾多斯特．莫哈瑪德．汗的黨羽：他們會不會密謀要取他的性命？而如今英國人據說已經再一次揮軍，且很可能會嘗試收復呼羅珊之地。舒亞陷入了進退兩難。不過話說回來，當時的國王陛下手握約莫一萬名兵力、十二門重砲、不計其數的財寶，還有儲備充足的火藥」[16]。這些數據或許流於過分樂觀，但不論有再多問題，舒亞的前途已經幾個月來都不曾如此光明[17]。

二月七日，舒亞親手寫下了肺腑之言捎給「我的寶貝兒子」，也就是在坎達哈跟諾特將軍在一起的帖木兒王子。因為留在喀布爾而逃過了屠殺的莫漢·拉勒·喀什米爾承諾會動用他的間諜與跑者網絡，力求將信送抵坎達哈的英軍。舒亞首先寫到他接受神授的命運，接受其運作超乎人類理解的真主旨意，但也提及他因為各種憾事而感受到的羞恥與哀戚。「我們在此重複了此地人民動輒就會創造出的場面，」他寫道。「我再三警告了英國人要有所警惕——但他們不理睬我。命運的詔令，讓那些我盼望可以永遠不再見著的場面注定得發生。喀布爾的人民高呼那些非信者宣戰，甚至還疏遠了我，說什麼沙阿如今跟英國人是一夥的。」他接著又對兒子解釋了自己是為了生存，才不得以曲意配合：「我告訴他們：『英國人於我能有什麼呢？他們自然善待過我，而我也很長一段時間是他們的國賓——但此外還有什麼呢？』這是連我都不該受到的待遇——願真主護佑我不受我（因為棄絕吾友）感受到的羞辱。如果蒙神恩典能與你重聚，我將把心中的秘密對你言無不盡。我一路行來所行之事，都是因為命。」

他接著又跟帖木兒王子分享了他的希冀。「無須哀戚，」他寫道，「局面已經開始轉好。要悠然而知足——曾經讓我們黯然失落的目標仍將如我們所願，而我也會好生關注於你。我無法如我所願將詳情寄送給你，主要是這一路仍十分凶險。我於你尚有千言萬語——若一切終能皆大歡喜，那麼本著此心所願，真相於你很快就會大白！」[18]

至此由於阿富汗的叛軍高層依舊充滿矛盾而難以團結，舒亞也慢慢在信件中展露出愈來愈強的信心。對在賈拉拉巴德的麥葛雷格，他去函催促英軍能盡速挺進喀布爾——「你們就連一隻貓就不會被傷到一根寒毛，」他保證說——然後才會老調重彈地論及巴拉克宰人的毫無信義。他特別譴責了他想像中英國仍在給與他宿敵埃米爾多斯特·莫哈瑪德的禮遇。「我無法認為你們抱持該當擁有的榮譽感，」他教訓起麥葛雷格，

> 畢竟在發生了這麼多事之後，為什麼多斯特·莫哈瑪德與他的家人仍能養尊處優？你們這段時間都是如何善待那隻狗，結果這背信忘義的莫哈瑪德·阿克巴是如何報答於你？為了告慰在吾國殞落的薩希博們在天之靈，多斯特·莫哈瑪德與他的妻孥實應淪落到一貧如洗，只能無家可歸地晃蕩在興都斯坦的集市與巷弄中。願上帝遂了我的這個心願！阿克巴就不要哪天落到我的手中，我一定讓他好受！[19]

英國之所以沒有為了報仇而如舒亞所願向多斯特·莫哈瑪德開刀，一個理由是阿克巴·汗手中還控有大批戰俘。

那當中有些人是被遺留在喀布爾的傷者，有些是根據和約被交付的人質，其他人則是原本在山洞中或村中避難，後來要麼投降，要麼被抓或拖拉出來。全部算起來，被聚攏在一起的歐洲人有一百二十名，其中阿克巴掌握了四十名，裡頭包括邁克諾騰與他的愛貓（惟長尾小鸚鵡沒能在從喀布爾的撤退中活下來），新寡的崔佛夫人，還有堅強的賽爾夫人與她身懷六甲且痛失丈夫的女兒亞歷山德莉娜。

在最難熬的頭幾天裡，阿克巴的戰俘被押解穿越了雪封的山口，期間被關的盡是骯髒的山頂要塞或偏僻的塔樓。連著數日在「刺骨嚴寒」的風中，人質必須從同志們血腥而殘破的遺體中騎馬而過。偶爾他們會認出親近的朋友，像是麥肯齊就看到了詹姆斯·「紳士吉姆」·史金納（James 'Gentleman Jim' Skinner）橫屍在賈格達拉克附近的一疊屍體中，由此他不得不請求隊伍暫停，好讓他能替故人掘一個淺淺的墓地。他們還會途經三五成群他們「赤身露體，先後為戰鬥與嚴寒所傷」的印度士兵「抱成團取暖……哀哉！這些人處境堪憐但我們愛莫能助，而他們也無一在接下來的數日中存活下來」[20]。這些被俘的英軍軍官究竟能做些什麼來拯救那些印度士兵，實在不好說，但這阻止不了不脛而走的謠言經山口傳回印度，說的是英軍的軍官階層為了自保而棄他們的弟兄於不顧，任由他們淪為奴隸或冤魂。

一座要塞拒絕了接納這些戰俘，「稱說我們是卡菲爾」，迫使我們在「破落的牛舍中」將就[21]。他們涉過了潘傑希爾河的幾條冰冷支流，「水深之外還非常湍急」。在一次渡河的途中，他們措手不及地遭到「一群阿富汗搶匪對還在岸上者發動攻擊……許多人在絕望中投河溺斃」[22]。緊接著有一道山口是陡峭的上坡，「過程中我發現自己必須抓緊馬鬃，」賽爾夫人寫道，「否則我恐怕會連同馬鞍一起滑落下去」。到了山口頂端，他們正巧誤闖了世仇部落械鬥的現場，但在庫爾德─喀布爾歷經過什麼叫彈如雨下後，這點程度的暴力就顯得微不足道了，至少賽爾夫人覺得：「傑撒伊火槍開了火，外加一番喧譁嘈雜，事情就告了一個段落。」不消多久，人質們就開始把一些小到不能再小的樂趣當成天大的享受。「我們愛上了洗臉，」賽爾夫人在某天早上寫道，「還享用了印度豆尼與蕪菁的豐盛早餐。」[23]

所幸一來到阿克巴·汗岳父的要塞，狀況就獲得了改善。在所有阿富汗方面的敘述中，也在若干印度穆斯林的陳述中，阿克巴．汗對戰俘的仁慈都被視為典範，同時在史詩中，他也被描寫為騎士精神的楷模，彷彿他是阿富汗版的薩拉丁，事實上直到今日，他在喀布爾都保持著這樣的形象，其中最典型的敘述莫過於芒西阿布杜．卡林的版本。「等指揮官阿克巴的賓客總算恢復了點體力，」他寫到

再次可以站立且移動他們冰凍的四肢後，指揮官便返回要塞來向他們禮貌性地致意。

全體人質發抖而敬畏地站成一排，表達他們的感激。阿克巴指揮官安慰了他們，並對艾爾芬史東將軍與公使的遺孀表達了崇高的敬意。他為兩位夫人獻上貂皮內裡的金布斗篷，並親手將之披在她們的肩上。他贈送每名人質一件溫暖的羊皮波許丁，並淚水盈眶地表示，「沒有人可以料想到，也沒有人可以改變命運的裁定與真神的旨意！我軍中的喀布爾耆老告訴我說如此極端的冰雪是他此生僅見。不過你們不用害怕——我會保護你們，送你們到氣候較暖的拉格曼去安歇靜養，直到太陽進入雙魚宮，冰雪融化，通往與都斯坦之路重新開通。」阿克巴指揮官的行為之無可挑剔、禮儀之面面俱到、態度之謙遜，以及關切之殷勤，在在都為他贏得了賓客的一致稱頌，且為此立誓會一生一世感激。人質一行一抵達拉格曼，就有寬敞的寓所被騰出來給女士們進住，外加女僕隨侍在側。食物的提供也很大方：穀物與肉類、肥嫩的羊尾、雞肉、蛋，還有各式各樣的乾燥與新鮮水果[24]。

或許更令人吃驚的是雖然部分英方的敘述也確是把重點放在戰俘受到的苦難，但也不乏有紀

錄褒揚了阿克巴對人質的呵護。帕廷格曾正式發函給波洛克將軍，向他保證「阿富汗以他們的方式，讓我們獲得了戰俘所能期待的各種照顧，我們即便有受到冒犯之處，也全都是下等人員悖離莫哈瑪德・阿克巴・汗的指示所為，且一經我們申訴，阿克巴就會在他能力範圍內替我們主持正義」[25]。勞倫斯更進一步地提到「阿克巴將他的轎子讓給了賽爾夫人與邁克諾騰夫人，還說他「一以貫之地以禮相待」，特別是對邁克諾騰夫人，並對女士們保證「她們是『他的貴賓，缺了什麼他都會盡力提供，且只要道路一夠安全了，他就會將她們送往賈拉拉巴德，而在那之前，她們可以自由寫信給朋友』」。當勞倫斯告訴阿克巴說戰俘們需要一點錢時，他馬上就收到了一千盧比：「我一遞過借條，就被他給撕了，他說做生意的才需要玩意兒，兩個紳士之間就不用了。」後來當勞倫斯抱怨說他遭到一名僕人汙辱時，「薩達爾便讓那人狠狠挨了一頓鞭子，並說『要是不夠，我一句話就讓人摘了他的耳朵』」[26]。

同樣讓人意外的還有人質對阿富汗人正面特質的廣泛肯定。「毫無疑問地阿富汗人與歐洲人要處得比歐洲人與印度人好得多，」柯林・麥肯齊在被俘期間寫道。「阿富汗人是支極其強悍、大膽且獨立的種族，冰雪聰明而且隨時有話可聊，有玩笑可開，而這也就他們成為非常討喜的同伴……阿富汗的男士極其克己復禮，舉手投足皆無懈可擊[27]。文生・艾爾也附議說：「阿富汗的紳士讓我們覺得是最為投機的旅伴。」勞倫斯發現於一個月前才殺害了他朋友崔佛上尉的蘇丹・詹愈是相處，就愈覺得他「是個天生好脾氣的傢伙，而且很喜歡孩子」[28]*。

* 作者註：這類意見並不值得大驚小怪，也不該被解讀為斯德哥爾摩症候群的案例。英國人對阿富汗人的傳統態度就是既正面又欽佩。Mountstuart Elphinstone 認為阿富汗人類似高地蘇格蘭人（精彩的分析詳見 Ben Hopkins, The Making

戰俘們的看法遠遠不那麼正面的，則是一些自己人。邁克諾騰夫人因為不知怎地保住了她的行李，卻不願意把衣物跟雪莉酒拿出來分享，因此始終被大家討厭。英印混血的韋德夫人更加不受歡迎：到達拉格曼沒多久，她就跟她的英國丈夫離了婚，然後跟一名抓捕她的人私奔，皈依了伊斯蘭教，「改採了穆斯林的打扮，宣稱她改變了自身的信條……她洩漏了某些人的脫逃計畫，差點害他們被一刀劃在喉嚨上……在向她的阿富汗情夫通報了丈夫是如何把莫霍爾金幣（mohur）*藏在袍子裡後，這些錢自然就被搶走了」[29]。不過說起最被恨得牙癢癢的，還得算是暴躁乖戾的薛爾頓准將，他幾乎跟每一個英國戰俘都吵得起來。就算是在二月十九日，他們幾乎就要盡數死於一場地震後，薛爾頓也能以此找碴來跟人過不去。地震來襲時，他恰巧坐在凳子上，而麥肯齊則坐在要塞的平坦屋頂上：

他眼露凶光地環顧周遭，想看看是誰在搖晃他的凳子。麥肯齊大叫：「准將，是地震！」隨即一邊呼喚賽爾夫人，一邊朝著四下在嘎吱聲中倒榻的樓梯跑去，所幸在神的眷顧下，他們全都安全抵達了底層。當天晚間薛爾頓跑來興師問罪：「麥肯齊，我有話跟你說。」「您說，准將。」為了讓人感受到問題的嚴重性，（他）以一種嚴肅的聲音說：「麥肯齊，你今天是第一個衝下樓」；對此麥肯齊冷冷地回應說：「地震時就是要這樣跑啊，准將，我是跟馬尼拉的西班牙人學的。」[30]

同時間賽爾夫人面對地震也不改其本色：「我們房間的屋頂說塌就塌，嚇了人一跳。樓梯的屋頂則在我往下走時塌了，但沒有傷到我。我唯一擔心是史都爾忒夫人；但我能看到的只是一堆廢棄物。就在幾乎給搞迷糊了的當下，我聽到了令人振奮的人聲：『賽爾夫人，來這邊，大家都沒事』；然後我發現所有人都在庭院裡安然無恙……邁（克諾騰）夫人的貓」，她補充說，「剛剛被埋在廢墟中，但又被挖出來了。」[31]

同一天的二月十九日早上，帶著十字鎬的湯瑪斯・席頓率領一支工作隊，被派出賈拉拉巴德的南門。

他跟這些人奉命去摧毀一些損毀的泥牆，位置就在城外。那些牆提供了掩蔽給一群群阿富汗騎兵，而那些騎兵會騷擾英國人每天派出去蒐集糧草的團隊。席頓被告知要把牆敲掉來提供城門上火砲清晰的射線，以便讓顧馬駕車的馬夫來割草或隨營平民來曬牧草時都能安全一點。這工作有點急迫性，因此席頓被三令五申要在日落前完成，主要是英國人已經透過其間諜得知阿克巴・汗與其軍隊此時距離賈拉拉巴德只剩騎馬一天的距離：因為已經把戰俘安置在英國人救不到——阿富汗對手也搶不到——的地方，阿克巴此時終於能回過頭來消滅殘存在阿富汗境內的英軍。

十一點剛過，席頓放下十字鎬，開始向下欣賞起谷底的風景。然後他突然感覺到腳下有輕微

of Modern Afghanistan, London, 2008），而從十九世紀末到二十世紀初，英國軍官也認同阿富汗人，並視他們在邊境的戰鬥一如校園操場上的體育——這種態度也滲入了英國小說家吉卜林的書寫裡。這種「高尚普什圖人」的觀念至距今最近的駐阿富汗英軍之中，都還活得很好，他們仍傾向於阿富汗人是「天生的戰士」。想看這種套路尤其老套的案例，見席維斯史特龍的藍波系列電影，一九九八年的《第一滴血》第三集。

* 譯註：英屬印度政府聯合周邊士邦發行的一種金幣，面額約當十五盧比。

的震動，外加低沉的轟隆作響。接著稍有停頓。然後，

（一）瞬間，轟隆聲增強、放大為震耳欲聾的雷鳴，就好像是誰駕著一千輛重型馬車高速通過崎嶇不平的鋪面。我突然感覺相當不適，可怕的恐懼感將我淹沒。地面如海面隆起，整片平原如浪一般朝我們湧來。搖動強烈到我幾乎被晃倒，我有一種城鎮隨時會在我眼前被吞沒的預感。我的目光被吸引到了要塞上，而我看到的是房屋、牆垣與稜堡都以至危駭人的方式在左搖右晃，接著便陷落為一片廢墟，其中沿著整個南面與西面，我們千辛萬苦才手工建成的胸牆，正土崩瓦解為細沙。整座要塞都被包覆在一整朵難以望穿的塵埃雲中，僅有能傳出來的只有裡頭數百人發出的驚嚇與恐怖喊聲。

等「可怖的噪音與晃動」告一段落後，先是一片死寂。「眾人被嚇得臉色鐵青，而我感覺到自己一臉慘白。環顧谷地，我看到四處都有天災來過一遭的痕跡。每座村落、城鎮與要塞都被包裹在稠密的漫天塵埃中。某些處所的塵埃流洩宛若當地著了火；有些則直升天際成濃厚的柱狀，彷彿地雷爆炸。」顯然無一村莊、城鎮或要塞倖存下來。

等微風將塵埃從賈拉拉巴德吹散之後，整個地方呈現出一片滿目瘡痍、末日過後的慘破景況。數分鐘前還整整齊齊如畫一般矗立在壁壘之上的樓房上層，如今已蕩然無存，橫梁、柱子、門片、木板、窗戶、斷垣殘壁、剩下的屋頂，塵土與灰燼，盡皆混成讓人分不清的一團雜亂，其餘便無他物了。牆垣呈現出同樣不堪的光景。四周的胸牆皆已倒榻，橫陳在牆腳成一堆瓦礫。牆面有多

處龜裂；許多稜堡的外層表面也變得歪七扭八。東牆出現一道裂口，大到足以讓兩個連隊一字排開踏過……地震在數秒間造成的這種破壞，就算是用百門重砲連轟一個月也產生不出來[32]。

在接著的數小時中，工兵主官喬治・布羅傅特帶賽爾將軍巡視了損壞的防務。賽爾被眼前所見嚇得魂飛魄散。他寫信給加爾各答說在兩個月前他初到此城時，「我便發現賈拉拉巴德的城牆處於一種讓人想到要守就不禁感到絕望的狀態」。眾人胼手胝足方使得這座要塞變得穩固，「官兵們努力不懈與令人嘆為觀止的血汗勞動，配合上布羅傅特上尉的幹勁與科學知識，才讓這座城鎮成可守之勢」。如今守軍又得從頭來過，只因地震毀滅了「我們全數的胸牆，損壞了三分之一的城鎮，讓面對白沙瓦那面的一片壁壘出現了顯著了裂隙，朝著喀布爾的城門則淪為了看不出原貌的一堆廢墟」[33]。

迫於無奈，英軍只能趕緊將整支駐軍分成小隊，並立即投入破口的修繕工作。正當工作開始有了點進展，「日落之際，一小隊來自阿克巴營地的騎兵前來偵察。輪值守望的砲兵奧古斯塔斯・亞伯特（Augustus Abbott）發了一砲並正中那隊人馬，逼得他們四散而逃」[34]。布羅傅特喃喃自語說道，「下一個，就輪到阿克巴了！」[35]

對幸運的守軍而言，好消息是地震影響包圍者之鉅並不下於其重創被圍者，因為連著關鍵的五天，阿富汗人的身影都沒再出現過。在此期間，英軍駐軍晝夜難眠。黎明時分，席頓寫道，「軍中所有人就都站著準備等天色一夠亮，就立刻就動工，全體官兵就將士用命地各司其職且埋頭苦幹……時間來到二十四日的晚間，稜堡獲得修復，胸牆也繞成一圈蓋了起來，甚至在許多地方都建成了原本兩倍的強度。此番勞動非同小可，我的手每晚都腫脹到幾乎拿不了刀叉。在那四日當中，沒有一名軍官或士兵脫下過衣服。所有人都直接睡在壁壘的工作崗位上，隨時準備禦敵或者日出而作」[36]。

最終在二月二十五日早晨，阿克巴．汗親率烏茲別克騎兵從城南爬上笛手嶺（Piper's Hill），其羽飾的剪影歷歷在目，「全都一身勁裝躍然馬上，手執軍旗令人目不暇給」。數分鐘後，騎兵已經在追擊四散奔逃的割草者與覓食者。城門皆已緊閉，而「阿富汗人以眾擊寡在我們四周遊走，且步兵人數還愈聚愈多」。圍城之勢毫不馬虎地重啟，但駐軍也已經熬過其最不堪一擊的時期。

一如在喀布爾，阿克巴．汗雷厲風行地阻斷了輸入城內的補給，為此他以死威脅所有在地村民不得把食物、硫磺、硝石或彈藥賣給菲蘭吉人。很快地，席頓就在日記中記下了自己與日俱增的飢餓難忍：「三月二日，所有可提供我們慰藉之物都在快速見底。茶葉早已用罄、咖啡今天也沒了，糖的存量岌岌可危，奶油空空如也；牛兒也無草可嚼；蠟燭不復存在；葡萄酒與烈酒只能在記憶中回味。再過幾天，我們就得把日常的配給降為半磅鹽醃牛肉與半磅粗糖，而且這將只是一降再降的開端而已。」幾天之後的日記內容更令人憂心忡忡：「今天沒有午茶，肉也益發稀缺。」[37]來到三月二十三日，賽爾遣人通知在白沙瓦的波洛克將軍說他撐不下去了：他已經銷毀了所有運輸用的駱駝，以便把糧草留給騎兵，而他估計剩餘的醃肉會耗盡在四月四日[38]。滑膛槍的彈藥也很快就會下降到危險的程度。

阿克巴再度自居為捍衛伊斯蘭的急先鋒，並利用他新獲的聖戰士光環來號召支持者與盟友，就連那些原本對他的領導能力有所質疑者也不放過。如麥葛雷格在三月中致函波洛克所言：「他把自己塑造成了一個無家可歸、無親無故、無忮無求，一心只想復興真正的伊斯蘭教，並將敵人趕盡殺絕之人。」[39]在從拉格曼前往賈拉拉巴德，晚間歇腳的時候，阿克巴會利用他在營地的時間發出川流不息的外交訊息，為的是將阿富汗貴族聚攏到他的旗下，而那當中用上的盡是聖戰的語言，而且充滿了他自己或任何阿富汗人都未曾展現過的直白與新意[40]。他暗示任何一個曾經與沙・舒亞結盟過的人都應該被當成棄教者看待。騎牆派沒有偷雞摸狗的空間。賽義德・阿海—烏德—丁（Saiyed Ahai-ud-Din）是一名曾與沙阿推心置腹的貴族，而阿克巴在給他的信中有言如下：

你盡可放心：若你擔心會被追究曾如何被迫與菲蘭吉牽扯不清，我懇求您從內心深處屏除這樣的顧慮，因為您當時是審時度勢才不得不如此。當時人不分貴賤都只能為了自保而多多少少與菲蘭吉打交道。但事到如今，那本可恨異族之書已如散頁紛飛在風中，伊斯蘭的大軍則已然堅定團結在一起，您還有什麼理由躊躇不前呢？我此書是要懇求您，只要您拋下所有的疏離，將我的家就當作是您的家，那您就可以不需猶豫地迷途知返，久別重逢的我們將可以重拾比過往都更加緊密的友誼。我確信您一定會即刻朝著這個方向出發[41]。

對另外一名貴族圖拉巴茲・汗（Turabaz Khan），阿克巴寫了一封更看得出宗教色彩──也更有神秘感──的訴求信：他必須捨棄卡菲爾並回歸到真信者的懷抱。「我們接獲的情報顯示你已經離開拉爾普拉（Lalpoora）且避禍於山間，」他寫道，

由此可見你的意圖似乎是想要自絕於伊斯蘭的民族。我尊敬的友人，正在成為現實的是神的話語。這片土地上的智者與聖者已經在過去四個月做起美好夢想，看到了神啟預見我們神聖先知

與四友人（前四名哈里發，也就是四兄弟〔Charyar〕）已然枕戈待旦，全副武裝要為伊斯蘭而戰。伊斯蘭的大家庭已經團結一心，我們已然投身一場與異教徒的決戰。非信者之族類已遭我們征服並一體毀滅。這不是個取決於人類決斷的問題，而是須由神來審酌。你應該要緊盯著自身信仰的利益……你我究竟是該在穆斯林之中過著有尊嚴的生活，還是該在卡菲爾之間苟活？你可以捫心自問孰優孰劣。若伊斯蘭能好是你所願，那就把我家視為你家，我的財富便是你的財富，但若你執迷不悟地寧與卡菲爾為伍，那我們就只能一刀兩斷。期盼盡快知道您的想法[42]。

這樣的訴求撥動了每一條心弦，也挑起了共鳴：阿克巴．汗的軍隊轉眼間就累積出浩大聲勢，主要是他作為成功發起聖戰之人的地位水漲船高，而這樣的消息也在阿富汗山區傳了個遍，如米爾扎．阿塔就是他眾多助威者當中的一員：

薩達爾．莫哈瑪德．阿克巴．汗兼聖戰士除著手圍困英國駐軍，也派員巡迴四境高聲疾呼「但凡是真正的穆斯林，就該遵守可蘭經的詩篇：『獻出你的財富與你的血肉之軀去以真主之道戰鬥，於你方為至善，方為悟道之人所為。』」他鼓吹眾人加入與基督徒的鬥爭。在此宣言的號召下，兩千名熱血的青年戰士加入了他的麾下。當這名年輕英雄從布哈拉獲釋時並來到喀布爾時，他既缺聲望也無錢糧，而如今他的庫房已經滿溢著搶自英國人的戰利品，軍械室裡更盡是英國人的滑膛槍與火藥。數以千計勇敢的戰士追隨他勝利的馬鐙。他的計畫是要活捉英國軍官並像在喀布爾那樣佔有他們的財庫，藉此確保他能讓他被囚於印度的父親埃米爾多斯特．莫哈瑪德．汗獲釋。有兩個月的時間，他都留在賈拉拉巴德的城外包圍駐軍，並挖掘戰壕與胸牆[43]。

時間來到三月底，圍城者已步步進逼到其攻城器械與柵欄距離城牆不到八十碼。現已沒有食物可以進城，城內補給也一天天耗盡。阿克巴．汗就只差精良的火砲來執行破城之計，問題是賽爾比起他之前在喀布爾對敵的英軍將領，態度都要更加積極。城內每一個隨營僕役如今都被武裝起來，甚至連馬倌（syce）*跟駝夫都領到了土製尖矛來協防長牆，特別是當駐軍出城攻擊之際。守軍若發現彈藥不足，他們就會舉起與真人一般大小，且戴著三角帽的假人到胸牆之上來吸引砲火，然後待至晚間等敵軍回營後，他們就會出城來收集用過的彈頭，帶回城內以模具熔為己用。「我們都睡在崗位上，」席頓寫道。「軍官頂多也只會解開佩劍，或許換個軍靴。我們都沒人穿制服了——制服已經被小心翼翼地收起；但我們會穿用駱駝毛做的衣服。挖掘、砍伐、濕氣、塵埃與泥巴都傷不了這些衣服，髒汙也不明顯……未過許久，阿克巴似乎就意識到他唯一的勝算就是用飢餓把我們逼出城。」[44]

因此四月一日，當守軍成功從包圍者處竊得食物來強化自身補給時，那對圍城者可謂一道重擊。三月底，阿克巴．汗決定剝奪駐軍僅有的一點秣草來源，為此他趕著自身的羊群，讓牠們在騎兵的保護下前往動物覓食的草原上，為的是把僅存的青草吃光。隨著圍城圈一天天縮緊，阿富汗牧羊人變得自信滿滿，於是在三月三十一日，他們趕著羊群去到距離要塞之人造斜坡頂端不到四百碼的地方。日落時，飢餓的守軍被迫「眼睜睜看著這些會走路的羊排與羊腿消失在遠方」。但隔天賽爾決定不再放過牠們。

* 譯註：可查詢字彙章節。

騎兵奉命拂曉上馬，然後偕六百五十名步兵、若干志願的矛兵，還有一支由布羅傅特之工兵所組成的掩護部隊，一同悄無聲息地靜候。一等羊群來到射程內，工兵們就會出北門開始對敵軍的胸牆開槍來吸引他們的注意力。同一時間，南門會被悄悄打開讓騎兵衝出。阿富汗的牧羊人與他們的衛隊聯袂奔逃，英國騎兵便趕忙趁此時將羊群聚攏在一起，然後沿吊橋將牠們趕進城內。整趟行動花不到十分鐘。等到阿富汗騎兵姍姍來遲，英軍早已帶著羊群安全躲進城裡。「我們全都興高采烈，」一席頓在當晚吃完烤全羊慶功宴後的日記裡寫道。「敵人在那裡火冒三丈地捶胸頓足，我們則沿著城牆用大笑跟『咩—咩！』聲向他們致意。我們一共斬獲了四百八十一頭綿羊跟少數山羊，相當於發放四分之三的口糧，則全軍將有十六天的肉可以吃……四月三日，一名細作來報說當阿克巴得知我們抓了他的羊後，他暴跳如雷到身邊的人都不敢靠近他。」[45]

不久之後，阿克巴又歷經了更嚴重的挫敗。他花了一天時間率兵攻城，晚間則回營迎接一批初來乍到要效忠於他的卡爾蘭里（Khajrani／Karlanri）部落徵兵。根據同情英軍的阿富汗酋長所轉的報告顯示，在歡迎完新兵之後，

一整天都沒吃的薩達爾阿克巴·汗起身移動了幾步，到一側去吃有人端來的晚餐，並旁觀起卡爾蘭里人以他們的方式去攻擊賈拉拉巴德的防務。但此時站著的他被一把雙管槍擊中，子彈打中他手臂有肉的部分，穿過了他的胸膛，使他受到重傷。兩人被捕並被控以行兇的罪名。其中一人曾當過沙阿（舒亞）的皮許希德瑪特（Pishkhidmat）*。他們辯稱那是槍枝走火的意外。薩達爾在椅子上無法起身，除了岳父莫哈瑪德·沙·汗·吉爾宰以外誰也不得靠近；他的部隊士氣一蹶不振。[46]

阿富汗的史料都認定這是刻意行刺。米爾扎·阿塔表示有傳言顯示背後是英國人在搞鬼。「賽爾將軍千方百計想把薩達爾趕下其位而不可得，」他寫道。「於是他便出此下策，拿兩拉克（二十萬盧比）賄賂薩達爾的一名心腹貼身侍從來下此毒手。這混帳出賣了他的信念與尊嚴，收了這筆錢，然後就開始靜候開槍的機會。子彈固然傷到了阿克巴·汗的肩膀，但所幸聖戰士有真神的庇護，所以他活了下來。」[47]惟多數觀察者都認為此事是薩多宰族所為。根據費茲·莫哈瑪德所言，幾名在場之人立刻抓住了下手的忘恩負義之徒，並在包紮好阿克巴的傷口之後，把那名叛主之僕帶到負傷的薩達爾面前。薩達爾訓斥了他，並要求他給個說法。那人表達了悔意，親吻了地面，然後取出了一封沙·舒亞的來信，當中表示要以五萬盧比雇他當殺手。他透露沙阿跟英國人先付了兩萬五的前金，並承諾會在事成後結清兩萬五的後謝。薩達爾留下了沙·舒亞的信，然後因為僕人交代了實情，所以阿克巴便饒了他一命。但聖戰士們還是把他跟共犯找了來，要了兩人的命[48]。

這應該就是實際的結局：根據英國人質從獄卒手中獲得的報告，「準兇手為贖其罪而遭活活烤死」[49]。

＊ 譯註：桌邊僕人，薩達爾或國王的貼人僕人，可查詢字彙章節。

從三月一直到四月，倍感壓力的不光是阿克巴一位。在喀布爾，舒亞的新聯盟開始受到威脅，主要是他的兩名盟友，阿米努拉・汗・洛加里與納瓦布・扎曼・汗開始相互角力來爭奪權力還有城裡的資源。三月中，這兩人的府兵已有在街頭交鋒的紀錄，為的是爭搶向海關與城內鑄幣廠收稅的資格[50]。

但比起這個，更大的威脅來自於舒亞作為一名穆斯蘭的資格，開始遭到了質疑，而這又得歸因於阿克巴・汗舉著伊斯蘭信仰這塊神主牌去號召參戰，結果成績斐然。「阿克巴・汗發函給周遭地區的民眾，」費茲・莫哈瑪德寫道

並為了煽動他們而給出了這樣的訊息：「如果沙阿真的對伊斯蘭的民眾光明磊落，真的對英國人毫無感情，也真的心存你們最大的利益去操持治國與宗教事務，那你們就應該呼籲他發起聖戰，以便我們可以團結起來為阿富汗剷除英國這個禍害。」薩達爾不斷對民眾宣揚聖戰，以至於學者與其門生依他的指示把供奉在聖陵的可蘭經放在他們的頭頂，然後走入人群，一村接一村，一店又一店的讓帶禱的領袖與在清真寺內召喚穆斯林做禮拜的宣禮人，都能開始鼓舞眾人支持聖戰。或大或小的群眾開始聚集在沙阿的宮殿門前叫囂，要他趕緊宣布啟動神聖的鬥爭。他們高呼著，「讓我們把英國人趕出這個國家！」[51]

這讓沙阿的處境變得極為尷尬。在公開場合中，他被迫與他的英國靠山劃清界線，並在朝堂

上宣稱他會努力將異教徒消滅[52]。但在私底下，他仍深感於英國人的恩澤，並相信自己需要英國人的協助來擊敗巴拉克宰人；出於這個理由，他發出了一系列信函給麥葛雷格，懇求麥葛雷格能盡快派英軍前來喀布爾，並愈來愈焦急地詢問援軍何時會到。對此莫哈瑪德．胡珊．赫拉提有如下的描述：

陛下虛與委蛇，假意承諾會遣使去說服英國人自行離開，但實際上卻是派人去加強輸誠：他先是派出機要秘書伊納亞圖拉．汗．巴米宰（Inayatullah Khan Bamizai），後來叫他的貼身僕役丁．莫哈瑪德．汗過去。第三回，陛下寫了一封密函：「面對詭計多端且陰險狡詐的巴拉克宰人，還有跟橫行霸道的喀布爾民眾，我們該如何從他們的壓力中逃脫？」麥葛雷格回信說陛下得在喀布爾再多撐個兩週，須知自白沙瓦出發的救兵已在途中。陛下編出了一個又一個的託辭，藉此拖過了整整兩個月，但援軍還是不見來臨[53]。

考量到他的經歷，舒亞還是普遍遭人懷疑他對英國人存有舊情，且許多酋長都猜對了他在使的是緩兵之計。「因為他的拖延，」《光之史》記載說，「巴拉克宰人開始公開表示『沙．舒亞就是個親英份子，不要被他說的話所誤導，他根本就言行不一。他若清清白白，那為何他還沒有率軍直取賈拉拉巴德，為什麼英國人還沒有遵循他送去的飭令從該城撤離？』」[54]三月一天天過去，阿克巴在賈拉拉巴德的英勇故事開始傳遍了喀布爾，愈來愈多舒亞的支持者，包括納伊布．阿米努拉．汗．洛加里在內的兩大盟友，都敦促他立刻進軍賈拉拉巴德來展現決心，或最起碼派一位皇子帶他前去[55]。

如此進退維谷，卻又不想失去英國人對他的信任，舒亞於是買通了幾名酋長代他先行東征。三月二日，帖木兒王子銜命前往賈拉拉巴德，但他從頭到尾都沒有越過位於庫爾德—喀布爾山口入口處的巴特赫克[56]。三月十八日，阿米努拉．汗與巴拉克宰人現身於巴拉希撒堡，並在朝堂上公開對沙阿喊話，要他率其八千兵力出堡去與阿克巴．汗會師，與他攜手對付異教徒[57]。瑪烏拉納．哈米德．喀什米爾記錄下巴拉克宰人是如何將舒亞說一套做一套的外交行徑，對比起阿克巴．汗大無畏的宣戰之舉：

某日一群酋長與將領
得以進入沙阿的內廳

他們對他言道：「喔，威名遠播的國王啊！
你意欲何如？請告訴我們吧！

你端坐可號令眾人的王座
是因為我們立誓將你輔佐

我們信任你會捍衛這片國土
你的號令會讓法治獲得保護

所以請告訴我們阿克巴豈有傷天害理？
你要千方百計置他於死地

他所做的只是讓你成為一國之君
還有讓邪惡力量在此地無能為力

但你非但沒有將他高舉
反而將他拋棄貶低

你把取他性命的任務
交代給了某個不講信義的害蟲

不分日夜你將筆尖磨盡
只為修書給我們的仇敵……」[58]

四月三日，舒亞身上的壓力持續加劇，原因是喀布爾烏里瑪的首領米爾·哈吉，也就是剛殞命之米爾·瑪斯吉迪的兄弟，也登高一呼要眾人支持聖戰，並在他週五的佈道中驅策舒亞率伊斯蘭大軍討伐卡菲爾。「陰險且虛偽的米爾·哈吉，」按莫漢·拉勒的叫法，「在往賈拉拉巴德的路上搭起了帳篷，並差遣發布號外的人員去城內呼喊說他即將踏上一場宗教戰爭，是穆斯林的就跟他走，不然就別怪被人當成異教徒。」[59] 接著他便率著長長一隊「狂熱的托缽僧扛著阿拉姆（alam）*、神聖的可蘭經與來自聖殿的聖髑出發，浩浩蕩蕩地誦念著禱告，全都是要直奔賈拉拉巴德而去。這或許僅僅是一種政治性的操弄，」赫拉提評論說，「但陛下深知他一定得跟上去，否則喀布爾就將爆發一波新的暴動。」[60]

情勢變得一觸即發。當晚納瓦布・扎曼・汗派他的妻子攜蓋了印的可蘭經入宮，藉此來取信舒亞他的忠心。「他的妻子懇求沙阿要無畏地為巴拉克宰族朝賈拉拉巴德進軍，並說她丈夫必會鼎力相助並擔綱陛下最忠心耿耿的僕人。顧及米爾・哈吉的公開放話，加上眾家酋長都堅決要出兵賈拉拉巴德，沙阿最終只得無奈地送出他的營帳，同意了要與眾人同行。」[61]

御駕親征的皇家營帳，被依令搭起在了通往賈拉拉巴德路上的賽亞桑高地。「我不是很相信他會真的踏上征途，」心急如焚的莫漢・拉勒致函賈拉拉巴德的英軍，「而萬一他真的去了，那下場不是被巴拉克宰人弄死就是弄瞎。」[62] 沙阿又在巴拉希撒堡內多耗了一星期，焦急地想知道波洛克將軍是否已設法把他的軍隊帶上了開伯爾山口。「我已經把出兵賈拉拉巴德一事拖了將近一個月，」他心急如焚地寫信給麥葛雷格。「但這期間我連一封你的信都沒有收到。我對你的打算幾近一無所知。英軍若能在未來十到十五天內抵達就行，但當然愈早愈好。且如若無法該當如何？此事非可等閒視之。不論你有何建言，都請平鋪直敘來信告知，以便我能清楚了解並做成安排。」

他補充說：「我已經為了你把穆斯林都得罪光了，但你卻不明白我的苦衷。我務求你能體諒。他們說我想要摧毀真正的信仰。這是生死交關之事……望神能搭救於我。」[63]

喬治・波洛克少將並不喜歡在誰的催促中出兵。他深謀遠慮與精於後勤是出了名的，而且經過一月份喀布爾英軍被痛宰的慘痛教訓，他更是下定決心不要在誰的壓力下提早哪怕一時半刻的行動。賈斯柏・尼可斯爵士作為加爾各答的總司令，在這一點上完全支持他，為此尼可斯爵士去函倫敦表示「由一名冷靜謹慎的英印公司將領」來執掌帥印，「實乃幸甚」。「若由貪圖功名的之將領急於求成並草率出兵，後果將不堪設想。」[64]

波洛克已在二月五日抵達白沙瓦，而他發現當地不僅士氣降至谷底，而且醫院裡有一眾印度傷兵：清冊上的傷員不下一千八人，且隨著凍傷倖存者如涓涓細流，或跛或爬地撤入白沙瓦，每個人都有他們被敵人擊敗或被軍官遺棄的故事可講，軍中的氣氛也開始朝著叛變醞釀。知道自己必須扭轉這個局面的波洛克馬上著手穩定印度士兵的軍心。他第一個動作是發放以羊毛紗精紡的手套與長襪，讓士兵有得抵禦寒冷。「我會頻繁視察醫院，」他向尼可斯解釋，「並透過各種辦法改善他們的生活，讓他們感覺到我關心他們。」很快地，傷兵人數就一天天下落，營中的氣氛明顯改觀。

接下來的兩個月，隨著愈來愈多兵團與補給馬車抵達，波洛克緩緩集結起部隊與糧草，並每天都帶著野戰望遠鏡騎馬出城去研究阿弗里迪人沿開伯爾山口建立要阻礙他進軍的精密防務與石壘。他已經計算出他需要大約二十七萬五千發彈藥，才能把他的部隊裝備到每人兩百發的水準，

* 譯註：一種戰旗，也被什葉派用來作為伊斯蘭穆哈蘭姆月（回曆一月，相當於伊斯蘭的新年）敬奉的焦點。通常是淚滴形，也有做成人手造型者的阿拉姆是極其華美的物件，其頂尖者可躋身伊斯蘭金工的偉大傑作中，可查詢字彙章節。

而這些子彈都已經在三月中送抵。在他的一票駝夫畏戰逃跑之後，他多延誤了兩週才準備好所需的運輸能力。此外他還去函菲奧茲普爾，額外要了一個兵團的騎兵，還多要了幾輛拉動馬砲需要的二輪砲架。在此同時，他寫信給在賈拉拉巴德愈來愈惶恐的賽爾將軍說：「你的處境我從未片刻稍忘……我之所以人還在這，完全是因為有其必要。所以請你老實告訴我，無須有所顧慮，你最遲可以撐到哪一日。」賽爾用米水寫成一則要塗上碘才看得見的訊息，上頭寫著他剩下的醃肉會在四月四日耗盡[65]。

駱駝、騎兵與砲兵終於在三月二十九日到齊。當晚波洛克下令拔營朝在開伯爾山口的賈姆魯德要塞移動。一週後，在四月五日凌晨三點三十分，他下令部隊無聲無息地摸黑分三路前進上到開伯爾山口的隘道。日出之際，阿弗里迪人發現波洛克的印度士兵已經進佔他們石壘兩側的高地。上午過了一半，部落成員已經放棄了他們精心打造的防禦工事，開始頭也不回地撤退。午後兩點，波洛克的中路部隊已經拿下阿里清真寺堡，並開始重新集結，準備馳援賈拉拉巴德[66]。

在波洛克的印度士兵以雷霆之勢攻上開伯爾山口的同一天早上，沙．舒亞終於不再對其英國盟友懷抱期待。在最後一封請對方救命的告急書信未獲麥葛雷格回應之後，沙阿認定他已經無從選擇，只能離開巴拉希撒堡並率軍前往賈拉拉巴德。

他夜不成眠，「焦躁不安地來回走了一整晚，一會兒向真主呼喚，一會為了現在幾點去詢問宦官」。接著他沐浴淨身，告別妻妾，精選了剩餘的鑽石、紅寶與翡翠裝進一小小的行囊中。「曙光乍現，陛下就在堡中的私室完成了例行禱告的兩拜，另外兩拜他打算留到賽亞桑的營地完成（這應該是穆斯林一天五次禱告中的第一次，共需四拜的晨禮）。接著他踏上轎子，並敦促挑夫快點，以免趕不上要在營地進行的主禮。陛下只帶了起碼的貼身侍從隨行。」[67]

前一天四月四日，舒亞已經自十一月二日叛亂爆發以來第一次離開了巴拉希撒堡。他騎馬出堡來到了賽亞桑的帳篷，並在那兒檢閱了部隊，並公開接見喀布爾的貴族。利用這次接見的場合，他正式宣布了要親征賈拉拉巴德，並指派他最寵愛的皇子沙普爾王子擔任他人不在時的喀布爾總督。納斯汝拉作為阿米努拉・汗・洛加里的長子，被任命為沙普爾的代理首席大臣。根據米爾扎・阿塔所述，沙阿帶上了「二十萬盧比的現金與好幾匹雙層披肩布疋，並根據喀布爾酋長們各自的階級與功績來給予禮敬，其中他特別偏愛已成為他心腹的納伊布・阿米努拉・洛加里。事畢舒亞便偕兒子登上轎子，回到堡內度過與后妃們的最後一晚」[68]。

但舒亞有所不知的是他這種公開褒揚阿米努拉・汗的舉措，被有心人解讀為是故意在羞辱他的另一名主要盟友，納瓦布・扎曼・汗・巴拉克宰。他與納伊布・阿米努拉・汗現已幾乎不講話了，而由沙阿公開在賽亞桑的朝會上展現他與阿米努拉的親近，讓納瓦布的陣營受到莫大的冒犯，畢竟納瓦布的出身要遠為顯赫許多。「扎曼・汗是麾中有諸多猛將的大人，」米爾扎・阿塔寫道，

而阿米努拉・汗・洛加里不久前還是他的一名隨員而已。在朝會之上，納瓦布・扎曼・汗等與埃米爾多斯特・莫哈瑪德親近之人，均未獲陛下御賜象徵榮譽的禮袍，甚至可說皇恩榮寵的目光中幾乎沒有他們。命運的這種乾坤調轉並不見容於納瓦布。若是陛下能讓其寵愛更加的雨露均霑，則或許深藏在心中的不滿可以獲得療癒而不致燃起。奈何事態至此，納瓦布與其人馬已對國王的漠視怨憤難息。

其中最嚥不下這口氣的，莫過於扎曼．汗的長子舒亞．阿爾—達烏拉（Shuja' al-Daula），「他……的名字是出自教父（沙．舒亞）的雙唇，他的誕生也有沙阿蒞臨見證」。

舒亞．阿爾—達烏拉的名字意謂勇氣或勇猛，而這個含意也薰陶了他的秉性。這樣的他對父親抱怨說：「那個阿米努拉．汗．洛加里只不過是我們的僕人出身。他跟那些在社會上無甚根基的低微酋長，如今卻蒙受浩蕩皇恩，搖身一變成了達官顯貴。同時間的我們卻遭到忽略，我們的勞苦功高與犧牲奉獻皇家視而不見：我們只能口乾舌燥地在一旁瞪眼，得不到任何的感謝，而其他人卻享盡了讚美。只要做得到我一定殺了他！」雖然父親告誡他時機未到，並表示他此刻應該專心對付英國人，但這少年並不加理會，照樣計畫要在國王一早從堡壘前往軍營時偷襲於他。天還沒亮，他就偕十五名槍手躲在暗處，等待皇家騎兵衛隊的到來。

隨著沙．舒亞一行人從巴拉希撒堡下來，走上有如開瓶器一般彎曲的道路，納瓦布的兒子現身攔下了教父的轎子。愣住了的挑夫擱下了轎身。沙阿從簾幕中探出頭來，而就在那一瞬間，等待已久的槍手開了火。舒亞血淋淋的身軀跌出了轎子，嘗試想一拐一拐地穿越現地離去。刺客此時已要撤離犯罪現場，但其中一人察覺了沙阿的存在，便喊出了聲音，示意他的雇主給其致命一擊。「於是舒亞．阿爾—達烏拉急起直追，撲向了已經伏於地面的國王，無情地持劍刺殺了他，一邊嘴裡還大喊著『你再不把禮袍賞給我啊！』他從死去國王的身上扒下了珠寶、黃金臂環、腰帶與佩劍——各自都價值百萬盧比。國王柔嫩的身軀，生來是要躺在上等羊毛與絲絨軟墊上的玉體，現如今被抓著雙腳，在崎嶇的石地上拖著，然後被棄置於溝渠。」[69]

「那位無愧於人的君王，」赫拉提評論著，

就此在兩次禱告之間殉難，期間他無一刻停止在未竟的晨禮中複誦真主的聖名，而齷齪的兇手只贏得了永恆的詛咒！沙納瓦茲（Shahnawaz）做為陛下的一名隨從曾試著抵抗，並成功傷及了其中兩名刺客，但後來看見現場已人去而空，且裝著珠寶的旅行箱無人看顧，便將之一把抓起衝向了要塞。他將之藏在一面古牆的裂縫中，意圖日後再來取走，然後變賣當中的物品牟利。但他的行為都被看在眼裡，所以最終珠寶就落入了沙・舒亞的兇手與兇手父親納瓦布・扎曼・汗的手裡。

至於那位君主，他曾經行於御花園中卻不曾摘下他希望與抱負的花朵！反之他只能躺在血泊與塵土中，在空曠的平野上無法入土為安。他死於薩法爾月（Safar）*的二十三日，也在這天入住了天國的永恆居所。「因為我們屬於真主，也必將回歸主懷！」[70]

沙普爾王子立刻衝往巴拉希撒堡去保護皇家的婦女與孩童。他父親的屍首被棄置於他倒下處長達二十四個小時，期間薩多宰人拴上了堡壘的城門，大家聚在一起，由又老又瞎的扎曼・沙發號施令，設法在現況下保命並尋求對殺人兇手償命，是他們得想出個計策的當務之急。「在此同

* 譯註：回曆的二月。

時，巴拉克宰人叫囂著歡欣鼓舞，米爾．哈吉二話不說拿起軍旗，從他假意為之的聖戰中回返，並對外宣稱著『我們把大主子（沙．舒亞）送去陪伴小主子（麥克諾騰）了』。所有人都在相互慶賀，嘴裡說著『我們終於把這些外國的異教徒從祖國連根拔起了！』」[71]

認為自己有責任去替被害之沙阿收屍的，只有一個人。忠心耿耿幫舒亞挑水的梅塔．姜．汗．伊沙克宰（Mehtar Jan Khan Ishaqzai）是從舒亞流亡到魯得希阿那就跟著他的老奴。當晚夜深了，他便去到沙阿的遺體旁守著，不讓其遭到破壞。隔天早上他與另外一名沙阿的老家臣，阿爾茲—貝吉（'Arz-begi）*阿齊姆．古爾．汗（'A zim Gol Khan），連袂葬了舒亞。孤立無援的這兩人挖了一個淺淺的墓坑在事發處不遠的一間廢棄清真寺中。他們以土覆蓋了墓地，然後將國王的轎子放在了上頭。他們還疊起了一座小石塚來標註他遇害的位置。

直到那年夏末，石塚與染血的轎子都還在兩名忠僕擺放的位子未動[72]。

二十世紀初，歷史學者費茲．莫哈瑪德得知了沙．舒亞．薩多宰最終被移葬在他父親帖木兒宏偉的蒙兀兒風格陵墓中安息。這消息很可能屬實，因為若說那棟建物地下室中的三座男性墳墓中有一座屬於舒亞，實在也不為過。只不過若果真如此，那就代表他長眠在一座無名的墓中，而那也多少反映了沙阿在今日阿富汗歷史上的地位。

即便是他在世時，得勝的巴拉克宰人對這兩大部族相爭的觀點，也主宰了阿富汗人對這場戰爭的書寫，而這起碼有一部分原因是巴拉克宰族贊助了進行這些執筆的詩人。就以瑪烏拉納．哈米德．喀什米爾為例，他就借殺害舒亞的刺客之口，將垂死的舒亞訓斥了一番，而那所代表的正是巴拉克宰族對舒亞身後歷史遺產的立場：「喔，殘忍的暴君啊！」他嘲諷地說。「你何嘗當過你口口聲聲說自己便是的沙阿？」接著刺客說的是：

這個國家賦予你沙阿之頭銜
你卻投以末世的陰影將之毀滅

如同一頭瘋狂的大象醉醺醺
你這幫兇教唆菲蘭吉的勢力禍國殃民
加茲尼與喀布爾遭到毀棄蹂躪
壓迫之手朝家家戶戶伸了進去
伊斯蘭土地因你變成異教徒天地
背信棄義的市集因你攘攘又熙熙

* 譯註：官銜名，職責是呈遞訴狀給國王陛下。

你穿著要去麥加朝聖的外衣
但內裡卻渴望穆斯林的血液

如今你說是我加害於你？
你手刃了許多我的兄弟

我是依法在要你血債血償
我會用你喉嚨湧出的血液，滌盡你身上背負的血海深仇[73]。

無庸置疑，沙阿是個深具許多瑕疵，同時也是曾多次誤判局勢之人。他鮮少是個讓人耳目一新的戰場領袖，而他終其一生的倨傲與放不下的身段也讓他疏遠了許多潛在的追隨者；一八一六年，威廉·弗雷澤第一次越過邊界進入英屬印度後不久，就注意到了他（舒亞）確實「在各種希冀與期望上都極度超越了皇家的規格」[74]。舒亞會有這種信念，是因為他基本上對其自身的王者身分抱持一種帖木兒式的觀點：如他一八三四年在寫給班廷克爵士的信中所言，他相信自己「受到上帝的特別眷顧」[75]。

但即便有這一切缺點，舒亞仍不失是一個不凡之人：受過高等教育、頭腦聰敏，且最重要的是他的不屈不撓。終其一生，他都在命運的擺佈下受盡了危難與反覆的挫折，且究其原因往往都非他所能掌控，但他從未因此放棄努力或對絕望低頭。「困厄中也勿喪失希望，」年輕時的他曾在兄長被弄瞎且罷黜後，於逃亡的路上如此寫道，「烏雲很快就會化為清澈的雨滴。」[76]這種樂觀，是股陪伴他走過一生的力量。觀察家總不吝論及他的「優雅與威儀」，即便在他最落魄的時候亦復如此[77]。英國人稱他辦事無能，柏恩斯更嘲笑他是守不住家國祖業之人，但當一八四一年十一月的叛亂危機發生時，舒亞才是全喀布爾唯一能有效進行軍事反應之人，也是唯一一個有心搭救柏恩斯之人，但明明柏恩斯平日對他可謂極盡羞辱之能事。

在一個並不盛行忠於盟友或遵守協議的地區，舒亞在這兩件事上的表現可謂令人耳目一新。而也正是出於這一點，他無法原諒巴拉克宰族打破了他的祖父艾哈默特・沙・阿布達利與多斯特・莫哈瑪德的祖父哈吉・賈梅爾・汗之間那薩多宰族為王治國而巴拉克宰族忠心輔佐的安排。他認定在這個高度發達且使用波斯語的薩法維與帖木兒文明中，自己才是真正的繼承人，且除了自身也有文采能寫出美妙的詩文，他更是從不吝於扮演詩人與學者的贊助者，事實上這一點曾在一八〇九年，讓有機會進入舒亞朝堂的蒙特斯圖亞特・艾爾芬史東感到非常驚訝。他想像中的阿富汗不是一個被隔絕於山區的窮鄉僻壤，而是一個透過聯盟與廣大的世界銜接，一個在共同的波斯文明架構下與區域鄰國在外交上、文化上與經濟上有所整合的王國。只可惜這個願景就算到了今天，也看不到什麼能實現的跡象，惟這個理想從未真正消亡。

舒亞的統治之所以崩垮，不是因為他自身的過錯，而是因為奧克蘭與邁克諾騰在阿富汗的入侵與佔領上有著災難性的處置不當，同時也是敗在艾爾芬史東將軍的手上。而這也讓他裡外不是人地一方面被不信任他的英國人所利用，一方面又以卡菲爾傀儡的形象存在於阿富汗舉國的眼中。但一八四一年的叛亂並不是在反沙・舒亞，而是很有針對性地在反英；確實我們可以從眾多阿富汗史料中看得很清楚，不少叛亂的參與者都自認是要把舒亞從金鳥籠中救出來，讓他不用再被居心叵測的英國人鎖在裡頭。叛軍一開始甚至邀請舒亞成為他們抗爭的領袖，直到舒亞拒絕與他的英國贊助者切割才開始反他。至於這場叛亂演變成薩多宰與巴拉克宰部族間的權力鬥爭，則是極其後期，阿克巴・汗抵達喀布爾之後的事情。等阿克巴・汗從喀布爾前往賈拉拉巴德後，許多貴族就又改投了舒亞。從頭到尾，舒亞都維繫著讓人吃驚的高人望，而且他也比所有涉入這場亂象的人物都活得更長：不光是柏恩斯與邁克諾騰與喀布爾英軍的殘部，而是連奪走他至寶光之山的蘭季德・辛格都輸給了他。

舒亞最大的錯誤，就是任由自己過度仰賴他無能英國靠山的軍隊。他應該要在一八三九年重新上台之後，就立刻要求英軍功成身退地回去印度，因為一如把阿富汗看得最透澈的英國觀察者查爾斯・梅嵩在當時所表示，「阿富汗人不反對這段聯姻，他們只是反感追求的方式」[78]。隨著他的聲望在一八四二年英軍撤出後重新水漲船高，薩多宰王朝其實仍保有龐大的民間支持可以供他倚靠，但前提是他必須有信心這麼做。但實際發生的情形是他放不掉那些極招人怨的盟友。遲遲不肯與英國人一刀兩斷，是造成他下場悽慘的最大禍端。

由此，舒亞動盪的一生就在失敗中告終，一如其大部分過程也在失敗中度過。溘然早逝的他沒有給後繼者留下任何遺產：如瑪烏拉納・哈米德・喀什米爾所言，他的兒孫如今「就像一群離開了草地而沒有牧者的羊群」。雖然在喀布爾英軍被屠殺之後，有很短的時間看似薩多宰王朝可望復興，但舒亞一死，他的諸皇子與瞎眼的兄長沙・扎曼變得無依無靠，想將王朝力量整合起來的希望相當渺茫。如赫拉提所言，薩多宰族的「白晝已經化作至黑的夜晚……陛下被害時六十有五：他已在漫長人生中嘗盡大起與大落，也早已學會要對三心兩意的臣民有所保留。血統尊貴的沙・舒亞・阿爾──穆爾克知道榮辱的分寸何在，所以他絕不會對英國人多年來的款待不知好歹，但邁克諾騰一而再再而三對局勢的誤判，終究讓他賠上了一切而無法捲土重來」[79]。

然舒亞之死既沒有能為殺戮標上句號，也沒有能讓戰爭走到終點。因為舒亞還在喀布爾的塵土上屍骨未寒，波洛克的懲戒之師就已經浩浩蕩蕩朝賈拉拉巴德而來，而就如賽爾夫人從他焦急的獄卒處聽聞，這將是一支不留活口，殺無赦的軍隊[80]。

CHAPTER 10

不明所以的一役

一八四二年四月六日的晚間，阿克巴．汗圍繞著賈拉拉巴德的砲兵開始霹靂大作，接連不斷地打響了轟隆的禮砲。一整晚砲聲未歇，伴隨著——以便讓兵營內的英軍也能聽見——自攻城工事後方傳來，載歌載舞的慶祝聲。

禮砲在阿克巴．汗的號令下發射，是為了慶賀舒亞的死訊，還有巴拉克宰人剛給予了其薩多宰對手兼死敵的致命一擊。但在被圍之城的牆內，英軍對禮砲聲卻有另一番想像與解讀。英軍知道波洛克即將不畏困難強攻開伯爾山口，所以他們以為那勝利的禮砲是用來慶祝波洛克兵敗。一名英國線人的誤報證實了這項烏龍，並訛傳阿克巴．汗已經派了援軍前往山口掃蕩波洛克軍的殘部。

賽爾對賈拉拉巴德防務的一切計算，都是以確信波拉克會盡速趕來救援為前提。而如今隨著彈藥將盡見底，而能供守軍果腹的綿羊只剩五百頭，賽爾相信他的選擇已經所剩無幾。頓時陷入絕望深淵的他讓自己聽信了年輕軍官的意見，打算孤注一擲地設法突圍，完全不顧由英國駐軍對上由吉爾宰與辛瓦里部落徵兵組成的阿克巴大軍，兵力比起碼是敵三我一。在為此召開的作戰會議上，眾人「一一表示若天要亡我，那至少手中握著武器，死得像條漢子」，一如隨軍牧師葛雷格所說。「他們即將最後一次擲出骰子，投身最後的戰鬥；因為不論這場仗將以何種方式告終，他們都不會剩下足夠的滑膛槍彈藥去再試一遍。所以他們不只要打贏，而且一定要贏得確定，贏得徹底，徹底到他們可以打通一條路到開伯爾的山口的頭部——甚至可以翻越過去。」[1]

當天晚上，他們千錘百鍊出了一個並不複雜的戰略。傷兵與隨營人員帶著他們的土製尖矛，會負責駐守要塞，其餘直到最後一兵一卒，所有能動的人兵分三路，然後共同一步步「直搗阿克巴的營地，將之燒毀，把他趕到河邊，繳了他的火砲」[2]。這沒有備案的計畫只許成功，不許失敗。

隔天寒徹骨的四月七日，在黎明前將亮未亮的晨光中，要塞的城門被一推而開，接著英軍自他們在十二月底進駐之後，破天荒第一次全軍一起踏出要塞。賽爾原想出其不意給對方一個奇襲，但這場豪賭的消息不知怎地洩漏了出去，結果是當太陽升起在賈拉拉巴德東邊的山上，英軍看到的是阿克巴・汗不但沒有驚惶之色，反而已經將全軍擺好了作戰序列，開始「成千上萬地湧現」[3]。

砲聲隨即打響。傷亡首先出在西路的英軍，領軍的是留著長鬚且滴酒不沾的浸信派信徒亨利・哈夫洛克。阿克巴以全數騎兵對哈夫洛克發動總攻。隨著「大批戰馬」從四面縮小包圍，哈夫洛克冷靜地下令縱隊變化成方陣來退敵，結果讓對其進行包圍的騎兵蒙受了慘重的傷亡。「我感覺從頭至尾都有主耶穌在我左右，」哈夫洛克事後寫道。在圍城期間，哈夫洛克的弟兄已經被他的佈道弄到生厭，但到了沙場上，這位有如神助的指揮官那處之泰然的境界，實在是令他們大開眼界。「他在砲火之下的冷靜模樣，就像他人在滿室女人家的廳堂之上，」有人事後如此寫道[4]。

整場戰鬥中，這路英軍縱隊獲得了來自城牆上，砲兵精湛的火力支援，而這是喀布爾的英軍在這之前，都沒有好好做到過的事情，要知道早從這場戰役剛開打的戰鬥中，精準而有效的砲火就能在對抗阿富汗軍隊時產生決定性的作用，畢竟部落的敵人並不習慣應付葡萄彈*與現代爆彈。再者，賈拉拉巴德一片坦途的平原較適合英軍紀律嚴明的步兵作戰，反倒是阿富汗在山口間摧枯拉朽的山區游擊戰在此無法施展。眾人幾乎是一瞬間就明白了的事實是在歷經了六個月之後，情勢終於朝對英國人有利的方向倒轉。

* 譯註：rapeshot，葡萄彈是由許多小圓球組成的砲彈，常見於十八到十九世紀歐洲，主要是因鐵球構造與葡萄串相似而得名，海戰中常當作殺傷人的工具。

在前進的過程中，英軍曾經短暫為之一挫，主要是賽爾下令其副手威廉．丹尼去攻擊位於城市與阿克巴營地之間的其中一處小型泥堡；亂軍之中丹尼——這個曾經率軍於一八三九年進攻坎達哈，並在巴米揚擊敗了多斯特．莫哈瑪德的男人——在身先士卒衝過堡壘門口的時候中彈身亡。但整體的進軍並沒有受阻。隨著阿克巴的防線愈來愈近，阿富汗人開始向各路英軍開砲，為此步兵先是跑了起來，接著便裝上刺刀衝刺。帶頭跑在前面的是湯瑪斯．席頓。「各縱隊很快就來到了敵營陣前，」他寫道，

我們一鼓作氣殺將過去，未曾受到太大抵抗便將之拿了下來，逃竄的敵人只能朝著更遠處的樹叢飛奔。我們目睹不在少數的人投河，結果上漲且湍急的河水摧毀了他們的大部。敵方的騎兵多撐了一會兒，但在我方的騎兵與火砲展示了兵鋒之後，他們遂沿著溪岸開始轉進。阿克巴整片營地盡歸我們之手，包括他的火砲、彈藥、幡旗、戰利品——乃至於他帶在身邊的一切。號角隨即吹響，將我們在周邊的散兵喚回，而我則帶著一隊人去燒了帳篷，以及阿富汗人用粗枝與蘆葦蓋成的小屋。這些屋子眾多，燃燒的煙塵對全山谷昭告了我們的勝利。成群的駱駝與一落落穀物為我們所斬獲……雖然去攻擊敵人的邊哨（使得丹尼戰死）是項可悲的錯誤，但我們的損失出奇地小，陣亡者只有十一人。[5]

早晨七時大勢底定。兵敗負傷的阿富汗人開始川流不息朝甘達馬克潰逃，正午時分英軍軍需人員已經忙著搬運大批繳獲的穀物、火藥、砲彈與子彈到城內，外加「眾多到處雞飛狗跳的禽鳥」。「從來沒有一場勝利是如此地徹底，」喜形於色的牧師葛雷格寫道。「阿克巴與他的殘兵逃往喀

布爾，其他方向的各區酋長則盡數望風歸降。」[6]

等晚了九天的波洛克的援軍終於出現在視野之內，賈拉拉巴德的駐軍已經可以好整以暇，派人騎馬去迎接他們進城。懲戒之師原本以為會看到的，是「沒刮的鬍鬚、憔悴的面容，還有破破爛爛的衣衫」，沒想到他們發現守軍「全都白白胖胖且面色紅潤，健康得不得了，鬍子也一絲不苟地刮得十分乾淨，打扮也整整齊齊，就像他們住的是管理極為完善的印度兵營。我們這些援軍相形之下，反而跟他們形成強烈對比……我們的外衣與褲子都破損髒汙，我們的嘴唇與面容被烈日曬出了水泡」[7]。

當波洛克軍魚貫湧入城內，伴奏的手風琴音意有所指地選了詹姆斯黨的陳年小曲，詞中的弦外之音是「喔，但你們來得也太慢了吧」*。

波洛克將軍依照慣例，是催不得的。他的進軍依舊自成一套體系，也依舊兇猛暴力。

就在他鞏固起對開伯爾的掌握之際，波洛克的印度士兵已經開始報復阿富汗之前的暴行，為此印度士兵將他們殺死的阿弗里迪人砍下頭顱，然後帶著「這些插在刺刀尖上的首級到營中，昭示他們的勝利」。死者之中也有不乏阿弗里迪人的婦女†。波洛克的一名軍官葛林伍德

* 譯註：'Oh, But Ye've Been Lang a'Coming'，典出蘇格蘭的詹姆斯黨歌謠《歡迎，皇家的查理》（*Welcome, Royal Charlie*），皇家查理指的是在一六八八年光榮革命中被推翻的詹姆斯二世之孫。

† 作者註：這些女性的身分是挑水員（saqau），那是普什圖女性在戰鬥中的傳統角色。

（Greenwood）中尉告誡了這麼做的那些印度士兵，結果其中一人直截了當地回答，「薩希博，我在這該死的山口失去了十二名弟兄，所以就算是在吸媽媽奶的一個月開伯爾嬰兒，我也照殺不誤」[8]。

波洛克看不出有多想去攔著這些士兵，於是就在他朝賈拉拉巴德進軍的過程中，但凡有村落被認為懷有敵意，就會被路過的懲戒之師付之一炬。在其中一個村子裡，他們起出了被搶的英國人財物，還有一些遇害的英軍制服，結果全村被有條不紊地夷為平地。「阿里波贛村（Ali Boghan）的毀滅，」波洛克在之後的第一封回報函文中不以為意地解釋說，「起因是一時的心血來潮，而既然是完全沒有徵兆的一時興起，採取預防措施自然也就沒有意義了。」[9]

在抵達賈拉拉巴德之後，波洛克又暫停了腳步。雖有眾多駐軍希望他能當即趁勝去追擊逃往喀布爾的阿克巴．汗，但波洛克還是決心要先做好萬全的準備。他認為駐軍既已吃光了駱駝，他便沒有足夠的馱獸去乘載軍需；他評估得先籌足至少九千頭駱駝，才夠他進軍去收復喀布爾[10]。

再者，新任總督會授權他前進到何處尚在未定之天，且愈來愈多的跡象顯示鷹派出身的艾倫巴勒已開始膽怯。因為對加爾各答的空虛財庫感到焦慮，艾倫巴勒開始連番發訊給波洛克與諾特，當中強調賈拉拉巴德之圍既然已解，阿克巴．汗也遭擊退，他們必須啟動任務的收尾，並準備朝印度回歸，為此在必要之時，他們可以留下人質與戰俘，任其自生自滅。好不容易才讓阿克巴．汗抱頭鼠竄，賈拉拉巴德與坎達哈的駐軍都不敢相信他們的收復喀布爾大計竟被總督打斷。「身在阿富汗的我們彷彿動輒得咎，」布羅傅特在聽聞這消息後寫道。「此時若大舉朝王都進軍，等著我們的是必然的勝利，且幾乎一定能讓阿富汗舉國向我們稱臣……（但）將軍卻全未接獲來自政府的任何指示，由此即便進軍並無阻礙，他也只能裹足不前，畢竟他對最高層的意願毫無所悉。」[11]

在坎達哈，若林森——急於把整個阿富汗併吞進英屬印度的他——瞠目結舌地讀到說坎達哈要連同整個阿富汗被放棄的來函內容。「不由分說要我們撤軍的命令，就像青天霹靂打在我們身上，」他寫道。諾特將軍更是沮喪於他到手的勝利被硬生生奪走。「那些大權在握之人簡直都瘋了，」他寫信給女兒們說，

否則就是天意的安排讓他們盲目了雙眼。我已經受夠了這個活，受夠了這個國，更受夠了國人同胞的愚昧……我的兵已經被拖欠了四個月的軍餉；坎達哈的庫房裡連一盧比都沒有，也沒地方可以借錢。我沒有藥品給病人或傷員治療，沒有牲口給部隊拉車，更沒有錢去買或者租這些東西。剩下的彈藥聊勝於無。以上所需我已經呼籲了六個月，但迄今什麼都沒有拿到……我有多希望自己能待在像澳大利亞那樣的好地方啊！[12]

百般不願撤退的波洛克與諾特將軍使出了拖延戰術，並為此對艾倫巴勒搬出一大票理由——天候不佳、運具不足、缺錢等——並利用這段時間運作在印度與家鄉英國的鷹派去遊說艾倫巴勒，希望他能改變心意。「我想不用我說你也該知道，」發自內心配合的威靈頓公爵致函總督說，「重振我們在東方的聲威有何等的重要性。」[13]波洛克在一連串給加爾各答的信中，也有志一同地強調「我們眼下若從阿富汗撤軍，我擔心這會造成極為惡劣的觀感；這會被解讀成挫敗，我們作為強國的形象會徹底幻滅在世界的這一隅」[14]。了解到他會背上錯失良機，沒能從阿克巴．汗手中解放人質且挽救英軍威名的罪名，艾倫巴勒開始想方設法要調轉立場。

在等待艾倫巴勒讓他放手一搏的同時，波洛克並沒有閒著。復仇心切的他此時正忙著找他搆得著的阿富汗人開刀。他派隊去四處嚴懲阿富汗人，好讓賈拉拉巴德谷地中的各部落知道要怕，具體而言他讓人「連根拔起了幾個村子……一把火燒了所有可燃的東西」[15]。一支旅團被往南派進辛瓦里部落的地界，燒光了那裡的要塞與村莊，砍光了林木。光是一天的時間，就有三十五個要塞陷入火海。另外一支旅團則在砲兵軍官奧古斯塔斯·亞伯特的指揮下被派往甘達馬克去懲罰那些屠戮過第四十四步兵團殘兵的村民。「我們摧毀了所有葡萄園，」他後來記錄道，「並繞著樹齡兩百年的樹身上劃下深深的一刀。*他們的要塞與房舍遭到毀滅，他們的牆垣被炸掀，他們原本美麗的林木則被放著等死。此番懲戒不僅徹底，而且影響長遠。看著事情被搞到這步田地，確實令人扼腕，但我們不得不殺一儆百。」[16]

麥葛雷格作為軍中的政戰官，也在筆下肯定了這樣的殘暴與毀滅，他表示牆倒了不久便能重建，但把樹弄死——「文明人看著或許會覺得野蠻了點」——卻是唯一一個能讓阿富汗人「感覺到我們權力重量的辦法，因為他們樂於在樹蔭下安歇」。任何村落只要被認定幫助過阿克巴·汗，英軍就會一道令下「著即展開破壞，只求不論是村民的要塞、房舍、樹木、作物或布撒（boosa）†皆無一倖免」[17]。

在此同時，夏日的熱浪來襲，而隨之而來的還有疾病，而這都增添了被留在賈拉拉巴德等待的英軍挫折感。「軍官之間深感失落，」葛林伍德中尉寫道，

而行伍之間則開始叨念大作，主要是枯等消逝的時日從一開始的數日變成後來的數週，我們依舊毫無動作……駱駝與馱獸每天大批死去，強烈的屍臭與龐大軍營的各種髒汙穢物直逼人的忍

受極限。放眼四下都是大量的腐敗，難以計數的蒼蠅從中繁衍出來，讓空氣變得一片黑壓壓，而這樣的一股股洪流，也讓人幾乎沒有片刻安寧可以歇息。補給質差量少。疾病開始在官兵中蔓延，他們厲聲抱怨他們是被帶來這瘟疫四起的屋裡死得像個懦夫，而沒有立刻由人帶領去殺敵[18]。

氣溫在短時間內升至攝氏四十三度，許多銷聲匿跡的軍官都是躲進了地面下的避暑室裡，他們是在舊屋的地下室發現了這些冷房。

在要塞之內，其中一人似乎格外鬱鬱寡歡。每晚當部隊在用晚餐之時，賽爾將軍就會溜開去「看似在默默巡視我們的工作進度」，湯瑪斯．席頓寫道，「但其實是去思索他妻女的危急處境，並在內心天人交戰著進行救援的可能性」。席頓明白賈拉拉巴德之圍既解，燃眉之急已熄，賽爾將軍也愈來愈把心思沉浸在他家人的命運上，尤其艾倫巴勒如今又在考慮要任由被關著的戰俘與人質自生自滅，讓英軍逕自從阿富汗撤退。同時圍城期間還有流言說阿克巴可能會把賽爾夫人帶到城牆前，然後當著賽爾將軍的面折磨她，藉此逼他投降。一晚，當值站哨的席頓發現賽爾將軍又在隻身走來走去，於是他便鼓起了勇氣去問將軍，他想知道的是若傳言屬實，將軍會怎麼做：「轉身面向我的他臉色既蒼白又嚴峻，但也因為深刻的情緒而有所動搖，這樣的他回答我，『我

* 作者註：同樣的手法也被塔利班用在舒馬里平原上的果園與葡萄園內，終於失去耐性的塔利班以此對付的是在一九九〇年代，以塔吉克人為主的帕爾旺村莊。

† 譯註：即秣草；可查詢字彙章節。

—我會把所有火砲都對準她；就算讓我這把老骨頭埋在這座要塞的瓦礫之下，我也絕對不會投降』。」[19]

事實證明賽爾將阿克巴．汗擊敗，對賽爾夫人與她身邊的其他人質而言是憂喜參半。如同之前的賈拉拉巴德駐軍，夫人與其他人質也聽說了波洛克落敗的謠言，並因此深陷於他們不知要被囚禁多久的憂鬱深淵。而賽爾出擊告捷且波洛克也成功穿越開伯爾的消息雖是喜訊，卻也讓他們面對起新一波的動盪。在經過十一週的穩定生活後，夫人與其他人質聽令上馬，準備接受北送，免得英國人動起要營救人質的念頭。他們後來得知在賈拉拉巴德之役後，許多酋長——尤其是東吉爾宰的那些——就已經要求將英國人質處死，多虧阿克巴．汗力排眾議才救了他們一命[20]。

在他們要展開北漂之前，英國人身上的好東西被他們的關押者搜刮一空，而這人就是阿克巴的岳丈莫哈瑪德．沙．汗，也就是出身拉格瑪納，巴布拉克凱的吉爾宰酋長。賽爾夫人稱他「取走了邁克諾騰夫人所有的珠寶首飾，價值不下伊拉克盧比，外加她的諸多圍巾價值也落在三四萬盧比之間」。但賽爾夫人並不打算任由他們這樣為所欲為：「那只被他們眉開眼笑拿走的櫃子——我在裡頭放了垃圾，還有一些我用不上的小瓶子，希望那些阿富汗人能把瓶裡的東西當藥吃下，然後感受到它們的效果；其中一瓶裝著硝酸，另外一瓶裡則是強力的銀丹（硝酸銀）溶液。」[21]

數日後帶著人質的車隊遇上了另外一支車隊，後者載著負傷的阿克巴．汗，要返回喀布爾。喬治．勞倫斯看到了在轎中的他從面前經過。「一臉蒼白的他看來病懨懨的，」勞倫斯寫道，受傷的手臂則吊著三角巾；他周到地向我們回了禮。他在我經過他面前的時候面露笑意，並示意要我過去一下，然後他以非常自在且甚具軍人風範的口氣談及了賽爾將軍的勝利還有自己的敗績，言談中還不忘稱許我方官兵的英勇善戰，尤其是乘著白色戰駒一馬當先的賽爾將軍令他印象深刻。他承認自家軍隊逃得倉皇，包括他本人都得下轎上馬才得以脫身。若是我軍能再多追個幾英里到河岸邊，他早就被逮住了，因為他在河畔待了好幾個小時，才等到可以載他渡河的木筏[22]。

揮別之後，阿克巴．汗繼續朝著喀布爾而去，而英國戰俘則走另一條路被押解到德金山口頂端的一處要塞，途中他們又重返了一月時撤退的老路，與不少慘烈屠殺遺留的恐怖人事物擦身而過。「許多遺體因為被嵌在積雪裡，所以幾乎沒有腐壞，但多數已經只剩下一具白骨，」勞倫斯記述道[23]。比曝屍荒野更悲慘的是英軍殘餘在野外的印度士兵，他們當中有人還躲藏在高山山口的洞穴中。賽爾夫人望見一個山洞前方有堆積如山的人骨，「而從那靠近洞口處的血跡斑斑看來，實情恐怕是洞內有人住著，並靠著你吃我我吃你來滿足食慾。我看見三個鬼影雙膝落地在洞口邊爬行，還能聽到他們在我們經過時的呼救聲音」[24]。

接下來的幾天，被迫踏上此番遠行的人質遇上了傾盆大雨與後續的泥濘。而就在索羅比（Sarobi）附近這場豪雨當中，有如風中殘燭的艾爾芬史東將軍終於來到了生命的盡頭；一如將軍早就預料到的，他也回不到在蘇格蘭邊區，他鍾愛的松雞獵場了。雖說在場的英國人會有今天的慘況，幾乎可以說是將軍隻手造成的結果，但他畢竟有其個人魅力，所以其他人質還是忠實地照顧他走完了人生最後的一程。尤其殷勤的麥肯齊與勞倫斯還與將軍的勤務兵摩爾（Moore）輪班守著在彌留中的將軍，並且雖然手邊沒有任何藥品，但麥肯齊「用石榴皮製成的一種飲料來多少緩解他臨終的折磨」[25]。「他三番兩次告訴我他希望，甚至祈求上蒼讓他死去，」勞倫斯寫道。「他說自己不論是睡是醒，慘烈撤退過程中的種種恐怖都讓他歷歷在目。我們都非常同情他，也試著撫慰這位老人家，但效果並不彰，因為他早已身心交瘁，且顯然發生的一切都讓他心碎。他的傷遲遲未癒，但他對此已然不在意；他精神上的痛苦已經強烈到無法因為身體上的折磨而分心……。」[26]

在他人生的最後一晚，艾爾芬史東向摩爾要了盆水跟一件乾淨的襯衫。等梳洗更衣完畢，他讓麥肯齊誦讀了人臨終的禱文，然後請泣不成聲的摩爾把他頭抬起。「我在可憐的將軍身旁，光禿禿的地上躺下，」勞倫斯寫道。

（他）似乎整晚都沒有闔眼，他的痛苦就是如此劇烈。

我幾次與他攀談，但他只是不住謝我，並說他真的沒有什麼我能為他做的了，還說一切很快就會告一段落……他身處在劇痛中，但他還是半堅毅半放棄的忍下了一切。他反覆向我表達了深切的遺憾，因為他早該在撤退時就倒下才對。他敦厚、溫和的秉性，還有斯文有禮中的公正超然，都讓他贏得了我們全體的敬重，而我們對他的先行離去有說不出的惋惜，只不過死對他來說不啻是一種幸福的解脫[27]。

一得知將軍的死訊，阿克巴．汗就很俠義地下令說該讓遺體在摩爾的護送下運回賈拉拉巴德，但或許是艾爾芬史東的命到死都轉不了運吧，他們主僕一行在南下的途中遇上了一群路過的聖戰士，結果對方一發現他們運送的是什麼，就開了棺，把將軍的遺體扒了個精光，還拿起石頭去砸。為此阿克巴又派了第二隊騎兵去救回遺體還有護送的摩爾，然後將兩者一起以木筏沿喀布爾河而下，送至賈拉拉巴德的門前。

四月三十日在賈拉拉巴德，命運多舛的將軍終於在波洛克與賽爾的安排下，在完整的軍禮中下葬安息*。

隨著阿克巴．汗慘敗的消息傳至喀布爾，加上潰不成軍的傷兵從四月八日起開始一跛一跛地進城，恐慌開始蔓延，許多巴拉克宰的支持者都開始逃往山區[28]。

法特赫．姜與薩多宰其他從舒亞死後就戰戰兢兢躲在巴拉希撒堡，不敢出來的王子，如今再度興起了希望。他們開始蒐集食物與彈藥，並在主要盟友阿米努拉．汗．洛加里的鼓勵下開始與科希斯坦的塔吉克人展開談判，希望能召募更多兵力到他們的陣營。一如過往的常態，喀布爾又在巴拉克宰與薩多宰兩大勢力的影響下分裂成敵對的兩方，這一次是納瓦布．扎曼．汗的巴拉克宰軍要在慌亂中抵禦來自阿米努拉與其薩多宰盟友對其院落的進攻。「阿米努拉的力量與日俱

* 作者註：艾爾芬史東的遺體最終由波洛克搬遷並重新安葬於加爾各答的公園街墓園（Park Street cemetery），不遠處就是邁克諾騰的陵墓，當中埋葬著邁克諾騰夫人為丈夫多少撿回的遺骨。

增，」莫漢・拉勒・喀什米爾在四月十日一份發到賈拉拉巴德的函文中提到。「他控制了沙阿與法特赫・姜的庫房，而且還在招募他自家洛加里部落的子弟兵。」[29]。

對事態的發展，賽爾夫人不改其本色有一說一。「興致勃勃的各派系在喀布爾陷入了混戰，」她在日記中寫道。「納瓦布・扎曼・汗說他將為王，阿克巴亦復如此，賈霸・汗（Jubber Khan）也不甘寂寞，阿米努拉抱持類似的憧憬，還有就是莫哈瑪德・沙・汗跟法特赫・姜沙扎達（王子）。」對此她還補充說：

> 天天都有軍隊出來交戰……此刻正是給予他們迎頭痛擊之時，但我擔心英軍會因為有我們這一小撮人握在阿克巴手裡而投鼠忌器地磨磨蹭蹭。跟國家榮譽比起來，我們的生命算得了什麼？當然我並非一心求死，想在脖子上被劃上一刀；相反地，我希望自己能活著看到英國打勝仗，讓英國旗幟再一次飄揚在阿富汗的土地上；然後我對讓埃米爾・多斯特・莫哈瑪德・汗重新稱王就沒有異議了：我只是希望先讓他們看看我們有能力征服他們，讓他們不老實的酋長能吃一嘴沙而知道謙遜，也為我們被齷齪手段殺害的官兵出一口氣；萬不可像挨了鞭子的敗犬一樣偷偷摸摸地離開此地，那只會辱沒了英國的威名……
>
> 且讓我們的總督與總司令去負責這些吧，我就負責坐著幫孫兒們織襪：但我畢竟身為軍人之妻已久，要我眼看英國的尊嚴遭到玷汙而一聲不吭讓我如坐針氈……若今天當權的是我，我必會讓那票酋長們終生難忘。都說女人的復仇心切讓人不寒而慄，而我對阿克巴、蘇丹・詹與莫哈瑪德・沙・汗的不共戴天之仇將永遠沒有人能還清[30]。

此番僵局與不確定性被打破於五月九日，阿克巴・汗來到喀布爾的那天。憑藉他一貫的精力與果決，他當即將薩多宰族圍困在他們的要塞中，並選在對方最脆弱的各塔樓下方掘出一系列坑道。利用在賈拉拉巴德爭取支持者時讓他無往不利的招數，他再次自命為伊斯蘭的急先鋒，順便把薩多宰人塑造成通敵叛國的卡菲爾之友。他寫信給各酋長說「在與偏離正道的異教種族一較長短的過程中，至為重要的是具有真實信仰的全體成員必須團結一致，而正因為如此，潛心於真實信仰的追隨者才會首肯並選擇我做他們的領袖，才會任由自己接受我的調動」[31]。

短短一週多一點，他就設法買通了阿米努拉・汗背棄薩多宰陣營。一週後他又說動了米爾・哈吉，並隨之策反了喀布爾烏里瑪階層還有科希斯坦人[32]。阿克巴・汗還召募並武裝了一支步兵與砲兵的綜合兵團，其組成份子竟然是在英軍撤退途中叛逃的印度士兵。等到五月底，他的軍旗下已經雲集了一萬兩千名兵力，數量遠超過薩多宰的守軍，兩者的比例達到了三比一[33]。在承受了連續一個月的砲轟與挖坑攻勢，並且耗盡了自身所有的火藥與砲彈存量之後，法特赫・姜終於無奈投降。阿克巴・汗在六月七日進入了巴拉希撒堡。

當月底，法特赫・姜被迫將權力移轉給了阿克巴，而阿克巴也正式自命為瓦齊爾，然後一舉侵吞了法特赫的全數資產。法特赫・姜被逼著寫信給波洛克表示，「我已經把我的全副財產與大小政務轉交給薩達爾莫哈瑪德・阿克巴・汗來全權處理，同時也永久放棄了在事涉各層面的種種問題上進行評斷與調解的完整權柄，將之移交了給薩達爾。不論他與英國政府達成了什麼樣的安排，我都在此同意、確認，且不做任何修改」[34]。

一開始阿克巴・汗還看似需要一個薩多宰的傀儡來提供他在統治上的正當性：即便王朝在與

可恨的卡菲爾結盟後，形象已經遭到了玷汙，但艾哈默特．沙．阿布達利直系的號召力就是如此強大，以至於阿克巴此時仍覺得有必要維持薩多宰作為國家元首的門面[35]。但是到了七月份，他便已厭倦了裝模作樣，再加上七月中他攔截到一封法特赫．姜與波洛克之間的書信，於是他便立刻將薩多宰的所有王子跟又老又瞎的沙．扎曼集合起來，關押在巴拉希撒堡的頂端。「阿克巴認為這封信違反了所有的榮譽傳統，並且破壞了沙阿與他達成的協議，」費茲．莫哈瑪德寫道。「他因此把沙阿拘禁起來，沒入了法特赫．姜至今取得所有的珠寶與精品。還不滿足的瓦齊爾想用鞭刑來懲罰沙阿，並將他擁有的一切充公。」[36]

就在他以瓦齊爾的身分，權勢如日中天，並將巴拉希撒堡納為他個人宮殿的時候，阿克巴．汗決定邀請以晚宴款待在加茲尼陷落時被俘，最近才依他之令被帶到喀布爾加入其他人質的英國軍官。在這些英軍軍官當中有一名沉默寡言，但日後會改變印度歷史走向的年輕阿爾斯特人，約翰．尼克森上尉。尼克森並不是個隨便就能讓他看得起的人，但他後來在給母親的家書中寫道他「從來沒見過如此一群具有紳士風度而教養良好之人。他們俊美到令人咋舌，阿富汗的薩達爾們向來如此，而且甚具威儀……我環顧四周，看到的既有弒父之人，亦有弒君之人——殺死我們公使的兇手列於其中，或許還算是手上鮮血比較少了的」[37]。尼克森的同袍克勞佛中尉也同樣被阿克巴．汗無可挑剔的儀表給嚇了一跳。「我們獲得了賓至如歸的接待，」他事後寫到，

我無法置信的是眼前這個看起來粗壯、開朗、心胸開闊的年輕人，這個如此親切地對我們噓寒問暖，關心我們一路過來辛苦了的年輕人，竟然可以是殺害邁克諾騰的兇手暨率隊屠殺我們軍隊之人……他令人備好了晚餐，還派人把特魯普跟帕廷格叫來跟我們見面；等兩人到了之後，

我們所有人便一起入座享用起我幾個月以來最豐盛的一頓晚餐。席間瓦齊爾與我們就各種話題有說有笑……隔天早上這名大惡魔給我們送來了精美的早點……並且他問了我們能不能列張需求清單，看我們缺不缺衣物什麼的，好讓他能替我們準備齊全[38]。

若說有哪一個人沒獲得瓦齊爾如此尊榮的款待，應該就是柏恩斯的前芒西跟情報主管，莫漢．拉勒．喀什米爾了。阿克巴．汗攔截了一些莫漢．拉勒與英方的通信，發現了這名芒西曾積極替法特赫．姜張羅武器彈藥。所受待遇與英國戰俘形成強烈對比的莫漢．拉勒被第一時間扔進單人牢房監禁，接著便是毒打與酷刑。「我被強迫躺下，然後身上被放了一張臥榻，接著就是有人在上頭一邊跳，一邊拿棍子揍我，或是用非常粗暴與不人道的方式折磨我，」莫漢．拉勒草草寫成一封顧不得文法的信件，並將之偷渡到了賈拉拉巴德去通報情況，「阿克巴開口就跟我要三萬盧比，他說否則他就挖了我兩眼；我被打得遍體鱗傷。但沒有政府命令我什麼也不能答應，只能眼睜睜看著自己遭到蹂躪。笞跖之刑讓我的腳掌傷痕累累。」[39]

一週之後他把消息傳出去說自己的處境每況愈下：「有時我會被按住雙臂，背上被壓上一塊大石，然後紅辣椒會在我鼻子跟眼睛前燒。有時候我會受笞跖之刑。我受盡了各種你想得到的痛苦。他要的三萬盧比在狠狠虐待過我之後，已經到手了一萬二，其餘他說若沒能在十日內付清，他就要挖了我的眼睛，用烙鐵燒我的身體。」他接著懇求若自己不幸罹難，政府能夠照顧他在德里的妻子、兩個孩子與老父親。

在又被折磨了數日之後，莫漢．拉勒陷入了絕望，並開始在筆下以第三人稱自稱，就像已經自我放棄了一樣：「莫漢．拉勒被狠揍了三回，並且受盡了屈辱與虐待。他迄今已經被迫繳交了一萬八千盧比，天曉得這之後還會有什麼厄運降臨。請行行好，做點什麼來解除他的痛苦。」[40]但沒了柏恩斯的庇護，莫漢・拉勒在波洛克的陣營中完全沒有朋友，也沒從在賈拉拉巴德的英國雇主處收到隻字片語的信件或保證。唯一一個嘗試籌錢要贖他的人，是他在德里學院的老同學跟「搞情報」的同行，韋德的芒西沙哈瑪特・阿里。人在印多爾的他想從在喀布爾的印度教銀行家那兒緊急貸一筆錢來促成他的獲釋[41]。最終靠波洛克慢慢吞吞發給阿克巴・汗的抗議信，阿里解救了老友，但顯然有件事他還是晚了一步，那就是莫漢・拉勒已經皈依了伊斯蘭教[42]。

在此期間，阿克巴・汗已經重建了巴拉希撒堡防務，重挖了壕溝，並在當中存放了食物與彈藥，為萬一英國想奪回喀布爾，做足了抵禦英軍來犯的準備[43]。他同時還派了人前往德金與庫爾德—喀布爾山口最狹窄的幾個點上，用石壘與胸牆將那幾處要塞化。就時間而言，他最後算是勉強趕上了。

七月二十二日，在歷經了三個月的等待後，波洛克與諾特終於接獲了他們引頸期盼的命令。為了把所有責任都推給兩名將軍，字斟句酌的艾倫巴勒爵士授權波諾兩人依自身的選擇「經由喀布爾撤退」。此外他還命令兩人「要留下英軍力量的決定性證據」[44]。就此兩名將軍展開了誰能先趕到喀布爾的競賽，只不過諾特要完成的路程遠比波洛克多得多——前者要走大約三百英里，後者只有一百英里。

「他們既然鬆開了我的手腳，你們就等著看吧，我會劍及履及，不會讓草長於我的腳底，」—諾特在當晚給女兒的家書中顯得興奮不已。「此刻伏案執筆的我充滿了信心，我相信我出色而高貴的勁旅將給予他們迎頭痛擊。」[45]

天底下只有一個人比他更難掩欣喜。「我實在太興奮了，」賽爾將軍一經進軍命令發布就在信中提及，「興奮到我簡直無法寫不下去。」

就在一片「喧鬧與混亂」之中，諾特將軍終於最後一次將軍隊開出了坎達哈，率領六千兵力啟程於八月八日[46]。

這一走，他把身後的城市交給了沙・舒亞的小兒子薩夫達姜王子掌理。這名據說是魯得希阿那舞孃之子的俊美小王子，宣誓要替薩多宰族看好這座城池，惟諾特並不相信王子能在他離開之後撐得了多久，並暗地裡認為「我們一撤，城內必陷入一團混亂與血光之災」[47]。但小王子決心要能撐多久就撐多久。「我們將一心一意，只想著怎麼以最果敢的決心報陛下的血仇，」薩夫達姜王子寫信給剛離開的諾特將軍說。「此刻我滿腔熱血沸騰，我滿腦子想的只有如何才能報仇雪恨。我向神起誓只要一息尚存，我就不會為了別的事情分神：就算將落得與父親相同的命運，我也要為了報殺父之仇而放手一拚。」

十一天後，波洛克領著八千多一點的兵力出了賈拉拉巴德。這路英軍走上的是一條驚悚得多的路徑，主要是懲戒之師愈往前走，他們途經的屍體就愈多，整趟旅程也就出落地更加恐怖。首先他們看到「六十具骷髏散落在（甘達馬克）山丘上，其中有的一眼就能被辨識出是軍官，因為附著在骷髏頭上的長髮還清晰可見」。等到軍隊抵達賈格達拉克，「那山口因為死屍過多而顯得壅塞，他們不得不先把屍首移開才能讓火砲通過，」湯瑪斯・席頓寫道。「那一幕著實恐怖，而我們一想到像這樣的災難，我們將永遠無法真正地復仇，感受更是心如刀割……一路走來，在每道溪壑與每個角落，都能發現自喀布爾亡命至此的屍首與骨骸，就倒在他們或遭擊殺、或力竭倒

地而被凍斃的地方。」[48]「有些只剩單純的骷髏，」葛林伍德中尉言道，

但也有些遺體保存的比較好。後者的容貌仍完美無損，只不過毫無血色。他們的雙眼已明顯遭到猛禽啄食，而如今在我頭頂盤旋的牠們似乎認為我入侵了牠們的地盤。就在我們轉過角落一塊有五六具遺體堆成一落的大石之後，一隻原本在以之為盛宴的兀鷹漫不經心地跳開了一段距離，還懶洋洋地拍動著其巨大的翅膀，但最終還是提不起勁起飛。我懷著悲傷的心思撇開了頭，不去看那令人作嘔的一幕，只是咬牙切齒地下定決心要用盡全力，把我們欠阿富汗人的復仇之債，一併還他們一個痛快[49]。

更糟的還在後頭。在賈格達拉克不遠處的冬青櫟屏障處，他們發現了數以百計被刺穿在籬笆上的屍體，依舊癱軟在他們摸黑想爬過棘刺時被擊斃的地方。再過去一點，在賈格達拉克泥造要塞的低矮泥牆內，他們看到的是「八十到上百具骨骸被扔做一堆」，須知英軍縱隊曾在此停留一天兩夜，暴露在吉爾宰傑撒伊火槍的兩側火力夾擊下，徒勞地等著薛爾頓與艾爾芬史東從與阿克巴·汗的談判中回返。「他們整整齊齊在行伍中遇害，也在行伍中為我們發現，膚肉都還留在身上，每張臉都完全可以供熟人一眼認出」。相距不遠在山谷的頂端，是一座小型的圓形瞭望塔，他們在那裡發現了數百具印度士兵與隨營人員遺體，這些人是被阿富汗人捉住後扒光衣物，趕進雪地中等死。

整間屋子都滿滿的是骷髏與腐敗中的屍體，足足可以頂到天花板；外頭則有屍骸堆成的一座

圓丘，高度也有門的一半，並從牆邊一路延伸二十七英尺，致使階梯完全遭到覆蓋。那景象令人怵目驚心。這些英國難民似乎是想爬進屋內避禍，其中晚到者踏在前人身上，並使前人窒息，他們於是把前人的屍體拋出去，然後自己也是一樣的下場——被更晚到者踩踏到窒息，然後遺體被拋扔出去。

> 戰爭拖於身後的是一項令人膽寒到無以復加的邪惡——戰爭會孳生出復仇之心，會撩動蟄伏於人胸廓之中那些為惡的激情，會慫恿由上帝形象造出之人類去從事那些不適宜的惡魔之舉……如今印度士兵會一有機會就向活人報仇，退而求其次則洩恨在死者身上[50]。

任何地方只要被認為與阿克巴・汗有所牽連，就會遭到嚴懲。有個被果園與花園包圍的可愛村莊被英軍認定是瓦齊爾鍾愛的避暑勝地，結果即便村民未戰即降，但「房屋依舊一間間被毀，樹木一棵棵被剝皮或砍倒；這之後分遣隊才在大肆搜刮了肉牛、綿羊與山羊之後，朝著英軍營地滿載而歸」[51]。

諾特的進軍比起波洛克，一開始算是軍紀比較好，也比較不暴力。但在某村發生了吉爾宰耆老下令正式投降，但還是有幾名英軍被殺後，一場大規模的屠殺隨之而起：所有過了青春期的男性都被刺刀殺死，女性都被侵犯，財物也被搶奪一空。「眼淚或哀求都毫無作用，」內維爾・張伯倫寫道。「滑膛槍被刻意高高舉起後，手指這才扣動扳機，人則慶幸著倒斃者是對方而非自己。這些可怕的殺人行徑（這些事就此映入上帝眼簾，祂必然會做如是想），是真實的邪惡……此處是阿富汗極美的一處谷地，但我們卻在這留下了滿目瘡痍；與都斯坦人對阿富汗的憤恨之烈，他們不會對讓任何可以摧毀的人事物網開一面，而他們所及之處所有的要塞與地點，也很快就都燃起了熊熊火焰。」[52]

諾特的隨軍牧師艾倫（Rev. I. N. Allen）更是在震驚之中寫道身為一名神職者，他鮮少需要目睹這樣的場面。「每扇門都被闖入，」他寫道，「每個人只要被發現或追到就是死，為此他們從一處庭院跑到另一處庭院，從一座塔樓跑到另一座塔樓，但逃脫者少之又少……有扇門怎麼叫都不開，結果被一挺六磅砲轟開，破門後每個人都被刺刀殺害。」[53]一名士兵在隔天走訪了村中的要塞，而他描述他看到「大約一百具死屍橫陳，六或八名孩童被藏在一堆堆燒盡的秕糠之下，已被烤成焦屍。一名女性是要塞內僅存的活物。呈坐姿的她宛若絕望的寫照，因為她身邊就躺著死去父親、兄弟、丈夫與孩子，原來她稍早將罹難的親人都拖到同一處，然後讓自己坐在中間」[54]。

一來到加茲尼城外，諾特就與由該省巴拉克宰總督所率的一萬兩千名杜蘭尼軍進行了一場短暫的激戰。在守軍退入城內後，諾特便在對方火砲的射程外安營紮寨。隔天早上英軍發現加茲尼成了一座空城：吉爾宰人明明近期才獲蘇丹．詹從喀布爾派兵馳援，但此刻仍「戰意盡失」，連夜撤離了加茲尼。破曉時分，諾特炸開了城門，並在官方報告中扼要地表明，「在我的指揮下，加茲尼城連同其堡壘乃至於整副防禦工事，盡皆遭到摧毀。」[55]。

這麼一來，有待完成的就只剩下最後一個儀式。因為讀了詹姆斯．米爾（James Mill）的《印度史》（*History of India*）這本作者眾所周知沒去過印度、一個印度人都不認識，也沒學過印度任何語言的著作，艾倫巴勒徹底誤以為加茲尼（王國）的馬哈穆德（Mahmud of Ghazni；九九八－一〇三〇）陵墓的門板是這名蘇丹據傳在古吉拉特（Gujarat）掠奪偉大印度神廟索姆納特（Somnath）時竊取的傳奇檀香木門。事實上這些門板跟陵墓本身是一體成形——都出自十一世紀賽爾柱（Seljuk）工藝的手筆——換成若林森就能一眼從木工表面的阿拉伯文銘文看出端倪，畢竟這些銘文包含在極具伊斯蘭色彩的六角星內，而且周圍還妝點有錯綜複雜的阿拉伯風格花紋。但這些最終都無關宏旨——反正艾倫巴勒開口要這些門，這些門就必然會歸了他。

該發的宣言，艾倫巴勒還是發給了北印度與西印度的部落酋長與土邦王侯，當中這位總督論及八百年來的羞辱終於獲得了平反，殖民時代前的印度對阿富汗數世紀的臣屬，終於獲得了扭轉：多虧了英國人，這些門板曾經是印度之恥辱的紀念物，如今反過來成了印度兵鋒更盛於印度河另一端諸國的證物。這些門板沒少由聲勢浩大的人馬陪同在印度四隅遊行，大張旗鼓地對著兩旁莫名其妙的印度民眾宣揚英國治下未曾稍減的強大與仁厚。但印度的土邦王公對此毫無反應，信仰印度教的民眾更是不解其意，因為誰都不知道他們有哪裡的門不見了[56]。如若林森在監督拆下這些美麗賽爾柱木工時所說：這些門板根本不可能「完璧歸趙」，因為它們原本就不屬於索姆納特神廟；神廟已經荒廢千年之久，遑論印度教徒根本對這整齣鬧劇無動於衷[57]。

甚至阿富汗對這些門被弄走也不甚介意。按若林森所言，看館陵墓祠堂的廟祝僅聳了聳肩頭說：「你們要這些老木頭，究竟有什麼用？」[58]米爾扎．阿塔的言詞更是鋒利：「艾倫巴勒下令把這些門送到印度，好用來宣傳呼羅珊被英國征服了又征服，也可以讓人明白為什麼在一個幾乎無利可圖的國度，軍事行動可以造成如此大的支出。有句話說得好，真正的權柄無須俗不可耐的宣傳！此時此刻，真正歷久不衰的紀念碑是至今仍堵塞著呼羅珊幹道與旁支，眾多英軍的腐爛遺骨。」[59]

整個七月，關於談判與交換人質的嘗試就進行了數遍。麥肯齊與勞倫斯先後被派去賈拉拉巴德與波洛克談約，但最終都沒有談出結果，而麥勞兩人也在談判後依約返回阿克巴．汗的身邊，沒有食言而肥，因為身為人質，他們早先承諾過阿克巴．汗不會一去不回。

帕廷格特地去函提醒波洛克，萬不可用一紙協約換回英國軍官與其女眷，卻同時拋棄為數眾多的印度士兵在阿富汗孤立無援。「若不想讓英國的名聲與人格受到我們自家國民與在印度士兵的口誅筆伐，那我們就決計不可掏錢讓少數歐洲人獲釋，」他寫道，

卻同時讓成千上萬我們的印度士兵與隨營平民在這個國家的各地淪為奴隸。許多其他的可憐之人有的被奪去了他們的手腳，有的以其他方式身體殘缺，他們都正靠著乞討在生死之間掙扎，而這些人若不能重獲自由，則他們就算不是全部，也必然將有一大部分活不過將至的凜冬，而我感覺若單單是我們被贖回，則政府必將因為做不到一視同仁而成為被怨恨與譴責的對象。[60]

除此之外，滯阿的印度人的處境也有其急迫性。一名奴隸販子走訪了人質被拘留的要塞，而他告訴賽爾夫人說「四百名興都斯坦人被誘捕於喀布爾，他們會上當是因為被保證可以平安前往賈拉拉巴德……男人以四十五盧比出售，女性則是二十二盧比一個。」稱霸阿富汗市場的烏茲別克奴隸商人最惡名昭彰的，就是他們動輒會行在俘虜身上的殘暴手段。喬西亞．哈連在途經霍勒姆時，描述了一種「慘無人道的器材」在烏茲別克人手中，會不可思議地被用來把俘虜縫到馬鞍上。「為了讓囚犯不敢不跟上步伐，一束粗糙的馬毛會經由彎曲的長針被穿過鎖骨的下方與周邊，距離鎖骨與胸骨的交會處只有短短幾吋，然後這束馬毛會被做成一個圈套，當中穿過一條繩索連

到奴隸主的馬鞍上。這麼一來，囚犯就會被迫與不斷走遠的騎士亦步亦趨，加上其雙手被綁縛在身後，整個人豈是無助二字而已。」[61]由此當阿克巴警告波洛克若他妄圖奪回喀布爾，英國戰俘將立刻被北送到布哈拉的奴隸市場賣掉，人質有很好的理由感到害怕。

就在英國戰俘待在喀布爾城外一個相對舒適要塞中的同時，阿克巴得知了波洛克與諾特的部隊已開始分兩路朝他的王都進軍。他最親近的盟友莫哈瑪德・沙・汗・吉爾宰鼓勵他好好準備與卡菲爾進行最後的殊死決戰。「他們想戰，」這名岳丈告訴他的女婿，「那就成全他們——就讓雙方戰至白刃相對，讓我們將他們盡數殲滅。」[62]那個星期五，瓦齊爾策馬前往了普爾伊齊斯提禮拜五清真寺，並在其講壇上發表了慷慨激昂的演說，呼籲眾人與英國人打一場不是你死就是我亡的最終聖戰。

八月二十五日晚，正當人質準備要就寢之際，他們收到一道不祥的命令是他們將立刻被北送到興都庫什。憑藉著月光，他們被逼著把僅剩的個人物品裝載在被阿克巴送來給他們的小馬與駱駝上。女性第一次被告知要穿上能包住全身的阿富汗布卡罩袍。高燒不退並自認來日無多的麥肯齊被安置在名為卡賈瓦（kajawah）*的柳條馱簍中，懸在駱駝的身側[63]。就此出發的他們經過了喀布爾的近郊，還有巴布爾陵墓的外牆，然後踏上了通往科希斯坦的路上。他們得知自己的第一站會是阿克巴・汗至北的要塞。這座要塞扼守著古老的佛教聖地巴米揚谷地，而該谷地又以擁有巴米揚大佛而揚名[64]。

在押解他們的四百名非正規騎兵當中，最前方的是一名齊茲爾巴什騎兵軍官，名叫薩利赫・

* 譯註：可查詢字彙章節。

莫哈瑪德·汗（Saleh Mohammad Khan），原本效力沙·舒亞的他改投多斯特·莫哈瑪德，是後者於一八四〇年從布哈拉回歸後的事情。喬治·勞倫斯與修·強森都因為這段淵源而跟他算是點頭之交，而艾德瑞·帕廷格則發現有十名衛兵是他的騎兵舊部，並曾在一八三八年的赫拉特之圍中協助過他。此外甚至有看守麥肯齊的兩名傑撒伊槍兵曾在喀布爾兵營被圍時與他並肩作戰[65]。帕廷格、勞倫斯、強森與麥肯齊都很快就意識到有機可乘，並開始探起口風，看看有沒有哪一個衛兵願意接受賄賂。對方一開始全都敬謝不敏，但隨著隊伍慢慢往北走上險峻陡峭的商道，翻過古盧（Kulu/Kalu）的荒山野嶺，然後穿越哈扎拉地區的高海拔斷層，也隨著波洛克與諾特大獲全勝的報告傳來，衛兵們的態度紛紛有所軟化。

首先有所突破的是強森。「薩利赫·莫哈瑪德是個性隨和又討人喜歡的傢伙，」他在八月二十五日的日記中寫道，

而且內心對我們這些卡菲爾毫無芥蒂。身為一名傭兵他無所謂自己抓到的是誰，這樣的他去過布哈拉，也在幾個月前參與拿下了科赫桑（Coucem/Kohsan）。我整路都在馬上與他同行，期間我非常享受他講述在各地的經歷。把自己看做是大英雄的他可以滔滔不絕地講述自己的英勇故事，而我出於兩個理由也願意洗耳恭聽，一來是我真的聽得很開心，二來是有我這個聽眾讓他感覺非常受用，而我希望他能因此為我所用。

數日之後，強森選了一個兩人獨處的時刻提出了他的請求。「隨著我與我們的指揮官愈混愈熟，」他寫道，「我利用周遭沒有第三人聽得到我們的機會，用耳語向他表示我們會給他成山的

盧比，只要他不送我們去巴米揚，掉頭送我們去與諾特將軍的部隊會合。值此我順便向他美言了幾句興都斯坦的各種宜人之處，推薦那兒是個他在解放我們後可以興起前往一遊的地方。一開始他似乎有點驚訝於我會半開玩笑半認真地搬出這個提議，不太知道自己應該怎麼想。」[66]但很快地，薩利赫．莫哈瑪德就挑明了說「他想知道我們的誠意到哪裡」，並開口要英國人質為能獲得解放開出個認真的價碼[67]。

隊伍抵達巴米揚後，談判仍持續在進行中，主要是神通廣大的莫漢．拉勒透過他在喀布爾的齊茲爾巴什友人送來了一張張本票。

等阿克巴．汗捎來封信，命令薩利赫．莫哈瑪德．汗將人質往更北送到霍勒姆後，勞倫斯也隨即將開價加碼，表示可以馬上付清兩萬盧比的頭期款，未來還會終生支付他每個月一千盧比。按阿塔．莫哈瑪德所說：「『黃金是一種甚妙的物質：看著就能讓人眼睛流露笑意，聽著就能替人驅走憂鬱。』這提議讓薩利赫心念一轉，讓他打算起了要讓俘虜們重獲自由。」[68]

靠著薩利赫．莫哈瑪德．汗的協助，戰俘在收到暗號後奪取了他們原本被脅持的要塞，並且只要原本看守他們的衛兵願意轉而確保他們在獲救之前的安全，就給他們相當於四個月薪水的外快作為報酬。當薩利赫把一堆滑膛槍交由戰俘們，讓他們也一起幫忙防守要塞時，後者的反應非常驚異，他們沒想到在當了這麼多個月任人擺布的俘虜之後，命運竟然也可以掌握在自己的手裡，以至於他們一開始沒有人志願加入守軍陣容——直到賽爾夫人站了出來。「想著能喚起眾人羞恥心，讓他們願意挑起自己的責任，」她後來寫道，「我對勞倫斯說，『你最好給我一把槍，我會負責帶隊。』」[69]

沒多久，在賽爾夫人的緊盯下，人質們終於累積了足夠的自信，把英國的米字旗升到旗竿上。

帕廷格接著重拾了他在科希斯坦的政治專員職責，開始召喚起所有附近的酋長來出席他辦理的朝會並接受禮袍的頒授。「我們的密謀進展愈來愈樂觀，」強森在九月十四日的日記中寫道，

方圓數英里內幾乎所有具影響力的酋長，都前來致了意……宣誓向我們效忠，並表示若有需要可以出兵協防。雖然我們仍不清楚自家軍隊此時此刻正在什麼地方忙些什麼，但我們估忖著他們應該已經來到喀布爾附近，並多半已經與阿克巴發生了戰鬥——果真如此，我們任何時候在所處山谷中見到五六百名騎兵也不奇怪。我們已經把心思轉移到各要塞的強固上與漏洞的清除上，以便等他們有空出手介入我們這邊的時候，能得到一個溫暖的懷抱[70]。

一週之後，在賽爾夫人的率領下，不久前還是人質的英國人開始對往來的商隊收稅。

九月一日一早，一名獨行的騎士來到了波洛克在賈格達拉克陣營外的封鎖線。遇到哨兵對他盤問時，騎士宣稱自己是沙·法特赫·姜。

巴拉希撒堡從八月底以來就有傳聞說阿克巴·汗已計畫要先對薩多宰的年輕繼承人施以烙鐵之刑，然後再殺死他。隨著傳言擴散，要塞中的老臣採取了行動：他們在年輕沙阿被關的監獄泥巴屋頂上挖了一個洞，幫助他從牆壁下方的地道逃了出來，然後前往了欽達武勒（Chindawol）的齊茲爾巴什聚集處，那兒有馬匹在等著他，馬鞍都安好了。二十四小時後他已經在與波洛克將軍共進早餐[71]。

依照費茲・莫哈瑪德所述的傳說，年輕的沙阿指控英國人辜負了他的父親舒亞，並要求英國人應該要信守他們對薩多宰王朝的承諾。「英國占領阿富汗的作戰，最終都是在圖自己的好處，」法特赫・姜理論上對波洛克說了，

他們從來沒有幫助過或甚至顧慮過我被謀害的父親……但我仍然認為英國政府與我父親所締結的（三方）條約對我有約束力，於是我才來找你們，若你們還願意說話算話，那希望你們能助我一臂之力朝喀布爾進軍。若你們不願意，則英國政府確實沒有義務替我做任何事情，惟屆時你們的野心與敵意也會坐實在眾人的心中。」沙阿法特赫・姜的此番發言讓波洛克將軍十分尷尬，由此他準備路見不平對沙阿伸出援手，也希望杜絕英國被蒙上的汙名於眾人的悠悠之口[72]。

不論這段對話是否曾經真的發生，波洛克確實很歡迎法特赫・姜的到來，並從一開始就對其以禮相待，給了他三年前舒亞經此要去收復王座時，從邁克諾騰那兒獲得的禮遇。然而在私底下，波洛克卻輕蔑地在筆下說起「這名鬱鬱寡歡的王子……這個苗條而相貌堂堂的年輕人，但天生既沒長腦子，在德行上也不值得太多的尊重——顯然是在影射在一八三九到四〇年駐於坎達哈期間，沙阿曾熱衷於『偶爾雞姦駐軍成員以自娛』」[73]。波洛克也寫到他刻意瞞著沙阿，沒讓他知道英軍的打算是在完成艾倫巴勒給他們設定的有限目標之後，就從喀布爾撤軍：英軍只求擊敗阿克巴・

---

* 譯註：喀布爾城一區。

汗，解放英國人質與戰俘，盡可能找回印度士兵，並懲戒阿富汗各部落被認定的背叛行為[74]。

一週之後在九月八日，波洛克的部隊出了賈格達拉克，朝著德金山口的入口處而去，準備要對喀布爾發動最後的推進。這一天時間愈晚，來自丘頂的狙擊火力也愈強，同時隨著夜幕降臨，肉眼看不見的傑撒伊火槍也朝著英軍軍營彈如雨下，即便波洛克已經謹慎地安置了警戒線在四周的各個峰頂。「部隊想當然傾巢而出並進入了高度戒備，」葛林伍德中尉在日記中寫道。「敵人持續從我們沒能徹底掌握的各個高處向營地射擊，他們的子彈就向冰雹一樣飛在我們的帳篷之間。傑撒伊槍與我方警戒哨的滑膛槍用不間斷的火光，將丘麓照亮在各個方向。」[75] 隔天一早的破曉之際，波洛克的斥候通報說阿克巴・汗在莫哈瑪德・沙・汗・吉爾宰與阿米努拉・汗・洛加里的支持下，已經從他們在庫爾德—喀布爾山口建立的據點挺進，並開始在英軍前方的德金高地處集結其一萬六千名大軍。

波洛克將部隊分成三路縱隊，其中由著褶裙的高地蘇格蘭人與穿長袍的阿富汗傑撒伊槍兵共同構成的縱隊登上了山口的兩側，而屬於先鋒的火砲與騎兵則在賽爾將軍的指揮之下，小心翼翼地沿著山谷底部移動。「我們以縱隊推進，期間完全沒有看到任何敵人的蹤影，」葛林伍德描述道。「我們深入了隘道大約兩英里，突然兩側的高地出現長長一片火焰，接著便是上千顆彈丸從我們的腦袋四周呼嘯而過。各個山丘上赫然是成排的敵軍，而他們也開始對我們火力全開。」[76] 在此僥倖逃過一劫包括已經重回兵團軍醫崗位的布萊登醫師。「他當時人坐在轎子的竿上，然後一枚六磅砲彈從敵方火砲中射來，被炸的竹子四散紛飛，但所幸沒有傷到他一根寒毛。」[77]

不同於布萊登醫師上一次在山口時的情形，當時他的同袍在雪盲當中蹣跚前行，只能任由敵軍屠殺，這一次波洛克的部隊有備而來。亞伯特打響了英軍的第一砲，同時「勞伯（賽爾）爵士下令讓第十三（兵團）上山突襲右側高地，而第九與第三十一兵團則負責左側高地，」葛林伍德回憶道。

我們拚了老命，七手八腳才上得山去。那山丘極高且非常陡峭，任何時節都對攀登者是一大考驗；但敵火的射擊加快了我們的步伐，於是不一會兒我們就登頂來到他們身邊。對方的火力十分猛烈，四面八方都有子彈在我們身側反彈呼嘯。敵人眾多，且似乎決心為了高地的所有權戰到最後一兵一卒。惟我們的弟兄一到山頂上了刺刀，接著吆喝振奮一聲就朝敵人衝殺……阿富汗人也喊著他們「唯有真主」（Allah il Ullah）的戰呼，開始辱罵我們各種「美稱」，像是狗賊、卡菲爾之類的，並要我們放心自己永遠到不了喀布爾。布羅傳特上尉的工兵特別善於在嘴巴上不吃虧，使出了一等一的粗言穢語來回嘴[78]。

阿富汗人的山頂據點鬆動之後，賽爾繼續指揮官兵一山又一山，一嶺又一嶺地將對方驅離山脊上的一個個高地。同一時間在山下，騎兵衝擊了阿克巴的火砲。這些火砲全都是從艾爾芬史東的部隊處搶來的，如今負責操作的是把命運賭在阿克巴身上，從英印公司叛逃的印度士兵；隨著英國騎兵逼近，那些時運不濟的興都斯坦逃兵便當場「命喪劍下」[79]。戰鬥持續了一整日，期間阿富汗人英勇地反抗且寸土不讓，直到最後才被刺刀趕下了一個個山峰。向晚時分，丘頂已經進落入英軍之手，阿克巴．汗的人馬只能落荒而逃，只剩他們的領袖與吉爾宰酋長在頑強地斷後。阿軍這天是敗得如此徹底，以至於隔天英軍在庫爾德——喀布爾途經地形更陡峭的高地時，他們未發一槍一彈就順利通過。

九月十五日晚間，疲憊的波洛克軍終於進入了喀布爾城，但他們發現幾乎全數人口，包括阿克巴・汗本人在內，都已經逃之夭夭。那晚他們在由邁克諾騰三年前下令建造的賽道上紮營，隔天沙・法特赫・姜重返巴拉希撒堡，但這一次飄揚在堡內旗桿上的變成了英國的米字旗。

諾特與他的坎達哈軍在兩天後進了城，而在九月二十一日，消息傳來有一百二十名戰俘也在接近這裡*。波洛克派了一名年輕軍官里奇蒙・莎士比亞爵士（Sir Richmond Shakespear）領七百名齊茲爾巴什騎兵前去接應。因為不知道人質已經自力救濟成功，莎士比亞很意外地看著他們自信滿滿地從路的另一段朝他接近，旁邊還有一群原本押解他們的人當護衛。在一片歡呼聲與「我們得救了」的喊聲中，只有一個人的聲音在與眾人唱反調。「薛爾頓准將未曾或忘他身為高階軍官應該享有的尊榮，」賽爾夫人寫道，「由此他非常介意里奇蒙爵士未能首先來向他致意，也沒有按規定宣布他的蒞臨。」[80]麥肯齊此時已經很不舒服而且燒得迷迷糊糊，由此無法從地上爬起的他在被告知自己已經獲救之後，也只是簡單說了一聲：「啊！」「他一看到里奇蒙爵士跟薩利赫・莫哈瑪德交換了頭巾之後，惟一劃過腦中的念頭是懶洋洋的一道疑惑，他納悶著「莎士比亞會不會在這過程中沾染一身害蟲」[81]。

人質平安回到喀布爾的前一天，他們一行人遇到了北上來迎接他們的賽爾將軍。「看著賽爾朝我們靠近，我們的心情難以言喻，」與丈夫將近一年未見的賽爾夫人寫道。「對我的女兒與我自己而言，這被耽擱如此之久以至於讓人感到意料之外的幸福，其實帶給人的是一種痛苦，而且還盼隨著一種即便流出眼淚也無法舒緩的哽咽。」[82]當高燒未退的麥肯齊歪歪扭扭地走來說「將軍，恭喜你！」這名英勇的老將面對他想要回應，但太過激動的情緒讓他啞然無語；他面容一番猙獰的扭曲，用馬刺往馬肚上一蹬，飛也似地從現場疾馳而去[83]。

當戰俘終於抵達喀布爾，他們接獲了二十一響禮砲的歡迎，眾人就在步兵列隊的歡呼聲中進入了營地。「他們的模樣非常之驚人，」葛瑞維爾·史塔皮爾頓少尉（Greville Stapylton）寫道，「一個個都身穿阿富汗的服裝，還蓄著長長的落腮鬍與八字鬍，你得費番功夫才認得出誰是自己的朋友。」[84]

懲戒之師只在喀布爾待了兩個星期。頭幾天，部隊自得其樂地吃著來自喀布爾葡萄園與果園的新鮮葡萄與蘋果，不然就是在鎮上觀光打發時間。許多人走訪了前一年冬天的暴行發生地。在英國占領期間來過喀布爾之人尤其感到震驚。「我不在的時候，這裡發生了可怕的劇變，」藝術家詹姆斯·拉特瑞寫道。「被夷平的房屋與被燻黑的牆垣映入了我的眼簾，現場空無一人。在這座被遺棄的城市裡，燈火不再的民居陷入了黑暗與空蕩。我們策馬走在街上，卻連一個活人也遇不到，也聽不見任何人聲，頂多就是有疑似舔拭英軍血跡的半野狗在嗥叫、我們自身壓低了的聲音，還有我們胯下馬蹄聲傳進關門大吉的市集，再從其陰森幽微之大道中傳回的回音。」[85] 內維爾·張伯倫上一次來到亞歷山大·柏恩斯的府邸，是在一八三九年的聖誕派對上，當時柏恩斯以整套高地禮服現身，還穿著蘇格蘭裙在桌面上跳起侶爾舞。如今屋子已經付之一炬，其焦黑的地基已經被尋寶人連根挖起。「亞歷山大爵士的公館是我曾經度過許多快樂時光之地，而如今卻淪為一片廢墟，」張伯倫在他的手記裡寫道。「英軍兵營是不折不扣的浪費，花了那麼多錢蓋的地方，

* 作者註：齊茲爾巴什在讓人質獲釋的談判中發揮了大用，並提供了確保人質恢復自由之身所不可少的賄款。

如今連一棟屋子、一座營舍或一棵樹木都沒能留存。」[86]

修．強森更是震驚不已：「在經過我原本居住處的街角時，我忍不住想去看一眼那曾經讓我度過兩年美好光陰，如今已成廢墟的房屋遺跡，」他一從喀布爾回返後就在札記中寫道。「雖然我已經做好了屋頂被整個掀掉的心理準備，但我還是沒想到自己會看到那麼淒涼落寞的光景。不論是我的舊居或毗鄰的亞歷山大．柏恩斯府邸，都已經找不到任何兩塊疊起來的磚頭。原本的房屋，如今只剩我們不幸的同胞腐爛在一堆塵土之中。有人為我指出了亞歷山大爵士庭園中的一處，說那是他埋骨之所。願已成灰的他就此安息！」[87]

更加令人心碎的，還得算是看著喀布爾街道上那些靠著乞討勉強熬過冬天，或者殘缺了身體，或者不良於行的印度士兵。比較有心的軍官已經開始將精力投入其兵團殘部的重新集結中：其中成效最為卓著的是約翰．霍頓（John Haughton）中尉。偕艾德瑞．帕廷格逃出恰里卡爾的霍頓此時已經成功設法在喀布爾的平野、街道與奴隸市場中找到不下於一百六十五名他的廓爾喀士兵，當中不少人經他獲得解放。加總起來，約莫兩千名印度士兵與隨營人員被發現活了下來。他們被集合起來，由兩名被指派的軍官負責提供他們各種所需，並讓他們接受醫療，包括有些人需要截肢[88]。

英軍同時也派出諸多小隊展開掘墓工作，為的是讓還散落在城中各地數以千計的英國與印度兵屍骸得以入土為安，「他們在呼喚著我們替他們復仇」，莫漢．拉勒是這麼說的[89]。很快地部隊就開始對波洛克施壓，要他拿出公開手段懲戒喀布爾的居民，但其實波洛克早就蠢蠢欲動。

吞敗之後的阿克巴・汗北逃到霍勒姆，如今英軍已經鞭長莫及，但納伊布・阿米努拉・汗・洛加里與他的族人外加帕爾旺的聖戰士則決定在伊斯塔利夫這個休閒勝地中據地固守，位置就在喀布爾以北僅僅三十五英里。

伊斯塔利夫一直有著阿富汗著名的美景——巴布爾皇帝在十六世紀時愛上了這裡，並曾經在該處的夏宮與玫瑰園中舉辦酒會；三百年後柏恩斯曾為了擺脫喀布爾剪不斷理還亂的外交事務而來到此處，在懸鈴木與胡桃樹之間、滿是游魚的山澗中，還有「結實纍纍的果園與葡萄園」中，只為了能夠放鬆。復仇心切的波洛克就決定了要在這裡大開殺戒。

在穿越舒馬里平原的葡萄園行出了喀布爾之後，波洛克軍也迷上伊斯塔利夫這座山丘小鎮四周的「清澈的溪水與翠綠的原野」，畢竟這些景色也曾讓他們之前許許多多的旅人流連忘返。但這並不足以讓他們對此處手下留情。這座小鎮遭到包圍、攻擊與系統性的劫掠。等五百名淪為奴隸的印度士兵被發現用鏈條鎖在地下室的淒慘環境中後，總算獲救後，受傷的阿富汗人便被收集成一堆，由「印度士兵對這些人開刀，在他們的棉衣上點火」，將他們活生生燒死。接著便是伊斯塔利夫的女性被英軍用擲骰子的方式分了[90]。

內維爾・張伯倫的騎兵屬於後衛的一部分。等他來到伊斯塔利夫，那幅場景據他所寫，「讓人無法言傳……帳篷、輜重、各式各樣你想得到與想不到的東西散落在街上，此外還有眾多男性不幸陳屍在地上，他們不是耽擱了腳步而沒來得及逃生，不然就是一身傲骨而不願丟下妻小任我們欺凌，而寧願留下來為了捍衛家人而犧牲生命」。張伯倫接著寫道：

我想不用我說，你也可以想到沒有十四歲以上的男性被網開一面……數人就當著我的面被殺死。有時候第一槍只是讓他們受傷，第二槍才了結了他們……一部分（衣冠禽獸）的士兵想要對女性洩恨……喀布爾大多的商品與主要酋長的後宮都已經在我們朝王都進軍傳來的第一時間，就被移轉到伊斯塔利夫了，畢竟阿富汗人一向認定此處牢不可破……劫掠的場面令人心驚肉跳。每間房屋裡都是滿滿的歐洲與印度士兵，建物宛若被開腸剖肚。各式各樣的家具、衣物與商品從窗戶被拋到街上……有些人專挑武器，有些人槍珠寶，有些人要的是藏書……等官兵搶完一輪，就輪到隨營人員被放了出去，而他們也把剩下的東西吃乾抹淨……一整天工兵都忙著在放火燒城，而英軍與隨營平民則負責把被剩下還值得拿的東西拿光。

無辜的伊斯塔利夫婦孺遭此橫禍，讓人看了格外銘記在心：

在佔領該城的過程中，我們看到一個胖嘟嘟的可憐男童坐在路邊哭得撕心裂肺；這讓人於心不忍的小傢伙要麼是被遺棄，要麼是在匆忙中被爸媽撂下……在某處我被眼前所見為之一驚，一個可憐的女子橫屍在地上，身旁有個三四個月齡的嬰孩，且其小小的雙腿都被滑膛槍的彈丸射穿並重創。那受苦的嬰孩被送至軍營，但死亡很快就令之得到了解脫。再往前有另一名女子在因傷所苦，原來她曾有一晚都沒東西蓋在身上保暖；她把一名孩童緊抱在懷裡，且看似她愈是承受更多的苦難，就愈是表現出更多的慈愛……散落在街上的遺體有老有少，有窮有富……正要掉頭回到營內時，悲傷氣餒的我看到一名孱弱的可憐老嫗似乎以為我們已經走了，便冒險從藏身處走出；她奮力把自己拖到小溪邊去解渴……我替她把水裝滿了容器，但她卻只是回我「菲蘭吉都該死！」回到住處的我只覺得自己很噁心，覺得這世界很噁心，更覺得我殘酷的職業噁心至極。我們不過是有牌照的殺手而已[91]。

從伊斯塔利夫出發，懲戒之師下了山，然後搶掠並焚燒了帕廷格與霍頓與他們的廓爾喀軍曾於近一年前被圍困過的省會恰里卡爾；如蘇丹・莫哈瑪德・汗・杜蘭尼在《蘇丹編年史》中所說，「他們將整區付之一炬」[92]。帶著滿滿搶來的贓物，懲戒之師就此搖搖晃晃回到了喀布爾。

在喀布爾，他們發現了同袍也沒有在他們出城時閒著：布羅傅特的工兵前往查爾查塔（Char Chatta）*這座宏大的拱頂市集，在其外牆的托梁中埋設了炸藥。這地方始建於沙・賈漢的統治期間，且其除了眾所周知是蒙兀兒建築登峰造極的代表作以外，也是名震中亞的偉大建物。查爾查塔作為一棟非同凡響的建築傑作，結合了彩繪的木作拱頂與精妙絕倫的貼磚手藝，是某些人口中阿富汗別無分號的美麗瑰寶。但也就是這樣一座瑰寶，成為了波洛克欲去之而後快的眼中釘，畢竟就是在這裡，邁克諾騰的遺體被掛在了屠夫的鐵鉤上示眾。對米爾扎・阿塔而言，炸毀此處不過是再一次證明了英國人的言行不一與色厲內荏：「在進入喀布爾之後，英國人用火砲轟毀了城內所有大型的建築，包括美麗的四頂市集，為的是替邁克諾騰報仇。」就像那句諺語所說，「當你的強大不足以去懲罰駱駝時，那就去毆打驢子攜帶的籃子！」[93]這也是在這場充滿矛盾的戰爭中，充滿諷刺的其中一點。明明英國最初派柏恩斯沿印度河而上，其中一個動機就是要推動英屬印度與阿富汗之間的商貿來促進英國的利益，但整場史詩般災難的最終章卻是摧毀區域商貿中心的復仇之舉作結[94]。被大肆宣揚的「印度河通航方案」（Indus Navigation Scheme）自然是無疾而終；

* 譯註：意指四個拱頂，Char 是四的意思。

而如今在英國人要撤退至薩特萊傑河之後的前夕，他們將先把中亞首屈一指的大市集夷為平地。

查爾查塔一經炸毀，喀布爾也隨之爆發了與摧毀伊斯塔利夫之事並無二致的一波姦殺擄掠。「（來自賈拉拉巴德與坎達哈）兩陣營的士兵與隨營者都在城內掠奪，」張伯倫在十月七日歸營後寫道，「此起彼落的黑煙升起，就代表火把又點燃了某名酋長的宅邸……半個喀布爾城都陷入了火海。」[95]這些火勢完全沒有意外的成分。「在我們於喀布爾待了兩星期後，」葛林伍德中尉在他的日記中寫道，

（我們）某晚奉命要準備好隔天進城，目的雖然沒有明說，但我們心裡大概有個底，而事實也證明我們做對了預期。我們隔天早上依令進了城，炸毀了主要的大小市集，並在城內的許多地方縱火。民宅自然在短時間內就遭到洗劫一空，一綑綑的布匹、穆斯林綿、毛皮斗篷、毯子與各式各樣的衣著都被翻出來毀棄……有些人搜到一些原屬英國人的箱子有密封的松雞與其他肉類，而你可以想見他們是如何大快朵頤了一番……

這些破壞工作持續到夜幕降臨，英軍疲憊不堪為止。

在火裡來煙裡去之後，我們許多人看起來就像是煙囪的清潔工。接下來連著數日，其他的小隊被派了進去，而喀布爾城除了巴拉希撒堡跟齊茲爾巴什區幸免於難，其他部分都已經毀於一旦或成為焦土一片……輕質的乾燥木材是當地房舍的專用建材，由此只要火苗一起，火勢的肆虐就勢不可擋了。我們紮營在附近的期間，火勢都未曾片刻稍歇……有棟大清真寺是阿富汗人建來紀

念他們打贏艾爾芬史東的軍隊，名為菲蘭吉的清真寺，也被炸到灰飛煙滅[96]。

興高采烈的葛林伍德說了這麼多，仍未能釐清的一點是除了搗毀空無一人的店面與所謂敵人的房屋以外，強奪豪取的英軍還對他們的齊茲爾巴什與印度教盟友犯下了以今日標準屬於戰爭罪的行為。事實上與人為善的喀布爾印度教商人聚落曾經在數百年間活過了形形色色阿富汗統治者因為一心敲詐金錢而對他們進行的無狀逮捕與酷刑，卻在四十八小時內就被英軍搜刮到一文不名，這一點連事後的正式調查報告都坦承不諱。「這些個暴力行為在喀布爾被犯下，很遺憾地屬於實情，」奧古斯塔斯．亞伯特事後對艾倫巴勒承認。

阿富汗人在我們抵達前就棄城而去，僅有印度教徒與波斯人還待著。印度教徒在喀布爾英軍覆滅之後，曾給數以百計我們的落難士兵供吃供住，所以很自然他們會期待獲得我們的庇護，至於印度教徒區縱然空門大開，卻依舊住滿了原本的居民與他們的家人，財產也都俱在。波斯人（齊茲爾巴什人）協助我們尋回了被俘的官兵，並被認為是我們的友人，但他們居住的欽達武勒區強固到任何為非作歹的暴民都不得其門而入。接著在一八四二年的十月九日，工兵前往當地摧毀了市集，而後一股喀布爾將任由英軍搶掠的氣氛在軍營中醞釀而成。印度士兵、一眾歐洲士兵與數以千計的隨營人員聚集起來，不費吹灰之力就進入了牆垣多有缺口的城內。任務是保護工兵的掩護部隊被集結在一兩處門口且距離市場不遠之處，但他們並不知曉被犯下在印度教居民區的暴行，那包括房屋被破門而入、女性遭到侵犯，私人財產被強搶，原本的主人像狗一樣被槍殺……[97]

亨利・若林森，也就是一八三七年在阿富汗邊境目擊維特克維奇，讓事態開始朝戰爭傾斜的那位，他此前還勉力相信著英國統治代表著仁政，而如今卻看著英國在臨別數日前的粗鄙下作感到無比反胃。「許多人返回喀布爾，就是因為我們承諾會保他們周全，」他在當晚的日記中寫道，

> 他們不少人重啟了店鋪，如今這些店頭成了徹底的廢墟。他們的貨物被搶奪一空，他們的屋子被燒毀在他們頭頂。人數高達五百戶的印度教信徒最慘，他們一夕間變得一無所有，未來只能跟在我們的縱隊後面一路乞討回到印度。欽達武勒驚險逃過一劫。要不是薩多宰的皇室衛隊（Gholam Khana）*端出武器展現出捍衛身家到底的決心，我很懷疑我們一隊隊化身匪徒的英軍不會硬闖進去[98]。

諾特也同樣感到幻滅。「我們是為了什麼留在這裡，我已經完全搞不懂了，」他在十月九日寫道，「難不成是為了讓英國可以被阿富汗人恥笑，被全世界恥笑。」[99]

十月十日，英軍一醒來就看到冬天的初雪像白色塵埃落在了喀布爾周遭的山丘上。為免像艾爾芬史東的軍隊一樣被暴風雪抹煞，加上喀布爾城也被燒得差不多了，波洛克在當天早上發布了英軍將在兩日後撤退的命令。

英軍即將撤軍的消息被保密到家，因此眾多仍以為英國人這次也會待下來的喀布爾貴族都

跑來要投靠英國陣營。曾在許多場合中扮演過中間人的莫漢．拉勒尤其震驚於他眼中英國人這種翻臉不認人的背叛。「我在離開之際，幾乎沒有顏面面對他們，」他後來寫道。「他們全都淚流滿面，嘴裡說著『我們讓我們的朋友受到欺騙與懲罰，讓他們與自己的族人勢不兩立，然後再將他們棄置在蝨子的嘴裡』。」莫漢．拉勒心裡有數，就跟所有人也都心裡有數一件事情，那就英國人前腳一離開，阿克巴後腳就會立刻重返喀布爾，而他一回來，就會「折磨、拘禁、勒索、羞辱曾經站在我們這一邊的每一個人」[100]。沙．法特赫．姜也知道事情會走到那一步，所以他在波洛克宣布撤軍的一天之內就跟著宣布遜位，並公開表示將偕他瞎眼的伯父沙．扎曼一起回到印度。他弟弟沙普爾作為舒亞最鍾愛的皇子，志願要留下來繼位，但鮮少有人相信他能統治超過幾個星期。

為了讓沙普爾的統治獲得一線生機，波洛克在十月十一日把剩餘的喀布爾貴族集合到巴拉希撒堡，強逼他們對沙普爾效忠。一份宣誓忠誠的文件被急就章擬了出來，供在場者用印，然後所有人再一一把手放在可蘭經上進行確認：「在這個歡欣鼓舞的時刻，身為蘇丹之子的蘇丹沙普爾．沙阿成為了我們的君主，為此我們以真主與先知穆罕默德乃至於一眾其他先知之名宣誓並確認……我們的沙阿人選除了這位天縱英才的統治者以外，不做第二人想；我們會全心全意服侍於他，不會有所保留；使命必達將是我們、舉國、士兵與萬民對他的義務。」[101]惟即便如此，波洛克仍拒絕了與會貴族對武器彈藥供應的懇求，而這也讓他們幾乎難以履行他們宣誓的承諾[102]。英軍撤

＊ 譯註：即精銳的齊茲爾巴什府兵；可查詢字彙章節。

退之速不僅宣判了親英貴族的末日，同時也讓許多英印公司的印度士兵繼續遭到囚禁。「我們應該要待久一點，讓更多我們的人得以獲救，」柯林・麥肯齊痛心疾首地寫道。「數以百計的人只能無助地繼續為奴」[103]。多年之後他遇見了一名原本被奴役的印度士兵，但這人設法逃回了印度。從這人口中他證實了自己的懷疑，那就是「當時山區滿滿都是被俘的英軍，當中不少人都在後來被送到巴爾赫（Balkh）當奴隸，他們當中有一部分英國人。要是我們的軍隊可以哪怕多待個幾天，這些人其實都可以重新歸隊」[104]。

一八四二年十月十二日的破曉，英國在巴拉希撒堡降下了米字旗，然後按照艾倫牧師的說法，「轉身揮別了結合了舊辱與新怨的場景——那一幕著實令人感到抑鬱而不堪」[105]。在他們身後，內維爾・張伯倫可以看到「被火焰染紅的整面天際」與喀布爾僅存仍屹立未倒的區域——柏恩斯眼中豔冠中亞的美麗花園城市殘餘——正眼看就要成為悶燒的遺跡。「毀滅與復仇已將家戶與住所連根拔起，」芒西阿布杜・卡林姆寫道，「還沒走的仕紳所剩無幾；市集已被摧毀倒塌；開放空間堆滿了遺體，汙穢與惡臭汙染了空氣。過往美輪美奐的花園，如今只見食腐動物與梟鳥在其間徘徊不去：景況堪憐的乞丐只能在塵土中翻扒尋覓。」[106]

眾多英軍或許很樂於能踏上朝印度兵營而去的返鄉之路，但離開喀布爾的行伍仍免不了看上去愁雲慘霧，須知隨著英軍蹣跚前進的是一整批三教九流的烏合之眾，他們的共通點是奧克蘭圖阿未成賠上了他們的生活，讓他們流離失所：選擇與英國人站在同一邊的阿富汗貴族，特別是尤為親英的齊茲爾巴什人，他們現在除了倉促打包追隨盟友撤退已經沒有什麼選擇；長長的人龍盡是斷手斷腳或跛著走路的印度士兵，他們是在一八四二年的撤退中被艾爾芬史東手下的軍官拋棄，當中許多人經過一度自生自滅，如今都成了壞疽造成的截肢者，只能待在搖晃的杜利（dhoolie）*

與駱駝的簍子中被扛回家；五百名落難的印度教家庭在喀布爾印度教區遭到的蹂躪與毀滅中落得身無分文且無家可歸；至於殿後的，則是薩多宰王朝的倖存者與舒亞、扎曼、與法特赫．姜三位沙阿的後宮女眷，他們想復國的希望盡皆毀於英國佔領者的軟弱無能與不孚人望，如今只能再一次前往異國面對不可知的未來。如莫哈瑪德．胡珊．赫拉提在《沙．舒亞的回憶錄》後記尾聲所下的結論：「就此，英國人一手完成了阿富汗薩多宰皇室的覆滅。」[107]

因為即便波洛克已帶著疲憊不堪的部隊，沿庫爾德—喀布爾那屍骨遍地的「苦路」（Via Dolorosa）†踏上返印之路，途中還與艾爾芬史東軍隊的遺物擦身而過——「手套、襪子、印度士兵的梳子、瓷器的碎片，全都讓我們想起了我方軍隊所經歷的苦難與羞辱」，馬砲的輪子則壓碎了陣亡將士的頭骨——仍有消息傳來說艾倫巴勒又最後一次主導背叛了讓他們入侵阿富汗師出有名的薩多宰王朝[108]。兩週之前的十月一日，總督從西姆拉發布了宣言，正式與薩多宰族劃清界線。英屬印度為了這麼做而無中生有地指控沙．舒亞「對於讓他得以東山再起的英政府，其忠誠啟人疑竇」。但這是睜眼說瞎話：不論其人有再多不是，舒亞對英國的忠心都無懈可擊，包括即便是英國一手撕毀了與舒亞的協議，任由他在一八四一年十二月的冬季自求生路後，舒亞對英國赤誠仍未曾稍減。從今而後，艾倫巴勒接續說，「總督將交由阿富汗人自己去從他們自身罪行造成的無政府的狀態中創造一個政府」。宣言的最後由一個不啻是歐威爾式的矯飾畫龍點睛：「將一名

* 譯註：有蓋的轎子；可查詢字彙章節。
† 譯註：受苦難的道路，指耶路撒冷舊城那條耶穌背負十字架前往受死的道路。

君主強加在意興闌珊的民族身上，既不符合英國政府的原則，也不符合其政策。總督將很樂於承認任何獲得阿富汗人自身認可，且展現出意願並有能力與鄰國維繫友好關係的政府。」[109]

但事實上，艾倫巴勒相信能恢復阿富汗秩序的只有一個人。在此同時，隨著《西姆拉宣言》的發布，埃米爾・多斯特・莫哈瑪德已經悄悄地從穆索里的軟禁中獲釋。「埃米爾先設宴款待了形形色色的人種來慶祝自己獲釋，才動身前往菲奧茲普爾，」米爾扎・阿塔寫道，

並在那兒謁見了總督，向總督告了辭，並獲得五百名騎兵與步兵的官方護衛，此外還有象隻、駱駝與牛車用來載運行李。海德爾・汗作為埃米爾（那名曾在加茲尼陷落時被捕）的兒子，還有（曾拖緩奧特蘭的搜索隊腳步，讓埃米爾有時間逃往布哈拉的）哈吉・汗・卡卡爾（Haji Khan Kakar）都先被派去魯得希阿那與埃米爾的隨扈會合。兩個月後，埃米爾一行人啟程前往阿富汗；行前艾倫巴勒爵士授予他一件華美的禮袍，並與他進行了長達整個哨班輪值的密會，敦促他萬不可激怒或對抗英國政府，同時要與錫克人和平相處，避免輕啟戰端。他建議埃米爾要好好約束他的兒子阿克巴・汗。會後雙方道別，其中總督下令埃米爾的日常用度要一直支付到他進入開伯爾山口前[110]。

英軍第二次從喀布爾撤退，算是開始得甚為風平浪靜。

士兵、難民與隨營人員的長長人龍沿庫爾德—喀布爾與德金山口而下，幾乎未發一槍一彈。只有等他們抵達賈格達拉克前的東吉爾宰腹地附近，英軍才開始遭到狙擊。

得在縱隊的尾巴負責斷後，算是內維爾・張伯倫命該如此：

我偕勤務兵走在大部隊的後方，手握步槍對著賊寇射擊，此時勤務兵的馬作為我此前射擊的位置，在頸部被射成了蜂窩。這之後我走沒幾步，就自己也中了彈。我一轉身跌落在地面，但很快就又重新站起，並強忍劇痛，跌跌撞撞地前行。我決意不讓阿富汗人稱心如意地覺得他們已經幹掉我了。一把手放到我的背後，我就覺得自己回天乏術了，但回到營地我們才發現彈丸並沒有射穿皮膚，於是軍醫手一摸，子彈就滾落出來了[111]。

但其他人就沒有這麼幸運了。張伯倫記錄下如何一如首次撤退的重現，隨營平民與難民開始倒臥路邊，而大軍只能任由他們被留置在原地「被吉爾宰人殺害，因為我們沒有任何手段可以運送他們。我本身已經捐出了坐騎，還令一眾官兵也下得馬來讓給這些堪憐之人，但等他們虛弱到不要說騎，就連撐在馬上也沒有辦法後，我迫於無奈也只能拋下他們，讓他們成為那些兇惡暴徒的刀下冤魂，殊不知那些人就是以劃開孱弱無助之人的喉嚨為榮。每一段路途，我們都會經過前方縱隊拋下的人員屍首[112]。

來到賈拉拉巴德，張伯倫正好趕上了目睹布羅傳特的工兵布雷於他們兩度重建並成功進行抵禦的要塞城牆。巨大的炸藥包被置於一處處稜堡下方，較小的炸藥包則被沿著一段段幕牆鋪設[113]。十月二十七日，波洛克一率兵出發，賈拉拉巴德就傳出了巨大的爆炸聲響，接著就只見賈拉拉巴德不上了喀布爾的後塵，變成了一片冒著煙的廢墟[114]。

英軍所受到最堅決的抵抗，發生在第二次撤退的下一個階段，那就是要沿開伯爾山口而下的這一段。阿弗里迪人一如往常地從他們的山村中湧出，對經過的英軍縱隊開槍狙擊、開腸剖肚並強奪豪取，而英軍也又一次讓他們血債血償。「我們手下絲毫不留情，」張伯倫在二十九日晚振筆疾書。「我們殺死一百五十到兩百人……所有的草垛、村莊都經我們行搶並放火燒毀。」十一月一日在山口的頂端，約翰．尼克森短暫與他胞弟亞歷山大重逢，但隨即約翰就奉命去後衛加入張伯倫。

隔天張伯倫與約翰．尼克森在艾倫牧師的陪同下，沿阿里清真寺下方的路徑螺旋而下。在急彎繞過一個轉角後，這一行三人發現路上滿布著他們昨天下午才分別的同僚屍體。他們整群人是陷入了圈套而被阿弗里迪人的一波突襲殺得措手不及。如今他們的遺骸「散落四方，全身被扒了個精光且遭亂刀砍劈，有些甚至已經遭到犬隻與猛禽的啃食。這當中有兩名印度女性，其中一個年輕貌美」[115]。有一名死者是尼克森的弟弟，且其赤條條的屍體還被砍成了屍塊。按照阿弗里迪人的習俗，亞歷山大被切去的下陰被塞進了他嘴裡[116]。經過此事，尼克森油然而生一股發自肺腑，對所有穆斯林幾近於病態的憎恨，至於伴隨這股恨意而想將穆斯林趕盡殺絕的渴望，將首先在未來幾年中定期得以過過癮，最終徹底滿足於一八五七年的印度民族大起義[117]。

隔天早上，也是張伯倫在阿富汗的最後一個早上，中伏的人輪到了他。再次擔任後衛的他在走下最後一段道路要前往賈姆魯德的要塞時，他的人馬陷入了由躲在高聳在他們上方眾溪谷的傑撒伊狙擊手射來，有如冰雹一般的槍林彈雨。「我走在兵團的數步之前，」他寫道，

> 彈丸落得相當之近。我轉頭對一名軍官說，「這些傢伙準頭不差。」結果我一語成讖，話聲剛落就被擊中。子彈打在我身上的力道之重，我的朋友回答我說，「你中彈了，老兄。」但不用

他說我也有感於發生了什麼。兵團快馬加鞭要脫離敵火範圍。我不得不下馬，或者應該是說跌下了馬，然後在我的馬伕與一名印度士兵的拖拉攙扶下，我躺到了一塊可以躲開槍彈的石頭上，直到一段時間後才有擔架給我送來，將我扛到位於賈姆魯德的營中[118]。

擊中張伯倫的，是這場戰爭的最後幾發子彈。賈姆魯德標註著一道肉眼看不見的邊界，自那之後，阿富汗的暴力殺伐戛然而止。當天晚間，艾倫牧師抵達了白沙瓦的郊區，也進入了一個迥然不同的世界。「路邊有人坐著販賣穀物與蜜餞，」他驚奇地寫道，「我們已經數月沒見到敵人以外的人類了，所以這一幕幕對我們就像奇景。」[119]

這之後接續的是長達五個星期的行軍，期間他們穿越了旁遮普，來到了英印公司領域位於薩特萊傑河畔，距離菲奧尼普爾的邊境。張伯倫全程被扛在轎上，「嚴重的病體使我悶悶不樂且無心觀光……數百名將士在我們的行軍途中力竭或傷重而亡。相對而言我已經是幸運兒的一員，但我仍希望這樣的磨難於我是最後一回。」[120]

第一波部隊在聖誕前夕的十二月二十三日抵達了菲奧茲普爾。隨著他們行過跨越河面的浮橋，艾倫巴勒爵士已經親自等著要迎接英軍，旁邊還有軍樂隊演奏著《看那征戰的英雄來歸》（*See the Conquering Hero Comes*）。如有著柯林．麥肯齊小姨子身分的攝影師先驅，茱莉亞．瑪格麗特．卡麥隆（Julia Margaret Cameron）曾生動地描述過他，艾倫巴勒「對各方面的公事要務都十分抗拒且不受控……（但就是）對各種軍務瘋狂地投入，僅有軍務看似能佔據他全副的興致與注意力」。

一道宏偉的竹製儀典用拱門掛著色彩繽紛的三角旗，被豎立了起來，外型「酷似一座巨大的絞刑台，」麥肯齊寫道，「搞得途經底下的官兵爆笑如雷。」[121]拱門後延伸著長達兩英里，一整排兩百五十頭披著華麗飾布的大象，包括象鼻上的彩繪也有總督參與的手筆[122]。他另外還籌畫了慶祝與遊行的隊伍來彰顯他名之為英軍的「凱旋」，歡迎他們回到三年前發兵的起點。賽爾、波洛克與諾特都獲得了二十一響禮砲的致敬，此外就連他們自顧自認定的索姆納特神廟廟門，都在覆蓋著金盞花圈被送進營地時得到了一響。接著便是一場場筵席被擺開在巨大的沙米阿那天篷（shamiana）*下，只不過剛有過種種經歷的眾人對這類歡宴意興闌珊。麥肯齊退回到他的帳篷裡，並在筆下寫道少有人「感受到本該理所當然的喜悅……所有（獲救的）俘虜都苦於精神上的抑鬱，包括有些人如艾爾的情況格外嚴重。某些女士直到獲釋後好幾個月，都還會夜夜夢到她們曾經親眼目睹過的恐怖畫面」[123]。

同樣不為這種種花費公帑之宴樂所迷惑的，還有總司令賈斯柏・尼可斯爵士。在看了一會兒部隊回營之後，他回到桌前開始起草一份官方報告，為的是說明他的軍隊何以會遭受如此前所未聞的災難。「若再來一次，那不論能獲頒什麼樣的榮譽，我都不會建議那樣的入侵，」他寫道[124]。在一場合法性存疑且代價高昂的莫須有戰爭中，歷經了各種的浪費與毀滅，期間英軍的尊嚴與名譽受到了傷害，英國的權威遭到了動搖，花費了一千五百萬鎊（換算成現代匯率遠超過五百億鎊），耗盡了英屬印度的公庫，推著印度的信用網路來到崩潰邊緣，永久性地破壞了英印公司的償債能力，痛失了四萬條人命與五萬頭駱駝，與大部分的孟加拉軍日益貌合神離，使其醞釀出叛變的條件，但以上種種的付出與犧牲，只換得英國在離開時留下一個幾乎沒有改變的阿富汗，也就是像這份報告的結論中所說：阿富汗依舊處於部落的混戰中，且多斯特・莫哈瑪德即將從流亡中回歸並可望重新掌權。比回歸英軍早一步以急件送達的消息是在坎達哈的薩夫達姜王子與在喀布爾的沙普爾王子都已雙雙被他們的巴拉克宰敵人趕走。

事實上，除了喜歡咬文嚼字而自命不凡的總督本人以外，根本沒人把艾倫巴勒宣稱的勝利當真，尤其阿富汗人更是對此嗤之以鼻。如米爾扎·阿塔所言：「剩餘的英軍在安全離開阿富汗以後，獲得了總督滔滔不絕的演講歡迎：俗語有言阿富汗是雄鷹之地界，而印度是食腐的小嘴烏鴉棲息之所……」他接續道：

據說英國人第二次進入阿富汗，只是為了解放英國戰俘，為此他們花了一拉克接著一拉克地花錢賄賂阿富汗人放他們通行，多丟下了數千人在此死去，然後在喀布爾市集的毀棄中顯露了他們的本色，最後草草跑回了印度。他們原本打算在阿富汗站穩腳步，阻卻俄羅斯的進逼——但在耗盡了財富與犧牲了人命之後，他們唯一的成果只是毀滅與恥辱。英國人若真有能力征服並控制阿富汗，他們怎麼會離開一片長著四十四種葡萄，外加有蘋果、石榴、梨子、大黃、桑葚、甜西瓜與麝香瓜、杏桃與水蜜桃的地方呢？更別說這裡還有尋遍印度平原也找不到的冰泉。

他寫道「英國與印度對阿富汗的侵略」在虛耗了金錢、軍備與「有黑有白的」士兵的生命之後，最終不過是

* 譯註：可查詢字彙章節。

一場狡詐印度烏鴉與英勇阿富汗雄鷹之間的不平等戰鬥：每當他們攻下一座山頭，下一座山頭仍可以讓叛軍海闊天空。事實上英軍就算是一年又一年這樣耗下去，也永世不會有蕩平呼羅珊的一天。英國人帶著他們像是烏鴉一樣的印度軍隊，化為散落的白骨而葬身在阿富汗的山坡上，永遠地留了下來，而驍勇的阿富汗戰士則尋求著成為烈士，最終在現世與來世都取得了勝利：能夠以身殉教而一嘗烈士杯酒的人，真是好福氣！[125]

不論米爾扎·阿塔的聖戰士是否在戰後的阿富汗或天堂中獲得了福報，可以確定的是極少有參與了此役之人，特別是那些站在英國薩多宰陣營之人，有因為這場戰爭而獲得了更好的境遇。早在戰前，就有許多阿富汗人警告過英國人說沙·舒亞是個受到詛咒的昆布赫特（kumbukht）*，再天衣無縫的計畫只要遇上他，都會一敗塗地[126]。如今舒亞雖然早已不在人世，但他的霉運卻似乎傳到了所有跟他一起參與推翻多斯特·莫哈瑪德的人身上。

蘭季德·辛格、柏恩斯、維特克維奇與邁克諾騰也都已溘然長逝，而韋德則在旁遮普卡爾薩軍的要求下，從西北邊境那個他視若珍寶的職位上被拉了下來，然後被掃地出門到重要性遠不如邊境的中印度印多爾駐點，柏恩斯那批由他大費周章護送到印度河上游，不幸的蘇福克挽馬，此時也已經一一往生：蘭季德·辛格一發現其無法衝鋒，就對這批挽馬失去了興趣。被圈養起來的牠們沒能存活太久，因為拉哈爾沒人知道拿牠們怎麼辦才好。

查爾斯·梅嵩作為另外一名從戰前喀布爾倖存下來之人，下場也甚是悲慘。在一八三七—八年，柏恩斯的任務失敗後，他發現自己突然被開始準備對阿富汗用兵的英印公司冷落，即便他對阿富汗的認識比其他英國人都深。後來在一八四〇年，他嘗試重返喀布爾，而他所走的路徑，正好與他說蹂躪了阿富汗的印度軍如出一轍，結果他來到卡拉特時就遇到英軍猛攻該城。在被抓之後，梅嵩發現自己是被當成叛徒與間諜逮捕下獄。他花了六個月才證明自己的清白並獲釋。等亨利・若林森好不容易在喀拉蚩找到了他，他簡直不敢相信這個自己一向敬為區域內考古第一把交椅的人物，遭到了什麼樣可怕的遭遇：「在喀拉蚩營地時，我騎馬進城去見梅嵩這位我多有耳聞也經常讀到的人物，」若林森在日記中寫道：

我發現他在破落的棚架裡跟某個幾乎全裸且半醉的俾路支人交談。我在他身邊待了幾個小時，而我所見讓我非常痛苦。他剛開始的言談十分傲慢無禮，讓我懷疑他是不是已經陷入瘋癲，但最終他告訴我他徹夜寫作並乾掉了一瓶葡萄酒，所以天亮起來仍滿腦子酒氣沖天，但我仍十分懷疑他是不是已然失去了理智——他給了我好幾份報告閱讀，每一份都是用跟他說話時那種模糊而陰沉的風格寫成，且他的寫法讓我完全拼湊不出他想要表達什麼。他恨之入骨的包括柏恩斯、韋德與奧克蘭爵士……他已經手撰了兩卷在阿富汗遊歷工作的紀錄，目前正忙著寫第三卷——當中許多部分經他展示給我看之後，都顯得非常有趣，但這些東西絕對禁不起出版的考驗——他的行文中有一種生硬跟不自然，而他的想法中有一種模糊、幻想且稍縱即逝的特質，而那不是這個時代的品味可以容忍的。如果帕廷格讓手稿就照現在的模樣印行，則梅嵩將會被誤會是一個自以

* 譯註：倒楣鬼，可查詢字彙章節。

為是而愚昧無知的傢伙，真正有良知且努力的他將不為人所知。我相信有人會做點什麼將他送回孟買[127]。

但事實證明沒有人這麼做，而梅嵩只能被迫坐看邁克諾騰在阿富汗各地自掘墳墓，除了忿忿不平匿名投書報紙之外也無能為力。「在貴社今日的報紙中，」他的一篇投稿如是說，「我觀察到有一票蠢貨將在阿富汗被啟用。試問這麼做的理由在哪？是這個國家的駱駝都死光了嗎？看著這群蠢蛋長期由政治部門雇用，難道這是要開始建立一個系統來將他們導入軍務部門嗎，以便建立起軍隊中的一言堂嗎？[128]他最終回到了英國，結果他的著作在那裡遭到了若林森預料中的書評揶揄，而他身為古物學者的聲譽也遭到那些大門不出二門不邁的同儕貶低。窮困潦倒的他在一八五三年死於倫敦北邊的波特斯巴附近，死因是「不知名的腦部疾病」。他不知道的是在一百六十年後，他將被尊為阿富汗考古之父。

未因在阿富汗的苦勞得到任何獎賞的艾德瑞．帕廷格辭去了英印公司的工作，然後前往香港投靠了他的叔父亨利．帕廷格爵士，主要是身為大博弈老將的老帕廷格才剛硬逼著中國人把這個島嶼交由他，並隨即自命為第一任港督。一八四三年艾德瑞死於香港，原因是「舊傷、操勞與身心抑鬱的合併作用」[129]。

在處理叛亂不當而造成災難性結果的責任上，薛爾頓准將有點令人意外地獲得了軍事法庭的平反，但他一落千丈的聲望並沒有一併被救回來：當他在一八四四年在都柏林因為墜馬而死後，他的部屬紛紛跑到練兵場上三聲歡呼，為的是慶祝他一命嗚呼。

賽爾夫人與丈夫的阿富汗之行的其中一個版本，被改編成了老少咸宜的劇碼在阿斯特力馬戲團（Astley's Circus）上演，劇名為《喀布爾的囚犯》（*The Captives at Cabool*），但現實中的「好鬥者鮑伯」賽爾早在三年前一八四五的英錫戰爭中，就在穆德基之役（Battle of Moodki）就偕喬治．布羅傳特一同戰歿了，當時是英印公司終於抓住機會想吸收旁遮普的豐饒土地，因而與錫克人開戰。成了寡婦的賽爾夫人移居到南非，並於一八五三年死於開普頓。她的墓誌銘上寫著：「這塊石頭之下，安息著賽爾夫人所有無法不朽的部分。」[130]

布萊登醫師作為英印公司唯一一個活著從喀布爾撤退並逃到賈拉拉巴德的歐洲員工，活著見證了大英帝國在該地區的又一場重大災難：在十五年後的一八五七年，印度民族大起義期間，他協助捍衛了由喬治．勞倫斯的胞弟亨利出掌的勒克瑙駐館。一八七三年，他終於在床榻上壽終正寢，地點是在蘇格蘭高地，隔海與黑島（Black Isle）相望的尼格（Nigg），也就是他退休後安享晚年的地方。

奧克蘭在肯辛頓繼續著毀譽參半的人生，一八四九年死時年僅六十五歲，三個月後他的胞妹芬妮也隨他而去。[131]帝國的建立顯然不是他們家族遺傳的才華：伊登家族下一個想試試身手的安東尼．伊登在一百一十四年後造就了蘇彝士運河危機的一敗塗地*。

兼具英雄氣概且機智過人的莫漢．拉勒曾以私人名義大手筆舉債供被圍困的邁克諾騰利用，包括其中一部分被用以提高暗殺阿富汗領袖的懸賞，然後又在一八四二年借了更多錢來確保能將人質贖回，但這樣的他卻未獲英國償還他自估替英國欠下的七萬九千四百九十六盧比，而這也造

* 作者註：不過伊登家族倒是在紐西蘭名垂青史，這包括當時的首都奧克蘭是以喬治命名，而現存的板球場叫做伊登公園，至於時任英國首相的墨爾本子爵威廉．蘭姆（William Lamb）則只能讓自己的爵名被擠到澳洲的地圖上。

成他餘生都被債追著跑。為了討回公道，他最終在另一名芒西沙哈瑪特・阿里的陪伴下赴英，並在多次嘗試遊說英印公司董事的空檔獲得韋德上校與其年輕妻子在懷特島上招待；此外他還走訪了蘇格蘭，並在那兒把柏恩斯殘存的信件與日記交與在蒙特羅斯的遺族。在愛丁堡，莫漢・拉勒由先驅的蘇格蘭攝影師大衛・奧克特韋阿斯・希爾（David Octavius Hill）與勞勃・亞當森（Robert Adamson）掌鏡，拍下了身穿阿富汗—喀什米爾服飾而充滿異國情調的相片，《泰晤士報》稱之為「美不勝收的印度裝束」[132]。他在旅英期間做了另外一件事，是用英文出版了一本他與柏恩斯共同遊歷中亞的回憶錄，外加一套上下兩卷共九百頁的鉅著內容是多斯特・莫哈瑪德的傳記。他甚至晉見了維多利亞女王與艾伯特親王（Prince Albert）一回。但總結起來，阿富汗戰爭是他一生揮之不去的陰影，同時也實質上斷絕了他的前途。

在從倫敦回到德里之後，他申請擔任勒克瑙和海德拉巴（Hyderabad）兩個重要駐館的波斯秘書職位，但都未獲任命。英國官員不信任他，還經常在筆下稱他「妄自尊大」且「德不配位」。他不僅繼續無法謀得一官半職，而且還持續被排擠在自家的喀什米爾潘迪特社群以外。他在一八五七年的印度民族大起義中被叛變的印度士兵視為同情英國的巨奸追殺但僥倖活了下來，最終他兩面不是人地遭到殖民地與殖民者社會的疏遠，窮困潦倒且沒沒無聞地死於一八七七年[133]。

同是天涯淪落人的還有薩多宰的諸王子。時值一八四三年，他們已經都困在了拉哈爾，既無法回到阿富汗，也進不了英屬印度，由此他們只能像三十年前的父親一樣日日活在被收容他們的錫克人搶走剩餘身家的恐懼中[134]。後來他們終於獲准跨越邊境，回到他們從小生長的魯得希阿那，但有個明確的條件是他們得接受比起舒亞較低的用度與較小的院落[135]。所有的王子最終都入不敷出地陷入債務，由此印度國家檔案館（National Archives of India）的館藏中仍有一令令政府與債權人之間的通信，主要是債主直到一八六〇年代都還曾嘗試控告王子們欠錢不還。他們無一例外地死得一文不名。

被派駐到魯得希阿那募集邊境旅團的柯林・麥肯齊曾動人地寫道廣大阿富汗難民社群在魯得希阿那歷經的苦難，主要是新婚燕爾的他在一八四七年一抵達當地，就發現那裡的難民活得十分掙扎。「我們宣稱要支持這些人，但最終我們的干預卻造成了這些人的苦難，這一點不容遺忘，」他在回憶錄中寫道，「看著原本地位不凡且家有恆產的他們淪落到一貧如洗，著實讓人看了很不忍心。他們當中有對與舒亞關係匪淺的父子從未同時在我面前出現，原因是他們兩人只有一件外袍（choga）。另外一個出身上流的男性被迫把佩劍出售來換取食物。沙・舒亞的一名老臣哀傷地說道：『我只能靠齋戒活著，哪天我家裡有一小碗豆糊，那就是大餐了。』」[136]

老邁又瞎眼的沙・扎曼要求他要被獲准以一介窮困托缽僧在西爾欣德的蘇菲聖陵中退隱，但遭到了帕提亞拉（Patiala）大君的否決[137]。但當沙・扎曼在一八四四年死去後，大君終於動了惻隱之心，讓老沙阿被下葬在那兒，旁邊就是他弟妹，也就是舒亞的正室兼多斯特・莫哈瑪德之妹，娃法・貝甘的墓地[138]。

我們能瞥見薩多宰王子們的最後一眼，是在勞勃・沃勃頓（Robert Warburton）的回憶錄中。沃勃頓何許人也？他是一名英國軍官與多斯特・莫哈瑪德姪女沙・賈漢・貝甘之幸福婚姻的愛情結晶，其中沙・賈漢・貝甘就是在魯得希阿那長大，阿富汗流亡者社群的子弟。

不論他們於公如何有失，當年年幼的我都沒有資格說三道四，但他們經年累月對我的善待從未有所改變。我想去後宮沒人會攔著我，而通曉波斯語也讓我得以與王子們的妻妾交談……他們當中有兄弟倆，沙普爾與納迪爾王子，也就是可憐的沙·舒亞—烏爾—穆爾克的兩名小兒子，特別讓我喜歡。他們在各種不如意裡隨和而安，對所有有緣結識之人溫柔以待，還總是把旁人的感受與心願放在心上，我鮮少能見到比這兩位更貨真價實的紳士。兩人裡的哥哥每個月從印度政府領到五百盧比的用度，弟弟則只有一百盧比——這點錢想養家活口，還要照顧一干在喀布爾流離失所，追隨皇室來到炎熱印度平原的老邁奴僕，實在是捉襟見肘[139]。

打贏這一仗的阿富汗人也少有好下場。納瓦布·扎曼·汗·巴拉克宰很快就遭到多斯特·莫哈瑪德的邊緣化，再也沒有擔任重要的政府職務[140]。阿米努拉·汗·洛加里被判定野心勃勃且易興風作浪，戰後不久就遭到終生監禁，理由根據費茲·莫哈瑪德所言是他好於「煽動與世無爭的百姓參與作亂」[141]。阿米努拉的一名兄弟後來也淪為魯得希阿那的難民，而麥肯齊從這名兄弟處得知多斯特·莫哈瑪德「在娶了阿米努拉的一個女兒後，親手用枕頭悶死了自己的岳父。」[142]。

瓦齊爾·阿克巴·汗在英國人離開之後享受了一年的權力，但在他父親於一八四三年回歸之後，他就被派去賈拉拉巴德與拉格曼當總督。此後慢慢的，他擔任總督的小朝廷成為了眾人眼中反多斯特·莫哈瑪德的中心。於是當一八四七年，阿克巴·汗被毒死的時候，外界盛傳下令的就是他父親[143]。就在他死前，阿克巴寫了最後一封信給麥肯齊，「熱情但頗有微詞的抱怨他沒盡到朋友的義務，怎麼都沒有向他報平安」。麥肯齊被政府禁止回信，「因為這信寄自敵人」[144]。不過麥肯齊倒是回信給了莫哈瑪德·沙·汗·吉爾宰，而身為阿克巴的岳父，吉爾宰也因為位高震主而失寵於多斯特·莫哈瑪德，並在女婿阿克巴死後不久就被迫害到一敗塗地，被迫流亡到努里斯坦（阿富汗東北地區）的卡菲爾斯坦人之間。他寫信給在魯得希阿那的麥肯齊，是要提醒他「兩人過往的友誼，確認這段友情是否仍在延續」。

這封信是由一名賽義德攜來，而吉爾宰交代了這名賽義德一個辦法可以判斷麥肯齊對他的態度。由此賽義德一開口便是：「莫哈瑪德．沙．汗想問你，『當（邁克諾騰遇害後）你人在馬赫穆德．汗要塞邊命在旦夕時，我是怎麼做的？』」麥肯齊答道：「當有人舉劍要朝我砍來之時，他用手臂環繞住我的脖子，用肩膀替我擋下了那一劍。這麼一來賽義德便放心交出了信件。麥肯齊回覆說他「會永遠認他這個朋友」[145]。

第一次英阿戰爭唯一一個無庸置疑的受益者，正好就是此役設定要推翻之人。一八四三年四月，在拉哈爾當完錫克卡爾薩派的座上賓之後，多斯特．莫哈瑪德騎馬前往了白沙瓦，登上了一路蜿蜒曲折的開伯爾山口。在阿里清真寺他受到阿克巴．汗的迎接，然後被護送回喀布爾。「市民沿路列隊歡迎，」費茲．莫哈瑪德寫道。「民眾不分老幼歡呼著他的到來，支持者的眼神閃耀，鼓起的胸膛滿懷著他們看著眼前多斯特所感到的驕傲。隨著喜悅再難按捺，他們唱起了讚美的歌聲，然後一起幸福洋溢到難以言喻地進了喀布爾。此後整整七天七夜，歡愉的慶祝都沒有稍歇。夜裡燈火通明，白天則處處可聞民眾朗誦加扎爾（ghazal）*或引吭高歌。喜悅與歡慶之聲響徹雲霄，放眼四下無人不歡欣鼓舞。」[146]

英國人自其間諜與同情者的阿富汗情資整理出一份報告堅稱在一八四三年，「埃米爾與其家

* 譯註：烏爾都或波斯的情詩，可查詢字彙章節。

族只有名義上的權威，他們完全無法從科希斯坦人、吉爾宰人、庫奴爾（Koonur/Coonoor）人或開伯爾人處收得一分一毫。多斯特．莫哈瑪德徒然耗費了時間與金錢，但根本募集不到紀律嚴明的營隊，想建立如印度的王公土邦體系更是東施效顰」[147]。

但一如以往，英國情報單位低估了多斯特．莫哈瑪德。埃米爾緩步增加了他的權勢，擴張了他的領土到東阿富汗，並藉此為他後續的成就奠定了基礎，那就是征服了巴米揚跟巴德赫尚（Badakhhan），然後又是霍勒姆與整個北阿富汗。時間來到一八五〇年代初期，他控制住了加茲尼附近的吉爾宰部落，並在一八五五年驅逐了原本控制坎達哈的巴拉克宰半兄弟。截至一八六三年他辭世之前，始終完全忠於與英國人協議的他已經把稅收從兩百五十萬盧比增加到七百萬盧比，並且其統治範圍已經涵蓋了現代阿富汗國家的大半。多斯特．莫哈瑪德開疆闢土的極限，構成了現代阿富汗的雛型——包含赫拉特但少了白沙瓦——而這點仍舊是阿富汗民族主義者，尤其是普什圖民族主義者不滿的根源。

很諷刺的一點是邁克諾騰實施行政改革，為的是強化沙．舒亞之統治，但其最終的受益者卻是埃米爾，因為這些改革削弱了杜蘭尼部落酋長的權力，創造出了一支更加專業化的軍隊，還有一套具備可行性的稅制[148]。確實包含軍隊與稅制在內，英國的殖民主義以林林總總的手段，有效促進了阿富汗國的塑造成型，而比起英國占領前的一盤散沙有著天壤之別。但如今由多斯特．莫哈瑪德統治的阿富汗雖然更統一了，但也同時更進入了有史以來最貧困也最孤立的時代。阿富汗再也不是絲路上那個富裕而文明的十字路口，其帖木兒波斯文化達到最高峰的輝煌歲月也一去不回頭。就此破天荒頭一回，在巴拉克宰的統治之下，阿富汗成為了某種程度上的落後蠻荒之地。

最後一個落入埃米爾之手的城鎮是赫拉特，事實上多斯特·莫哈瑪德在死前才剛完成對赫拉特的圍困，最後也在那裡堪稱阿富汗最美的蘇菲派聖陵加祖爾加（Gazur Gah）入土為安。與生前宿敵沙·舒亞形成強烈對比的是舒亞可能的無名墳墓是被發現在他父親帖木兒·沙陵墓的地下室，而多斯特·莫哈瑪德則得以進駐聖陵，長眠在美麗大氣的大理石雕碑下，與區域內最受尊崇的蘇菲派聖人兼詩人赫瓦賈·阿布杜·阿拉·安薩里（Khwaja ʿAbd Allah Ansari）為伴。多斯特·莫哈瑪德的後裔將繼續統治一個統一的阿富汗，直到一九七〇年代的革命興起為止。

時至今日，赫拉特已是阿富汗最和平也最繁榮的城鎮，而加祖爾加聖陵也仍舊是熱門的朝聖地點。勞勃·拜倫（Roberg byron）在一九三〇年代寫道「沒有人不去加祖爾加。巴布爾去了，胡馬雍也去了。沙·阿巴斯改善了供水。這裡仍是赫拉特最受歡迎的名勝」。這話在八十年後依舊成立。這聖陵位於圍繞城市的四周的山丘邊緣，一座高聳的帖木兒式拱門通往一處涼爽與安詳的庭院，裡頭滿是寫滿精妙書法的墳墓與紀念石碑。家燕俯衝過松樹與冬青。老人倒臥在樹蔭下睡著，白色頭巾就是他們的枕頭。其他人則在鴿子的咕咕聲中，溫柔地撥弄著指尖的念珠。

但在阿富汗與巴基斯坦的其他角落，塔利班的回歸意味著在許多地方，溫和而非正統的蘇菲信仰遭到了禁絕：蘇菲祠堂遭到了關閉或炸毀，樂師手中的樂器也被破壞。所以在加祖爾加，蘇菲派完好地存活了下來。當我在二〇〇九年造訪之際，一群蘇菲派信徒就在多斯特·莫哈瑪德的陵墓正後方開口誦念，進行起名為齊克爾（zikr）*的儀典，眾人跪成一個圓圈，然後隨著一名長

* 譯註：蘇菲派儀典中的出神與狂喜；可查詢字彙章節。

髮領誦者以男高音唱起了卡瓦賈薩希博（Khwaja sahib）*的一首詩，而他的追隨者則在一旁鼓掌複誦：「哈克！哈克！（haq）」†他們持續往下誦念，速度愈來愈快，音調愈來愈高，直到最終達到他們神秘的高潮，然後才在悠長而狂喜的嘆息聲中往後倒在地毯與靠墊上。對多斯特·莫哈瑪德而言，沒有比這裡更加尊榮的長眠之地了。

一八四四年夏天，就在多斯特·莫哈瑪德回歸喀布爾並重登大位，並開始就其被破壞殆盡且掠奪一空的王國進行重建與統一後不久，世界另外一頭的俄國沙皇尼古拉不請自來地跑去維多利亞女王與亞伯特親王的溫莎城堡做客。

隨著沙皇前往的還有他的外交部長伯爵聶謝爾羅迭，也就是一八三七年把維特克維奇派去多斯特·莫哈瑪德身邊出任務的那個人。若說是英俄之間的對抗與猜忌釀成了災難一場的阿富汗戰爭，那麼此時此地就是讓那場衝突的鬼魂得以安息的絕佳機會。

化名歐洛夫伯爵的沙皇帶著朝臣微服出行，為的是預防被波蘭恐怖分子鎖定暗殺。這樣的他在六月一日，不動聲色地乘荷蘭汽船抵達了（倫敦東南的）伍利奇（Woolwich）碼頭。在位於西敏阿什伯納姆別墅（Ashburnham House）的俄國使館過了一夜之後，他搭火車前往了溫莎。

時年二十五歲且挺著個大肚子的維多利亞女王有點心理準備會見到一個韃靼蠻人，但當沙皇一抵達，女王還是嚇了一大跳，因為他們的客人一來就派人到馬廄要了一些稻草來填充沙皇睡習慣了的軍用營床床墊，具體而言就是一個皮製的袋子。但到了最後，女王整個迷上了他的客人。「他確實是個出類拔萃之人，」她在六月四日寫信給叔父說，而且還非常英俊。他的側影美不勝收，他的儀表至為尊貴且優雅；教養非比尋常——讓人相當驚豔，須知他待人是如此殷勤周到，禮數也毫無差池。但同時他流露的眼神卻又如此堅毅，不同於我見過的任何人物。他讓我與亞伯特覺得他是一個不快樂的男人，就好像位高權重是壓在他身上，讓他痛苦不堪的一份重擔；他鮮少有笑容，而就算偶爾笑了，那傳達出的也不是快樂。惟即便如此，他仍是一個很好相處的人。[149]

此行的尾聲，亞伯特親王帶著沙皇前往了就在倫敦西郊，奇斯威克莊園的鄉間別墅——那是奇葩地豎立於泰晤士河的岸邊，位在鄉間與蔬果農場之間，威尼托帕拉第奧式別墅（Palladian Veneto）的其中一部分。德文郡公爵作為輝格黨體制中的代表性人物，將在此舉辦一場盛大的早餐會來向沙皇致意，出席者將包括英國所有權傾一時的政壇要角與全體外交使團。沙皇此行的正辦，也將在這個看似很不搭調的場合中進行，畢竟那旁邊就是奇斯威克林蔭路（Chiswick Mall）那摩登時尚的河畔步道。

六月八日，一個明媚的夏日，皇家人車隊伍在一點五十五分進入了奇斯威克別墅的大門，前導的是身穿國禮制服的騎兵隊，至於科德斯特里姆衛隊（Coldstream Guards）與皇家騎兵衛

---

* 譯註：蘇菲派師尊。

† 譯註：意思是真理。

隊（Horse Guards）的樂團則負責演奏俄羅斯的國歌。俄羅斯帝國旗幟被升起在夏廳（Summer Parlour）的上空，英國皇家旗幟則飄揚在迴廊上，此外便是有豎立於別墅用地內的砲陣地施放起二十一響禮砲。沙皇接著被導引經過德文郡公爵的四頭長頸鹿，來到特別被裝飾成中世紀亭子的夏廳。在午后的招待會中，沙皇主要交談的對象是威靈頓公爵，但也跟墨爾本爵士還有首相勞勃．皮爾爵士（Sir Robert Peel）閒聊了幾句。聶謝爾羅迭直接找上了之前曾與他算是對頭，在任時以對俄羅斯態度強硬著稱的帕默斯頓爵士，而兩人也大半個下午都有聊不完的話題[150]。

這趟出訪是為了鞏固兩大強權之間的關係，並避免剛莫須有地造成中亞一片腥風血雨的那種誤會與猜忌。一如沙皇對皮爾所說，「透過我們友善的交流，我希望消滅你我兩國之間的偏見」[151]。作為國際公關的一次練習，沙皇這次出訪大獲成功。倫敦名媛尤其被他俊俏外表與無懈可擊的翩翩風度迷得花枝亂顫。「他仍舊非常醉心於女色，」史托克瑪男爵（Baron Stockmar）表示，「且對他的英國舊情人們關心至極。」惟不知不覺中，雖然他的用心良善，但在奇斯威克早宴上的對話卻為未來埋下了衝突的種子。

對於國會與各反對黨對政府所具有的影響力，沙皇一無所知，而這樣的他在離開英國時相信他與女王跟英國大臣們的私下對話，特別是與首相勞勃．皮爾爵士與他的外長阿伯丁爵士（Lord Aberdeen）的對談內容，可以被解讀為英國政府的政策立場。此外他還一心相信英國此時將會加入他一起瓜分鄂圖曼土耳其帝國。但在英國人的眼中，這些對話不過是私下的意見交換，不是什麼有約束力的君子協定[152]。

就像在象徵著什麼，這場早餐會結束在荒謬與混亂之中：主要是包括薩克森王國（Saxony）國王在內的一部分賓客由公爵的船夫撐篙乘船渡湖，為的是想去觀賞德文郡的長頸鹿，但長頸鹿卻於此時興起反向涉水而來，還在奇斯威克別墅的草皮上狂奔起來，踐踏過在對岸等待的沙皇一行人。長頸鹿最後被身穿國家制服的別墅管理員牽走，但自此一長串的意外、烏龍與外交誤會將接連發生，最終無可避免地帶著俄羅斯與英國在九年後的克里米亞戰爭中再動干戈。

這一回，英俄爭霸將造成八十萬人死亡。

在諜報小說《基姆》（*Kim*）的最後，作者吉卜林藉與小說同名主人翁的口中說出：「只有人死光了，大博弈才會結束。在那之前都不可能。」

在二十世紀八〇年代，入侵失敗的俄羅斯從阿富汗撤軍，而這也推倒了蘇聯解體的第一張骨牌。不到二十年之後在本世紀的二〇〇一年，英美聯軍抵達了阿富汗，準備輸掉對英國來講的第四場阿富汗戰爭。一如過往，縱然以十億美元為單位砸下了無數的金錢，縱然訓練了整支阿富汗政府軍，也縱然擁有先進不知多少倍的武器，但阿富汗的反抗軍又再一次成功地先包圍後驅逐可恨的卡菲爾，讓外國人只能在羞辱中退場。在上述兩例中，佔領軍都因為得不償失而不想繼續戀戰。

除卻時空背景必然的不同，西方聯軍在二十一世紀對阿富汗的占領與一八三九到四二年的第一次英阿戰爭自有其若干驚人的相似之處。兩次衝突對政治地緣都產生了持續性的影響。喀布爾之位置的重要性是一個問題——既毗鄰科希斯坦的塔吉克人住民，又接壤東邊的吉爾宰人。然後便是種族問題，主要是另一名欠缺實際權力基礎的波帕爾宰統治者，哈米德・卡爾宰（Hamid Karzai）——令人訝異地與沙・舒亞出身同一個子部落——也首當其衝地面對到由東吉爾宰人率領的游擊隊統一戰線攻擊，須知東吉爾宰人正是今日構成塔利班步兵的主力。他們是由另一名出身統治者漢達基氏族的吉爾宰部落首領所指揮，在此例中就是穆拉・歐瑪[153]*。

在二〇〇九與二〇一〇年為本書前往阿富汗長期考察期間，我給自己設定了兩項目標。首先，我想要找到神龍見首不見尾的阿富汗史料來述說這場戰爭的來龍去脈，因為我確信它們必然存在，而我最終也確實得以使用這些資料所述來撰寫本書。二者，我一心想在國際安全援助部隊†對阿富汗的控制可見日漸退縮的狀況下，盡可能走訪與第一次英阿戰爭相關的地點與場景。到了二〇一〇年，塔利班已經強勢進佔七成的阿富汗領土，卡爾宰政府在一百二十一個屬於戰略要地的行政區裡只能確實掌握二十九個。那七成塔利班勢力範圍涵蓋了一八四二年一月英軍撤退路線的大部，而我知道那條路我非走過不可，否則我將無法對自己所將寫到的地理有足夠的了解。其中我格外想要嘗試抵達甘達馬克，看看英軍是在什麼樣的地方背水一戰。

一八四二年的撤退路線背靠通往托拉波拉與巴基斯坦邊界的山脈，那裡做為吉爾宰的腹地，一直都跟奎達（Quetta）‡一樣同屬塔利班募集成員的大本營。我被再三告誡不要在沒有當地人保護的狀況下涉足該地區，於是最終陪同我前往的是一名區域部落首領兼卡爾宰政府部長：是個彪形大漢的他名叫安瓦爾・汗・賈格達拉克，曾經是其村中的摔角冠軍，後來還擔任過阿富汗奧運角力隊的隊長。他名震一方的事蹟是曾在一九八〇年代對蘇聯的聖戰中擔任過伊斯蘭大會黨（Jami'at-Islami）的聖戰士指揮官。

賈格達拉克的吉爾宰祖先曾在英軍一八四二年的撤退中對其造成重大傷亡，而他對這一點也深感自豪，並在我們驅車穿過各山口古戰場時重複了好幾次。「他們逼著我們不得不拿起武器捍衛自身的榮譽，」他說。「所以我們把那些混帳殺得片甲不留。」但話說回來，這一點也沒有妨礙他把家人從喀布爾送往北倫敦的諾霍特（Northolt）來求取更安全的生活。

在我們要驅車前往甘達馬克的當天，我被通知要在早上七點前往賈格達拉克的部會報到，其所在地是如今被命名為瓦齊爾．阿克巴．汗的行政區核心。在像穿線一樣通過部會外一連串檢查哨與鋒利的鐵絲網後，我見著了賈格達拉克，並被他無所不在的貼身保鑣大軍簇擁著進入全副武裝的休旅車隊裡，期間他們的對講機始終劈哩啪啦響著，攻擊步槍也始終蓄勢待發。

賈格達拉克親自駕車，後頭跟著滿載阿富汗保鑣的皮卡車，輛輛火力強大。隨著我們穿過首都，現行佔領失敗的鐵證在我們四周一目了然。喀布爾依舊是世界上數一數二貧困且欠缺規劃的國都。儘管美國在阿富汗投入了約八百億美元，但幾乎所有的錢都消失在國防與維安的黑洞中，由此阿富汗的路況依舊比起巴基斯坦最偏僻的偏鄉都還要坑坑巴巴。路燈不存在就不用說了，公家機關似乎也不收垃圾。按賈格達拉克所說，這只不過是冰山一角而已。即便有十幾個國家與上千家機構在自二〇〇一年以來的十餘年間進行了各種努力，這個國家仍舊是一場糊塗：阿富汗四分之一的學校教師自身都是文盲。在許多地區，政府的統治力並不存在：半數地區未設有總督辦公室，有電力供應的就更少了。公務員也不具備至為基本的教育程度與技能。

* 作者註：穆拉．歐瑪（Mullah Omar；一九六〇—二〇一三年）是南阿富汗第一位阿富汗統治者米爾．維茲．漢塔基（Mir Waiz Hotaki；漢德基王朝的創立者）的遠親。

† 作者註：國際安全援助部隊（International Security Assistance Force；ISAF）是由聯合國在二〇〇一年成立，並於二〇〇三年由北大西洋公約組織（NATO；西方盟國在歐洲建立的軍事同盟）接管。

‡ 譯註：俾路支首府。

我們一路顛過喀布爾滿布坑洞的道路，途經牆壁被炸過的美國大使館，還有蓋在一百七十年前英國兵營原址上的北約軍營，越過巴特赫克，然後開上蜿蜒曲折的道路進入一連串蒼涼的山口——首先是庫爾德—喀布爾，然後是德金——這將把從喀布爾出發的我們帶往開伯爾山口。

那是一幅很應景，誇張又粗暴的地景：由看似被壓扁或折磨過的地層所形成的一道道斷層，或呻吟或扭曲在由我們左右兩次升起，火藥色調的岩壁上。往上看，參差嶙峋的山頂被掩蓋在令人不安的雲霧中。開著開著，賈格達拉克激烈地抱怨起西方國家是怎麼對待他的政府。「一九八〇年代當我們在幫他們殺俄國人時，美國人管我們叫自由鬥士，」他在我們駛下第一個山口時念叨。「現在他們只說我們是割據軍閥。」在索羅比，隨著山區敞開到一處赭紅色的高海拔沙漠，上點綴著吉爾宰人的游牧營地，我們算是離開了幹道，並開始一頭栽進塔利班的領域；滿載賈格達拉克之抗俄聖戰士舊部的另外五輛皮卡，每個人都揮舞著火箭砲且用頭巾包裹著臉部，從一條岔路現身加入了護衛我們的陣容。

一八四二年一月十二日在賈格達拉克村，最後兩百名英軍士兵帶著身上的凍傷，發現自己遭到數千名吉爾宰部落民包圍；只有少數人活著通過了冬青籬笆。所幸我們在那年四月獲得的是比較溫暖的歡迎。我的東道主那年是自他當上部長之後，第一次衣錦還鄉，與有榮焉的村民領著他們的老指揮官踏上了懷舊之旅，期間我們走過了聞得到百里香與苦蒿味道的一座座山丘，踏上了鋪著蜀葵與桑葚地毯，有白楊樹蔭的山側。在那群峰環繞的頂點，在衣不蔽體且被凍到不行的印度士兵嘗試避難的瞭望塔附近，橫著舊時抗俄聖戰所使用的碉堡與掩體，部長當年就曾是據此以拒蘇軍。參觀完畢後，村民便設宴款待起我們。帖木兒風格的宴席擺在山谷底部的杏桃果園裡：我們坐在葡萄藤與石榴花網架下的地毯上，一道道烤肉串與葡萄乾抓飯就這樣送到了我們面前。

午餐時隨著我的主人點出了冬青籬笆的位置，乃至於村中其他英軍當年遭到屠殺的舊址，我們比較了各自家庭對於那場戰爭的回憶。我聊到我曾經在附近被俘的曾曾外祖父柯林．麥肯齊，然後我問起了他們有沒有覺得今朝與往昔有著異曲同工之處。「完全一模一樣啊，」賈格拉達克言道。「兩次的外國人都是懷著自身的利益而來，而不是為了我們。他們嘴上說『我們是你們的朋友，我們想幫助你們』。但他們根本是滿口謊言。」

「不論換誰來到阿富汗，即便是現在，他們還是會面臨到柏恩斯、邁克諾騰與布萊登醫師的命運，」莫哈瑪德．汗附議，他是招待我們的村民，也是我們午餐處果園的主人。所有人都一邊悶頭吃飯，一邊若有所思地會心點著頭：一八四二年那些殞命者的姓名早在他們的家鄉遭到遺忘，在這裡的他們卻仍舊能琅琅上口。

「英國人走後又來了俄國人，」我右手邊一名老人家出了聲。「我們同樣送走了他們，但他們也先轟炸了我們村中的許多房屋。」他指著我們身後山丘上的一道稜線，上頭滿是已毀的泥磚房屋。

「我們是世界的屋脊，」汗說。「你可以從這裡控制並俯視寰宇。」

「阿富汗就像每個國家一旦有了權力，就會來到這裡的十字路口，」賈格達拉克也同意。「但我們並沒有足夠的力量控制自身的命運。我們的命運只能決定在鄰國的手中。」

此時是下午近五點，不久後最後幾片饢也被一掃而空，然後很顯然時間已經晚到我們無法前往甘達馬克了，由此那晚我們改變計畫，直接走主要公路去到相對安全的賈拉拉巴德，而到了那裡，我們才發現自己是如何千鈞一髮地逃過一劫。原來當天早上，政府軍與一群由塔利班支持的村民就在甘達馬克大打出手。就因為那頓午餐太過豐盛又拖得太久，再加上我們貪嘴，我們才幸運地沒有自己送上門去遇襲。那場戰鬥，就發生在一八四二年英軍的最後立足之地。

隔天早上在賈拉拉巴德，我們去參加了一場吉爾嘎，也就是吉爾宰部落長老的集會，甘達馬克的耆老也舉著停戰的旗幟前來赴會，為的是商討前一天發生的事情。這段插曲在我關於卡爾宰政府所聽說的許多故事裡，算是一個典型，當中顯示出當貪腐、無能與漠視民瘼參雜在一起，是如何助塔利班一臂之力，讓曾被恨之入骨的他們捲土重來。

隨著美國空軍的掠奪者（Predator）無人機頻繁起降在附近的機場，吉爾宰的長老們講述了前一年的政府軍是如何跑出來毀了鴉片的收成。政府軍承諾村民會全額賠償，並獲准翻起所有的鴉片；但這筆錢始終沒有出現。今年在種植季節前，甘達馬克的村民再度前往賈拉拉巴德問政府可以不可以補貼他們種植鴉片以外的作物，結果政府再次答應下來卻也再度食言而肥，於是村民種下了罌粟，並告知地方政府若他們又想要來破壞收成，那就是要逼著村子造反了。當政府軍在我們即將到達賈拉拉巴德前出現時，村民早就準備好要動手並叫來了在地的塔利班助陣。

在後續的戰鬥中共有九名警員遇難，六輛車被毀，十名警員被擄為人質。

在吉爾嘎結束後，甘達馬克的兩名部落長老上前來與我藉綠茶小敘了一番。

「上個月，」其中一名長老言道，「有些美國軍官把我們叫去賈拉拉巴德一間飯店開會，然後其中一人問我：『你們為什麼恨我們恨成這樣？』我回答：『因為你們炸了我們的家門、進了我們的屋子、扯我們女人的頭髮，還腳踢我們的孩子。這我們不能接受。我們會反擊，我們會打斷你們的牙齒，而等牙齒被打斷了了，你們就會離開，就像你們之前的英國人一樣。這只是時間早晚的問題。』」

「美國軍官對你這麼說有什麼回應？」

「他轉頭對朋友說：『如果連老人家都這麼想，那年輕人又當如何呢？』事實上美國人都知道他們已經玩完了。還在自欺欺人的不過是美國的政客。」

「美國人在這兒已經來日無多了，」另外一名耆老加入了發言。「再來就輪到中國上場了。」

作者的話

一八四三年，就在他從第一次英阿戰爭的屠宰場回來後不久，賈拉拉巴德的隨軍牧師葛雷格就以少數幸運倖存者的身分寫了一本回憶錄來講述那段慘烈的遠征。他寫道那場戰爭「開始得奇妙莫名，在令人費解的莽撞與膽怯中延續了下去，最後在磨難與災禍中畫下了終曲，不論對發號施令的政府或是對發起戰爭的大軍而言，都沒有任何的光榮可言。沒有政治或軍事上的一絲一毫好處獲得自這場戰事。最終從阿富汗疏散的我們，就像一支敗北的軍隊在潰逃」[1]。

威廉・巴恩斯・沃倫（William Barnes Wollen）的名畫《第四十四步兵團的最後立錐地》（*Last Stand of the 44th Foot*）——圖中有一群衣衫襤褸但堅定不移的士兵在甘達馬克的山丘上挺立，只靠著一條稀稀落落的刺刀陣線抵抗普什圖部落不斷縮小的包圍圈——成為了那個時代極著名的一幅形象，此外就是《殘軍》（*Remnants of an Army*）這幅出自巴特勒夫人之手的油畫，其繪製的是據傳最後的倖存者布萊登醫師騎著他即將崩潰的駑馬，來到賈拉拉巴德城牆前的模樣。

就在二〇〇六年冬天，最近一次西方國家對阿富汗的入侵要開始難以為繼之際，我有了一個念頭是寫本新書來闡述英國首次嘗試控制阿富汗而失利的史實。英美聯軍在輕鬆征服了阿富汗，並成功扶植了一個親西方的傀儡統治者之後，接著的發展不過又是阿富汗政府面臨到反抗力量的不斷擴散。歷史重演的序幕已然揭開。

在初步展開研究的過程中，我走訪了許多與這場戰爭有淵源的地點。在身處於阿富汗的頭一天，我就駕車穿越了舒馬里平原去瞻仰了艾德瑞．帕廷格位於恰里卡爾的兵營，如今那裡的不遠處就是美國位於巴格蘭的空軍基地。在赫拉特，我去到蘇菲派聖陵加祖爾加，在多斯特．莫哈瑪德．汗的墓前致了意。在賈拉拉巴德，我坐在喀布爾河畔吃著美味不減當年的炭烤奶魚，遙想一百七十年前，就是這些魚養活了被圍困在此的英軍，尤其好鬥者賽爾將軍更是獨鍾此味。一抵達坎達哈，奉命來接我的車輛就在接近機場周邊時挨了一記狙擊槍在後車窗上；後來我站在亨利．若林森很喜歡的一個位置上，也就是坎達哈市郊的巴巴瓦里（Baba Wali；全名是巴巴．瓦里．坎達哈里〔Baba Wali Kandhari〕，蘇菲派聖人／辟爾，約莫生於一四七六年）聖陵，結果在那裡目睹了一枚土製炸彈炸毀了在穿越阿爾甘達卜河的美軍巡邏車，須知阿爾甘達卜河不論當年還是現在，都是夾在佔領區與叛軍控制區之間的邊境。在喀布爾，我設法獲准參訪了巴拉希撒這個沙．舒亞曾經的堡壘，如今則成了阿富汗政府軍的情報團所在地，來自前線的報告就是在此地一堆被塞住的一八四二年火砲跟上世紀八〇年代的蘇聯 T-72 坦克之間，被進行著評估分析。

我愈是細看，就愈覺得西方第一次慘烈地陷入阿富汗泥淖的過程，似乎與我們現世的新殖民主義冒進有相互呼應之處。話說一八三九年的戰爭是發動在遭到竄改的不實情資上，也是奠基在一項不存在的虛幻威脅上：俄羅斯遣使前往喀布爾的消息落到一群野心勃勃且意識形態作祟之鷹派手中，竟遭到誇大與操作，成了一種嚇唬人的工具——在此例中就是拿俄羅斯入侵的幽靈來恐嚇於人。如約翰．麥克尼爾作為恐俄的英國大使，就在一八三八年從德黑蘭來函說：「我們應該昭告天下，誰不跟我們站在一起，就是我們的敵人……我們必須把阿富汗確保下來。」而這所帶來的，就是一場毫無必要、代價高昂，而且完全可以避免的戰爭。

我慢慢意識到這兩次入侵的異曲同工之處，並不是捕風捉影、穿鑿附會的傳聞軼事，而是有真相可考的事實。相同的部落衝突與相同的戰鬥，仍持續在跟一百七十年前一樣的地點進行，只不過換了一套新的旗幟、新的意識形態與新的政治傀儡。說著同一種語言的外國軍隊仍進駐了同一批城市，而其正遭受的攻擊也源自同樣的一圈圈山地跟同樣的高山山口。

在前後兩例中，入侵者都以為他們可以如入無人之境地跨進阿富汗，完成政權更迭，然後在兩年之內全身而退。但也在前後兩例中，他們都不可自拔地被吸入了更大規模的衝突中。一如英國之所以無力應付一八四一年的民變，並不光是因為自身英國陣營中的領導失能，而也是因為邁克諾騰與沙・舒亞的戰略合作關係崩毀，如今的聯合國國際安全援助部隊與阿富汗總統卡爾宰之間的緊張關係，也是造成近期局勢陷入膠著的關鍵原因。美國特使李察・霍布魯克（Richard Holbrooke）在某個程度上，扮演的正是當年邁克諾騰的角色。在我於二〇一〇年的喀布爾之行中，時任英國特別代表的薛拉德・考珀—科爾斯爵士形容霍布魯克是個「去到哪兒都自備瓷器店的一頭公牛」——這話拿來總結一百七十四年前的邁克諾騰可以原文照搬。薛拉德在其回憶錄《來自喀布爾的電報（暫譯）》（*Cables from Kabul*）中對當前的佔領失敗進行了分析，而那讀起來驚人地像是在分析奧克蘭與邁克諾騰：「只知進場而對退場全無想法；恣意誤判各種挑戰的本質；頻繁更改目標，欠缺具有脈絡或延續性的計畫；任務蠕變（mission creep）*之大堪稱史詩等級，政治與軍事指揮的各自為政也同樣不容小覷；關注與資源在關鍵階段遭到的瓜分（如今是流向伊拉克戰爭，當年是流向與中國的鴉片戰爭）；在選擇在地盟友時欠缺識人之明；政治領導力孱弱。」[3]

* 譯註：軍事用語，形容任務目標在執行過程中愈變愈大。

當年一如現在，阿富汗的民窮意味著他們無法像阿富汗人課稅來做為政府運作的財源。反倒是在這片交通極為不便的疆域上，高昂的維穩成本耗盡了佔領者的資源。今日美國每年花在阿富汗的錢不下一千億美元：光在赫爾曼德省（Helmand）的兩區中養著陸戰隊各營，美國花的錢就多過他們提供給埃及全國的軍事與開發援助。不論是當年或現在，撤軍的決定都無關乎阿富汗本身的情形，而是取決於入侵者國內的經濟景氣與瞬息萬變的政局。

隨著研究繼續推進，我很驚奇地發現如今在社論中被反覆咀嚼的道德議題，當年也曾在第一次英阿戰爭的書信往來中獲得深度不輸現在的探討：作為佔領國的強權需肩負什麼樣的倫理責任？你是應該要像一八四〇年某英國官員說的嘗試「促進人道利益」，擔任社會與性別改革的急先鋒，禁絕以石刑處決所謂淫婦的陋習？還是應該專心統治與維穩就好？你應不應該攔著盟友，不讓他們活活烹死或烤死敵人？你應不應該嘗試導入西方的政治體系？一如情報頭子克勞德·韋德在一八三九年入侵前夕所提出的警語，「我們最須害怕或提防的東西在我看來，莫過於我們習於對自身體制懷有的優越感與過度自信，還有我們迫不及待想將之引介到嶄新處女地的焦慮。因為這類干預終將導致尖銳的爭議，甚至是暴力的反應。」

對於今日猶在阿富汗的西方人而言，第一次英阿戰爭的慘事提供了一個令人戒慎恐懼的先例：外國媒體特派員在喀布爾最愛的休憩地點叫甘達馬克旅館，不是沒有原因的；同樣地英軍在南阿富汗一個重要基地被命名為蘇特營（Camp Souter），而蘇特正是第四十四步兵團當年背水一戰時的唯一倖存者，也不是一個天大的巧合。

反之對阿富汗人而言，英軍在一八四二年的戰敗已成了他們從異國侵略中獲得解放的象徵，也是阿富汗人決心不再被任何外國強權統治的象徵。畢竟，喀布爾的外交使館區仍被冠以瓦齊爾·

阿克巴·汗的名號，而他在巴拉克宰的民族主義宣傳中，仍被緬懷為阿富汗在一八四一到四二年的首席自由鬥士。

在西方的我們或許已經忘記了這段歷史的種種細節，也忘記了阿富汗是如何因此對外國統治恨之入骨，但阿富汗人記得非常清楚。尤其沙·舒亞直到今日，都還在阿富汗被當成是通敵叛國的同義詞：二〇〇一年，塔利班問他們的年輕人，「你們想被後人當成沙·舒亞的子孫唾棄，還是供人緬懷是多斯特·莫哈瑪德的後裔？」隨著他逐漸掌權，穆拉·歐瑪刻意將自己塑造成多斯特·莫哈瑪德，並學習多斯特從在坎達哈的聖陵中拿下先知穆罕默德的聖袍披在自己身上，宣告自己也跟其楷模多斯特一樣是「穆民的埃米爾」，也就是「虔誠者的指揮官」，藉此刻意並直接重現第一次阿富汗戰爭的種種事件，畢竟那場戰爭能讓全體阿富汗人都第一時間產生共鳴。

歷史從來不會百分之百重演，因此今日跟一八四〇年代的阿富汗局面確實存在一些非同小可的差別。首先，今天的反抗力量中並無一名為全體阿富汗人公認代表合法性與正義的核心人物：穆拉·歐瑪畢竟不是多斯特·莫哈瑪德或瓦齊爾·阿克巴·汗，各部落也沒有像一八四二年那樣團結在穆拉·歐瑪的身後。當年的各部落是出於保守與自衛的心態揭竿而起，最後終結了殖民時代的英國—薩多宰統治，而今日的屬於塔利班的武裝伊赫萬（Ikhwanist）革命份子所圖是要重新把外來的極端瓦哈比意識形態強加在阿富汗的多於宗教文化上，這兩者間截然不同。最重要的是卡爾宰確實曾嘗試建立具有廣大基礎的民選政府。且不論這個政府有多少缺陷跟多麼貪腐，其代表性與在民間的支持度都還是遠遠勝過任何一個時間點上的薩多宰政權。

儘管如此，由於該區域的地形、經濟、宗教信仰與社會組成都具有延續性，因此一百七十年前的失敗仍可供今日的我們做為重要的借鑑。從一八四二年的英國人身上學到教訓，現在仍不嫌晚，否則西方在阿富汗的第四場戰爭將眼看著就要跟前三場一樣，在政治上幾乎毫無建樹，最終只能先在恥辱中戰敗，後於尷尬中撤退，徒留阿富汗再度陷入部落混戰，此役原本希望推翻的舊政府則極可能重返。

相隔三十年，喬治．勞倫斯曾在英國即將糊里糊塗陷入第二次英阿戰爭的前夕致函《倫敦時報》（*London Times*）說，「新的一代興起，但他們非但沒有受益於過往嚴峻的教訓，反而迫不及待地想要把我們重新捲入那個紛亂與苦難國度的混水當中……軍事上的慘敗或許可免，但如今的進展無論從軍事的角度上看有多麼成功，都不可避免地會在政治面上一事無成……喀布爾撤退的慘劇應該永遠讓未來政治家引以為戒，不要再重蹈覆轍地制定那些導致一八三九到四二年苦果的政策」。

這個區域固然有其戰略上的核心意義，但關於阿富汗歷史的文字佳作卻意外地寥寥無幾，存世之作無一例外地引用了印刷的英文記述，不然就是靠被挖掘到見底的倫敦印度辦公室檔案館。雖然第一次英阿戰爭的故事已經被述說過許多次，形式從維多利亞時代的三卷史集到怪誕的弗萊許曼（Sir Harry Paget Flashman）*小說都有，但關於這場戰爭仍依舊幾乎沒有任何出版品的存在，事實上就連在最專門的學術著作中，你也找不到出版作品使用了十九世紀初的當代阿富汗史料，呈現出阿富汗對於自身遭到侵略與佔領的描述，或是納入反殖民的阿富汗反抗軍紀錄[5]。

第一次英阿戰爭的獨特之處，在於這是一場有著完善紀錄的衝突，而我在書寫的過程中也使用了各式各樣分屬各戰線不同陣營的新史料。出自參戰英軍之手，數以百計破爛不堪的書信與染著血跡的日記，在過去幾年中出現在倫敦周圍各郡（Home Counties）的閣樓上與皮箱中，而我已經從不同的家庭收藏、切爾西的英國國家陸軍博物館，還有大英圖書館中接觸到這批新的資料。

過去四年在德里這兒，我在印度國立檔案館把一八三九到四二年英國佔領期間的海量紀錄進行了地毯式的搜查，關於這個主題而由奧克蘭爵士在加爾各答的政府與軍隊所產生的書信、備忘錄、手撰眉批，該檔案館可以說幾乎是應有盡有。其中讓人眼睛為之一亮的，包括我在資料中發現了一些之前未曾付梓的私人信件出自這段故事中的一名主角，亞歷山大·柏恩斯之手，還有一份讀起來就像維多利亞時代的維基解密，關於英軍暴行的調查報告，外加一些動人肺腑的軍事審判紀錄涉及那些淪為奴隸、逃出生天，然後在好不容易回到兵團後，卻得面對逃兵罪名指控的印度士兵。

印度國立檔案館的館藏還包括之前未經使用也沒有譯文的波斯語戰爭記敘出自一名隸屬戰時英國官員的波斯秘書之手，這名秘書就是芒西阿布杜·卡林，至於這本記敘就是他的《喀布爾與坎達哈的戰鬥（暫譯）》。芒西阿布杜·卡林說他在一八五〇年代初期啟動書寫歷史的計畫，是「希望驅趕晚年的孤寂，並把這個世界的奇妙之處傳授給我的孫兒與曾孫」，但他也補了一句可被視為在拐彎抹角號召起義反抗英印公司的話語，那就是「這些事件如今看來格外與興都斯坦息息相關」[6]。他所暗示的起義，確實在一八五七年發生了，而且首先發難的兵團還都屬於那些在一八四二年從喀布爾撤退時被其英國軍官遺棄的印度士兵。

* 譯註：喬治·麥當諾·弗雷澤（George MacDonald Fraser，一九二五—二〇〇八年）小說作品中的主人翁。弗萊許曼在這系列作品中是以九旬老翁的形象現身，回顧著他十九世紀在英軍中的英雄事蹟。

在旁遮普拉哈爾的旁遮普資料館中，我挖出了幾乎未曾被引用過，克勞德・韋德爵士的紀錄。英屬印度西北邊境的政治專員轄區就是在這位首任大博弈情報首長的推動下創立的，那年是一八三五。在旁遮普資料館，你可以找到韋德手下散落在旁遮普各地、喜馬拉雅山區與最遠到布哈拉，整個興都庫什的所有「線人」網絡報告。此外旁遮普資料館還藏有涉及沙・舒亞流亡魯得希阿那與跟他多次嘗試重返喀布爾王座的所有書信往來。

在俄羅斯的史料方面，我設法取得了關於與韋德對口的沙皇官員裴洛夫斯基伯爵暨其愛徒伊凡・維特克維奇之印刷資料。維特克維奇手握的文件一直被認定已經在其於聖彼得堡飯店中爆頭自戕之前被毀，但事實證明他還有一些情報報告存留了下來，包括他所撰關於柏恩斯，以及他是如何破獲整個布哈拉英國情報網的資料。這些報告在此第一次以英文出現。

惟真正的突破，還得算是找到了那些現身於喀布爾，出奇豐富的阿富汗史料。二〇〇九年，就在寄宿於寇松（Curzon，一八九九—一九〇五任印度總督）時代那被燒毀的英國大使館遺跡附近，羅瑞・史都華之泥造要塞的期間，我開始展開了在阿富汗國家檔案館中的工作。檔案館出人意表地位於一棟完好無損且相當美觀的鄂圖曼風格十九世紀宮殿，地點就在喀布爾的中心，但忙了半天，館中卻令人大失所望的並未藏有太多與沙・舒亞跟多斯特・莫哈瑪德同時代的資料。但塞翁失馬焉知非福，因為就在檔案館成堆的資料中挖寶未果的過程中，我結交了一名友人是賈萬・希爾・拉西赫這名阿富汗的青年歷史學者兼傅爾布萊特學者。午餐時間賈萬・希爾帶我去了一間二手書商位於舊城區朱伊希爾裡不甚起眼的一處攤位上。話說該書商曾在上世紀七八零年代的向外移民潮時收購了許多貴族世家的私人藏書，結果我還真的短短不到一個小時就斬獲了八筆之前無人使用過，與第一次英阿戰爭同時代的波斯語史料。這些史料全都是在英軍撤退的期間或事後寫於阿富汗，但在好幾例中都印刷在了印度的波斯語報紙上，以饗一八五七年的民族大起義前夕的喀布爾本地印度讀者。

這些史料中包含兩篇不同凡響的英雄史詩——一篇是出自瑪烏拉納・哈米德・喀什米爾之手的《阿克巴納瑪》，也就是《瓦齊爾阿克巴・汗史》（*The History of Wazir Akbar Khan*），另外一篇則是《英雄史詩》，也就是出自莫哈瑪德・古拉姆・科希斯坦尼・古拉米（Mohammad Ghulam Kohistani Ghulami）的《戰爭史》（*History of the War*）。而這兩篇作品讀來都像是阿富汗版本的《羅蘭之歌》（*The Song of Roland*）*且都以激越鏗鏘的波斯語寫於一八四〇年代，藉古波斯詩人菲爾多西（Ferdowsi）的史詩《列王紀》（*Shahnameh*）為模板歌頌阿富汗反抗軍的諸位領袖。這些史詩做為殘存的作品，似乎顯示著獻與阿富汗勝利之詩文原本多半非常豐富，其中在歌手與歌手之間、詩人與詩人之間口耳相傳者甚眾：畢竟對阿富汗人來說，讓英國人成為手下敗將不啻是一次奇蹟般的得勝，那對他們就像是特拉法加海戰†、滑鐵盧之役‡與不列顛之戰三者合而為一§。[7]

* 譯註：《羅蘭之歌》為十一世紀的法蘭西史詩，故事改寫自西元七七八年查理曼大帝統治期間的隆塞斯瓦耶斯隘口戰役（Battle of Roncevaux Pass）。

† 譯註：一八〇三年，拿破崙統治的法國與英國為首的第三次反法同盟再次爆發戰爭，拿破崙計劃進軍英國本土，為牽制住強大的英國海軍，拿破崙派出法國和西班牙聯合艦隊與英國海軍周旋。一八〇五年十月二十一日，雙方艦隊在西班牙特拉法加角外海決戰，法西聯合艦隊遭受決定性打擊。此後英國海上霸主地位得以鞏固，大英帝國的百年全盛期隨之展開。

‡ 譯註：一八一五年六月十八日，大英帝國、荷蘭聯合王國、普魯士王國共同對抗法蘭西第一帝國，在比利時布魯賽爾南部滑鐵盧進行的一次戰役，戰後拿破崙所領導的法蘭西第一帝國覆滅。。

§ 譯註：不列顛之戰是二次世界大戰期間，納粹德國於一九四〇至四一年對英國發動的大規模空戰，英聯邦各國與美國志

《英雄史詩》已知的孤本在一九五一年於帕爾旺現身，書況是缺了前後頁，並寫在顯然是掠奪自恰里卡爾英軍大本營的英印公司用紙上。該書的主角是科希斯坦反抗軍領袖米爾．瑪斯吉迪，也就是蘇菲派納克斯邦迪教團的辟爾，其人雖然一向以民變的要角為人所知，但這份手稿堅稱他是反抗軍的靈魂人物。《阿克巴納瑪》同樣在一九五一年得見天日，但地點變成白沙瓦，且書中力捧的主人翁變成了瓦齊爾阿克巴．汗。「在本書中，」瑪烏拉納．喀什米爾寫道，「就像魯斯坦大帝（Rustam the Great）*一樣，阿克巴將名留千古。如今這篇史詩已經告成，它將周遊列國，將為偉人的集會增色。從喀布爾，它將遊歷到每一場聚會上，就像春天的微風從一座花園吹送到另一座花園。」[8]

《大事紀》提供了時序上稍晚，且由波斯邊境之西阿富汗赫拉特角度看待反叛之舉的觀感，至於《蘇丹編年史》與《光之史》這兩本十九世紀的史書則都是阿富汗國王的官方朝堂史錄，並提供了多斯特．莫哈瑪德各後繼者的角度[9]。由重要叛軍領袖阿米努拉．汗．洛加里所留下的波斯文信件曾在遭到塔利班劫掠之前，保存在喀布爾的國家博物館中，近期則由其後人重新付梓為Paadash-e-Khidmatguzaari-ye-Saadiqaane Ghazi Nayab Aminullah Khan Logari，也就是《國士無雙之阿米努拉．汗．洛加里，赤誠純潔聖戰士的復仇》[10]。

字裡行間怒不可遏到咬牙切齒，但觀察入微而自成一家之言的《戰役之歌》出自米爾扎．阿塔．莫哈瑪德之手筆。該書是從希卡布爾一名基層官員的視角去講述戰爭的故事（希卡布爾現屬巴基斯坦，但當年至少在名義上處於喀布爾的勢力範圍內）。這名官員一開始是為沙．舒亞效力，但後來幻滅於主子對外國勢力的依賴，開始在筆下流露出對叛軍的同情。他的遺詞用字如蒙兀兒時代的波斯文一樣華麗而俗庸，但他行文表達比當時任何一名作家都更具機鋒與律動。這是本對於英國人的失敗相當毒舌的作品，所以或許令人有點想像不到的是委託米爾扎・阿塔寫這本書的人，竟然是希卡布爾首位英國收藏家伊斯特威克（E. B. Eastwick），由此米爾扎戰戰兢兢地在前言中對其贊助者坦言，「俗語有言『直言不諱終至忠言逆耳』，雖然我已經不遺餘力，盡可能委婉地去描繪這些事件中的功過是非，但我仍祈求自己不會冒犯到那些位列權位之巔的英雄豪傑。畢竟話說到底，」他補充說，「身處這個稍縱即逝、沒有信仰的世界，喜與悲都是過眼雲煙：『世事無異黃粱一夢——不論你如何癡心妄想，最終也是白駒過隙，直到你自己也化為塵土一掬。』」[11]

在所有史料中最直言不諱的，恐怕得算是《沙・舒亞的回憶錄》，那是舒亞親自寫於戰前在魯得希阿那流亡期間，並在一八四二年他死後由其追隨者補完，一本多姿多采且胸懷天下的自傳。舒亞在前言中開宗明義：「有洞見的學者皆知偉大的國王會記錄下他治下的重大事件與他所參與並凱旋的軍事戰役：其中有些人天賦異稟會自己執筆，但多數王者都會將此事負託給長於此道的史家與作者，以便這些珍珠一般的成品可以在時間的長流中作為在書頁中的紀念碑。是故在慈悲上帝的天廷之上，這位謙卑的乞求者也萌生了同樣的念頭，打算要將他自十七歲之稚齡登基以來，治下所有戰役記錄成書，由此呼羅珊的史家將可真切從我口中得知這些往事的來龍去脈，有心的讀者則可以經由文中的先例鑑往知來。」[12]透過這部回憶錄，我們得以一窺這一戰中阿富汗陣營主角的希望與恐懼——這對我的研究文獻來說是至為關鍵的補強。

願軍也參戰助陣，此役在一九四一年六月二十二日以納粹德國戰敗告終，使其不得不放棄入侵英國的海獅計畫。

* 譯註：列王紀的登場人物，波斯神話中的傳奇英豪。

但令人驚訝的是雖然大部分這些史料都為操達利語的阿富汗史家所熟知，且他們也都把這些史料用在了其撰寫於一九五〇與七〇年代的民族主義達利文史書中，但你似乎找不到任何一本英文戰史引用過這些陳述，且這些史料的英文譯本也都蕩然無存，僅有的就是《沙・舒亞回憶錄》某幾章的刪節版譯文曾出現在一八四〇年代一份加爾各答雜誌中，另外就是《光之史》的全譯本正在由哥倫比亞大學的勞勃・麥克切斯尼教授進行籌備，而我承蒙教授的慷慨得以先睹為快。

這些豐富詳細的阿富汗史料，補全了很多歐洲史料疏於提及或並無所悉的事情。比方說英國的史料在論及阿富汗軍中的各派系時游刃有餘，但似乎不太能掌握緊張關係是如何讓阿富汗的不同叛軍群體之間貌合神離，但反抗軍——在阿富汗的史料描述中一目了然——其實是一盤散沙：不同群體在不同人的指揮下陳兵在不同的地方，且往往只做得到最低限度的協同作戰。再者，敵對團體間往往各懷鬼胎，且會根據自身利益隨時更換盟友。格外令人驚奇的一點是在叛亂的初期，竟有許多叛軍希望留下沙・舒亞擔任他們的國王，只求趕走他的英國靠山就好；這同一批尊王派勢力一看到英軍前往庫爾德—喀布爾山口自取滅亡，就立刻改投了沙・舒亞。一如蘇聯在阿富汗的傀儡納吉布拉（Najibullah）在蘇聯於一九八〇年代撤軍之後又多撐了令外界沒想到的一長段時間，沙・舒亞若非死於出於私怨與嫉妒而背叛他的教子之手，說不定也可以長期擔任阿富汗國王下去。

對照起英國的相關戰史，反抗力量在阿富汗的史料中有一套略顯不同的登場人物表：米爾・瑪斯吉迪與他的科希斯坦人，還有阿米努拉・汗與他的洛加里人，都比起在英國資料中有更重的份量，這點在後來由巴拉克宰贊助寫成的阿富汗文本中尤其明顯。這些文本想強調的是得勝的巴拉克宰王朝的在起義中扮演的核心角色，但這一點其實只有在革命中的最後階段才成立。

更重要的是靠著阿富汗史料，阿富汗反抗軍的領袖群像也一瞬間立體了起來，成為了有血有肉的人類，充滿了七情六慾與屬於個人的觀點與行為動機。相對於英國的資料來源只無差別地看到一整面牆上的「死硬派」與「狂熱份子」，全部都是一臉大鬍子的叛徒，新史料讓人得以理解何以一個個阿富汗領袖，包括當中許多沙·舒亞的死忠支持者，會選擇拿起武器與看似所向無敵的英印公司搏命：德高望重的阿米努拉·汗·洛加里遭到某英國小官的羞辱，還因為不肯接受皇室的增稅就被剝奪領地；血氣方剛的阿布杜拉·汗·阿恰克宰的情婦遭到亞歷山大·柏恩斯勾引不說，還在想要把她帶回來的時候被嘲笑；米爾·瑪斯吉迪正要自首，卻遭到違反所有默契的英國人襲擊其要塞，屠殺其家人，該要塞遂被拿下而變成了英國的地方統治中心，至於瑪斯吉迪的土地則被其敵人瓜分。至於被描繪得最栩栩如生的人物，則是洗鍊而複雜的阿克巴·汗，須知他熱愛希臘化的健馱邏（Gandharan）*佛雕，想要引進西式教育，並且在喀布爾被視為是反抗軍中最英姿颯爽的一名領袖。《阿克巴納瑪》裡甚至有篇幅描寫他新婚之夜的床笫之樂。英國史料中那名被漫畫醜化的「穆斯林奸賊」，在紙上躍然成為一名風流倜儻，阿富汗版的偶像型男。

阿富汗史料還像一面鏡子，讓我們得以如跟亞歷山大·柏恩斯是堂兄弟的羅比·柏恩斯（Robbie Burns）所言，「讓我們看到別人是怎麼看待我們的」[13]。因為根據阿富汗的史詩，柏恩斯遠遠不是西方文本中的浪漫冒險家，而是個人模人樣、口蜜腹劍的惡魔郎中，是諂媚奸佞的大師，也是他腐化了喀布爾的貴族。「他看上去是個人，但內裡卻是魔鬼本人，」一名貴族告訴多斯特·莫哈瑪德[14]。同樣地在阿富汗人的眼中，西方軍隊的特點不外乎冷血無情，欠缺任何濟弱鋤

* 譯註：阿富汗東部和巴基斯坦西北部的古國，疆域位於喀布爾河的南方，東抵印度河並包含部分喀什米爾。

強的基本俠義精神，特別是他們對平民的傷亡更是麻木不仁。「他們挾著仇恨與邪念，讓房舍陷入火海，也讓牆垣被吞噬於烈焰，」多斯特．莫哈瑪德在《阿克巴納瑪》裡要阿克巴．汗戒之慎之：

因為他們就是如此展現力量
以便恐嚇人到不敢做出抵抗
他們習於讓人屈服低頭
免得有人要求平起平坐[15]

阿富汗史料中還有一項反覆出現的怨言，那就是英國人完全不懂得尊重女性，走到哪就強暴到哪、欺負到哪，「不分日夜地驅策他們慾望的駿馬，肆無忌憚」。換句話說，英國人在阿富汗史料中的形象就是一群不值得信賴、只會用力量壓迫人，四處凌虐女性的恐怖份子。這樣的評價，是我們始料所未及。

位於阿富汗史料的核心，是謎樣的沙．舒亞本人。從他自身與支持者的文字之中所浮現出的，儼然是個歷練與才智過人，一心追隨帖木兒帝國諸先王典範的男人。他在《沙．舒亞回憶錄》中的文字自畫像，也在其他作者的作品背書下，投射出一個堅毅、勇敢、百折不撓的人物，挺過了所有迎面而來的命運捉弄。與此有著天壤之別到讓人瞠目結舌的，則是在那些扶植他重返王座在前，嘗試邊緣化這位杜蘭尼帝國繼承人在後，目空一切的英國官員的口中，他是如何地腐敗無能。此外他也絕對不是那個在經過巴拉克宰王朝一百七十年的宣傳妖魔化後，阿富汗人心目中那個通敵賣國的傢伙。舒亞以他自身為中心，打造出了一個具有高度文明的波斯化世界——你找不到證據舒亞識得普什圖語，他不曾用普什圖語寫作更是不在話下。舒亞的王者人生一如在他之前的蒙兀兒帝國，也不斷在漂泊，並且從許多方面來講，他都儼然是最後的帖木兒帝國傳人，因為在他的統治下，阿富汗仍舊是在伊朗、中亞、中國與興都斯坦之間的十字路口，而不是日後為我們印象中那困於山間的窮鄉僻壤。

回首前程，舒亞的統治標誌了一個世界的終結，與另一個世界的開始。因為不論第一次英阿戰爭付出了多少代價換來了多少失敗，其對後世的影響都既重要且長遠。對英國人來說，此役創造了一個穩定的邊境。短短幾年內，英國人吸收了錫克卡爾薩派的旁遮普與印度河下游原本由信德諸埃米爾統治的土地；但英國人也學到了教訓，那就是白沙瓦應該要納入其英屬印度的西北邊境。

對於阿富汗人而言，這場戰爭永遠改變了他們的國家：在回歸之後，多斯特・莫哈瑪德繼承了英國人推動的改革，而這些改革也幫助了他鞏固出一個定義比起戰前要明確許多的阿富汗。確實舒亞與跟他同時代的大部分人都從來沒有使用過「阿富汗」這個名字——他心中只有一個喀布爾王國是杜蘭尼帝國殘存的香火，存在於一個叫做呼羅珊的地理空間邊緣。惟只在短短一代人的時間內，阿富汗一詞就以廣泛出現在國內外的地圖上，而在那個空間內的百姓也開始自稱阿富汗人。沙・舒亞的回歸，暨想重新扶植他上位之殖民遠征的挫敗，終於一舉摧毀了薩多宰王朝僅存的權力基礎，也讓薩多宰所創建之杜蘭尼帝國永世遭人遺忘。在某種程度上，這場戰爭著力頗深地勾勒出了現代阿富汗國的邊境輪廓，同時也畢其功於一役地確立了以阿富汗為名的國家意識。

若說第一次英阿戰爭在阿富汗的立國大業上推了一把，那現在的問題就是當前的西方干預會不會加速其崩落。行筆至此，西方國家的軍隊正眼看著就要將阿富汗交由波帕爾宰的弱勢政府自理。不論是這個弱勢的政權，或是阿富汗這個四分五裂、一盤散沙之國家的命運，都沒有人能逆料。惟至今仍言猶在耳且如假包換的，還是米爾扎·阿塔在一八四二年戰後所寫的那一句：「話說到底，想侵略或統治呼羅珊王國，可一點都不容易。」

字彙

Akali 阿卡利	錫克教一種嚴峻的武鬥派。在此期間，阿卡利一詞專門用來指涉「尼杭」（nihang；常著藍衣）這群會以急先鋒之姿去攻擊錫克教敵人的武裝軍事派系。阿卡利之名起源自「阿卡爾」（Akal），意思是「永恆不死之人」或「錫克教徒中的崇高存在」。
alam 阿拉姆	一種戰旗，也被什葉派用來作為伊斯蘭穆哈蘭姆月（回曆一月，相當於伊斯蘭的新年）敬奉的焦點。通常是淚滴形，或製作成手的形狀。這些旗幟極其華美，最精緻的作品可謂伊斯蘭金工的偉大傑作。
amir 埃米爾	「穆民的埃米爾」（Amir al-Muminin），意思是「虔誠者的指揮官」。
beg 貝格	酋長或統治者。
boosa 布撒	稻草或秣草。
chela 切拉	門徒或學子。
dak 達克	郵寄物、信件（十八九世紀偶爾拼寫為 dawke）。
Dasht 達許特	直譯為「草原」。從坎達哈以南山麓的史賓波達克所延伸出的區域。
dharamasala 達蘭薩拉	朝聖者的休憩客棧。
diwan 宮／廳	政府宮廳。

dhoolie 杜利	有蓋的轎子。
durbar 杜爾巴	皇家朝廷。
fakir 法基爾	直譯是「貧窮」。蘇菲派聖人、托缽僧、穆斯林的苦修者。
fatwa 法特瓦	伊斯蘭教法的判決；教令。
firangi 菲蘭吉	外國人。
ghazal 加扎爾	烏爾都或波斯的情詩。
ghazi 加齊	發動聖戰者，聖戰士。
Gholam Khana	薩多宰的皇室衛隊。
hamam 土耳其浴	土耳其式的蒸氣浴。
harkara 哈卡拉	字面上的意思是「包辦一切的人」，實務上是跑者、信差、新聞撰稿，甚至是間諜。在十八到十九世紀的史料中，這個字偶爾也會拚寫成 hircarrah。
haveli	一種有庭院的宅邸或傳統別墅。
havildar 哈維爾達	相當於士官階層的印度軍銜。
iftar 伊夫塔	開齋餐（穆斯林齋月期間在日落後吃的晚餐）。
izzat 伊薩特	榮譽。
jezail 傑撒伊火槍	長管火繩滑膛槍、裝填起來沉重、遲緩且笨拙，但在熟手的操作下的長距離準確性極高。
Jezailchi 傑撒伊火槍兵	配備長管傑撒伊火槍的阿富汗步兵。
jihad 聖戰	伊斯蘭的聖戰。
jihadi 聖戰士	伊斯蘭的聖戰士。

jirga 吉爾嘎	一種部落集會；由普什圖長老們根據普什圖瓦里（pashtunwali）來平息糾紛的一種會議，其中所謂普什圖瓦里是普什圖人的傳統律法與倫理。譯按：可理解為「普什圖價值」或「普什圖精神」。
juwan 朱萬	年輕人、小伙子。
kafila 卡菲拉	商隊。
kafilabashi 卡菲拉巴什	商隊的領隊。
kajawah 卡賈瓦	掛在駱駝身側的柳條籃子。
Khalsa 卡爾薩（一譯正統派）	直譯是「純粹」或「自由」的意思。在這段期間被用來指稱蘭季德 ‧ 辛格的錫克大軍，但它更應該是整個錫克民族的代稱。
Khan 汗	普什圖部落的酋長。
Khel 凱	普什圖語中一個用來表達血統傳承的詞彙。（字尾的宰代表同一個部落，層級比宰低一級的次部落名稱則以凱字收尾）。
khutba 呼圖白	週五集體敬拜時的教義宣講詞。
kotwal 柯特瓦爾	警察首長。
kumbukht 昆布赫特	無賴；沒用、無望或倒楣的傢伙。
lakh 拉克	數字或金錢單位，一個拉克就等於十萬。
malang 瑪浪	雲遊的托缽僧。
malik (malek) 馬利克	村落的頭目或小領袖。
masjid	清真寺。

mooli (moolee)	白蘿蔔（傀儡）。
munshi 芒西	印度作家、私人秘書或語言教師。
naib 納伊布	副手或代表（人）的意思。
namak haram 納馬克·哈蘭姆	直譯是「對你的鹽有害的東西」或「不純粹之鹽」，比喻忘恩負義或不忠誠之人。
Nauroz 諾魯茲節	波斯的新年節慶，時間落在三月二十日。
palkee 帕爾基	一種供人移動時搭乘的轎子或肩輿。
Pashtu 普什圖語	普什圖族在巴基斯坦西北邊境與南阿富汗使用的語言。
pir 辟爾	蘇菲派的師尊或聖人。
pirzada 辟爾扎達	蘇菲派聖祠的守護者；通常是其創辦聖人之後裔。
pishkhidmat 皮許希德瑪特	薩達爾或國王的貼身僕人。
pustin 帕斯汀	一種阿富汗羊皮外衣（源自達利語裡的單字 post，意思是皮膚）。
qalandar 卡蘭答	蘇菲派的托缽僧或神聖的愚者。
Qizilbash 齊茲爾巴什	直譯「紅頭」，指的是薩法維的士兵（或後來的商人），主要是因他們在頭巾下戴著紅色的高帽；這些什葉派的殖民者一開始是跟著納迪爾・沙的軍隊從波斯來到阿富汗，後來擔任起杜蘭尼王朝的皇家衛隊。到了一八三〇年代，他們自立門戶組成一個社群，其在喀布爾城內世居的兩個區域分別叫做欽達武勒與穆拉德卡尼，任何人覬覦阿富汗的王位都必須拉攏齊茲爾巴什的領袖與追隨者。
rahdari 拉答里	朝廷繳給山區部落的規費，換取的是路況安全，並讓沿路過往的軍隊與商賈獲得保護。

rundi 阮迪　舞孃或妓女。據稱這個印度語單字便是英文中randy（好色、淫蕩）的字源。

sangar 石壘　由低矮泥牆保護的較淺壕溝，或是胸牆，傳統上由阿富汗的戰士興建來保護其傑撒伊狙擊手。

sardar (sirdar) 薩達爾　酋長、指揮官或貴族。在薩多宰人之中，薩達爾是由杜蘭尼氏各氏族首領與皇家全體成員所持有的軍事頭銜。在錫克人之中，這個頭銜會被授予卡爾薩的所有追隨者；這個字存留到現代印度的日常生活中，成為了一種對任何一名錫克人的尊稱。

sawar 薩瓦爾　騎兵，這時期的拚寫法除了薩瓦爾，還包括蘇瓦爾（suwar）或索瓦爾（sowar）。

sepoy 印度士兵　效力於英屬東印度公司中的印度士兵。

sayyed (f. sayyida) 賽義德　先知穆罕默德的直系後裔，賽義德通常會頂著米爾（Mir）的頭銜。

shahzada 沙扎達　王子；親王。

shamiana 沙米阿那　一種印度式天篷，或是圍在帳篷區外圍的屏風。

Shia 什葉派　伊斯蘭兩大主要陣營，可上溯至先知穆罕默德新喪後的分裂，當時其中一派人承認麥地那的哈里發，另一派人則追隨先知的女婿阿里（什葉在阿拉伯文中指的就是阿里的黨人）。雖然多數什葉派居於伊朗，但阿富汗與印度也一直都有若干什葉派的存在。

shir maheh 奶魚　一種味道與鱒魚大同小異的阿富汗淡水魚。

sipahee 印度士兵　同（sayyed）。原為波斯語中的士兵之意，後在英國人口中變音成sepoy，意思則變成專指在英國東印度公司服役的印度士兵。

surwan 蘇爾旺	駱駝騎士。
syce	馬倌。
talib 塔利伯	宗教學者。
takht 塔赫特	座位或王座。
thannah 塔納	由塔納達（thanadar；警局局長）出掌的警局或警哨。
toman 托曼	波斯的貨幣單位，在第一次英阿戰中時的兌換比率約為五托曼等於約一英鎊。
tykhana 泰克哈納（避暑室）	單間或成一網路的地下冷房。
‘ulema 烏里瑪	在阿拉伯文中，烏里瑪意指「擁有知識的一群」，因此理論上可以解讀為「學者的社群」。實務上烏里瑪指的是伊斯蘭的神職人員，也就是一群對可蘭經、聖行（Sunna；穆罕默德的行為典範）與伊斯蘭教法的了解足以做成宗教決議者。’ulema 在阿拉伯文中是複數，單數是 alim，也就是學者的意思。
vakil 瓦基爾	代表、頭目或大使。在現代語境中常指律師。
waqf 瓦基夫	伊斯蘭教法中不可被剝奪的宗教遺產，通常是一棟宗教性建物或一塊保留給穆斯林宗教或慈善用途的土地。
wazir 瓦齊爾	國正幕僚或大臣。
Yaghistan 亞吉斯坦	普什圖人對其疆域的認知，直譯為「自由不羈的土地」。
zenana	後宮、女眷的起居處。
zikr 齊克爾	蘇菲儀典中的出神與狂喜。

註釋

CHAPTER 1 ｜難治之地

1. Alexander Burnes, Cabool: A Personal Narrative of a Journey to, and Residence in that City in the Years 1836, 7 and 8, London, 1843, p. 273, for details of the Kabul spring.
2. Sultan Mohammad Khan ibn Musa Khan Durrani, *Tarikh-i-Sultani*, p. 219.
3. 呼羅珊地區還包括伊朗東部大部，但並不常被認為涵蓋北阿富汗。
4. *Waqi'at-i-Shah Shuja*, The Eighteenth Event.
5. Sultan Mohammad Khan Durrani, *Tarikh-i-Sultani*, p. 226.
6. *Waqi'at-i-Shah Shuja*, The Eighteenth Event.
7. Dominic Lieven, Russia against Napoleon, London, 2009, pp. 45–7.
8. 被引用於 Sir John Malcolm, Political History of India, 2 vols, London, 1826, vol. I, p. 310.
9. Iradj Amini, Napoleon and Persia, Washington, DC, 1999, p. 112; Muriel Atkin, Russia and Iran 1780–1828, Minneapolis, 1980, p. 125.
10. OIOC, Board's Collections: Sec Desp to India, vol. III, Draft to Governor General-in-Council, 24 September 1807, no. 31; J. B. Kelly, Britain and the Persian Gulf, 1795–1880, Oxford, 1968, pp. 82–3. 關於躲在駁船底下的俄羅斯貴族，見 Peter Hopkirk, *The Great Game*, London, 1990, p. 33.
11. Amini, Napoleon and Persia, p.129.
12. Sir John William Kaye, Lives of Indian Officers, London, 1867, vol. I, p. 234.
13. 兩名少年的精彩遊記由艾德華的後人芭芭拉・史特拉齊（Barbara Strachey）寫成，收錄於 The Strachey Line: An English Family in America, India and at Home from 1570 to 1902, London, 1985, pp. 100–5. 這兩名少年的日記都存留在了印度辦公室圖書館（India Office Library）中，只不過艾爾芬史東的字跡實在太過潦草，無法全數解讀。蒙特斯圖亞特・艾爾芬史東的日記存於 BL, OIOC, Mss Eur F88 Box 13/16[b] 而艾德華・史特拉齊者則在 Mss Eur F128/196.。
14. Fayz Mohammad, *Siraj ul-Tawarikh*, vol. I, p. 40. 一七六一年的帕尼帕特之戰是同一地點的第五場戰役。
15. Mirza 'Ata, *Naway Ma'arek*, Introduction, pp. 1–9.
16. Fayz Mohammad, *Siraj ul-Tawarikh*, vol. I, p. 63.
17. Olaf Caroe, The Pathans, London, 1958, p. 262; Syad Muhammad Latif, History of the Punjab, New Delhi, 1964, p. 299; Robert Nichols, Settling the Frontier: Land, Law and Society in the Peshawar Valley, 1500–1900, Oxford, 2001, p. 90.
18. H. T. Prinsep, History of the Punjab, and of the rise, progress, & present condition of the sect and nation of the Sikhs [Based in part on the 'Origin of the Sikh Power in the Punjab and political life of Muha-Raja Runjeet Singh'], London, 1846, vol. I, p. 260; Fayz Mohammad, *Siraj ul-Tawarikh*, vol. I, p.

84; Mountstuart Elphinstone, An Account of the *Kingdom of Caubul*, and its dependencies in Persia, *Tartary, and India; comprising a view of the Afghaun nation, and a history of the Dooraunee monarchy*, London, 1819, vol. I, p. 317.

19. Mirza ʿAta, *Naway Ma'arek*, pp. 57–75.
20. Ibid., *Waqi'at-i-Shah Shuja*, Introduction.
21. Sultan Mohammad Khan Durrani, *Tarikh-i-Sultani*, p. 212.
22. *Waqi'at-i-Shah Shuja*, Introduction.
23. Ibid., The Seventh Event.
24. Fayz Mohammad, *Siraj ul-Tawarikh*, vol. I, p. 95.
25. Sultan Mohammad Khan Durrani, *Tarikh-i-Sultani*, p. 217.
26. Ibid., p. 215.
27. Ibid., pp. 244–69. 阿富汗人如今談到印度或甚至巴基斯坦，都還是習慣用這種口吻。他們認為習慣吃米跟肉的自己要高人不知多少等。
28. Robert Johnson, *The Afghan Way of War – Culture and Pragmatism: A Critical History*, London, 2011, p. 48.
29. B. D. Hopkins, *The Making of Modern Afghanistan*, London, 2008, pp. 129, 159; Noelle, *State and Tribe in Nineteenth-Century Afghanistan*, p. 281.
30. Noelle, *State and Tribe in Nineteenth-Century Afghanistan*, p. 288.
31. Elphinstone, *Kingdom of Caubul*, vol. I, pp. 2–7.
32. Ibid., p. 13.
33. Ibid., p. 21.
34. Ibid., pp. 52–4.
35. BL, OIOC, Forster Papers, Mss Eur B 14/Mss Eur K 115, 12 July 1785.
36. Adapted from Caroe, *The Pathans*, p. 244.
37. 雖然廣泛被認為是庫沙爾，但許多學者也懷疑這首知名兩句詩的真實性。
38. Elphinstone, *Kingdom of Caubul*, vol. I, pp. 67–8.
39. Private Collection, Fraser Papers, Inverness, vol. 30, p. 171, WF to his father, 6 March 1809.
40. *Waqi'at-i-Shah Shuja*, The Twenty-Sixth Event.
41. Sayed Qassem Reshtia, *Between Two Giants: Political History of Afghanistan in the Nineteenth Century*, Peshawar, 1990, p. 18; Noelle, *State and Tribe in Nineteenth-Century Afghanistan*, p. 8.
42. Fayz Mohammad, *Siraj ul-Tawarikh*, vol. I, p. 86.
43. Elphinstone, *Kingdom of Caubul*, vol. I, pp. 82–3, 282.
44. Ibid., pp. 80–1.
45. Ibid., p. 399.
46. Ibid., vol. II, p. 276.
47. Private Collection, Fraser Papers, Inverness, vol. 30, p. 149, WF to his father, 22 April 1809.
48. Johnson, *The Afghan Way of War*, p. 44.
49. Ibid., p. 42.
50. Elphinstone, *Kingdom of Caubul*, vol. II, p. 276.
51. Hopkins, *The Making of Modern Afghanistan*, p. 1.

52. Noelle, *State and Tribe in Nineteenth-Century Afghanistan*, pp. 164–5.
53. Johnson, *The Afghan Way of War*, p. 43.
54. Private Collection, Fraser Papers, Inverness, vol. 30, p. 177, WF to his father, 7 May 1809.
55. Elphinstone, *Kingdom of Caubul*, vol. I, p. 87.
56. Ibid., p. 89.
57. Sultan Mohammad Khan Durrani, *Tarikh-i-Sultani*, p. 223.
58. Private Collection, Fraser Papers, Inverness, vol. 30, pp. 201–6, WF to his father, 19 June and 6 July 1809.
59. Fayz Mohammad, *Siraj ul-Tawarikh*, vol. I, p. 115.
60. Sultan Mohammad Khan Durrani, *Tarikh-i-Sultani*, p. 229.
61. *Waqi'at-i-Shah Shuja*, The Twenty-Sixth Event.

CHAPTER 2 | 不安之心

1. Mirza 'Ata, *Naway Ma'arek*, pp. 10–12.
2. Khuswant Singh, *Ranjit Singh: Maharaja of the Punjab*, London, 1962.
3. *Waqi'at-i-Shah Shuja*, The Twenty-Sixth Event.
4. Ibid.; Mirza 'Ata, *Naway Ma'arek*, pp. 13–15. 錫克資料來源提出了一款出入甚大的陳述。
5. Prinsep, *History of the Sikhs*, vol. II, pp. 14–15.
6. *Waqi'at-i-Shah Shuja*, The Twenty-Sixth Event.
7. Turk Ali Shah Turk Qalandar, *Tadhkira-i Sukhunwaran-Chashm-Didah*, n.d.
8. *Waqi'at-i-Shah Shuja*, The Twenty-Sixth Event.
9. Fayz Mohammad, *Siraj ul-Tawarikh*, vol. I, p. 135.
10. *Waqi'at-i-Shah Shuja*, The Twenty-Seventh Event.
11. Private Collection, Fraser Papers, Inverness, vol. 30, pp. 171–2, WF to his father, 9 May 1809.
12. Fayz Mohammad, *Siraj ul-Tawarikh*, vol. I, p. 136.
13. *Waqi'at-i-Shah Shuja*, The Twenty-Eighth Event; Fayz Mohammad, *Siraj ul-Tawarikh*, vol. I, pp. 136–7; Prinsep, *History of the Sikhs*, vol. II, p. 22.
14. Arthur Conolly, *Journey to the North of India, 1829–31*, London, 1838, vol. II, pp. 272, 301.
15. *Waqi'at-i-Shah Shuja*, The Twenty-Ninth Event.
16. Eruch Rustom Kapadia, 'The Diplomatic Career of Sir Claude Wade: A Study of British Relations with the Sikhs and Afghans, July 1823–March 1840', unpublished PhD thesis, SOAS, c.1930, p. 18. 韋德（Wade）盡了全力去消滅人口交易：Sir C.M. Wade, *A Narrative of the Services, Military and Political, of Lt.-Col. Sir C.M. Wade*, Ryde, 1847, p. 33.
17. Jean-Marie Lafont, *La présence française dans le royaume sikh du Penjab 1822–1849*, Paris, 1992, p. 107.
18. Ibid., p. 110.
19. Punjab Archives, Lahore, from Metcalfe, Resident in Delhi, to Ochterlony in Ludhiana, 6 January 1813, book 8, no. 2, pp. 5–8.
20. 很遺憾的是這個口耳相傳而且非常精彩的故事恐怕死無對證：我至多只能將其追溯到 Edward

Thompson's *The Life of Charles Lord Metcalfe*, London, 1937, p. 101，當中對此事的描述是「地方上的傳統……聽起來像是民間故事」。這個故事的靈感來源很可能是藏於印度辦公室圖書館，關於奧克特洛尼的著名微縮資料。在其遺囑（BL, OIOC L/AG/34/29/37）中，奧克特洛尼只提到一名「比比」（bibi；指配偶或伴侶，可以是合法妻子，也可是情婦），她是「正式頭銜是穆巴魯克・烏爾・尼沙・貝甘（Moobaruck ul Nissa Begum），但平常被叫做貝甘・奧克特洛尼的瑪胡頓（Mahruttun）」。瑪胡頓是他兩個女兒的母親，只不過他的兒子羅德里克・佩瑞葛林・奧克特洛尼（Roderick Peregrine Ochterlony）顯然是另一名比比所生。所以話說回來，這種說法確有其事的可能性其實不低：我經常在研究中發現有證據可以證明德里在這類事情有類似的古老傳統，且當時若干東印度公司的隨從都有他們不算小的後宮。根據赫伯主教（Bishop Heber）對其人其事精彩的描述，奧克特洛尼很顯然已經印度化到去做一樣的風流逸事。

21. Punjab Archives, Lahore, from Ochterlony in Ludhiana to John Adam, Calcutta, 9 July 1815, book 14, no. 226, pp. 5–8.
22. Punjab Archives, Lahore, Captain Birch to Adam, Ludhiana, 2 December 1814, book 15, no. 6.
23. Punjab Archives, Lahore, vol. 18, part II, Letters 117 and 118, p. 535. 在烏爾都語中，地址讀起來是：Banam-i Farang Akhtar Looni Sahib。奧克特洛尼的名字——或者應該說是其烏爾都語化的形式，Akhtar Looni，直譯會變成「瘋狂之星」。
24. Punjab Archives, Lahore, Fraser, Ramgurh to Ochterlony, Ludhiana, 3 September 1816, vol. 18, part II, Case 118, pp. 538–9.
25. Punjab Archives, Lahore, Captain Murray to Sir D. Ochterlony Bart. K.C.B., vol 18, part II, Case 150, pp. 653–8.
26. Mirza ʻAta, *Naway Ma'arek*, p. 39; *Waqi'at-i-Shah Shuja*, Introduction.
27. Punjab Archives, Lahore, Adam to Ochterlony, 5 October 1816, book 9, no. 98, pp. 637–9.
28. Punjab Archives, Lahore, Ludhiana Agency, Murray to Ochterlony, 20 January 1817, book 92, Case 17.
29. Punjab Archives, Lahore, Adam to Ochterlony, 5 October 1816, book 9, no. 98, pp. 637–9.
30. Mohan Lal Kashmiri, *Life of Amir Dost Mohammad of Kabul*, London, 1846, vol. I, pp. 104–5. 這應該是強佔女性的委婉語。
31. Mirza ʻAta, *Naway Ma'arek*, pp. 29–39.
32. Patrick Macrory, *Signal Catastrophe: The Retreat from Kabul 1842*, London, 1966, p. 35
33. Fayz Mohammad, *Siraj ul-Tawarikh*, vol. I, p. 140.
34. Punjab Archives, Lahore, R. Ross, Subhatu to Sir D. Ochterlony, Kurnal, 2 September 1816, book 18, Serial no. 116. 羅斯報告說：「我此時寫信給你，身上做的是廓爾喀的打扮，這是再完美也沒有了的偽裝。等寫完這封信後，我會就這樣溜出到屋外，走小道進入恆河河床，然後我會繼續偕一名英軍印度連長（Subadar）跟一名印度士兵（Siphi，同 sepoy；隸屬廓爾喀忠誠營），繼續以脫掉英軍制服而作廓爾喀人的樣貌去跟監阿富汗的皇家隊伍。」
35. Charles Masson, *Narrative of Various Journeys in Baluchistan, Afghanistan and the Panjab*, 1826 to 1838, London, 1842, vol. III, p. 51.
36. *Waqi'at-i-Shah Shuja*, The Thirtieth Event.
37. Mirza ʻAta, *Naway Ma'arek*, pp. 39–56.
38. Josiah Harlan, 'Oriental Sketches', insert at p. 42a, mss in Chester Country Archives, Pennsylvania, quoted in Ben Macintyre, *Josiah the Great: The True Story of the Man Who Would be King*, London,

2004, p. 18.

39. Harlan's 'Sketches', p. 37a, quoted in Macintyre, *Josiah the Great*, pp. 22–3.
40. Godfrey Vigne, *A Personal Narrative of a Visit to Ghuzni, Kabul and Afghanistan and a Residence at the Court of Dost Mohamed with Notices of Runjit Singh, Khiva, and the Russian Expedition*, London, 1840, p. 4.
41. Punjab Archives, Lahore, Ludhiana Agency papers, Wade to Macnaghten, Press List VI, Book 142, serial no. 44, 9 July 1836. Shah Mahmood Hanif, 'Shah Shuja's "Hidden History" and its Implications for the Historiography of Afghanistan', *South Asia Multidisciplinary Academic Journal* [online], Free-Standing Articles, online since 14 May 2012, connection on 21 June 2012, http://samaj.revues.org/3384.
42. See, for example, Punjab Archives, Lahore, Captain C. M. Wade, Pol. Assistant, Loudhianuh to J. E. Colebrooke, Bart., Resident, Delhi, 1 June 1828, Ludhiana Agency Records, book 96, Case 67, pp. 92–4, for one round of the slave-girl saga. See also Kapadia, 'The Diplomatic Career of Sir Claude Wade', p. 6.
43. Victor Jacquemont, *Letters from India* (1829–1832), London, 1936, p. 162.
44. Jean-Marie Lafont, *Indika: Essays in Indo-French Relations 1630–1976*, New Delhi, 2000, p. 343.
45. Ibid.
46. Public Records Office (now The National Archives, Kew), PRO 30/12, Ellenborough, Political Diary, 3 September 1829.
47. M. E. Yapp, *Strategies of British India: Britain, Iran and Afghanistan, 1798–1850*, Oxford, 1980, pp. 247, 111–12; Mark Bence-Jones, *The Viceroys of India*, London, 1982, p. 15.
48. Macrory, *Signal Catastrophe*, p. 39.
49. Norris, *The First Afghan War 1838–1842*, p. 15.
50. Laurence Kelly, *Diplomacy and Murder in Tehran: Alexander Griboyedov and Imperial Russia's Mission to the Shah of Persia*, London, 2002, ch. XIX, pp. 153–61.
51. Edward Ingram, *The Beginning of the Great Game in Asia, 1828–1834*, Oxford, 1979, p. 49; Wellington to Aberdeen, 11 October 1829, Arthur Wellesley, Duke of Wellington, *Supplementary Despatches and Memoranda of Field Marshall Arthur Duke of Wellington, ed. by his son, the 2nd Duke of Wellington*, London, 1858–72, vol. VI, pp. 212–19.
52. Kelly, *Diplomacy and Murder*, p. 54.
53. Orlando Figes, *Crimea: The Last Crusade*, London, 2010, p. 5.
54. Peter Hopkirk, *The Great Game*, London, 1990, p. 117.
55. Ibid., p. 117; PRO, Ellenborough, Political Diary, II, 122–3, 29 October 1829.
56. BL, OIOC, Secret Committee to Governor General, 12 January 1830, IOR/L/PS/5/543.
57. Hopkirk, *The Great Game*, p. 119.
58. Cobden, quoted by Norris in *First Afghan War*, p. 38.
59. National Archives of India (NAI), Foreign, Political, 5 September 1836, nos 9–19, Minute of Charles Trevelyan.
60. Ingram, *Beginning of the Great Game*, p. 169.
61. James Lunt, *Bokhara Burnes*, London, 1969, p. 39.
62. 這兩名堂兄弟或許在姓氏拼法上有微妙的差異，但他們的親戚關係其實很近。
63. 我要在此感謝克雷格・莫瑞（Craig Murray）指出柏恩斯並非如凱伊（Kaye）所稱是在職業學校

（Trades School）受的教育。

64. Alexander Burnes, *Travels into Bokhara, Being the Account of a Journey from India to Cabool, Tartary and Persia, also a Narrative of a Voyage on the Indus from the Sea to Lahore*, London, 1834, vol. I, p. 127.
65. Hopkins, *The Making of Modern Afghanistan*, p. 51.
66. Jacquemont, *Letters from India*, pp. 171–3.
67. Burnes, *Travels into Bokhara*, vol. I, p. 132.
68. Ibid., p. 143.
69. Ibid., p. 144.
70. Lunt, *Bokhara Burnes*, p. 49. 這些挽馬到了一八四三年就已全部死亡。根據諾里斯（Norris），牠們「死於養尊處優，因為相對於牠們在英國肯特郡的草原老家，這裡把牠們餵得太多太好」：*First Afghan War*, p. 47. See also Yapp, *Strategies*, pp. 247, 208.
71. Sir John William Kaye, *Lives of Indian Officers*, vol. II, pp. 231–3.
72. Burnes, *Travels into Bokhara*, vol. II, p. 334.
73. Lafont, *Indika*, p. 343.
74. Burnes, *Travels into Bokhara*, vol. II, pp. 313, 341; vol. III, p. 185.
75. Ibid., vol. II, pp. 330–2.
76. Quoted in Norris, *First Afghan War*, p. 57.
77. BL, OIOC, Enclosures to Secret Letters (ESL) 3: no. 69 of no. 8 of 2 July 1832 (IOR/L/PS/5/122), Wade to Macnaghten, 11 May 1832.
78. Ibid.
79. Ibid., attached letter, 'Translation of a note from Shah Shoojah ool Moolk to Hajee Moolah Mahomed Hussein, the Shah's Agent with Capt. Wade'.
80. BL, OIOC, F/4/1466/5766, Extract Fort William Political Consultations of 12 February 1833: Shah Shuja to the Secretary and Deputy Secretary to Govt, received 18 December 1833, and F/4/1466/57660, Macnaghten to Fraser, 8 December 1832.
81. BL, OIOC, Board's Collections, F/4/1466/57660, no. 52479.
82. BL, OIOC, IOR/P/BRN/SEC/372, Item 34 of Bengal Secret Consultations, 19 March 1833, From the Governor General to Dost Mahomed, written 28 February 1833.
83. *Waqi'at-i-Shah Shuja*, The Thirty-Second Event.
84. Lafont, *Indika*, p. 351.
85. Cited in Kapadia, 'The Diplomatic Career of Sir Claude Wade', pp. 178–9.
86. Mirza 'Ata, *Naway Ma'arek*, p. 146.
87. *Waqi'at-i-Shah Shuja*, The Thirty-Third Event.
88. NAI, Foreign, Secret Consultations, 10 April 1834, no. 20.
89. Ibid.
90. Mirza 'Ata, *Naway Ma'arek*, p. 148.
91. Ibid., pp. 148–62.
92. NAI, Foreign, Political Consultations, 5 September 1836, nos 9–19, Minute of Charles Trevelyan. 特里維廉（Trevelyan）與亞瑟·康納利（Arthur Conolly）是真正替艾倫巴勒與奧克蘭爵士形塑印度和政策的兩位。

93. Macintyre, *Josiah the Great*, p. 18.

CHAPTER 3 | 大博弈之始

1. Elizabeth Errington and Vesta Sarkhosh Curtis, From *Persepolis to the Punjab: Exploring Ancient Iran, Afghanistan and Pakistan*, London, 2007, p. 5.
2. George Rawlinson, *A Memoir of Major-General Sir Henry Creswicke Rawlinson*, London, 1898, p. 67.
3. Royal Geographical Society, Rawlinson Papers, HC2, Private Journal Commenced from 14 June 1834, entry for 24 October 1834.
4. Ivan Fedorovitch Blaramberg, *Vospominania*, Moscow, 1978, p. 64.
5. Yapp, *Strategies*, pp. 138–9.
6. I. O. Simonitch, *Précis historique de l'avènement de Mahomed-Schah au trône de Perse par le Comte Simonitch, ex-Ministre Plénipotentiaire de Russie á la Cour de Téhéran*, Moscow, 1967, quoted by Alexander Morrison, *Twin Imperial Disasters: The Invasion of Khiva and Afghanistan in the Russian and British Official Mind, 1839–1842.*
7. Sir John MacNeill, *The Progress and Present Position of Russia in the East*, London, 1836, p. 151.
8. Rawlinson, *Memoir*, p. 67.
9. Ibid., p. 68.
10. NAI, Foreign, Secret Consultations, 17 October 1838, nos 33–4.
11. Rawlinson, *Memoir*, p. 68.
12. NAI, Foreign, Secret Consultations, 17 October 1838, nos 33–4.
13. Errington and Curtis, *From Persepolis to the Punjab*, p. 5.
14. NAI, Foreign, Secret Consultations, 17 October 1838, nos 33–4.
15. Blaramberg, *Vospominania*, p. 60; Melvin Kessler, *Ivan Viktorovitch Vitkevich 1806–39: A Tsarist Agent in Central Asia*, Central Asia Collectanea, no. 4, Washington, DC, 1960, pp. 5–8; V. A. Perovsky, *A Narrative of the Russian Military Expedition to Khiva under General Perofski in 1839*, trans. from the Russian for the Foreign Department of the Government of India, Calcutta, 1867; Mikhail Volodarsky, 'The Russians in Afghanistan in the 1830s', *Central Asian Survey*, vol. 3, no. 1 (1984), p. 72.
16. 'Peslyak's Notes', *Istorichesky Vestnik*, no. 9, 1883, p. 584.
17. Letter from V. A. Perovsky, Military Governor of Orenburg, to K. K. Rodofnikin, head of the Asian Department at the Ministry of the Foreign Affairs, 14 June 1836, quoted by N. A. Khalfn, predislovie k sb. *Zapiski o Bukharskom Khanstve* (preface to Notes on the Khanate of Bukhara), Moscow, 1983.
18. Blaramberg, *Vospominania*, p. 60.
19. Perovsky, *A Narrative of the Russian Military Expedition to Khiva*, pp. 73–5. 莫里森（Alexander Morrison）在《兩個帝國的災難（暫譯）》（*Twin Imperial Disasters*）中指出這段文字事實上是出自伊凡寧而非裴洛夫斯基之手。
20. Khalfn, *Zapiski o Bukharskom Khanstve* (Notes on the Khanate of Bukhara)
21. Blaramberg, *Vospominania*, p. 60.
22. Khalfn, *Zapiski o Bukharskom Khanstve* (Notes on the Khanate of Bukhara).

23. Volodarsky, 'The Russians in Afghanistan in the 1830s', p. 70.
24. Khalfn, *Zapiski o Bukharskom Khanstve* (Notes on the Khanate of Bukhara).
25. Volodarsky, 'The Russians in Afghanistan in the 1830s', pp. 73–4.
26. Ibid., p. 70; Morrison, *Twin Imperial Disasters*, pp. 16–17.
27. Khalfn, *Zapiski o Bukharskom Khanstve* (Notes on the Khanate of Bukhara).
28. Cited by Morrison in *Twin Imperial Disasters*, p. 16.
29. Volodarsky, 'The Russians in Afghanistan in the 1830s', p. 72.
30. N. A. Khalfn, *Vozmezdie ozhidaet v Dzhagda* (Drama in a Boarding House), *Voprosy Istorii*, 1966, No. 10; also Yapp, *Strategies*, p. 234. 這部分的原始資料來源是杜哈梅爾（Duhamel）的回憶錄。
31. Kessler, *Ivan Viktorovitch Vitkevich*, p. 12.
32. Volodarsky, 'The Russians in Afghanistan in the 1830s', p. 74.
33. Ibid.
34. Blaramberg, *Vospominania*, p. 60.
35. Ibid., p. 64.
36. Burnes, *Cabool*, p. 104.
37. Volodarsky, 'The Russians in Afghanistan in the 1830s', p. 70.
38. 見 Fayz Mohammad, *Siraj ul-Tawarikh*, vol. I, pp. 184–8; Masson, *Narrative of Various Journeys*, vol. III, pp. 307–9; Hopkins, *The Making of Modern Afghanistan*, pp. 101–7; Noelle, *State and Tribe in Nineteenth-Century Afghanistan*, pp. 15–17; Kapadia, 'The Diplomatic Career of Sir Claude Wade', p. 203.
39. NAI, Foreign, Secret Consultations, 15 May 1837, no. 08, Masson to Wade, 25 February 1837.
40. Ibid.
41. Fayz Mohammad, *Siraj ul-Tawarikh*, vol. I, p. 186. 下令書寫《光之史》的埃米爾在留白處這對這段手稿寫下了註腳：「我從某些耆老處聽說哈里·辛格當時是騎著大象衝進了戰場，然後突然一顆流彈擊斃了他。兇手是誰無人知曉。」不論真相為何，阿富汗的文獻都推定是阿克巴·汗親手解決了哈里·辛格，包括喀什米爾（Kashmiri）所著的《阿克巴納瑪》（*Akbarnama*，即阿克巴之書）與好幾份其他的史詩都把這件事算成他的功績。
42. Norris, *First Afghan War*, p. 114.
43. Burnes, *Cabool*, p. 139, and his letter to Calcutta, 9 October 1837, NAI, Foreign, Political Consultations, letters from Secretary of State, 28 September 1842, no. 21.
44. Masson, *Narrative of Various Journeys*, vol. III, p. 445.
45. Ibid., pp. 447–9.
46. 範例可見 Maulana Hamid Kashmiri, *Akbarnama*.
47. Ibid.
48. Ibid., ch. 9.
49. Masson, *Narrative of Various Journeys*, vol. III, p. 97.
50. Vigne, *Visits to Afghanistan*, pp. 176–7.
51. Burnes, *Cabool*, p. 140.
52. Ibid.
53. Ibid., pp. 142–3.
54. Mirza 'Ata, *Naway Ma'arek*, pp. 162–72.

55. Kashmiri, *Akbarnama*, ch. 10.
56. Fayz Mohammad, *Siraj ul-Tawarikh*, vol. I, p. 192.
57. Kashmiri, *Akbarnama*, ch. 11.
58. Masson, *Narrative of Various Journeys*, vol. III, pp. 452–3.
59. Ibid. Garib Nawaz 更精確的翻譯會是「珍視貧者之人」。
60. NAI, Foreign, Secret Consultations, 19 August 1825, Burnes to Holland, nos 3–4.
61. Sir Penderel Moon, *The British Conquest and Dominion of India*, London, 1989, p. 492.
62. 這當然是在其《教育概論》（Minute on Education）中無知地評論到「上好歐洲圖書館裡的一個架子，就可以抵掉印度與阿拉伯全數本土文獻……用梵文寫成的書籍裡所蒐集到的所有歷史訊息，也難以在價值上與英國預備學校中最不堪的節錄本相提並論」的同一個麥考利（1st Baron Macaulay；1800-1859）。在後續的「英文派 vs 東方語言派」（anglicist vs Orientalist）的資訊載體論戰中，麥考利與邁克諾騰分屬對立的兩端。關於此行列式，詳見 Emily Eden, *Up the Country: Letters written to her Sister from the Upper Provinces of India*, Oxford, 1930, p. 1.
63. Emily Eden, *Miss Eden's Letters*, ed. by her great-niece, Violet Dickinson, London, 1927, p. 293.
64. W. G. Osborne, *The Court and Camp of Runjeet Sing*, London, 1840, pp. 209–10. 威尼斯人作為英國貿易帝國的前輩，其實有過類似的制度設計。
65. Eden, *Miss Eden's Letters*, p. 263.
66. Ibid.
67. Eden, *Up the Country*, p. 18.
68. Fanny Eden, *Tigers, Durbars and Kings: Fanny Eden's Indian journals*, 1837–1838, transcribed and ed. by Janet Dunbar, London, 1988, p. 72.
69. Eden, *Miss Eden's Letters*, p. 299; Eden, *Up the Country*, p.3.
70. Eden, *Up the Country*, p. 156.
71. Eden, *Tigers, Durbars and Kings*, pp. 77–80.
72. Eden, *Up the Country*, pp. 4, 46.
73. Eden, *Tigers, Durbars and Kings*, p. 124.
74. Ibid., p. 60.
75. Mohan Lal, *Life of Amir Dost Mohammad*, vol. I, pp. 249–50.
76. Yapp, Strategies, p. 245; A. C. Banerjee, *Anglo-Sikh Relations: Chapters from J. D. Cunningham's History of the Sikhs*, Calcutta, 1949, p. 53.
77. Mohan Lal, *Life of Amir Dost Mohammad*, vol. I, pp. 250–2.
78. BL, OIOC, ESL 48: no. 87 of no. 1 of 8 February 1838 (IOR/L/PS/5/129), Extract of a letter from Wade to Macnaghten, 1 January 1838.
79. BL, OIOC, ESL 50: no. 18; Kapadia, 'The Diplomatic Career of Sir Claude Wade', p. 385.
80. BL, OIOC, ESL 48: no. 87 of no. 1 of 8 February 1838 (IOR/L/PS/5/129), Extract of a letter from Wade to Macnaghten, 1 January 1838.
81. NAI, Foreign, Political Consultations, 11 September 1837, no. 4.
82. Volodarsky, 'The Russians in Afghanistan in the 1830s', p. 76.
83. NAI, Foreign, Political Consultations, 6 June 1838, nos 21–2.
84. BL, Broughton Papers, Add Mss 37692, fol. 71, Auckland to Hobhouse, 6 January 1838; Norris, *First*

Afghan War, p. 139.

85. Johnson, *The Afghan Way of War*, p. 42.
86. Herawi, *'Ayn al-Waqayi*, p. 29; Fayz Mohammad, *Siraj ul-Tawarikh*, vol. I, pp. 189–90.
87. Norris, *First Afghan War*, pp. 129–30.
88. NAI, Foreign, Secret Consultations, 19 August 1825, nos 3–4, 1, 11–14. Extracts from private letters from the late Sir Alex Burnes to Major Holland between the years 1837 and 1841 relating to affairs in Afghanistan.
89. Burnes, *Cabool*, pp. 261–2.
90. BL, OIOC, L/PS/5/130, Burnes to Macnaghten, 18 February 1838.
91. BL, OIOC, ESL 48: no. 100 of no. 1 of 8 February 1838 (IOR/L/PS/5/129), Burnes to Auckland, 23 December 1837.
92. NAI, Foreign, Secret Consultations, 19 August 1825, nos 3–4, 1, 11–14.
93. Norris, *First Afghan War*, p. 141.
94. Volodarsky, 'The Russians in Afghanistan in the 1830s', p. 76.
95. Masson, *Narrative of Various Journeys*, vol. III, p. 465.
96. Mirza 'Ata, *Naway Ma'arek*, pp. 162–72.
97. Norris, *First Afghan War*, p. 151.
98. NAI, Foreign, Secret Consultations, 22 August to 3 October 1838, no. 60, Pottinger to Burnes.
99. Mohan Lal, *Life of Amir Dost Mohammad*, vol. I, p. 281.
100. Michael H. Fisher, 'An Initial Student of Delhi English College: Mohan Lal Kashmiri (1812–77)', in Margrit Pernau (ed.), *The Delhi College: Traditional Elites, the Colonial State and Education before 1857*, New Delhi, 2006, p. 248.
101. Mohan Lal, *Life of Amir Dost Mohammad*, vol. I, pp. 307–9.
102. Burnes to Macnaghten, 24 March 1838, Parliamentary Papers [PP] 1839, Indian Papers 5. For fuller text see PP 1859.
103. NAI, Foreign, Secret Consultations, 22 August to 3 October 1838, no. 602, Burnes to Macnaghten.
104. Kashmiri, *Akbarnama*, ch. 11.
105. Volodarsky, 'The Russians in Afghanistan in the 1830s', p. 77.
106. Morrison, *Twin Imperial Disasters*, p. 22.
107. NAI, Foreign, Secret Consultations, 19 August 1825, nos 3–4, no. 04, Burnes to Holland, Peshawar, 6 May 1838.
108. BL, OIOC, ESL 49: no. 12 of no. 11 of 22 May 1838 (IOR/L/PS/5/130), Auckland's Minute of 12 May 1838.
109. Eden, *Up the Country*, p. 125.
110. Norris, *First Afghan War*, p. 161.
111. Eden, *Miss Eden's Letters*, p. 293.
112. BL, OIOC, ESL 49: no. 12 of no. 11 of 22 May 1838 (IOR/L/PS/5/130), Auckland's Minute of 12 May 1838.
113. Eden, *Miss Eden's Letters*, pp. 299–300.
114. Eden, *Up the Country*, p. 186.

115. Osborne, *The Court and Camp of Runjeet Sing*, pp. 70–89.

116. Ibid., p. 90.

117. Ibid., p. 190.

118. Major W. Broadfoot, *The Career of Major George Broadfoot*, C.B., London, 1888, p. 121; also Henry Lawrence, in Yapp, *Strategies*, p. 247.

119. BL, OIOC, Mss Eur E359, Diary of Colvin, entry for 1 June 1838.

120. Norris, *First Afghan War*, p. 182.

121. *Calendar of Persian Correspondence of the Punjab Archives abstracted into English*, Lahore, 1972–2004 vol. 2, p. 158. Mirza Haidar Ali, an attendant to Shah Shuja ul-Mulk, to the Political Agent, Ludhiana, 15 September 1837.

122. Maulana Mohammad-Ghulam Akhund-zada Kohistani, b. Mulla Timur-shah, *mutakhallis ba* 'Gulam' (or Gulami Mohammad Ghulam), *Jangnama. Dar wasf-i mujahidat-i Mir Masjidi-khan Gazi wa sair-i mudjahidin rashid-i milli-i aliya-i mutajawizin-i ajnabi dar salha-yi 1839–1842 i. Asar: Maulina [sic] Muhammad-Gulam Kuhistani mutakhallis ba 'Gulami'*, Kabul 1336 AH/1957 (*Anjuman-i tarikh-i Afghanistan*, No. 48) [preface by Ahmad-Ali Kohzad, without index], pp. 184–6.

123. Osborne, *The Court and Camp of Runjeet Sing*, pp. 207–8.

124. *Waqi'at-i-Shah Shuja*, The Thirty-Fifth Event.

125. Eden, *Miss Eden's Letters*, p. 290.

126. Ibid., p. 311.

127. Moon, *The British Conquest and Dominion of India*, p. 505.

128. NAI, Foreign, Secret Consultations, 21 November 1838, no.104, Mackeson to Macnaghten, 16 August 1838.

129. Masson, *Narrative of Various Journeys*, vol. III, p. 495.

130. 亞普（Yapp）很有說服力地主張邁克諾騰是入侵阿富汗的主要推手——見 Strategies, pp. 246–7.

131. Colonel William H. Dennie, *Personal Narrative of the Campaigns in Afghanistan*, ed. W. E. Steele, Dublin, 1843, p. 30.

132. Sir John William Kaye, *Lives of Indian Officers*, vol. 2, p. 254.

133. Yapp, *Strategies*, p. 253.

134. Sir John William Kaye, *History of the War in Afghanistan: From the unpublished letters and journals of political and military officers employed in Afghanistan*, London, 1851, vol. I, p. 375.

135. Henry Marion Durand, *The First Afghan War and its Causes*, London, 1879, p. 81.

CHAPTER 4 ｜**地獄的入口**

1. BL, Broughton Papers, Add Mss 36474, Wade to Auckland, 31 January 1839.
2. Yapp, Strategies, p. 263.
3. Dennie, Personal Narrative of the Campaigns in Afghanistan, p. 51.
4. Norris, *First Afghan War*, p. 254.
5. Ibid., p. 248.

6. Ibid.
7. *Calendar of Persian Correspondence*, vol. 2, p. 1119, 11 December 1838, Shah Shuja ul Mulk to Political Agent, Ludhiana.
8. Eden, *Miss Eden's Letters*, p. 305.
9. Eden, *Tigers, Durbars and Kings*, p. 162.
10. Ibid., p. 159.
11. J. H. Stocqueler, *The Memoirs and Correspondence of Sir William Nott, GCB*, London, 1854, vol. I, p. 79.
12. Osborne, *The Court and Camp of Runjeet Singh*, pp. 213–14.
13. Eden, *Up the Country*, pp. 205–6.
14. Henry Havelock, *Narrative of the War in Affghanistan in 1838–9*, London, 1840, vol. I, p. 72; Kaye, *History of the War in Afghanistan*, vol. I, p. 392.
15. Eden, *Tigers, Durbars and Kings*, p. 182.
16. Ibid., p. 175.
17. Kaye, *History of the War in Afghanistan*, vol. I, p. 393.
18. Saul David, *Victoria's Wars: The Rise of Empire*, London, 2006, p. 27.
19. Stocqueler, *The Memoirs and Correspondence of Sir William Nott*, vol. I, p. 91.
20. Mirza 'Ata, *Naway Ma'arek*, p. 162, The English in Sindh and the Bolan Pass.
21. Ibid.
22. Kaye, *History of the War in Afghanistan*, vol. I, p. 419.
23. Ibid., p. 415.
24. NAI, Foreign, Secret Consultations, Burnes to Holland (pte), 21 March 1839, 8/43, 28 September 1842.
25. Kashmiri, *Akbarnama*, ch. 11.
26. Major-General Sir Thomas Seaton, *From Cadet to Colonel: The Record of a Life of Active Service*, London 1873, p. 74.
27. Broadfoot, *The Career of Major George Broadfoot*, p. 7.
28. Mirza 'Ata, *Naway Ma'arek*, p. 162, The English in Sindh and the Bolan Pass.
29. Seaton, *From Cadet to Colonel*, p. 85.
30. G. W. Forrest, *Life of Field Marshal Sir Neville Chamberlain GCB*, Edinburgh, 1909, pp. 31–2.
31. *Calendar of Persian Correspondence*, vols. 2 and no. 3, 這當中包含許多由沙・舒亞與韋德寄出，意欲召喚阿富汗部落響應薩多宰王朝復辟的信函。E.g. vol. 3, no. 206, 19 February 1839, p. 30.
32. Kaye, *Lives of Indian Officers*, vol. I, pp. 262–3.
33. Mohan Lal, *Life of Dost Mohammad*, vol. II, p. 198.
34. Major William Hough, *A Narrative of the March and Operations of the Army of the Indus 1838–1839*, London, 1841, pp. 83–4.
35. Seaton, *From Cadet to Colonel*, p. 89.
36. Stocqueler, *The Memoirs and Correspondence of Sir William Nott*, vol. I, p. 122.
37. Hough, *March and Operations of the Army of the Indus*, p. 68.
38. George Lawrence, *Reminiscences of Forty Three Years in India*, London, 1875, p. 7.
39. Sita Ram Panday, *From Sepoy to Subedar*, trans. Lt. Col. J. T. Norgate, London, 1873, pp. 88–9. 這是一段令人難以說不的文本，但也是一段有點問題的敘述。理論上是由退休後的西塔・蘭姆用天城文

（Devanagari）寫下的興都斯坦語原文，事實上從來不曾問世，此文真正首次出現是一八七〇年的英文版，然後再被翻譯回阿拉伯字體的興都斯坦語，成為《往日的光景（暫譯）》（Khwab o Khiyal, or Visions of the Past），並作為英屬印度文官體系（Indian Civil Service, ICS）的考試用課文。有種無法排除的可能性是根本沒有興都斯坦原文，一切都是首次出版之英國軍官的原創。只不過在閱讀過許多其他據稱由印度士兵寫給德里媒體，但其實很顯然是由英國軍官原創的信件之後，我傾向於接受這段文字的真實性。

40. Mirza ʻAta, *Naway Ma'arek*, p. 170, The English in Sindh and the Bolan Pass.
41. *Calendar of Persian Correspondence*, vol. 3, p. 155, no. 1000, 9 June 1839, Shah Shuja to Colonel Wade.
42. Mirza ʻAta, *Naway Ma'arek*, p. 171, The English in Sindh and the Bolan Pass.
43. National Army Museum, NAM 2008–1839, Gaisford Letters, p. 1, Camp Artillery Brigade Near Kabool, 20 August 1839.
44. Stocqueler, *The Memoirs and Correspondence of Sir William Nott*, vol. I, p. 101.
45. National Army Museum, NAM 1983–11–28–1, Gaisford Diary, p. 1.
46. Lawrence, *Reminiscences of Forty Three Years in India*, pp. 12–13.
47. Stocqueler, *The Memoirs and Correspondence of Sir William Nott*, vol. I, p. 115.
48. National Army Museum, NAM 1983–11–28–1, Gaisford Diary, p. 1.
49. Mohan Lal, *Life of Dost Mohammad*, vol. II, p. 206.
50. 哈吉・汗・卡卡爾（Haji Khan Kakar）已經捎了口信給沙・舒亞，但親自前來是他並非說說而已的第一個徵兆——詳見 NAI, Foreign, Secret Consultations, 16 October 1839, no. 70, Abstract of letters received by Shah Shooja from different Chiefs West of Indus in reply to communications addressed to them by His Majesty; sent for the perusal of Captain Wade.
51. Kashmiri, *Akbarnama*.
52. Letter of Alexander Burnes quoted by Emily Eden, *Up the Country*, p. 291.
53. National Army Museum, NAM 2008–1839, Gaisford Letter, p. 1, Camp Artillery Brigade Near Kabool, 20 August 1839.
54. BL, Broughton Papers, Add Mss 36474, Macnaghten to Auckland, 6 May 1839.
55. William Taylor, *Scenes and Adventures in Afghanistan*, London, 1842, p. 95.
56. *Waqi'at-i-Shah Shuja*, p. 104, The Thirty-Fifth Event.
57. Ibid.
58. Fayz Mohammad, *Siraj ul-Tawarikh*, vol. I, p. 225.
59. Amini, *Paadash-e-Khidmatguzaari-ye-Saadiqaane Ghazi Nayab Aminullah Khan Logari*, p. 4.
60. Rev. G. R. Gleig, *Sale's Brigade in Afghanistan*, London, 1843, p. 39.
61. Sita Ram, *From Sepoy to Subedar*, London, 1843, pp. 91–2.
62. Forrest, *Life of Field Marshal Sir Neville Chamberlain GCB*, p. 35.
63. BL, Broughton Papers, Add Mss 36474, fols 63–8, Auckland to Hobhouse, 18 June 1839.
64. *Calendar of Persian Correspondence*, vol. 3, p. 111, no. 762, 16 May 1839, Political Agent, Ludhiana to Shah Dad Khan; Noelle, *State and Tribe in Nineteenth-Century Afghanistan*, p. 169.
65. Mohan Lal, *Life of Dost Mohammad*, vol. II, p. 259; Noelle, *State and Tribe in Nineteenth-Century Afghanistan*, p. 43.
66. NAI, Foreign, Secret Consultations, 16 October 1839, no. 70, Abstract of letters received by Shah Shooja

from different Chiefs West of Indus in reply to communications addressed to them by His Majesty; sent for the perusal of Captain Wade.

67. William Barr, *Journal of a March from Delhi to Peshawar and thence to Cabul*, London, 1844, pp. 134–5.
68. *Calendar of Persian Correspondence*, vol. 3, p. 50, no. 334, 19 March 1839, Political Agent, Ludhiana to Maharajah Ranjit Singh.
69. Ibid., p. 52, no. 356, 21 March 1839, Political Agent, Ludhiana to Maharajah Ranjit Singh.
70. Ibid., p. 56, no. 382, 27 March 1839; p. 58, no. 399, 1 April 1839; p. 60, no. 410, 3 April 1839; p. 64, nos 443 and 444, 8 April 1839; all Political Agent, Ludhiana to Maharajah Ranjit Singh.
71. Ibid., p. 57, no. 394, 31 March 1839, Khalsa sarkar to General Avitabile.
72. Ibid., p. 87, no. 604, 1 May 1839, Political Agent, Ludhiana to Maharajah Ranjit Singh.
73. Ibid., p. 29, no. 200 and p. 104, no. 716, 13 May (for demands of the Khyber chiefs) and p. 107, no. 735, 15 and 21 May 1839, Maharajah Ranjit Singh to Political Agent, Ludhiana.
74. Osborne, *The Court and Camp of Runjeet Sing*, pp. 223–4.
75. Eden, *Up the Country*, pp. 292, 310.
76. Yapp, *Strategies*, pp. 363–5.
77. Kaye, *Lives of Indian Officers*, vol. II, p. 264.
78. BL, OIOC, ESL 79: no. 5 of Appendix VI in no. 3 of no. 71 of 20 August 1840 (IOR/L/PS/5/160), Extract from a demi-offcial letter from Todd to Macnaghten, 15 June 1840.
79. BL, Broughton Papers, Add Mss 36474, Wade to the Governor General, 31 January 1839.
80. NAI, Foreign, Secret Consultations, 12 June 1839, no. 75, Wade to Maddock, 18 July 1839.
81. Taylor, *Scenes and Adventures in Afghanistan*, pp. 101–2.
82. Durand, *The First Afghan War and its Causes*, p. 171.
83. BL, OIOC, Mss Eur D1 118, Nicholls letters, Keane to Nicholls, August 1839.
84. Sita Ram, *From Sepoy to Subedar*, p. 97.
85. Mirza 'Ata, *Naway Ma'arek*, pp. 39–56.
86. Fayz Mohammad, *Siraj ul-Tawarikh*, vol. I, pp. 226–7.
87. Mohan Lal, *Life of Dost Mohammad*, vol. II, pp. 238–42.
88. Durand, *The First Afghan War and its Causes*, p. 174.
89. *Waqi'at-i-Shah Shuja*, The Thirty-Fifth Event.
90. Sita Ram, *From Sepoy to Subedar*, p. 98.
91. Durand, *The First Afghan War and its Causes*, pp. 178–9.
92. *Waqi'at-i-Shah Shuja*, The Thirty-Fifth Event.
93. Mirza 'Ata, *Naway Ma'arek*, pp. 173–6.
94. Lawrence, *Reminiscences of Forty Three Years in India*, p. 17.
95. Forrest, *Life of Field Marshal Sir Neville Chamberlain*, p. 46.
96. National Army Museum, NAM 1983-11-28-1, Gaisford Diary, pp. 71ff.
97. Mirza 'Ata, *Naway Ma'arek*, pp. 173–6.
98. Johnson, *The Afghan Way of War*, p. 53.
99. Durand, *The First Afghan War and its Causes*, pp. 166–7.
100. Mirza 'Ata, *Naway Ma'arek*, pp. 173–6.

101. Ibid.
102. Fayz Mohammad, *Siraj ul-Tawarikh*, vol. I, p. 228.
103. Mohan Lal, *Life of Dost Mohammad*, vol. II, p. 307.
104. Havelock, *Narrative of the War in Affghanistan*, vol. II, p. 97.
105. Mohan Lal, *Life of Dost Mohammad*, vol. II, pp. 236–7.
106. Johnson, *The Afghan Way of War*, p. 53.
107. Kashmiri, *Akbarnama*, ch. 14.
108. Lawrence, *Reminiscences of Forty Three Years in India*, p. 25.
109. Kaye, *History of the War in Afghanistan*, vol. I, p. 461.
110. Hough, *March and Operations of the Army of the Indus*, pp. 251–2.

CHAPTER 5 ｜聖戰的大旗

1. Khalfn, *Vozmezdie ozhidaet v Dzhagda* (Drama in a Boarding House).
2. BL, Add Mss 48535, Clanricarde to Palmerston, 25 May 1839.
3. Kaye, *History of the War in Afghanistan*, vol. I, p. 209n.
4. NAI, Foreign, Secret Consultations, 18 December 1839, no. 6, Translation of a letter from Nazir Khan Ullah at Bokhara to the address of the British Envoy and Minister at Kabul dated 15th Rajab / 24 September 1839.
5. Perovsky, *A Narrative of the Russian Military Expedition to Khiva*, pp. 73–5. Also quoted, in a slightly different translation, in Morrison, Twin Imperial Disasters, pp. 22–4. 莫里森說俄羅斯資料庫裡的維特克維奇檔案中只有四封他寄自喀布爾的信存留。
6. Khalfn, Vozmezdie ozhidaet v Dzhagda (Drama in a Boarding House); also Morrison, *Twin Imperial Disasters*, p. 23.
7. Khalfn, *Vozmezdie ozhidaet v Dzhagda* (Drama in a Boarding House), pp. 194–206.
8. 桑古洛夫的筆記由他的表親 I. A. Polferov 集結在了一本名為 Predatel，也就是「叛徒」之意的回憶錄當中，*Istoricheskij vestnik*, St Petersburg, vol. 100 (1905), p. 498 and note. See also Kessler, *Ivan Viktorovitch Vitkevitch*, pp. 16–18.
9. Blaramberg, *Vospominania*, p. 64.
10. Morrison, *Twin Imperial Disasters*, p. 32.
11. George Pottinger and Patrick Macrory, *The Ten-Rupee Jezail: Figures in the First Afghan War 1838–42*, London, 1993, p. 7.
12. Yapp, *Strategies*, p. 268; David, *Victoria's Wars*, p. 35.
13. Eden, *Up the Country*, pp. 205–6.
14. *Waqi'at-i-Shah Shuja*, p. 126, The Thirty-Fifth Event.
15. Gleig, *Sale's Brigade in Afghanistan*, p. 69.
16. Hopkins, *The Making of Modern Afghanistan*, pp. 144–8.
17. James Rattray, *The Costumes of the Various Tribes, Portraits of Ladies of Rank, Celebrated Princes and Chiefs, Views of the Principal Fortresses and Cities, and Interior of the Cities and Temples of Afghaunistan*,

London, 1848, p. 16.

18. Mirza 'Ata, *Naway Ma'arek*, pp. 211–24.
19. Gleig, *Sale's Brigade in Afghanistan*, pp. 69–70.
20. Ibid., pp. 71–2.
21. Rattray, *The Costumes of the Various Tribes*, p. 16.
22. 特別感謝克雷格・莫瑞（Craig Murray）提醒了我這一點：亞歷山大與詹姆斯・柏恩斯，外加莫漢・拉勒・喀什米爾都是積極參與共濟會的成員。
23. Lawrence, *Reminiscences of Forty Three Years in India*, p. 27.
24. Eden, *Miss Eden's Letters*, p. 315.
25. Fayz Mohammad, *Siraj ul-Tawarikh*, vol. I, p. 228.
26. Mohammad Ghulam Kohistani, *Jangnama*, p. 70.
27. Lawrence, *Reminiscences of Forty Three Years in India*, p. 20.
28. J. H. Stocqueler, *Memorials of Affghanistan: State Papers, Official Documents, Dispatches, Authentic Narratives etc Illustrative of the British Expedition to, and Occupation of, Affghanistan and Scinde, between the years 1838 and 1842, Calcutta, 1843*, Appendix I, 'The Pursuit of Dost Mohammad Khan by Major Outram of the Bombay Army', p. iv.
29. Ibid., p. ix.
30. Ibid.
31. Mirza 'Ata, *Naway Ma'arek*, pp. 211–24.
32. Fayz Mohammad, *Siraj ul-Tawarikh*, vol. I, pp. 228–31.
33. BL, OIOC, Elphinstone Papers, Mss Eur F89/3/7; Yapp, *Strategies*, p. 332.
34. Forrest, *Life of Field Marshal Sir Neville Chamberlain*, pp. 54–5.
35. Macintyre, *Josiah the Great*, pp. 264, 308.
36. Gleig, *Sale's Brigade in Afghanistan*, p. 71.
37. Mohan Lal, *Life of Dost Mohammad*, vol. II, pp. 305–12; Noelle, *State and Tribe in Nineteenth-Century Afghanistan*, p. 226; Mirza 'Ata, *Naway Ma'arek*, p. 197.
38. Thomas J. Barfeld, 'Problems of Establishing Legitimacy in Afghanistan', *Iranian Studies*, vol. 37, no. 2, June 2004, p. 273.
39. BL, Broughton Papers, Add Mss 36474, fol. 188, Auckland to Hobhouse, 21 December 1839.
40. *Waqi'at-i-Shah Shuja*, p. 127, The Thirty-Fifth Event.
41. Lawrence, *Reminiscences of Forty Three Years in India*, p. 32.
42. Seaton, *From Cadet to Colonel*, p. 109.
43. Sultan Mohammad Khan Durrani, *Tarikh-i-Sultani*, p. 258.
44. NAI, Foreign, Secret Consultations, 18 December 1839, no. 6, Translation of a letter from Nazir Khan Ullah at Bokhara to the address of the British Envoy and Minister at Kabul dated 15th Rajab / 24 September 1839.
45. Ibid.
46. NAI, Foreign, Secret Consultations, 8 September 1842, no. 37–38, Sir A. Burnes Cabool to Captain G. L. Jacob, Rajcote, Private, Cabool, 19 September 1839.
47. Yapp, *Strategies*, p. 339.

48. Eden, *Miss Eden's Letters*, p. 323.
49. Quoted in Yapp, *Strategies*, p. 344.
50. Gleig, *Sale's Brigade in Afghanistan*, pp. 49–50.
51. Ibid., p. 50.
52. National Army Museum, NAM 7101-24-3, Roberts to Sturt, 10 May 1840.
53. Yapp, *Strategies*, pp. 322–3.
54. Mirza 'Ata, *Naway Ma'arek*, pp. 211–24.
55. Kaye, *Lives of Indian Officers*, vol. II, pp. 282–3.
56. Mohan Lal, *Life of Dost Mohammad*, vol. II, p. 399.
57. National Army Museum, NAM 7101-24-3, Roberts to Sturt, 10 May 1840.
58. Jules Stewart, *Crimson Snow: Britain's First Disaster in Afghanistan*, London, 2008, p. 64.
59. *Waqi'at-i-Shah Shuja*, p. 124, The Thirty-Fifth Event.
60. Fayz Mohammad, *Siraj ul-Tawarikh*, vol. I, pp. 235–6.
61. NAI, Foreign, Secret Consultations, 5 October 1840, no. 66, Macnaghten to Auckland.
62. Mohan Lal, *Life of Dost Mohammad*, vol. II, pp. 314–15.
63. BL, Broughton Papers, Add Mss 36474, fol. 188, Auckland to Hobhouse, 21 December 1839.
64. NAI, Foreign, Secret Consultations, 8 June 1840, no. 95–6, Auckland to Shah Shuja.
65. M. E. Yapp, 'The Revolutions of 1841–2 in Afghanistan', *Bulletin of the School of Oriental and African Studies*, vol. 27, no. 2 (1964), p. 342. See also Thomas Barfeld, Afghanistan: A Cultural and Political History, Princeton, 2010, pp. 118–20.
66. BL, OIOC, ESL, 88, no. 24 of no. 32 of 17 August 1842, Lal, Memorandum, 29 June 1842.
67. Mohan Lal, *Life of Dost Mohammad*, vol. II, pp. 380–1.
68. Noelle, *State and Tribe in Nineteenth-Century Afghanistan*, p. 50.
69. NAI, Foreign, Secret Consultations, 15 January 1840, no. 75–77, Shah Shuja to Auckland.
70. Durand, *The First Afghan War and its Causes*, p. 245.
71. NAI, Foreign, Secret Consultations, 24 August 1840, covering letter of Macnaghten of 22 July 1840.
72. NAI, Foreign, Secret Consultations, 15 January 1840, no. 75–77, Shah Shuja to Auckland.
73. Mohan Lal, *Life of Dost Mohammad*, vol. II, pp. 314–15.
74. *Waqi'at-i-Shah Shuja*, pp. 124–5, The Thirty-Fifth Event.
75. Rattray, *The Costumes of the Various Tribes*, p. 3, and Lockyer Willis Hart, *Character and Costumes of Afghanistan*, London, 1843, p. 1.
76. Shahmat Ali, *The Sikhs and Afghans in Connexion with India and Persia*, London, 1847, p. 479.
77. NAI, Foreign, Secret Consultations, 24 August 1840, Sir A. Burnes' report of an interview with Shah Shooja with some notes of Sir Wm Macnaghten to GG. Capt. Lawrence accompanied Burnes.
78. NAI, Foreign, Secret Consultations, 5 October 1840, no. 66, Macnaghten to Auckland.
79. Fayz Mohammad, *Siraj ul-Tawarikh*, vol. I, p. 245.
80. BL, OIOC, IOR L/PS/5/162.
81. BL, OIOC, ESL 74: no. 5 of no. 24 of no. 13, 19 February 1841.
82. BL, OIOC, ESL 70: no. 35 of no. 99 of 13 September 1840, Burnes Memo of a conversation with Shah Shuja, 12 July 1840.

83. National Army Museum, NAM 7101–24–3, Roberts to Osborne, 18 February 1840.
84. Stocqueler, *The Memoirs and Correspondence of Sir William Nott*, vol. I, pp. 256–7 .
85. Kaye, *Lives of Indian Officers*, vol. I, p. 272.
86. Kashmiri, *Akbarnama*, ch. 17.
87. Mohan Lal, *Life of Dost Mohammad*, vol. II, pp. 314–15.
88. Fayz Mohammad, *Siraj ul-Tawarikh*, vol. I, p. 237.
89. Kashmiri, *Akbarnama*, ch. 17.
90. Ibid.
91. Mirza 'Ata, *Naway Ma'arek*, p. 197; BL, OIOC, no. 7 of no. 122 of 16 October 1840 (L/PS/5/152), Macnaghten to Torrens, 22 August 1840.
92. Dennie, *Personal Narrative*, p. 126.
93. Mohammad Ghulam Kohistani, *Jangnama*, pp. 184–6.
94. Ibid, pp. 157–8.
95. Mohan Lal, *Life of Dost Mohammad*, vol. II, pp. 349–50.
96 Mirza 'Ata, *Naway Ma'arek*, pp. 205–10.
97. Mohan Lal, *Life of Dost Mohammad*, vol. II, p. 360.
98. Mohammad Ghulam Kohistani, *Jangnama*, pp. 193–5.
99. Lawrence, *Reminiscences of Forty Three Years in India*, pp. 49–52.
100. *Waqi'at-i-Shah Shuja*, p. 126, The Thirty-Fifth Event. 關於統治者投降的傳統，深入分析可見於 Barfeld, *Afghanistan: A Cultural and Political History*, pp. 117–18.
101. Mirza 'Ata, *Naway Ma'arek*, p. 209.
102. Kaye, *History of the War in Afghanistan*, vol. II, p. 98.
103. Kaye, *Lives of Indian Officers*, vol. II, pp. 280–1.
104. Mirza 'Ata, *Naway Ma'arek*, p. 210.
105. Fayz Mohammad, *Siraj ul-Tawarikh*, vol. I, p. 240.
106. *Waqi'at-i-Shah Shuja*, pp. 126–7, The Thirty-Fifth Event.
107. Stewart, *Crimson Snow*, p. 71.
108. Mirza 'Ata, *Naway Ma'arek*, p. 211.
109. Lawrence, *Reminiscences of Forty Three Years in India*, p. 53.

CHAPTER 6 ｜我們敗於無知

1. Eden, *Up the Country*, p. 389.
2. Ibid.
3. Eden, *Miss Eden's Letters*, p. 334.
4. Karl Meyer and Shareen Brysac, *Tournament of Shadows: The Great Game and the Race for Empire in Europe*, London, 1999, p. 93. 這是指在一八五四年的十月二十五日的克里米亞戰爭中，時任英軍總指揮的拉格倫男爵派遣輕騎兵奪取在戰線附近撤退的俄軍重砲，但由於軍令傳達有誤，僅配備軍刀的輕騎兵衝向準備充足的俄軍砲兵，釀成全軍覆沒的慘劇。

5. Eden, *Up the Country*, p. 390.
6. BL, Broughton Papers, Add Mss 37703, Auckland to Elphinstone, 18 December 1840.
7. Helen Mackenzie, *Storms and Sunshine of a Soldier's Life: Lt. General Colin Mackenzie CB 1825–1881*, 2 vols, Edinburgh, 1884, vol. I, p. 65.
8. Ibid., p. 75.
9. National Army Museum, NAM 1999-02-116-9-1, Magrath Letters, Letter 9, Cantonment Caubul, 22 June 1841.
10. BL, OIOC, ESL 86: no. 38 of no. 14, 17 May 1842, Elphinstone Memo, December 1841.
11. BL, OIOC, Mss Eur F89/54, Major-General William Elphinstone to James D. Buller Elphinstone, 5 April 1841.
12. Eden, *Miss Eden's Letters*, p. 343.
13. BL, Broughton Papers, Add Mss 37705, Auckland to George Clerk, 23 May 1841. See also Hopkins, *The Making of Modern Afghanistan*, p. 67.
14. Fayz Mohammad, *Siraj ul-Tawarikh*, vol. I, p. 291; Mohan Lal, *Life of Dost Mohammad*, vol. II, p. 382; see also Yapp, *Strategies*, p. 366.
15. 比方說可見由馬利克・莫哈瑪德・汗（Malik Mohamad Khan）與阿布達・蘇丹（Abdah Sultan）從加茲尼寄給納伊布・阿米努拉・汗・洛加里（Naib Aminullah Khan Logari）的信函，未註明日期但應該是在一八四一年前後，後翻印於 Amini, *Paadash-e-Khidmatguzaari-ye-Saadiqaane Ghazi Nayab Aminullah Khan Logari*, p. 167。原件在喀布爾博物館（如今似乎已佚失）的一本書信集中。
16. M. E. Yapp, 'Disturbances in Western Afghanistan, 1839–41', *Bulletin of the School of Oriental and African Studies*, vol. 26, no. 2 (1963), p. 310.
17. BL, OIOC, ESL 75: no. 37 of no. 34 of 22 April 1841 (IOR/L/PS/5/156), 阿克塔爾・汗對納布・汗・帕普爾宰（Naboo Khan Populzye）發表的演說，並由帕普爾宰轉發給薩達爾阿塔・馬赫米德・汗（Ata Mahomed Khan, Sirdar），而薩達爾又將之傳送到坎達哈。Translated by H. Rawlinson, February 1841.
18. Stocqueler, *The Memoirs and Correspondence of Sir William Nott*, vol. I, pp. 272–3.
19. Rawlinson, *A Memoir of Major-General Sir Henry Creswicke Rawlinson*, p. 81.
20. BL, OIOC, ESL 81: no. 64a of no. 109 (IOR/L/PS/5/162), Extract from a letter from Macnaghten to Rawlinson dated about 2 August 1841.
21. Colonel (John) Haughton, *Char-ee-Kar and Service There with the 4th Goorkha Regiment, Shah Shooja's Force, in 1841*, London, 1878, pp. 5–6; George Pottinger, *The Afghan Connection: The Extraordinary Adventures of Eldred Pottinger*, Edinburgh, 1983, p. 117.
22. BL, OIOC, ESL 88: no. 47a of no. 32 of 17 August 1842 (IOR/L/PS/5/169), Pottinger to Maddock, 1 February 1842.
23. Kashmiri, *Akbarnama*, ch. 21.
24. BL, OIOC, Board's Collections of Secret Letters to India, 13, Secret Committee to Governor General in Council, 694/31 December 1840.
25. Burnes to Wood, February 1841, in John Wood, *A Personal Narrative of a Journey to the Source of the River Oxus by the Route of the Indus, Kabul and Badakshan, Performed under the Sanction of the Supreme Government of India, in the Years 1836, 1837 and 1838*, London, 1841, pp. ix–x.

26. NAI, Foreign, Secret Consultations, 28 September 1842, nos 43, Burnes to Holland, 6 September 1840.
27. NAI, Foreign, Secret Consultations, 28 September 1842, no. 37–38, A. Burnes to J. Burnes.
28. Norris, *First Afghan War*, p. 317. 關於阿富汗戰爭對英國東印度公司造成的經濟負擔，亦可見 Yapp, *Strategies*, pp. 339–42; Shah Mahmood Hanif, 'Impoverishing a Colonial Frontier: Cash, Credit, and Debt in Nineteenth-Century Afghanistan', *Iranian Studies*, vol. 37, no. 2 (June 2004); and Shah Mahmood Hanif, *Connecting Histories in Afghanistan: Market Relations and State Formation on a Colonial Frontier*, Stanford, 2011. See also Hopkins, *The Making of Modern Afghanistan*, pp. 25–30.
29. Yapp, *Strategies*, p. 341.
30. BL, OIOC, IOR/HM/534–45, Papers Connected to Sale's Brigade, vol. 39, Nicholls Papers and Nicholls's Journal, 26 March 1841.
31. National Army Museum, NAM, 1999–02–116–9–1, Magrath Letters, Letter 8 and 9, Cantonment Caubul, 21 May and 22 June 1841.
32. Lady Florentia Sale, *A Journal of the Disasters in Affghanistan 1841–2*, London 1843, p. 29.
33. Broadfoot, *The Career of Major George Broadfoot*, p. 14.
34. Ibid., pp. 15–17.
35. Ibid., p. 8.
36. Ibid., p. 121.
37. Mackenzie, *Storms and Sunshine*, vol. I, p. 99.
38. Broadfoot, *The Career of Major George Broadfoot*, p. 20.
39. Mackenzie, *Storms and Sunshine*, vol. I, p. 99.
40. NAI, Foreign, Secret Consultations, 25 January 1841, nos 80–82, Translation of a letter from His Majesty Shah Shooja ool Moolk to Her Majesty the Queen of England.
41. Lawrence, *Reminiscences of Forty Three Years in India*, p. 54.
42. Yapp, *Strategies*, p. 315.
43. *Waqi'at-i-Shah Shuja*, pp. 124–5, The Thirty-Fifth Event.
44. Fayz Mohammad, *Siraj ul-Tawarikh*, vol. I, pp. 244–5.
45. Mohan Lal, *Life of Dost Mohammad*, vol. II, p. 387.
46. Kaye, *Lives of Indian Officers*, vol. II, p. 286.
47. 關於阿富汗的債務影響東印度公司的財務基礎到何種程度，見 Hanif, *Connecting Histories in Afghanistan*, and Shah Mahmoud Hanif, 'Inter-regional Trade and Colonial State Formation in Nineteenth Century Afghanistan', unpublished PhD dissertation, University of Michigan, 2001.
48. David, *Victoria's Wars*, p. 45.
49. Quoted in Macrory, *Signal Catastrophe*, p. 138.
50. BL, OIOC, ESL 81 (IOR/L/PS/5/162), Extract from a letter from Macnaghten to Auckland, dated *Cabool*, 28 August 1841.
51. Mackenzie, *Storms and Sunshine*, vol. I, p. 96.
52. BL, OIOC, ESL 88: no. 24 of no. 32, dated 17 August 1842 (IOR/L/PS/5/169), Mohan Lal's Memo.
53. Barfeld, 'Problems of Establishing Legitimacy in Afghanistan', p. 273; also Barfeld, *Afghanistan: A Cultural and Political History*, p. 120; Hanif, 'Inter-Regional Trade and Colonial State Formation in Nineteenth Century Afghanistan', p. 58.

54. Mohan Lal, *Life of Dost Mohammad*, vol. II, p. 319.
55. Ibid., p. 381.
56. *Waqi'at-i-Shah Shuja*, pp. 131–2, The Thirty-Fifth Event.
57. Kashmiri, *Akbarnama*, ch. 21.
58. BL, OIOC, Mss Eur F89/54, Extract of a letter from Asst. Surgeon Campbell in Medical Charge of the 54th N.I., dated Cabool, 26 July 1841.
59. Pottinger, *The Afghan Connection*, p. 120.
60. BL, OIOC, Mss Eur F89/3/7, Broadfoot to W. Elphinstone.
61. Broadfoot, The Career of Major George Broadfoot, pp. 26–8.
62. BL, OIOC, Mss Eur F89/54, Captain Broadfoot's Report.
63. Macrory, *Signal Catastrophe*, pp. 141–2.
64. Seaton, *From Cadet to Colonel*, p. 138.
65. Gleig, *Sale's Brigade in Afghanistan*, p. 80.
66. BL, OIOC, ESL 81: no. 10 of no. 109 of 22 December 1841 (IOR/L/PS/5/162), Macnaghten to Maddock, 26 October 1841.
67. Sale, *A Journal of the Disasters in Afghanistan*, p.11.
68. Quoted in Macrory, *Signal Catastrophe*, p. 149.
69. Seaton, *From Cadet to Colonel*, p. 149.
70. Sale, *A Journal of the Disasters in Afghanistan*, p. 15.
71. Gleig, *Sale's Brigade in Afghanistan*, p. 93.
72. Sale, *A Journal of the Disasters in Afghanistan*, p. 20.
73. Ibid., p. 24.
74. Durand, *The First Afghan War and its Causes*, p. 338.
75. National Army Museum, NAM 1999–02–116–10–4, Magrath Letters, Camp Tezeen 25 October 1841.
76. Sale, *A Journal of the Disasters in Afghanistan*, p. 25.
77. Seaton, *From Cadet to Colonel*, p. 157.
78. Ibid., pp. 156–7.
79. Gleig, *Sale's Brigade in Afghanistan*, p. 118.
80. Seaton, *From Cadet to Colonel*, p. 165.
81. NAI, Foreign, Secret Consultations, 13 December 1841, nos 1–2, Sale to Nicholls, 13 November 1841.
82. Quoted in Hopkirk, *The Great Game*, p. 238.
83. Stocqueler, *The Memoirs and Correspondence of Sir William Nott*, vol. I, pp. 35–9.
84. Ibid., vol. I, pp. 350, 360.
85. Kaye, *History of the War in Afghanistan*, vol. II, p. 161.
86. Sale, *A Journal of the Disasters in Afghanistan*, p. 22.
87. BL, OIOC, ESL 81: no. 64a of no. 109 (IOR/L/PS/5/162), Extract from a letter from Macnaghten to Auckland, dated Cabool, 29 September 1841.
88. Kaye, *Lives of Indian Officers*, vol. II, p. 286.
89. Ibid., p. 287.
90. Kashmiri, *Akbarnama*, ch. 22, The killing of Burnes.

91. Mohan Lal, *Life of Dost Mohammad*, vol. II, pp. 390–1.
92. Mirza ʻAta, *Naway Ma'arek*, pp. 215–20.
93. Kaye, *Lives of Indian Officers*, vol. II, p. 289.
94. BL, OIOC, ESL 88: no. 24 of no. 32, dated 17 August 1842 (IOR/L/PS/5/169), Mohan Lal's Memo.
95. Mirza ʻAta, *Naway Ma'arek*, pp. 215–20.

CHAPTER 7 | 秩序到此為止

1. Private Collection, The Mss Journal of Captain Hugh Johnson, Paymaster to Shah Soojah's Force, p. 1, entry for 2 November 1841.
2. Ibid., pp. 1–2.
3. Pottinger, *The Afghan Connection*, p. 141.
4. Lawrence, *Reminiscences of Forty Three Years in India*, p. 62.
5. Ibid., pp. 63–4.
6. Ibid., p. 65.
7. Mohan Lal, *Life of Dost Mohammad*, vol. II, pp. 401–2.
8. Mackenzie, *Storms and Sunshine*, vol. I, p. 105.
9. Mohan Lal, *Life of Dost Mohammad*, vol. II, p. 407.
10. Mirza ʻAta, *Naway Ma'arek*, pp. 211–24, Events leading to the murder of Burnes and the great revolt.
11. Karim, *Muharaba Kabul wa Kandahar*, pp. 54–7.
12. Kaye, *History of the War in Afghanistan*, vol. II, pp. 163ff.
13. Mohan Lal, *Life of Dost Mohammad*, vol. II, pp. 408–9.
14. Kashmiri, *Akbarnama*, ch. 22, The killing of Burnes.
15. BL, Wellesley Papers, Add Mss 37313, James Burnes to James Carnac, 1 February 1842, Extract of a Persian Letter in exhortation from the Khans of Cabaul to the Chiefs of the Afreedees, a copy of which was received from Captain Mackinnon by Mr. Robertson at Agra on 20 December.
16. Macrory, *Signal Catastrophe*, p. 155.
17. Fayz Mohammad, *Siraj ul-Tawarikh*, vol. I, p. 249.
18. Sale, *A Journal of the Disasters in Afghanistan*, p. 29; Mirza ʻAta, *Naway Ma'arek*, pp. 211–24, Events leading to the murder of Burnes and the great revolt.
19. Quoted by Yapp, 'The Revolutions of 1841–2 in Afghanistan', p. 380.
20. *Waqi'at-i-Shah Shuja*, p. 132, The Thirty-Fifth Event.
21. Ibid., p. 137.
22. Ibid.
23. Mackenzie, *Storms and Sunshine*, vol. I, pp. 106–7.
24. Lawrence, *Reminiscences of Forty Three Years in India*, p. 75.
25. Sale, *A Journal of the Disasters in Afghanistan*, p. 39.
26. Major-General Sir Vincent Eyre, *The Kabul Insurrection of 1841–2*, London, 1879, p. 87.
27. *Waqi'at-i-Shah Shuja*, p. 133, The Thirty-Fifth Event.

28. Sale, *A Journal of the Disasters in Afghanistan*, p. 39.
29. *Waqi'at-i-Shah Shuja*, p. 133, The Thirty-Fifth Event.
30. Stocqueler, *The Memoirs and Correspondence of Sir William Nott*, vol. I, p. 369.
31. *Waqi'at-i-Shah Shuja*, p. 133, The Thirty-Fifth Event.
32. Eyre, *The Kabul Insurrection of 1841–2*, p. 89.
33. Kaye, *History of the War in Afghanistan*, vol. II, p. 187.
34. Sale, *A Journal of the Disasters in Afghanistan*, pp. 29–32.
35. Lawrence, *Reminiscences of Forty Three Years in India*, pp. 67–9.
36. Ibid., p. 69.
37. Sale, *A Journal of the Disasters in Afghanistan*, p. 35.
38. 'Personal Narrative of the Havildar Motee Ram of the Shah's 4th or Ghoorkha Regiment of Light Infantry, Destroyed at Char-ee-kar', appendix to Haughton, *Char-ee-Kar and Service There with the 4th Goorkha Regiment*, pp. 47–8.
39. BL, OIOC, ESL 88: no. 47a of no. 32 of 17 August 1842 (IOR/L/PS/5/169), Pottinger to Maddock, 1 February 1842.
40. 'Personal Narrative of the Havildar Motee Ram of the Shah's 4th or Ghoorkha Regiment of Light Infantry, Destroyed at Char-ee-kar', appendix to Haughton, *Char-ee-Kar and Service There with the 4th Goorkha Regiment*, pp. 47–8, 51.
41. Haughton, *Char-ee-Kar and Service There with the 4th Goorkha Regiment*, p. 15.
42. Ibid., pp. 21–4.
43. Yapp, *Strategies*, p. 179.
44. BL, OIOC, ESL 88: no. 74 of no. 32 of 17 August 1842 (IOR L/PS/5/169), Court Martial of Himmat Bunneah, 'An European Special Court of Inquiry held at Candahar by order of Major Genl. Nott commanding Lower Afghanistan for the purpose of enquiring into such matter as may be brought before it', Candahar, 15 June 1842.
45. Stocqueler, *The Memoirs and Correspondence of Sir William Nott*, vol. I, pp. 394–5.
46. Sale, *A Journal of the Disasters in Afghanistan*, p. 38.
47. Mohan Lal, *Life of Dost Mohammad*, vol. II, p. 413.
48. Lawrence, *Reminiscences of Forty Three Years in India*, pp. 74–5.
49. Mackenzie, *Storms and Sunshine*, vol. I, pp. 106–7.
50. Ibid., p. 107.
51. Ibid., pp. 108–10.
52. Private Collection, Journal of Captain Hugh Johnson, Paymaster to Shah Soojah's Force, p. 8, entry for 3 November 1841.
53. Karim, *Muharaba Kabul wa Kandahar*, pp. 57–8.
54. Sale, *A Journal of the Disasters in Afghanistan*, p. 46.
55. Mackenzie, *Storms and Sunshine*, vol. I, p. 109.
56. Private Collection, Journal of Captain Hugh Johnson, Paymaster to Shah Soojah's Force, p. 15, entry for 2 December 1841.
57. Ibid., p. 16.

58. Ibid., p. 15.
59. Sale, *A Journal of the Disasters in Afghanistan*, p. 47.
60. Ibid., p. 82.
61. Sita Ram, *From Sepoy to Subedar*, pp. 110–13.
62. Mackenzie, *Storms and Sunshine*, vol. I, pp. 108–10.
63. Eyre, *The Kabul Insurrection of 1841–2*, p. 116.
64. Mackenzie, *Storms and Sunshine*, vol. I, p. 133.
65. Sale, *A Journal of the Disasters in Afghanistan*, p. 66.
66. Ibid., p. 47.
67. *Waqi'at-i-Shah Shuja*, p. 137, The Thirty-Fifth Event.
68. Lawrence, *Reminiscences of Forty Three Years in India*, p. 84.
69. Mirza 'Ata, *Naway Ma'arek*, pp. 211–24, Events leading to the murder of Burnes and the great revolt.
70. Eyre, *The Kabul Insurrection of 1841–2*, p. 124.
71. BL, OIOC, ESL 88: no. 47a of no. 32 of 17 August 1842 (IOR/L/PS/5/169), Pottinger to Maddock, 1 February 1842.
72. Mohan Lal, *Life of Dost Mohammad*, vol. II, p. 416; 'Personal Narrative of the Havildar Motee Ram of the Shah's 4th or Ghoorkha Regiment of Light Infantry, Destroyed at Char-ee-kar', appendix to Haughton, *Char-ee-Kar and Service There with the 4th Goorkha Regiment*, pp. 47–8, 54.
73. 'Personal Narrative of the Havildar Motee Ram of the Shah's 4th or Ghoorkha Regiment of Light Infantry, Destroyed at *Char-ee-kar', appendix to Haughton, Char-ee-Kar and Service There with the 4th Goorkha Regiment*, p. 55.
74. Ibid., p. 56.
75. Eyre, *The Kabul Insurrection of 1841–2*, p. 176.
76. Ibid., p. 162; Mackenzie, *Storms and Sunshine*, vol. I, p. 121.
77. Sale, *A Journal of the Disasters in Afghanistan*, p. 85.
78. Sultan Mohammad Khan Durrani, *Tarikh-i-Sultani*, p. 271.
79. Sale, *A Journal of the Disasters in Afghanistan*, p. 86.
80. Sultan Mohammad Khan Durrani, *Tarikh-i-Sultani*, p. 271.
81. Lawrence, *Reminiscences of Forty Three Years in India*, p. 93.
82. Ibid.
83. Fayz Mohammad, *Siraj al-Tawarikh*, vol. I, pp. 251–3.
84. Mackenzie, *Storms and Sunshine*, vol. I, p. 123.
85. Eyre, *The Kabul Insurrection of 1841–2*, p. 182.
86. Kashmiri, *Akbarnama*, ch. 25, Akbar Khan returns to Kabul.
87. Sale, *A Journal of the Disasters in Afghanistan*, p. 120.
88. Yapp, 'The Revolutions of 1841–2 in Afghanistan', p. 347.
89. Mirza 'Ata, *Naway Ma'arek*, pp. 224–9, Sardar Muhammad Akbar Khan arrives back in Kabul after being detained in Bukhara, and kills Macnaghten.
90. Kashmiri, *Akbarnama*, ch. 25, Akbar Khan returns to Kabul.
91. Mirza 'Ata, *Naway Ma'arek*, pp. 224–9, Sardar Muhammad Akbar Khan arrives back in Kabul after being

detained in Bukhara, and kills Macnaghten.

92. BL, OIOC, ESL 88: no. 47a of no. 32 of 17 August 1842 (IOR/L/PS/5/169), Enclosure AA: Macnaghten to Maddock, n.d.
93. Macrory, *Signal Catastrophe*, p. 178.
94. BL, OIOC, ESL 88: no. 47a of no. 32 of 17 August 1842 (IOR/L/PS/5/169), Enclosure AA: Macnaghten to Maddock, n.d.
95. Mackenzie, *Storms and Sunshine*, vol. I, p. 123.
96. Macrory, *Signal Catastrophe*, p. 180.
97. Lawrence, *Reminiscences of Forty Three Years in India*, pp. 100–1.
98. BL, OIOC, ESL 88: no. 47a of no. 32 of 17 August 1842 (IOR/L/PS/5/169), Enclosure AA: Macnaghten to Maddock, n.d.
99. Macrory, *Signal Catastrophe*, p. 188.
100. BL, OIOC, ESL 88: no. 47a of no. 32 of 17 August 1842 (IOR/L/PS/5/169), Enclosure AA: Macnaghten to Maddock, n.d.
101. Ibid., Macnaghten to Auckland, Encl with Lawrence to Pottinger, 10 May 1842.
102. *Waqi'at-i-Shah Shuja*, pp. 138, The Thirty-Fifth Event, The death of Macnaghten.
103. Lawrence, *Reminiscences of Forty Three Years in India*, p. 110.
104. Eden, *Miss Eden's Letters*, p. 323.
105. Ibid., p. 329.
106. Ibid.
107. Ibid., p. 355.
108. BL, Broughton Papers, Add Mss 37706, fol. 197, Auckland to Nicholls, 1 December 1841.
109. Mirza 'Ata, *Naway Ma'arek*, pp. 224–9, Sardar Muhammad Akbar Khan arrives back in Kabul after being detained in Bukhara, and kills Macnaghten.
110. Lawrence, *Reminiscences of Forty Three Years in India*, p. 111.
111. Mackenzie, *Storms and Sunshine*, vol. I, p. 124.
112. Lawrence, *Reminiscences of Forty Three Years in India*, p. 111.
113. Ibid., pp. 111–12.
114. Fayz Mohammad, *Siraj ul-Tawarikh*, vol. I, pp. 253–7.
115. Yapp, 'The Revolutions of 1841–2 in Afghanistan', p. 349.
116. NAI, Foreign, Secret Consultations, 28 December 1842, no. 480–82, quoted in Mohan Lal's Memo.
117. Mirza 'Ata, *Naway Ma'arek*, pp. 224–9, Sardar Muhammad Akbar Khan arrives back in Kabul after being detained in Bukhara, and kills Macnaghten.
118. Hari Ram Gupta, *Panjab, Central Asia and the First Afghan War, Based on Mohan Lal's Observations*, Chandigarh, 1940, p. 246. 莫漢・拉勒似乎曾質疑過阿布杜・阿齊茲所稱之事的真實型。
119. Mohan Lal, *Life of Dost Mohammad*, vol. II, pp. 421–2.
120. BL, OIOC, ESL 88: no. 47a of no. 32 of 17 August 1842 (IOR/L/PS/5/169), Macnaghten to Auckland, Encl. with Lawrence to Pottinger, 10 May 1842.
121. Mirza 'Ata, *Naway Ma'arek*, pp. 224–9, Sardar Muhammad Akbar Khan arrives back in Kabul after being detained in Bukhara, and kills Macnaghten.

122. NAI, Foreign, Secret Consultations, 28 December 1842, no. 480–82, Mohan Lal's Memo.
123. Eyre, *The Kabul Insurrection of 1841–2*, p. 216.
124. Lawrence, *Reminiscences of Forty Three Years in India*, p. 139.
125. Mackenzie, *Storms and Sunshine*, vol. I, p. 127.
126. BL, OIOC, ESL 88: no. 47a of no. 32 of 17 August 1842 (IOR/L/PS/5/169), Macnaghten to Auckland, Encl with Lawrence to Pottinger, 10 May 1842; Mackenzie, *Storms and Sunshine*, vol. II, p.32.
127. Karim, *Muharaba Kabul wa Kandahar*, pp. 66–72.
128. BL, OIOC, ESL 82: Agra Letter, 22 January 1842, (IOR/L/PS/5/163), Pottinger to MacGregor (date unclear).
129. Mirza ʿAta, *Naway Maʿarek*, pp. 224–9, Sardar Muhammad Akbar Khan arrives back in Kabul after being detained in Bukhara, and kills Macnaghten.

CHAPTER 8 | 號角的哀鳴

1. Private Collection, The Mss Journal of Captain Hugh Johnson, Paymaster to Shah Soojah's Force, p. 30, entry for 6 January 1842.
2. Lawrence, *Reminiscences of Forty Three Years in India*, p. 143.
3. Kashmiri, *Akbarnama*, ch. 28.
4. Ibid.
5. Sale, *A Journal of the Disasters in Afghanistan*, pp. 132–4.
6. Ibid., p. 147.
7. Lawrence, *Reminiscences of Forty Three Years in India*, p. 96.
8. Quoted by Peter Hopkirk in *The Great Game*, p. 258.
9. Eyre, *The Kabul Insurrection of 1841–2*, pp. 247–8.
10. Private Collection, Journal of Captain Hugh Johnson, Paymaster to Shah Soojah's Force, p. 30, entry for 29 December 1841.
11. Gupta, Panjab, *Central Asia and the First Afghan War, Based on Mohan Lal's Observations*, pp. 176–8.
12. Sale, *A Journal of the Disasters in Afghanistan*, p. 141.
13. *Waqiʿat-i-Shah Shuja*, p. 138, The Thirty-Fifth Event, The death of Macnaghten.
14. Mohan Lal, *Life of Dost Mohammad*, vol. II, pp. 428–9.
15. NAI, Foreign, Secret Consultations, 1 June 1842, no. 19, Shuja's letter to the Governor General on the causes which led to the murder of Sir Wm Macnaghten (free translation).
16. Ibid.
17. Lawrence, *Reminiscences of Forty Three Years in India*, p. 142.
18. Eyre, *The Kabul Insurrection of 1841–2*, p. 249.
19. Sale, *A Journal of the Disasters in Afghanistan*, p. 142.
20. Ibid., p. 143.
21. Private Collection, Journal of Captain Hugh Johnson, Paymaster to Shah Soojah's Force, pp. 30–1, entry for 6 January 1842.

22. Lawrence, *Reminiscences of Forty Three Years in India*, p. 144.
23. Eyre, *The Kabul Insurrection of 1841–2*, p. 258.
24. Mackenzie, *Storms and Sunshine*, vol. I, p. 135.
25. Ibid.
26. Eyre, *The Kabul Insurrection of 1841–2*, p. 259.
27. Lawrence, *Reminiscences of Forty Three Years in India*, pp. 145–6.
28. Ibid., p. 146.
29. Eyre, *The Kabul Insurrection of 1841–2*, p. 261.
30. Ibid.
31. Brydon Diary, quoted in John C. Cunningham, *The Last Man: The Life and Times of Surgeon Major William Brydon CB*, Oxford, 2003, p. 88.
32. Eyre, *The Kabul Insurrection of 1841–2*, pp. 261, 265.
33. Private Collection, Journal of Captain Hugh Johnson, Paymaster to Shah Soojah's Force, p. 31, entry for 7 January 1842.
34. Ibid.
35. Sale, *A Journal of the Disasters in Afghanistan*, p. 149.
36. Eyre, *The Kabul Insurrection of 1841–2*, p. 264.
37. Seaton, *From Cadet to Colonel*, p. 138.
38. Private Collection, Journal of Captain Hugh Johnson, Paymaster to Shah Soojah's Force, p. 33, entry for 8 January 1842.
39. Eyre, *The Kabul Insurrection of 1841–2*, p. 265.
40. Lawrence, *Reminiscences of Forty Three Years in India*, p. 151.
41. Sale, *A Journal of the Disasters in Afghanistan*, p. 155.
42. Private Collection, Journal of Captain Hugh Johnson, Paymaster to Shah Soojah's Force, p. 34, entry for 8 January 1842.
43. Lawrence, *Reminiscences of Forty Three Years in India*, pp. 154–5.
44. Sale, *A Journal of the Disasters in Afghanistan* 1841–2, p. 155.
45. Kashmiri, *Akbarnama*, ch. 28.
46. BL, OIOC, Mss Eur C703, Diary of Captain William Anderson, entry for 9 January 1842.
47. Karim, *Muharaba Kabul wa Kandahar*, pp. 66–72.
48. Sale, *A Journal of the Disasters in Afghanistan* 1841–2, p. 158.
49. Karim, *Muharaba Kabul wa Kandahar*, pp. 66–72.
50. Private Collection, Journal of Captain Hugh Johnson, Paymaster to Shah Soojah's Force, p. 41, entry for 9 January 1842.
51. National Army Museum, Diary of Surgeon-Major William Brydon, NAM 8301/60, entry for 10 January 1842.
52. BL, OIOC, Mss Eur F 89/54, First Elphinstone Memorandum, n.d.
53. Lawrence, *Reminiscences of Forty Three Years in India*, p. 163.
54. Private Collection, Journal of Captain Hugh Johnson, Paymaster to Shah Soojah's Force, p. 36, entry for 10 January 1842.

55. Ibid.
56. Mackenzie, *Storms and Sunshine*, vol. I, p. 142.
57. Sita Ram, *From Sepoy to Subedar*, pp. 114–15.
58. National Army Museum, Diary of Surgeon-Major William Brydon, NAM 8301/60, entry for 13 January 1842.
59. 'Personal Narrative of the Havildar Motee Ram of the Shah's 4th or Ghoorkha Regiment of Light Infantry, Destroyed at Char-ee-kar', appendix to Haughton, *Char-ee-Kar and Service There with the 4th Goorkha Regiment*, pp. 57–8.
60. Seaton, *From Cadet to Colonel*, p. 188; Pottinger and Macrory, *The Ten-Rupee Jezail*, p. 197.
61. Sale, *A Journal of the Disasters in Afghanistan*, p. 160.
62. National Army Museum, NAM 6912–6, Souter Letter, Lieutenant Thomas Souter to his Wife.
63. Ibid. 軍旗後來獲得歸還，「惟遭除去了上頭的流蘇與大部分的金箔裝飾」。
64. National Army Museum, NAM 8301/60, Diary of Surgeon-Major William Brydon, entry for 13 January 1842.
65. Seaton, *From Cadet to Colonel*, p. 186.
66. Mirza 'Ata, *Naway Ma'arek*, pp. 230–2, Pottinger succeeds Macnaghten, leaves Kabul and is plundered.

CHAPTER 9 ｜王者的逝去

1. *Delhi Gazette*, 2 February 1842.
2. 芒西阿布杜・卡林的《Muharaba Kabul wa Kandahar》作為一例，就是一八四九年出版在勒克瑙，另於伊斯蘭曆一二六八／西元一八五一年出版在坎普爾；卡西姆—阿里—汗・「卡西姆」阿克巴拉巴迪 （Qasim-Ali-khan 'Qasim' Akbarabadi）的《扎法爾—納瑪—伊・阿克巴李》（*Zafar-nama-i Akbari*）（如見施普倫格〔Sprenger）目錄），即《阿克巴納瑪》（如見白沙瓦目錄；完成於伊斯蘭曆一二六〇年／西元一八四四年）則在伊斯蘭曆一二七二年／西元一八五五至六年出版於阿格拉。
3. Charles Allen, *Soldier Sahibs: The Men Who Made the North-West Frontier*, London, 2000, p. 43.
4. BL, Broughton Papers, Add Mss 37707, fols 187–8, Auckland to Hobhouse, 18 February 1842.
5. Hopkirk, *The Great Game*, pp. 270–1.
6. PRO, El lenborough Papers, 30/12/89, Ellenborough to Peel, 21 February 1842.
7. Pottinger and Macrory, *The Ten-Rupee Jezail*, pp. 162–3.
8. NAI, Foreign, Secret Consultations, 31 January 1842, no. 70a, Clerk to Captain Nicholson, i/c of Dost Mohammad Khan, camp, Saharanpore, 12 January 1842.
9. NAI, Foreign, Secret Consultations, 15 June 1842, no. 34, Captain P. Nicholson with Dost Mohammad Khan, to Clerk, Mussoorie, 2 May 1842.
10. Seaton, *From Cadet to Colonel*, p. 190.
11. BL, Hobhouse Diary, Add Mss 43744, 26 August 1842.
12. BL, Broughton Papers, Add Mss 37707, fols 187–8, Auckland to Hobhouse, 18 February 1842.
13. 關於這一點有一非常精闢的分析刊於 Yapp, 'The Revolutions of 1841–2 in Afghanistan', pp. 350–1. 另

見 Kaye, *History of the War in Afghanistan*, vol. III, p. 104.

14. *Waqi'at-i-Shah Shuja*, p. 141, The Thirty-Fifth Event, The death of Macnaghten.
15. Kashmiri, *Akbarnama*, ch. 29, Shuja-ul-Mulk sets out for Jalalabad and is killed at the hands of Shuja-ud-Daula.
16. Mirza 'Ata, *Naway Ma'arek*, pp. 236–9, Muhammad Akbar Khan besieges Jalalabad, Shuja al-Mulk is killed in Kabul.
17. Mohan Lal, *Life of Dost Mohammad*, vol. II, pp. 436–8.
18. NAI, Foreign, Secret Consultations, 8 April 1842, no. 32–3, MacGregor to Maddock, Translation of letters received from Captain MacGregor at Jellalabad on 22 March 1842.
19. Ibid., 'From Shah Shoojah to Captain Macgregor dated 8th Feb and written seemingly in H.M.'s own hand'.
20. Lawrence, *Reminiscences of Forty Three Years in India*, pp. 173–4, 168.
21. Sale, *A Journal of the Disasters in Afghanistan*, pp. 180–3.
22. Lawrence, *Reminiscences of Forty Three Years in India*, pp. 173–4, 170.
23. Sale, *A Journal of the Disasters in Afghanistan*, pp. 180–3.
24. Karim, *Muharaba Kabul wa Kandahar*, pp. 72–4.
25. BL, OIOC, ESL 88: no. 36 of no. 32 of 17 August 1842 (IOR L/PS/5/169), Eldred Pottinger to Pollock, 10 July 1842.
26. Lawrence, *Reminiscences of Forty Three Years in India*, pp. 173–4, 191.
27. Mackenzie, *Storms and Sunshine*, vol. I, pp. 146–7.
28. Lawrence, *Reminiscences of Forty Three Years in India*, p. 176.
29. Sale, *A Journal of the Disasters in Afghanistan*, p. 237.
30. Mackenzie, *Storms and Sunshine*, vol. I, p. 149.
31. Sale, *A Journal of the Disasters in Afghanistan*, pp. 190–1.
32. Seaton, *From Cadet to Colonel*, pp. 192–4.
33. NAI, Foreign, Secret Consultations, 29 June 1842, no. 8, To: T. A. Maddock Esq, Secr. to the Govt, Political Dept, From: R. Sale, Major General, Dated Jellalabad, 16 April 1842.
34. Seaton, *From Cadet to Colonel*, p. 195.
35. Broadfoot, *The Career of Major George Broadfoot*, p. 82.
36. Seaton, *From Cadet to Colonel*, pp. 195–6.
37. Ibid., pp. 197–8.
38. Pottinger and Macrory, *The Ten-Rupee Jezail*, p. 167.
39. BL, OIOC, ESL 85: no. 20 of no. 3 of 21 April 1842, MacGregor to Pollock, 14 March 1842.
40. See Hopkins, *The Making of Modern Afghanistan*, pp. 75–80, 98–102, 105–7.
41. BL, OIOC, ESL 83: Agra Letter, 19 February 1842 (IOR/L/PS/5/164), Mahomed Akbar Khan to Sayed Ahai-u-din.
42. Ibid., Translation of a letter from Mahomed Akbar Khan to Turabaz Khan Ex Chief of Lalpoora.
43. Mirza 'Ata, *Naway Ma'arek*, pp. 236–9, Sardar Mohammad Akbar Khan besieges Jalalabad.
44. Seaton, *From Cadet to Colonel*, p. 198.
45. Ibid., pp. 207–8.

46. NAI, Foreign, Secret Consultations, 8 April 1842, no. 14–15, n.d., Pollock transmits letter from Captain Mackeson on the wounding of Mohammad Akbar Khan.
47. Mirza 'Ata, *Naway Ma'arek*, pp. 236–9, Sardar Mohammad Akbar Khan besieges Jalalabad.
48. Fayz Mohammad, *Siraj ul-Tawarikh*, vol. I, p. 272.
49. Lawrence, *Reminiscences of Forty Three Years in India*, p. 183.
50. 關於此期間喀布爾政治的紛亂，見 Yapp, 'The Revolutions of 1841–2 in Afghanistan', pp. 350–1.
51. Fayz Mohammad, *Siraj ul-Tawarikh*, vol. I, p. 273.
52. BL, OIOC, ESL, 86: no. 30 of no. 14 of 17 May 1842, Lal to Macgregor, 30 January 1842.
53. *Waqi'at-i-Shah Shuja*, p. 141, The Thirty-Fifth Event, The murder of the Shah.
54. Fayz Mohammad, *Siraj ul-Tawarikh*, vol. I, p. 274.
55. BL, OIOC, ESL, 86: no. 30A of no. 14 of 17 May 1842, Lal to Colvin, 29 January 1842; also ESL, 84: no. 27 of no. 25 of 22 March 1842, Conolly to Clerk, 26 January 1842.
56. BL, OIOC, ESL, 85: no. 24 of no. 3 of 21 March 1842, Shuja to MacGregor, recd 7 March 1842.
57. BL, OIOC, ESL, 86: no. 30 of no. 14 of 17 May 1842 (IOR/L/PS/5/167), Lal to MacGregor, 18 March 1842.
58. Kashmiri, *Akbarnama*, ch. 29, Shuja-ul-Mulk sets out for Jalalabad and is killed at the hands of Shuja-ud-Daula.
59. NAI, Foreign, Secret Consultations, December 1842, no. 480–2, Mohan Lal's Memorandum of 29 June enclosed with a letter from General Pollock, Commanding in Afghanistan, to Maddock, Secretary to the Governor General, dated Jelalabad, 10 July 1842.
60. *Waqi'at-i-Shah Shuja*, p. 141, The Thirty-Fifth Event, The murder of the Shah.
61. NAI, Foreign, Secret Consultations, December 1842, no. 480–82, Mohan Lal's Memorandum of 29 June enclosed with a letter from General Pollock, Commanding in Afghanistan, to Maddock, Secretary to the Governor General, dated Jelalabad, 10 July 1842.
62. Kaye, *History of the War in Afghanistan*, vol. III, p. 109n.
63. NAI, Foreign, Secret Consultations, 8 April 1842, no31, Translation of a letter from His Majesty Shah Soojah ool Moolk to Captain MacGregor written by the Shah himself.
64. Pottinger and Macrory, *The Ten-Rupee Jezail*, p. 165.
65. Ibid., pp. 166–7.
66. Ibid., pp. 169–70.
67. *Waqi'at-i-Shah Shuja*, p. 149, The Thirty-Fifth Event, The murder of the Shah.
68. Mirza 'Ata, *Naway Ma'arek*, pp. 237–9, Shuja' al-Mulk is killed in Kabul.
69. Ibid.
70. *Waqi'at-i-Shah Shuja*, p. 149, The Thirty-Fifth Event, The murder of the Shah.
71. Ibid.
72. Gleig, *Sale's Brigade in Afghanistan*, pp. 303, 309.
73. Kashmiri, *Akbarnama*, ch. 29, Shuja-ul-Mulk sets out for Jalalabad and is killed at the hands of Shuja-ud-Daula.
74. Punjab Archives, Lahore, from Fraser, Ramgurh to Ochterlony, Ludhiana, 3 September 1816, vol. 18, part 2, Case 118, pp. 538–9.

75. NAI, Foreign, Secret Consultations, 10 April 1834, no. 20, Wade to Bentinck, Translation of a letter from Shah Shuja, 12 March 1834.
76. Sultan Mohammad Khan Durrani, *Tarikh-i-Sultani*, p. 212.
77. 這些話是喬西亞・哈連在魯得希阿那初見沙・舒亞時所言。Josiah Harlan, 'Oriental Sketches', insert at p. 42a, Mss in Chester Country Archives, Pennsylvania, quoted in Macintyre, *Josiah the Great*, p. 24.
78. Masson, *Narrative of Various Journeys*, vol. I, p. ix.
79. *Waqi'at-i-Shah Shuja*, p. 149, The Thirty-Fifth Event, The murder of the Shah.
80. Sale, *A Journal of the Disasters in Afghanistan*, p. 200.

CHAPTER 10 ｜不明所以的一役

1. Gleig, *Sale's Brigade in Afghanistan*, pp. 158–9.
2. Seaton, *From Cadet to Colonel*, p. 209.
3. Ibid., p. 210.
4. Quoted in Stewart, *Crimson Snow*, p. 179.
5. Seaton, *From Cadet to Colonel*, pp. 210–11.
6. Gleig, *Sale's Brigade in Afghanistan*, p. 162.
7. Charles Rathbone Low, *The Life and Correspondence of Field Marshal Sir George Pollock*, London, 1873, p. 276.
8. Lieutenant John Greenwood, *Narrative of the Late Victorious Campaign in Afghanistan under General Pollock*, London, 1844, p. 169.
9. Charles Rathbone Low, *The Journal and Correspondence of Augustus Abbott*, London, 1879, p. 315.
10. Ibid., p. 306.
11. BL, OIOC, Mss Eur F89/54, Broadfoot to Lord Elphinstone, 26 April 1842.
12. Stocqueler, *The Memoirs and Correspondence of Sir William Nott*, vol. II, p. 35.
13. Quoted by Hopkirk, *The Great Game*, p. 273.
14. Stocqueler, *The Memoirs and Correspondence of Sir William Nott*, vol. II, p. 57.
15. Low, *The Journal and Correspondence of Augustus Abbott*, p. 320.
16. Ibid., p. 317.
17. Ibid., pp. 318–19.
18. Greenwood, *Narrative of the Late Victorious Campaign*, pp. 173–4.
19. Seaton, *From Cadet to Colonel*, p. 215.
20. Lawrence, *Reminiscences of Forty Three Years in India*, p. 185.
21. Sale, *A Journal of the Disasters in Afghanistan*, p. 203.
22. Lawrence, *Reminiscences of Forty Three Years in India*, p. 187.
23. Ibid., p. 197.
24. Sale, *A Journal of the Disasters in Afghanistan*, p. 211.
25. BL, OIOC, Mss Eur F89/54, Broadfoot to Lord Elphinstone, 26 April 1842.

26. Lawrence, *Reminiscences of Forty Three Years in India*, p. 190.
27. Ibid., p. 194.
28. Gupta, *Panjab, Central Asia and the First Afghan War*, pp. 198–9.
29. BL, OIOC, ESL 86: no. 30 of no. 14 of 17 May 1842 (IOR/L/PS/5/167), Lal to MacGregor, 10 April 1842.
30. Sale, *A Journal of the Disasters in Afghanistan*, pp. 217, 254.
31. Kaye, *History of the War in Afghanistan*, vol. III, pp. 453–5.
32. Noelle, *State and Tribe in Nineteenth-Century Afghanistan*, p. 53.
33. NAI, Foreign, Secret Consultations, December 1842, no. 480–82, Mohan Lal's Memorandum of 29 June enclosed with a letter from General Pollock, Commanding in Afghanistan, to Maddock, Secretary to the Governor General, dated Jelalabad, 10 July 1842.
34. Ibid.
35. Barfeld, *Afghanistan: A Cultural and Political History*, pp. 125–6.
36. Fayz Mohammad, *Siraj al-Tawarikh*, vol. I, p. 284.
37. Quoted in Allen, *Soldier Sahibs*, p. 47.
38. Stocqueler, *The Memoirs and Correspondence of Sir William Nott*, vol. II, pp. 316–17.
39. Gupta, Panjab, *Central Asia and the First Afghan War*, p. 186.
40. Ibid., p. 187.
41. Fisher, 'Mohan Lal Kashmiri (1812–77)', p. 249.
42. Gupta, *Panjab, Central Asia and the First Afghan War*, p. 189. Mohan Lal's conversion to Islam is recorded in the *Siraj ul-Tawarikh*, vol. I, p. 282：「一名印度芒西違反了這項命令，將少量火藥送進了巴拉希撒堡。當其事跡敗露後，薩達爾阿克巴・汗將那人下獄。經過監禁後，那名印度人皈依了伊斯蘭並當即獲釋。」莫漢・拉勒長年使用著一個什葉派的假名，而他的皈依有可能是他一玩就是好幾年，一場久遠雙重身分遊戲的其中一環。
43. BL, OIOC, ESL 88: no. 28 of no. 32 of 17 August 1842 (IOR L/PS/5/169), Pollock to Maddock, 11 July 1842.
44. Stocqueler, *The Memoirs and Correspondence of Sir William Nott*, vol. II, pp. 79–84, 109–10.
45. Ibid., p. 43.
46. The Rev. I. N. Allen, *Diary of a March through Sindhe and Afghanistan*, London, 1843, p. 216.
47. Ibid., p. 217.
48. Seaton, *From Cadet to Colonel*, p. 209.
49. Greenwood, *Narrative of the Late Victorious Campaign in Afghanistan under General Pollock*, pp. 191–2.
50. Seaton, *From Cadet to Colonel*, p. 221.
51. Gleig, *Sale's Brigade in Afghanistan*, p. 169.
52. Forrest, *Life of Field Marshal Sir Neville Chamberlain*, p. 136.
53. Allen, *Diary of a March through Sindhe and Afghanistan*, pp. 241–2.
54. BL, OIOC, Mss Eur 9057.aaa.14, 'Nott's Brigade in Afghanistan', Bombay, 1880, p. 81.
55. Stocqueler, *The Memoirs and Correspondence of Sir William Nott*, vol. II, p. 126.
56. Romila Thapar, *Somanatha: The Many Voices of a History*, New Delhi, 2004, pp. 174–5.
57. Yapp, *Strategies*, p. 443.
58. Rawlinson, *A Memoir of Major-General Sir Henry Creswicke Rawlinson*, p. 132.
59. Mirza 'Ata, *Naway Ma'arek*, pp. 244–69, The second coming of the English to Kabul and Ghazni.

60. BL, OIOC, ESL 88: no. 36 of no. 32 of 17 August 1842 (L/PS/5/169), Pollock to Maddock, 14 July 1842.
61. Josiah Harlan, *Central Asia: Personal Narrative of General Josiah Harlan, 1823–41*, ed. Frank E. Ross, London, 1939, p. 228.
62. Lawrence, *Reminiscences of Forty Three Years in India*, p. 210.
63. Mackenzie, *Storms and Sunshine*, vol. I, p. 187.
64. Sale, *A Journal of the Disasters in Afghanistan*, p. 260.
65. Mackenzie, *Storms and Sunshine*, vol. I, p. 189.
66. Private Collection, The Mss Journal of Captain Hugh Johnson, Paymaster to Shah Soojah's Force, p. 98, entry for 29 August 1842.
67. Lawrence, *Reminiscences of Forty Three Years in India*, p. 220.
68. Mirza 'Ata, *Naway Ma'arek*, pp. 348–54, The march to Bamiyan to release the prisoners.
69. Sale, *A Journal of the Disasters in Afghanistan*, p. 272.
70. Private Collection, The Mss Journal of Captain Hugh Johnson, Paymaster to Shah Soojah's Force, p. 111, entry for 14 September 1842.
71. *Waqi'at-i-Shah Shuja*, p. 141, The Thirty-Fifth Event, p. 147, The fate of Princes Shahpur and Timur.
72. Fayz Mohammad, *Siraj al-Tawarikh*, vol. I, p. 284.
73. Low, *The Journal and Correspondence of Augustus Abbott*, p. 349. For Fatteh Jang's alleged penchant for homosexual rape, see Yapp, *Strategies*, p. 318.
74. BL, OIOC, ESL 90: no. 30 of no. 52 of 19 November 1842 (IOR/L/PS/5/171), Pollock to Maddock, 21 October 1842.
75. Greenwood, *Narrative of the Late Victorious Campaign in Afghanistan under General Pollock*, p. 212.
76. Ibid., p. 213.
77. Ibid., p. 222.
78. Ibid., pp. 213–14.
79. Ibid., p. 223.
80. Sale, *A Journal of the Disasters in Afghanistan*, p. 273.
81. Mackenzie, *Storms and Sunshine*, vol. I, p. 190.
82. Sale, *A Journal of the Disasters in Afghanistan*, pp. 275–6.
83. Mackenzie, *Storms and Sunshine*, vol. I, p. 191.
84. National Army Museum, NAM 9007–77, Ensign Greville G. Chetwynd Stapylton's Journal, entry for 21 September 1842.
85. Rattray, *The Costumes of the Various Tribes*, p. 16.
86. Forrest, *Life of Field Marshal Sir Neville Chamberlain*, pp. 142, 152.
87. Private Collection, Journal of Captain Hugh Johnson, Paymaster to Shah Soojah's Force, p. 116, entry for 21 September 1842.
88. Mackenzie, *Storms and Sunshine*, vol. I, p. 194.
89. Mohan Lal, *Life of Dost Mohammad*, vol. II, p. 88.
90. Joseph Pierre Ferrier, *A History of the Afghans*, London, 1858, p. 376.
91. Forrest, *Life of Field Marshal Sir Neville Chamberlain*, pp. 143–9.
92. Sultan Mohammad Khan Durrani, *Tarikh-i-Sultani*, p. 280.

93. Mirza 'Ata, *Naway Ma'arek*, pp. 244–69, The second coming of the English to Kabul and Ghazni.
94. Hopkins, *The Making of Modern Afghanistan*, p. 69.
95. Forrest, *Life of Field Marshal Sir Neville Chamberlain*, p. 151.
96. Greenwood, *Narrative of the Late Victorious Campaign in Afghanistan under General Pollock*, p. 243.
97. NAI, Foreign, Secret Consultations, 3 May 1843, no. 20, A. Abbott to Ellenborough, 29 March 1843.
98. Low, The Life and Correspondence of Field Marshal Sir George Pollock, p. 415.
99. Stocqueler, *The Memoirs and Correspondence of Sir William Nott*, vol. II, p. 163.
100. Mohan Lal, *Life of Dost Mohammad*, vol. II, p. 490.
101. Mirza 'Ata, *Naway Ma'arek*, pp. 254–69, The return of Amir Dost Muhammad Khan to Kabul.
102. Yapp, 'The Revolutions of 1841–2 in Afghanistan', p. 483.
103. Mackenzie, *Storms and Sunshine*, vol. I, p. 194.
104. Ibid., vol. II, p. 30.
105. Allen, *Diary of a March through Sindhe and Afghanistan*, pp. 321, 325.
106. Karim, *Muharaba Kabul wa Kandahar*, pp. 82–4; Forrest, *Life of Field Marshal Sir Neville Chamberlain*, p. 152.
107. *Waqi'at-i-Shah Shuja*, p. 149, The Thirty-Fifth Event, The murder of the Shah.
108. Allen, *Diary of a March through Sindhe and Afghanistan*, p. 326.
109. The text of the Simla Proclamation is given in full in Norris, *First Afghan War*, pp. 451–2.
110. Mirza 'Ata, *Naway Ma'arek*, pp. 254–69, The return of Amir Dost Muhammad Khan to Kabul.
111. Forrest, *Life of Field Marshal Sir Neville Chamberlain*, p. 154.
112. Ibid., p. 155.
113. Allen, *Diary of a March through Sindhe and Afghanistan*, p. 344.
114. BL, OIOC, BSL (1) 27,873, Governor General to Secret Committee 48/, 19 October 1842.
115. Allen, *Diary of a March through Sindhe and Afghanistan*, p. 352.
116. Allen, *Soldier Sahibs*, pp. 53–5.
117. I have written at length about John Nicholson's psychopathic behaviour in 1857 in my *The Last Mughal: The End of a Dynasty, Delhi 1857*, London, 2006.
118. Forrest, *Life of Field Marshal Sir Neville Chamberlain*, p. 158.
119. Allen, *Diary of a March through Sindhe and Afghanistan*, p. 359.
120. Forrest, *Life of Field Marshal Sir Neville Chamberlain*, p. 158.
121. Mackenzie, *Storms and Sunshine*, vol. I, p. 198.
122. Ibid.
123. Ibid., p. 194.
124. BL, OIOC, HM/434, Nicholls Papers, Nicholls's Journal, vol. 40, 7 January 1843. See also Pottinger, *The Afghan Connection*, pp. xi-xii.
125. Mirza 'Ata, *Naway Ma'arek*, pp. 244–69, The second coming of the English to Kabul.
126. Lawrence, *Reminiscences of Forty Three Years in India*, p. 12.
127. Royal Geographical Society, Rawlinson Papers, HC4, Masson Diary, entry for 1 December 1839.
128. BL, OIOC, Mss Eur E162, letter 4.
129. Mackenzie, *Storms and Sunshine*, vol. I, p. 199.
130. Pottinger and Macrory, *The Ten-Rupee Jezail*, p. 167.

131. Eden, *Up the Country*, p. xix.
132. *The Times*, 25 October 1844.
133. See Michael Fisher's excellent essay 'Mohan Lal Kashmiri (1812–77)', in Margrit Pernau (ed.), *The Delhi College*, pp. 231–66. See also Gupta, *Panjab, Central Asia and the First Afghan War*. The book has an admiring introduction by the young Jawaharlal Nehru.
134. NAI, Foreign, Secret Consultations, 29 March 1843, no. 91, From the Envoy to the Court of Lahore, Ambala, 4 March 1843.
135. NAI, Foreign, Secret Consultations, 23 March 1843, no. 539, From Colonel Richmond, Camp Rooper, 18 December 1843.
136. Mackenzie, *Storms and Sunshine*, vol. II, pp. 27, 29.
137. NAI, Foreign, Secret Consultations, 23 March 1843, no. 539, From Colonel Richmond, Camp Rooper, 18 December 1843.
138. Aziz ud-Din Popalzai, *Durrat uz-Zaman*, Kabul, 1959, ch. The Private Life of Zaman Shah from His Dethronement till His Death.
139. Robert Warburton, *Eighteen Years in the Khyber 1879–1898*, London, 1900, p. 8.
140. Noelle, *State and Tribe in Nineteenth-Century Afghanistan*, p. 57.
141. Fayz Mohammad, *Siraj ul-Tawarikh*, vol. I, p. 198. See also NAI, Foreign, Secret Consultations, 23 March 1843, no. 531, From Colonel Richmond, Agent of the Governor General in the North West Frontier, Ludhiana, 27 November 1843.
142. Mackenzie, *Storms and Sunshine*, vol. II, p. 33.
143. BL, OIOC, ESL no. 20 of 3 March 1847 (IOR L/PS/5/190), Lawrence to Curvie, 29 February 1847.
144. Mackenzie, *Storms and Sunshine*, vol. II, p. 23.
145. Ibid., p. 32.
146. Fayz Mohammad, *Siraj ul-Tawarikh*, vol. I, p. 297.
147. NAI, Foreign, Secret Consultations, 23 March 1844, no. 531, From Colonel Richmond, Agent of the Governor General in the North West Frontier, Ludhiana, 27 November 1843.
148. Barfeld, *Afghanistan: A Cultural and Political History*, p. 127.
149. *The Letters of Queen Victoria: A Selection from Her Majesty's Correspondence between the Years 1837 and 1861*, ed. Arthur C. Benson and Viscount Esher, vol. II: 1844–1853, London, 1908.
150. James Howard Harris Malmesbury, *Memoirs of an Ex-Minister: An Autobiography*, London, 2006, vol. I, entry for 6 June 1844, pp. 289–90.
151. Quoted by Figes, *Crimea*, p. 68.
152. Ibid., pp. 61–70.
153. 我想在此感謝麥可・森波為我指出這一點。

作者的話

1. Gleig, *Sale's Brigade in Afghanistan*, p. 182.
2. J. A. Norris, *The First Afghan War 1838–1842*, Cambridge, 1967, p. 161.

3. Sherard Cowper-Coles, *Cables from Kabul: The Inside Story of the West's Afghanistan Campaign*, London, 2011, p. 289–90.
4. BL, Broughton Papers, Add Mss 36474, Wade to the Governor General, 31 January 1839.
5. The one striking exception to this is Christine Noelle's remarkable *State and Tribe in Nineteenth-Century Afghanistan: The Reign of Amir Dost Muhammad Khan (1826–1863)*, London, 1997, but its treatment of the First Afghan War is very brief and she has accessed only a small number of the available Dari sources for the period.
6. Munshi Abdul Karim, *Muharaba Kabul wa Kandahar*, Kanpur, 1851, Introduction.
7. In his *Chants Populaires des Afghans*, Paris, 1888–90, p. 201, James Darmesteter mentions a whole body of song and poetry about the war, and adds that Muhammad Hayat sent him a collection from the war, but that it hadn't arrived by the time of publication.
8. Maulana Hamid Kashmiri, *Akbarnama. Asar-i manẓum-i Hamid-i Kashmiri*, written c.1844, published Kabul, 1330 AH/1951, preface by Aḥmad-Ali Kohzad, ch. 34.
9. Muhammad Asef Fekrat Riyazi Herawi, *'Ayn al-Waqayi: Tarikh-I Afghanistan*, written c.1845, pub. Tehran 1369/1990; Sultan Mohammad Khan ibn Musa Khan Durrani, *Tarikh-i-Sultani*, began writing on 1 Ramzan 1281 AH (Sunday 29 January 1865) and published first on 14 Shawwal 1298 AH (Friday 8 September 1881), Bombay; Fayz Mohammad, *Siraj ul-Tawarikh*, pub. Kabul, 1913, trans. R. D. McChesney (forthcoming).
10. Muhammad Hasan Amini, *Paadash-e-Khidmatguzaari-ye-Saadiqaane Ghazi Nayab Aminullah Khan Logari* (The Letters of Ghazi Aminullah Khan Logari), Kabul, 2010.
11. Mirza 'Ata Mohammad, *Naway Ma'arek* (The Song of Battles), pub. as *Nawa-yi ma'arik. Nuskha-i khatt-i Muza-i Kabul mushtamal bar waqi'at-i 'asr-I Sadoza'i u Barakza'i, ta'lif-i Mirza Mirza 'Aṭa'-Muhammad*, Kabul, 1331 AH/1952.
12. Shah Shuja ul-Mulk, *Waqi'at-i-Shah Shuja* (Memoirs of Shah Shuja) written in 1836, supplement by Mohammad Husain Herati 1861, published as *Waqi'at-I Shah-Shuja. Daftar-i avval, duvvum: az Shah-Shuja. Daftar-i sivvum: az Muḥammad-Husain Harati*, Kabul, 1333 AH/1954 (*Nashrat-i Anjuman-I tarikh-i Afghanistan*, No. 29) [pub. after the text of the Kabul manuscript, without notes or index, with a preface by Aḥmad-'Ali Kohzad].
13. Robert Burns, 'To a Louse', *The Collected Poems*, London, 1994.
14. Kashmiri, *Akbarnama*, ch. 10.
15. Ibid., ch. 32.

【Historia 歷史學堂】MU0062

王者歸程　「大博弈」下的阿富汗，與第一次英阿戰爭

Return of a King: The Battle for Afghanistan

作　　者❖ 威廉．達爾林普（William Dalrymple）
譯　　者❖ 鄭煥昇
封面設計❖ 許晉維
內頁排版❖ 李偉涵
內文校對❖ 魏秋綢
總 編 輯❖ 郭寶秀
責任編輯❖ 洪郁萱
行銷企劃❖ 力宏勳

事業群總經理❖ 謝至平
發 行 人❖ 何飛鵬
出　　版❖ 馬可孛羅文化
台北市南港區昆陽街 16 號 4 樓
電話：886-2-2500-0888 傳真：886-2-2500-1951
發　　行❖ 英屬蓋曼群島商家庭傳媒股份有限公司城邦分公司
台北市南港區昆陽街 16 號 8 樓
客服專線：02-25007718；02-25007719
24 小時傳真專線：02-25001990；02-25001991
服務時間：週一至週五上午 09:30-12:00；下午 13:30-17:00
劃撥帳號：19863813 戶名：書虫股份有限公司
讀者服務信箱：service@readingclub.com.tw
城邦網址：http://www.cite.com.tw
香港發行所❖ 城邦（香港）出版集團有限公司
香港九龍土瓜灣土瓜灣道 86 號順聯工業大廈 6 樓 A 室
電話：852-25086231　傳真：852-25789337
電子信箱：hkcite@biznetvigator.com
馬新發行所❖ 城邦（馬新）出版集團
Cite（M）Sdn. Bhd.（458372U）
41, Jalan Radin Anum, Bandar Baru Seri Petaling,
57000 Kuala Lumpur, Malaysia.
電話：+6(03)-90563833　傳真：+6(03)-90576622
電子信箱：services@cite.my
輸出印刷❖ 中原造像股份有限公司
初版一刷❖ 2024 年 8 月
紙書定價❖ 860 元（如有缺頁或破損請寄回更換）
電子書定價❖ 602 元

國家圖書館出版品預行編目 (CIP) 資料

王者歸程 / 威廉 . 達爾林普 (William Dalrymple) 作 ; 鄭煥昇譯 . -- 初版 . -- 臺北市 : 馬可孛羅文化出版 : 英屬蓋曼群島商家庭傳媒股份有限公司城邦分公司發行 , 2024.08
面； 公分 . -- (Historia 歷史學堂 ; MU0062)
譯自 : Return of a king : the battle for Afghanistan.
ISBN 978-626-7356-95-1(平裝)
1.CST: 戰史 2.CST: 阿富汗 3.CST: 英國
592.9362　113008941

城邦讀書花園
www.cite.com.tw

ISBN：9786267356951（平裝）
ISBN：9786267356883（EPUB）